Elliptische Differentialgleichungen
zweiter Ordnung

Ernst Wienholtz · Hubert Kalf ·
Thomas Kriecherbauer

Elliptische Differentialgleichungen zweiter Ordnung

Eine Einführung mit historischen Bemerkungen

Prof. Dr. Ernst Wienholtz (1931–2003)

Prof. Dr. Thomas Kriecherbauer
Ruhr-Universität Bochum
Fakultät für Mathematik
44780 Bochum
thomas.kriecherbauer@rub.de

Prof. Dr. Hubert Kalf
Universität München
Mathematisches Institut
Theresienstr. 39
80333 München
Hubert.Kalf@mathematik.uni-muenchen.de

ISBN 978-3-540-45717-6   e-ISBN 978-3-540-45721-3
DOI 10.1007/978-3-540-45721-3
Springer Dordrecht Heidelberg London New York

Die Deutsche Nationalbibliothek verzeichnet diese Publikation in der Deutschen Nationalbibliografie; detaillierte bibliografische Daten sind im Internet über http://dnb.d-nb.de abrufbar.

Mathematics Subject Classification (2000): 35-01, 31-01, 49-01, 46-01

© Springer-Verlag Berlin Heidelberg 2009
Dieses Werk ist urheberrechtlich geschützt. Die dadurch begründeten Rechte, insbesondere die der Übersetzung, des Nachdrucks, des Vortrags, der Entnahme von Abbildungen und Tabellen, der Funksendung, der Mikroverfilmung oder der Vervielfältigung auf anderen Wegen und der Speicherung in Datenverarbeitungsanlagen, bleiben, auch bei nur auszugsweiser Verwertung, vorbehalten. Eine Vervielfältigung dieses Werkes oder von Teilen dieses Werkes ist auch im Einzelfall nur in den Grenzen der gesetzlichen Bestimmungen des Urheberrechtsgesetzes der Bundesrepublik Deutschland vom 9. September 1965 in der jeweils geltenden Fassung zulässig. Sie ist grundsätzlich vergütungspflichtig. Zuwiderhandlungen unterliegen den Strafbestimmungen des Urheberrechtsgesetzes.
Die Wiedergabe von Gebrauchsnamen, Handelsnamen, Warenbezeichnungen usw. in diesem Werk berechtigt auch ohne besondere Kennzeichnung nicht zu der Annahme, dass solche Namen im Sinne der Warenzeichen- und Markenschutz-Gesetzgebung als frei zu betrachten wären und daher von jedermann benutzt werden dürften.

Einbandentwurf: WMXDesign GmbH, Heidelberg

Printed on acid-free paper

Springer ist Teil der Fachverlagsgruppe Springer Science+Business Media (www.springer.com)

Vorwort

> A PREFACE *gives the author his last chance of disarming critics, or, at least, of anticipating them.*
> *(T. Chaundy, The Differential Calculus. Oxford: at the Clarendon Press 1935.)*

Anfang der 80er Jahre begann der Springer-Verlag mit einer neuen Reihe, „Grundwissen Mathematik", deren Ziel es war, mathematische Theorien in Zusammenhang mit ihrer historischen Entwicklung darzustellen. Den Band „Partielle Differentialgleichungen" sollte Ernst Wienholtz schreiben, der nicht nur die klassischen drei Typen, sondern auch symmetrisch hyperbolische Systeme darstellen wollte, denen seine besondere Liebe und Aufmerksamkeit galt. Überdies schwebte ihm für den elliptischen Fall ein neuer Beweis der eindeutigen Fortsetzbarkeit der Lösungen vor, bei dem Funktionen, die dem allgemeinen Hauptteil angepaßt sind, die Kugelfunktionen verallgemeinern sollten. Dieser Plan, seine äußerst sorgfältige Arbeitsweise und seine Verpflichtungen als Hochschullehrer ließen die Fertigstellung des Buches leider mehr und mehr in die Ferne rücken.

Bei seinem Tod 2003 hinterließ er ein mit einem selbst entwickelten Textverarbeitungssystem erstelltes und mit handschriftlichen Korrekturen und Ergänzungen versehenes Manuskript, dessen genauer Umfang aufgrund diverser Versionen verschiedener Kapitel nicht leicht abzuschätzen war. Klar war, daß sich in einem einzelnen Band moderater Dicke nur das Material über elliptische Gleichungen würde unterbringen lassen. Bald zeigte sich jedoch, daß auch dieser Teil nicht ohne beträchtliche Veränderungen würde veröffentlicht werden können. Durch die jahrelange Arbeit an dem Manuskript war ein dichtes und nicht leicht zu durchschauendes Gewebe mit einer Fülle komplizierter Querverweise entstanden. Zudem tendierte die Darstellung dazu, eher Methoden als Resultate zu betonen. Ein Gutachter, dem Teile des Textes vorlagen, schrieb, der Stoff müsse „flüssiggemacht" werden. Dies haben wir zu erreichen versucht. Eine Auflistung der Veränderungen, die wir vorgenommen haben, erscheint uns unpassend, da dem Leser eine Bewertung derselben ohne Kenntnis des Wienholtzschen Manuskripts ja unmöglich ist.

Der Leser wird primär wissen wollen, wie sich dieses Buch von anderen Büchern über diesen Gegenstand, an denen ja kein Mangel herrscht, unterscheidet. Wie die berühmte Gaußsche Arbeit [81] schon suggeriert, werden die zentralen Eigenschaften harmonischer Funktionen (Liouville- und Harnackeigenschaft, Maximum- und Minimumeigenschaft sowie Analytizität) aus der Mittelwerteigenschaft und nicht, wie in der Literatur vorherrschend, aus der Poissonschen Integralformel erschlossen. Dies hat den Vorteil, daß analoge Aussagen für Lösungen anderer Gleichungen hergeleitet werden können, wenn diese einer Mittelwertgleichung oder -ungleichung genügen. Beispielhaft vorgeführt wird dies anhand der Helmholtzschen Schwingungsgleichung, die überhaupt detaillierter als gemeinhin üblich betrachtet wird.

Die Gestalt der Poissonschen Integralformel wird zu Beginn von Kapitel 3 motiviert. Der dann folgende elementare Beweis beruht auf der Beobachtung, daß der Poissonkern für die Kugel die Eigenschaften einer δ-Funktion hat. Auch hier verfährt das Gros der Literatur anders, nämlich über die Greensche Darstellungsformel und die Greensche Funktion für die Kugel, Dinge, die hier erst später in Zusammenhang mit der Poissongleichung angesprochen werden. Die Perronsche Methode zur Lösung des Dirichletproblems für harmonische Funktionen ist natürlich klassischer Bestandteil der Literatur, aber auch hier und beim sog. Zaremba-Kriterium gibt es Detailvereinfachungen im Beweis. Der Lebesguesche Dorn, für den das Dirichletproblem klassisch nicht lösbar ist, wird ausführlicher als gemeinhin behandelt. Ungewöhnlich für die Lehrbuchliteratur ist die gründliche Behandlung unbeschränkter Gebiete ohne Verwendung der Kelvintransformation.

Vereinfachungen findet man für den Nachweis, daß das Newtonpotential die Poissongleichung für hölderstetige rechte Seite löst, und es wird Petrinis Gegenbeispiel gebracht, daß Stetigkeit alleine dafür nicht ausreicht. Die Lösung des Dirichletproblems für die Poissongleichung durch das Greenpotential wird auf den Hölderschen Satz zurückgeführt und auf diese Weise bewiesen, daß die Greensche Funktion für ein Gebiet genau dann existiert, wenn jeder Randpunkt eine Barriere besitzt. Diese Vorgehensweise gestattet dann auch eine relativ einfache Herleitung der Fredholmschen Alternative in Satz 6.2.5.

Besonders hervorheben möchten wir Wienholtzens neuen und eleganten Beweis der Symmetrie der Greenschen Funktion allein unter Verwendung der Mittelwerteigenschaft harmonischer Funktionen. Üblicherweise beruft man sich hier auf den Gaußschen Satz, was eine gewisse Qualität des Randes und des Gradienten der Greenschen Funktion voraussetzt. Kennzeichnend für dieses Buch ist, daß der Gaußsche Satz immer nur für Kugeln oder deren Komplemente angewendet wird, in welchem Fall er, wie in Anhang B dargelegt, eine unmittelbare Folge der Transformationsformel für Gebietsintegrale ist. Die Integralumformungen, die etwa im Rahmen der Fredholmschen Alternative oder für den Zusammenhang zwischen klassischen und schwachen Lösungen erforderlich sind, werden durch den – vielleicht noch immer nicht genug bekannten – Satz von Giesecke gedeckt, der einen sehr einfachen Beweis gestattet. Unseres Wissens nach neu ist der die Symmetrie der Greenschen Funktion verwendende Wienholtzsche Beweis für die Abschätzungen der Ableitungen der Greenschen Funktion, wenn der Rand einer gleichmäßigen äußeren Kugelbedingung genügt.

Daß das Greenpotential für die Kugel bei hölderstetiger Dichte hölderstetige 2. Ableitungen bis zum Rande besitzt, wird mit Hilfe eines wenig bekannten Kunstgriffs von Simoda gezeigt. In Kombination mit dem Banachschen Fixpunktsatz ergibt sich dann sofort die lokale Lösbarkeit des Beltrami-Systems sowie mit Hilfe der Bernsteinschen Kontinuitätsmethode und einer aus einem Kompaktheitsargument folgenden A-Priori-Ungleichung die Lösbarkeit des Dirichletproblems für die Kugel bei kleiner Abweichung des Hauptteils vom Laplaceoperator. Ferner läßt sich sodann die Leray-Schaudersche Methode am Beispiel des semilinearen Dirichletproblems für die Kugel darstellen.

Die Untersuchung der Poissongleichung für ein Gebiet mit einem $C^{2,\alpha}$-Rand geschieht nun in der Weise, daß gezeigt wird, daß sich dieser lokal auf einen Teil einer Sphäre abbilden läßt, wobei der Laplaceoperator in einen allgemeinen elliptischen Differentialoperator 2. Ordnung überführt wird, dessen Hauptteil sich wenig vom Laplaceoperator unterscheidet. Dies führt zu einem neuen Beweis des Kelloggschen Satzes und in Kombination mit dem Banachschen Satz von der offenen Abbildung zu einer A-Priori-Abschätzung, die dann zu einer Herleitung der globalen A-Priori-Abschätzung von Schauder verwendet wird. Mit dem Schauderschen Satz und der zugehörigen Fredholmschen Alternative in Abschnitt 8.3 und mit Satz 9.1.2 ist dann ein abschließendes Resultat über die klassische Lösbarkeit des Dirichletproblems für lineare elliptische Gleichungen 2. Ordnung erreicht.

Nun ist nicht zu verkennen, daß sich im Lauf der Zeit die Interessen und Prioritäten in Forschung und Lehre stark gewandelt haben. In dem von uns hinzugefügten Kapitel 10 gehen wir daher kurz auf schwache Lösungen einer Gleichung oder eines Randwertproblems ein, wobei der Leser auch hier einiges anders als üblich dargestellt finden wird. (Wienholtz selbst hatte die Sätze 10.3.4 und 10.3.9 als Beweisvarianten in das klassische Material von Kapitel 4 eingearbeitet.) Für eine einführende Vorlesung in die Theorie der partiellen Differentialgleichungen, in der alle drei Typen angesprochen werden, lassen sich unschwer kleine Teil aus den Kapiteln 2–4 und 10 herausgreifen. Die Schaudersche Theorie könnte aufgrund des hier gegebenen stufenweisen Aufbaus zum Gegenstand einer Reihe von Seminarvorträgen gemacht werden.

Dem Konzept der Reihe „Grundwissen" entsprechend, enthält dieses Buch eine Fülle historischer Bemerkungen. Gerade bei den partiellen Differentialgleichungen hat ein Theorem – und erst recht ein Begriff oder eine Technik – meist eine komplizierte Entwicklungslinie, die aus dem Blickwinkel der Gegenwart zu skizzieren versucht wird. Das Wienholtzsche Manuskript enthielt mit Jahreszahlen versehene Autorennamen, so daß eine Identifizierung der Arbeiten, die er zitieren wollte, nahezu immer möglich war. Wir haben die Anzahl der Literaturverweise um gut ein Drittel vermehrt.

Wir sind A. Hinz (München) und C.G. Simader (Bayreuth) für die Überlassung eigener Vorlesungsskripte sowie für viele anregende Diskussionen über lange Jahre hinweg zu Dank verpflichtet. Frau M. Wienholtz-Hatzidaki und Herrn Dr. D. Wienholtz danken wir für die großzügige Überlassung aller Rechte gegenüber dem Springer-Verlag. Dem Springer-Verlag danken wir für die angenehme Zusammenarbeit und insbesondere für die Möglichkeit, dieses Buch in alter Rechtschreibung erscheinen zu lassen. Ein besonders herzlicher Dank gilt Frau Eberhardt (Bochum) für ihre hervorragende Arbeit und Engelsgeduld bei der Erstellung der Druckvorlage.

München und Bochum, im April 2009

Hubert Kalf und *Thomas Kriecherbauer*

Inhaltsverzeichnis

1 Einleitung mit Bemerkungen zur historischen Entwicklung   1
    1.1   Das Potential des Schwerefeldes 2
    1.2   Die Laplacegleichung und die Poissongleichung 4
    1.3   Das Neumannsche und das Dirichletsche Randwertproblem ... 7
    1.4   Das Dirichletsche Randwertproblem im 19. Jahrhundert 10

2 Die Laplacegleichung 19
    2.1   Harmonische Funktionen und Mittelwerteigenschaft 19
    2.2   Liouville- und Harnackeigenschaft 28
    2.3   Das Maximum-Minimumprinzip 31
    2.4   Analytizität 35
    2.5   Erweiterung: Helmholtzsche Schwingungsgleichung 39
    2.6   Ausblick: Elliptische Gleichungen 2. Ordnung 43
    2.7   Exkurs: Eindeutige Fortsetzbarkeit 47
    Aufgaben 53

3 Das Dirichletproblem für harmonische Funktionen 59
    3.1   Einführung: Eindeutigkeit, Stabilität und der Fall der
         Kreisscheibe 59
    3.2   Die Poissonsche Integralformel löst das Dirichletproblem für
         die Kugel. 63
    3.3   Superharmonische Funktionen und die Perronsche
         Lösungsmethode für beschränktes $\Omega \subseteq \mathbb{R}^N$ 67
    3.4   Über den lokalen Charakter der Barrierenforderung. Kriterien. 75
    3.5   Behebbare Singularitäten. Dirichletprobleme ohne Lösung. ... 78
    3.6   Unbeschränkte Gebiete 82
    3.7   Der Satz von Giesecke. Bemerkungen zum Dirichletschen
         Prinzip. 92
    Aufgaben 97

4 Die Poissongleichung $-\Delta u = f$ 103
- 4.1 Orientierende Bemerkungen zum Newtonpotential 103
- 4.2 Differenzierbarkeitseigenschaften des Newtonpotentials und Lösung des Dirichletproblems 107
- 4.3 Petrinis Gegenbeispiel 115
- 4.4 Die Greensche Funktion zum Dirichletproblem 118
- 4.5 Die Symmetrie der Greenschen Funktion 123
- 4.6 Abschätzungen für die Ableitungen der Greenschen Funktion . 126
- 4.7 Das Newtonpotential verallgemeinernde singuläre Integrale ... 134
- 4.8 Das Dirichletproblem für $-\Delta u = f$ bei am Rand unbeschränktem f 142
- 4.9 Erweiterung: Die Greensche Funktion für $-\Delta + 1$ 147
- Aufgaben 161

5 Die Greensche Funktion für die Kugel mit Anwendungen .. 165
- 5.1 Die Greensche Funktion für den Halbraum, die Kugel und ihr Äußeres 165
- 5.2 Einschub: Harmonische Funktionen mit einer isolierten Singularität 170
- 5.3 Die 2. Ableitungen des Greenpotentials für die Kugel 172
- 5.4 Eine erste Anwendung: Die lokale Lösbarkeit des Beltrami-Systems 184
- 5.5 Das Dirichletproblem für die Kugel bei kleiner Abweichung des Hauptteils vom Laplaceoperator 191
- 5.6 Die Methode von Leray und Schauder am Beispiel des semilinearen Dirichletproblems in der Kugel 197
- Aufgaben 202

6 Die Fredholmsche Alternative für das Dirichletproblem 207
- 6.1 Die Sätze von Fredholm und ihre Verallgemeinerung. Resolvente und Spektrum 207
- 6.2 Das Dirichletproblem für $(-\Delta + a - \lambda)u = f$ 211
- 6.3 Die Gleichung $-\Delta u + \sum_{i=1}^{N} a_i u_{x_i} + (a - \lambda)u = f$ mit am Rand unbeschränkten a und f 224
- Aufgaben 230

7 Der Kelloggsche Satz 233
- 7.1 Vorbereitungen 234
- 7.2 Umformulierung und Beweis des Kelloggschen Satzes 246
- 7.3 Zwei A-Priori-Ungleichungen im Gefolge des Kelloggschen Satzes 252
- Aufgaben 260

8 Die globale A-Priori-Abschätzung von Schauder und ihre Anwendung auf lineare und quasilineare Dirichletprobleme 263
  8.1 Differentialoperatoren mit konstanten Koeffizienten 264
  8.2 Variable Koeffizienten 267
  8.3 Die Kontinuitätsmethode zur Lösung des allgemeinen linearen Dirichletproblems in $\overline{C}^{2,\alpha}(\Omega)$. Die Fredholmsche Alternative... 272
  8.4 Ausblick: Das Dirichletproblem für die quasilineare elliptische Differentialgleichung 2. Ordnung nach der Methode von Leray-Schauder 277
  Aufgaben 279

9 Innere Abschätzungen und innere Regularität 281
  9.1 Eine innere A-Priori-Abschätzung und ihre Anwendung 281
  9.2 Innere Regularität von C^2-Lösungen linearer und quasilinearer elliptischer Gleichungen nach E. Hopf 287
  Aufgaben 298

10 Schwache Lösungen 299
  10.1 Bemerkungen zur historischen Entwicklung 299
  10.2 Existenz schwacher Lösungen 304
  10.3 Innere Regularität schwacher Lösungen.................... 318
  10.4 Randregularität für Lösungen verallgemeinerter Dirichletprobleme 328
  10.5 Rechtfertigung des Dirichletschen Prinzips 332
  Aufgaben 337

A Partielle Integration. Glättungsoperatoren. 343

B Integration über Sphären 355

C Hölderstetigkeit 363

Symbolverzeichnis 371

Literaturverzeichnis 375

Personenverzeichnis 395

Sachverzeichnis 399

1

Einleitung mit Bemerkungen zur historischen Entwicklung

Unter den partiellen Differentialgleichungen bilden die *elliptischen* eine besondere Klasse. Ihre Lösungen haben ein hohes Maß an innerer Regularität und, ähnlich wie die Funktionentheorie, welche in anderen Bereichen der Mathematik immer wieder Anwendungen hat, so fordert die Theorie der elliptischen Gleichungen nicht nur zu ihrem eigenen Aufbau heraus, sondern sie unterstützt auch die Behandlung großer Klassen der übrigen Differentialgleichungen.

Die elliptischen Differentialgleichungen 2. Ordnung sind aus der klassischen Potentialtheorie hervorgegangen, die ihrerseits mit der mathematischen Erforschung der physikalischen Kraftfelder der Gravitation, der Elektrostatik und der Magnetostatik entstanden ist. Zur Unterscheidung der klassischen von der jetzt eng mit Maß- und Wahrscheinlichkeitstheorie einhergehenden modernen Potentialtheorie sei auf repräsentative Lehrbücher, z.B. O.D. KELLOGG [136] bzw. L.L. HELMS [110] und J.L. DOOB [52] verwiesen, zur Übersicht auch auf einen Essay von H. BAUER [12].

Noch heute kann man für die Theorie elliptischer Gleichungen nicht auf Bausteine verzichten, die aus der Potentialtheorie stammen. Zugleich kann die klassische Potentialtheorie angesehen werden als eine Theorie der Gleichung zweiter Ordnung

$$-(u_{x_1 x_1} + \ldots + u_{x_N x_N}) = f \ .$$

Hier bezeichnen die $u_{x_i x_i}$ die partiellen Ableitungen 2. Ordnung der gesuchten Lösung u.

Dies ist eine elliptische Differentialgleichung, zwar eine sehr spezielle, aber mit den typischen Eigenschaften. Wir werden uns gründlich mit ihr befassen, bevor wir uns den allgemeinen elliptischen Gleichungen 2. Ordnung zuwenden werden.

1.1 Das Potential des Schwerefeldes

Das von NEWTON [240] um 1665 in Ausdeutung der Keplerschen Gesetze der Planetenbahnen aufgestellte Gravitationsgesetz zwischen Körpern wird heute mit der Abstraktion „Massepunkt" formuliert:

Wenn eine Masse M im Nullpunkt des Koordinatensystems und eine Masse m im Punkte (x, y, z) konzentriert sind und wenn r ihr Abstand ist, dann beschreibt

$$k(x, y, z) = -\gamma \frac{Mm}{r^2} \left(\frac{x}{r}, \frac{y}{r}, \frac{z}{r} \right)$$

den Vektor der Anziehungskraft im Punkte (x, y, z) zwischen den beiden Massen. Dabei ist γ die Gravitationskonstante.

DANIEL BERNOULLI [16], wenn auch nur indirekt, und LAGRANGE [162, § 12] drückten den Vektor $-\frac{1}{r^2}(\frac{x}{r}, \frac{y}{r}, \frac{z}{r})$ als $(\frac{\partial}{\partial x}\frac{1}{r}, \frac{\partial}{\partial y}\frac{1}{r}, \frac{\partial}{\partial z}\frac{1}{r})$ aus (siehe auch [161]), also als Gradienten der Funktion $1/r = 1/\sqrt{x^2 + y^2 + z^2}$; das ist in heutigen Schreibweisen

$$-\frac{1}{r^2}\left(\frac{x}{r}, \frac{y}{r}, \frac{z}{r} \right) = \operatorname{grad} \frac{1}{r} = \nabla \frac{1}{r} = \left(\frac{\partial}{\partial x}, \frac{\partial}{\partial y}, \frac{\partial}{\partial z} \right) \frac{1}{r}.$$

In $k(x, y, z) = m \operatorname{grad}(\gamma M/r)$, was Physiker lieber $-m \operatorname{grad}(-\gamma M/r)$ schreiben, kommt dann zum Ausdruck, daß M von einem Schwerefeld umgeben ist, nämlich dem Gradientenfeld der Funktion

$$\phi(x, y, z) = \frac{\gamma M}{\sqrt{x^2 + y^2 + z^2}},$$

das von m unabhängig ist.

Heute nennen wir ϕ das *Potential* oder die *Potentialfunktion* des Schwerefeldes von M.

D. BERNOULLI [16, p. 361] und LAGRANGE [162, § 12ff] untersuchten auch solche Schwerefelder, die von mehreren Massepunkten $M_1 \ldots M_n$ erzeugt werden, und formulierten das Superpositionsprinzip

$$k(x, y, z) = m \operatorname{grad}(\phi_1 + \ldots + \phi_n).$$

In Verallgemeinerung davon untersuchte LAGRANGE [162][1] Gravitationsfelder von räumlich oder flächig verteilten Massen M und stellte auch dabei fest, daß außerhalb der Masseverteilung eine Funktion existiert, deren Gradient das Kraftfeld beschreibt.

Wir wollen dies am Beispiel einer räumlich verteilten Masse verdeutlichen: Jede experimentelle Überprüfung des Newtonschen Gravitationsgesetzes muß

---

[1] LAGRANGE [163, 164] sind abschließende Arbeiten. Wegen einer manchmal erst dem späteren LAPLACE gemachten Zuordnung siehe A.S. HATHAWAY [100].

in Kauf nehmen, daß M auf ein kleines Volumen verteilt ist, ebenso m, und daß r nur bis auf die Summe der Durchmesser dieser Volumina bekannt ist. Die Gültigkeit des Newtonschen Gesetzes bedeutet daher, daß es das Anziehungsgesetz zwischen zwei Körpern, die einen relativ großen Abstand voneinander haben, approximiert. Das soll insbesondere heißen, daß der Betrag der Anziehungskraft zwischen den Massen M und m eine der Zahlen $\gamma \frac{Mm}{r^2}$ ist, wo r den Abstand zwischen einem Punkt aus dem einen und einem Punkt aus dem anderen Körper mißt.

Bei einer räumlichen Masseverteilung sei die Masse M über ein beschränktes Gebiet G verteilt mit der Dichte $\varrho(x,y,z)$, so daß

$$M = \iiint\limits_G \varrho(\xi,\eta,\zeta)\, d\xi\, d\eta\, d\zeta \ .$$

Wir wollen die Anziehungskraft berechnen, die an der Stelle (x,y,z) außerhalb von $\overline{G}$, dem Abschluß von G, auf einen Massepunkt der Masse m wirkt. Zerlegt man G durch eine Rasterung des $\mathbb{R}^3$ der Maschenweite $\delta > 0$ in endlichviele $G_1, G_2, \ldots, G_n$ mit Durchmessern $\delta_i \leq \delta\sqrt{3}$ – ähnlich wie bei der Bestimmung des Jordaninhalts von G – und ist

$$M_i = \iiint\limits_{G_i} \varrho(\xi,\eta,\zeta)\, d\xi\, d\eta\, d\zeta \tag{1.1}$$

die in G_i enthaltene Masse und (ξ_i, η_i, ζ_i) ein in G_i liegender Punkt, dann wird die von M_i auf m in (x,y,z) ausgeübte Kraft nach Obigem approximiert durch

$$-\gamma \frac{M_i m}{r_i^2} \left(\frac{x-\xi_i}{r_i}, \frac{y-\eta_i}{r_i}, \frac{z-\zeta_i}{r_i} \right)$$

mit $r_i = \sqrt{(x-\xi_i)^2 + (y-\eta_i)^2 + (z-\zeta_i)^2}$. Der Fehler ist $\mathcal{O}(\delta^4)$ für $\delta \to 0$ für jede der drei Komponenten; denn sind $(\xi_i', \eta_i', \zeta_i')$ und $(\xi_i'', \eta_i'', \zeta_i'')$ irgend zwei Punkte in G_i und ist r_i' der Abstand von (x,y,z) zum ersten und r_i'' der zum zweiten Punkt, so ist $\xi_i'' - \xi_i' = \mathcal{O}(\delta)$ (d.h. $|\xi_i'' - \xi_i'| \leq \text{const}\,\delta$, wobei const eine von δ unabhängige, positive Konstante bezeichne), $r_i'' - r_i' = \mathcal{O}(\delta)$, und der Betrag des Unterschieds in der beispielhaften ersten Komponente ist

$$\left| \gamma \frac{M_i m}{r_i'^2} \cdot \frac{x-\xi_i'}{r_i'} - \gamma \frac{M_i m}{r_i''^2} \cdot \frac{x-\xi_i''}{r_i''} \right|$$
$$= \gamma \frac{m M_i}{r_i'^3 r_i''^3} \left| (x-\xi_i'')(r_i''^3 - r_i'^3) + (\xi_i'' - \xi_i') r_i''^3 \right|$$
$$= M_i \mathcal{O}(\delta) \ ;$$

ferner ist der Ausdruck (1.1) von der Ordnung $\mathcal{O}(\delta^3)$, wenn ϱ beschränkt ist. Nach dem Superpositionsprinzip ist die Anziehungskraft, die in (x,y,z) zwischen m und der Vereinigung der M_i besteht, gleich der Summe der einzelnen

Kräfte; letztere sind uns bis auf $\mathcal{O}(\delta^4)$ bekannt. Die Anzahl der Summanden geht höchstens wie δ^{-3}; also ist

$$-\sum_{i=1}^{n}\gamma\frac{M_i m}{r_i^2}\left(\frac{x-\xi_i}{r_i},\frac{y-\eta_i}{r_i},\frac{z-\zeta_i}{r_i}\right) \quad (1.2)$$

eine Approximation an den zu berechnenden Kraftvektor mit einem Fehler $\mathcal{O}(\delta)$.

Um diesen Ausdruck als Riemannsumme eines Integrals zu deuten, wählen wir jetzt noch den Punkt (ξ_i,η_i,ζ_i) so in G_i aus, daß

$$M_i = \varrho(\xi_i,\eta_i,\zeta_i)\iiint\limits_{G_i} d\xi\, d\eta\, d\zeta$$

gilt, was bei stetigem ϱ nach dem Mittelwertsatz der Integralrechnung möglich ist. Damit ist dann (1.2) Riemann-Zwischensumme von

$$-\iiint\limits_{G}\frac{m\gamma\varrho(\xi,\eta,\zeta)}{[(x-\xi)^2+(y-\eta)^2+(z-\zeta)^2]^{3/2}}(x-\xi,y-\eta,z-\zeta)\,d\xi\,d\eta\,d\zeta$$

Das ist

$$m\,\mathrm{grad}\iiint\limits_{G}\frac{\gamma\varrho(\xi,\eta,\zeta)}{\sqrt{(x-\xi)^2+(y-\eta)^2+(z-\zeta)^2}}\,d\xi\,d\eta\,d\zeta\,;$$

und wir haben hergeleitet, daß das Kraftfeld *außerhalb von* $\overline{G}$ das Potential

$$\phi(x,y,z) = \iiint\limits_{G}\frac{\gamma\varrho(\xi,\eta,\zeta)}{\sqrt{(x-\xi)^2+(y-\eta)^2+(z-\zeta)^2}}\,d\xi\,d\eta\,d\zeta \quad (1.3)$$

besitzt, wenn es von der in G mit der Dichte ϱ verteilten Masse M herrührt.

1.2 Die Laplacegleichung und die Poissongleichung

LAPLACE [165, § 8], [166, § 2] stellte für dieses Potential (1.3) Differentialgleichungen auf, denen es außerhalb $\overline{G}$ genügt; und zwar zuerst in Polarkoordinaten und dann in rechtwinkligen cartesischen Koordinaten in der Form (siehe auch [167, p. 137f])

$$\phi_{xx}+\phi_{yy}+\phi_{zz}=0\,,$$

was man heute die *Laplacegleichung* nennt und häufig mit dem erst später aufgetretenen *Laplaceoperator*

1.2 Die Laplacegleichung und die Poissongleichung

$$\Delta = \frac{\partial^2}{\partial x^2} + \frac{\partial^2}{\partial y^2} + \frac{\partial^2}{\partial z^2}$$

in der Gestalt

$$\Delta \phi(x, y, z) = 0$$

schreibt. Lösungen der Laplacegleichung werden auch *harmonische Funktionen* genannt.

Der Schritt von LAPLACE hat sich als äußerst fruchtbar erwiesen, sowohl für die Potentialtheorie als auch für die Entstehung einer Theorie partieller Differentialgleichungen zweiter Ordnung. Vielleicht war das Interesse an dieser Gleichung seinerzeit dadurch besonders geweckt, daß bereits 1756/57 EULER [63, § 67] bei hydrodynamischen Problemen auf sie gestoßen war; siehe auch LAGRANGE [159, § 42], [160].

Der Nachweis, daß ϕ außerhalb von $\overline{G}$ der Laplacegleichung genügt, ist sehr einfach. Man braucht es nur in der Umgebung eines beliebigen Punktes aus $\mathbb{R}^3 \setminus \overline{G}$ zu zeigen, und dazu legt man um einen solchen Punkt eine Kugel B, die von $\overline{G}$ einen positiven Abstand hat. In B ist ϕ nach klassischen Sätzen beliebig oft differenzierbar, und man erhält die Ableitungen durch Differentiation in (1.3) unter dem Integral; man rechnet nach, daß

$$\Delta \frac{1}{\sqrt{(x-\xi)^2 + (y-\eta)^2 + (z-\zeta)^2}} = 0$$

ist.

Man kann (1.3) aber auch benutzen, um ein Potential $\phi(x, y, z)$ für $(x, y, z) \in G$ zu definieren. Zwar ist der Integrand in (1.3) für solche (x, y, z) singulär, trotzdem existiert das Integral. Um das einzusehen, legt man um $(x, y, z) \in G$ als Mittelpunkt eine kleine Kugel $B \subseteq G$ mit festem Radius β, und es genügt zu zeigen, daß

$$\iiint_B \frac{\varrho(\xi, \eta, \zeta)}{\sqrt{(x-\xi)^2 + (y-\eta)^2 + (z-\zeta)^2}} \, d\xi \, d\eta \, d\zeta \tag{1.4}$$

existiert; denn das Restintegral über $G \setminus B$ ist unproblematisch.

Nach Einführung von Polarkoordinaten

$$(\xi - x, \eta - y, \zeta - z) = r\chi,$$

also

$$r = \sqrt{(\xi - x)^2 + (\eta - y)^2 + (\zeta - z)^2}, \quad \chi \in \mathbb{R}^3, \quad |\chi| = 1,$$

geht (1.4) über in das Integral

$$\int_0^\beta \iint_{|\chi|=1} \frac{\varrho(x + r\chi_1, y + r\chi_2, z + r\chi_3)}{r} \, dS(\chi) \, r^2 \, dr,$$

worin dS das Oberflächenelement bezeichnet. Das Integral existiert, da ϱ beschränkt ist.

Durch (1.3) ist nun zwar ϕ auch für $(x,y,z) \in G$ definiert, aber es genügt in G nicht mehr der Laplacegleichung $\Delta\phi = 0$. Schon die Stetigkeit von ϕ bedarf einer besonderen Begründung.

Jedenfalls bei in G konstantem $\varrho(x,y,z)$ bewies POISSON [265] die Gleichung

$$\phi_{xx}(x,y,z) + \phi_{yy}(x,y,z) + \phi_{zz}(x,y,z) = -4\pi\varrho(x,y,z),$$

die er allerdings auch für veränderliches ϱ zu beweisen versuchte; daher nennt man heute eine Differentialgleichung vom Typ

$$-\Delta u = f \text{ mit } f \neq 0$$

eine *Poissongleichung*.

Für nichtkonstante Dichte ϱ führte nach weiteren Bemühungen von POISSON und anderer Autoren erst GAUSS [81] einen strengen Beweis, daß das Potential ϕ in G dieser Gleichung genügt; er mußte allerdings dabei voraussetzen, daß ϱ in G stetig differenzierbar ist.

Im Jahre 1882 konnte dann OTTO HÖLDER [120] in seiner Dissertation „Beiträge zur Potentialtheorie" die Voraussetzung der stetigen Differenzierbarkeit von ϱ durch die schwächere Forderung ersetzen, daß es $0 < \alpha < 1$ und eine Konstante gibt, so daß

$$|\varrho(x,y,z) - \varrho(x',y',z')| \leq \text{const} \left[(x-x')^2 + (y-y')^2 + (z-z')^2\right]^{\alpha/2}$$

für alle $(x,y,z) \in G$, $(x',y',z') \in G$. Dies ist eine Forderung[2], die für ϱ weniger als Differenzierbarkeit, aber mehr als Stetigkeit bedeutet. Sie wird uns in diesem Buch noch sehr beschäftigen, da sie für die Theorie elliptischer Differentialgleichungen eine Schlüsselrolle spielt. Man nennt sie eine *Hölderbedingung*, und man nennt solche ϱ *hölderstetig*.

Es braucht ϕ in G nicht zweimal differenzierbar zu sein, wenn ϱ lediglich stetig ist. Hierzu hat PETRINI [251] ein Beispiel gegeben; siehe Abschnitt 4.3.

Die hier angesprochenen Eigenschaften des Potentials (1.3), insbesondere, daß ϕ bei hölderstetigem ϱ der Poissongleichung $-\Delta\phi = 4\pi\varrho$ genügt, werden in den Abschnitten 4.1 und 4.2 in etwas allgemeinerem Rahmen behandelt.

In der Elektrostatik gilt das nach COULOMB benannte Gesetz

$$k(x,y,z) = \frac{eQ}{r^2}\left(\frac{x}{r}, \frac{y}{r}, \frac{z}{r}\right)$$

für die Kraft, die eine im Ursprung des Koordinatensystems befindliche Ladung Q auf eine in (x,y,z) befindliche Ladung e ausübt. Genauere Literaturangaben und Hinweise auf Coulombs Vorgänger findet man in [84]. Dabei ist

---

[2] Wohl zuerst bei R. LIPSCHITZ [194], aber dort beim Studium trigonometrischer Reihen.

wieder $r^2 = x^2 + y^2 + z^2$. Das von der Punktladung Q erzeugte elektrische Feld ist ein Gradientenfeld

$$E(x, y, z) = -\operatorname{grad}(Q/r)$$

mit dem Potential

$$\phi(x, y, z) = \frac{Q}{\sqrt{x^2 + y^2 + z^2}},$$

und man erkennt die Übereinstimmung mit dem vorhin behandelten Fall des Schwerefeldes.

Ähnlich verhält es sich mit der Magnetostatik. Nach Vorarbeiten auf diesen Gebieten von POISSON [264, pp. 5, 30-34] hat GREEN [86] mit seiner zunächst nur wenig bekannt gewordenen Arbeit[3] „An Essay on the Application of Mathematical Analysis to the Theories of Electricity and Magnetism" die Potentialtheorie entscheidend gestaltet; ebenso GAUSS [81] mit „Allgemeine Lehrsätze in Beziehung auf die im umgekehrten Verhältnis der Quadrate der Entfernung wirkenden Anziehungs- und Abstoßungskräfte". Zuerst in diesen beiden Arbeiten wird die Benennung Potential oder Potentialfunktion für den bis dahin so wichtig gewordenen Begriff benutzt; siehe aber [14, 28].

Für historische Studien über die Epoche vor OTTO HÖLDER nennen wir die Monographien von TODHUNTER [325] und von BACHARACH [10]. Über die weitere Entwicklung der Potentialtheorie um die Jahrhundertwende berichten die Enzyklopädieartikel von BURKHARDT und MEYER [31] und LICHTENSTEIN [190]. Jedoch ist es manchmal notwendig und ein mühevoller Genuß, in den Originalarbeiten zu lesen.

1.3 Das Neumannsche und das Dirichletsche Randwertproblem

Warum interessiert man sich für Differentialgleichungen, denen das Potential ϕ einer Verteilung von Massen oder Ladungen genügt? Anfänglich konnte man nur Hoffnungen auf weitere Einsicht damit verbinden, und erst die dadurch in Gang gesetzten Forschungen ergaben, daß man aus dem Bestehen der Poissongleichung oder der Laplacegleichung wichtige Eigenschaften von ϕ, und damit des Kraftfeldes grad ϕ, ableiten kann.

Beispielsweise läßt sich das Gravitationsfeld in einem beschränkten Teilgebiet D außerhalb der Masseverteilung ohne jede weitere Kenntnis der Massendichte ϱ bestimmen, wenn man das Feld nur nahe der (hinreichend glatt

---

[3] Die Verbreitung der Resultate dieser Schrift mehr als anderthalb Jahrzehnte nach ihrem Erscheinen als Privatdruck 1828 ist WILLIAM THOMSON (dem späteren LORD KELVIN) zu verdanken, der als Student durch ein Zitat in einer Arbeit von MURPHY von ihrer Existenz erfuhr und nach langem vergeblichem Suchen durch Zufall feststellte, daß sein Tutor drei Exemplare besaß. Auf Anregung Thomsons erschien in den Jahren 1850–54 ein Nachdruck in Crelles Journal.

angenommenen) Berandung ∂D von D kennt. Dies ist eine Folge der Differentialgleichung $\Delta \phi = 0$ in D. Es genügt sogar, daß man die Normalkomponente $\frac{\partial \phi}{\partial \nu}$ des Feldes auf ∂D kennt; dabei ist $\frac{\partial}{\partial \nu}$ die Differentiation in Richtung der äußeren Einheitsnormalen ν an D, also $\frac{\partial \phi}{\partial \nu} = \nu \cdot \operatorname{grad} \phi$ auf ∂D.

Freilich, dahinter steht die Konstruktion einer Lösung des *Neumannschen Randwertproblems*, das man auch das *2. Randwertproblem* nennt und dessen Lösung einen der Höhepunkte der Potentialtheorie darstellt. Es lautet in enger Anlehnung an das ursprüngliche „Allgemeine Problem" bei FRANZ NEUMANN [233, p. 270]:

Es sei[4] $D \subset\subset \mathbb{R}^3$ mit genügend glattem Rand, so daß in jedem Punkte $(x, y, z) \in \partial D$ die äußere Einheitsnormale $\nu(x, y, z)$ an D existiert und der Gaußsche Integralsatz auf D anwendbar ist.

Es sei $g \colon \partial D \to \mathbb{R}$ stetig. Gesucht ist eine in $\overline{D}$ einmal stetig differenzierbare Funktion u[5], die in D zweimal stetig differenzierbar ist, der Laplacegleichung $\Delta u = 0$ in D und der (Neumannschen) Randbedingung $\frac{\partial}{\partial \nu} u(x, y, z) = g(x, y, z)$ auf ∂D genügt.

Man beachte, daß unsere Formulierung des Neumannschen Randwertproblems keinen Rückgriff auf Potentiale macht, vielmehr ganz im Rahmen partieller Differentialgleichungen verläuft. Durch diese Loslösung formulieren wir es für alle stetigen $g \colon \partial D \to \mathbb{R}$, also nicht nur für solche g, die auf ∂D Normalkomponente eines Gravitationsfeldes sind.

Es gibt aber stetige g, für die das Neumannsche Randwertproblem keine Lösung hat. Wenn nämlich $u \colon \overline{D} \to \mathbb{R}$ eine Lösung des Neumannproblems ist mit $\frac{\partial u}{\partial \nu} = g$ auf ∂D, dann ist nach dem Integralsatz von Gauß

$$0 = \int_D \Delta u \, (x, y, z) \, dx \, dy \, dz = \int_{\partial D} \frac{\partial u}{\partial \nu} (x, y, z) \, dS = \int_{\partial D} g(x, y, z) \, dS \, .$$

Daher ist die Bedingung $\int_{\partial D} g \, dS = 0$ für die Lösbarkeit des Neumannschen Randwertproblems notwendig.[6]

Für die Rekonstruktion des Gravitationsfeldes in einem massefreien Gebiet aus der Kenntnis der Normalkomponenten des Feldes auf dem Rande des Gebietes genügt es nicht, zu wissen, daß eine Lösung des Neumannproblems existiert. Vielmehr ist ein Verfahren nötig, eine Lösung allein aus den Randwerten zu konstruieren, und man muß wissen, daß das Gradientenfeld der konstruierten Lösung mit dem gegebenen Gravitationsfeld übereinstimmt. Es bedarf also auch eines *Eindeutigkeitssatzes* zum Neumannschen Problem:

Wenn u und v Lösungen des Neumannschen Randwertproblems in $\overline{D}$ sind mit $\frac{\partial u}{\partial \nu} = \frac{\partial v}{\partial \nu}$ auf ∂D, dann ist $\operatorname{grad} u = \operatorname{grad} v$.

Wenn das Gebiet D glatt berandet ist, läßt sich dieser Eindeutigkeitssatz leicht mit dem Gaußschen Integralsatz beweisen, indem man $w := u - v$

---

[4] Sind $A, B \subseteq \mathbb{R}^N$ offen, so verstehen wir unter $A \subset\subset B$, daß A beschränkt ist mit $\overline{A} \subseteq B$. Man sagt dann: *A ist kompakt enthalten in B*.
[5] D.h. die ersten Ableitungen von u besitzen eine stetige Fortsetzung auf $\overline{D}$.
[6] Auch dieses und der kommende Eindeutigkeitssatz bei FRANZ NEUMANN [233] .

betrachtet. Es ist $\Delta w = 0$ und $\frac{\partial w}{\partial \nu} = 0$ und daher

$$\iiint_D |\operatorname{grad} w|^2 \, dx \, dy \, dz = \iint_{\partial D} w \frac{\partial w}{\partial \nu} \, dS - \iiint_D w \Delta w \, dx \, dy \, dz = 0 \, ;$$

mithin ist $\operatorname{grad} w = 0$, und das ist $\operatorname{grad} u = \operatorname{grad} v$.

Jetzt werden wir das *Dirichletsche Randwertproblem* vorstellen. Bei elektrischen Feldern befinden sich die Ladungen oft auf Metallen, wo sie frei verschieblich sind, so daß die Ladungsdichte nicht a-priori vorgegeben ist, wie die Massendichte es in unserer Darstellung war, sondern sich erst unter der Wirkung des elektrischen Feldes einstellt.

Im statischen Fall kann die Feldstärke im metallischen Leiter keine Komponente haben, die eine Verschiebung bewirkt; also ist $\phi = \operatorname{const}$ innerhalb jeder Zusammenhangskomponente eines Leiters. Die Differenzen zwischen den Werten von ϕ auf verschiedenen Zusammenhangskomponenten lassen sich als Spannungen messen. Man kennt daher im elektrostatischen Fall die Werte des Potentials ϕ (bis auf eine für alle gemeinsame additive Konstante) auf den Leitern, von denen wir annehmen, daß sie ein ladungsfreies Gebiet D beranden; die Bestimmung des elektrischen Feldes $E(x,y,z) = -\operatorname{grad}\phi(x,y,z)$ in D läuft dann auf die Bestimmung einer Funktion ϕ in D mit $\Delta\phi = 0$ hinaus, das auf ∂D die gegebenen Werte annimmt.

Das ist ein Spezialfall des *Dirichletschen Randwertproblems*, das man auch das *1. Randwertproblem* nennt. Allgemein lautet es für die Laplacegleichung so:

Vorgegeben sind ein offenes (nichtleeres) $\Omega \subseteq \mathbb{R}^N$ und eine stetige Funktion $g\colon \partial\Omega \to \mathbb{R}$; gesucht ist eine auf $\overline{\Omega}$ stetige Funktion u, die in Ω zweimal stetig differenzierbar ist, dort der Laplacegleichung $\Delta u = 0$ genügt, und die auf $\partial\Omega$ mit g übereinstimmt.

Manchmal findet man eine Formulierung, die etwas weiter gefaßt zu sein scheint, die nämlich die Stetigkeit von $g\colon \partial\Omega \to \mathbb{R}$ nicht nennt und nur $u \in C^2(\Omega)$, $\Delta u = 0$ in Ω und $\lim_{y\to x, y\in\Omega} u(y) = g(x)$ für alle $x \in \partial\Omega$ fordert. Daraus folgt aber die Stetigkeit von $\tilde{u}\colon \overline{\Omega} \to \mathbb{R}$, wenn man

$$\tilde{u}(x) := \begin{cases} u(x) & \text{für } x \in \Omega \\ g(x) & \text{für } x \in \partial\Omega \end{cases}$$

setzt, und, wegen $g = \tilde{u}|_{\partial\Omega}$, auch die Stetigkeit von $g\colon \partial\Omega \to \mathbb{R}$.

Es gibt ja zu $\epsilon > 0$ und $x \in \overline{\Omega}$ ein $\delta(\epsilon, x) > 0$, so daß $|u(y) - \tilde{u}(x)| < \epsilon/2$ für $y \in \Omega = \overline{\Omega}\setminus\partial\Omega$ mit $|y - x| < \delta(\epsilon, x)$. Zu $x', x'' \in \overline{\Omega}$ mit $|x' - x''| < \frac{1}{2}\delta(\epsilon, x')$ gibt es ein $y \in \Omega \cap B_{\delta(\epsilon, x')}(x') \cap B_{\delta(\epsilon, x'')}(x'')$; somit ist $|\tilde{u}(x') - \tilde{u}(x'')| \leq |\tilde{u}(x') - u(y)| + |u(y) - \tilde{u}(x'')| < \epsilon$. Also ist $\tilde{u}\colon \overline{\Omega} \to \mathbb{R}$ stetig. Daher muß auch die Vorgabe $g\colon \partial\Omega \to \mathbb{R}$ stetig gewesen sein, und man ist wieder in der alten Situation $\tilde{u} \in C^0(\overline{\Omega}) \cap C^2(\Omega)$ mit $\Delta\tilde{u} = 0$ in Ω, $\tilde{u}|_{\partial\Omega} = g$.

Tatsächlich ist man aber auch an einer Verallgemeinerung des Dirichletproblems interessiert, bei der $g\colon \partial\Omega \to \mathbb{R}$ unstetig vorgegeben und eine Lösung

u der Laplacegleichung in Ω gesucht ist, die $\lim_{x \to y,\, x \in \overline{\Omega}} u(x) = g(y)$ für alle solchen $y \in \partial\Omega$ erfüllt, in denen g stetig ist. Hierzu vergleiche man den Satz 3.3.9.

Wir schließen mit einer Bemerkung über die Benennung der Randwertprobleme. Das Dirichlet-Problem zuerst von GREEN 1828 behandelt, verdankt seinen Namen dem Zusammenhang mit dem im nächsten Abschnitt zu besprechenden Dirichletschen Prinzip. Es wird heute gemeinhin angenommen, daß es CARL NEUMANN ist, der mit der Benennung des zweiten Randwertproblems geehrt wird, aber wie auf Seite 8 erwähnt, war es FRANZ NEUMANN, Carls Vater, der diese Aufgabe als erster in der Potentialtheorie formulierte[7] und zu ihrer Lösung ein Analogon zur Greenschen Funktion aufstellte [233, S. 272]. (Diese Schrift fußt auf Vorlesungen von FRANZ NEUMANN aus den Jahren 1852/53 und 1856/57.) CARL NEUMANN war es, der erstmals ein gemischtes Randwertproblem (Dirichlet-Bedingung auf einem, Neumann-Bedingung auf einem anderen Teil des Randes) für die Potentialgleichung behandelt hat [230]. Dieses Problem heißt heute vielfach ZAREMBA-Problem (nach [354]). Es sei noch erwähnt, daß es noch ein weiteres Randwertproblem gibt, bei dem $\frac{\partial u(x)}{\partial \nu} + \gamma(x)u(x)$ auf dem Rande vorgegeben ist. Für dieses sind die Bezeichnungen ROBINsche Randwertaufgabe oder drittes Randwertproblem geläufig [90, 91].

1.4 Das Dirichletsche Randwertproblem im 19. Jahrhundert

Diese Randwertaufgabe hat Mathematiker während des ganzen 19. Jahrhunderts und noch weit im 20. Jahrhundert herausgefordert. POISSON [266] hatte Integralformeln aufgestellt, die die Lösung darstellen, wenn Ω eine Kugel in $\mathbb{R}^3$ oder eine Kreisscheibe in $\mathbb{R}^2$ ist. Aber noch 50 Jahre später bedurften die Beweise der Nachbesserung durch H.A. SCHWARZ [302].

Es hatte GREEN [86] einen Ansatz gemacht, um solche Formeln für allgemeinere Gebiete $\Omega = D$ zu bekommen. Er postulierte dabei zu jedem $x \in D$ die Existenz einer Funktion, die er sich als elektrostatisches Potential dachte, das von einer in $x \in D$ plazierten Einheitsladung und von einer solchen Ladungsverteilung (Influenzladung) auf ∂D ausgeht, welche von jener Einheitsladung induziert wird, wenn man ∂D erdet, also das Potential dort auf Null hält.

Hier sieht man das Konzept der von C. NEUMANN [224] und im Buch von RIEMANN & HATTENDORFF [284] so benannten *Greenschen Funktionen*, deren Existenz man seinerzeit nur mit physikalischer Analogie begründete.

GAUSS unterstellte für die Existenz eines derartigen *Gleichgewichtspotentials*, daß das Infimum des von ihm eingeführten nichtnegativen Funktionals

---

[7] Sie ergibt sich aus seiner großen Abhandlung [232, §§ 7, 8] und findet sich etwas später auch bei THOMSON [323].

$\varrho \mapsto \int_{\partial D} \int_{\partial D} \frac{\varrho(x)\varrho(y)}{|x-y|} \, dS(x) \, dS(y)$, wenn man alle stetigen *Ladungsdichten* $\varrho \colon \partial D \to \mathbb{R}_0^+$ bei fester Gesamtladung zur Konkurrenz zuläßt, ein Minimum sei; vgl. [81, Art. 29f]. DIRICHLET hat in seinen Berliner [219, S. 603-605] und Göttinger Vorlesungen [51], durch die von GAUSS benutzte Charakterisierung der Gleichgewichtspotentiale beeinflußt, die Lösung der Randwertaufgabe darin gesehen, daß man unter allen Funktionen $u \in C^2(D) \cap C^0(\overline{D})$ mit $u|_{\partial D} = g$ die Existenz einer solchen hätte, die $\iiint_D |\operatorname{grad} u|^2 \, dx \, dy \, dz$ am kleinsten macht, aber hierüber selbst nichts publiziert.

Ähnlich argumentieren schon vorher GREEN [87], THOMSON [323] und bei einer verwandten Fragestellung KIRCHHOFF [139]. Dies ist das von B. RIEMANN [282] so genannte *Dirichletsche Prinzip*[8]. Daß dabei das Integral als Feldenergie gedeutet werden kann, trug dazu bei, die Existenz eines Minimums als gesichert anzusehen.

Wenn wirklich ein solches $u \in C^2(D)$ existiert, für das das Integral minimal ist, dann sieht man leicht $\Delta u = 0$ ein. Es wäre nämlich

$$\iiint_D |\nabla u|^2 \, dx \, dy \, dz \leq \iiint_D |\nabla(u + t\phi)|^2 \, dx \, dy \, dz$$

für alle $t \in \mathbb{R}$ und alle $\phi \in C_c^\infty(D)$; eine simple Rechnung ergibt

$$0 \leq 2t \iiint_D \nabla u \cdot \nabla \phi \, dx \, dy \, dz + t^2 \iiint_D |\nabla \phi|^2 \, dx \, dy \, dz$$

für alle $t \in \mathbb{R}$. Dann muß aber

$$\iiint_D \nabla u \cdot \nabla \phi \, dx \, dy \, dz = 0$$

für alle $\phi \in C_c^\infty(D)$ sein. Nimmt man $\Delta u \neq 0$ an, dann gibt es eine Kugel $B \subseteq D$, in der $\Delta u > 0$ oder $\Delta u < 0$ ist; es gibt aber auch ein $\phi \in C_c^\infty(B) \subseteq C_c^\infty(D)$ mit $\phi \geq 0$ und $\phi \neq 0$. Dann ist $\iiint_B (\Delta u)\phi \, dx \, dy \, dz > 0$ bzw. < 0. Im Gegensatz dazu ist aber nach partieller Integration (siehe Bemerkung A.1)

$$\iiint_B (\Delta u)\phi \, dx \, dy \, dz = - \iiint_B \nabla u \cdot \nabla \phi \, dx \, dy \, dz$$

$$= - \iiint_D \nabla u \cdot \nabla \phi \, dx \, dy \, dz = 0 \, .$$

RIEMANN [283] stützte seine Theorie der Abelschen Funktionen auf das Dirichletsche Prinzip, wobei das Randwertproblem in der Ebene, also $D \subseteq \mathbb{R}^2$

---
[8] Vorher stand diese Benennung mehr für die Eindeutigkeit der Lösung der Randwertaufgabe, nicht so sehr für diese Methode zur Gewinnung einer Lösung, die auch das Thomsonsche Prinzip genannt wurde.

und nicht im Raume gestellt ist. Die Dirichletsche Randwertaufgabe, die zunächst für die Physik interessant gewesen war, hatte so auch innerhalb der Mathematik an Bedeutung gewonnen. Umso eher regten sich Zweifel an der Schlüssigkeit des Dirichletschen Prinzips. Das früheste datierbare Beispiel ist das des russischen Bergbauingenieurs THIEME (G.A. Time), der sich 1862 in Göttingen aufhielt, um bei Riemann Aufklärung über dessen Theorie der Abelschen Funktionen zu erbitten [223, S. 247]. KRONECKER nannte Casorati 1864 ein geometrisches Variationsproblem, das kein Minimum besitzt [222, S. 26].

Die schwelende Kritik hat Riemanns Überzeugung von der Richtigkeit seiner mit dem Dirichletschen Prinzip begründeten funktionentheoretischen Sätze nicht erschüttert [9]. Erst drei Jahre nach Riemanns Tod erhärtete WEIERSTRASS [334] die Einwände durch Publikation eines nach unten beschränkten Funktionals, das keine Minimumstelle in seinem Definitionsbereich hat. Da es sich aber nicht um das Dirichletfunktional $\phi\colon u \mapsto \iiint_D |\operatorname{grad} u|^2 \, dx\, dy\, dz$ handelte, blieb die Frage hierfür offen; immerhin war die „Evidenz" angeschlagen, gleichzeitig die Argumentation von GAUSS.

Zuvor hatte H. WEBER [333] den Versuch gemacht, eine konvergente Folge zu konstruieren, auf der das Dirichletsche Funktional gegen sein Infimum strebt. Methodisch knüpft er an seine Arbeit [332] an, mit der die Zeitschrift „Mathematische Annalen" eröffnet wurde.

PRYM [270] kritisierte das Dirichletsche Prinzip unter einem anderen Gesichtspunkt als WEIERSTRASS. Er zeigte, daß die Lösung des Dirichletproblems $\Delta u = 0$ in der Kreisscheibe $D \subseteq \mathbb{R}^2$, $u|_{\partial D} = g$, nicht bei jeder stetigen Randwertvorgabe $g\colon \partial D \to \mathbb{R}$ endliches Dirichletintegral $\iint_D \left(u_x^2 + u_y^2\right) dx\, dy$ zu haben braucht, so daß sich die Lösung nicht für jedes g aus dem „Dirichletschen Prinzip" ergeben kann. HEINE [104] weist auf Annahmen beim Dirichletschen Prinzip hin. ARZELÀ [8] setzte seine Ergebnisse über Funktionenklassen für den Versuch ein, das Dirichletsche Prinzip zu retten.

Am Ende des 19. Jahrhunderts formulierte DAVID HILBERT [10]:

„... *Das Dirichletsche Prinzip fand nur noch historische Würdigung und erschien jedenfalls als Mittel zur Lösung der Randwertaufgabe abgetan. Bedauernd spricht C. NEUMANN aus, daß das so schöne und dereinst so viel benutzte Dirichletsche Prinzip jetzt wohl für immer dahingesunken sei; nur A. BRILL und M. NOETHER rufen neue Hoffnung in uns wach, indem sie der Überzeugung Ausdruck geben, daß das Dirichletsche Prinzip, gewissermaßen der Natur nachgebildet, vielleicht in modifizierter Fassung einmal eine Wiederbelebung erfährt.*"(Bei den Arbeiten der zitierten Autoren handelt es sich um [228, p. 707], [29, p. 265].)

---

[9] F. KLEIN [142, p. 264] zitierte hierzu WEIERSTRASS.
[10] HILBERT [112] Vortrag mit dem Ziel einer Wiederbelebung des Dirichletschen Prinzips auf der Jahresversammlung 1899 der Deutschen Mathematiker-Vereinigung in München.

1.4 Das Dirichletsche Randwertproblem im 19. Jahrhundert

HILBERT [113][11] gelang dann der entscheidende Durchbruch zur Rehabilitation des Dirichletschen Prinzips, indem er, was WEBER seinerzeit nicht gelungen war, konvergente Minimalfolgen erzeugen konnte und so die *direkten Methoden der Variationsrechnung* für die Existenz eines Minimums vom Dirichletintegral einleitete. Diese Methoden haben zu der heute sehr weit ausgebauten L^2-Theorie für Randwertaufgaben geführt. Stillschweigend benutzte HILBERT, daß die Randvorgabe $g \colon \partial D \to \mathbb{R}$ eine stetige Fortsetzung auf $\overline{D}$ mit endlichem Dirichletintegral besitzt. Hierauf hat HADAMARD [94] mit einem berühmt gewordenen Gegenbeispiel (siehe Aufgabe 3.20) hingewiesen; die frühere Aussage von PRYM zu diesem Thema war in Vergessenheit geraten. Eine Begründung des Gaußschen Minimumprinzips erfolgte erst 1935 durch O. FROSTMAN [52, S. 802].

Inzwischen hatte die Weierstraßsche Kritik aber auch andere Ideen zur Lösung der Dirichletschen Randwertaufgabe gefördert. In erster Linie sind hier HERMANN AMANDUS SCHWARZ und CARL NEUMANN zu nennen.

H.A. SCHWARZ [300, 301] schloß an seinen Beweis der Poissonformel für das Dirichletproblem in der Kreisscheibe (siehe Abschnitt 3.1) das *alternierende Verfahren* (Vorbild bei MURPHY [212, p. 93 f.]) an, mit dem er aus der Lösbarkeit der Dirichletprobleme für Gebiete $D_1 \subset\subset \mathbb{R}^2$ und $D_2 \subset\subset \mathbb{R}^2$ mit $D_1 \cap D_2 \neq \emptyset$, unter Einschränkungen, die Lösbarkeit in $D_1 \cup D_2$ mit einem Konvergenzprozess anging. So ließe sich aus der Lösbarkeit für Kreisscheiben die Lösbarkeit z.B. für von Kreisbögen berandete Gebiete der Ebene gewinnen. Die Beschränkung auf $\mathbb{R}^2$ war für die funktionentheoretischen Bedürfnisse ausreichend.

Die Idee ist, daß man zu dem vorgegebenen $g \colon \partial(D_1 \cup D_2) \to \mathbb{R}$ ein stetiges Randdatum $g_1 \colon \partial D_1 \to \mathbb{R}$ (beliebig) hinzudefiniert, aber mit $g_1(x) = g(x)$ für $x \notin D_2$, und dann $\Delta u_1 = 0$ in $D_1, u_1|_{\partial D_1} = g_1$ löst. Sei

$$D_i := \begin{cases} D_1, & \text{falls } i \text{ ungerade} \\ D_2, & \text{falls } i \text{ gerade} \end{cases}, \quad i = 1, 2, 3, \ldots.$$

und sei schon $\Delta u_i = 0$ in $D_i, u_i|_{\partial D_i} = g_i$, gelöst; dann definiert man $g_{i+1} \colon \partial D_{i+1} \to \mathbb{R}$ durch

$$g_{i+1}(x) := \begin{cases} g(x), & \text{falls } x \in \partial D_{i+1} \setminus D_i \\ u_i(x), & \text{falls } x \in (\partial D_{i+1}) \cap D_i \end{cases},$$

und man löst $\Delta u_{i+1} = 0$ in $D_{i+1}, u_{i+1}|_{\partial D_{i+1}} = g_{i+1}$. Man löst also abwechselnd in den Gebieten D_1 und D_2 Dirichletprobleme und erhält eine Folge (u_i), und es ist zu zeigen, daß die Teilfolge mit ungeraden Indizes in D_1 gegen ein $u' \in C^2(D_1) \cap C^0(\overline{D}_1)$, die mit geraden Indizes in D_2 gegen ein $u'' \in C^2(D_2) \cap C^0(\overline{D}_2)$ konvergiert, und daß

---

[11] Vortrag 1901 auf dem Festkolloquim zum 150jährigen Bestehen der Göttinger Gesellschaft der Wissenschaften.

$$u(x) := \begin{cases} u'(x) & \text{für } x \in D_1 \\ u''(x) & \text{für } x \in D_2 \end{cases}$$

wohldefiniert ist und das in $D_1 \cup D_2$ gestellte Dirichletproblem löst.

Zu diesem Zweck beachten wir $D_{i+3} = D_{i+1}$ und bilden wir $u_{i+3} - u_{i+1}$, also die Differenz zweier aufeinanderfolgender Lösungen in D_{i+1}. Sie ist harmonisch in D_{i+1} und stetig in $\overline{D_{i+1}}$ mit Randwerten

$$g_{i+3}(x) - g_{i+1}(x) = \begin{cases} 0 & \text{für } x \in (\partial D_{i+1}) \setminus D_i \\ u_{i+2}(x) - u_i(x) & \text{für } x \in (\partial D_{i+1}) \cap D_i \end{cases}.$$

Nach dem Maximumprinzip (Korollar 2.3.5) folgt

$$|u_{i+3}(x) - u_{i+1}(x)| \leq \sup |g_{i+3} - g_{i+1}| = \sup_{(\partial D_{i+1}) \cap D_i} |u_{i+2} - u_i| \quad (1.5)$$

für $x \in \overline{D_{i+1}}$. Nunmehr wird von folgendem Lemma Gebrauch gemacht, das wir weiter unten noch diskutieren werden.

LEMMA: *Es gibt eine Konstante $0 < q < 1$, so daß alle in D_i harmonischen $v \in C^0(\overline{D_i})$, die auf $(\partial D_i) \setminus D_{i+1}$ Null sind, folgender Abschätzung genügen:*

$$\sup_{(\partial D_{i+1}) \cap D_i} |v| \leq q \sup_{\partial D_i} |v|.$$

Dieses Lemma wird auf $(u_{i+2} - u_i)$ in (1.5) angewendet. Das ergibt

$$|u_{i+3}(x) - u_{i+1}(x)| \leq q \sup_{\partial D_i} |u_{i+2} - u_i| \text{ für } x \in \overline{D_{i+1}}.$$

Mit der Setzung $M_i := \sup_{\partial D_i} |u_{i+2} - u_i|$ haben wir dann $M_{i+1} \leq qM_i$, und somit $M_i \leq q^{i-1}M_1$ für $i \in \mathbb{N}$ mit $0 < q < 1$. Daher konvergiert die Teilfolge mit ungeraden Indizes $u_{2n+1} = u_1 + \sum_{i=1}^{n}(u_{2i+1} - u_{2i-1})$ gleichmäßig auf ∂D_1 und die mit geraden Indizes $u_{2n} = u_2 + \sum_{i=1}^{n-1}(u_{2i+2} - u_{2i})$ gleichmäßig auf ∂D_2.

Der erste Harnacksche Satz (Korollar 3.1.3) liefert dann die gleichmäßige Konvergenz der Folge (u_{2n+1}) in $\overline{D_1}$ und die von (u_{2n}) in $\overline{D_2}$ gegen stetige und in D_1 bzw. D_2 harmonische Funktionen u' und u'' mit den richtigen Randwerten auf $\partial(D_1 \cup D_2)$.

Schließlich stimmen u' und u'' in $D_1 \cap D_2$ überein, weil die Diffferenz $u_{2n} - u_{2n-1}$ in $D_1 \cap D_2$ gleichmäßig gegen Null geht. Dies wiederum wegen des ersten Harnackschen Satzes; denn auf dem Teil $(\partial D_2) \cap D_1$ des Randes von $D_1 \cap D_2$ ist $u_{2n}(x) - u_{2n-1}(x) = 0$, während auf dem restlichen Teil $(\partial D_1) \cap D_2$ wegen $u_{2n}(x) = u_{2n+1}(x)$ für $x \in (\partial D_1) \cap D_2$ die Abschätzung

$$\sup_{(\partial D_1) \cap D_2} |u_{2n} - u_{2n-1}| = \sup_{\partial D_1} |u_{2n+1} - u_{2n-1}| = M_{2n-1} \leq q^{2n-2}M_1$$

besteht.

1.4 Das Dirichletsche Randwertproblem im 19. Jahrhundert

Zum Beweis des obigen Lemmas, den man auch in Lehrbüchern der Funktionentheorie findet (z.B. [126, III.6]; man ziehe auch Bemerkung 3.5.6 heran), benötigt man eine Voraussetzung an den Rand. In beliebigen Dimensionen kann ein Beweis mit Hilfe eines *Doppelschichtpotentials* geführt werden [46, 267ff]. Man kann aber auch das Lemma vermeiden, indem man die u_i als Lösungen von Integralgleichungen gewinnt [239]. Beides leitet über zu einer weiteren Lösungsmethode.

C. NEUMANN [225,226] setzte Untersuchungen von A. BEER [13] fort über das schon bei GAUSS und GREEN vorkommende, aber erst von HELMHOLTZ [108] herausgehobene und benannte *Doppelschichtpotential*

$$W(x) := \frac{1}{2\pi} \int_{\partial D} \mu(y) \frac{\partial}{\partial \nu_y} \frac{1}{|x-y|} dS(y) , \ x \in \mathbb{R}^3 ,$$

bei hinreichend glatt berandetem $D \subset\subset \mathbb{R}^3$.

Es ist $W|_D$ harmonisch und läßt sich stetig auf $\overline{D}$ fortsetzen; allerdings, auf ∂D stimmt die Fortsetzung nicht mit $W|_{\partial D}$ überein, sondern mit $-\mu + W|_{\partial D}$. Die Herleitung solcher *Sprungrelationen* erfordert eine sorgfältige Analyse, auf die wir uns nicht einlassen wollen. Die Aufgabe ist nun, μ so einzurichten, daß $-\mu + W|_{\partial D}$ mit dem vorgegebenen Randwert $g: \partial D \to \mathbb{R}$ übereinstimmt.

Es sei $\mu_1 := -g$. Zur Lösung der Aufgabe bildete C. NEUMANN mit den sukzessive definierten Doppelschichtpotentialen

$$W_n(x) := \frac{1}{2\pi} \int_{\partial D} \mu_n(y) \frac{\partial}{\partial \nu_y} \frac{1}{|x-y|} dS(y) , \ x \in \mathbb{R}^3 ,$$

$$\mu_{n+1} := -W_n|_{\partial D} , \ n = 1, 2, 3, \ldots$$

die Reihe $\sum_{k=1}^{\infty} (W_{2k-1} - W_{2k})$. Ihre Teilsumme $\sum_{k=1}^{n} (W_{2k-1} - W_{2k})$ besitzt eine stetige Fortsetzung auf $\overline{D}$. Diese stimmt wegen der Sprungrelation auf ∂D mit

$$\sum_{k=1}^{n}(-\mu_{2k-1} + W_{2k-1}|_{\partial D} + \mu_{2k} - W_{2k}|_{\partial D}) = \sum_{k=1}^{n}(\mu_{2k+1} - \mu_{2k-1}) = g + \mu_{2n+1}$$

überein.

Wenn diese Folge von Randwerten gleichmäßig konvergiert, konvergiert die Reihe nach dem ersten Harnackschen Satz (Korollar 3.1.3) gleichmäßig gegen ein stetiges $U: \overline{D} \to \mathbb{R}$, das in D harmonisch ist. C. NEUMANN bemerkte, wenn D konvex ist,

$$\min \mu_n \leq \min \mu_{n+1} \leq \max \mu_{n+1} \leq \max \mu_n . \tag{1.6}$$

Er entnahm dies einer Darstellung (siehe [136, Chap. III.7 und XI.1])

$$W(x) = -\frac{1}{2\pi} \int_{\Sigma(x)} \tilde{\mu}(x; \xi) \, dS(\xi)$$

mit $\Sigma(x) = \{\xi \in \mathbb{R}^N : |\xi| = 1$ und es existiert $r > 0$ mit $x + r\xi \in \partial D\}$ und mit $\tilde{\mu}(x; \xi) := \mu(x + r\xi)$, falls $x + r\xi \in \partial D$, $r > 0$. Im Falle $x \in \partial D$ ist $2\pi =$ vol $\Sigma(x)$, und so erscheint $-W(x)$ als Mittelwert von $\tilde{\mu}$ auf $\Sigma(x)$. Daher sprach C. NEUMANN von der *Methode der arithmetischen Mittel*. Seine Methode enthält aber auch den Begriff einer *Konfigurationskonstante*: Während

$$\max \mu_{n+1} - \min \mu_{n+1} \leq \max \mu_n - \min \mu_n$$

sofort aus (1.6) folgt, stellt C. NEUMANN [226] zu jedem Gebiet D aus einer großen Klasse konvexer Gebiete eine Konstante $\kappa < 1$ auf [12], mit der

$$\max \mu_{n+1} - \min \mu_{n+1} \leq \kappa \left(\max \mu_n - \min \mu_n\right) \tag{1.7}$$

ist. Aus (1.6) und (1.7) folgt, daß die Folge der μ_n gleichmäßig gegen eine Konstante C konvergiert. Dann ist $u := U - C$ Lösung des Dirichletproblems.

Die Ergebnisse von SCHWARZ und C. NEUMANN waren willkommene Stützen für Riemanns Theorie. Vielmehr aber waren sie Anlaß zu weiteren Entwicklungen, in die zunächst ROBIN [13], POINCARÉ, LYAPUNOV und FREDHOLM eintraten.

POINCARÉ [263], der bereits einen wiederum neuen Weg zur Lösung des Dirichletproblems eröffnet hatte, den wir weiter unten beschreiben, sah in Neumanns Methode mehr eine Handhabe für die konstruktive Berechnung von Lösungen, nicht deren Existenzbeweis, und suchte diese Methode auf nichtkonvexe Gebiete auszudehnen, indem er Vorstellungen anwandte, die er beim Studium der schwingenden Membran entwickelt hatte [261]. Er konnte die Konvergenz von Neumanns Reihe aus dem Verhalten einer meromorphen Funktion des von ihm eingebrachten Parameters λ erschließen. Diese Betrachtung brachte FREDHOLM [71,72] zu seiner berühmten Auflösungstheorie linearer Integralgleichungen, mit der sich heute das Dirichletproblem als ein überschaubares Integralgleichungsproblem darstellen läßt. Freilich, die zurückgewonnene Energie muß man in die Qualitätsnachweise über die Sprungrelationen stecken, und das ist ein langes Kapitel der Potentialtheorie, an dem noch bis zum ersten Drittel des 20. Jahrhunderts hart gearbeitet wurde. Wir werden diesen Pfad nicht betreten und verweisen auf Lehrbücher wie [66, 89, 154] und für den neueren Stand der Dinge auf die Literatur in [315].

---

[12] Der Beweis von $\kappa < 1$ bei C. NEUMANN [226] ist angreifbar. Es werden Minimum und Infimum sogar im Bereich der Zahlen verwechselt, während die Verwechslung beim Dirichletschen Prinzip bei Funktionalen auf Funktionenräumen geschehen war und den Anlaß zu Neumanns Arbeiten gegeben hatte.

Obwohl C. NEUMANN [228, § 6] dies mit einem schönen Lehrbeispiel eingestanden und korrigiert hat, wurde nur die fehlerhafte, ältere Version tradiert. Dies führte zu einer heftigen, aber auch konstruktiven Kritik bei LEBESGUE [177] und zu einem Beweis bei SCHOBER [298]. Die von MONNA [209] geschilderte „Comedy of Errors" bekommt dadurch, daß C. NEUMANNS Verbesserung in Vergessenheit geriet, eine zusätzliche Pointe. Zur Gültigkeit von (1.7) aus heutiger Sicht siehe [315].

[13] ROBIN behandelte das zweite und dritte Randwertproblem.

1.4 Das Dirichletsche Randwertproblem im 19. Jahrhundert

Die konstruktive Methode der arithmetischen Mittel blieb trotz der Bemühungen von POINCARÉ, und anschließend von KORN und E.R. NEUMANN (einem Neffen von Franz Neumann), am Ende des 19. Jahrhunderts in den Augen von C. NEUMANN [229] selbst „ein vorläufiges Gerüst", welches durch „tiefer gehende Forschungen, durch mancherlei Determinationen und Rectificationen, schließlich in ein *wirklich* festes Gebäude sich selbst verwandeln werde". Eine abschließende Untersuchung von E.R. NEUMANN ist [231]. Währenddessen hatte POINCARÉ [259, 260] bereits mit seiner „Méthode de balayage" einen neuen Weg zur Lösung des Dirichletschen Randwertproblems gebahnt, der eher die Richtung des alternierenden Verfahrens von SCHWARZ verfolgt.

Während die Näherungen u_n bei SCHWARZ und NEUMANN der Gleichung $\Delta u_n = 0$ genügen und ihre Randwerte gegen die Vorgabe konvergieren, erfüllen die Randwerte der u_n bei Poincarés *Methode des Fegens* (siehe [260] für $N=3$, [246] für $N=2$) stets die Randwertvorgabe, und es konvergiert $\Delta u_n \to 0$ für $n \to \infty$.

Das Gebiet $D \subset\subset \mathbb{R}^2$ wird mit einer Folge von sich teils überlappenden Kreisscheiben $B_1, B_2, B_3, \ldots$ ausgefüllt, und eine weitgehend willkürliche Funktion $f \colon \overline{D} \to \mathbb{R}$, die aber auf dem Rande ∂D mit dem Randdatum g übereinstimmt, wird zunächst in der Kreisscheibe B_1 nach Regeln der Potentialtheorie, die wir erst in Abschnitt 3.2 beschreiben werden, so zu $f_1 \colon \overline{D} \to \mathbb{R}$ abgeändert, daß $f_1(x,y) = f(x,y)$ für $(x,y) \in \overline{D} \setminus B_1$ und $\Delta f_1(x,y) = 0$ für $(x,y) \in B_1$ gilt.

Sodann wird f_1 in B_2 in analoger Weise zu $f_2 \colon \overline{D} \to \mathbb{R}$ abgeändert, dann f_2 wieder in B_1 zu f_3, f_3 in B_2 zu f_4, f_4 in B_3 zu f_5, f_5 in B_1 zu f_6, usw. Man durchläuft die Kreisscheiben in der Abfolge

$$1,2, \quad 1,2,3, \quad 1,2,3,4, \quad 1,2,3,4,5, \ldots \, .$$

In physikalischer Interpretation denkt man sich f als Potential einer in D verteilten Masse, welche, soweit sie in B_1 enthalten ist, an den Rand von B_1 gefegt wird. Das geht, ohne das Potential f außerhalb von B_1 zu ändern, und macht $\Delta f_1 = 0$ in B_1. Anschließend fegt man in B_2 an den Rand von B_2, sodann wieder innerhalb B_1, usw.

Während also f auf ∂D bei jedem Schritt des unendlichen Prozesses ungeändert bleibt, erhält man von Schritt zu Schritt eine neue stetige Fortsetzung von $f|_{\partial D}$ auf $\overline{D}$, die auf einem immer größeren Teilvolumen von D harmonisch ist. Die so konstruierte Folge (u_n) konvergiert gegen eine in D harmonische Funktion u. Unter welchen Voraussetzungen sich u stetig auf $\overline{D}$ fortsetzen läßt und wann die Fortsetzung auf ∂D mit f übereinstimmt, muß dann natürlich auch noch untersucht werden. Wir verweisen auf [118].

Hieraus ist durch weitere Abstraktion der Existenzbeweis von PERRON [248] hervorgegangen, den wir in den Abschnitten 3.3 und 3.6 ausführlich behandeln, und der ohne Rückgriff auf die bis hier angesprochenen Verfahren dargestellt wird.

2
Die Laplacegleichung

Lösungen der Laplacegleichung werden durch die Mittelwerteigenschaft charakterisiert (Satz 2.1.1). Hieraus ergeben sich innere A-Priori-Abschätzungen (die Sätze 2.1.7 und 2.1.9) und Analytizität (Satz 2.4.4), ferner Liouville- und Harnackeigenschaft (Korollar 2.2.2 bzw. Satz 2.2.5) sowie ein starkes Minimumprinzip (Satz 2.3.1). Analoge Aussagen werden für die Helmholtzsche Schwingungsgleichung erzielt. Aus einem schwachen Minimumprinzip (Sätze 2.3.4 und 2.6.1) werden A-Priori-Ungleichungen von Bernstein gefolgert (Lemmata 2.3.6 und 2.6.3), die später im Rahmen der Schauder-Theorie (Abschnitte 5.5–5.6 und Kapitel 8) verwendet werden. Das Randminimumprinzip (Satz 2.3.8) wird in den Abschnitten 3.6 und 4.4 herangezogen.

2.1 Harmonische Funktionen und Mittelwerteigenschaft

Eine reellwertige Funktion u, die auf einer offenen Teilmenge $\Omega \subseteq \mathbb{R}^N$ oder auf einer Ω umfassenden Teilmenge des $\mathbb{R}^N$ definiert ist, heißt *auf Ω harmonisch*, wenn[1] $u \in C^2(\Omega)$ und $u_{x_1 x_1}(x) + u_{x_2 x_2}(x) + \ldots + u_{x_N x_N}(x) = 0$ für $x \in \Omega$ ist. Statt *auf Ω* steht häufig auch *in Ω*. Die für u geforderte Differentialgleichung ist die *(N-dimensionale) Laplacegleichung* in Analogie zu dem in Abschnitt 1.2 Gesagten, und sie wird oft $\Delta u(x) = 0$ geschrieben mit dem *(N-dimensionalen) Laplaceoperator*

$$\Delta = \frac{\partial^2}{\partial x_1^2} + \frac{\partial^2}{\partial x_2^2} + \ldots + \frac{\partial^2}{\partial x_N^2}.$$

Man schreibt auch $\Delta_x u(x) = 0$ oder $\Delta_N u = 0$, um $x = (x_1, \ldots, x_N)$ gerecht zu werden. Das Symbol Δ geht auf MURPHY [212, p. 140] zurück, der Terminus *Laplaceoperator* auf MAXWELL [200], der das Symbol $-\nabla^2$ statt Δ benutzte[2].

---

[1] Die Aussage $u \in C^2(\Omega)$ ist natürlich durch $u|_\Omega \in C^2(\Omega)$ zu interpretieren.
[2] Das Minuszeichen rührt von einer Quaternionenmultiplikation her. Man vergleiche die Bemerkungen auf S. 188 von [142].

THOMSON [324] nannte homogene Funktionen auf $\mathbb{R}^3$, die der Laplacegleichung genügen, *spherical harmonics*, womit er sie als räumliche Analoga zu den Kreisfunktionen cos, sin angesprochen haben dürfte. Noch heute ist *spherical harmonics* die englische Benennung der Kugelfunktionen. In Anlehnung daran hat C. NEUMANN [227, p. 390] das Wort *harmonisch* eingeführt. Er wählte es zur Bezeichnung von Funktionen, die etwas allgemeiner als die in der obigen Definition sind [3]. Beispielsweise sind die in der Einleitung eingeführten Potentiale des Gravitationsfeldes und des elektrostatischen Feldes auf masse- bzw. ladungsfreien Gebieten des $\mathbb{R}^3$ harmonisch. Wir weisen aber auch auf die Cauchy-Riemannschen Differentialgleichungen der Funktionentheorie hin, wonach Real- und Imaginärteil einer jeden auf einem Gebiet $\Omega \subseteq \mathbb{C}$ holomorphen Funktion harmonisch sind. Wegen $z^n = (x+iy)^n = r^n(\cos n\phi + i \sin n\phi)$ definieren die Zuordnungen $\mathbb{R}^2 \ni (x,y) \mapsto r^n \cos n\phi$ und $\mathbb{R}^2 \ni (x,y) \mapsto r^n \sin n\phi$, wobei (r,ϕ) die Polarkoordinaten von (x,y) sind, zwei harmonische Polynome $u(x,y)$ bzw. $v(x,y)$ auf $\mathbb{R}^2$ vom Grade n. Dies kann man auch ohne Benutzung komplexer Zahlen beweisen, wenn man die trigonometrischen Additionstheoreme im Reellen kennt (siehe Aufgabe 2.1). Diese Beipiele zeigen schon, daß die Lösungsmenge der partiellen Differentialgleichung $\Delta u = 0$, sogar in einer Kugel des $\mathbb{R}^N$, vielfältiger ist als die Lösungsmenge der entsprechenden gewöhnlichen Differentialgleichung $u'' = 0$ in einer Kugel des $\mathbb{R}^1$ (Intervall!), wo notwendig $u(t) = at + b$ ist.

Der Leser, welcher das Poissonintegral als Quelle aller Aussagen über harmonische Funktionen zu haben wünscht, kann an dieser Stelle direkt zum Abschnitt 3.2 übergehen. Dort wird die Lösung des Dirichletproblems

$$-\Delta u = 0 \text{ in } B\,,$$
$$u|_{\partial B} = g$$

für Kugeln $B \subseteq \mathbb{R}^N$ explizit angegeben. Der dort gegebene Beweis ist besonders einfach, weil er die Hilfsformel

$$\frac{1}{R\omega_N} \int\limits_{|y|=1} \frac{R^2 - |x|^2}{|y-x|^N} \, dS(y) = 1$$

nicht über die sonst üblichen *Greenschen Umformungen* mit einer Grundlösung gewinnt, die am Rande der Kugel verschwindet. Vielmehr werden nur die Kugelsymmetrie und das *schwache Minimumprinzip* herangezogen, das in Satz 2.3.4 bewiesen ist. In Bemerkung 3.2.4 wird dann erläutert, wie man das Poissonintegral einsetzt, um Aussagen über die *Mittelwerteigenschaft* oder z.B. auch die Analytizität harmonischer Funktionen bequem zu beweisen.

Ein derartiger Zugang zur Mittelwerteigenschaft und zu den übrigen lokalen Eigenschaften harmonischer Funktionen muß sich aber den Einwand

---
[3] Hingegen benutzte HARNACK [96], auch in Leipzig, *harmonisch* etwas enger als in obiger Definition. JULES RIEMANN [285] definiert *harmonisch* wie oben. Man vgl. auch die Bemerkung auf S. 300.

gefallen lassen, daß er innere Eigenschaften erst über die Lösung eines Randwertproblems (Poissonintegral) zugänglich macht. Daß dies nicht sachgerecht ist, wenn man die Theorie elliptischer Differentialgleichungen im Auge hat, erkennt man schon an der Gleichung

$$-\Delta u + \lambda u = 0 ,$$

für die es kein Analogon zum Poissonintegral gibt; wohl aber ist es mit den im folgenden entwickelten Methoden möglich, ihre Lösungen u durch eine *Mittelwerteigenschaft* zu charakterisieren und andere innere Eigenschaften wie die Harnackungleichung oder $u \in C^\infty$ oder die lokale Entwickelbarkeit in Potenzreihen zu beweisen, ferner, daß der lokal gleichmäßige Limes von Lösungen wieder Lösung ist; vgl. die Bemerkungen 2.5.1 und 2.5.3 sowie die Aufgabe 2.13. Hierzu lese man auch das einleitend in Abschnitt 9.2 Gesagte.

Die affine Funktion $u(t) = at + b$ auf $\mathbb{R}^1$ erfüllt

$$u\left(\frac{t+s}{2}\right) = \frac{u(t) + u(s)}{2} ;$$

ihr Wert in der Mitte eines Intervalls ist das Mittel ihrer Werte an den Intervallenden.

Entsprechendes gilt für die affine Funktion $u(x) = a_1 x_1 + a_2 x_2 + \ldots + a_N x_N + b$ auf $\mathbb{R}^N$; nämlich

$$u(x_0) = \frac{1}{r^{N-1} \omega_N} \int\limits_{|x-x_0|=r} u(x)\, dS(x) , \tag{2.1}$$

was ausdrückt, daß der Wert von u im Zentrum einer Kugel gleich dem Integralmittel der Werte von u, genommen über die Oberfläche der Kugel, ist. Das ist plausibel, weil die Restriktion von u auf einen Durchmesser eine affine Funktion auf $\mathbb{R}^1$ ist und weil wir von einer solchen Funktion wissen, daß das arithmetische Mittel von zwei Werten in antipodischen Punkten gerade den Wert im Zentrum ergibt. Es folgt unmittelbar aus dem Gaußschen Integralsatz für die Kugel (siehe Lemma B.7), daß jede in $\Omega \subseteq \mathbb{R}^N$ harmonische Funktion diese *Mittelwerteigenschaft* besitzt, solange man die Mittelung über Kugeln $B_R(x_0) \subset\subset \Omega$ bildet. Daß Potentiale im Sinne von Abschnitt 1.1 außerhalb der Masseverteilung die Mittelwerteigenschaft haben, wurde zuerst von GAUSS [81] bewiesen. B. RIEMANN [280] bewies die Mittelwerteigenschaft harmonischer Funktionen für $N = 2$. In diesem Fall kann (2.1) auch als Spezialfall der Cauchyschen Integralformel für holomorphe Funktionen angesehen werden; vgl. [278].

Daß stetige Funktionen mit Mittelwerteigenschaft bereits harmonisch sind, wird ebenfalls durch Lemma B.7 nahegelegt. Diese Richtung des folgenden Satzes stammt von KOEBE [143]; siehe auch BÔCHER [20].

Satz 2.1.1. *Es sei $\Omega \subseteq \mathbb{R}^N$ offen und $u : \Omega \to \mathbb{R}$. Dann sind äquivalent:*

2 Die Laplacegleichung

(i) u ist auf Ω harmonisch.

(ii) u hat die Mittelwerteigenschaft auf Ω, d.h. $u \in C^0(\Omega)$ und für jedes $x \in \Omega$ und jedes $r > 0$ mit $B_r(x) := \{y \in \mathbb{R}^N : |y - x| < r\} \subset\subset \Omega$ ist

$$u(x) = \frac{1}{r^{N-1}\omega_N} \int_{|y-x|=r} u(y)\, dS(y) \quad \text{(Mittelwertrelation)}.$$

(iii) $u \in C^0(\Omega)$ und[4]

$$\int_{|y-x|\leq r} (u(x) - u(y))\, dy = 0 \quad \text{für alle } B_r(x) \subset\subset \Omega.$$

Bemerkung 2.1.2. Man nennt die in (iii) ausgedrückte Eigenschaft auch die zweite Mittelwerteigenschaft harmonischer Funktionen. Dies ist für das Zitieren bequem. Es darf aber nicht dahin mißverstanden werden, als liefere die zweite Mittelwerteigenschaft eine wesentlich neue Information. Vielmehr zeigt ja gerade der Satz, daß es sich um eine mit der Mittelwerteigenschaft äquivalente Eigenschaft handelt.

Beweis von Satz 2.1.1. (i) $\Rightarrow$ (ii): Dies ist wegen $u \in C^2(\Omega)$ und $\Delta u(x) = 0$ in Ω eine unmittelbare Konsequenz aus dem zum Gaußschen Integralsatz gehörigen Lemma B.7.

(ii) $\Rightarrow$ (iii): Nach Multiplikation der Mittelwertrelation mit $\omega_N r^{N-1}$ und Integration erhält man

$$\int_0^r u(x)\omega_N s^{N-1}\, ds = \int_0^r \int_{|y-x|=s} u(y)\, dS(y)\, ds,$$

mithin

$$u(x)\frac{\omega_N r^N}{N} = \int_{|y-x|\leq r} u(y)\, dy.$$

Da $\frac{1}{N}\omega_N r^N$ gerade das Volumen der Kugel $B_r(x)$ darstellt, folgt

$$\int_{|y-x|\leq r} (u(x) - u(y))\, dy = 0$$

für $B_r(x) \subset\subset \Omega$.

(iii) $\Rightarrow$ (ii): Dies folgt aus

$$0 = \frac{d}{dr}\int_{|y-x|\leq r}(u(x) - u(y))\, dy = \int_{|y-x|=r}(u(x) - u(y))\, dS(y)$$
$$= u(x)\omega_N r^{N-1} - \int_{|y-x|=r} u(y)\, dS(y).$$

---

[4] Für weitergehende Aussagen vgl. Aufgaben 3.3 und 3.8 sowie Satz 3.3.12.

(ii) ⇒ (i): Das ist der letzte Teil des Äquivalenzbeweises. Zunächst beweisen wir eine bemerkenswerte Regularitätsaussage, nämlich $u \in C^\infty(\Omega)$. Dazu sei schon $u \in C^k(\Omega)$ richtig, was für $k = 0$ zutrifft, und D^k bezeichne eine partielle Ableitung der Ordnung k, wobei wir $D^0 u = u$ setzen. Aus (ii) folgt (iii) und somit gilt bei beliebig kleinem $r > 0$ für $x \in \Omega_r := \{y \in \Omega : B_r(y) \subset\subset \Omega\}$ die Gleichung (s. Satz A.5)

$$D^k u(x) = \frac{N}{\omega_n r^N} D^k \int_{|y-x| \leq r} u(y)\, dy = \frac{N}{\omega_N r^N} D^k \int_{|z| \leq r} u(x+z)\, dz$$

$$= \frac{N}{\omega_N r^N} \int_{|y-x| \leq r} D^k u(y)\, dy\,.$$

Wegen der Stetigkeit des Integranden in Ω ergibt Satz B.8, daß $D^k u \in C^1(\Omega_r)$, also $u \in C^{k+1}(\Omega_r)$ ist. Da zu jedem $x \in \Omega$ ein $r > 0$ existiert mit $x \in \Omega_r$, folgt $u \in C^{k+1}(\Omega)$. Mithin haben wir induktiv gezeigt, daß $u \in C^\infty(\Omega)$. Da nun $u \in C^2(\Omega)$ ist, bilden wir Δu und nehmen an, es gäbe eine Stelle $x_0 \in \Omega$ mit $(\Delta u)(x_0) \neq 0$. Ohne Einschränkung der Allgemeinheit sei $(\Delta u)(x_0) > 0$. Wegen der Stetigkeit von Δu auf der offenen Menge Ω existiert eine Kugel $B_r(x_0) \subset\subset \Omega$, auf der $\Delta u > 0$ ist; also wäre

$$0 < \int_{|x-x_0| < \varrho} \Delta u(x)\, dx \quad \text{für } 0 < \varrho < r$$

und dann nach dem Lemma B.7

$$u(x_0) < \frac{1}{\omega_N r^{N-1}} \int_{|x-x_0|=r} u(x)\, dS(x)\,,$$

was der Mittelwerteigenschaft widerspricht. □

Korollar 2.1.3. *Harmonische Funktionen sind beliebig oft differenzierbar. Mit u ist auch u_{x_i} auf Ω harmonisch.*

Beweis. Die Harmonizität ist mit der in Satz 2.1.1 aufgeführten Eigenschaft (iii) äquivalent, und es wurde im vorigen Beweis gezeigt, daß aus (iii) die C^∞-Eigenschaft folgt. Sodann ist $\Delta u_{x_i}(x) = \frac{\partial}{\partial x_i} \Delta u(x) = 0$ trivial. □

Bemerkung 2.1.4. In Abschnitt 2.4 wird gezeigt, daß harmonische Funktionen sogar reell-analytisch, d.h. lokal in Potenzreihen entwickelbar sind. Wenn man den in der Kapiteleinleitung beschriebenen Weg über das Poissonintegral aus Abschnitt 3.2 eingeschlagen hat, weiß man schon, daß harmonische Funktionen reell-analytisch sind; siehe Bemerkung 3.2.4.

Bemerkung 2.1.5. Die im Beweis von Satz 2.1.1 eingeführten Mengen Ω_r enthalten gerade diejenigen Punkte aus Ω, deren Abstand vom Rand $\partial \Omega$

größer als r ist. Den Abstandsbegriff definieren wir hierzu für $x \in \mathbb{R}^N$ und $A \subseteq \mathbb{R}^N$ durch

$$\operatorname{dist}(x, A) := \inf\{|x - a| : a \in A\},$$

wobei wir gemäß der üblichen Konvention $\operatorname{dist}(x, \emptyset) = \inf \emptyset = +\infty$ setzen. Die folgenden Beobachtungen a)–c) sind elementarer Natur und werden dem Leser zur Übung überlassen (s. Aufgabe 2.3).

a) *Im Falle $A \neq \emptyset$ gilt $|\operatorname{dist}(x, A) - \operatorname{dist}(y, A)| \leq |x-y|$, woraus unmittelbar die Stetigkeit von $\operatorname{dist}(\cdot, A)$ folgt.*

Wir definieren weiter für Teilmengen A, B des $\mathbb{R}^N$ den Abstand

$$\operatorname{dist}(B, A) := \inf\{\operatorname{dist}(b, A) : b \in B\}.$$

Ist $\operatorname{dist}(B, A) > 0$, so sind A und B offensichtlich disjunkt. Nützlich ist die Umkehrung dieser Aussage, die jedoch nur eingeschränkt gültig ist.

b) *Ist $A \subseteq \mathbb{R}^N$ abgeschlossen, $B \subseteq \mathbb{R}^N$ kompakt und gilt $A \cap B = \emptyset$, so ist $\operatorname{dist}(B, A) > 0$.*

Man kann die Aussagen a) und b) verwenden, um folgendes zu beweisen:

c) *Für $U \subset\subset V \subseteq \mathbb{R}^N$ existiert $W \subseteq \mathbb{R}^N$ mit $U \subset\subset W \subset\subset V$.*

Hinweis: $U \subset\subset V$ impliziert definitionsgemäß $\overline{U} \subseteq V$ und die Offenheit von V. Also sind $\overline{U}$ und ∂V disjunkt, und somit gilt $\delta := \operatorname{dist}(\overline{U}, \partial V) > 0$. Für $0 < \epsilon < \delta$ ist $W_\epsilon := \{x \in \mathbb{R}^N : \operatorname{dist}(x, U) < \epsilon\}$ wegen a) offen, und es gilt $\overline{U} \subseteq W_\epsilon$ und $\overline{W_\epsilon} \subseteq V$.

Der folgende Satz ist ein klassisches Theorem über harmonische Funktionen.

Satz 2.1.6 (Der lokale Teil des ersten Harnackschen Satzes).[5] *Es sei $\Omega \subseteq \mathbb{R}^N$ offen, und (u_n) sei eine Folge von auf Ω harmonischen Funktionen, die lokal gleichmäßig konvergiert, d.h. die auf jedem $\Omega' \subset\subset \Omega$ gleichmäßig konvergiert. Dann konvergiert (u_n) auf Ω gegen eine Funktion $u \colon \Omega \to \mathbb{R}$, die auf Ω harmonisch ist. Jede abgeleitete Folge $(D^k u_n)$ konvergiert auf jedem $\Omega' \subset\subset \Omega$ gleichmäßig gegen $D^k u$, wobei D^k eine beliebige partielle Ableitung der Ordnung k bezeichne.*

Beweis. Daß (u_n) auf Ω einen Limes u hat, ist trivial. Da Stetigkeit eine lokale Eigenschaft ist, folgt die Stetigkeit von u daraus, daß die stetigen Funktionen

---

[5] Der erste Harnacksche Satz wird als Korollar 3.1.3 auftreten. Er wird auch *Konvergenzsatz von Weierstraß* genannt, weil WEIERSTRASS den entsprechenden Satz für analytische Funktionen bewiesen hatte; jedoch nutzte Weierstraß die Potenzreihenentwicklungen der analytischen Funktionen, während HARNACK [96] bei den harmonischen Funktionen mit der Mittelwerteigenschaft auskam. Diese dem Riemannschen Aspekt der Funktionentheorie näherliegende Schlußweise wurde dann von PAINLEVÉ für einen potenzreihenfreien Beweis des funktionentheoretischen Weierstraßschen Satzes genutzt; vgl. [278].

u_n auf jedem $\Omega' \subset\subset \Omega$ gleichmäßig gegen u konvergieren. Nach Satz 2.1.1 besteht mit jeder Kugel $B_r(x) \subset\subset \Omega$ die Mittelwertrelation

$$\int_{|y-x|\leq r} (u_n(y) - u_n(x))\, dy = 0\,.$$

Sie überträgt sich wegen der gleichmäßigen Konvergenz auf u. Daher ist u nach Satz 2.1.1 auf Ω harmonisch; nach Korollar 2.1.3 ist $u \in C^\infty(\Omega)$.

Es sei D^k eine partielle Differentiation der Ordnung k, und es sei die Folge $(D^k u_n)$ auf jedem $\Omega' \subset\subset \Omega$ gleichmäßig konvergent, was für $D^0 u_n := u_n$ der Fall ist. Es sei nun $\Omega' \subset\subset \Omega_0 \subset\subset \Omega$ (vgl. Bemerkung 2.1.5). Nach der zweiten Mittelwerteigenschaft ist

$$D^k u_n(x) = \frac{N}{r^N \omega_N} \int_{B_r(x)} D^k u_n(y)\, dy \quad \text{für } x \in \Omega' \text{ mit } r = \operatorname{dist}(\Omega', \partial \Omega_0)\,,$$

und nach Satz B.8 gilt

$$\frac{\partial}{\partial x_i} D^k u_n(x) = \frac{N}{r^N \omega_N} \int_{\partial B_r(x)} D^k u_n(y) \nu_i(y)\, dS(y) \quad \text{für } x \in \Omega'\,.$$

Die gleichmäßige Konvergenz der Folge $(D^k u_n)$ in $\Omega_0 \subset\subset \Omega$ überträgt sich daher auf die Folge $(\frac{\partial}{\partial x_i} D^k u_n)$ in Ω'. Mithin ist $(D^{k+1} u_n)$ auf $\Omega' \subset\subset \Omega$ gleichmäßig konvergent. Der Rest ist klassische Analysis (s. Satz A.5). □

Der folgende Satz gibt eine *innere A-Priori-Abschätzung* für die ersten Ableitungen harmonischer Funktionen. Sie wird für solche Punkte x, die nahe am Rande von Ω liegen, schlecht, ist also nur *im Inneren von Ω* sinnvoll. Natürlich lassen sich die Ableitungen jeder $C^1(\Omega)$-Funktion im Inneren von Ω, sagen wir in $\Omega_0 \subset\subset \Omega$, abschätzen. Das Besondere ist aber hier, daß die in der Abschätzung auftretenden Konstanten nicht von der individuellen harmonischen Funktion u abhängen, sondern nur von deren Schranken m und M. Es läßt sich a priori (d.h. von vornherein) eine Schranke für $u_{x_i}(x)$ angeben, ganz gleich, um welche in Ω harmonische Funktion u mit $m \leq u \leq M$ es sich handelt.

Satz 2.1.7. *Es sei $\Omega \subseteq \mathbb{R}^N$ offen, und es sei $-\infty < m < M < \infty$. Dann ist*

$$|u_{x_i}(x)| \leq \frac{N}{2r}(M - m)$$

für alle $i = 1, \ldots, N$, $B_r(x) \subset\subset \Omega$ und für alle auf Ω harmonischen u mit $m \leq u \leq M$. Insbesondere gilt im Falle $\partial \Omega \neq \emptyset$ für alle $x \in \Omega$

$$|u_{x_i}(x)| \leq \frac{N}{2 \operatorname{dist}(x, \partial \Omega)}(M - m)\,.$$

Beweis. Es sei $w(x) := u(x) - \frac{m+M}{2}$. Dann ist $|w(x)| \leq \frac{M-m}{2}$, und die Ableitungen von u und w stimmen miteinander überein. Nach Korollar 2.1.3 ist w_{x_i} auf Ω harmonisch, daher nach der 2. Mittelwerteigenschaft

$$w_{x_i}(x) = \frac{N}{\omega_N r^N} \int_{|y-x|\leq r} w_{x_i}(y)\, dy\,,$$

wenn $B_r(x) \subset\subset \Omega$, aufgrund des Gaußschen Integralsatzes B.5 also

$$|u_{x_i}(x)| = |w_{x_i}(x)| = \frac{N}{\omega_N r^N} \left| \int_{|y-x|=r} w(y) \frac{y_i - x_i}{|y-x|}\, dS(y) \right| \qquad (2.2)$$

$$\leq \frac{N}{\omega_N r^N} \int_{|y-x|=r} \frac{M-m}{2}\, dS(y)\,.$$

□

Bemerkung 2.1.8. Tatsächlich gilt sogar eine leicht allgemeinere Aussage, von der wir später, z.B. in Abschnitt 2.5, Gebrauch machen werden: Es sei $\Omega \subseteq \mathbb{R}^N$ offen, $-\infty < m < M < \infty$ und $A > 0$. Dann ist

$$|u_{x_i}(x)| \leq \frac{A}{2r}(M-m)$$

für $i = 1, \ldots, N$ sowie für alle $u \in C^1(\Omega)$ mit $m \leq u \leq M$ und

$$|u_{x_i}(x)| \leq \frac{A}{\omega_N r^N} \left| \int_{|y-x|\leq r} u_{x_i}(y)\, dy \right|$$

für $B_r(x) \subset\subset \Omega$.

Zum Beweis hat man nur zu beachten, daß nunmehr in (2.2) „$\leq$" und im Zähler A anstelle von N steht.

Satz 2.1.9. *Es sei $\Omega \subseteq \mathbb{R}^N$ offen und U eine Menge von auf Ω harmonischen Funktionen, die auf Ω gleichgradig beschränkt sind, d.h. es gibt $M > 0$ mit dem $|u(x)| \leq M$ für alle $x \in \Omega$ und alle $u \in U$ ist. Es sei $\Omega' \subset\subset \Omega$. Dann sind die $u \in U$ auf Ω' gleichgradig gleichmäßig stetig, d.h. zu $\epsilon > 0$ gibt es $\delta > 0$, so daß $|u(x') - u(x'')| < \epsilon$ für alle $x', x'' \in \Omega'$ mit $|x' - x''| < \delta$ und alle $u \in U$. Mehr noch: Zu Ω' gibt es eine Konstante L, so daß $|u(x') - u(x'')| \leq LM|x' - x''|$ für alle $x', x'' \in \Omega'$.*

Beweis. Es genügt, die letzte Abschätzung zu beweisen. Es sei $\Omega' \subset\subset \Omega$ und $0 < R < \mathrm{dist}(\Omega', \partial\Omega)$. Für $x, y \in \Omega'$ mit $|x-y| \geq R/2$ ist

$$|u(x) - u(y)| \leq 2M \leq \frac{4M}{R}|x-y|\,. \qquad (2.3)$$

Für $x, y \in \Omega'$ mit $|x-y| < R/2$ ist $y \in B_{R/2}(x) \subseteq \Omega$, und weil $u \in C^1(\Omega)$ ist, besteht nach dem Mittelwertsatz der Differentialrechnung die Abschätzung

2.1 Harmonische Funktionen und Mittelwerteigenschaft

$|u(x) - u(y)| \leq |x-y| |\nabla u(x^*)|$ mit geeignetem $x^* \in B_{R/2}(x)$. Nach Satz 2.1.7 ist $|u_{x_i}(x^*)| \leq \frac{N}{R} 2M$. Für $x, y \in \Omega'$ mit $|x-y| < R/2$ ist dann

$$|u(x) - u(y)| \leq \frac{2N\sqrt{N}}{R} M |x-y| \,. \tag{2.4}$$

Die Behauptung ergibt sich somit aus (2.3) und (2.4). □

Satz 2.1.10 (Der Kompaktheitssatz). *Sei $\Omega \subseteq \mathbb{R}^N$ offen. Jede beschränkte Folge (u_n) von auf Ω harmonischen Funktionen u_n enthält eine Teilfolge, die in Ω lokal gleichmäßig gegen eine auf Ω harmonische Funktion u konvergiert. Alle Ableitungen dieser Teilfolge konvergieren lokal gleichmäßig gegen die entsprechenden Ableitungen von u.*

Beweis. Wir schöpfen Ω durch eine aufsteigende Folge

$$\Omega_1 \subset\subset \Omega_2 \subset\subset \ldots \subset\subset \Omega$$

von beschränkten, offenen Mengen

$$\Omega_n := \{x \in \Omega \colon \mathrm{dist}(x, \partial\Omega) < 1/n \text{ und } |x| < n\}$$

aus. Ausschöpfen bedeutet, daß es zu jedem kompakten $K \subseteq \Omega$ ein Ω_i gibt mit $K \subseteq \Omega_i$. Die Folge (u_n) ist beschränkt und nach Satz 2.1.9 auf Ω_1 gleichgradig gleichmäßig stetig. Nach dem Satz von Arzelà und Ascoli enthält sie eine Teilfolge $(u_{1,n})$, die auf Ω_1 gleichmäßig konvergiert [6]. Diese braucht nicht auf Ω_2 zu konvergieren, enthält aber ihrerseits eine auf Ω_2 gleichmäßig konvergente Teilfolge $(u_{2,n})$, usw. Man erhält eine Folge von Folgen, bei der jede eine Teilfolge der vorangehenden ist; die j-te Folge konvergiert auf Ω_j gleichmäßig.

Die *Diagonalfolge* $v_1, v_2, \ldots$, bei der $v_k := u_{k,k}$ das k-te Glied aus der k-ten Folge ist, konvergiert auf jedem Ω_j gleichmäßig; denn $v_j, v_{j+1}, v_{j+2}, \ldots$ ist eine Teilfolge der j-ten Folge. Die Diagonalfolge konvergiert dann aber auch auf jedem $\Omega' \subset\subset \Omega$ gleichmäßig; denn Ω' ist in einem Ω_j enthalten. Sie ist eine Teilfolge von (u_n), die nach Satz 2.1.6 die behaupteten Eigenschaften hat. □

Bemerkung 2.1.11. Der Kompaktheitssatz behauptet nicht, daß eine Teilfolge existiert, die am Rande von Ω konvergiert. Auch dann nicht, wenn die Folge (u_n) aus Funktionen besteht, die auf Ω harmonisch und auf $\overline{\Omega}$ stetig sind; insbesondere braucht die Grenzfunktion nicht stetig auf $\overline{\Omega}$ fortsetzbar zu sein.

---

[6] Beweis z.B. in [289, p. 394]. Dieser Satz ist der Kern fast aller Kompaktheitsaussagen in Funktionenräumen. Für weitere (auch historische) Bezüge sei auf [278] verwiesen.

2.2 Liouville- und Harnackeigenschaft

In der Funktionentheorie bewies LIOUVILLE für doppeltperiodische Funktionen (und dann später CAUCHY für in ganz $\mathbb{C}$ holomorphe Funktionen) deren Konstanz, wenn sie beschränkt sind. Siehe hierzu [278].

Wenn sich ähnliche Aussagen über Lösungen einer Differentialgleichung machen lassen, nennt man sie Aussagen vom Liouvilleschen Typ, oder sogar Liouvillesätze. Ein solcher Satz über harmonische Funktionen wurde zuerst von H.A. SCHWARZ [302] bewiesen, dort in § 12. Wie auch später bei HARNACK [97] war die Darstellung harmonischer Funktionen durch das Poissonintegral (vgl. Abschnitt 3.2) für den Beweis wichtig. Man gewann bei harmonischen Funktionen den Satz vom Liouvilleschen Typ aus der *Harnackungleichung* (siehe Aufgabe 3.5).

BÔCHER [19] untersuchte, wie sich harmonische Funktionen mit isolierten Singularitäten verhalten (siehe Satz 5.2.1), und folgerte mittels der Kelvintransformation (Abschnitt 3.6), daß auch nur einseitig beschränkte, überall harmonische Funktionen konstant sind. Diese Aussage wird üblicherweise nach PICARD benannt, der in [252], obwohl er Beschränktheit fordert, eine Variante des Poissonintegrals verwendet, die mit der einseitigen Beschränktheit auskommt.

Selbst diese Fassung des Liouvilleschen Satzes ergibt sich leicht aus der Harnackungleichung. Man kann sie aber noch niedriger ansiedeln, sie folgt direkt aus der Mittelwerteigenschaft. Ebenso einfach werden wir eine Harnackabschätzung aus der Mittelwerteigenschaft ableiten. So gewinnen wir auch diese *inneren Eigenschaften* harmonischer Funktionen bereits auf dem Niveau von Satz 2.1.1.

Satz 2.2.1. *Es sei $\Omega \subseteq \mathbb{R}^N$ offen und u auf Ω harmonisch und nichtnegativ; ferner $x', x'' \in \Omega$ und $d := |x' - x''|$. Dann gilt*

$$u(x') \leq \left(1 + \frac{d}{r}\right)^N u(x'') \qquad (2.5)$$

für alle $r > 0$ mit $B_{d+r}(x'') \subset\subset \Omega$.

Beweis. Wegen $B_r(x') \subseteq B_{d+r}(x'')$ und $u \geq 0$ haben wir aufgrund der zweiten Mittelwerteigenschaft

$$\frac{r^N}{N}\omega_N u(x') = \int_{B_r(x')} u(y)\, dy \leq \int_{B_{d+r}(x'')} u(y)\, dy = \frac{(d+r)^N}{N}\omega_N u(x'')\,.$$

□

Dieser etwas technisch anmutende Satz hat eine Reihe bedeutender Anwendungen, die wir im Folgenden angeben werden. Zu diesen gehören auch der zweite Harnacksche Satz und eine Harnackabschätzung (siehe Sätze 2.2.4 und

2.2.5). Gewöhnlich beweist man diese beiden Sätze auf dem längeren Weg über die klassische Harnackungleichung (siehe Aufgabe 3.5), welche HARNACK [97] aus der Poissonintegraldarstellung harmonischer Funktionen ableitete.

Korollar 2.2.2. *Jede auf $\mathbb{R}^N$ harmonische und einseitig beschränkte Funktion w ist konstant.*

Beweis. Wir dürfen $w \geq c$ annehmen. Dann ist $u := w - c$ auf $\mathbb{R}^N$ harmonisch und ≥ 0, erfüllt also (2.5). Für $r \to \infty$ ergibt sich $u(x') \leq u(x'')$. Da die Reihenfolge der Punkte x', x'' nicht ausgezeichnet war, ist das die Behauptung. □

Korollar 2.2.3. *Jede auf $B_R(x_0) \subseteq \mathbb{R}^N$ nichtnegative harmonische Funktion erfüllt $u(x') \leq 3^N u(x'')$ für alle $x', x'' \in B_{R/4}(x_0)$.*

Beweis. In (2.5) ist $d < \frac{R}{2}$, und wegen $B_{3R/4}(x'') \subset\subset B_R(x_0)$ können wir $r = \frac{R}{4}$ wählen. □

Satz 2.2.4 (Der zweite Harnacksche Satz).[7] *Es sei $\Omega \subseteq \mathbb{R}^N$ offen und zusammenhängend, und (u_n) sei eine Folge von auf Ω harmonischen Funktionen, die auf Ω monoton fällt (d.h. $u_n \geq u_{n+1}$). Dann ist entweder $\lim_{n\to\infty} u_n(x) = -\infty$ für alle $x \in \Omega$, oder es konvergiert (u_n) auf Ω gegen eine auf Ω harmonische Funktion, und zwar gleichmäßig auf jedem $\Omega' \subset\subset \Omega$.*

Beweis. Da die Folge (u_n) monoton fällt, ist bei festem $x \in \Omega$ entweder $\lim u_n(x) = -\infty$, oder es existiert $\lim u_n(x) > -\infty$. Daher ist Ω die Vereinigung der zwei disjunkten Mengen $\Omega_{\mathrm{div}} := \{x \in \Omega : \lim u_n(x) = -\infty\}$ und $\Omega_{\mathrm{konv}} := \{x \in \Omega : \lim u_n(x) > -\infty\}$. Wegen des Zusammenhangs von Ω ist eine der beiden Mengen Ω_{div} und Ω_{konv} leer, sobald wir wissen, daß beide offen sind. Es sei $x_0 \in \Omega_{\mathrm{konv}}$ und $B_R(x_0) \subseteq \Omega$. Wegen der Monotonie der Folge (u_n) gilt $u_m - u_n \geq 0$ für $m < n$. Korollar 2.2.3 liefert somit für alle $x \in B_{R/4}(x_0)$ und alle $m < n$ die Abschätzung

$$0 \leq (u_m(x) - u_n(x)) \leq 3^N (u_m(x_0) - u_n(x_0)). \tag{2.6}$$

Daher ist $B_{R/4}(x_0) \subseteq \Omega_{\mathrm{konv}}$, wenn $x_0 \in \Omega_{\mathrm{konv}}$ und $B_R(x_0) \subseteq \Omega$. Also ist Ω_{konv} offen.

Es werde nun angenommen, daß Ω_{div} nicht offen sei. Dann gibt es ein $x \in \Omega_{\mathrm{div}}$, so daß in jeder Nähe ein Punkt $x_0 \in \Omega_{\mathrm{konv}}$ liegt. Wähle $R > 0$ mit $B_{2R}(x) \subseteq \Omega$ und $x_0 \in \Omega_{\mathrm{konv}}$ mit $|x - x_0| =: d < \frac{R}{4}$. Dann ist $B_R(x_0) \subseteq \Omega$, und nach der vorigen Argumentation ist $x \in \Omega_{\mathrm{konv}}$. Dieser Widerspruch zeigt, daß auch Ω_{div} offen ist.

Daher ist entweder $\lim u_n(x) = -\infty$ für alle $x \in \Omega$, oder es konvergiert die Folge (u_n) in Ω, und zwar wegen (2.6) lokal gleichmäßig. Da sich jedes

---

[7] Der sogenannte erste Harnacksche Satz ist Korollar 3.1.3. HARNACK [96] hat den fundamentalen Charakter dieser Sätze, die schon in Schlüssen bei C. NEUMANN und H.A. SCHWARZ verborgen waren, herausgestellt und sie explizit bewiesen.

$\Omega' \subset\subset \Omega$ durch endlichviele Kugeln $B \subseteq \Omega$ überdecken läßt, haben wir gleichmäßige Konvergenz auf jedem $\Omega' \subset\subset \Omega$. Nach dem lokalen Teil des ersten Harnackschen Satzes 2.1.6 konvergiert (u_n) auf Ω gegen eine auf Ω harmonische Funktion. □

Satz 2.2.5 (Harnackabschätzung harmonischer Funktionen $u \geq 0$).
Zu offenem $\Omega \subseteq \mathbb{R}^N$ und zusammenhängendem $\Omega_0 \subset\subset \Omega$ gibt es $c_0 > 1$, so daß alle in Ω nichtnegativen harmonischen u die Ungleichung

$$u(x) \leq c_0 u(y) \quad \text{für alle } x, y \in \Omega_0$$

erfüllen.

Beweis. Für $\Omega_0 \subset\subset \Omega$ ist $\mathrm{dist}(\Omega_0, \partial\Omega) > 0$ oder $= \infty$. Im ersten Fall setzen wir $d := \mathrm{dist}(\Omega_0, \partial\Omega)$, sonst $d := 1$. Nach dem Satz von Heine und Borel gibt es ein System $S := \{B_{d/4}(x_1), \ldots, B_{d/4}(x_n)\}$ von endlichvielen Kugeln $B_{d/4}(x_i)$ vom Radius $d/4$ und mit Mittelpunkten $x_i \in \overline{\Omega_0}$, deren Vereinigung $\overline{\Omega_0}$ überdeckt. Ihre minimale Anzahl n ist allein durch d und $\overline{\Omega_0}$, also allein durch Ω und Ω_0 bestimmt.

Je zwei Punkte $x', x'' \in \Omega_0$ lassen sich, wie wir zeigen werden, *mit einer Kugelkette verbinden*, die aus $m \leq n$ Kugeln des Systems S besteht, d.h. zu $x', x'' \in \Omega_0$ gibt es ein m-Tupel $(B^1, \ldots, B^m)$, $m \leq n$, von Kugeln $B^i \in S$ mit $x' \in B^1, x'' \in B^m$ und $B^i \cap B^{i+1} \neq \emptyset$, $i = 1, \ldots, m-1$.

Mit $z_i \in B^i \cap B^{i+1}$ ist dann nach Korollar 2.2.3 $u(x') \leq 3^N u(z_1) \leq 3^{2N} u(z_2) \leq \ldots \leq 3^{mN} u(x'')$. Wegen $m \leq n$ bedeutet das $u(x) \leq c_0 u(y)$ für alle $x, y \in \Omega_0$ mit der allein durch Ω und Ω_0 bestimmten Zahl $c_0 := 3^{nN}$.

Zum Nachweis der Kugelkette merken wir zunächst an, daß sich je zwei Punkte $x', x'' \in \Omega_0$ wegen des Zusammenhangs des offenen Ω_0 durch einen *Weg* ϕ in Ω_0 verbinden lassen, d.h. $\phi: [0,1] \to \Omega_0$ stetig, $\phi(0) = x', \phi(1) = x''$. Wir beweisen jetzt mit vollständiger Induktion nach r, daß sie sich mit einer Kugelkette aus höchstens r Kugeln von S verbinden lassen, wenn r Kugeln von S ausreichen, einen solchen Weg zu überdecken. Das liefert dann für $r = n$ die behauptete Kette.

Als Induktionsanfang nehmen wir den offenbar trivialen Fall $r = 1$. Es seien nun $x', x'' \in \Omega_0$ durch einen Weg $\phi: [0,1] \to \Omega_0$ verbunden, der von $r+1$ Kugeln aus S überdeckt wird. Zu ihnen gehört ein $B \in S$ mit $x' \in B$. Wenn auch $x'' \in B$ ist, kommt man mit einer Kette aus $1 \leq r+1$ Kugeln aus. Sonst sei $t^* := \sup\{t \in [0,1]: \phi(t) \in B\}$. Wegen $\phi(0) = x' \in B$ ist $\phi(t^*) \in \partial B$ und $\phi(t) \notin B$ für $t \in [t^*, 1]$. Es ist $\phi|_{[t^*, 1]}$ ein Weg in Ω_0, der $\phi(t^*)$ und x'' verbindet. Da er Teil des Weges ϕ ist und außerhalb von B verläuft, wird er von den übrigen r Kugeln überdeckt. Nach Induktionsannahme lassen sich $\phi(t^*)$ und x'' mit einer Kugelkette aus höchstens r Kugeln verbinden. Die Hinzunahme von B liefert eine Kugelkette aus höchstens $r+1$ Kugeln, die x' und x'' verbindet. □

Bemerkung 2.2.6. a) Der Satz besagt, daß das Maximum von u auf $\overline{\Omega_0}$ höchstens gleich dem c_0-fachen des Minimums von u auf $\overline{\Omega_0}$ ist, ganz gleich, um welche auf Ω harmonische nichtnegative Funktion u es sich handelt. Die Konstante c_0 hängt nur von der Geometrie von Ω und Ω_0 ab, nicht von u.

b) Eine für die Harnackabschätzung typische Konsequenz ist folgende: Wenn eine in Ω nichtnegative harmonische Funktion eine Nullstelle y_0 hat, dann ist sie Null in der ganzen Zusammenhangskomponente von Ω, die y_0 enthält. Da mit u auch $u + \text{const}$ harmonisch ist, kann man daraus die *starke Minimumeigenschaft* harmonischer Funktionen erschließen, die wir ohne Rückgriff auf Harnackabschätzungen in Abschnitt 2.3 direkt aus der zweiten Mittelwerteigenschaft herleiten werden.

c) Für sehr allgemeine lineare elliptische Differentialgleichungen 2. Ordnung besteht, wie J. MOSER in einer berühmten Arbeit gezeigt hat [211], ein Zusammenhang zwischen der Harnackeigenschaft und der Hölderstetigkeit der Lösungen, einer Regularitätseigenschaft, die sich insbesondere für schwache Lösungen von Variationsaufgaben als wichtig erweist (s.a. S. 297). Bei harmonischen Funktionen ist dieser Zusammenhang noch nicht bedeutsam, denn aus der Mittelwerteigenschaft ergibt sich sofort sogar Lipschitzstetigkeit, wie wir in Satz 2.1.9 gesehen haben.

2.3 Das Maximum-Minimumprinzip

Eine Minimumstelle der Funktion $u\colon \Omega \to \mathbb{R}$ ist ein $x_0 \in \Omega$ mit $u(x_0) \leq u(x)$ für alle $x \in \Omega$.

GAUSS [81] bewies, daß ein Potential außerhalb des Trägers der Masseverteilung keine isolierte Minimumstelle haben kann und folgerte das aus der Mittelwerteigenschaft des Potentials (siehe Einleitung zu Abschnitt 2.1). Ein Punkt außerhalb der Masseverteilung hat demnach keine stabile Gleichgewichtslage; dies wurde unabhängig von EARNSHAW [57] bewiesen. RIEMANN [280, Art. 11.III] leitete das Fehlen isolierter Minimumstellen für Lösungen der Gleichung $\Delta u = 0$ her.

Man spricht vom *starken Minimumprinzip* für $u\colon \Omega \to \mathbb{R}$, wenn jede im Inneren von Ω gelegene Minimumstelle von $u\colon \Omega \to \mathbb{R}$ eine Umgebung hat, die aus lauter Minimumstellen von u besteht. Bei stetigem $u\colon \overline{D} \to \mathbb{R}$, wobei $D \subseteq \mathbb{R}^N$ ein *Gebiet*, also eine offene und zusammenhängende Menge ist, läuft das starke Minimumprinzip darauf hinaus, daß nichtkonstantes u seine Minimumstellen nur auf dem Rand ∂D hat. Im folgenden präzisieren wir das.

Satz 2.3.1 (Das starke Minimumprinzip). *Es sei $\Omega \subseteq \mathbb{R}^N$ offen, und $u\colon \Omega \to \mathbb{R}$ sei auf Ω harmonisch. Dann ist die Menge M der Minimumstellen von u offen (evtl. leer).*

Beweis. Die leere Menge ist offen. Zu $x_0 \in M$ gibt es $r > 0$, so daß $B_r(x_0) \subset\subset \Omega$. Nach der zweiten Mittelwerteigenschaft ist $\int_{|y-x|\leq r}(u(y) - u(x_0))\,dy = 0$; der Integrand $u - u(x_0)$ ist stetig und nach der Bedeutung von x_0 nichtnegativ. Daher ist $u(y) - u(x_0) = 0$ für alle $y \in B_r(x_0)$, mithin ist $B_r(x_0) \subseteq M$, d.h. M ist offen. □

Der nächste Satz ist mit Satz 2.3.1 äquivalent. Auch er wird daher das starke Minimumprinzip genannt. Sein allgemeiner Hintergrund ist die Tatsache, daß die Menge der Minimumstellen einer auf $Z \subseteq \mathbb{R}^N$ stetigen Funktion relativ Z abgeschlossen ist und daß jede Teilmenge einer zusammenhängenden Menge Z, die relativ Z abgeschlossen und relativ Z offen ist, leer oder ganz Z ist.

Satz 2.3.2. *Es sei $\Omega \subseteq \mathbb{R}^N$ offen. Wenn die auf Ω harmonische Funktion $u\colon \Omega \to \mathbb{R}$ eine Minimumstelle x_0 hat, dann ist u auf derjenigen Zusammenhangskomponente Z von Ω konstant, welche x_0 enthält.*

Beweis. Es ist Z offen und u auf Z harmonisch. Es sei M die Menge der Minimumstellen von $u|_Z$. Nach dem starken Minimumprinzip ist M offen. Wegen der Stetigkeit von u ist M relativ Z abgeschlossen (d.h. jedes $x \in Z$, welches Häufungspunkt von M ist, liegt in M). Weil Z zusammenhängend ist, ist dann M leer oder $M = Z$. Es ist $x_0 \in M$, also $M = Z$. □

Spezialisiert man Ω zu einem Gebiet D in $\mathbb{R}^N$ und setzt man voraus, daß die auf D harmonische Funktion $u\colon \overline{D} \to \mathbb{R}$ stetig ist und mindestens eine in D gelegene Minimumstelle x_0 hat, dann ist u nach Satz 2.3.2 auf D konstant, und wegen der Stetigkeit von u auch auf $\overline{D}$ konstant. Daher gilt

Korollar 2.3.3. *Es sei $D \subseteq \mathbb{R}^N$ ein Gebiet, $u\colon \overline{D} \to \mathbb{R}$ stetig und auf D harmonisch. Dann liegen Minimumstellen von u nur auf dem Rande ∂D, es sei denn $u = $ const.*

Es braucht u keine Minimumstelle zu haben, wenn $\overline{D}$ nicht beschränkt ist. Beispiele sind $u(x_1, x_2) = e^{x_1} \sin x_2$ mit $D = \{(x_1, x_2) \in \mathbb{R}^2 : -\pi < x_2 < \pi\}$, oder $u(x) = |x|^{2-N}$ für $N > 2$, und $u(x) = -\ln |x|$ für $N = 2$, mit $D = \{x \in \mathbb{R}^N : |x| > 1\}$.

Auch die Aussage des Korollars 2.3.3 wird häufig das (starke) Minimumprinzip für harmonische Funktionen genannt.

Der nun folgende Satz macht eine schwächere Aussage für eine größere Klasse von Funktionen. Sein Beweis – er geht auf PARAF [246, Chap. III.2] zurück – benötigt keine Mittelwertrelation und hätte daher auch ganz zu Beginn von Kapitel 2 stehen können.

Satz 2.3.4 (Das schwache Minimumprinzip). *Es sei $\Omega \subset\subset \mathbb{R}^N$ nicht leer. Hat dann $u \in C^2(\Omega) \cap C^0(\overline{\Omega})$ auf Ω die Eigenschaft $\Delta u \leq 0$, so liegt mindestens eine Minimumstelle von u auf dem Rand $\partial \Omega$ von Ω.*

Beweis. Bei festem $\epsilon > 0$ hat $v(x) := u(x) - \epsilon |x|^2$ in $\overline{\Omega}$ eine Minimumstelle x_ϵ. Wenn $x_\epsilon \in \Omega$ wäre, dann wäre nach den Regeln der Differentialrechnung in einer (!) Veränderlichen $v_{x_i x_i}(x_\epsilon) \geq 0$ ($i = 1, \ldots, N$) und somit $\Delta v(x_\epsilon) \geq 0$, es ist aber $\Delta v = \Delta u - 2\epsilon N \leq -2\epsilon N < 0$. Also ist $x_\epsilon \in \partial \Omega$, und daher gilt

$$u(x) = v(x) + \epsilon |x|^2 \geq v(x) \geq v(x_\epsilon) = u(x_\epsilon) - \epsilon |x_\epsilon|^2 \geq \min_{y \in \partial \Omega} u(y) - \epsilon |x_\epsilon|^2$$

für alle $x \in \overline{\Omega}$ und $\epsilon > 0$. Mit $\epsilon \to 0$ folgt $u(x) \geq \min_{y \in \partial \Omega} u(y)$ für $x \in \overline{\Omega}$. □

2.3 Das Maximum-Minimumprinzip

Die eben verwendete Schlußweise läßt sich ausdehnen auf Lösungen von partiellen Differentialgleichungen mit einem variablen Hauptteil (siehe Aufgabe 2.10). Man kann sogar noch einen Schritt weiter gehen und Terme erster Ordnung in die Ungleichung aufnehmen, wie wir in Abschnitt 2.6 zeigen werden. Ersetzen wir in Satz 2.3.4 u durch $-u$, so erhalten wir

Korollar 2.3.5 (Das schwache Maximumprinzip). *Ist $\Omega \subset\subset \mathbb{R}^N$ nicht leer, und hat $u \in C^2(\Omega) \cap C^0(\overline{\Omega})$ auf Ω die Eigenschaft $\Delta u \geq 0$, so liegt mindestens eine Maximumstelle von u auf dem Rand $\partial\Omega$ von Ω.*

Aus dem schwachen Maximum-Minimumprinzip ergeben sich unmittelbar folgende Abschätzungen für harmonische Funktionen. Sei $\Omega \subseteq \mathbb{R}^N$ offen und beschränkt. Ist $u \colon \overline{\Omega} \to \mathbb{R}$ stetig und auf Ω harmonisch, so gilt

$$\min_{\partial\Omega} u \leq u(x) \leq \max_{\partial\Omega} u,$$

also

$$|u(x)| \leq \max_{y \in \partial\Omega} |u(y)| \quad \text{für alle } x \in \overline{\Omega}.$$

Dies ist eine *globale A-Priori-Abschätzung* und nicht nur eine innere, wie wir sie mit Satz 2.1.7 für die ersten Ableitungen beschränkter harmonischer Funktionen hergeleitet hatten. Eine Verallgemeinerung dieser Abschätzung bietet die folgende spezielle Version eines Lemmas von BERNSTEIN [18], dessen allgemeine Form wir in Abschnitt 2.6 kennenlernen werden.

Lemma 2.3.6. *Zu nichtleerem $\Omega \subset\subset \mathbb{R}^N$ gibt es eine Konstante $c_0(\Omega)$ mit der Eigenschaft*

$$\max_{x \in \overline{\Omega}} |u(x)| \leq c_0(\Omega) \sup_\Omega |\Delta u| + \max_{\partial\Omega} |u|$$

für alle $u \in C^2(\Omega) \cap C^0(\overline{\Omega})$.

Beweis. Wir dürfen $\sup_\Omega |\Delta u| < \infty$ annehmen und wählen ein $x_0 \in \mathbb{R}^N$ mit $\text{dist}(x_0, \Omega) = 1$. Weiter sei $C > 0$ so bestimmt, daß $C \geq e^{\frac{1}{2}|x-x_0|^2}$ für alle $x \in \overline{\Omega}$. Wir definieren $\phi(x) := \left(C - e^{\frac{1}{2}|x-x_0|^2}\right) \sup_\Omega |\Delta u| + \max_{\partial\Omega} |u|$. Dann gilt für alle $x \in \Omega$

$$-\Delta \phi(x) = \left(N + |x-x_0|^2\right) e^{\frac{1}{2}|x-x_0|^2} \sup_\Omega |\Delta u| \geq \sup_\Omega |\Delta u|.$$

Hieraus folgt $\Delta(\phi \pm u)(x) \leq -\sup_\Omega |\Delta u| + |\Delta u(x)| \leq 0$. Die Wahl von C bewirkt $\phi(x) \geq \max_{\partial\Omega} |u|$ für alle $x \in \overline{\Omega}$ und somit gilt $(\phi \pm u)|_{\partial\Omega} \geq 0$. Wendet man das schwache Minimumprinzip auf $\phi \pm u$ an, so ergibt sich $\phi \pm u \geq 0$ auf $\overline{\Omega}$, also $|u(x)| \leq \phi(x) \leq C \sup_\Omega |\Delta u| + \max_{\partial\Omega} |u|$ für alle $x \in \overline{\Omega}$. Da die Wahl der Konstanten C nur von Ω abhing, ist das Lemma bewiesen. □

Zum Abschluß dieses Abschnitts betrachten wir das schwache Minimumprinzip für harmonische Funktionen noch unter einem anderen Gesichtspunkt.

Bemerkung 2.3.7. Für $\Omega \subset\subset \mathbb{R}^N$ und stetiges $u: \overline{\Omega} \to \mathbb{R}$ läßt sich die Aussage, daß auf $\partial\Omega$ eine Minimumstelle von u liege, so schreiben:

$$\text{Aus } c \in \mathbb{R} \text{ und } c \leq u|_{\partial\Omega} \text{ folgt } c \leq u\,.$$

Man kann dies auch dadurch ausdrücken, daß für alle $c \in \mathbb{R}$ gilt:
Wenn die Abschätzung $c \leq \liminf_{n\to\infty} u(x_n)$ für jede Folge $(x_n) \subseteq \Omega$ besteht, die gegen ein $y \in \partial\Omega$ konvergiert, dann ist $c \leq u$.
Der Fortschritt bei dieser Formulierung besteht darin, daß sie auch dann sinnvoll bleibt, wenn u nur auf Ω definiert ist.

Wir verzichten nun auf die Beschränktheit von Ω und fordern zusätzlich zur Stetigkeit von $u: \Omega \to \mathbb{R}$, daß die Menge der Minimumstellen von u offen ist. Mit dem nachfolgenden Satz 2.3.8 erhalten wir dann eine Aussage, die zur allgemeinen Analysis stetiger Funktionen gehört und deren Bezug zur Laplacegleichung nur durch das starke Minimumprinzip für harmonische Funktionen (Satz 2.3.1) vermittelt wird.

Satz 2.3.8 (Das Randminimumprinzip). *Es sei $\Omega \subseteq \mathbb{R}^N$ offen, und $u: \Omega \to \mathbb{R}$ sei stetig, und die Menge der Minimumstellen von u sei offen. Es sei $c \in \mathbb{R}$. Für jede Folge (x_n) in Ω, die gegen einen Punkt aus $\partial\Omega$ konvergiert oder $|x_n| \to \infty$ erfüllt, sei $c \leq \liminf_{n\to\infty} u(x_n)$. Dann ist $c \leq u(x)$ für alle $x \in \Omega$.*

Beweis. Es sei $g := \inf_{x \in \Omega} u(x)$; noch ist $g = -\infty$ möglich. Zu zeigen ist: $g \geq c$. Es gibt eine Folge (x_n) in Ω mit $\lim u(x_n) = g$. Eine solche Folge existiert nach Definition des Infimums. Man nennt sie eine *Minimalfolge*. Wenn die Minimalfolge (x_n) eine Teilfolge (x'_n) enthält, die gegen ein $y \in \partial\Omega$ konvergiert oder für die $|x'_n| \to \infty$ gilt, dann ist $g = \lim u(x_n) = \lim u(x'_n) = \liminf u(x'_n) \geq c$, also $g \geq c$. Wenn beides nicht der Fall ist, dann ist (x_n) beschränkt, enthält also eine konvergente Teilfolge $x'_n \to x_0 \in \overline{\Omega}$; aber es ist $x_0 \notin \partial\Omega$, also $x_0 \in \Omega$. Wegen der Stetigkeit von u ist dann $u(x_0) = \lim u(x'_n) = \lim u(x_n) = g$. Das bedeutet, daß u an der Stelle $x_0 \in \Omega$ sein Infimum annimmt. Daher ist x_0 eine Minimumstelle von u, und g ist der Minimalwert von u. Mit der Argumentation wie für Satz 2.3.2 füllt die Menge der Minimumstellen von u diejenige Zusammenhangskomponente Z von Ω, die x_0 enthält; es ist $u(z) = g$ für alle $z \in Z$. Nun ist noch anzumerken, daß $\partial Z \subseteq \partial\Omega$ ist, weil Z Zusammenhangskomponente des offenen Ω ist. Wenn $\partial Z \neq \emptyset$ ist, gibt es eine Folge (z_n) in Z mit $z_n \to y \in \partial Z \subseteq \partial\Omega$. Wenn aber $\partial Z = \emptyset$ ist, gibt es eine Folge (z_n) in Z mit $|z_n| \to \infty$. Beidesmal ist $g = u(z_n)$, also $g = \liminf u(z_n) \geq c$. Mithin resultiert in jedem Falle $g \geq c$. □

Ersichtlich verkürzt sich der Beweis von Satz 2.3.8 etwas, wenn man Ω zusätzlich als beschränkt voraussetzt. Ersetzt man u durch $-u$, so folgt

Korollar 2.3.9 (Das Randmaximumprinzip). *Sei $\Omega \subseteq \mathbb{R}^N$ offen, die Abbildung $u: \Omega \to \mathbb{R}$ stetig, und die Menge der Maximumstellen von u sei offen. Es sei $C \in \mathbb{R}$. Für jede Folge (x_n) in Ω, die gegen ein $y \in \partial\Omega$ konvergiert* oder $|x_n| \to \infty$ erfüllt, sei $\limsup_{n\to\infty} u(x_n) \leq C$. Dann ist $u(x) \leq C$ für alle $x \in \Omega$.

2.4 Analytizität

Traditionellerweise gewinnt man die Analytizität harmonischer Funktionen seit SCHWARZ [302] aus ihrer Darstellung durch das Poissonintegral (siehe Aufgabe 3.4). Die nachfolgende Argumentation über die innere A-Priori-Abschätzung aus Satz 2.1.7 (sie stammt von KELLOGG [138, §6]) vermeidet es, für den Nachweis einer lokalen Eigenschaft die Lösbarkeit eines Randwertproblems heranzuziehen. Der damit gewonnene Fortschritt wird im nächsten Abschnitt sichtbar werden. Das Problem der Analytizität von Lösungen sehr allgemeiner partieller Differentialgleichungen werden wir am Ende von Kapitel 9 ansprechen.

Satz 2.4.1. *Sei $\Omega \subseteq \mathbb{R}^N$ offen. Dann ist*

$$\left|D^k u(x)\right| \leq \frac{C_{Nk}}{r^k} \sup_{B_r(x)} |u| \quad \text{mit } C_{Nk} := N^k k! e^{k-1}$$

für alle $x \in \Omega$, $0 < r < \operatorname{dist}(x, \partial\Omega)$ und alle auf Ω harmonischen u. Dabei bezeichnet $D^k u$ irgendeine partielle Ableitung k-ter Ordnung von u.

Beweis. Wir wissen seit Korollar 2.1.3, daß harmonische Funktionen beliebig oft differenzierbar und alle ihre Ableitungen wieder harmonisch sind.

Für $k = 1$ folgt die Abschätzung unmittelbar aus Satz 2.1.7. Sei sie für k bewiesen, $x \in \Omega$, und es sei $s := \frac{k}{k+1} r$ mit $0 < r < \operatorname{dist}(x, \partial\Omega)$. (Auf diese Wahl von s wird man geführt, wenn man zunächst $s = (1-c)r$ setzt und später dann c optimiert.) Dann ist

$$\left|D^{k+1} u(x)\right| = \left|D^k D' u(x)\right| \leq \frac{C_{Nk}}{s^k} \sup_{B_s(x)} |D'u| \;,$$

ferner nach Satz 2.1.7

$$\sup_{y \in B_s(x)} |D'u(y)| \leq \frac{N}{r-s} \sup_{B_r(x)} |u| \;.$$

Schließlich ist

$$\frac{C_{Nk} N}{s^k (r-s)} = \frac{C_{Nk} N(k+1)}{r^{k+1}} \left(1 + \frac{1}{k}\right)^k = \frac{C_{N,k+1}}{r^{k+1}} \frac{\left(1 + \frac{1}{k}\right)^k}{e} \;. \qquad (2.7)$$

Da $\left(1 + \frac{1}{k}\right)^k$ mit k monoton wächst und gegen e strebt, ist die Ungleichung bewiesen. □

Korollar 2.4.2. *Es sei u auf offenem $\Omega \subseteq \mathbb{R}^N$ harmonisch, $x \in B_s(x_0) \subseteq B_r(x_0) \subset\subset \Omega$. Dann ist*

$$|D^k u(x)| \leq \frac{C_{Nk}}{(r-s)^k} \sup_{B_r(x_0)} |u|,$$

denn für $x \in B_s(x_0)$ ist $B_{r-s}(x) \subseteq B_r(x_0)$.

Lemma 2.4.3. *Es sei $u \in C^\infty(B_s(x_0))$, und mit zwei Konstanten $C > 0$ und $M > 0$ gelte*

$$|D^k u(x)| \leq C^k k! M \text{ für } x \in B_s(x_0) \text{ und } k \in \mathbb{N}_0.$$

Dann ist u in eine Potenzreihe um x_0 (im Reellen) entwickelbar.

Beweis. Nach der Taylorformel ist

$$u(x_0 + h) = \sum_{j=0}^{m-1} \frac{1}{j!} \left((h \cdot \nabla)^j u\right)(x_0) + \frac{1}{m!} \left((h \cdot \nabla)^m u\right)(x_0 + \tau h)$$

für $h \in \mathbb{R}^N$ mit $|h| < s$ und mit $0 < \tau < 1$. Zur Abschätzung des Restgliedes R_m stellt man zunächst $(h \cdot \nabla)^m = (\sum_{i=1}^N h_i \frac{\partial}{\partial x_i})^m$ nach dem polynomialen Satz dar:

$$(a_1 + \ldots + a_N)^m = \sum_{\mu_1 + \ldots + \mu_N = m} \frac{m!}{\mu_1! \cdot \ldots \cdot \mu_N!} a_1^{\mu_1} \cdot \ldots \cdot a_N^{\mu_N}. \qquad (2.8)$$

Nach Voraussetzung ist dann

$$|R_m| \leq C^m M \left(m! \sum_{\mu_1 + \ldots + \mu_N = m} \frac{|h_1|^{\mu_1} \ldots |h_N|^{\mu_N}}{\mu_1! \ldots \mu_N!} \right).$$

Der Klammerausdruck ist nach (2.8) gleich $(\sum_{i=1}^N |h_i|)^m$ und kann aufgrund der Schwarzschen Ungleichung durch den Term $(\sqrt{N}|h|)^m$ abgeschätzt werden. Ist $|h| < \frac{1}{\sqrt{N}C}$, so geht R_m gegen Null für $m \to \infty$. □

Satz 2.4.4 (Die Analytizität). *Es sei $\Omega \subseteq \mathbb{R}^N$ offen, und u sei auf Ω harmonisch. Dann ist u in Ω reell-analytisch, d.h. lokal in eine Potenzreihe entwickelbar: Zu $x_0 \in \Omega$ gibt es $\varrho > 0$, so daß*

$$u(x_0 + h) = \sum_{j=0}^\infty \frac{1}{j!} \left((h \cdot \nabla)^j u\right)(x_0)$$

für alle $h \in \mathbb{R}^N$ mit $|h| < \varrho$.

Beweis. Es ist $u \in C^\infty(\Omega)$, und bei fixiertem $B_r(x_0) \subset\subset \Omega$ gibt es $K > 0$, so daß $|u(x)| \leq K$ für $x \in \overline{B_r(x_0)}$. Nach Korollar 2.4.2, mit $s = r/2$, ist Lemma 2.4.3 mit $C := 2Ne/r$, $M := K/e$ erfüllt. □

Bemerkung 2.4.5. a) Wir haben nur eine lokale Aussage gemacht, weil die Beweismethode zu schwach ist, auch den Konvergenzradius anzugeben. Satz 2.4.4 ermöglicht es aber, ähnlich wie in der Funktionentheorie, aus lokalen Eigenschaften auf globale zu schließen. Eine Konsequenz dieses Satzes ist z.B., daß zwei auf einem Gebiet harmonische Funktionen im ganzen Gebiet übereinstimmen, wenn sie in der Umgebung eines einzigen seiner Punkte übereinstimmen. Eine solche Eigenschaft nennt man die *schwache eindeutige Fortsetzbarkeitseigenschaft*. Sie ist von GAUSS [81, Art. 21] angesprochen und von SCHWARZ [302, p. 245], bewiesen worden. Satz 2.4.4 etabliert aber sogar die *starke eindeutige Fortsetzbarkeitseigenschaft* harmonischer Funktionen:

Es sei $D \subseteq \mathbb{R}^N$ ein Gebiet, und es sei u auf D harmonisch. Wenn $x_0 \in D$ eine *Nullstelle unendlich hoher Ordnung* von u ist, also

$$\lim_{x \to x_0} |x - x_0|^{-k} u(x) = 0 \quad \text{ist für alle } k \in \mathbb{N}_0 ,$$

so ist $u(x) = 0$ für alle $x \in D$. (Dies folgt aus Satz 2.4.4 mit Schlußweisen, wie sie in der Funktionentheorie bei den Identitätssätzen für Potenzreihen verwendet werden; vgl. [278, § 8.1].)

Es ist bemerkenswert, daß schwache oder starke eindeutige Fortsetzbarkeitseigenschaft für Lösungen großer Klassen von partiellen Differentialgleichungen, sogar Differentialungleichungen, vorliegen, Lösungen, die keineswegs analytisch sind. Wir werden darauf in Abschnitt 2.7 eingehen.

b) Unabhängig voneinander haben KISELMAN [141] und HAYMAN [103] folgendes gezeigt: Wenn u auf $B_r(x_0)$ harmonisch ist, so konvergiert die Potenzreihe von u auf $B_\varrho(x_0)$ für $\varrho := \frac{r}{\sqrt{2}}$; diese Zahl ist bestmöglich.

Mit einer Anleihe aus der Funktionentheorie läßt sich Satz 2.4.4 sofort ausdehnen und folgendes Resultat beweisen.

Satz 2.4.6. *Es sei $\Omega \subseteq \mathbb{R}^N$ offen und f in Ω reell-analytisch. Ist dann $u \in C^2(\Omega)$ Lösung von*

$$-\Delta u(x) = f(x) \quad \text{für } x \in \Omega ,$$

so ist u reell-analytisch.

Beweis. Da u auf $B_r(x) \subset\subset \Omega$ der Identität (vgl. Lemma B.7)

$$u(x)\omega_N = \int_{|\eta|=1} u(x + r\eta)\, dS(\eta) - \int_0^r s^{1-N} \int_{B_s(x)} \Delta u(y)\, dy\, ds$$

genügt, ist

$$u(x)\frac{\omega_N r^N}{N} = \int_{B_r(x)} u(y)\, dy + \int_0^r \varrho^{N-1} \int_0^\varrho s^{1-N} \int_{B_s(0)} f(x+y)\, dy\, ds\, d\varrho . \quad (2.9)$$

Wegen $f \in C^\infty(\Omega)$ ist nach Satz A.5 das zweite Integral beliebig oft nach $x \in \Omega' \subset\subset \Omega$ differenzierbar, wenn $0 < r < \mathrm{dist}(\Omega', \partial\Omega)$. Das erste Integral ist aus $C^{k+1}(\Omega')$, wenn $u \in C^k(\Omega)$ ist. Daher ist $u \in C^\infty(\Omega)$.

Ist $x \in \Omega$, so besitzt f für geeignetes $0 < R < 1$ eine auf $B_R(x)$ konvergente Potenzreihe. Diese Reihe konvergiert auch auf

$$B_R(x, \mathbb{C}^N) := \left\{ z = (z_1, \ldots, z_N) \in \mathbb{C}^N : \sum_{i=1}^N |z_i - x_i|^2 < R^2 \right\}$$

und definiert eine Funktion $\tilde{f} \colon B_R(x, \mathbb{C}^N) \to \mathbb{C}$. Mit den Zahlen C_{Nk} aus Satz 2.4.1 zeigen wir

$$|D^k u(x)| \leq \frac{C_{Nk}}{r^k} \left(\sup_{B_r(x)} |u| + \sup_{B_r(x, \mathbb{C}^N)} |\tilde{f}| \right) \tag{2.10}$$

für alle auf $B_R(x)$ reell-analytischen f, alle $u \in C^\infty(B_R(x))$, die auf $B_R(x)$ die Gleichung $-\Delta u = f$ erfüllen, und alle $0 < r < R$. Die Analytizität von u ergibt sich dann wie beim Beweis von Satz 2.4.4.

Da aus (2.9) nach Satz B.8

$$u_{x_i}(x) \frac{\omega_N r^N}{N} = \int_{|y-x|=r} u(y) \frac{y_i - x_i}{|y - x|} dS(y)$$
$$+ \int_0^r \varrho^{N-1} \int_0^\varrho s^{1-N} \int_{|y-x|=s} f(y) \frac{y_i - x_i}{|y - x|} dS(y) ds \, d\varrho$$

folgt, haben wir

$$|u_{x_i}(x)| \leq \frac{N}{r} \left(\sup_{B_r(x)} |u| + \frac{r^2}{N+1} \sup_{B_r(x)} |f| \right), \tag{2.11}$$

woraus sich schon die Behauptung für $k = 1$ ergibt. Des weiteren liefert (2.11) für alle $y \in B_s(x)$

$$|u_{x_i}(y)| \leq \frac{N}{r - s} \left(\sup_{B_{r-s}(y)} |u| + \frac{(r-s)^2}{N+1} \sup_{B_{r-s}(y)} |f| \right). \tag{2.12}$$

Bei festem $z = (z_1, \ldots, z_N) \in B_s(x, \mathbb{C}^N)$ ist die Funktion $\tilde{f}(\cdot, z_2, \ldots, z_N)$ auf $B_{r-s}(z_1, \mathbb{C})$ holomorph. Da für $\tau \in B_{r-s}(z_1, \mathbb{C})$ der Punkt $(\tau, z_2, \ldots, z_N)$ in $B_r(x, \mathbb{C}^N)$ liegt, liefert die Cauchysche Integralformel

$$\left| \tilde{f}_{z_1}(z) \right| \leq \frac{1}{r - s} \sup_{B_r(x, \mathbb{C}^N)} |\tilde{f}|. \tag{2.13}$$

Ist $k \in \mathbb{N}$ eine Zahl, für die die Behauptung (2.10) gilt, so bilden wir $D^{k+1}u = D^k D' u$ und beachten, daß $-\Delta D' u = D' f$ ist. Mit $s := \frac{k}{k+1} r$ haben wir dann wegen (2.12) und (2.13)

$$|D^{k+1}u(x)| \leq \frac{C_{Nk}}{s^k}\left(\sup_{y\in B_s(x)}|u_{x_i}(y)| + \sup_{z\in B_s(x,\mathbb{C}^N)}\left|\tilde{f}_{z_i}(z)\right|\right)$$

$$\leq \frac{C_{Nk}N}{s^k(r-s)}\left(\sup_{B_r(x)}|u| + \left[\frac{(r-s)^2}{N+1} + \frac{1}{N}\right]\sup_{B_r(x,\mathbb{C}^N)}|\tilde{f}|\right),$$

was wegen (2.7) die Behauptung für $k+1$ liefert. □

2.5 Erweiterung: Helmholtzsche Schwingungsgleichung

Nach der Laplacegleichung ist die Gleichung

$$-\Delta u + \lambda u = 0, \; \lambda \in \mathbb{R},$$

die einfachste und bestuntersuchte elliptische Differentialgleichung. Ihren Namen trägt sie aufgrund der Untersuchungen von HELMHOLTZ [109] über Luftschwingungen in Röhren. Eine erste systematische Untersuchung stammt von HEINRICH WEBER [332]. Der Physiker F. POCKELS [258] schrieb auf Anregung von F. Klein eine kleine Monographie über diese Gleichung; auch [214] ist ihr zu einem nicht geringen Teil gewidmet. Ein Vergleich mit der gewöhnlichen Differentialgleichung $-u'' + \lambda u = 0$ zeigt sofort, daß die Lösungen für $\lambda < 0$ und $\lambda > 0$ sehr unterschiedliches Verhalten zeigen werden und ein Maximum-Minimumprinzip nicht mehr zu erwarten ist. Andererseits bleiben viele der in den vorangegangenen vier Abschnitten für harmonische Funktionen erzielten Ergebnisse auch für Lösungen der Helmholtzschen Schwingungsgleichung erhalten. Da die Beweise der bislang gewonnenen Resultate meist auf der Mittelwerteigenschaft harmonischer Funktionen beruhten, werden wir zunächst eine modifizierte Mittelwertrelation für Lösungen der Gleichung $\Delta u = \lambda u$ herleiten, die zuerst für $N=2$ von H. Weber [332] bewiesen wurde.

Bemerkung 2.5.1. Die Identität

$$\int_{|y-x|<\varrho} \Delta u(y)\,dy = \varrho^{N-1}\frac{d}{d\varrho}\int_{|\xi|=1} u(x+\varrho\xi)\,dS(\xi)$$

aus Lemma B.7 und

$$\frac{d}{d\varrho}\int_{|y-x|<\varrho} u(y)\,dy = \varrho^{N-1}\int_{|\xi|=1} u(x+\varrho\xi)\,dS(\xi)$$

(s. Folgerung B.3 a)) ergeben, wenn $\lambda \in \mathbb{R}$ ist,

$$\frac{d}{d\varrho}\int_{|y-x|<\varrho}\{-\Delta u(y) + \lambda u(y)\}\,dy = -\frac{d}{d\varrho}\varrho^{N-1}\frac{d}{d\varrho}\phi(\varrho) + \lambda\varrho^{N-1}\phi(\varrho), \quad (2.14)$$

2 Die Laplacegleichung

wobei wir $\phi(\varrho) := \int_{|\xi|=1} u(x + \varrho\xi)\, dS(\xi)$ gesetzt haben.

Wenn nun $u \in C^2(B_R(x))$ der Gleichung $-\Delta u + \lambda u = 0$ genügt, dann ist ϕ Lösung der gewöhnlichen Differentialgleichung

$$\phi''(\varrho) + \frac{N-1}{\varrho}\phi'(\varrho) - \lambda\phi(\varrho) = 0 \, , \tag{2.15}$$

die für $\lambda \neq 0$ die linear unabhängigen Lösungen $\left(\sqrt{-\lambda}\varrho\right)^{-\nu} J_\nu\left(\sqrt{-\lambda}\varrho\right)$ und $\left(\sqrt{-\lambda}\varrho\right)^{-\nu} N_\nu\left(\sqrt{-\lambda}\varrho\right)$ besitzt. Es ist $\nu := \frac{N-2}{2}$, und $J_\nu(z)$ und $N_\nu(z)$ sind Lösungen der Besselschen Differentialgleichung der Ordnung ν mit komplexem Argument. Dabei bezeichnet

$$J_\nu(z) = \sum_{m=0}^{\infty} \frac{(-1)^m (z/2)^{\nu+2m}}{m!\,\Gamma(m+\nu+1)} \tag{2.16}$$

die Besselsche Funktion ν-ter Ordnung, während die (nach CARL NEUMANN benannte) Neumannsche Funktion ν-ter Ordnung $N_\nu(z)$ in $z = 0$ singulär ist. Für die diversen Notationen für die Besselfunktionen verweisen wir auf [1, Sec. 9].

So ergibt sich $\phi(\varrho) = \text{const}\left(\sqrt{-\lambda}\varrho\right)^{\frac{2-N}{2}} J_{\frac{N-2}{2}}\left(\sqrt{-\lambda}\varrho\right)$, und mit $\varrho = 0$ berechnet sich die Konstante. Das Resultat ist die *Mittelwertrelation*

$$\frac{1}{\omega_N}\int_{|\xi|=1} u(x+\varrho\xi)\,dS(\xi) = u(x)\Gamma\left(\tfrac{N}{2}\right)\left(\frac{2}{\sqrt{-\lambda}\varrho}\right)^{\frac{N-2}{2}} J_{\frac{N-2}{2}}\left(\sqrt{-\lambda}\varrho\right)$$

$$= u(x)\Phi(N,\lambda;\varrho) \, . \tag{2.17}$$

Es ist $\Phi(N,\lambda;0) = 1$, wie ein Vergleich von linker und rechter Seite an der Stelle $\varrho = 0$ ergibt, und es ist $\Phi(N,\lambda;\cdot)\colon \mathbb{R}_0^+ \to \mathbb{R}$ stetig. Mit Kenntnissen über Besselfunktionen sind folgende Eigenschaften von Φ leicht zu gewinnen: Wenn $\lambda < 0$ ist, hat $\Phi(N,\lambda;\cdot)$ eine kleinste positive Nullstelle (diese wird für $\lambda \to 0$ beliebig groß), während für $\lambda > 0$ überall in $\mathbb{R}^+$ die Ungleichung $\Phi(N,\lambda;\cdot) > 0$ gilt. Für ungerades N kann $\Phi(N,\lambda;\varrho)$ durch elementare Funktionen ausgedrückt werden (vgl. Aufgabe 2.13 b) für $N = 3$).

In Aufgabe 2.14 soll weiter gezeigt werden, daß die Mittelwertrelation (2.17) die Lösungen der Helmholtzschen Schwingungsgleichung charakterisiert. Zusammen mit Aufgabe 2.13 a) ist dann ein vollständiges Analogon zu Satz 2.1.1 formuliert.

Eine genaue Analyse der in den Abschnitten 2.1-2.4 gegebenen Beweise zeigt jedoch, daß sich eine Reihe von Ergebnissen auch ohne genaue Kenntnis der Mittelwertrelation (2.17) auf Lösungen der Helmholtzschen Schwingungsgleichung übertragen lassen. So kann z.B. die C^∞-Eigenschaft (vgl. Korollar 2.1.3) und der lokale Teil des ersten Harnackschen Satzes (vgl. Satz 2.1.6) für Lösungen der Helmholtzschen Schwingungsgleichung bereits aus der Identität in Lemma B.7 gefolgert werden (vgl. Aufgabe 2.11).

2.5 Erweiterung: Helmholtzsche Schwingungsgleichung

Um die Analytizität der Lösungen der Helmholtzschen Schwingungsgleichung zu zeigen, genügt die nachfolgende Mittelwertungleichung, die ohne Rückgriff auf Kenntnisse über Besselfunktionen hergeleitet werden kann. Wir bringen den Fall $\lambda < 0$ und geben den einfacheren Fall $\lambda > 0$ als Aufgabe 2.12.

Satz 2.5.2. *Es sei $\Omega \subseteq \mathbb{R}^N$ offen und $\lambda < 0$. Dann gibt es ein (allein von N und λ abhängendes) $r_0 > 0$ mit folgender Eigenschaft: Ist $u \in C^2(\Omega)$ eine Lösung von $-\Delta u + \lambda u = 0$, so gelten die beiden Abschätzungen*

$$|u(x)| \leq \frac{2}{r^{N-1}\omega_N} \left| \int_{|y-x|=r} u(y)\, dS(y) \right|, \quad |u(x)| \leq \frac{2N}{r^N \omega_N} \left| \int_{|y-x|<r} u(y)\, dy \right|$$

für alle $0 < r \leq r_0$ und alle $B_r(x) \subset\subset \Omega$.

Beweis. Wir definieren zu gegebenem x und u wieder die Funktion $\phi(\varrho) := \int_{|\xi|=1} u(x+\varrho\xi)\, dS(\xi)$ für $0 < \varrho \leq r$, wobei $B_r(x) \subset\subset \Omega$ gelte. Aus (2.14) und $-\Delta u + \lambda u = 0$ folgt durch Integration über $B_\varrho(x)$

$$\phi'(\varrho) = \frac{\lambda}{\varrho^{N-1}} \int_0^\varrho s^{N-1} \phi(s)\, ds \qquad (2.18)$$

Aufgrund der Mittelwertsätze der Differential- und der Integralrechnung gibt es $t \in (0, r)$ und $\tau \in (0, t)$ mit

$$\phi(0) = \phi(r) - r\phi'(t) = \phi(r) + (-\lambda)\frac{r}{t^{N-1}} \int_0^t s^{N-1} \phi(s)\, ds$$

$$= \phi(r) + (-\lambda)\frac{r}{t^{N-1}} \phi(\tau) \int_0^t s^{N-1}\, ds \qquad (2.19)$$

$$= \phi(r) - \frac{\lambda}{N} rt\phi(\tau)\,.$$

Da die zu beweisenden Abschätzungen für $u(x) = 0$ stets erfüllt sind, und mit u auch $-u$ die Helmholtzsche Schwingungsgleichung erfüllt, genügt es den Fall $\phi(0) = \omega_N u(x) > 0$ zu betrachten.

Wir wählen $r_0 > 0$ so, daß $-\frac{\lambda}{N} r_0^2 = \frac{1}{2}$ gilt. Sei nun $0 < r \leq r_0$, wobei weiterhin $B_r(x) \subset\subset \Omega$ gelte. Wir zeigen zunächst indirekt, daß $\phi(\varrho) > 0$ für alle $0 \leq \varrho \leq r$. Andernfalls hätte ϕ eine kleinste positive Nullstelle $r^* \in (0, r]$. Aus (2.18) folgt, daß ϕ auf $[0, r^*]$ streng monoton fällt. Wendet man nun (2.19) auf r^* anstelle von r an, so erhält man für geeignete $t^* \in (0, r^*)$ und $\tau^* \in (0, t^*)$ die Abschätzung

$$\phi(0) = \phi(r^*) - \frac{\lambda}{N} r^* t^* \phi(\tau^*) \leq \phi(r^*) - \frac{\lambda}{N} r^* t^* \phi(0)$$

Wegen $0 < t^* < r^* \leq r_0$ und der Wahl von r_0 ist $\phi(0) \leq \phi(r^*) + \frac{1}{2}\phi(0)$, woraus $\phi(r^*) \geq \frac{1}{2}\phi(0) > 0$ folgt, was im Widerspruch zu der Annahme $\phi(r^*) = 0$

steht. Da nun die Positivität von ϕ auf $[0,r]$ etabliert ist, folgt wiederum aus (2.18), daß ϕ auf $[0,r]$ streng monoton fällt. Wie eben ergibt sich aus (2.19) und $-\frac{\lambda}{N}rt \leq \frac{1}{2}$ die Ungleichung $\phi(0) \leq 2\phi(r)$, womit die erste Behauptung bewiesen ist.

Die zweite Behauptung folgt für $0 < r \leq r_0$ und $B_r(x) \subset\subset \Omega$ aus

$$\int_0^r t^{N-1}\phi(0)\,dt \leq 2\int_0^r t^{N-1}\phi(t)\,dt\,.$$

□

Bemerkung 2.5.3. Da nach Aufgabe 2.11 b) jede Lösung der Helmholtzschen Schwingungsgleichung beliebig oft differenzierbar ist, ist auch u_{x_i} Lösung der Helmholtzschen Schwingungsgleichung. Gemäß Satz 2.5.2 und Aufgabe 2.12 gibt es ein $r_0 > 0$ derart, daß

$$|u_{x_i}(x)| \leq \frac{2N}{r^N \omega_N}\left|\int_{B_r(x)} u_{x_i}(y)\,dy\right|,$$

mithin nach Bemerkung 2.1.8

$$|u_{x_i}(x)| \leq \frac{2N}{r}\sup_{B_r(x)}|u|$$

gilt für alle $u \in C^2(\Omega)$ mit $-\Delta u + \lambda u = 0$, alle $0 < r \leq r_0$ und alle $B_r(x) \subset\subset \Omega$. Dies hat zwei wichtige Konsequenzen.

a) In Analogie zu Satz 2.1.9 gilt: Ist U eine auf Ω gleichgradig beschränkte Menge von Lösungen der Helmholtzschen Schwingungsgleichung und $\Omega' \subset\subset \Omega$, so sind die $u \in U$ auf Ω' gleichgradig gleichmäßig lipschitzstetig. Somit ist auch das Analogon des Kompaktheitssatzes 2.1.10 für beschränkte Folgen (u_n) mit $\Delta u_n = \lambda u_n$ gültig.

b) Jede Lösung der Helmholtzschen Schwingungsgleichung ist reell-analytisch. (Die Konstanten in Satz 2.4.1 und Lemma 2.4.3 erhalten lediglich einen Faktor 2.) Ebenso sind Lösungen der inhomogenen Gleichung $-\Delta u + \lambda u = f$ reell-analytisch, falls f reell-analytisch ist (vgl. Satz 2.4.6).

Sätze vom Liouvilleschen Typ existieren für Lösungen der Helmholtzschen Schwingungsgleichung zwar sowohl für $\lambda > 0$ als auch für $\lambda < 0$; sie benötigen jedoch Verschärfungen der Voraussetzung der einseitigen Beschränktheit, wie sie in Korollar 2.2.2 formuliert wurde. Für $\lambda > 0$ muß die beidseitige Beschränktheit der Lösung gefordert werden (vgl. Aufgabe 2.15), während für $\lambda < 0$ die einseitige Beschränktheit ausreicht, die Schranke jedoch gleich 0 gewählt werden können muß (vgl. Aufgabe 2.16 mit $u = 0$ bzw. $v = 0$). Mit diesen Zusatzvoraussetzungen kann dann für jede Lösung $u \in C^2(\mathbb{R}^N)$ der Gleichung $-\Delta u + \lambda u = 0$ gefolgert werden, daß $u(x) = 0$ für alle $x \in \mathbb{R}^N$.

Gegenstand der Aufgabe 2.17 ist es, den zweiten Harnackschen Satz und die Harnackabschätzung aus Abschnitt 2.2 auf Lösungen der Helmholtzschen Schwingungsgleichung zu übertragen. Das für den Beweis dieser beiden Sätze

2.2.4 und 2.2.5 wesentliche Korollar 2.2.3 wird hierbei durch die Aussage der Teilaufgabe 2.17 a) ersetzt und gleichzeitig verallgemeinert.

Wie schon in der Einleitung zu diesem Abschnitt bemerkt, ist für Lösungen der Helmholtzschen Schwingungsgleichung kein allgemeines Maximum-Minimumprinzip zu erwarten. Man kann jedoch zeigen, daß für jedes Gebiet Ω und jedes reelle λ die Nullfunktion die einzige Lösung der Gleichung $-\Delta u + \lambda u = 0$ ist, die in Ω das Minimum/ Maximum 0 annimmt (vgl. Aufgabe 2.19). Für $\lambda > 0$ gilt zudem, daß u in Ω kein positives Maximum und kein negatives Minimum besitzen kann (vgl. Aufgabe 2.18).

2.6 Ausblick: Elliptische Gleichungen 2. Ordnung

Im letzten Abschnitt 2.5 haben wir ausführlich diskutiert, welche Eigenschaften von Lösungen der partiellen Differentialgleichung $Lu = 0$ erhalten bleiben, unter Umständen in modifizierter Form, wenn wir $L = -\Delta$ durch $L = -\Delta + \lambda$ ersetzen. Zentral in unseren Argumenten waren hierbei Mittelwerteigenschaften der entsprechenden Lösungen. Verallgemeinert man den Differentialoperator L weiter zu einem beliebigen linearen Differentialoperator zweiter Ordnung mit variablen Koeffizienten

$$(Lu)(x) := -\sum_{i,k=1}^{N} a_{ik}(x) u_{x_i x_k}(x) + \sum_{i=1}^{N} a_i(x) u_{x_i}(x) + b(x) u(x) ,$$

so gibt es nur noch bedingt brauchbare allgemeine Mittelwertrelationen für Lösungen der Gleichung $Lu = 0$. In Abschnitt 2.3 haben wir aber gesehen, daß zwei wichtige Resultate, das schwache Minimumprinzip (Satz 2.3.4) und das Lemma 2.3.6 von Bernstein, ohne Verwendung von Mittelwerteigenschaften bewiesen werden konnten. Wir werden in diesem Abschnitt zeigen, wie man durch geschickte Modifikation der Beweise analoge Resultate für große Klassen von linearen Differentialoperatoren zweiter Ordnung herleiten kann.

Satz 2.6.1. *Es sei $\Omega \subset\subset \mathbb{R}^N$ nicht leer. Weiter seien a_{ik} und a_i auf Ω stetig, und $(a_{ik}(x))_{ik}$ sei für jedes $x \in \Omega$ symmetrisch und positiv semidefinit. Es sei $u \colon \overline{\Omega} \to \mathbb{R}$ stetig, in Ω zweimal stetig differenzierbar und genüge auf Ω der Ungleichung*

$$(Lu)(x) := -\sum_{i,k=1}^{N} a_{ik}(x) u_{x_i x_k}(x) + \sum_{i=1}^{N} a_i(x) u_{x_i}(x) \geq 0 .$$

Die positiv semidefinite Matrix $(a_{ik}(x))$ habe eine Untermatrix, ohne Einschränkung sei dies $(a_{ik}(x))_{i,k=1,\ldots,p}$ $(p \geq 1)$, die auf Ω positiv definit ist. Dann liegt mindestens eine Minimumstelle von u auf dem Rande $\partial\Omega$ von Ω.

Beweis. Es sei M die Menge der Minimumstellen von u. Es ist M nicht leer, und M ist abgeschlossen. Angenommen, es läge keine Minimumstelle von u auf $\partial\Omega$, dann ist $d := \text{dist}(M, \partial\Omega) > 0$. Damit ist $U := \{x \in \mathbb{R}^N : \text{dist}(M,x) < d/2\}$ eine offene Teilmenge von Ω, und es ist $M \subseteq U \subset\subset \Omega$. Für den Rand von U gilt: $\partial U = \{x \in \mathbb{R}^N : \text{dist}(M,x) = d/2\}$ ist kompakt und $\partial U \cap M$ ist leer.

Es sei m das Minimum von $u|_{\partial U}$. Dann ist $m > u(x_0)$ für ein festes $x_0 \in M$. Sei $\alpha > 0$. Wir setzen

$$w(x) := e^{\alpha \sum_{i=1}^{p}(x-x_0)_i^2}$$

und definieren $v := u - \epsilon w$ für $\epsilon > 0$. Es ist $v(x_0) = u(x_0) - \epsilon$ und $v|_{\partial U} \geq m - \epsilon e^{\alpha[\text{diam }\Omega]^2} > u(x_0)$, wobei wir zu jedem $\alpha > 0$ ein $\epsilon = \epsilon(\alpha) > 0$ so fixieren, daß $\epsilon e^{\alpha[\text{diam }\Omega]^2} < m - u(x_0)$ ausfällt. Dann hat v eine Minimumstelle x^+ in U. Nach den Regeln der Differentialrechnung in mehreren Veränderlichen ist die Hessesche Matrix $(v_{x_i x_k}(x^+))$ positiv semidefinit und $v_{x_i}(x^+) = 0$ für $i = 1, \ldots, N$. Es ist daher

$$\sum_{i,k=1}^{N} a_{ik}(x^+) v_{x_i x_k}(x^+) \geq 0 \,,$$

denn dies ist die Spur des Produkts zweier positiv semidefiniter Matrizen (siehe Aufgabe 2.10 a)). Mit der obigen Setzung $v = u - \epsilon w$, $\epsilon > 0$, und wegen $Lu \geq 0$ folgt

$$\sum_{i,k=1}^{N} a_{ik}(x^+) w_{x_i x_k}(x^+) - \sum_{j=1}^{N} a_j(x^+) w_{x_j}(x^+) \leq 0 \,,$$

also

$$0 \geq 4\alpha^2 \sum_{i,k=1}^{p} a_{ik}(x^+) (x^+ - x_0)_i (x^+ - x_0)_k$$
$$+ 2\alpha \sum_{j=1}^{p} a_{jj}(x^+) - 2\alpha \sum_{j=1}^{p} a_j(x^+) (x^+ - x_0)_j \,.$$

Die Stelle x^+ hängt zwar von der Wahl von α ab, sie liegt aber für alle α in U. Da U kompakt in Ω enthalten ist, ist die Untermatrix $(a_{ik})_{i,k=1,\ldots,p}$ in U gleichmäßig positiv definit, d.h. es gibt ein $a > 0$ mit

$$a \sum_{j=1}^{p} \xi_j^2 \leq \sum_{i,k=1}^{p} a_{ik}(x) \xi_i \xi_k$$

für alle $x \in U$ und alle $\xi \in \mathbb{R}^p$. Insbesondere ist $a \leq a_{jj}(x)$. Für alle $\alpha > 0$ ist somit

$$4a\alpha^2 \sum_{j=1}^{p} \left(x^+ - x_0\right)_j^2 + 2\alpha a p - 2\alpha \sum_{j=1}^{p} a_j(x^+) \left(x^+ - x_0\right)_j \leq 0.$$

Nun sind zwei Fälle denkbar. Entweder geht $\sum_{j=1}^{p} \left(x^+ - x_0\right)_j^2 \to 0$ mit $\alpha \to \infty$, oder es gibt $\varrho > 0$ und eine Folge $\alpha_n \to \infty$, so daß $\sum_{j=1}^{p} \left(x^+ - x_0\right)_j^2 \geq \varrho$. Im ersten Fall schätzen wir weiter ab:

$$pa - \sum_{j=1}^{p} a_j(x^+) \left(x^+ - x_0\right)_j \leq 0.$$

Da aufgrund der Beschränktheit der a_j auf der in Ω kompakt enthaltenen Menge U auch $\sum_{j=1}^{p} a_j(x^+) \left(x^+ - x_0\right)_j$ gegen Null geht, resultiert mit $\alpha \to \infty$ der Widerspruch $pa \leq 0$. Im anderen Fall ist $4a\alpha_n^2 \varrho + 2pa\alpha_n - 2\alpha_n \sum_{j=1}^{p} a_j(x^+) \left(x^+ - x_0\right)_j \leq 0$, und da die letzte Summe beschränkt bleibt für $x^+ \in U$, folgt mit $\alpha_n \to \infty$ auch diesmal ein Widerspruch. □

Bemerkung 2.6.2. Ist unter den Voraussetzungen von Satz 2.6.1 u also eine Lösung von $Lu = 0$, so liegen wenigstens eine Minimum- und eine Maximumstelle von u auf dem Rand von Ω. Wir haben damit einen ersten Schritt in die Theorie der linearen partiellen Differentialgleichungen zweiter Ordnung mit variablen Koeffizienten getan. Von den führenden Koeffizienten $a_{ik}(x)$ benötigen wir, daß die mit ihnen gebildete Matrix semidefinit ist, um das schwache Minimum-Maximum-Prinzip beweisen zu können. Dies ist nicht nur technisch bedingt. Vielmehr verhalten sich die Lösungen ganz verschieden, je nach dem algebraischen Typus der Koeffizientenmatrix $(a_{ik}(x))$. Man nennt die Gleichungen *elliptisch*, wenn $(a_{ik}(x))$ symmetrisch und definit ist. Die Laplacegleichung gehört dazu; denn bei ihr ist $a_{ik} = \delta_{ik}$. Zu den Gleichungen mit semidefiniter, aber nicht definiter Matrix gehören die *parabolischen*, zu denen mit indefiniter Matrix die *hyperbolischen* linearen partiellen Differentialgleichungen zweiter Ordnung. Diese Benennungen wurden im Falle der Dimension $N = 2$ von DU BOIS-REYMOND [54] eingeführt und rühren daher, daß die Definitheit von (a_{ik}) im Fall der Dimension $N = 2$ mit dem Vorzeichen von $a_{11}a_{22} - a_{12}^2$, bei Annahme von $a_{11} > 0$, korreliert ist. Dieses Vorzeichen bewirkt bei den von

$$a_{11}x^2 + 2a_{12}xy + a_{22}y^2 + a_1 x + a_2 y + a = 0$$

dargestellten ebenen Kurven geometrische Eigenschaften, die APOLLONIOS aus Perge [5] auf die Namensgebungen *Ellipse, Parabel,* bzw. *Hyperbel* geführt hatten.

EBERHARD HOPF [121] hat auf dem hier für das schwache Minimumprinzip eingeschlagenen Weg, der von PARAF [246] zuerst beschritten wurde, auch das starke Minimumprinzip bei elliptischen Differentialgleichungen zweiter Ordnung erreicht. Man findet das z.B. bei HELLWIG [107] dargestellt. Besonders verweisen wir auf die Monographie von PROTTER und WEINBERGER [269].

Die Resultate von HOPF [121, p. 149 Fußnote] benötigen keine Stetigkeitseigenschaften der Koeffizienten. Dies ist für Anwendungen auf nichtlineare Probleme wichtig, und es übertrifft hierin und in dem elementaren Charakter der Herleitung ähnliche Ergebnisse früherer Autoren.

Wir wenden uns nun dem Lemma von BERNSTEIN [18] zu, das uns in einer speziellen Form bereits im Lemma 2.3.6 begegnet ist.

Lemma 2.6.3. *Zu nichtleerem $\Omega \subset\subset \mathbb{R}^N$, $m > 0$ und $K > 0$ gibt es eine Konstante $c_0(\Omega, m, K)$ mit der Eigenschaft*

$$\max_{x \in \overline{\Omega}} |u(x)| \leq c_0(\Omega, m, K) \sup_\Omega |Lu| + \max_{\partial \Omega} |u|$$

für $u \in C^2(\Omega) \cap C^0(\overline{\Omega})$ und für alle Differentialoperatoren L,

$$(Lu)(x) := -\sum_{i,k=1}^N b_{ik}(x) u_{x_i x_k}(x) + \sum_{i=1}^N b_i(x) u_{x_i}(x) + b(x) u(x),$$

mit Koeffizienten $b_{ik}, b_i, b \colon \Omega \to \mathbb{R}$, welche $\sum_{i,k=1}^N b_{ik}(x) \xi_i \xi_k \geq m|\xi|^2$ für $x \in \Omega$ und $\xi \in \mathbb{R}^N$ erfüllen und $|b_i(x)| \leq K$ und $b(x) \geq 0$ für alle $x \in \Omega$.

Beweis. Wir dürfen $\sup_\Omega |Lu| < \infty$ annehmen und fixieren ein $x_0 \in \mathbb{R}^N$ mit $\mathrm{dist}(x_0, \Omega) = 1$. Zu u und positiven Zahlen ϵ, λ, C definieren wir

$$\phi(x) := \left(C - e^{\lambda |x - x_0|^2} \right) (\epsilon + \sup_\Omega |Lu|) + \max_{\partial \Omega} |u| \,.$$

Damit ist

$$\begin{aligned}(L\phi)(x) &= \bigg[4\lambda^2 \sum_{i,k=1}^N b_{ik}(x)(x-x_0)_i (x-x_0)_k + 2\lambda \sum_{i=1}^N b_{ii}(x) \\ &\quad - 2\lambda \sum_{i=1}^N b_i(x)(x-x_0)_i \bigg] e^{\lambda|x-x_0|^2} (\epsilon + \sup_\Omega |Lu|) \\ &\quad + b(x)\left(C - e^{\lambda|x-x_0|^2}\right)(\epsilon + \sup_\Omega |Lu|) + b(x)\max_{\partial\Omega}|u| \\ &\geq \left[4\lambda^2 m + 2\lambda N m - 2\lambda \sqrt{N} K(1 + \mathrm{diam}\,\Omega) \right](\epsilon + \sup_\Omega |Lu|) \\ &\geq \epsilon + \sup_\Omega |Lu|\,,\end{aligned}$$

wenn λ so groß fixiert ist, daß die eckige Klammer ≥ 1 ist und dann C so, daß $\left(C - e^{\lambda|x-x_0|^2} \right) > 0$ ist für $x \in \Omega$. Hierzu muß λ nur in Abhängigkeit von m, N, K und Ω gewählt werden und C nur in Abhängigkeit von λ und Ω, also in Abhängigkeit von m, K und Ω. Die Abhängigkeit von N wird schon mit $\Omega \subseteq \mathbb{R}^N$ berücksichtigt. Mit so fixierten λ und $C = C(\Omega, m, K)$ ist ϕ nur noch von dem Parameter $\epsilon > 0$ abhängig. Wir haben jetzt die Ungleichungen

$$L(\pm u + \phi) = \pm Lu + L\phi \geq \pm Lu + \epsilon + \sup_{\Omega}|Lu| \geq \epsilon \text{ und } (\pm u + \phi)|_{\partial \Omega} \geq 0.$$

Wenn $w := (\pm u + \phi)$ ein negatives Minimum in $\overline{\Omega}$ hätte, dann würde es in einem Punkt $z \in \Omega$ angenommen. In z verschwinden die ersten Ableitungen, und weil $b(z) \geq 0$ ist, folgt $Lw(z) \leq -\sum_{i,k=1}^{N} b_{ik}(z)w_{x_i x_k}(z)$. Die Doppelsumme ist aber, da Spur des Produkts zweier positiv semidefiniter Matrizen, nichtnegativ (vgl. Aufgabe 2.10) und somit $Lw(z) \leq 0$ im Widerspruch zu $L(\pm u + \phi) \geq \epsilon$. Da w also kein negatives Minimum besitzt, ist $(\pm u + \phi) \geq 0$ in $\overline{\Omega}$. Also ist $|u(x)| \leq \phi(x)$ für jedes $\epsilon > 0$, und daraus folgt $|u(x)| \leq C \sup_{\Omega}|Lu| + \max_{\partial \Omega}|u|$ mit $C = C(\Omega, m, K)$. □

Bemerkung 2.6.4. Ist L also ein Differentialoperator wie in Lemma 2.6.3 und ist man an der Lösung des Dirichletproblems $Lu = f$ in Ω, $u|_{\partial \Omega} = g$ bei gegebenen f und g interessiert, ein Problem, von dessen Lösung wir noch weit entfernt sind, so wissen wir doch a priori, d.h. bevor wir die Existenz einer Lösung bewiesen haben, daß jede Lösung der Abschätzung $|u| \leq c_0(\Omega, m, K) \sup_{\Omega}|f| + \sup_{\partial \Omega}|g|$ genügt.

A-priori-Abschätzungen bilden eine Grundlage für Existenzbeweise, wie wir später im Zuge der Theorie von LERAY und SCHAUDER zunächst in einem Spezialfall in Abschnitt 5.5 und im allgemeinen Fall in Kapitel 8 sehen werden.

2.7 Exkurs: Eindeutige Fortsetzbarkeit

CARLEMAN [38] zeigte, daß die Lösungen gewisser Systeme partieller Differentialgleichungen in der Ebene, die die Cauchy-Riemannschen Differentialgleichungen verallgemeinern, obwohl nicht notwendig analytisch, dennoch die *starke eindeutige Fortsetzbarkeitseigenschaft* haben, also in einem Gebiet $D \subseteq \mathbb{R}^N$ identisch Null sind, wenn sie eine Nullstelle unendlichhoher Ordnung besitzen, also ein $x_0 \in D$ existiert derart, daß für alle $k \in \mathbb{N}_0$

$$\lim_{x \to x_0} r(x)^{-k} u(x) = 0$$

gilt. Hierbei ist zur Abkürzung $r(x) := |x - x_0|$ gesetzt. Er leitete zu diesem Zweck eine Integralungleichung für $r^{-k}u$ her, aus der sich im Limes $k \to \infty$ ergab, daß u auf einer kleinen Kreisscheibe um x_0 verschwand. (Ein Kreiskettenverfahren liefert dann die Behauptung.) Solche Integralungleichungen heißen daher heute *Carleman-Ungleichungen*. CLAUS MÜLLER [213] war der erste, der eine Aussage dieser Art für Lösungen gewisser Differential(un)gleichungen in beliebig vielen Variablen bewies, nämlich Satz 2.7.4 unten. Er entwickelte u nach Kugelfunktionen und zeigte, daß die Fourierkoeffizienten von u alle

Null sind. Mittels einer Carleman-Ungleichung, die ebenfalls durch Reihenentwicklung nach Kugelfunktionen entstand, dehnte HEINZ [106] das Müllersche Resultat auf Lösungen von Ungleichungen

$$|\Delta u| \leq C(|u| + |\nabla u|)$$

aus. (Die Heinzsche Carleman-Ungleichung wurde kurze Zeit später durch CORDES [43, § 3] verallgemeinert.)

Wir werden hier das Müllersche Ergebnis über eine Carleman-Ungleichung, Lemma 2.7.2, herleiten, die von HÖRMANDER [125] stammt, der einen Gedanken von CORDES [42] aufgreift. Dieser Beweis vermeidet Kugelfunktionen. Er wird besonders einfach, wenn man lediglich *schwache eindeutige Fortsetzbarkeit* zeigen, also nachweisen möchte, daß jede Lösung, die auf einer offenen Kugel Null ist, identisch verschwindet, denn dann gibt es bei den partiellen Integrationen im Beweis von Lemma 2.7.2 keine Probleme mit Randtermen und der vorbereitende Hilfssatz 2.7.1 erübrigt sich (dies ist tatsächlich die in [125] und [309, p. 519] betrachtete Situation).

Es ist bequem, für offenes $\Omega \subseteq \mathbb{R}^N$ und stetige $u, v \colon \Omega \to \mathbb{R}$

$$\langle u, v \rangle_\Omega := \int_\Omega u(x)v(x)\, dx \quad \text{sowie} \quad \|u\|_{L^2(\Omega)} := (\langle u, u \rangle_\Omega)^{1/2}$$

zu setzen und im Falle $\Omega = \mathbb{R}^N$ die Angabe Ω bzw. $L^2(\Omega)$ fortzulassen. Da sehr häufig Radialableitungen auftreten werden, empfiehlt sich eine weitere Abkürzung. Für stetig differenzierbares $u \colon \Omega \setminus \{0\} \to \mathbb{R}$ setzen wir

$$u'(x) := \frac{x}{|x|} \cdot \nabla u(x) . \tag{2.20}$$

Zum Beweis des ersten Hilfssatzes verwenden wir eine auf CARLEMAN zurückgehende Schlußweise [37, p. 176 ff.].

Lemma 2.7.1. *Sei $f \in C_c^2(\mathbb{R}^N)$ eine Funktion, die in $x_0 \in \mathbb{R}^N$ eine Nullstelle unendlichhoher Ordnung besitzt und auf einer Kugel um x_0 der Ungleichung*

$$|\Delta f| \leq C|f| \tag{2.21}$$

mit geeignetem $C > 0$ genügt. Für alle $k \in \mathbb{N}$ hat dann die Funktion $\varphi := r^{-k} f$ die Eigenschaft

$$\int_{\mathbb{R}^N} |\nabla \varphi(x)|^2 \, dx < \infty . \tag{2.22}$$

Insbesondere gilt daher

$$\liminf_{\varrho \to 0} \varrho \int_{|x - x_0| = \varrho} |\nabla \varphi(x)|^2 \, dS(x) = 0 . \tag{2.23}$$

2.7 Exkurs: Eindeutige Fortsetzbarkeit

Beweis. Durch eine Verschiebung unseres Koordinatensystems können wir $x_0 = 0$ erreichen. Wir wollen über $A_\varrho := \mathbb{R}^N \setminus \overline{B_\varrho(0)}$ partiell integrieren und dann den Limes $\varrho \to 0$ durchführen. Aufgrund des kompakten Trägers von f wird dabei der Gaußsche Satz nur auf $B_R(0) \setminus \overline{B_\varrho(0)}$ für geeignetes $R > \varrho$ angewandt, und Integrale über $\partial B_R(0)$ verschwinden. Wegen

$$-\varphi \Delta \varphi = -\sum_{k=1}^{N} (\varphi \varphi_{x_k})_{x_k} + \sum_{k=1}^{N} \varphi_{x_k}^2$$

ist daher nach Satz B.6 bei Verwendung der Notation (2.20)

$$-\langle \varphi, \Delta \varphi \rangle_{A_\varrho} = \int_{|x|=\varrho} \varphi(x) \varphi'(x) \, dS(x) + \int_{A_\varrho} |\nabla \varphi(x)|^2 \, dx$$

und unter Berücksichtigung von

$$\Delta \varphi = f \Delta r^{-k} + 2\nabla f \cdot \nabla r^{-k} + r^{-k} \Delta f$$
$$= k(k+2-N)r^{-2}\varphi - 2kr^{-(k+1)}(r^k \varphi)' + r^{-k} \Delta f$$
$$= -k(k+N-2)r^{-2}\varphi - \frac{2k}{r}\varphi' + r^{-k} \Delta f$$

schließlich

$$T(\varrho) := -\langle \varphi, r^{-k} \Delta f \rangle_{A_\varrho} + k(k+N-2) \left\| \frac{\varphi}{r} \right\|^2_{L^2(A_\varrho)}$$
$$= -\langle \varphi, \Delta \varphi \rangle_{A_\varrho} - 2k \left\langle \frac{\varphi}{r}, \varphi' \right\rangle_{A_\varrho}$$
$$\geq \int_{|x|=\varrho} \varphi(x)\varphi'(x) \, dS(x) + \frac{1}{2} \int_{A_\varrho} |\nabla \varphi(x)|^2 \, dx - 2k^2 \left\| \frac{\varphi}{r} \right\|^2_{L^2(A_\varrho)}, \quad (2.24)$$

wobei wir die Ungleichung

$$2 \left\langle \frac{\varphi}{r}, \varphi' \right\rangle_{A_\varrho} \leq \epsilon \|\varphi'\|^2_{L^2(A_\varrho)} + \frac{1}{\epsilon} \left\| \frac{\varphi}{r} \right\|^2_{L^2(A_\varrho)}$$

mit $\epsilon = \frac{1}{2k}$ verwendet haben.

Da f in 0 eine Nullstelle unendlichhoher Ordnung besitzt und (2.21) gilt, existiert $\lim_{\varrho \to 0} T(\varrho)$. In

$$\phi(\varrho) := \int_{|\xi|=1} \varphi^2(\varrho \xi) \, dS(\xi)$$

kann unter dem Integralzeichen differenziert werden (Begründung wie in Folgerung B.4), so daß sich das Oberflächenintegral in (2.24)

$$2\int_{|x|=\varrho} \varphi(x)\varphi'(x)\,dS(x) = \varrho^{N-1}\phi'(\varrho) = \varrho^{N-2}(\varrho\phi(\varrho))' - \varrho^{N-2}\phi(\varrho) \qquad (2.25)$$

schreibt. Es ist $\lim_{\varrho\to 0} \varrho^{N-2}\phi(\varrho) = 0$.

Wir beachten nun, daß es eine monoton fallende Nullfolge (ϱ_n) gibt, auf welcher $(\varrho\phi(\varrho))'$ größer als Null ist. Sonst gäbe es ja ein Intervall $(0,\varrho_0]$ mit

$$(s\phi(s))' \leq 0 \quad \text{für alle } s \in (0,\varrho_0]\,. \qquad (2.26)$$

Wir können $\phi(\varrho_0) \neq 0$ annehmen, denn anderenfalls wäre φ ja in einer Umgebung von 0 identisch Null, die Behauptungen (2.22) und (2.23) also trivialerweise richtig. Ungleichung (2.26) hätte aber

$$\frac{\varrho_0}{\varrho}\phi(\varrho_0) \leq \phi(\varrho) \quad \text{für } \varrho \in (0,\varrho_0]$$

zur Folge, was nicht sein kann, da die rechte Seite für $\varrho \to 0$ gegen Null geht. Wenn wir daher (2.24) und (2.25) auf dieser Nullfolge (ϱ_n) betrachten, können wir folgern, daß

$$\lim_{n\to\infty} \int_{A_{\varrho_n}} |\nabla\varphi(x)|^2\,dx$$

endlich ist, was (2.22) beweist. Die Behauptung (2.23) ist nun wegen

$$\int_{B_R(0)} |\nabla\varphi(x)|^2\,dx = \int_0^R \frac{1}{\varrho}\left(\varrho\int_{|x|=\varrho} |\nabla\varphi(x)|^2\,dS(x)\right)\,d\varrho$$

aufgrund der Divergenz des Integrals über $\frac{1}{\varrho}$ klar. $\qquad\square$

Lemma 2.7.2. *Ist $f \in C_c^2(\mathbb{R}^N)$ eine Funktion, die in $x_0 \in \mathbb{R}^N$ eine Nullstelle unendlichhoher Ordnung besitzt und auf einer Kugel um x_0 der Ungleichung*

$$|\Delta f| \leq C|f|$$

mit geeignetem $C > 0$ genügt, so gilt für alle $k \in \mathbb{N}$

$$\|r^{-k}f\|^2 \leq \frac{1}{4k}\|r^{1-k}(-\Delta+1)f\|^2\,. \qquad (2.27)$$

Beweis. O.B.d.A. sei $x_0 = 0$. Wir verwenden die Bezeichnungsweisen aus Lemma 2.7.1, setzen aber diesmal $\varphi := r^{-(k+1)}f$. Dann ist

$$\Delta(r^k r\varphi) = r^k\Delta(r\varphi) + k^2 r^{k-1}\varphi + 2kr^{k-1}\left(\frac{N}{2}\varphi + x\cdot\nabla\varphi\right),$$

so daß wir mit

2.7 Exkurs: Eindeutige Fortsetzbarkeit

$$S\varphi := [r(-\Delta + 1)r - k^2]\varphi,$$
$$A\varphi := \frac{N}{2}\varphi + x \cdot \nabla\varphi$$

die Relation

$$\|r^{1-k}(-\Delta+1)r^{k+1}\varphi\|_{L^2(A_\varrho)}^2 = \langle(S-2kA)\varphi, (S-2kA)\varphi\rangle_{A_\varrho}$$
$$= \|S\varphi\|_{L^2(A_\varrho)}^2 + (2k)^2\|A\varphi\|_{L^2(A_\varrho)}^2 - 4k\langle S\varphi, A\varphi\rangle_{A_\varrho}$$

erhalten. Wir behaupten nun, daß

$$-\langle S\varphi, A\varphi\rangle_{A_\varrho} = k^2 I_1(\varrho) + I_2(\varrho) + I_3(\varrho)$$

mit

$$I_1(\varrho) := \langle \varphi, A\varphi\rangle_{A_\varrho} = -\frac{1}{2}\varrho \int_{|x|=\varrho} \varphi^2(x)\, dS(x), \qquad (2.28)$$

$$I_2(\varrho) := -\langle r^2\varphi, A\varphi\rangle_{A_\varrho} = \|r\varphi\|_{L^2(A_\varrho)}^2 - \varrho^2 I_1(\varrho), \qquad (2.29)$$

$$I_3(\varrho) := \langle r\Delta(r\varphi), A\varphi\rangle_{A_\varrho}$$
$$= (N-1)I_1(\varrho) + \frac{1}{2}\varrho^3 \int_{\partial B_\varrho(0)} \left[|\nabla\varphi|^2 - 2(\varphi')^2 - \frac{N}{\varrho}\varphi\varphi'\right] dS \quad (2.30)$$

ist. Hieraus folgt die Ungleichung (2.27), denn da f in 0 eine Nullstelle unendlichhoher Ordnung hat, gilt $\lim_{\varrho \to 0} I_1(\varrho) = 0$, und nach Lemma 2.7.1 gibt es eine Nullfolge, auf der das zweite Integral in (2.30) gegen Null geht. (A posteriori folgt, daß es auf jeder Nullfolge gegen Null geht.)

Der Beweis von (2.28) und (2.29) beruht jeweils nur auf einer einzigen partiellen Integration, so daß wir uns darauf beschränken, (2.30) zu zeigen. Zunächst ist

$$\langle r\Delta(r\varphi), A\varphi\rangle_{A_\varrho} = \langle(N-1)\varphi + 2x\cdot\nabla\varphi + r^2\Delta\varphi, A\varphi\rangle_{A_\varrho} \qquad (2.31)$$
$$= (N-1)I_1(\varrho) + 2\|x\cdot\nabla\varphi\|_{L^2(A_\varrho)}^2 + N\langle x\cdot\nabla\varphi, \varphi\rangle_{A_\varrho}$$
$$+ \frac{N}{2}\langle r^2\Delta\varphi, \varphi\rangle_{A_\varrho} + \langle r^2\Delta\varphi, x\cdot\nabla\varphi\rangle_{A_\varrho}.$$

Wegen

$$r^2\varphi\Delta\varphi = \sum_{k=1}^{N}(r^2\varphi\varphi_{x_k})_{x_k} - r^2|\nabla\varphi|^2 - 2\varphi x\cdot\nabla\varphi$$

ergibt die Anwendung des Gaußschen Satzes in der Form von Satz B.6

$$N\langle x\cdot\nabla\varphi, \varphi\rangle_{A_\varrho} + \frac{N}{2}\langle r^2\Delta\varphi, \varphi\rangle_{A_\varrho}$$
$$= -\frac{N}{2}\varrho^2 \int_{|x|=\varrho} \varphi(x)\varphi'(x)\, dS(x) - \frac{N}{2}\int_{A_\varrho} r^2|\nabla\varphi(x)|^2\, dx. \qquad (2.32)$$

Des weiteren ist

$$r^2(x\cdot\nabla\varphi)\Delta\varphi = \sum_{k=1}^{N}(r^2(x\cdot\nabla\varphi)\varphi_{x_k})_{x_k} - 2(x\cdot\nabla\varphi)^2$$
$$-r^2\sum_{k=1}^{N}\varphi_{x_k}(x\cdot\nabla\varphi)_{x_k}\,.$$

Aufgrund des Schwarzschen Satzes über die Vertauschbarkeit partieller Ableitungen haben wir

$$\sum_{k=1}^{N}\sum_{j=1}^{N}r^2\varphi_{x_k}(x_j\varphi_{x_j})_{x_k} = r^2|\nabla\varphi|^2 + \frac{r^2}{2}\sum_{j=1}^{N}x_j\sum_{k=1}^{N}(\varphi_{x_k}^2)_{x_j}$$
$$= \frac{1}{2}\sum_{j=1}^{N}\left(r^2 x_j|\nabla\varphi|^2\right)_{x_j} - \frac{N}{2}r^2|\nabla\varphi|^2\,,$$

also

$$\langle r^2\Delta\varphi, x\cdot\nabla\varphi\rangle_{A_\varrho} = -\varrho^3\int\limits_{|x|=\varrho}(\varphi')^2(x)\,dS(x) - 2\|x\cdot\nabla\varphi\|_{L^2(A_\varrho)}^2$$
$$+\frac{1}{2}\varrho^3\int\limits_{|x|=\varrho}|\nabla\varphi(x)|^2\,dS(x) + \frac{N}{2}\int\limits_{A_\varrho}r^2|\nabla\varphi(x)|^2\,dx\,.$$

Zusammen mit (2.31) und (2.32) ergibt dies die gewünschte Relation (2.30).□

Lemma 2.7.3. *Es sei $u \in C^2(B_1(x_0))$ eine Funktion, die für ein $C > 0$ auf $B := B_{\frac{1}{2}}(x_0)$ der Ungleichung*

$$|\Delta u| \leq C|u|$$

genügt und in x_0 eine Nullstelle unendlichhoher Ordnung besitzt. Dann gilt $u = 0$ auf B.

Beweis. Es sei $\mathcal{X} \in C^2(\mathbb{R}^N)$ eine Funktion, die für $x \in B$ gleich Eins und für $x \in \mathbb{R}^N \setminus \overline{B_{3/4}(x_0)}$ Null ist. Ist $k \in \mathbb{N}$ so groß, daß $\frac{1}{2\sqrt{k}}(C+1) \leq 1$ ausfällt, so gilt mit $K := \|(-\Delta+1)\mathcal{X}u\|_{L^2(\mathbb{R}^N\setminus\overline{B})}$ nach Lemma 2.7.2

$$\|r^{-k}u\|_{L^2(B)} \leq \|r^{-k}\mathcal{X}u\| \leq \frac{1}{2\sqrt{k}}\|r^{1-k}(-\Delta+1)\mathcal{X}u\|$$
$$= \frac{1}{2\sqrt{k}}\left(\|r^{1-k}(-\Delta+1)u\|_{L^2(B)} + \|r^{1-k}(-\Delta+1)\mathcal{X}u\|_{L^2(\mathbb{R}^N\setminus\overline{B})}\right)$$
$$\leq \frac{1}{2\sqrt{k}}\left[(C+1)\|r^{1-k}u\|_{L^2(B)} + 2^{k-1}K\right]$$
$$\leq \frac{1}{2}\|r^{-k}u\|_{L^2(B)} + \frac{1}{2\sqrt{k}}2^{k-1}K\,,$$

also

$$2^k \|u\|_{L^2(B)} \leq \|r^{-k}u\|_{L^2(B)} \leq \frac{1}{\sqrt{k}} 2^{k-1} K \ .$$

Wir haben somit $\|u\|_{L^2(B)} \leq \frac{1}{2\sqrt{k}} K$ für alle hinreichend großen $k \in \mathbb{N}$ gezeigt. Folglich ist $\|u\|_{L^2(B)} = 0$, und die Behauptung ergibt sich aus der Stetigkeit von u. □

Satz 2.7.4 (Claus Müller). *Es sei $D \subseteq \mathbb{R}^N$ ein Gebiet und $u \in C^2(D)$ eine Funktion mit der Eigenschaft, daß für jedes $K \subset\subset D$ eine Zahl $C > 0$ existiert mit $|\Delta u(x)| \leq C|u(x)|$ für alle $x \in K$. Dann besitzt u die starke eindeutige Fortsetzbarkeitseigenschaft.*

Beweis. Sei $x_0 \in D$ eine Nullstelle unendlichhoher Ordnung von D. Zu $x \in D$, $x \neq x_0$, gibt es einen in D liegenden Polygonzug P, der x_0 mit x verbindet. Sei $0 < \varrho < \frac{1}{2}\min\{\text{dist}(P, \partial D), 1\}$. Es gibt dann Punkte $x_1, \ldots, x_{m-1}, x_m = x$ auf P mit $|x_{j-1} - x_j| < \varrho$. Nach Lemma 2.7.3 ist u auf jeder dieser Kugeln $B_\varrho(x_j)$ Null. □

Korollar 2.7.5. *Es sei $D \subseteq \mathbb{R}^N$ ein Gebiet und $a \colon D \to \mathbb{R}$ lokal beschränkt (also für alle $K \subset\subset D$ die Funktion $a|_K$ beschränkt). Dann hat jede Lösung $u \in C^2(D)$ von $-\Delta u + a(x)u = 0$ die starke eindeutige Fortsetzbarkeitseigenschaft.*

Sätze über schwache eindeutige Fortsetzbarkeit benötigt man bei der Untersuchung der Zahl der Knotengebiete von Eigenfunktionen elliptischer Gleichungen (vgl. [45, Kap. VI.6]). Für eine weitere Anwendung sei auf [58] verwiesen, wo in §1.3 auch eine Motivation für die Betrachtung des Operators A aus dem Beweis von Lemma 2.7.2 gegeben wird.

Aufgaben

2.1. Man beweise mittels vollständiger Induktion nach $n \in \mathbb{N}_0$ und ohne Benutzung komplexer Zahlen, daß die Zuordnungen

$$\mathbb{R}^2 \ni (x,y) \mapsto r^n \cos n\phi \quad \text{und} \quad \mathbb{R}^2 \ni (x,y) \mapsto r^n \sin n\phi \ ,$$

wobei (r, ϕ) die Polarkoordinaten von (x, y) sind, zwei Polynome $u(x, y)$ bzw. $v(x, y)$ auf $\mathbb{R}^2$ vom Grade n definieren, die den Cauchy-Riemannschen Differentialgleichungen

$$u_x(x,y) = v_y(x,y), u_y(x,y) = -v_x(x,y)$$

genügen. Man folgere $u_{xx} + u_{yy} = 0$ und $v_{xx} + v_{yy} = 0$.

2.2. Es seien B eine reelle $N \times N$-Matrix, $c \in \mathbb{R}^N$, $Q \colon \mathbb{R}^N \to \mathbb{R}^N$, $x \mapsto Bx + c$, und $u \in C^2(\mathbb{R}^N)$. Man zeige

$$-\Delta(u \circ Q) = (L_0 u) \circ Q ,$$

wobei

$$L_0 := -\sum_{i,k=1}^{N} a_{ik} \frac{\partial^2}{\partial x_i \partial x_k}$$

ist und die a_{ik} die Elemente der Matrix $A := BB^t$ sind. Insbesondere ist also $\Delta(u \circ Q) = (\Delta u) \circ Q$, wenn B eine orthogonale Matrix ist.

2.3. Man verifiziere die Aussagen a)–c) der Bemerkung 2.1.5.

2.4. Man bestimme alle Funktionen u auf $\mathbb{R}^N \setminus \{0\}$, die sowohl rotationssymmetrisch ($u(x) = f(|x|)$) als auch harmonisch sind. Dazu leite man zunächst für $f \in C^2(\mathbb{R}^+)$ die Relation

$$\Delta u(x) = f''(|x|) + \frac{N-1}{|x|} f'(|x|)$$

für alle $x \in \mathbb{R}^N \setminus \{0\}$ her.

2.5. Es sei u in der punktierten Kugel $\dot{B}_R(x_0) := \{x \in \mathbb{R}^N : 0 < |x - x_0| < R\}$ harmonisch. Man zeige:

a) Für $r \in (0, R)$ ist $\sum_{i=1}^{N} \int_{\partial B_r(x_0)} \frac{(x-x_0)_i}{|x-x_0|} u_{x_i}(x) \, dS(x)$ unabhängig von r.

b) Es ist $\int_{\partial B_r(x_0)} u(x) \, dS(x) = \begin{cases} \frac{c_0}{2-N} r + d_0 r^{N-1} & , \text{ falls } N \geq 3 \\ c_0 r \ln r + d_0 r & , \text{ falls } N = 2 \end{cases}$

mit Konstanten c_0, d_0. Die Konstante c_0 ist der Wert des Integrals in a).

Hilfe:

(i) Für $0 < r_1 < r_2 < R$ wende man auf $0 = \int_{r_1 \leq |x-x_0| \leq r_2} \Delta u(x) \, dx$ den Gaußschen Satz an.

(ii) Das Integral in a) stimmt mit $r^{N-1} \frac{d}{dr} \int_{|\xi|=1} u(x_0 + r\xi) \, dS(\xi)$ überein.

2.6. Es seien $\Omega \subseteq \mathbb{R}^N$ offen, $B_r(x) \subset\subset \Omega$ und $u \in C^2(\Omega)$. Man zeige

$$\omega_N u(x) = r^{1-N} \int_{\partial B_r(x)} u(y) \, dS(y) - \int_{B_r(x)} [F_N(r) - F_N(|x-y|)] \Delta u(y) \, dy ,$$

mit $F_2(s) = \ln s$ und $F_N(s) = \frac{1}{2-N} s^{2-N}$ für $N \geq 3$.

2.7. Man mache sich klar, daß Korollar 2.3.3 falsch wird, wenn D kein Gebiet ist.

2.8. Sei $\Omega \subset\subset \mathbb{R}^N$ nichtleer und u eine auf Ω harmonische Funktion, deren Gradient stetig auf $\overline{\Omega}$ fortsetzbar ist. Man zeige mit Korollar 2.3.5, daß mindestens eine Maximumstelle von $|\nabla u|^2$ auf $\partial \Omega$ liegt.

2.9. a) Es sei $\Omega \subset\subset \mathbb{R}^N$, $u \in C^2(\Omega) \cap C^0(\overline{\Omega})$, $g := u|_{\partial \Omega}$ und $-\Delta u(x) + a(x)u(x) = 0$ für $x \in \Omega$ mit $a > 0$. Man zeige $\min\{0, \min g\} \leq u(x) \leq \max\{0, \max g\}$ für $x \in \overline{\Omega}$.

b) Man mache sich an der gewöhnlichen Differentialgleichung $-u'' + u = 0$ klar, daß man in (a) *nicht* $\min g \leq u(x) \leq \max g$ erwarten darf.

2.10. a) Es seien A, B symmetrische und positiv semidefinite $N \times N$-Matrizen. Man zeige Spur $(AB) \geq 0$.

b) Es sei $\Omega \subset\subset \mathbb{R}^N$ nicht leer. Weiter seien a_{ik} auf Ω stetig und für jedes $x \in \Omega$ sei die Matrix $(a_{ik}(x))$ symmetrisch und positiv semidefinit mit $\sum_{i=1}^N a_{ii}(x) > 0$. Man zeige, daß jedes $u \in C^2(\Omega) \cap C^0(\overline{\Omega})$, das für alle $x \in \Omega$ die Ungleichung $-\sum_{i,k=1}^N a_{ik}(x) u_{x_i x_k}(x) \geq 0$ erfüllt, eine seiner Minimumstellen auf $\partial \Omega$ hat.

2.11. a) Es sei $\Omega \subseteq \mathbb{R}^N$ offen und $u \in C^2(\Omega)$ mit $-\Delta u + \lambda u = 0$. Man zeige

$$u(x) \frac{\omega_N r^N}{N} = \int_{|y-x| \leq r} u(y)\, dy - \lambda \int_0^r \varrho^{N-1} \int_0^\varrho s^{1-N} \int_{|y-x| \leq s} u(y)\, dy\, ds\, d\varrho\,,$$

falls $B_r(x) \subset\subset \Omega$.

b) Man folgere aus Teilaufgabe a), daß C^2-Lösungen der Helmholtzschen Schwingungsgleichung bereits beliebig oft differenzierbar sind (vgl. Korollar 2.1.3).

c) Man formuliere und beweise den lokalen Teil des ersten Harnackschen Satzes (vgl. Satz 2.1.6) für Lösungen der Helmholtzschen Schwingungsgleichung, ohne die in Bemerkung 2.5.1 formulierte Mittelwerteigenschaft zu benutzen. Hierzu modifiziere man den Beweis aus 2.1.6 in der Weise, daß man mit Hilfe von Teilaufgabe a) zeigt, daß sämtliche Ableitungen lokal gleichmäßig konvergieren.

2.12. Es sei $\Omega \subseteq \mathbb{R}^N$ offen, und $\lambda > 0$, $u \in C^2(\Omega)$ und $-\Delta u + \lambda u = 0$. Man zeige ähnlich wie im Beweis des Satzes 2.5.2, d.h. ohne Rückgriff auf die Mittelwertrelation (2.17), daß dann für alle $B_r(x) \subset\subset \Omega$ die Ungleichungen

$$|u(x)| \leq \frac{1}{r^{N-1} \omega_N} \left| \int_{|y-x|=r} u(y)\, dS(y) \right|\,, \qquad |u(x)| \leq \frac{N}{r^N \omega_N} \left| \int_{|y-x|<r} u(y)\, dy \right|$$

gelten.

2.13. Es sei $\Omega \subseteq \mathbb{R}^N$ offen, $u \in C^0(\Omega)$.

a) Man beweise, daß die Mittelwertrelation aus Bemerkung 2.5.1

$$\frac{1}{\omega_N} \int_{|\xi|=1} u(x + \varrho \xi)\, dS(\xi) = u(x) \Phi(N, \lambda; \varrho) \quad \text{für } B_\varrho(x) \subset\subset \Omega\,,$$

mit der *zweiten Mittelwertrelation*

$$\int_{|y-x|\leq r} u(y)\,dy = u(x)\Psi(N,\lambda;r) \quad \text{für } B_r(x) \subset\subset \Omega$$

äquivalent ist. Dabei ist $\Psi(N,\lambda;r) := \omega_N \int_0^r \Phi(N,\lambda;\varrho)\varrho^{N-1}\,d\varrho$.

b) Man bestimme $\Phi(3,\lambda;\cdot)$ und $\Psi(3,\lambda;\cdot)$, indem man beachte, daß die Differentialgleichung (2.15) im Falle $N=3$ in der Form

$$\frac{1}{\varrho}[(\varrho\phi(\varrho))'' - \lambda\varrho\phi(\varrho)] = 0$$

geschrieben werden kann.

2.14. a) Analog zum Beweisteil (ii) $\Rightarrow$ (i) von Satz 2.1.1 zeige man, daß stetiges u mit der Mittelwerteigenschaft aus Bemerkung 2.5.1 beliebig oft differenzierbar ist. Man beachte, daß man die Untersuchungen nur in Teilgebieten ausführen muß, deren Durchmesser kleiner ist als die erste positive Nullstelle von $\Phi(N,\lambda;\cdot)$.

b) Im Anschluß an Teil a) zeige man, daß stetiges u mit der Mittelwerteigenschaft aus Bemerkung 2.5.1 eine C^∞-Lösung von $-\Delta u + \lambda u = 0$ ist.

2.15. Man zeige, daß für $\lambda > 0$ die Nullfunktion die einzige beschränkte Lösung $u \in C^2(\mathbb{R}^N)$ der Gleichung $-\Delta u + \lambda u = 0$ ist. Gilt diese Aussage auch für $\lambda < 0$?

2.16. Man zeige: Sind $u, v \in C^2(\mathbb{R}^N)$ Lösungen von $-\Delta w + \lambda w = 0$ in $\mathbb{R}^N$ mit $\lambda < 0$ und ist $v \leq u$, so gilt $v = u$. Ist dies auch für $\lambda > 0$ richtig? Hilfe: Man überlege sich, daß im Falle $\lambda < 0$ die Funktion $\Phi(N,\lambda;\cdot)$ aus Bemerkung 2.5.1 auch negative Werte annimmt.
Zum Vergleich: Sind u, v auf $\mathbb{R}^N$ harmonische Funktionen mit $v \leq u$, so ist nach Korollar 2.2.2 $v = u + \text{const}$.

2.17. *Harnackabschätzung für die Helmholtzsche Schwingungsgleichung.* Es sei $\lambda \in \mathbb{R}$, $\lambda \neq 0$, und $\Omega \subseteq \mathbb{R}^N$ offen.

a) Es sei $R > 0$ und im Falle $\lambda < 0$ kleiner als die erste positive Nullstelle von $\Phi(N,\lambda;\cdot)$. Man zeige, daß es Zahlen $c_1(R) > 1$, $c_2(R) < 0$ mit

$$c_1(r) \to 3^N \quad , \quad c_2(r) \to 1 - 3^N \quad (r \to 0)$$

so gibt, daß für jede Lösung u von $-\Delta u + \lambda u = 0$ in $B_R(x_0)$

$$u(x) \leq c_1(R)u(y) + c_2(R)\inf_{B_R(x_0)} u$$

für alle $x, y \in B_{\frac{R}{4}}(x_0)$ gilt. Zum Vergleich: Für jede auf $B_R(x_0)$ harmonische Funktion u kann durch eine leichte Modifikation des Beweises von Korollar 2.2.3 gezeigt werden, daß für alle $x, y \in B_{\frac{R}{4}}(x_0)$ gilt

$$u(x) \leq 3^N u(y) + (1 - 3^N)\inf_{B_R(x_0)} u \; .$$

b) Man zeige, daß es zu zusammenhängendem $\Omega_0 \subset\subset \Omega$ ein $c_0 > 1$ gibt, so daß alle nichtnegativen $u \in C^2(\Omega)$ mit $-\Delta u + \lambda u = 0$ die Ungleichung

$$u(x) \leq c_0 u(y)$$

für alle $x, y \in \Omega_0$ erfüllen.

2.18. Sei $\Omega \subseteq \mathbb{R}^N$ offen, $u \in C^2(\Omega)$ mit $-\Delta u + \lambda u = 0$ für $\lambda > 0$. Man zeige, daß u in Ω weder ein positives Maximum noch ein negatives Minimum annehmen kann.

2.19. Seien $\Omega \subseteq \mathbb{R}^N$ offen, $\lambda \in \mathbb{R}$ und $f \colon \Omega \to \mathbb{R}$. Man zeige: Sind u, v zwei Lösungen von $-\Delta w + \lambda w = f$ in Ω mit $v \leq u$ und existiert ein $x_0 \in \Omega$ mit $v(x_0) = u(x_0)$, so ist $v(x) = u(x)$ für alle x aus derjenigen Zusammenhangskomponente von Ω, die x_0 enthält.

2.20. Es sei $\epsilon > 0$. Man zeige, daß

$$u(x) := \begin{cases} e^{-|x|^{-\epsilon}} & \text{für } 0 < |x| < 1 \\ 0 & \text{für } x = 0 \end{cases}$$

eine Funktion aus $C^2(B_1(0))$ definiert, die mit ihren Ableitungen im Ursprung eine Nullstelle unendlichhoher Ordnung besitzt und auf $B_1(0) \setminus \{0\}$ der Differentialgleichung $-\Delta u + a(x)u = 0$ mit einer Funktion a genügt, die für $0 < p < \frac{N}{2}$ bei geeignetem $\epsilon > 0$ die Eigenschaft

$$\int_{B_1(0)} |a(x)|^p \, dx < \infty$$

hat.

3

Das Dirichletproblem für harmonische Funktionen

Im Anschluß an die Poissonsche Integralformel (Satz 3.2.1) wird die Perronsche Methode zur Lösung des Dirichletproblems für harmonische Funktionen dargestellt, zunächst für beschränkte Gebiete (Sätze 3.3.6 und 3.3.9) und dann für unbeschränkte (Satz 3.6.3). Kriterien für die Regularität eines Randpunktes geben die Sätze 3.4.2 und 3.4.3. Satz 3.5.1 verallgemeinert den Riemannschen Hebbarkeitssatz für holomorphe Funktionen. Satz 3.6.1 ist ein zentraler Eindeutigkeitssatz für unbeschränkte Gebiete. Satz 3.7.1 von Giesecke wird erst in den Kapiteln 6 und 10 benötigt.

3.1 Einführung: Eindeutigkeit, Stabilität und der Fall der Kreisscheibe

Das Dirichletsche Randwertproblem für die Laplacegleichung in $\mathbb{R}^3$ trat in der Einleitung am Ende von Abschnitt 1.3 im Zusammenhang mit der Potentialtheorie elektrostatischer Felder auf. Für $\mathbb{R}^N$ wird es gewöhnlich so formuliert:

Gegeben sei $\Omega \subset\subset \mathbb{R}^N$ und ein stetiges $g\colon \partial\Omega \to \mathbb{R}$.
Gesucht ist ein stetiges $u\colon \overline{\Omega} \to \mathbb{R}$, das auf Ω harmonisch ist und auf $\partial\Omega$ mit g übereinstimmt.

Man nennt u eine Lösung des Dirichletproblems. Hiermit verbindet man traditionellerweise ein ganzes Programm von Aufgaben. Dazu gehören Existenzbeweise, das sind Nachweise, daß mindestens eine Lösung existiert; Konstruktionen von Lösungen; Eindeutigkeitsbeweise, die zeigen, daß es höchstens eine Lösung geben kann; Stabilitätsaussagen, die klären, wie sehr sich die Lösung ändert, wenn man die Randdaten g oder die Gestalt von Ω verändert; und viele weitere Fragen, die sich mit den Eigenschaften der Lösungen befassen.

Was die Lösbarkeit des Dirichletschen Randwertproblems angeht, gibt uns die Mittelwerteigenschaft, welche die Lösung ja auf Ω haben muß, ein Gefühl

60   3 Das Dirichletproblem für harmonische Funktionen

für deren Schwierigkeit. Man ist eher geneigt zu verneinen, daß sich jede stetige Funktion $g\colon \partial\Omega \to \mathbb{R}$ stetig so auf $\overline{\Omega}$ fortsetzen läßt, daß die Fortsetzung die Mittelwerteigenschaft hat. Für den sehr speziellen Fall, daß Ω die Einheitskreisscheibe ist, werden wir die Lösbarkeit bereits weiter unten in Bemerkung 3.1.8 bejahen können. Allgemeineres folgt dann in den Abschnitten 3.2, 3.3, 3.5 und 3.6. Beträchtlich leichter sind Eindeutigkeit und Stabilität, weil man bei solchen Fragen von der Existenz von Lösungen mit jenen starken inneren Eigenschaften ausgeht und diese Eigenschaften ausnutzen kann. Das ist schon anders, wenn man die starke Eigenschaft $u \in C^0(\overline{\Omega})$ nicht mehr zur Verfügung hat (siehe z.B. Korollar 3.5.4 und Bemerkung 3.5.5).

Satz 3.1.1 (Der Eindeutigkeitssatz für das Dirichletproblem). *Es sei $\Omega \subset\subset \mathbb{R}^N$, und $g\colon \partial\Omega \to \mathbb{R}$ sei stetig. Dann gibt es höchstens eine stetige Funktion $u\colon \overline{\Omega} \to \mathbb{R}$, die auf Ω harmonisch ist und auf $\partial\Omega$ mit g übereinstimmt.*

Beweis. Angenommen, u und v seien zwei derartige Funktionen. Dann ist ihre Differenz $w := u - v$ auf $\overline{\Omega}$ stetig und auf Ω harmonisch. Nach dem schwachen Minimumprinzip 2.3.4 hat w eine Minimumstelle auf $\partial\Omega$. Es ist aber $w|_{\partial\Omega} = 0$. Daher ist $\min w = 0$. Es ist $u - v \geq \min(u-v) = \min w$. Mithin ist $u \geq v$. Da es auf die Reihenfolge der Funktionen u und v nicht ankam, ist auch $v \geq u$ bewiesen. Folglich ist $u = v$.   □

Satz 3.1.2 (Der Stabilitätssatz für das Dirichletproblem). *Es sei $\Omega \subset\subset \mathbb{R}^N$, $u \in C^0(\overline{\Omega})$, $v \in C^0(\overline{\Omega})$, u und v auf Ω harmonisch; es sei $\epsilon > 0$ und $|u(y) - v(y)| \leq \epsilon$ für alle $y \in \partial\Omega$. Dann ist $|u(x) - v(x)| \leq \epsilon$ für alle $x \in \overline{\Omega}$.*

Beweis. Nach dem schwachen Minimumprinzip 2.3.4 liegt auf $\partial\Omega$ eine Minimumstelle von $u-v$. Wegen $-\epsilon \leq u(y)-v(y)$ für alle $y \in \partial\Omega$ ist das Minimum $\geq -\epsilon$. Analog ist das Maximum von $u-v$ höchstens ϵ.   □

Korollar 3.1.3 (Der erste Harnacksche Satz). [1] *Es sei $\Omega \subset\subset \mathbb{R}^N$, und (u_n) sei eine Folge stetiger Funktionen $u_n\colon \overline{\Omega} \to \mathbb{R}$, die auf Ω harmonisch sind. Wenn $(u_n|_{\partial\Omega})$ auf $\partial\Omega$ gleichmäßig konvergiert, dann konvergiert (u_n) auf $\overline{\Omega}$ gleichmäßig gegen eine auf Ω harmonische Funktion u, die auf $\overline{\Omega}$ stetig ist. Jede Ableitung konvergiert in Ω lokal gleichmäßig gegen die Ableitung von u.*

Beweis. Zu $\epsilon > 0$ gibt es n_0, so daß $|u_n(y) - u_k(y)| \leq \epsilon$ für $n, k \geq n_0$ und alle $y \in \partial\Omega$. Nach dem Stabilitätssatz ist dann $|u_n(x) - u_k(x)| \leq \epsilon$ für $n,k \geq n_0$ und alle $x \in \overline{\Omega}$. Also konvergiert (u_n) auf $\overline{\Omega}$ gleichmäßig gegen eine Funktion $u \in C^0(\overline{\Omega})$. Nach Satz 2.1.6 ist sie auf Ω harmonisch, und es konvergieren die abgeleiteten Folgen auf Ω lokal gleichmäßig gegen die entsprechenden Ableitungen von u.   □

---

[1] HARNACK [97]. Man vergleiche auch die Fußnoten zu Satz 2.1.6 und 2.2.4.

3.1 Einführung: Eindeutigkeit, Stabilität und der Fall der Kreisscheibe

Bemerkung 3.1.4. Offenbar gewährleistet das schwache Minimumprinzip auch, daß die Lösungen des Dirichletproblems monoton von den Randdaten abhängen: Wenn $g_1(y) \geq g_2(y)$ für $y \in \partial\Omega$, dann ist $u_1(x) \geq u_2(x)$ für $x \in \overline{\Omega}$. Ein Blick auf den zweiten Harnackschen Satz 2.2.4 legt die Frage nahe, ob die Konvergenz einer monoton fallenden Folge (g_n) von Randdaten $g_n \colon \partial\Omega \to \mathbb{R}$ auch die Konvergenz der zugehörigen Lösungen der Dirichletschen Randwertprobleme zur Folge hat. Wenn die g_n eine gemeinsame untere Schranke haben, also nach dem Minimumprinzip auch die u_n, konvergieren diese in Ω gegen eine harmonische Funktion; ist $\lim g_n$ ein stetiges $g \colon \partial\Omega \to \mathbb{R}$, dann konvergiert (g_n) nach einem Satz von U. DINI (siehe etwa [337, p. 250 f.]) gleichmäßig, und der erste Harnacksche Satz ist anwendbar.

Bemerkung 3.1.5 (Bemerkung zum Stabilitätssatz). Der Stabilitätssatz wird häufig auch der Satz über die stetige Abhängigkeit der Lösungen von den Randdaten genannt. Er hat prinzipielle Bedeutung für die Anwendbarkeit des Dirichletproblems auf Fragen der Physik und für die näherungsweise Berechnung von Lösungen. Hierauf hat besonders HADAMARD [92] hingewiesen. Was die Physik angeht, so muß die physikalische Aussage des mathematischen Modells experimentell überprüfbar sein. Ordnet man z.B. einem elektrischen Feld E in $\Omega \subset\subset \mathbb{R}^3$ die Dirichletsche Randwertaufgabe $\Delta u = 0$ in Ω, $u|_{\partial\Omega} = g$, als mathematisches Modell zu, indem man behauptet, daß deren Lösung u mit dem Potential Φ von E übereinstimmt, wenn $g = \Phi|_{\partial\Omega}$ ist, so wäre dies nicht experimentell nachprüfbar, wenn kleine Abweichungen in g große oder gar sprunghafte Unterschiede für u zur Folge hätten; denn man kann in das Modell nur ein bis auf Meßungenauigkeiten von $\Phi|_{\partial\Omega}$ bekanntes g für die Berechnung von u einsetzen. Der Stabilitätssatz versichert, daß kleine Abweichungen bei g auch nur kleine Abweichungen bei u zur Folge haben und gibt sogar quantitative Fehlerschranken an. Wenn man in diesem Beispiel das Dirichletproblem aber nicht nur als ein Modell für die Bestimmung des elektrostatischen Potentials Φ in Ω, sondern auch als Modell für die Bestimmung von $E = -\operatorname{grad} \Phi$ in Ω anbieten möchte, dann kommt es auch darauf an, ob kleine Abweichungen bei g nur kleine Abweichungen bei $\operatorname{grad} u$ zur Folge haben. Die innere A-Priori-Abschätzung von Satz 3.1.6 gewährleistet dies in der Tat, allerdings nicht gleichmäßig auf Ω, wie es für u der Fall war, sondern gleichmäßig auf jedem $\Omega' \subset\subset \Omega$:

Satz 3.1.6. *Wenn u und v Lösungen von $\Delta u = 0$ auf $\Omega \subset\subset \mathbb{R}^N$, $u|_{\partial\Omega} = g$, bzw. $\Delta v = 0$, $v|_{\partial\Omega} = h$ sind, dann ist für jedes $\Omega' \subset\subset \Omega$ und $x \in \Omega'$*

$$|\operatorname{grad} u(x) - \operatorname{grad} v(x)| \leq \frac{N\sqrt{N}}{\operatorname{dist}(\Omega', \partial\Omega)} \max |g - h|.$$

Beweis. Man folgert zunächst aus dem Stabilitätssatz 3.1.2, daß $w := u - v$ der Abschätzung $|w(y)| \leq \max|g-h|$ für alle $y \in \overline{\Omega}$ genügt. Für $x \in \Omega'$ liefert Satz 2.1.7 dann:
$$|\operatorname{grad} w(x)| \leq \sqrt{N} \max_{1 \leq i \leq N} |w_{x_i}(x)| \leq \sqrt{N} \frac{N}{\operatorname{dist}(\Omega', \partial\Omega)} \max|g - h|. \qquad \square$$

Bemerkung 3.1.7. Es liegt die Frage nahe, ob nur unsere Beweistechnik zu einer schlechten Abschätzung am Rande geführt hat, oder ob es tatsächlich vorkommt, daß der Gradient einer harmonischen Funktion h am Rande von $\Omega \subset\subset \mathbb{R}^N$ unbeschränkt ist, wenn h Lösung des Dirichletproblems in Ω ist. Selbst wenn die Berandung von Ω sehr glatt ist, kann dieses eintreten, wie wir in der auf Bemerkung 3.1.8 beruhenden Übungsaufgabe 3.20 sehen werden. Die Untersuchung, wann bei Lösungen des Dirichletproblems glattes Verhalten der Ableitungen am Rande vorliegt, wird später breiten Raum einnehmen.

Bemerkung 3.1.8. Ist Ω die Einheitskreisscheibe

$$E := \{(x,y) \in \mathbb{R}^2 : x^2 + y^2 < 1\},$$

so können wir die auf $\partial \Omega = \partial E$ gegebene stetige Funktion g als 2π-periodische Funktion $G \colon \mathbb{R} \to \mathbb{R}$ auffassen,

$$G(t) = g(\cos t, \sin t) \quad (t \in \mathbb{R}),$$

und ihre Fourierkoeffizienten

$$a_k := \frac{1}{\pi} \int_0^{2\pi} G(t) \cos kt\, dt, \quad b_k := \frac{1}{\pi} \int_0^{2\pi} G(t) \sin kt\, dt \tag{3.1}$$

bilden. Sind (r, φ) die Polarkoordinaten von $(x,y) \in E$, so definiert nach Aufgabe 3.1

$$h(x,y) = H(r,\varphi) = \frac{a_0}{2} + \sum_{k=1}^{\infty} r^k (a_k \cos k\varphi + b_k \sin k\varphi) \tag{3.2}$$

eine in E harmonische Funktion. Für $r = 1$ ist (3.2) die Fourierreihe von G; diese muß jedoch nicht konvergieren, da g ja nur als stetig vorausgesetzt ist [153, §18]. Nach dem Satz von FEJÉR [153, §§1,2] läßt sich G jedoch gleichmäßig durch *trigonometrische Polynome* approximieren, nämlich durch die Folge der arithmetischen Mittel aus den Teilsummen

$$s_n(G,\varphi) := \frac{a_0}{2} + \sum_{k=1}^n (a_k \cos k\varphi + b_k \sin k\varphi)$$

der Fourierreihe von G, d.h. es ist

$$\lim_{n \to \infty} \frac{s_1(G,\varphi) + \ldots + s_n(G,\varphi)}{n} = G(\varphi)$$

gleichmäßig in $0 \le \varphi \le 2\pi$. Die Partialsummen von (3.2)

$$h_n(x,y) = H_n(r,\varphi) = \frac{a_0}{2} + \sum_{k=1}^n r^k(a_k \cos k\varphi + b_k \sin k\varphi) \tag{3.3}$$

3.2 Die Poissonsche Integralformel löst das Dirichletproblem für die Kugel.

sind in $\overline{E}$ stetig und in E harmonisch. Dasselbe gilt dann für ihre arithmetischen Mittel

$$\frac{h_1(x,y) + \ldots + h_n(x,y)}{n}, \tag{3.4}$$

die auf dem Rande ∂E nach Konstruktion gleichmäßig gegen G konvergieren. Nach dem ersten Harnacksatz (Korollar 3.1.3) konvergieren sie in $\overline{E}$ gleichmäßig gegen ein in E harmonisches $u \in C^0(\overline{E})$, das $u|_{\partial E} = g$ erfüllt, also das Dirichletsche Randwertproblem $\Delta u = 0$ in E, $u|_{\partial E} = g$ löst. Für $0 \leq r < 1$ hat (3.4) den Grenzwert (3.2), da ja dann (3.2) selbst konvergent ist. Die Reihe (3.2) läßt sich also auf $\overline{E}$ als stetige Funktion mit den Randwerten g fortsetzen unabhängig davon, ob die Fourierreihe von G konvergiert oder nicht.

Einsetzen von (3.1) in (3.2) liefert nach Aufgabe 3.2 für $0 \leq r < 1$

$$H(r,\varphi) = \frac{1}{2\pi} \int_0^{2\pi} \frac{1-r^2}{1 - 2r\cos(t-\varphi) + r^2} G(t)\,dt. \tag{3.5}$$

Dies ist die Poissonsche Integralformel für die Einheitskreisscheibe [266]. Prinzipiell kann man für die Einheitskugel im $\mathbb{R}^N$, $N \geq 3$, analog vorgehen (für $N = 3$ wurde dies von POISSON in [267] gemacht), wobei man nun allerdings Kenntnisse über Kugelfunktionen benötigt [215, §9]. Im nächsten Paragraphen wird die Poissonsche Integralformel in völlig anderer Weise betrachtet werden.

Daß die Fourierreihe einer stetigen Funktion divergent sein kann, wurde erst 1873 von DU BOIS-REYMOND durch ein Beispiel belegt [55], [153, §18]. Poissons Interpretation [268, pp. 406, 408 f.] von $\lim_{r \to 1} H(r,\varphi)$ als Fourierreihe von G heißt heute *Abel-Poissonsche Summationsmethode* divergenter Reihen. (Der Name Abel erscheint wegen des Zusammenhangs mit dem Abelschen Grenzwertsatz, obwohl Abel die Summation divergenter Reihen fremd war.)

3.2 Die Poissonsche Integralformel löst das Dirichletproblem für die Kugel.

Mit dem folgenden Satz erreichen wir eine explizite Lösung des Dirichletschen Randwertproblems

$$\Delta u = 0 \text{ in } B, \quad u|_{\partial B} = g$$

für die Kugel $B \subseteq \mathbb{R}^N$. Er geht, wie in Abschnitt 3.1 bereits erwähnt, auf POISSON zurück ([266] für $N = 2$, [267] für $N = 3$). Sein Beweis wurde von H.A. SCHWARZ [302] [2] im Sinne der Weierstraßschen Strenge präzisiert.

---

[2] Beim Wiederabdruck dieser Arbeit in seinen gesammelten Abhandlungen gab Schwarz in einem Zusatz eine geometrische Interpretation der Formel (3.5). Siehe auch [220].

Diese Arbeit macht auch den damaligen Stand solcher Begriffsbildungen wie Stetigkeit einer Funktion von zwei Veränderlichen oder gleichmäßige Stetigkeit deutlich. Schwarz benutzte die von B. RIEMANN [280] in dessen Inauguraldissertation über Grundlagen der Funktionentheorie bewiesenen Greenschen Integralformeln, um mit einer Greenschen Funktion (vgl. Abschnitt 4.4) zunächst zu einer Darstellungsformel für Funktionen zu gelangen, die auf einer Kreisscheibe harmonisch sind (Satz 3.2.3), bevor er sich dem Beweis von Satz 3.2.1 zuwandte. Bei dieser die Lehrbuchliteratur weitgehend bestimmenden Vorgehensweise erscheint das Integral (3.7) als Spezialfall der Darstellungsformel für Randwert Eins. Der hier gegebene Beweis verzichtet auf die Verwendung der Greenschen Funktion. Der zentrale Beweisschritt besteht nun darin, (3.7) zu etablieren. Hierzu verwenden wir die Symmetrie der Kugel und das schwache Maximum-Minimumprinzip. (Für $N = 2$ oder $N = 3$ könnte das Integral sofort auf elementare Weise berechnet werden.) Eine andere Möglichkeit bestünde darin zu zeigen, daß die rechte Seite von (3.7) eine für $|x| < R$ harmonische Funktion ist, die nur von $|x|$ abhängt, also nach dem Ergebnis von Aufgabe 2.4 eine Konstante ist [6, pp. 2, 7]. (Eine andere Beweisvariante findet man in [9, p. 14].)

Satz 3.2.1 (Die Poissonsche Integralformel). *Es seien $B := B_R(0) \subseteq \mathbb{R}^N$, $g\colon \partial B \to \mathbb{R}$ stetig und*

$$u(x) := \begin{cases} \dfrac{1}{R\omega_N} \displaystyle\int_{\partial B} \dfrac{|y|^2 - |x|^2}{|y-x|^N} g(y)\, dS(y) & \text{für } |x| < R \\ g(x) & \text{für } |x| = R \end{cases}. \qquad (3.6)$$

Dann ist u harmonisch in B und stetig auf $\overline{B}$.

Beweis. I. Wir wissen, daß u in B harmonisch ist, wenn wir zeigen, daß u auf jedem $U \subset\subset B$ harmonisch ist. Zu $U \subset\subset B$ gibt es es $\delta > 0$, so daß $|x - y| \geq \delta$ für alle $x \in U$, $y \in \partial B$. Daher ist der Integrand für festes $y \in \partial B$ beliebig oft nach $x \in U$ differenzierbar, und alle Ableitungen sind beschränkte, stetige Funktionen von $(x, y) \in U \times \partial B$. Gemäß Satz A.5 ist das Integral auf U beliebig oft differenzierbar und

$$\Delta u(x) = \Delta_x \int_{\partial B} \frac{|y|^2 - |x|^2}{|y-x|^N} g(y)\, dS(y) = \int_{\partial B} \Delta_x \frac{|y|^2 - |x|^2}{|y-x|^N} g(y)\, dS(y)\,.$$

Nunmehr genügt es zu zeigen, daß die Funktion $x \mapsto |y - x|^{-N}(|y|^2 - |x|^2)$ auf U harmonisch ist bei festem $y \in \partial B$. Es ist

$$|y|^2 - |x|^2 = |y|^2 - |y + (x - y)|^2 = -2y \cdot (x - y) - |x - y|^2\,.$$

Daher ist für $N \geq 3$

$$\frac{|y|^2 - |x|^2}{|y-x|^N} = -\frac{2}{2-N} \sum_{i=1}^{N} \frac{\partial}{\partial x_i} \frac{y_i}{|x-y|^{N-2}} - \frac{1}{|x-y|^{N-2}}\,,$$

3.2 Die Poissonsche Integralformel löst das Dirichletproblem für die Kugel. 65

und für $N = 2$
$$\frac{|y|^2 - |x|^2}{|y-x|^2} = -2 \sum_{i=1}^{2} y_i \frac{\partial}{\partial x_i} \ln|x-y| - 1,$$

Dies sind Summen von auf U harmonischen Funktionen, weil nach Aufgabe 2.4 die Abbildungen $x \mapsto |x-y|^{2-N}$, $N \geq 3$, und $x \mapsto \ln|x-y|$, $N = 2$, harmonisch sind und damit auch ihre Ableitungen (vgl. Korollar 2.1.3).

II. Für den Beweis der restlichen Behauptung benötigen wir die Identität

$$1 = \frac{1}{R\omega_N} \int_{\partial B} \frac{|y|^2 - |x|^2}{|y-x|^N} dS(y) \quad \text{für } |x| < R. \tag{3.7}$$

Sie ist eine einfache Konsequenz des schwachen Minimumprinzips, Satz 2.3.4. Das Integral ist nämlich nach I. eine harmonische Funktion $f: B \to \mathbb{R}$, so daß für $\varrho < R$ Punkte $x_1, x_2 \in \partial B_\varrho(0)$ existieren mit

$$f(x_2) \leq f(x) \leq f(x_1)$$

für alle $|x| \leq \varrho$. Zu beliebigem $x', x'' \in \mathbb{R}^N$ mit $|x'| = |x''| = \varrho$ gibt es eine orthogonale Matrix A mit $x'' = Ax'$, so daß

$$f(x'') = \frac{1}{R\omega_N} \int_{\partial B} \frac{|y|^2 - |Ax'|^2}{|y - Ax'|^N} dS(y) = \frac{1}{R\omega_N} \int_{\partial B} \frac{|Ay|^2 - |Ax'|^2}{|Ay - Ax'|^N} dS(y) = f(x')$$

wegen der Invarianz des Integrals unter der orthogonalen Substitution $y \mapsto Ay$ (vgl. Folgerung B.3 b)) und wegen der Längenerhaltung $|Az| = |z|$. Also ist

$$f(x) = f(0) = \frac{1}{R\omega_N} \int_{|y|=R} \frac{|y|^2}{|y|^N} dS(y) = 1 \quad \text{für alle } |x| \leq \varrho,$$

und damit $f(x) = 1$ für $|x| < R$.

III. Es ist $u \in C^0(\overline{B})$ bewiesen, sobald nur

$$\lim_{\substack{x \to y_0 \\ x \in B}} u(x) = g(y_0) \quad \text{für alle } y_0 \in \partial B \tag{3.8}$$

gezeigt ist. Mittels der in II. gewonnenen Darstellung der Eins ist

$$u(x) - g(y_0) = \frac{1}{R\omega_N} \int_{\partial B} \frac{|y|^2 - |x|^2}{|y-x|^N} (g(y) - g(y_0)) \, dS(y) \quad \text{für } |x| < R.$$

Zu $\epsilon > 0$ gibt es wegen der Stetigkeit von g ein $\delta > 0$, so daß $|g(y) - g(y_0)| < \epsilon/2$ für alle $y \in \partial B$ mit $|y - y_0| < 2\delta$. Zerlegt man die Integration über ∂B gemäß $|y - y_0| < 2\delta$ und $|y - y_0| \geq 2\delta$, so läßt sich im ersten Integral der Betrag des Integranden majorisieren durch

$$\frac{|y|^2 - |x|^2}{|y-x|^N}\epsilon/2,$$

und man vergrößert weiter, wenn man anschließend wieder über ganz ∂B integriert. Dies ergibt $\epsilon/2$, wieder wegen der in II. gewonnenen Darstellung der Eins.

Im zweiten Integral kann man $|g(y) - g(y_0)|$ durch eine Zahl $M > 0$ abschätzen. Man erhält so

$$|u(x) - g(y_0)| \leq \frac{\epsilon}{2} + \frac{M}{R\omega_N} \int_{\substack{\partial B \\ |y-y_0| \geq 2\delta}} \frac{R^2 - |x|^2}{|y-x|^N} dS(y) \quad \text{für } |x| < R.$$

Für $|x - y_0| < \delta$ und $|y - y_0| \geq 2\delta$ ist $|y - x| \geq \delta$ und

$$\frac{R^2 - |x|^2}{|y-x|^N} = \frac{(R+|x|)(|y_0|-|x|)}{|y-x|^N} \leq \frac{2R|y_0 - x|}{\delta^N}.$$

Daher ist schließlich

$$|u(x) - g(y_0)| \leq \frac{\epsilon}{2} + \frac{2MR^{N-1}}{\delta^N}|y_0 - x| < \epsilon$$

für $x \in B$ mit $|x - y_0| < \min\left\{\delta, \frac{\epsilon\delta^N}{4MR^{N-1}}\right\}$. $\square$

Bemerkung 3.2.2. Ist allgemeiner B die Kugel $B_R(x_0) \subseteq \mathbb{R}^N$,

$$P_B(x,y) := \frac{1}{R\omega_N} \frac{R^2 - |x-x_0|^2}{|y-x|^N} \quad (x \in B, y \in \partial B)$$

(diese Funktion heißt POISSON-*Kern* für B) und $g\colon \partial B \to \mathbb{R}$ eine meßbare und beschränkte Funktion, so zeigt der Beweis von Satz 3.2.1, daß

$$u(x) := \begin{cases} \int_{\partial B} P_B(x,y)g(y)\,dS(y) & \text{für } x \in B \\ g(x) & \text{für } x \in \partial B \end{cases}$$

in B harmonisch und in jedem Stetigkeitspunkt von g stetig ist. Für $N = 2$ wurden die Voraussetzungen an g namentlich durch FATOU weiter abgeschwächt. [279] unterrichtet darüber in historischem Kontext. Erwähnenswert ist vielleicht noch, daß im Fall $N = 2$ das Integral in (3.6) durch eine Variablentransformation in ein Integral überführt werden kann, das es gestattet, die Relation (3.8) durch Vertauschen von Limes und Integral zu erschließen (vgl. [206]).

Der nun folgende Satz unterscheidet sich dadurch von dem vorhergehenden, daß er nicht das Dirichletproblem löst, sondern lediglich eine Darstellung der Funktion u in der Kugel liefert, wenn u bereits über die Kugel hinaus harmonisch ist. Diese Darstellung ist ein Analogon zur Cauchyschen Integralformel für holomorphe Funktionen.

Satz 3.2.3. *Es sei u auf Ω harmonisch und P_B der Poissonkern für $B := B_R(x_0) \subset\subset \Omega$. Dann gilt für alle $x \in B$*

$$u(x) = \int_{\partial B} P_B(x,y) u(y) \, dS(y) \, .$$

Beweis. Das Integral auf der rechten Seite definiert nach Satz 3.2.1 eine Funktion v, die auf $B_R(x_0)$ harmonisch und auf $\overline{B_R(x_0)}$ stetig ist und für die $v|_{\partial B} = u|_{\partial B}$ gilt. Nach Satz 3.1.1 ist $v = u$ in B. □

Bemerkung 3.2.4. Wir haben Satz 3.2.1 und damit die Lösbarkeit des Dirichletproblems für die Kugel bewiesen, indem wir von den vorausgegangenen Ergebnissen des Buches lediglich das schwache Minimumprinzip benutzt haben. Gleiches gilt für Satz 3.2.3. Da wir aber für das schwache Minimumprinzip in 2.3.4 auch einen solchen Beweis gebracht haben, der keine Voruntersuchungen benötigte, insbesondere nicht von der Mittelwerteigenschaft Gebrauch machte, wären wir in der Lage gewesen, das Kapitel über harmonische Funktionen ganz anders, nämlich mit dem schwachen Minimumprinzip und dem Poissonintegral, zu eröffnen. Man bekommt die Mittelwerteigenschaft harmonischer Funktionen aus Satz 3.2.3, indem man $x = x_0$ spezialisiert. Die C^∞-Eigenschaft folgt ebenfalls aus diesem Satz, sogar die Analytizität; siehe Aufgabe 3.4. Daß Funktionen mit Mittelwerteigenschaft harmonisch sind, ergibt sich bei einem solchen Aufbau wie folgt. In einer Kugel B gibt es nach Poisson eine harmonische Funktion h, die auf ∂B mit u übereinstimmt. Die Differenz $u - h$ hat die Mittelwerteigenschaft, und es folgt das starke Maximum-Minimumprinzip für $u - h$ wie zu Beginn des Abschnitts 2.3. Wendet man Satz 2.3.2 auf $u-h$ und $h-u$ an, so folgt aus $(u-h)|_{\partial B} = 0$ schon $u - h = 0$ auf ganz $\overline{B}$. Somit stimmen u und h in ganz B überein, was die Harmonizität von u in B beweist.

3.3 Superharmonische Funktionen und die Perronsche Lösungsmethode für beschränktes $\Omega \subseteq \mathbb{R}^N$

Zunächst sei $\Omega \subseteq \mathbb{R}^N$ lediglich offen. Es sei $u\colon \Omega \to \mathbb{R}$ stetig und $B := B_R(x_0) \subset\subset \Omega$. Wir ändern jetzt u in der Kugel B ab, und zwar ersetzen wir $u|_B$ durch diejenige auf B harmonische Funktion, welche auf $\overline{B}$ stetig ist und auf dem Rande von B mit u übereinstimmt. Sie wird vom Poissonintegral (Satz 3.2.1) geliefert. Verwenden wir noch die Abkürzungen aus Bemerkung 3.2.2, so ist das Ergebnis die Funktion $Q_B u\colon \Omega \to \mathbb{R}$ mit

$$(Q_B u)(x) = \begin{cases} \int_{\partial B} P_B(x,y) u(y) \, dS(y) & \text{für } x \in B \\ u(x) & \text{für } x \in \Omega \setminus B \end{cases} .$$

Ist u sogar auf $\overline{\Omega}$ stetig, so kann die obere Festlegung für $x \in \overline{\Omega} \setminus B$ erfolgen, wovon beim Beweis von Satz 3.3.6 Gebrauch gemacht wird.

Definition 3.3.1. *Es sei $\Omega \subseteq \mathbb{R}^N$ offen. $u\colon \Omega \to \mathbb{R}$ heißt superharmonisch (in oder auf Ω), wenn u stetig ist und $Q_B u \leq u$ für alle Kugeln $B \subset\subset \Omega$ gilt.*

Bemerkung 3.3.2. Es sei $u\colon \Omega \to \mathbb{R}$ superharmonisch und $B \subset\subset \Omega$ eine Kugel. Ist dann $h \in C^2(B) \cap C^0(\overline{B})$ eine harmonische Funktion mit $h = u$ auf ∂B, so gilt $h \leq u$ auf $\overline{B}$, da ja aufgrund der Poissonschen Integralformel $h = Q_B u$ auf $\overline{B}$ ist. Dies erklärt die Namengebung. Andere Charakterisierungen superharmonischer Funktionen fügen wir am Schluß dieses Abschnitts an.

Der Grund für den Übergang von harmonischen zu superharmonischen Funktionen liegt in der größeren Flexibilität der letzteren. Zum Beispiel ist die letzte Aussage von Satz 3.3.4, der mit Satz 3.3.3 bereits alle Aussagen über superharmonische Funktionen etabliert, die wir für die Perronsche Methode benötigen, für harmonische Funktionen im allgemeinen nicht richtig.

Satz 3.3.3. *Für superharmonische Funktionen gilt das starke und somit auch das schwache Minimumprinzip. Konkret sind damit die beiden folgenden Aussagen gemeint.*

a) *Sei $\Omega \subseteq \mathbb{R}^N$ offen und $u\colon \Omega \to \mathbb{R}$ sei superharmonisch. Dann ist die Menge der Minimumstellen von u offen.*
b) *Sei $\Omega \subset\subset \mathbb{R}^N$ nicht leer und $u \in C^0(\overline{\Omega})$ auf Ω superharmonisch. Dann liegt mindestens eine Minimumstelle von u auf dem Rand $\partial \Omega$ von Ω.*

Beweis. a) Es sei $x_0 \in \Omega$ eine Minimumstelle von u. Es sei $B_R(x_0) \subset\subset \Omega$, $0 < r < R$ und $B := B_r(x_0)$. Dann hat $w := Q_B u$ eine Minimumstelle, die in B liegt, denn es ist ja w eine stetige Funktion mit den Eigenschaften

$$w \leq u, \quad w|_{\partial B} = u|_{\partial B}.$$

Da $w|_B$ harmonisch ist, ist $w(x) = \text{const}$ für $x \in \overline{B}$ nach dem starken Minimumprinzip (Korollar 2.3.3). Dann ist $u|_{\partial B} = \text{const}$ und $u(x) = w(x_0) \leq u(x_0) \leq u(x)$ für $x \in \partial B$. Mithin besteht ∂B aus lauter Minimumstellen von u, und dann auch $B_R(x_0)$.

b) u besitzt, da $\overline{\Omega}$ kompakt ist, mindestens eine Minimumstelle $x_0 \in \overline{\Omega}$. Liegt x_0 in Ω, so folgt wie zu Beginn des Abschnitts 2.3 (vgl. Satz 2.3.2), daß u auf der Zusammenhangskomponente Z von Ω konstant ist, welche x_0 enthält. Somit wird das Minimum auch auf $\partial Z \subseteq \partial \Omega$ angenommen. Da ∂Z wegen der Beschränktheit von Ω nicht die leere Menge sein kann, ist die Behauptung bewiesen. □

Satz 3.3.4. *Es sei $\Omega \subseteq \mathbb{R}^N$ offen.*

a) *Wenn u auf Ω superharmonisch ist und $B \subset\subset \Omega$ eine Kugel, dann ist auch $Q_B u$ auf Ω superharmonisch.*
b) *Es sei S eine nichtleere Menge auf Ω superharmonischer Funktionen. Wenn $u := \inf S$ auf Ω stetig ist, dann ist u superharmonisch auf Ω.*

3.3 Perronsche Lösungsmethode für beschränkte Ω 69

c) *Das Minimum von endlichvielen auf Ω superharmonischen Funktionen ist superharmonisch auf Ω.*

Beweis. a) Es ist für Kugeln $K \subset\subset \Omega$ zu zeigen, daß $Q_K Q_B u \leq Q_B u$ ist. Wegen $Q_B u \leq u$ ist $Q_K Q_B u \leq Q_K u$ nach Aufgabe 3.7 a). Ferner ist $(Q_K u)(x) \leq u(x) = (Q_B u)(x)$ für $x \notin B$. Für $x \notin K$ ist $(Q_K Q_B u)(x) = (Q_B u)(x)$. Daher bleibt nur noch $x \in K \cap B$ zu untersuchen. Auf $K \cap B$ ist $h := Q_B u - Q_K Q_B u$ eine harmonische Funktion. Wie wir soeben gesehen haben, ist $h(x) \geq 0$ für $x \in \partial(K \cap B)$. Aufgrund des schwachen Minimumprinzips ist daher $h \geq 0$ auf $K \cap B$.

b) Es sei $v \in S$ und $B \subset\subset \Omega$ eine Kugel. Dann ist $u \leq v$ und folglich $Q_B u \leq Q_B v$. Wegen $Q_B v \leq v$ ist dann $Q_B u \leq v$ für alle v, also auch für das Infimum u.

c) Dies folgt sofort aus b), da das Minimum von endlichvielen stetigen Funktionen stetig ist. □

Bemerkung 3.3.5. Der zu Ende der historischen Einleitung in Kapitel 1 erwähnten *méthode de balayage* von POINCARÉ zur Lösung des Dirichletschen Problems lagen bereits, wenn auch etwas verborgen, superharmonische Funktionen zugrunde [260, p. 234]. Explizit treten sie zum erstenmal bei HARTOGS [99, § 8] auf, und zwar in Zusammenhang mit den Konvergenzradien analytischer Funktionen mehrerer komplexer Veränderlichen. Die Benennung findet sich erstmals bei T. RADÓ und F. RIESZ [272]; PERRON selbst spricht von Oberfunktionen. LEBESGUE [176] nennt Funktionen $u \in C^2$, die $\Delta u \leq 0$ erfüllen, superharmonisch. Im übrigen sei auf die zweibändige Monographie [101, 102] verwiesen.

Nun sei die nichtleere, offene Menge Ω beschränkt und $g: \partial\Omega \to \mathbb{R}$ stetig. Ist dann $h \in C^2(\Omega) \cap C^0(\overline{\Omega})$ Lösung des Dirichletproblems

$$\Delta h = 0 \text{ auf } \Omega, \quad h = g \text{ auf } \partial\Omega,$$

so liegt h in der Menge

$$P(g) := \{v \in C^0(\overline{\Omega}): v \text{ ist auf } \Omega \text{ superharmonisch}, v|_\Omega \leq \max g, v|_{\partial\Omega} \geq g\},$$

denn jede harmonische Funktion ist superharmonisch, und es ist $h \leq \max g$ aufgrund des schwachen Maximumprinzips. Überdies erfüllt $v - h$ für jedes $v \in P(g)$ nach Satz 3.3.3 b) das schwache Minimumprinzip und es gilt $h \leq v$ für alle $v \in P(g)$. PERRON [248] zeigte nun umgekehrt, daß das Infimum von $P(g)$ eine harmonische Funktion definiert. (Man beachte, daß die auf $\overline{\Omega}$ konstante Funktion $\max g$ in $P(g)$ liegt und daß $\min g$ eine untere Schranke für $P(g)$ ist, denn wegen Satz 3.3.3 b) genügen superharmonische Funktionen dem schwachen Minimumprinzip.)

Nur drei Monate nach Perron reichte REMAK den Mathematischen Annalen ein Manuskript mit dem gleichen Grundgedanken ein. Er konnte den von Perron intermediär benötigten Lebesgueschen Integralbegriff vermeiden.

Der Titel seiner Arbeit [276] stellt die eigenständige Rolle der superharmonischen Funktionen heraus; [277] enthält weitere Beweisvereinfachungen. Eine Ausdehnung auf allgemeine elliptische Gleichungen 2.Ordnung erfolgte durch TAUTZ [319] und O.A. OLEĬNIK [242]. WIENER [346] sah die Chancen, die zur Weiterentwicklung seiner Idee des verallgemeinerten Dirichletproblems in Perrons Methode lagen. Ihr Ausbau durch WIENER und durch BRELOT [26] hat als PWB-Methode die Verbindung von Potentialtheorie und Wahrscheinlichkeitstheorie verstärkt.

Erwähnt sei noch, daß die Forderung der gleichmäßigen Beschränktheit der superharmonischen Funktionen, die wir in die Definition von $P(g)$ aufgenommen haben, im Hinblick auf Satz 2.1.9 den Beweis des nachfolgenden Perronschen Satzes 3.3.6 erleichtert. In den üblichen Darstellungen wird der 2. Harnacksche Satz verwendet, ein Beweiselement, das Radó-Riesz [272] eingeführt haben.

Satz 3.3.6. *Es sei $\Omega \subset\subset \mathbb{R}^N$ nicht leer, ferner $g\colon \partial\Omega \to \mathbb{R}$ beschränkt und $P(g) := \{v \in C^0(\overline{\Omega}) : v$ ist auf Ω superharmonisch, $v \leq \sup g$, $v|_{\partial\Omega} \geq g\}$. Dann hat die durch*

$$u(x) := \inf\{v(x)\colon v \in P(g)\}, \quad x \in \Omega,$$

definierte Funktion $u\colon \Omega \to \mathbb{R}$ die Eigenschaften

1) $\inf g \leq u \leq \sup g$;
2) u ist in Ω harmonisch.

Beweis. u existiert, da die Menge $P(g)$ nichtleer und nach unten beschränkt ist. Die auf $\overline{\Omega}$ konstante Funktion $\sup g$ liegt ja in $P(g)$, und aus Satz 3.3.3 folgt, daß $\inf g \leq v$ für alle $v \in P(g)$ gilt. Dies beweist 1).

Für jede Kugel $B \subset\subset \Omega$ zeigen wir nun $Q_B u \leq u$ und $u \leq Q_B u$, was dann nach Aufgabe 3.6 Aussage 2) impliziert. Für die erste Ungleichung genügt es nach Satz 3.3.4 b), die Stetigkeit von u nachzuweisen. Für jedes $v \in P(g)$ ist nach Satz 3.3.4 a) $v_B := Q_B v$ superharmonisch, also

$$v_B \leq v \leq \sup g . \tag{3.9}$$

Da $v_B(x) = v(x) \geq g(x)$ für alle $x \in \partial\Omega$, gilt also

$$v_B \in P(g) . \tag{3.10}$$

Insbesondere ist daher

$$\inf g \leq u \leq v_B . \tag{3.11}$$

Die harmonischen $v_B|_B$ sind also auf B gleichgradig beschränkt. Nach Satz 2.1.9 sind sie auf der kleineren Kugel $B' \subset\subset B$ gleichgradig gleichmäßig stetig, und so gibt es zu $\epsilon > 0$ ein $\delta > 0$, so daß $|v_B(x) - v_B(y)| < \frac{\epsilon}{2}$ ist für $x, y \in B'$, $|x-y| < \delta$, und für alle $v \in P(g)$. Zu $y \in B'$ und $\epsilon > 0$ gibt es nach Definition des Infimums ein $v \in P(g)$, mit dem $v(y) < u(y) + \frac{\epsilon}{2}$ ist. Folglich haben wir wegen (3.11) und (3.9) für alle $x \in B_\delta(y) \cap B'$

$$u(x) - u(y) < u(x) - v(y) + \frac{\epsilon}{2} \leq v_B(x) - v_B(y) + \frac{\epsilon}{2} < \epsilon$$

und ebenso $u(y) - u(x) < \epsilon$. Daher ist u stetig in B' und damit auch in Ω.

Nun zum Nachweis von $u \leq Q_B u$. Weil u das Infimum von $P(g)$ ist, gibt es zu $x \in \Omega$ und $\epsilon > 0$ ein $v \in P(g)$ mit

$$v(x) \leq u(x) + \frac{\epsilon}{3}.$$

Da u und v stetig sind, gibt es eine Kugel $B'(x) \subseteq \Omega$, so daß

$$|u(y) - u(x)| < \frac{\epsilon}{3} \quad \text{und} \quad |v(y) - v(x)| < \frac{\epsilon}{3}$$

für alle $y \in B'(x)$ ausfällt. Es ist also

$$\begin{aligned} v(y) &= v(y) - v(x) + v(x) \\ &< \frac{\epsilon}{3} + u(x) + \frac{\epsilon}{3} < u(y) + \epsilon \end{aligned}$$

für alle $y \in B'(x)$.

Jede Kugel $B \subset\subset \Omega$ läßt sich mit endlichvielen derartigen Kugeln B' überdecken, und die zugehörigen Funktionen in $P(g)$ seien $v_1, \ldots, v_n$. Wir setzen $w := \min_{1 \leq i \leq n} v_i$ und haben

$$w(y) \leq u(y) + \epsilon$$

für alle $y \in B$. Nach Satz 3.3.4 c) ist $w \in P(g)$, mithin nach (3.10) $w_B \in P(g)$. Für alle $y \in B$ ist daher nach Aufgabe 3.7 a) und b)

$$u(y) \leq w_B(y) \leq (Q_B(u+\epsilon))(y) = (Q_B u)(y) + \epsilon.$$

Mithin ist $u \leq Q_B u$. □

Auch bei stetigem $g\colon \partial\Omega \to \mathbb{R}$ kann man ohne eine Voraussetzung an den Rand $\partial\Omega$ nicht erwarten, daß die harmonische Funktion u aus Satz 3.3.6 sich stetig auf $\overline{\Omega}$ fortsetzen läßt und auf $\partial\Omega$ gleich g ist. Gegenbeispiele werden wir im Abschnitt 3.5 kennenlernen.

Bemerkung 3.3.7. Betrachten wir für $\Omega \subset\subset \mathbb{R}^N$ und $x_0 \in \partial\Omega$ speziell die Funktion $g(x) := |x - x_0|$ für $x \in \partial\Omega$. Wenn es eine harmonische Funktion $h \in C^2(\Omega) \cap C^0(\overline{\Omega})$ mit $h = g$ auf $\partial\Omega$ gibt, so hat diese die Eigenschaft $h > 0$ auf $\overline{\Omega}\setminus\{x_0\}$ (und natürlich $h(x_0) = 0$). Da sie ja keine Konstante ist, nimmt sie aufgrund des starken Minimumprinzips ihr Minimum allein an der Stelle x_0 an. Dies motiviert folgende Begriffsbildung (vgl. auch Bemerkung 3.3.11), die wir gleich so anlegen, daß sie auch im Abschnitt 3.6 für unbeschränkte Gebiete verwendet werden kann.

72   3 Das Dirichletproblem für harmonische Funktionen

Definition 3.3.8. *Es sei $\Omega \subseteq \mathbb{R}^N$ offen und $x_0 \in \partial\Omega$. Eine Funktion $b \in C^0(\overline{\Omega})$ heißt eine Barriere für Ω im Punkt x_0, wenn sie superharmonisch in Ω ist und die Eigenschaften*

$$b(x) > 0 \quad \text{für } x \in \overline{\Omega}\setminus\{x_0\}, \quad b(x_0) = 0$$

besitzt. x_0 heißt regulärer Randpunkt, wenn es eine Barriere für Ω im Punkt x_0 gibt.

Satz 3.3.9. *Es seien $\Omega \subset\subset \mathbb{R}^N$ nicht leer, $g\colon \partial\Omega \to \mathbb{R}$ beschränkt und u die harmonische Funktion aus Satz 3.3.6. Ist dann $x_0 \in \partial\Omega$ ein regulärer Randpunkt und g stetig in x_0, so gilt*

$$\lim_{\substack{x \to x_0 \\ x \in \Omega}} u(x) = g(x_0).$$

Beweis. Zu $\epsilon > 0$ gibt es ein $\delta_0 > 0$, so daß $|g(x) - g(x_0)| < \frac{\epsilon}{2}$ für $x \in \partial\Omega$ mit $|x - x_0| < \delta_0$. Es sei nun b eine Barriere für Ω im Punkt x_0. Für $c > 0$ und $x \in \overline{\Omega}$ setzen wir

$$u_\pm(x) := g(x_0) \pm \left[\frac{\epsilon}{2} + cb(x)\right]$$

und haben dann für alle $x \in \partial\Omega$, die $|x - x_0| < \delta_0$ erfüllen,

$$u_+(x) - g(x) = \frac{\epsilon}{2} - [g(x) - g(x_0)] + cb(x) \geq 0, \tag{3.12}$$

$$u_-(x) - g(x) = -\frac{\epsilon}{2} - [g(x) - g(x_0)] - cb(x) \leq 0. \tag{3.13}$$

Da b stetig und auf der kompakten Menge $K := \partial\Omega\setminus B_{\delta_0}(x_0)$ positiv ist, gibt es ein $k > 0$ mit $b(x) \geq k$ für alle $x \in K$. Die Ungleichungen (3.12) und (3.13) gelten daher auch für $x \in K$, wenn wir $c := \frac{2}{k}\sup|g|$ wählen. u_+ ist eine auf Ω superharmonische Funktion mit der Eigenschaft $u_+ \geq g$ auf $\partial\Omega$. Mit Satz 3.3.4 c) erhalten wir daher $\min\{u_+, \sup g\} \in P(g)$ und daher $u \leq \min\{u_+, \sup g\} \leq u_+$ auf Ω. Des weiteren ist nach Aufgabe 3.7 b), c) für alle $v \in P(g)$ die Funktion $v + (-u_-)$ auf Ω superharmonisch mit $v - u_- \geq g - g = 0$ auf $\partial\Omega$. Mit Satz 3.3.3 erhalten wir daher $u_- \leq v$ und somit $u_- \leq u$ auf Ω, insgesamt also für $x \in \Omega$

$$-\left[\frac{\epsilon}{2} + cb(x)\right] \leq u(x) - g(x_0) \leq \frac{\epsilon}{2} + cb(x). \tag{3.14}$$

Wegen $b(x_0) = 0$ und der Stetigkeit von b gibt es nun ein $\delta > 0$, so daß $0 < cb(x) < \frac{\epsilon}{2}$ für $x \in \Omega$ mit $|x - x_0| < \delta$. □

Mit Satz 3.3.9 haben wir schließlich eine hinreichende Bedingung an Ω gefunden, um die Existenz einer Lösung des in der Einführung beschriebenen Dirichletproblems für beliebig vorgegebene stetige Randdaten nachweisen zu können. Aus Bemerkung 3.3.7 ergibt sich zudem die Notwendigkeit dieser Bedingung. Die Eindeutigkeit der Lösungen wurde bereits mit Satz 3.1.1 festgestellt. Zusammenfassend gilt:

3.3 Perronsche Lösungsmethode für beschränkte Ω 73

Satz 3.3.10. *Es sei $\Omega \subset\subset \mathbb{R}^N$ nicht leer.*

a) Ist jeder Randpunkt von Ω regulär, so besitzt das Dirichletproblem für die Laplacegleichung

$$\Delta u = 0 \ \text{auf } \Omega \ ; \quad u|_{\partial \Omega} = g \qquad (3.15)$$

für jedes vorgegebene stetige $g\colon \partial\Omega \to \mathbb{R}$ eine eindeutige Lösung $u \in C^2(\Omega) \cap C^0(\overline{\Omega})$.

b) Besitzt das Dirichletproblem (3.15) für jedes stetige $g\colon \partial\Omega \to \mathbb{R}$ eine Lösung, so ist jeder Randpunkt von Ω regulär.

Bemerkung 3.3.11. Das Dirichletproblem hat also genau dann für jedes stetige Randdatum eine Lösung, wenn jeder Randpunkt eine Barriere besitzt. Dieses Resultat stammt von LEBESGUE [176], der in [172] auch den Namen *Barriere* prägte; die Benennung erklärt sich aus Ungleichung (3.14). Barrieren wurden bereits von POINCARÉ bei seiner *méthode de balayage* benützt [260, pp. 224, 228ff.]. WIENER charakterisierte reguläre Randpunkte mit Hilfe des von ihm in [344] eingeführten Begriffs der Kapazität einer Menge. Zeitgleich gab BOULIGAND eine verwandte Beschreibung, und die beiden Arbeiten erschienen, getrennt durch eine Bemerkung von Lebesgue, hintereinander im selben Band der Comptes Rendus [24, 345].

Die Lösbarkeit des Dirichletproblems für eine Kugel diente in Aufgabe 3.3 dazu zu zeigen, daß Funktionen, die eine abgeschwächte Form der Mittelwerteigenschaft besitzen, harmonisch sind. Ähnlich einfach beweist man

Satz 3.3.12. *Es sei $\Omega \subset\subset \mathbb{R}^N$, und es sei das Dirichletproblem für jede stetige Randfunktion lösbar. Dann ist $u \in C^0(\overline{\Omega})$ bereits dann harmonisch in Ω, wenn u die eingeschränkte Mittelwerteigenschaft besitzt, d.h. zu jedem $x \in \Omega$ auch nur eine Kugel $B_r(x) \subset\subset \Omega$ existiert, für die u der Mittelwertrelation*

$$u(x) = \frac{1}{r^{N-1}\omega_N} \int_{\partial B_r(x)} u(y)\, dS(y)$$

genügt.

Beweis. Sei $h \in C^2(\Omega) \cap C^0(\overline{\Omega})$ die in Ω harmonische Funktion mit $h|_{\partial\Omega} = u|_{\partial\Omega}$. Es genügt zu zeigen, daß eine Funktion $f \in C^0(\overline{\Omega})$ mit der eingeschränkten Mittelwerteigenschaft ihr Maximum auf dem Rande annimmt. Wendet man dies auf $u - h$ und $h - u$ an, so folgt $u = h$.

Wenn $M := \max f$ nicht auf $\partial\Omega$ angenommen wird, gibt es in der kompakten Menge $K := \{x \in \Omega\colon f(x) = M\}$ einen Punkt a minimalen Abstands von $\partial\Omega$. Zu diesem a existiert ein r mit $B_r(a) \subset\subset \Omega$ und

$$\frac{1}{r^{N-1}\omega_N} \int_{\partial B_r(a)} [M - f(y)]\, dS(y) = 0 \ .$$

Also ist $\partial B_r(a) \subset K$, was der Bedeutung von a widerspricht. □

Satz 3.3.12 geht im wesentlichen auf VOLTERRA [329] und VITALI [328] zurück. Zu diesem Fragenkreis existiert eine umfangreiche Literatur, für die wir auf [221] verweisen.

Für superharmonische Funktionen hat man analog zu Satz 2.1.1 und Aufgabe 3.3 folgende Aussagen.

Satz 3.3.13. *Es sei $\Omega \subseteq \mathbb{R}^N$ offen und $u \in C^0(\Omega)$. Dann sind äquivalent:*

1) u ist superharmonisch in Ω.

2) $\int_{|y-x|=\varrho} u(y)\,dS(y) \leq \varrho^{N-1}\omega_N u(x)$ für alle Kugeln $B_\varrho(x) \subset\subset \Omega$.

3) $\int_{|y-x|\leq r} (u(y) - u(x))\,dy \leq 0$ für alle Kugeln $B_r(x) \subset\subset \Omega$.

4) Zu jedem $x \in \Omega$ gibt es eine Nullfolge (r_j) mit $B_{r_j}(x) \subset\subset \Omega$ und $\int_{|y-x|\leq r_j} (u(y) - u(x))\,dy \leq 0$ für alle $j \in \mathbb{N}$.

Beweis. Aus 1) folgt 2); denn für $B := B_\varrho(x) \subset\subset \Omega$ ist $(Q_B u)(x) \leq u(x)$, und nach Definition ist

$$(Q_B u)(x) = \frac{1}{\varrho \omega_N} \int_{|y-x|=\varrho} \frac{\varrho^2}{\varrho^N} u(y)\,dS(y) \leq u(x).$$

Also gilt 2). Es folgt 3) aus 2) durch Multiplikation von 2) mit $\varrho^{N-1}\omega_N$ und Integration über $0 \leq \varrho \leq r$. Es ist 4) eine triviale Abschwächung von 3). Um nun von 4) zu $Q_B u \leq u$ in 1) zu gelangen, sei $B \subset\subset \Omega$ eine Kugel, und wir setzen $h := Q_B u$. Es sei $x \in B$ eine Minimumstelle von $(u-h)|_{\overline{B}}$. Für alle $j \in \mathbb{N}$ mit $B_{r_j}(x) \subset\subset B$ gilt

$$\int_{|y-x|\leq r_j} \{(u-h)(y) - (u-h)(x)\}\,dy$$
$$= \int_{|y-x|\leq r_j} (u(y) - u(x))\,dy - \int_{|y-x|\leq r_j} (h(y) - h(x))\,dy \leq 0,$$

da auf u die Aussage 4) zutrifft und weil das mit harmonischem h gebildete Integral nach der 2. Mittelwerteigenschaft Null ist. Folglich besteht $B_{r_j}(x)$ aus lauter Minimumstellen von $(u-h)|_{\overline{B}}$. Somit ist die Menge der Minimumstellen in B offen und relativ abgeschlossen, also leer oder ganz B. Wegen $(u-h)|_{\partial B} = 0$ folgt $Q_B u \leq u$. □

Für eine Charakterisierung superharmonischer Funktionen $u \in C^2(\Omega)$ siehe Aufgabe 3.8.

Interessanterweise hat der für harmonische Funktionen gültige Satz vom Liouvilleschen Typ (siehe Korollar 2.2.2) keine vollständige Entsprechung bei superharmonischen Funktionen. Zum Beispiel ist die Funktion $x \mapsto (|x|^2 + 1)^{\frac{2-N}{2}}$ auf $\mathbb{R}^N$ superharmonisch und beschränkt, ohne für $N \geq 3$ konstant zu sein. In der Ebene gilt jedoch

Satz 3.3.14. *Es sei $u \in C^2(\mathbb{R}^2)$ superharmonisch und nach unten beschränkt. Dann ist u konstant.*

Beweis. Wir folgen einem Argument von E. HEINZ in [105]. Nach Aufgabe 3.8 ist $\Delta u \leq 0$, so daß die Funktion $v := e^{-u}$ die Eigenschaft

$$\Delta v = e^{-u}\left(|\nabla u|^2 - \Delta u\right) \geq e^{-u}|\nabla u|^2$$

hat. Da nach Aufgabe 2.6 für alle $R > 0$ die Identität

$$0 \leq \omega_2 v(0) = \frac{1}{R} \int_{|y|=R} v(y)\, dS(y) - \int_{|y|<R} \left(\ln \frac{R}{|y|}\right) \Delta v(y)\, dy$$

besteht, haben wir für $0 < r < R < \infty$ die Ungleichungen

$$\left(\ln \frac{R}{r}\right) \int_{|y|<r} e^{-u(y)}|\nabla u(y)|^2\, dy \leq \int_{|y|<r} \left(\ln \frac{R}{|y|}\right) e^{-u(y)}|\nabla u(y)|^2\, dy$$

$$\leq \int_{|y|<r} \left(\ln \frac{R}{|y|}\right) \Delta v(y)\, dy \leq \int_{|y|<R} \left(\ln \frac{R}{|y|}\right) \Delta v(y)\, dy \leq \frac{1}{R} \int_{|y|=R} e^{-u(y)}\, dS(y).$$

Mit geeignetem $C \in \mathbb{R}$ ist daher

$$\int_{|y|<r} e^{-u(y)}|\nabla u(y)|^2\, dy \leq \frac{2\pi e^{-C}}{\ln \frac{R}{r}}.$$

Bilden wir bei festem $r > 0$ den Limes $R \to \infty$, so folgt die Behauptung. □

3.4 Über den lokalen Charakter der Barrierenforderung. Kriterien.

Es sei $\Omega \subset\subset \mathbb{R}^N$ und $x_0 \in \partial\Omega$. Wir zeigen jetzt, daß die Existenz einer Barriere für Ω im Punkt x_0 nicht von der globalen Struktur von Ω abhängt. Dies und die folgenden hinreichenden Kriterien, Satz 3.4.2 und 3.4.3, zur Existenz von Barrieren gehen auf POINCARÉ zurück [260, pp. 224, 228ff.]. Dennoch wird das Kriterium in Satz 3.4.3 meist nach ZAREMBA [353, p. 238] benannt, gelegentlich auch als Kriterium von Poincaré-Zaremba bezeichnet.

Satz 3.4.1. *Es seien $\Omega \subset\subset \mathbb{R}^N$, $x_0 \in \partial\Omega$, $r > 0$. Es existiert genau dann eine Barriere zu Ω in x_0, wenn eine Barriere zu $\Omega \cap B_r(x_0)$ in x_0 existiert.*

Beweis. Daß jede Barriere zu Ω in x_0 Barriere zu $\Omega \cap B_r(x_0)$ in x_0 ist, ist selbstverständlich. Sei jetzt c Barriere zu $\Omega \cap B_r(x_0)$ in x_0 und

$$\nu := \inf\left\{c(x)\colon x \in \overline{\Omega} \cap B_r(x_0),\ |x - x_0| \geq \frac{r}{2}\right\}.$$

76   3 Das Dirichletproblem für harmonische Funktionen

Wegen $\overline{\Omega} \cap B_r(x_0) \subsetneq \overline{\Omega \cap B_r(x_0)}$ ist $\nu > 0$, und man definiert $b: \overline{\Omega} \to \mathbb{R}$ durch

$$b(x) := \begin{cases} \min\{c(x), \nu\} & \text{für } x \in \overline{\Omega} \cap B_r(x_0) \\ \nu & \text{sonst in } \overline{\Omega} \end{cases}.$$

Solches b hat trivialerweise die Eigenschaften

$$b(x) > 0 \quad \text{für } x \in \overline{\Omega} \setminus \{x_0\}, \quad b(x_0) = 0.$$

Da Stetigkeit in $\overline{\Omega}$ und Superharmonizität in Ω beides lokale Eigenschaften sind (letzteres nach Satz 3.3.13, Nr.4), genügt es zu zeigen, daß zu jedem $a \in \overline{\Omega}$ bzw. $a \in \Omega$ eine Kugel $B_\varrho(a)$ existiert, so daß b in $\overline{\Omega} \cap B_\varrho(a)$ stetig bzw. in $\Omega \cap B_\varrho(a)$ superharmonisch ist. Man kann $\varrho > 0$ so klein wählen, daß nur folgende zwei Fälle zu betrachten sind.

  1. Fall: $B_\varrho(a) \subseteq B_r(x_0)$. Dann ist b in $\overline{\Omega} \cap B_\varrho(a)$ stetig und in $\Omega \cap B_\varrho(a)$ superharmonisch als Minimum von zwei in $\overline{\Omega} \cap B_r(x_0)$ stetigen bzw. in $\Omega \cap B_r(x_0)$ superharmonischen Funktionen.

  2. Fall: $B_\varrho(a) \cap B_{\frac{r}{2}}(x_0)$ ist leer. Es sei $x \in \overline{\Omega} \cap B_\varrho(a)$. Dann ist $b(x) = \nu$ oder $x \in \overline{\Omega} \cap B_r(x_0)$. Auch im letzteren Fall gilt wieder $b(x) = \nu$, denn es ist ja $|x - x_0| \geq \frac{r}{2}$, also $\nu \leq c(x)$. Mithin ist b in $\overline{\Omega} \cap B_\varrho(a)$ konstant, also trivialerweise stetig und in $\Omega \cap B_\varrho(a)$ superharmonisch. □

Satz 3.4.2. *Es habe $\Omega \subset\subset \mathbb{R}^N$ in $x_0 \in \partial \Omega$ die äußere Kugeleigenschaft, d.h. es gebe eine Kugel $B_r(a)$, so daß $\overline{\Omega} \cap \overline{B_r(a)} = \{x_0\}$ ist. Dann gibt es eine Barriere zu Ω in x_0.*

Beweis. Es ist $r = |x_0 - a|$. Für $x \in \mathbb{R}^N \setminus \{a\}$ definieren wir

$$b(x) := \begin{cases} r^{2-N} - |x-a|^{2-N} & \text{, falls } N \geq 3 \\ \ln|x-a| - \ln r & \text{, falls } N = 2 \end{cases}.$$

Nach Aufgabe 2.4 ist b harmonisch auf $\mathbb{R}^N \setminus \{a\}$, insbesondere also stetig auf $\overline{\Omega}$ und superharmonisch auf Ω. Nach Wahl von r ist $b(x_0) = 0$. Nach Voraussetzung hat jedes $x \in \overline{\Omega} \setminus \{x_0\}$ die Eigenschaft $|x - a| > r$. Also ist für diese x die geforderte Ungleichung $b(x) > 0$ erfüllt. □

Der Beweis des nachfolgenden Satzes wurde E. Wienholtz etwa um 1980 von H. STEINLEIN und J. VOIGT mitgeteilt.

Satz 3.4.3. *Es habe $\Omega \subset\subset \mathbb{R}^N$, $N \geq 3$, in $x_0 \in \partial\Omega$ die äußere Kegeleigenschaft, d.h. es gebe einen geraden Kreiskegel $C(x_0, s, \xi, h) \subset\subset \mathbb{R}^N$ mit Spitze in x_0, Öffnung s, Achsenrichtung ξ und Höhe h, so daß $\overline{\Omega} \cap \overline{C}(x_0, s, \xi, h) = \{x_0\}$ ist. Dann hat Ω in x_0 eine Barriere.*

Beweis. Wenn es einen solchen (kleinen) Kegel $C(x_0, s, \xi, h)$ gibt, dann liegt der unendliche Kegel $C(x_0, s, \xi, \infty)$ außerhalb von $\Omega \cap B_R(x_0)$, wenn nur $R > 0$

3.4 Über den lokalen Charakter der Barrierenforderung. Kriterien.

hinreichend klein ist. Nach Satz 3.4.1 genügt es aber, eine Barriere in x_0 zu $\Omega \cap B_R(x_0)$ zu finden.

Daher dürfen wir annehmen, daß $\overline{\Omega} \cap \overline{C}(x_0, s, \xi, \infty) = \{x_0\}$ ist. Die Differentialgleichung $\Delta u = 0$ ist gegenüber Translationen und orthogonalen Transformationen der unabhängigen Veränderlichen invariant (s. Aufgabe 2.2); wir dürfen daher annehmen, daß $x_0 = 0$ und $\xi = (1, 0, \ldots, 0)$ ist. Wir beschreiben den unendlichen Kegel mit der Öffnung s, $0 < s < 1$, durch

$$C := \bigcup_{t>0} B_{st}(t\xi) = \bigcup_{t>0} \{x \in \mathbb{R}^N : |x - t\xi| < st\}.$$

Sodann definieren wir

$$b(x) := \int_0^1 t^r \left(t^{2-N} - |x - t\xi|^{2-N}\right) dt$$

mit einer Zahl r aus dem Intervall $N - 3 < r < N - 2$. Offensichtlich wird b als Überlagerung solcher Barrieren definiert, die bei dem Poincaré-Kriterium auftraten.

Da $\overline{\Omega \cap B_R(0)} \subseteq \mathbb{R}^N \setminus C$, $\Omega \cap B_R(0) \subseteq \mathbb{R}^N \setminus \overline{C}$ und weil ohne Beschränkung der Allgemeinheit $0 < R < 1$ gewählt werden kann, genügt es zu zeigen, daß durch b eine in $\mathbb{R}^N \setminus C$ stetige und in $\mathbb{R}^N \setminus \overline{C}$ harmonische Funktion definiert wird, die auf $B_1(0) \setminus (C \cup \{0\})$ bei geeigneter Wahl von r nur positive Werte annimmt. Dazu dienen drei Abschätzungen, die für $0 < t < \infty$ und $x \in \mathbb{R}^N \setminus C$ gelten:

$$|x - t\xi| \geq st, \tag{3.16}$$

$$t^r \left(t^{2-N} - |x - t\xi|^{2-N}\right) \geq -|x|(N-2)s^{2-N}t^{r-N+1}, \tag{3.17}$$

$$|x - t\xi| \geq \frac{s}{2}|x|. \tag{3.18}$$

Während (3.16) selbstverständlich ist, ergibt sich (3.17) so: Es ist

$$t^r \left(t^{2-N} - |x - t\xi|^{2-N}\right) = t^r \frac{|x - t\xi|^{N-2} - t^{N-2}}{t^{N-2}|x - t\xi|^{N-2}}$$

$$= t^r \frac{|x - t\xi| - t}{t^{N-2}|x - t\xi|^{N-2}} \sum_{i=0}^{N-3} |x - t\xi|^{N-3-i} t^i$$

$$\geq t^r (t - |x| - t) t^{2-N} \sum_{i=0}^{N-3} \frac{t^i}{|x - t\xi|^{i+1}},$$

und daraus folgt (3.17); denn nach (3.16) ist $|x - t\xi|^{-j} \leq (st)^{-j} \leq s^{2-N} t^{-j}$ für $1 \leq j \leq N - 2$. Die Ungleichung (3.18) folgt sofort aus (3.16), wenn $t \geq \frac{1}{2}|x|$ ist. Für $0 < t < \frac{1}{2}|x|$ ist aber

$$|x - t\xi| \geq |x| - t \geq \frac{1}{2}|x| \geq \frac{s}{2}|x|.$$

Aus (3.16) folgt nicht nur die Existenz von $b(x)$ für $x \in \mathbb{R}^N \setminus C$, sondern auch, daß der Integrand für diese x eine von x unabhängige und über $0 < t < 1$ integrable Majorante hat, wenn $r > N - 3$ ist:

$$\left| t^r \left(t^{2-N} - |x - t\xi|^{2-N} \right) \right| \leq t^{r+2-N} \left(1 + s^{2-N} \right).$$

Da der Integrand überdies bei festem $t \in (0,1)$ stetig in $x \in \mathbb{R}^N \setminus C$ ist, folgt $b \in C^0(\mathbb{R}^N \setminus C)$ (siehe Satz A.5). Des weiteren ist der Integrand bei festem $t \in (0,1)$ harmonisch. Da für $x \in U \subset\subset \mathbb{R}^N \setminus \overline{C}$ die Ungleichung $|x - t\xi| \geq \text{dist}(U, \overline{C}) > 0$ erfüllt ist, kann b unter dem Integralzeichen beliebig oft differenziert werden, so daß b auf $\mathbb{R}^N \setminus \overline{C}$ harmonisch ist. Es ist also b auf $\overline{\Omega}$ stetig und auf Ω harmonisch, insbesondere also superharmonisch, ferner $b(0) = 0$. Für $x \in B_1(0) \setminus (C \cup \{0\})$ liefern die Ungleichungen (3.17) und (3.18)

$$b(x) \geq \int_0^{|x|} t^{r-N+2}\,dt - \int_0^{|x|} t^r |x - t\xi|^{2-N}\,dt - |x|(N-2)s^{2-N} \int_{|x|}^1 t^{r-N+1}\,dt$$

$$\geq |x|^{r-(N-3)} \left[\frac{1}{r - (N-3)} - \frac{1}{r+1} \left(\frac{s}{2}\right)^{2-N} - \frac{N-2}{N-2-r} s^{2-N} \right],$$

und die eckige Klammer wird positiv, wenn $r \in (N-3, N-2)$ hinreichend nahe bei $N - 3$ gewählt wird. □

Bemerkung 3.4.4. Für $N = 2$ hat man schon dann eine Barriere zu Ω in $x_0 \in \partial\Omega$, wenn x_0 Endpunkt einer gleichmäßig stetigen Kurve $\phi\colon (0,1) \to \mathbb{R}^2$ ist, die außerhalb $\overline{\Omega}$ verläuft und die eine kleine punktierte Kreisscheibe $\dot{B}_\varrho(x_0) := B_\varrho(x_0) \setminus \{x_0\}$ zu einer einfach zusammenhängenden Menge aufschneidet: Ohne Einschränkung dürfen wir $x_0 = 0$, $0 < \varrho < 1$ annehmen, und wir fassen $\dot{B}_\varrho(0) \setminus \phi((0,1))$ als einfach zusammenhängende Teilmenge der komplexen Ebene $\mathbb{C}$ auf. Darin ist $z \mapsto (\ln z)^{-1}$ holomorph, also mit harmonischem Realteil. Dann definiert $b(x, y) := -\text{Re}[(\ln z)^{-1}]$ mit $z = x + iy$ eine Barriere zu $\Omega \cap B_\varrho(0)$ in 0; nach Satz 3.4.1 gibt es eine Barriere zu Ω in 0.

3.5 Behebbare Singularitäten. Dirichletprobleme ohne Lösung.

Klassisch ist der Riemannsche Hebbarkeitssatz [280, §12]: Jede auf der punktierten Kreisscheibe holomorphe und beschränkte Funktion besitzt eine eindeutig bestimmte holomorphe Fortsetzung auf die ganze Kreisscheibe. Analoge Aussagen wurden erstmals von CHRISTOFFEL [39] für harmonische Funktionen im $\mathbb{R}^3$ erhalten, wenn die Ausnahmemengen Punkte oder geeignete Kurven sind. (Für eine Analyse dieser Arbeit siehe [27].) H.A. SCHWARZ [302, §8, 12] studierte das Problem bei seinem Beweis der Poissonschen Integralformel in der Ebene, und in der Tat benötigt man solche Aussagen für sein

3.5 Behebbare Singularitäten. Dirichletprobleme ohne Lösung.

im Abschnitt 1.4 erwähntes alternierendes Verfahren zur Lösung des Dirichletproblems. Der nachfolgende Satz 3.5.1 ist durch eine Bemerkung von LEBESGUE [175] inspiriert; sein Korollar 3.5.2 stammt im Falle $\xi \in \partial\Omega$ von ZAREMBA [352].

Satz 3.5.1. *Es sei* $\Omega \subset\subset \mathbb{R}^N$ *nicht leer, es sei* $T \subseteq \overline{\Omega}$, *und* $\Omega\backslash T$ *sei offen. Es sei* $u\colon \Omega\backslash T \to \mathbb{R}$ *eine Funktion mit folgenden Eigenschaften:*
(i)   u ist harmonisch in $\Omega\backslash T$;
(ii) für alle $x_0 \in \partial\Omega\backslash T$ *gilt* $u(x) \to 0$, *wenn* x *in* $\Omega\backslash T$ *gegen* x_0 *strebt;*
(iii) es gibt eine harmonische Funktion $w_T\colon \Omega\backslash T \to (0,\infty)$ *so, daß für alle* $\xi \in T$ *gilt* $\frac{|u(x)|}{w_T(x)} \to 0$, *wenn* x *in* $\Omega\backslash T$ *gegen* ξ *strebt.*

Dann ist $u = 0$.

Beweis. Angenommen, es existiere ein $a \in \Omega\backslash T$ mit $u(a) \neq 0$, also ohne Einschränkung $u(a) > 0$. Man wähle $\mu > 0$ so klein, daß $\mu\left[1 + w_T(a)\right] < u(a)$ ist. Wir definieren auf $\Omega \setminus T$ die Hilfsfunktionen $g := \mu(1 + w_T) - u$ und $h := u/(1 + w_T)$ sowie die Menge

$$Z := \{x \in \Omega\backslash T\colon g(x) < 0\} = \{x \in \Omega\backslash T\colon h(x) > \mu\},$$

die offen und wegen $a \in Z$ nicht leer ist. Aus $\partial(\Omega\backslash T) \subseteq \partial\Omega \cup T = (\partial\Omega\backslash T) \cup T$ folgt mit (ii) und (iii), daß für jede Folge (x_j) in $\Omega \setminus T$, die gegen ein $y_0 \in \partial(\Omega \setminus T)$ strebt, schon gilt $\lim_{j\to\infty} h(x_j) = 0$. Wegen $h|_{\partial Z} \geq \mu > 0$ sind somit ∂Z und $\partial(\Omega \setminus T)$ disjunkt, und es folgt $\overline{Z} \subseteq \Omega \setminus T$. Da g harmonisch ist, können wir nun das schwache Minimumprinzip auf $g|_Z$ anwenden und erhalten wegen $g|_{\partial Z} = 0$, daß $g(z) \geq 0$ für alle $z \in Z$. Dies steht im Widerspruch zur Definition von g. □

Korollar 3.5.2. *Es sei* $\Omega \subset\subset \mathbb{R}^N$ *und* $\xi \in \overline{\Omega}$. *Ist dann* $u \in C^0(\overline{\Omega}\backslash\{\xi\})$ *eine auf* $\Omega\backslash\{\xi\}$ *beschränkte harmonische Funktion mit der Eigenschaft* $u|_{\partial\Omega\backslash\{\xi\}} = 0$, *so ist* $u = 0$.

Beweis. In Satz 3.5.1 wähle man $T = \{\xi\}$ und

$$w_T(x) = \begin{cases} |x - \xi|^{2-N} & \text{für } N \geq 3 \\ -\ln \frac{|x-\xi|}{\operatorname{diam} \Omega} & \text{für } N = 2 \end{cases}.$$

□

Korollar 3.5.3 (Hebbarkeitssatz). *Es sei* $\Omega \subset\subset \mathbb{R}^N$ *und* $\xi \in \Omega$. *Wenn* $u\colon \Omega \setminus \{\xi\} \to \mathbb{R}$ *harmonisch und beschränkt ist, dann stimmt* u *in* $\Omega \setminus \{\xi\}$ *mit einer in* Ω *harmonischen Funktion überein.*

Beweis. Es gibt eine Kugel $B_\varrho(\xi) \subset\subset \Omega$. Weil man nur zeigen muß, daß sich u in ξ so ergänzen läßt, daß überall lokal die Laplacegleichung besteht, genügt es, zu zeigen, daß u in $B_\varrho(\xi) \setminus \{\xi\}$ mit einer in $B_\varrho(\xi)$ harmonischen Funktion übereinstimmt.

Es sei $v \in C^0(\overline{B_\varrho(\xi)})$ die, etwa durch das Poissonintegral vermittelte, in $B_\varrho(\xi)$ harmonische Funktion, die auf $\partial B_\varrho(\xi)$ mit u übereinstimmt. Nach Korollar 3.5.2 ist daher $u - v = 0$ auf $\overline{B_\varrho(\xi)} \setminus \{\xi\}$. □

Im Abschnitt 5.2 werden wir eine genaue Beschreibung des Verhaltens insbesondere positiver harmonischer Funktionen in der Nähe einer isolierten Singularität geben. Eine weitere unmittelbare Folge aus Satz 3.5.1 ist

Korollar 3.5.4. *Es sei $\Omega \subset\subset \mathbb{R}^N$ nicht leer, und $g: \partial\Omega \to \mathbb{R}$ sei beschränkt. Es sei T die Menge der Punkte aus $\partial\Omega$, in denen g unstetig ist oder in denen keine Barriere zu Ω existiert. Wenn es dann eine harmonische Funktion $w_T: \Omega \to (0, \infty)$ mit*

$$\lim_{\substack{x \to \xi \\ x \in \Omega}} w_T(x) = \infty$$

für alle $\xi \in T$ gibt, so ist die Perronsche Funktion $u: \Omega \to \mathbb{R}$ aus Satz 3.3.6 die einzige beschränkte harmonische Funktion mit

$$\lim_{\substack{x \to x_0 \\ x \in \Omega}} u(x) = g(x_0) \quad \text{für alle } x_0 \in \partial\Omega \setminus T \,. \tag{3.19}$$

Bemerkung 3.5.5. Man kann auf die Forderung der Beschränktheit in Korollar 3.5.2 nicht ersatzlos verzichten, wie das folgende von H.A. SCHWARZ stammende Beispiel zeigt [302, p. 236]. Auf der offenen Einheitskreisscheibe E definiert

$$u(x, y) := \frac{1 - (x^2 + y^2)}{(1 + x)^2 + y^2}$$

eine harmonische Funktion, denn mit $z = x + iy$ gilt $u(x, y) = \operatorname{Re} \frac{1-z}{1+z}$. Setzt man $T := \{(-1, 0)\}$, so ist $u \in C^0(\overline{E} \setminus T)$ und $u|_{\partial E \setminus T} = 0$.

Bemerkung 3.5.6. Korollar 3.5.4 gestattet es, a priori von der Beschränktheit eines harmonischen $u: \Omega \to \mathbb{R}$ mit der Eigenschaft (3.19) auf $\inf g \leq u \leq \sup g$ zu schließen, was für die SCHWARZsche Methode des alternierenden Verfahrens von Bedeutung ist. Hier treten als T im Falle $N = 2$ isolierte Punkte auf, im Falle $N = 3$ Kurven auf der 2-dimensionalen Randmannigfaltigkeit von Ω. Für $N = 2$ läßt sich dann $w_T(x) = \operatorname{const} - \sum_{i=1}^{P} \ln |x - \xi_i|$ angeben, im Falle $N = 3$ wähle man für $w_T(x)$ das über T erstreckte Kurvenintegral $w_T(x) = \int_T \frac{1}{|x-\xi|} dT_\xi$. Entsprechendes gilt für $N > 3$, wenn T eine $(N-2)$-dimensionale Mannigfaltigkeit auf $\partial\Omega$ ist, über die sich $\xi \mapsto |x-\xi|^{2-N}$ integrieren läßt.

3.5 Behebbare Singularitäten. Dirichletprobleme ohne Lösung.   81

Bemerkung 3.5.7. Ein leichtes, wenn auch etwas künstliches Beispiel für ein Dirichletproblem ohne Lösung läßt sich mit

$$\Omega := B_1(0)\backslash\{0\}, \quad g(x) := \begin{cases} 1, \text{ falls } x = 0 \\ 0, \text{ falls } |x| = 1 \end{cases}$$

bilden. Es stammt von ZAREMBA [353, p. 199f.]. Hätte es eine Lösung $u \in C^2(\Omega) \cap C^0(\overline{\Omega})$, so wäre nach Korollar 3.5.2 $u = 0$ auf $\overline{\Omega}\backslash\{0\}$, aufgrund der Stetigkeit von u also auch $u(0) = 0$ im Widerspruch zu $u(0) = g(0) = 1$. Für $N = 2$ könnte man auch mit dem eingangs genannten Riemannschen Hebbarkeitssatz argumentieren. Erwähnt sei noch, daß Methoden der komplexen Funktionentheorie es gestatten, das Dirichletproblem für jedes beschränkte einfach zusammenhängende Gebiet in der Ebene zu lösen [278, Kap. 8, speziell p. 160].

Das nachfolgende Beispiel eines (einfach zusammenhängenden) Gebietes im $\mathbb{R}^3$, für das das Dirichletproblem keine Lösung besitzt, stammt von LEBESGUE [173]. Es zeigt überdies, daß man nicht mehr weit über die äußere Kegeleigenschaft in Satz 3.4.3 hinausgehen kann, um noch die Existenz von Barrieren zu sichern.

Satz 3.5.8. *Es sei*

$$D := \left\{ (x, y, z) \in \mathbb{R}^3 : 0 < x < \infty,\ y^2 + z^2 < e^{-\frac{1}{x}} \right\}$$

der Lebesguesche Dorn mit Spitze in $0 := (0,0,0)$ und $\Omega := B_1(0)\backslash\overline{D}$. Die Funktion

$$v(x,y,z) := \int_0^1 \frac{t}{\sqrt{(t-x)^2 + y^2 + z^2}}\, dt, \quad (x,y,z) \in \mathbb{R}^3\backslash([0,1] \times \{0\} \times \{0\}),$$

hat die folgenden Eigenschaften:

1) *v ist in Ω harmonisch und in $\overline{\Omega}\backslash\{0\}$ stetig;*
2) *$v|_\Omega$ läßt sich nicht stetig auf $\overline{\Omega}$ fortsetzen;*
3) *$v|_{\partial\Omega\backslash\{0\}}$ läßt sich zu einer auf $\partial\Omega$ stetigen Funktion fortsetzen;*
4) *v ist in Ω beschränkt.*

Aus diesen vier Eigenschaften folgt in Kombination mit Korollar 3.5.2 sofort, daß es keine in Ω harmonische Funktion $u \in C^2(\Omega) \cap C^0(\overline{\Omega})$ mit $u|_{\partial\Omega} = v|_{\partial\Omega}$ gibt. Andernfalls wäre aufgrund dieses Korollars ja $u - v = 0$ auf $\overline{\Omega}\backslash\{0\}$, wegen der Stetigkeit von u auf $\overline{\Omega}$ also v doch auf $\overline{\Omega}$ stetig fortsetzbar.

Beweis. 1) Auf $\mathbb{R}^3\backslash([0,1] \times \{0\} \times \{0\})$ kann v gemäß Satz A.5 unter dem Integralzeichen beliebig oft differenziert werden. Auf dieser $\overline{\Omega}\backslash\{0\}$ umfassenden Menge ist v harmonisch.

2) Das v definierende Integral läßt sich sofort berechnen und man erhält

$$v(x,y,z) = A(x,y,z) - x\ln\left(\sqrt{x^2 + y^2 + z^2} - x\right)$$

mit

$$A(x,y,z) := \sqrt{(1-x)^2 + y^2 + z^2} - \sqrt{x^2 + y^2 + z^2}$$
$$+ x \ln\left(1 - x + \sqrt{(1-x)^2 + y^2 + z^2}\right).$$

A ist eine auf $\overline{\Omega}$ stetige Funktion. Es sei $0 < c < 1$. Für kleine $x > 0$ liegt $\left(x, 0, e^{-\frac{c}{2x}}\right)$ in Ω und strebt für $x \to 0$ gegen den Ursprung. Aus $A(0,0,0) = 1$ und

$$-x\ln(\sqrt{x^2+y^2+z^2} - x) = -x\ln(y^2+z^2) + x\ln(\sqrt{x^2+y^2+z^2} + x)$$

für $y^2 + z^2 > 0$ folgt dann

$$\lim_{x \to 0+} v\left(x, 0, e^{-\frac{c}{2x}}\right) = 1 + c.$$

Somit kann $v|_\Omega$ nicht stetig auf $\Omega \cup \{0\} \subseteq \overline{\Omega}$ fortgesetzt werden.

3) Liegt (x,y,z) auf dem Rand des Dorns mit $x > 0$, so gilt $y^2 + z^2 = \varrho^2(x) := e^{-\frac{1}{x}}$, und somit ist

$$v(x,y,z) = A(x,y,z) + 1 + x\ln\left(\sqrt{x^2 + e^{-1/x}} + x\right).$$

Folglich wird $v|_{\partial\Omega\setminus\{0\}}$ zu einer auf $\partial\Omega$ stetigen Funktion, wenn man ihr im Ursprung den Wert 2 gibt.

4) Sei $(x,y,z) \in \Omega$. Im Falle $x \leq 0$ ist

$$|v(x,y,z)| \leq \int_0^1 \frac{t\,dt}{\sqrt{t^2}} = 1.$$

Für $x > 0$ gilt

$$|v(x,y,z)| \leq \int_0^1 \frac{t\,dt}{\sqrt{(t-x)^2 + \varrho^2(x)}} = v(x, 0, \varrho(x)).$$

Wie in 3) sieht man, daß die rechte Seite zu einer auf $[0,1]$ stetigen Funktion fortgesetzt werden kann. □

3.6 Unbeschränkte Gebiete

In diesem Abschnitt beschäftigen wir uns mit dem Dirichletschen Randwertproblem für unbeschränkte offene Teilmengen Ω des $\mathbb{R}^N$, d.h. wir suchen für gegebenes stetiges $g\colon \partial\Omega \to \mathbb{R}$ eine Funktion u mit

$$u \in C^2(\Omega) \cap C^0(\overline{\Omega}); \quad \Delta u = 0 \text{ in } \Omega; \quad u|_{\partial\Omega} = g. \tag{3.20}$$

Der Fall $\Omega = \mathbb{R}^N$, der keinerlei Randbedingung enthält, zeigt uns, daß die Lösungen von (3.20) nicht eindeutig bestimmt sein müssen, da ja zum Beispiel jede lineare Funktion harmonisch ist. Stellt man jedoch zusätzlich eine Randbedingung bei ∞ der Form

$$\lim_{|x|\to\infty} u(x) = \gamma, \quad \gamma \in \mathbb{R}, \tag{3.21}$$

so folgt aus Korollar 2.2.2, daß u konstant den Wert γ annimmt und insbesondere eindeutig bestimmt ist. Der Fall $\Omega = \mathbb{R}^N$ ist damit abgehandelt und wir betrachten ihn nicht weiter. Wir werden in Satz 3.6.1 mit Hilfe des Randminimumprinzips, Satz 2.3.8, für beliebige offene und unbeschränkte Ω nachweisen können, daß es höchstens eine Funktion u geben kann, die zugleich (3.20) und (3.21) erfüllt. Weiter werden wir dort sehen, daß im Falle $N = 2$ für echte Teilmengen Ω des $\mathbb{R}^2$ Eindeutigkeit schon gilt, falls (3.21) durch die Bedingung

$$u \text{ beschränkt} \tag{3.22}$$

ersetzt wird. Das Beispiel

$$u(x) = |x|^{2-N} - 1 \quad \text{für } |x| \geq 1 \tag{3.23}$$

zeigt für $N \geq 3$ und $\Omega = \mathbb{R}^N \setminus \overline{B_1(0)}$, daß man bei Abschwächung von (3.21) auf (3.22) nur in der Ebene ($N = 2$) Eindeutigkeit erwarten kann. Die Sonderrolle der Raumdimension $N = 2$ hat etwas damit zu tun, daß die zu (3.23) analoge, nichttriviale harmonische Funktion für $N = 2$ durch $u(x) = \ln|x|$ gegeben wird, welche unbeschränkt ist.

Für die Untersuchung der Frage nach der Existenz von Lösungen des Dirichletproblems betrachten wir ausschließlich den Fall beschränkter Randdaten g. Mit Satz 3.6.3 übertragen wir die in Abschnitt 3.3 beschriebene Perronsche Methode auf unbeschränkte Ω. Die Formulierung dieses Satzes ist sehr allgemein und gilt für beliebige offene $\Omega \subseteq \mathbb{R}^N$. Insbesondere sind auch die Sätze 3.3.6 und 3.3.9 für beschränkte Ω darin als Spezialfall enthalten. Im Anschluß an den Beweis von Satz 3.6.3 sind wir in der Lage, Sätze für unbeschränkte Ω zu formulieren, die dem Satz 3.3.10 entsprechen. Wir unterscheiden hierbei die Fälle, ob Ω ein Außenraum ist, oder nicht. Als *Außenraum* bezeichnet man das Komplement einer kompakten, nichtleeren Teilmenge des $\mathbb{R}^N$.

Ein wichtiges Verfahren zum Studium harmonischer Funktionen in unbeschränkten Gebieten besteht in der Anwendung der Kelvintransformation, bei der der Definitionsbereich einer Funktion an einer Kugeloberfläche gespiegelt wird. Auf diese Weise kann der Fall unbeschränkter Ω auf den Fall beschränkter Ω zurückgeführt werden, falls das Komplement $\mathbb{R}^N \setminus \Omega$ eine Kugel von positivem Radius enthält, d.h. falls $\overline{\Omega} \neq \mathbb{R}^N$. Wir werden erst beim Studium der Greenschen Funktion für das Äußere der Kugel im Kapitel 5 von dieser Transformation Gebrauch machen; eingeführt wird sie aber bereits am Ende des gegenwärtigen Abschnitts 3.6.

Satz 3.6.1. *Es sei $\Omega \subseteq \mathbb{R}^N$ offen und unbeschränkt mit $\mathbb{R}^N \setminus \Omega$ nicht leer. Ferner sei $g: \partial\Omega \to \mathbb{R}$ stetig. Dann gibt es im Falle $N = 2$ höchstens eine beschränkte Funktion $u \in C^2(\Omega) \cap C^0(\overline{\Omega})$ mit*

84   3 Das Dirichletproblem für harmonische Funktionen

$$\Delta u = 0 \text{ in } \Omega, \quad u|_{\partial\Omega} = g. \tag{3.24}$$

Ist $N \geq 3$ und $\gamma \in \mathbb{R}$, so gibt es höchstens eine derartige Funktion mit $\lim_{|x|\to\infty} u(x) = \gamma$.

Beweis. Es seien u_1, u_2 zwei beschränkte Lösungen von (3.24). Dann ist $u := u_1 - u_2$ eine beschränkte harmonische Funktion mit $u|_{\partial\Omega} = 0$. Wir müssen zeigen, daß $u(x) = 0$ für alle $x \in \Omega$.

Im Falle $N \geq 3$ gilt zudem $u(x) \to 0$ für $|x| \to \infty$, und die Aussage folgt unmittelbar aus der Anwendung des Randminimumprinzips (Satz 2.3.8) auf u und $-u$ mit $c = 0$.

Für $N = 2$ werden wir zeigen, daß die Annahme $u(x_0) \neq 0$ für ein $x_0 \in \Omega$ auf einen Widerspruch führt. Das nun folgende Argument läßt sich auf die Funktionen u und $-u$ gleichermaßen anwenden, und es genügt deshalb, $u(x_0) > 0$ anzunehmen. Es bezeichne $\delta := \frac{1}{2} u(x_0) > 0$ und $M := \sup\{u(x): x \in \Omega\} < \infty$. Wegen $\Omega \neq \mathbb{R}^2$ ist $\partial\Omega \neq \emptyset$. Sei $z_0 \in \partial\Omega$ beliebig. Es gilt $u(z_0) = 0$ und es existiert ein $r > 0$ mit $|u(x)| \leq \delta$ für alle $x \in \overline{\Omega}$ mit $|x - z_0| \leq r$, da u auf $\overline{\Omega}$ stetig ist. Weiter wählen wir $\epsilon > 0$ mit $\epsilon \ln(|x_0 - z_0|/r) < \delta$, und dann $R > r$ mit $\epsilon \ln(R/r) > M$ und $G := \Omega \cap \{x \in \mathbb{R}^2 : r < |x - z_0| < R\}$. Man beachte, daß $|x_0 - z_0| > r$ (da $u(x_0) = 2\delta > \delta$) und $|x_0 - z_0| < R$ (da $M \geq 2\delta$) und somit $x_0 \in G$. Die Menge G ist folglich offen, nichtleer und beschränkt. Die Funktion

$$v: \overline{G} \to \mathbb{R}, \quad v(x) = u(x) - \epsilon \ln \frac{|x - z_0|}{r}$$

ist stetig und auf G harmonisch und genügt gemäß Korollar 2.3.5 dem schwachen Maximumprinzip. Der gewünschte Widerspruch ergibt sich nun aus

$$v(x_0) = u(x_0) - \epsilon \ln \frac{|x_0 - z_0|}{r} > 2\delta - \delta = \delta$$

und aus $v|_{\partial G} \leq \delta$. Letztere Eigenschaft sieht man durch Zerlegung des Randes $\partial G = R_1 \cup R_2 \cup R_3$ mit

$$R_1 \subseteq \partial B_r(z_0), \quad R_2 \subseteq \partial B_R(z_0), \quad R_3 \subseteq \partial\Omega \cap \{x \in \mathbb{R}^2 : r < |x - z_0| < R\}.$$

Es ist nämlich $v = u \leq \delta$ auf R_1 (nach Wahl von r), $v \leq 0$ auf R_2 (nach Wahl von R) und $v \leq u = 0$ auf R_3.   □

Bemerkung 3.6.2. a) Wie in der Einleitung zu diesem Abschnitt erläutert, gilt wegen Korollar 2.2.2 obiger Satz 3.6.1 im Falle $N \geq 3$ auch für $\Omega = \mathbb{R}^N$. Für $\Omega = \mathbb{R}^2$ ist die Beschränktheit einer harmonischen Funktion u nicht ausreichend, um die Eindeutigkeit zu erhalten; Korollar 2.2.2 erlaubt nur auf die Konstanz von u zu schließen.

b) Der Beweis von Satz 3.6.1 verwendet im Falle $N = 2$ das schwache Maximumprinzip und für $N \geq 3$ das Randminimumprinzip, welches auf dem starken Maximumprinzip beruht. Auch für den Beweis dieses Falles genügt es, das schwache Maximumprinzip heranzuziehen (siehe Aufgabe 3.11).

Zum Nachweis der Existenz einer Lösung verwenden wir wieder die Perronsche Methode und Barrieren. Zur Vereinfachung der Notation bedienen wir uns der Schreibweise

$$\limsup_{|x|\to\infty} f(x) := \lim_{r\to\infty} (\sup\{f(x)\colon x \in D \text{ und } r \leq |x|\})$$

für Funktionen $f\colon D \to \mathbb{R}$. Entsprechend wird $\liminf$ definiert.

Der nun folgende Satz formuliert die Ergebnisse der Perronschen Methode in einer relativ allgemeinen Form. Für eine Diskussion der hierin enthaltenen Fälle siehe auch Sätze 3.6.4 und 3.6.6. Insbesondere ist auch der in Abschnitt 3.3 behandelte Fall beschränkter Mengen Ω mit eingeschlossen. Für diesen Fall erinnern wir an die Konvention $\sup \phi = -\infty$ und $\inf \phi = +\infty$, woraus

$$\limsup_{|x|\to\infty} f(x) = -\infty, \quad \liminf_{|x|\to\infty} f(x) = +\infty.$$

folgt.

Satz 3.6.3. *Es seien $\Omega \subseteq \mathbb{R}^N$ offen, Ω und $\mathbb{R}^N \setminus \Omega$ nicht leer, $g\colon \partial\Omega \to \mathbb{R}$ beschränkt, $\gamma \in \mathbb{R}$, $m := \min\{\gamma, \inf g\}$, $M := \max\{\gamma, \sup g\}$,*

$$\mu_- := \min\{\gamma, \liminf_{|x|\to\infty} g(x)\}, \quad \mu_+ := \max\{\gamma, \limsup_{|x|\to\infty} g(x)\},$$

$c_2 := m$, $c_N := \mu_-$ für $N \geq 3$, und schließlich

$$P := P(g, \gamma) := \{v \in C^0(\overline{\Omega})\colon v \text{ ist auf } \Omega \text{ superharmonisch}, v \leq M,$$
$$v|_{\partial\Omega} \geq g, \liminf_{|x|\to\infty} v(x) \geq c_N\}.$$

Dann hat die durch

$$u(x) := \inf\{v(x)\colon v \in P\}, \quad x \in \Omega, \quad (3.25)$$

definierte Funktion $u\colon \Omega \to \mathbb{R}$ die folgenden Eigenschaften:

1) $m \leq u \leq M$;
2) *u ist in Ω harmonisch ;*
3) *für $N \geq 3$ ist $\limsup_{|x|\to\infty} u(x) \leq \mu_+$, $\liminf_{|x|\to\infty} u(x) \geq \mu_-$;*
4) $\lim\limits_{\substack{x \to x_0 \\ x \in \Omega}} u(x) = g(x_0)$ *in jedem regulären Randpunkt x_0, in dem g stetig ist.*

Beweis. Ist $\Omega \subset\subset \mathbb{R}^N$, so ist $\mu_- = \min\{\gamma, +\infty\} = \gamma$ und $\mu_+ = \max\{\gamma, -\infty\} = \gamma$, so daß 3) zu der wahren Aussage $-\infty \leq \gamma \leq +\infty$ wird. Für beschränkte Ω wird die Aussage von Satz 3.6.3 optimal, wenn $\inf g \leq \gamma \leq \sup g$ gewählt wird. Da die $\liminf$-Forderung in P gegenstandslos ist, reduzieren sich die Aussagen von Satz 3.6.3 in diesem Fall auf die von Satz 3.3.6 und Satz 3.3.9. Im weiteren sei nun Ω unbeschränkt. Man beachte

$$m \leq c_N \leq \mu_- \leq \mu_+ \leq M. \quad (3.26)$$

1) P ist nichtleer, denn die konstante Funktion M gehört zu P. Ist $v \in P$, so gilt

$$m \leq g \leq v|_{\partial\Omega} \quad \text{und} \quad m \leq \liminf_{|x|\to\infty} v(x) \leq \liminf_{n\to\infty} v(x_n)$$

für jede Folge (x_n) aus Ω mit $|x_n| \to \infty$, also $m \leq v$, da superharmonische Funktionen das starke Minimumprinzip (Satz 3.3.3) und somit das Randminimumprinzip (Satz 2.3.8) erfüllen. Also existiert u und genügt den Ungleichungen in 1).

2) Ist $B \subset\subset \Omega$ eine Kugel, so setzen wir für $v \in P$ wieder $v_B := Q_B v$. Für $x \in \overline{\Omega}\setminus B$ ist dann $v_B(x) = v(x)$. Dies gilt also insbesondere für $x \in \partial\Omega$ und für große $|x|$. Also ist $v_B \in P$. Wie beim Beweis von Satz 3.3.6 zeigt man nun die Stetigkeit und damit die Superharmonizität von u. Desgleichen bleibt der Beweis von $u \leq Q_B u$ ungeändert.

3) Es ist $\mu_- \leq \liminf_{|x|\to\infty} g(x)$, $\limsup_{|x|\to\infty} g(x) \leq \mu_+$. Zu jedem $\epsilon > 0$ gibt es daher ein $R > 0$, so daß

$$\mu_- - \epsilon \leq g(x) \leq \mu_+ + \epsilon \quad \text{für alle } x \in \partial\Omega \text{ mit } |x| \geq R. \tag{3.27}$$

Es sei nun $a \in \mathbb{R}^N \setminus \Omega$ und

$$v_+(y) = \min\left\{M,\ \mu_+ + \epsilon + (M-m)\left(\frac{|y-a|}{R+|a|}\right)^{2-N}\right\}, \quad y \in \overline{\Omega}\setminus\{a\}.$$

Offensichtlich ist v_+ als Minimum harmonischer Funktionen eine superharmonische Funktion auf Ω (s. Satz 3.3.4 c)). Zudem können wir v_+ stets als stetige Funktion auf ganz $\overline{\Omega}$ auffassen. Dies bedarf nur im Falle $a \in \partial\Omega$ und $M - m > 0$ einer Begründung, welche aber leicht fällt, da v_+ dann in einer Umgebung von a konstant den Wert M annimmt.

Wir verwenden die Abschätzung

$$\mu_+ + \epsilon + (M-m)\left(\frac{|y-a|}{R+|a|}\right)^{2-N}$$

$$\geq \begin{cases} \mu_+ + \epsilon + (M-m) \geq M & \text{für } |y-a| \leq R+|a| \\ \mu_+ + \epsilon & \text{für } |y-a| > R+|a| \end{cases},$$

wobei wir (3.26) benützt haben. Wir überzeugen uns nun, daß $v_+(y) \geq g(y)$ für alle $y \in \partial\Omega$ gilt. Ist $|y-a| \leq R+a$, so folgt $v_+(y) = M \geq g(y)$ nach Definition von M. Ist $|y-a| > R+|a|$, so gilt notwendigerweise $|y| > R$, und gemäß (3.27) ist $g(y) \leq \min\{M, \mu_+ + \epsilon\} \leq v_+(y)$. Schließlich ist $\liminf_{|x|\to\infty} v_+(x) = \min\{M, \mu_+ + \epsilon\}$, und wir haben $v_+ \in P$ gezeigt. Nach (3.25) gilt also $u(x) \leq v_+(x)$ für alle $x \in \Omega$, woraus

$$\limsup_{|x|\to\infty} u(x) \leq \lim_{|x|\to\infty} v_+(x) = \min\{M, \mu_+ + \epsilon\}$$

folgt. Da $\epsilon > 0$ beliebig gewählt werden kann, haben wir die Schranke an $\limsup_{|x|\to\infty} u(x)$ gezeigt.

Zum Nachweis der zweiten Abschätzung definieren wir

$$v_-(y) := \min\left\{-m, -\mu_- + \epsilon + (M-m)\left(\frac{|y-a|}{R+|a|}\right)^{2-N}\right\}, \quad y \in \overline{\Omega} \setminus \{a\}.$$

Die Funktion v_- ist ebenfalls auf Ω superharmonisch und auf $\overline{\Omega}$ stetig, bzw. kann stetig auf $\overline{\Omega}$ fortgesetzt werden. Für $|y-a| \leq R+|a|$ gilt wegen (3.26) $v_-(g) \geq -m$ und für $|y-a| > R+|a|$ ist $v_-(y) \geq \min\{-m, -\mu_- + \epsilon\}$. Mit (3.27) folgt also $v_-|_{\partial\Omega} \geq -g$. Sei $v \in P$ beliebig. Dann ist $v + v_-$ eine auf Ω superharmonische Funktion, für die gemäß Satz 3.3.3 a) das starke Minimumprinzip und somit auch das Randminimumprinzip (Satz 2.3.8) gilt. Zudem ist $v + v_- \in C^0(\overline{\Omega})$ mit $v + v_-|_{\partial\Omega} \geq g - g = 0$, und es gilt

$$\liminf_{|x|\to\infty}(v + v_-)(x) \geq \mu_- + \min(-m, -\mu_- + \epsilon) \geq 0.$$

Es folgt somit $v + v_- \geq 0$ auf $\overline{\Omega}$. Mithin ist $u + v_- \geq 0$, und wir haben für alle $x \in \Omega$

$$u(x) \geq -v_-(x) \geq \mu_- - \epsilon - (M-m)\left(\frac{|x-a|}{R+|a|}\right)^{2-N},$$

woraus sich die Ungleichung für $\liminf_{|x|\to\infty} u(x)$ ergibt.

4) Zu $\epsilon > 0$ gibt es ein $\delta_0 > 0$, so dass $|g(x) - g(x_0)| < \frac{\epsilon}{2}$ für $x \in \partial\Omega$ mit $|x - x_0| < \delta_0$. Nach Satz 3.4.1 gibt es eine Barriere c zu $\Omega \cap B_{2\delta_0}(x_0)$ im Punkt x_0, und der dort gegebene Beweis liefert eine Barriere b für Ω mit der Eigenschaft $b(x) \geq \nu > 0$ für alle $x \in \overline{\Omega} \setminus B_{\delta_0}(x_0)$. Über die für $x \in \overline{\Omega}$ erklärten Hilfsfunktionen

$$u_\pm(x) := g(x_0) \pm \left[\frac{\epsilon}{2} + \frac{M-m}{\nu}b(x)\right]$$

streben wir wie beim Beweis von Satz 3.3.9 die Ungleichungen

$$-\left[\frac{\epsilon}{2} + \frac{M-m}{\nu}b(x)\right] \leq u(x) - g(x_0) \leq \frac{\epsilon}{2} + \frac{M-m}{\nu}b(x) \quad (3.28)$$

für alle $x \in \Omega$ an, aus denen dann die Behauptung folgt. Konstruktionsgemäß ist u_+ eine auf Ω superharmonische Funktion mit den Eigenschaften $u_+|_{\partial\Omega} \geq g$ und

$$u_+(x) \geq g(x_0) + \frac{\epsilon}{2} + M - m > M \quad \text{für } x \in \Omega \text{ mit } |x| > |x_0| + \delta_0.$$

Für jede Folge (x_n) aus Ω mit $|x_n| \to \infty$ gilt daher $\liminf_{n\to\infty} u_+(x_n) \geq M \geq c_N$. Also ist $\min\{u_+, M\}$ aus P und daher $u \leq u_+$ auf Ω. Dies liefert die rechte Ungleichung in (3.28).

Für jedes $v \in P$ ist $v + (-u_-)$ superharmonisch auf Ω. Wegen $u_-|_{\partial\Omega} \leq g$ ist $v - u_- \geq 0$ auf $\partial\Omega$ und

$$-u_-(x) \geq -g(x_0) + \frac{\epsilon}{2} + M - m > -m \quad \text{für } x \in \Omega, \text{ mit } |x| > |x_0| + \delta_0.$$

Für jede Folge (x_n) aus Ω mit $|x_n| \to \infty$ gilt also

$$\liminf_{n\to\infty}[v(x_n) - u_-(x_n)] \geq \liminf_{n\to\infty} v(x_n) + \liminf_{n\to\infty}[-u_-(x_n)] \geq c_N - m \geq 0.$$

Aufgrund des Randminimumprinzips (Satz 2.3.8) ist daher $v \geq u_-$, mithin $u \geq u_-$ auf Ω, und dies liefert die linke Ungleichung in (3.28). □

Wir fassen die bisherigen Ergebnisse für die Lösbarkeit des Dirichletproblems bei unbeschränktem $\Omega \subseteq \mathbb{R}^N$ zusammen. Für die Formulierung unserer Ergebnisse unterscheiden wir, ob $\partial\Omega$ beschränkt ist oder nicht. Im Falle eines beschränkten Randes $\partial\Omega$ ist Ω das Komplement einer kompakten, nichtleeren Menge, und man nennt das Dirichletproblem auch ein Außenraumproblem. Die folgenden beiden Sätze sind Konsequenzen der bisherigen Ergebnisse diese Abschnitts und werden dem Leser zur Übung überlassen (s. Aufgabe 3.12).

Satz 3.6.4. *Es sei $\Omega \subseteq \mathbb{R}^N$ offen und unbeschränkt. Der Rand $\partial\Omega$ sei nichtleer und beschränkt, ferner jeder Randpunkt regulär. Weiter sei $g\colon \partial\Omega \to \mathbb{R}$ stetig.*

a) *Ist $N = 2$, so gibt es genau eine beschränkte Lösung des Dirichletproblems (3.20).*

b) *Ist $N \geq 3$ und $\gamma \in \mathbb{R}$, so gibt es genau eine Lösung des Dirichletproblems (3.20) mit Zusatzbedingung (3.21).*

Bemerkung 3.6.5. a) In Übungsaufgabe 3.16 soll mit Hilfe der Kelvintransformation gezeigt werden, daß die eindeutig bestimmte beschränkte Lösung u eines Außenraumproblems in der Ebene (s. Satz 3.6.4 a)) für $|x| \to \infty$ konvergiert, d.h. $\gamma := \lim_{|x|\to\infty} u(x)$ existiert. Im Gegensatz zu höheren Raumdimensionen kann γ jedoch nicht vorgegeben werden.

b) Auch im Falle $N \geq 3$ liefert die Kelvintransformation, nun zusammen mit dem Satz 5.2.1 von Bôcher, daß jede beschränkte Lösung u eines Außenraumproblems für $|x| \to \infty$ konvergiert. Folglich haben für einen Außenraum Ω alle beschränkten Lösungen u des Dirichletproblems (3.20) die Eigenschaft, daß $\gamma := \lim_{|x|\to\infty} u(x)$ existiert. Wie wir in Satz 3.6.4 b) gesehen haben, kann $\gamma \in \mathbb{R}$ beliebig vorgegeben werden.

Satz 3.6.6. *Es sei $\Omega \subseteq \mathbb{R}^N$ offen mit unbeschränktem Rand $\partial\Omega$. Jeder Randpunkt von Ω sei zudem regulär. Weiter sei $g\colon \partial\Omega \to \mathbb{R}$ stetig und beschränkt.*

a) *Ist $N = 2$, so besitzt (3.20) eine eindeutig bestimmte beschränkte Lösung u. Für diese gilt $\inf g \leq u(x) \leq \sup g$ für alle $x \in \Omega$.*

b) *Ist $N \geq 3$ und existiert $\gamma := \lim_{|x|\to\infty} g(x)$, so besitzt (3.20) eine eindeutig bestimmte Lösung u mit $\lim_{|x|\to\infty} u(x) = \gamma$.*

c) *Ist* $N \geq 3$ *und* $\gamma_- := \liminf_{|x|\to\infty} g(x) < \limsup_{|x|\to\infty} g(x) =: \gamma_+$, *so besitzt (3.20) mindestens eine Lösung* u *mit* $\gamma_- = \liminf_{|x|\to\infty} u(x)$ *und* $\gamma_+ = \limsup_{|x|\to\infty} u(x)$.

Wir beschließen diesen Abschnitt mit einer Diskussion der Kelvintransformation. Wie schon in der Einleitung bemerkt, erlaubt diese, eine auf unbeschränktem Ω harmonische Funktion in eine auf einer beschränkten Menge harmonische Funktion zu transformieren, sofern $\mathbb{R}^N \setminus \Omega$ eine Kugel von positivem Radius enthält. Grundlage der Kelvintransformation sind die bijektiven Abbildungen $x \mapsto \tilde{x} := (R/|x|)^2 x$, die jedem Punkt $x \in \mathbb{R}^N \setminus B_R(0)$ einen Punkt in $\overline{B_R(0)} \setminus \{0\}$ zuordnen und umgekehrt die punktierte Kugel $\overline{B_R(0)} \setminus \{0\}$ auf ihr Äußeres $\mathbb{R}^N \setminus B_R(0)$ abbilden. Diese werden *Inversion* oder *Spiegelung an der Sphäre* $\partial B_R(0)$ genannt; dem Ursprung würde der unendlichferne Punkt entsprechen. Vielleicht angeregt durch Greens Essay [86, § 10], teilte W. THOMSON diese Methode, von ihm *Methode der elektrischen Bilder* genannt, Liouville mit [321, 322] und entwickelte sie zu großer Meisterschaft. LIOUVILLE gab ihr aufgrund der Beziehung $|x||\tilde{x}| = R^2$ den Namen *Methode der reziproken Radien* [192, p. 276]. Er zeigte in [193] für $N = 3$, daß neben Translationen und orthogonalen Transformationen sowie Ähnlichkeitstransformationen die einzigen winkeltreuen Abbildungen für $N \geq 3$ im $\mathbb{R}^N$ die durch reziproke Radien sind. Als eine rein geometrische Methode ist die Inversion sehr alt; wir verweisen auf [247] und die dort zitierten Enzyklopädie-Artikel.

Um zu sehen, wie sich der Poissonkern $P_B(x,y)$ ($x \in B\setminus\{0\}, y \in \partial B$) aus Kapitel 3.2 unter einer Inversion verhält, setzen wir in der Symmetrierelation von Aufgabe 3.13 $a = y$, $b = R^{-2}x$ und erhalten

$$\left|\frac{y}{R} - \frac{x}{R}\right| = \left|\frac{x}{|x|} - y\frac{|x|}{R^2}\right| = \frac{|x|}{R^2}|\tilde{x} - y|,$$

also wegen $R^2 - |x|^2 = |x|^2 R^{-2}(|\tilde{x}|^2 - R^2)$

$$P_B(x,y) = -\frac{|x|^{2-N}}{R^{2-N}} P_B(\tilde{x}, y).$$

Wir wissen, daß dies eine in x harmonische Funktion ist. Man kann aber auch allgemein zeigen, daß für jede harmonische Funktion h die Funktion $|x|^{2-N}h(\tilde{x})$ ebenfalls harmonisch ist. Der Rechenaufwand dies nachzuweisen, wird etwas reduziert, wenn man den Laplaceoperator als Summe eines in radialer und eines in tangentialer Richtung wirkenden Operators schreibt. An den Begriff der Richtungsableitung wird in Aufgabe 3.14 erinnert. (Der Rechenaufwand würde minimiert durch Ausnützung von Eigenschaften homogener Polynome [9, p. 62f.].)

Satz 3.6.7. *Für* $x \neq 0$ *ist*

$$\Delta = \frac{\partial^2}{\partial |x|^2} + \frac{(N-1)}{|x|}\frac{\partial}{\partial |x|} + \frac{1}{2|x|^2}\sum_{i,k=1}^{N}\left(x_k\frac{\partial}{\partial x_i} - x_i\frac{\partial}{\partial x_k}\right)^2.$$

90   3 Das Dirichletproblem für harmonische Funktionen

Beweis. Es ist

$$\left(x_k\frac{\partial}{\partial x_i} - x_i\frac{\partial}{\partial x_k}\right)^2 = \left(x_k\frac{\partial}{\partial x_i} - x_i\frac{\partial}{\partial x_k}\right)\left(x_k\frac{\partial}{\partial x_i} - x_i\frac{\partial}{\partial x_k}\right)$$

$$= x_k\delta_{ik}\frac{\partial}{\partial x_i} + x_k^2\frac{\partial^2}{\partial x_i^2} - x_i\frac{\partial}{\partial x_i} - x_ix_k\frac{\partial^2}{\partial x_k \partial x_i}$$

$$+ x_i\delta_{ik}\frac{\partial}{\partial x_k} + x_i^2\frac{\partial^2}{\partial x_k^2} - x_k\frac{\partial}{\partial x_k} - x_ix_k\frac{\partial^2}{\partial x_i \partial x_k}.$$

Mit Aufgabe 3.14 b) folgt

$$\sum_{i,k=1}^{N}\left(x_k\frac{\partial}{\partial x_i} - x_i\frac{\partial}{\partial x_k}\right)^2 = 2|x|^2\Delta - 2(N-1)|x|\frac{\partial}{\partial |x|} - 2|x|^2\frac{\partial^2}{\partial |x|^2}.$$

□

Bemerkung 3.6.8. Man nennt den in tangentialer Richtung wirkenden Operator $\Lambda := \frac{1}{2}\sum_{i,k=1}^{N}(x_k\frac{\partial}{\partial x_i} - x_i\frac{\partial}{\partial x_k})^2$ *Laplace-Beltrami-* oder BELTRAMI-*Operator* [15]. Für $N=3$ kann Λ als Quadrat des Vektorprodukts von x und ∇, also, physikalisch gesprochen, des Drehimpulsoperators, geschrieben werden.

Satz 3.6.9. *Es sei* $u \in C^2(\Omega)$, $\Omega \subseteq \mathbb{R}^N\setminus\{0\}$ *offen, und* $H \subseteq \mathbb{R}^N$ *sei das Bild von* Ω *unter der Inversion* $x \mapsto |x|^{-2}x$. *Es sei* $v\colon H \to \mathbb{R}$ *die Kelvintransformierte von* u, *definiert durch*

$$v(x) := |x|^{2-N}u\left(\frac{x}{|x|^2}\right).$$

Dann ist $\Delta v(x) = |x|^{-2-N}(\Delta u)\left(\frac{x}{|x|^2}\right)$.

Beweis. Wir setzen $y := |x|^{-2}x$ und haben wegen Aufgabe 3.14 a)

$$\frac{\partial}{\partial |x|}u(y) = \sum_{j=1}^{N}\frac{\partial u}{\partial y_j}\left(\frac{x}{|x|^2}\right)\frac{\partial}{\partial |x|}\left(\frac{x_j}{|x|}|x|^{-1}\right)$$

$$= \sum_{j=1}^{N}\frac{\partial u}{\partial y_j}\left(\frac{x}{|x|^2}\right)\frac{x_j}{|x|}\frac{\partial |x|^{-1}}{\partial |x|}$$

$$= -|x|^{-2}\frac{\partial}{\partial |y|}u(y)$$

und folglich

$$\frac{\partial}{\partial |x|}v(x) = \frac{\partial}{\partial |x|}|x|^{2-N}u\left(\frac{x}{|x|^2}\right) = (2-N)|x|^{1-N}u(y) - |x|^{-N}\frac{\partial}{\partial |y|}u(y);$$

$$\frac{\partial^2}{\partial |x|^2}v(x) = (2-N)(1-N)|x|^{-N}u(y) - (2-N)|x|^{-1-N}\frac{\partial}{\partial |y|}u(y)$$

$$+ N|x|^{-N-1}\frac{\partial}{\partial |y|}u(y) + |x|^{-N-2}\frac{\partial^2}{\partial |y|^2}u(y).$$

Ferner ist nach Aufgabe 3.14 c)

$$\left(x_k \frac{\partial}{\partial x_i} - x_i \frac{\partial}{\partial x_k}\right) u(y) = \sum_{j=1}^{N} \frac{\partial u}{\partial y_j}(y) \left(x_k \frac{\partial}{\partial x_i} - x_i \frac{\partial}{\partial x_k}\right) y_j$$
$$= \sum_{j=1}^{N} \frac{\partial u}{\partial y_j}(y) \frac{1}{|x|^2} \left(x_k \frac{\partial}{\partial x_i} - x_i \frac{\partial}{\partial x_k}\right) x_j$$
$$= \left(y_k \frac{\partial}{\partial y_i} - y_i \frac{\partial}{\partial y_k}\right) u(y) \, ;$$

folglich

$$\left(x_k \frac{\partial}{\partial x_i} - x_i \frac{\partial}{\partial x_k}\right) v(x) = |x|^{2-N} \left(y_k \frac{\partial}{\partial y_i} - y_i \frac{\partial}{\partial y_k}\right) u(y) \, ;$$

$$\left(x_k \frac{\partial}{\partial x_i} - x_i \frac{\partial}{\partial x_k}\right)^2 v(x) = \left(x_k \frac{\partial}{\partial x_i} - x_i \frac{\partial}{\partial x_k}\right) \left[|x|^{2-N} \left(y_k \frac{\partial}{\partial y_i} - y_i \frac{\partial}{\partial y_k}\right) u(y)\right]$$
$$= |x|^{2-N} \left(y_k \frac{\partial}{\partial y_i} - y_i \frac{\partial}{\partial y_k}\right)^2 u(y) \, ;$$

$$\left(x_k \frac{\partial}{\partial x_i} - x_i \frac{\partial}{\partial x_k}\right)^2 v(x) = |x|^{-N} \frac{1}{|y|^2} \left(y_k \frac{\partial}{\partial y_i} - y_i \frac{\partial}{\partial y_k}\right)^2 u(y) \, ,$$

weil $|x||y| = 1$ ist. Zusammengenommen und unter Anwendung von Satz 3.6.7 folgt

$$\Delta_x v(x) = \frac{\partial^2}{\partial |x|^2} v(x) + \frac{N-1}{|x|} \frac{\partial}{\partial |x|} v(x) + \frac{1}{2|x|^2} \sum_{i,k=1}^{N} \left(x_k \frac{\partial}{\partial x_i} - x_i \frac{\partial}{\partial x_k}\right)^2 v(x)$$
$$= |x|^{-2-N} \left\{ \frac{\partial^2}{\partial |y|^2} u(y) + \frac{N-1}{|y|} \frac{\partial}{\partial |y|} u(y) \right.$$
$$\left. + \frac{1}{2|y|^2} \sum_{i,k=1}^{N} \left(y_k \frac{\partial}{\partial y_i} - y_i \frac{\partial}{\partial y_k}\right)^2 u(y) \right\}$$
$$= |x|^{-2-N} \Delta_y u(y) \; = |x|^{-2-N} (\Delta u)\left(\frac{x}{|x|^2}\right) \, .$$

□

Korollar 3.6.10. *Bei der Spiegelung $x \mapsto (R/|x|)^2 x$ an der Sphäre $\partial B_R(0)$ sei $v(x) := R^{N-2}|x|^{2-N} u\left((R/|x|)^2 x\right)$, die wir die Kelvintransformierte von u bezüglich $\partial B_R(0)$ nennen. Dann gilt*

$$\Delta v(x) = R^{N+2} |x|^{-N-2} (\Delta u)\left(\frac{x}{|x|^2} R^2\right) \, .$$

Beweis. Setzt man $f(y) := |y|^{2-N} u(|y|^{-2} y)$, so gilt $v(x) = R^{2-N} f(x/R^2)$. Die Kettenregel zusammen mit Satz 3.6.9, angewendet auf f, ergeben dann

$$\Delta v(x) = \frac{R^{2-N}}{R^4} (\Delta f)\left(\frac{x}{R^2}\right) = R^{-2-N} \left|\frac{x}{R^2}\right|^{-2-N} (\Delta u)\left(\frac{x}{|x|^2} R^2\right) .$$

□

Die Tatsache, daß nur in der Ebene die Inversion die Harmonizität einer Funktion erhält, kann man als eine weitere Erklärung dafür nehmen, daß sich der Eindeutigkeitssatz 3.6.1 für $N = 2$ von dem für $N \geq 3$ unterscheidet. Übungsaufgabe 3.15 fordert im Fall $\overline{\Omega} \neq \mathbb{R}^N$ zu einem Beweis von Satz 3.6.1 auf, der die Kelvintransformation und die Resultate aus Abschnitt 3.5 verwendet.

3.7 Der Satz von Giesecke. Bemerkungen zum Dirichletschen Prinzip.

Der folgende Satz [82] zur partiellen Integration über offenes $\Omega \subseteq \mathbb{R}^N$ ist dem Gaußschen Integralsatz oder den Greenschen Formeln ähnlich, ist aber nicht an Glattheitseigenschaften des Randes von Ω oder Informationen über den Gradienten in Randnähe gebunden. Sein Beweis benutzt lediglich die klassischen Konvergenzsätze von Beppo Levi und Lebesgue.

Satz 3.7.1 (Giesecke). *Es sei $\Omega \subseteq \mathbb{R}^N$ offen. Für jedes $x \in \Omega$ sei $A(x)$ symmetrisch und positiv semidefinit mit auf Ω stetig differenzierbaren Einträgen, des weiteren $q \in L^1(\Omega)$ und $q \geq 0$. Ferner seien $u \in C^2(\Omega)$, $v \in C^1(\Omega)$ und für jedes $\epsilon > 0$*

$$\Omega_\epsilon := \{x \in \Omega \colon |v(x)| > \epsilon\} \subset\subset \Omega .$$

Schließlich sei $[A\nabla(u-v)] \cdot \nabla(u-v) + q(u-v)^2$ über Ω integrierbar (das ist z.B. der Fall, wenn $u = v$ ist). Wenn dann das linke der beiden folgenden Integrale als Lebesgue-Integral existiert, dann auch das rechte, und es ist

$$\int_\Omega (-\operatorname{div}(A\nabla u) + qu) v \, dx = \int_\Omega [(A\nabla u) \cdot \nabla v + quv] \, dx .$$

Es gilt dann auch

$$(A\nabla u) \cdot \nabla u + qu^2 \in L^1(\Omega) \quad \text{und} \quad (A\nabla v) \cdot \nabla v + qv^2 \in L^1(\Omega) .$$

Beweis. Mit der Hilfsfunktion $\phi_n \colon \mathbb{R} \to \mathbb{R}$, die für jedes $n \in \mathbb{N}$ definiert wird durch

$$\phi_n(t) := \begin{cases} 0 & \text{für} \quad n|t| < 1 \\ n|t| - 1 & \text{für} \quad 1 \leq n|t| < 2 \\ 1 & \text{für} \quad 2 \leq n|t| \end{cases},$$

3.7 Der Satz von Giesecke. Bemerkungen zum Dirichletschen Prinzip.

sei $v_n(x) := \int_0^{v(x)} \phi_n(t)\,dt$ (dieser Kunstgriff stammt von E. HEINZ). Dann ist $|v_n(x)| = \int_0^{|v(x)|} \phi_n(t)\,dt$ für jedes $x \in \Omega$ eine in n monoton wachsende Folge mit $|v_n(x)| \leq |v(x)|$. Nach dem Konvergenzsatz von Lebesgue ist

$$\lim_{n\to\infty} v_n(x) = \lim_{n\to\infty} \int_0^{v(x)} \phi_n(t)\,dt = \int_0^{v(x)} 1\,dt = v(x)\,. \tag{3.29}$$

Wegen der Stetigkeit von ϕ_n ist

$$v_n \in C^1(\Omega) \quad \text{und} \quad \nabla v_n(x) = \phi_n(v(x))\,\nabla v(x)\,. \tag{3.30}$$

Es gilt $v_n(x) = 0$ für $x \notin \Omega_{1/n}$, weil $\phi_n(t) = 0$ ist für $|t| \leq \frac{1}{n}$. Also hat v_n einen in Ω gelegenen kompakten Träger.

Daher gestattet $\int_\Omega \{-\operatorname{div}(A\nabla u) + qu\}\,v_n\,dx$ die partielle Integration nach Bemerkung A.1, und es ist

$$\int_\Omega (-\operatorname{div}(A\nabla u) + qu)\,v_n\,dx = \int_\Omega [(A\nabla u)\cdot \nabla v_n + quv_n]\,dx$$

$$= \int_\Omega [\phi_n(v(x))\,(A\nabla u)\cdot \nabla v + quv_n]\,dx$$

$$= \int_{\Omega_{1/n}} [\phi_n(v(x))\,(A\nabla u)\cdot \nabla v + quv_n]\,dx\,.$$

Da A positiv semidefinit und $q \geq 0$ ist, gilt

$$\int_\Omega [\phi_n(v(x))\,(A\nabla v)\cdot \nabla v + qv_n^2]\,dx = \int_{\Omega_{1/n}} [\phi_n(v(x))\,(A\nabla v)\cdot \nabla v + qv_n^2]\,dx$$

$$\leq \int_{\Omega_{1/n}} [\phi_n(v(x))\,(A\nabla(u-v))\cdot \nabla(u-v) + q\,(u - v + v - v_n)^2]\,dx$$

$$+ 2\int_{\Omega_{1/n}} [\phi_n(v(x))\,(A\nabla u)\cdot \nabla v + quv_n]\,dx$$

$$\leq 2\int_{\Omega_{1/n}} [(A\nabla(u-v))\cdot \nabla(u-v) + q(u-v)^2]\,dx + 2\int_{\Omega_{1/n}} q\,(v - v_n)^2\,dx$$

$$+ 2\int_{\Omega_{1/n}} (-\operatorname{div}(A\nabla u) + qu)\,v_n\,dx\,.$$

Die drei letzten Integrale sind bei wachsendem n beschränkt, das erste wegen der vorausgesetzten Existenz, das zweite wegen $(v - v_n)^2 \leq 4|v|^2$ und der Beschränktheit von v sowie wegen $q \in L^1(\Omega)$. Bei dem dritten ist $|-\operatorname{div}(A\nabla u) + qu||v|$ eine integrierbare Majorante. Folglich ist $\int_\Omega [\phi_n(v(x))\,(A\nabla v)\cdot \nabla v + qv_n^2]\,dx \leq \text{const}$, und da der Integrand monoton wachsend konvergiert, liefert der Satz von Beppo Levi, daß

$$\lim_{n\to\infty} \phi_n(v(x))\,(A\nabla v)\cdot \nabla v + qv^2$$

über Ω integrierbar ist. Nun ist

$$\lim_{n\to\infty} \phi_n(v(x)) = \begin{cases} 1, & \text{falls } v(x) \neq 0 \\ 0, & \text{falls } v(x) = 0 \end{cases},$$

und somit haben wir zunächst einmal die Integrabilität von $(A\nabla v) \cdot \nabla v + qv^2$ über $\Omega' := \{x \in \Omega \colon v(x) \neq 0\}$ erhalten. Die Integrierbarkeit über $\Omega'' := \{x \in \Omega \colon \nabla v(x) = 0, v(x) = 0\}$ ist klar. Wie man vom Satz über implizite Funktionen her erwartet, ist $\Omega''' := \{x \in \Omega \colon \nabla v(x) \neq 0, v(x) = 0\}$ eine Menge vom Maße Null. Dies wird in dem Lemma 3.7.2 in einfacher Weise gezeigt werden. Offenbar ist dann $(A\nabla v) \cdot \nabla v + qv^2 \in L^1(\Omega)$. Wegen

$$\begin{aligned}
&((A\nabla u) \cdot \nabla u + qu^2) + |(A\nabla u) \cdot \nabla v| + q|uv| \\
&\leq (A\nabla(u-v)) \cdot \nabla(u-v) + q(u-v)^2 + 3\,|(A\nabla u) \cdot \nabla v| + 3q|uv| \\
&\leq (A\nabla(u-v)) \cdot \nabla(u-v) + q(u-v)^2 \\
&\quad + \tfrac{1}{2}\left((A\nabla u) \cdot \nabla u + qu^2\right) + \tfrac{9}{2}\left((A\nabla v) \cdot \nabla v + qv^2\right)
\end{aligned}$$

ist dann auch $(A\nabla u) \cdot \nabla u + qu^2 \in L^1(\Omega)$ und $|(A\nabla u) \cdot \nabla v| + q|uv| \in L^1(\Omega)$ bewiesen. Dabei wurde von der Schwarzschen Ungleichung $|(A\nabla u) \cdot \nabla v| \leq [(A\nabla u) \cdot \nabla u]^{1/2}[(A\nabla v) \cdot \nabla v]^{1/2}$ und von der Ungleichung $|ab| \leq \tfrac{\epsilon}{2}a^2 + \tfrac{1}{2\epsilon}b^2$ mit $\epsilon = \tfrac{1}{3}$ Gebrauch gemacht. Wir haben damit für beide Seiten der Gleichung

$$\int_\Omega (-\operatorname{div}(A\nabla u) + qu)\, v_n\, dx = \int_\Omega [\phi_n(v(x))\, (A\nabla u) \cdot \nabla v + quv_n]\, dx$$

eine integrable Majorante gefunden. Nach dem Konvergenzsatz von Lebesgue folgt

$$\int_\Omega (-\operatorname{div}(A\nabla u) + qu)\, v\, dx = \int_{\Omega' \cup \Omega''} ((A\nabla u) \cdot \nabla v + quv)\, dx,$$

und da Ω und $\Omega' \cup \Omega''$ sich nur um die Nullmenge Ω''' unterscheiden, ist mit dem nachfolgenden Lemma alles bewiesen. □

Lemma 3.7.2. *Es sei $\Omega \subset \mathbb{R}^N$ offen, $v \in C^1(\Omega)$. Dann ist $\Omega''' := \{x \in \Omega \colon v(x) = 0, \nabla v(x) \neq 0\}$ eine Nullmenge.*

Beweis. Der Beweis folgt G. SIMADER [306]. Wir setzen

$$\chi(x) := \lim_{n\to\infty} \phi_n(v(x)) = \begin{cases} 1, & \text{falls } v(x) \neq 0 \\ 0, & \text{falls } v(x) = 0 \end{cases},$$

und wir werden beweisen, daß fast überall $(1-\chi(x))\nabla v(x) = 0$ ist. Für $x \in \Omega'''$ ist aber offenbar $(1-\chi(x))\nabla v(x) \neq 0$; also ist Ω''' eine Nullmenge.

Zum Beweis von $(1-\chi(x))\nabla v(x) = 0$ fast überall in Ω berechnen wir für beliebiges $\Phi \in C_c^\infty(\Omega)$

3.7 Der Satz von Giesecke. Bemerkungen zum Dirichletschen Prinzip.   95

$$\int_\Omega \Phi(x)(1-\chi(x))\nabla v(x)\,dx = \lim_{n\to\infty}\int_\Omega \Phi(x)(1-\phi_n(v(x)))\nabla v(x)\,dx$$

$$= \lim_{n\to\infty}\int_\Omega \Phi(x)\left(\nabla v(x)-\nabla v_n(x)\right)dx$$

$$= -\lim_{n\to\infty}\int_\Omega (\nabla \Phi(x))(v(x)-v_n(x))\,dx = 0\,.$$

Dabei wurde von (3.29) und (3.30) sowie von der partiellen Integration bei einer Funktion mit kompaktem Träger Gebrauch gemacht (Bemerkung A.1). Die Behauptung folgt nun aus Satz A.11 b). □

Als einfache Folgerung aus dem obigen Satz notieren wir

Korollar 3.7.3. *Es sei $\Omega \subseteq \mathbb{R}^N$ offen, $u \in C^2(\Omega)\cap C^0(\overline{\Omega})$, $u|_{\partial\Omega}=0$, wobei für unbeschränktes Ω zusätzlich $\lim_{|x|\to\infty}u(x)=0$ gelte. Wenn das linke der beiden folgenden Integrale als Lebesgue-Integral existiert, dann auch das rechte, und es ist dann*

$$-\int_\Omega u(x)\Delta u(x)\,dx = \int_\Omega |\nabla u(x)|^2\,dx\,.$$

Als eine weitere Anwendung des Satzes von Giesecke beweisen wir eine Extremaleigenschaft von Lösungen des Dirichletproblems. Es sei $\Omega \subset\subset \mathbb{R}^N$, und es bezeichne

$$D(v) := \int_\Omega |\nabla v(x)|^2\,dx \quad \text{für } v \in C^1(\Omega)\cap C^0(\overline{\Omega})\,.$$

Man nennt $D(v)$ das Dirichletintegral von v. Es ist zugelassen, daß $D(v) = \infty$ ist. Wenn das Dirichletsche Prinzip (vgl. Abschnitt 1.4) zuträfe, gäbe es zu stetigem $g: \partial\Omega \to \mathbb{R}$, das Restriktion eines $\tilde{g} \in C^1(\Omega)\cap C^0(\overline{\Omega})$ mit $D(\tilde{g}) < \infty$ ist, unter allen $u \in C^1(\Omega)\cap C^0(\overline{\Omega})$ mit $u|_{\partial\Omega}=g$ ein gewisses $u \in C^2(\Omega)$, für das das Dirichletintegral minimal wäre; und dieses u wäre dann Lösung des Randwertproblems $-\Delta u = 0$ in Ω, $u|_{\partial\Omega}=g$.

Dies motiviert (vgl. LEBESGUE [174]) den folgenden Satz, der etwas irreführend manchmal auch das *Dirichletsche Prinzip* genannt wird.

Satz 3.7.4. *Es sei $\Omega \subset\subset \mathbb{R}^N$, $g: \partial\Omega \to \mathbb{R}$ stetig, und $h \in C^2(\Omega)\cap C^0(\overline{\Omega})$ sei Lösung von $\Delta h = 0$ in Ω, $h|_{\partial\Omega}=g$. Es sei $w \in C^1(\Omega)\cap C^0(\overline{\Omega})$ mit $w|_{\partial\Omega}=g$. Dann ist $D(h) \leq D(w)$. Dabei wird zugelassen, daß die Dirichletintegrale divergieren.*

Beweis. Wenn $D(w) = \infty$ ist, ist nichts zu beweisen. Es sei also $D(w) < \infty$. Man überprüft leicht, daß dann die Voraussetzungen des Satzes 3.7.1 für $A(x)=$ Einheitsmatrix, $q = 0$, $u = h$ und $v = h - w$ erfüllt sind. Hieraus folgt nicht nur $\int_\Omega \nabla h \cdot \nabla(h-w)\,dx = 0$, sondern auch die Integrierbarkeit von $|\nabla h|^2$ und $|\nabla(h-w)|^2$ über Ω. Somit ist

$$D(w) = D(h-(h-w)) = D(h) + D(h-w) - 2\int_\Omega \nabla h \cdot \nabla(h-w)\,dx$$
$$= D(h) + D(h-w) \geq D(h)\,. \tag{3.31}$$

□

Bemerkung 3.7.5. Ein Analogon zu Satz 3.7.4 läßt sich auch für Lösungen $h \in C^2(\Omega) \cap C^0(\overline{\Omega}), \Omega \subset\subset \mathbb{R}^N$, der selbstadjungierten, elliptischen Differentialgleichung

$$-\sum_{i,k=1}^N \frac{\partial}{\partial x_k}\left(a_{ik}(x)\frac{\partial h}{\partial x_i}(x)\right) + q(x)h(x) = r(x), \quad x \in \Omega\,,$$

mit Randbedingung $h|_{\partial\Omega} = g$ formulieren, wenn man

$$D(u) := \int_\Omega \Big(\sum_{i,k=1}^N a_{ik}(x)\frac{\partial u}{\partial x_i}(x)\frac{\partial u}{\partial x_k}(x) + q(x)u(x)^2 - 2r(x)u(x)\Big)\,dx$$

als Dirichletintegral ansieht. Man setzt die Koeffizienten a_{ik}, q wie in Satz 3.7.1 voraus, $r \in C^0(\overline{\Omega})$ und $g \in C^0(\partial\Omega)$. Es gilt dann $D(h) \leq D(w)$ für alle $w \in C^1(\Omega) \cap C^0(\overline{\Omega})$ mit $w|_{\partial\Omega} = g$. Der Beweis stammt von GIESECKE [82]. Man kann ihn führen, indem man Satz 3.7.1 ganz ähnlich anwendet wie bei Satz 3.7.4. Das ist nicht überraschend, denn der Satz 3.7.1 ist ein Destillat aus jener Arbeit von Giesecke.

Wenn Ω die Einheitskreisscheibe E in der Ebene ist, kommt man zum Beweis von Satz 3.7.4 mit dem Gaußschen Integralsatz aus, da man dann die Fourierentwicklung folgendermaßen heranziehen kann. Für $0 \leq r < 1$ setzen wir $E_r := \{(x,y) \in \mathbb{R}^2 : x^2 + y^2 < r^2\}$ und

$$D_r(w) := \iint_{E_r} (w_x^2 + w_y^2)\,dx\,dy\,.$$

Mit der Funktion h_n aus (3.3) in Bemerkung 3.1.8 haben wir dann anstelle von (3.31)

$$D_r(w) \geq D_r(h_n) - 2I_r\,,$$

wobei aufgrund des Gaußschen Satzes (s. Satz B.5) und der Harmonizität von h_n in E_r

$$I_r := \iint_{E_r} \nabla h_n \cdot \nabla(h_n - w)\,dx\,dy = \int_{\partial E_r} (h_n - w)(\xi)\,\nabla h_n(\xi) \cdot \frac{\xi}{|\xi|}\,dS(\xi)$$

ist. Übergang zu Polarkoordinaten (vgl. Bemerkung 3.1.8) ergibt

$$I_r = \int_0^{2\pi} (H_n - W)(r,\varphi)(H_n)_r(r,\varphi)\, r\, d\varphi$$
$$= \sum_{k=1}^n kr^k \int_0^{2\pi} (a_k \cos k\varphi + b_k \sin k\varphi)(H_n - W)(r,\varphi)\, d\varphi\,.$$

Ersetzen wir in
$$A_k(r) := \frac{1}{\pi} \int_0^{2\pi} (H_n - W)(r,\varphi) \cos k\varphi\, d\varphi$$

H_n durch (3.3), so ergibt sich aufgrund der Orthogonalität der trigonometrischen Funktionen

$$A_k(r) = a_k r^k - \frac{1}{\pi} \int_0^{2\pi} W(r,\varphi) \cos k\varphi\, d\varphi\,.$$

Im Grenzübergang $r \to 1$ konvergiert dann $A_k(r)$ gegen

$$a_k - \frac{1}{\pi} \int_0^{2\pi} G(\varphi) \cos k\varphi\, d\varphi = 0\,.$$

Entsprechendes gilt für den Term mit Sinus. Also ist $\lim_{r \to 1} I_r = 0$, mithin

$$D(w) \geq D(h_n) \quad \text{für alle } n \in \mathbb{N}\,.$$

Aufgrund der *Unterhalbstetigkeit* des Dirichletintegrals (siehe Aufgabe 3.19) ist aber

$$\liminf_{n \to \infty} D(h_n) \geq D(h)\,.$$

Wir hatten im Abschnitt 1.4 erwähnt, daß es durchaus stetige Randwerte g gibt, so daß die Lösung des Dirichletproblems für die Kreisscheibe mit Randwerten g ein divergentes Dirichletintegral hat. Dann läßt sich diese Lösung nicht als Minimumstelle des Dirichletfunktionals charakterisieren. Aufgabe 3.20 bringt das Beispiel von Hadamard.

Aufgaben

3.1. Es seien (α_k), (β_k) beschränkte Zahlenfolgen. Man zeige, daß durch

$$\sum_{k=1}^{\infty} r^k (\alpha_k \cos k\varphi + \beta_k \sin k\varphi)$$

eine auf der Einheitskreisscheibe E harmonische Funktion definiert wird.

3.2. Man beweise für die auf E harmonische Funktion (3.2) die Darstellung (3.5).

3.3. Man ergänze den Satz 2.1.1 mit der Feststellung, daß $u \in C^0(\Omega)$ genau dann harmonisch ist, wenn es zu jedem $x \in \Omega$ eine Folge $r_j \to 0$ gibt, so daß für alle j gilt: $B_{r_j}(x) \subset\subset \Omega$ und

$$\int_{|y-x|\leq r_j} (u(x) - u(y))\, dy = 0\,.$$

Man zeige zunächst, daß Funktionen mit dieser eingeschränkten Mittelwerteigenschaft das starke (Maximum-)Minimumprinzip erfüllen.

3.4. Man folgere aus der Poissonschen Integralformel, daß sich harmonische Funktionen lokal in eine Potenzreihe entwickeln lassen, indem man den Poissonkern für $B := B_R(x_0)$ in der Form

$$P_B(x,y) = \frac{R^2 - |x-x_0|^2}{R^N \omega_N}(1+t)^{-N/2}$$

mit geeignetem t schreibt.

3.5. Man beweise die klassische Harnackungleichung: Ist u eine nichtnegative harmonische Funktion auf $B_R(0)$, so gelten für alle $x \in B_R(0)$ die Ungleichungen

$$\frac{R-|x|}{(R+|x|)^{N-1}}R^{N-2}u(0) \leq u(x) \leq \frac{R+|x|}{(R-|x|)^{N-1}}R^{N-2}u(0)\,.$$

Anleitung: Abschätzung des Nenners vom Kern des Poissonintegrals nach oben und nach unten und Anwendung der Mittelwertrelation.

3.6. Es sei $\Omega \subseteq \mathbb{R}^N$ offen. Man mache sich klar, daß stetiges $u\colon \Omega \to \mathbb{R}$ genau dann auf Ω harmonisch ist, wenn $Q_B u = u$ für alle Kugeln $B \subset\subset \Omega$ gilt.

3.7. Es seien $u, v \in C^0(\Omega)$. Man zeige:

a) Im Falle $u \leq v$ gilt $Q_B u \leq Q_B v$ für alle Kugeln $B \subset\subset \Omega$.
b) Mit u ist für jedes $c \in \mathbb{R}$ auch $u + c$ superharmonisch auf Ω.
c) Wenn u und v auf Ω superharmonisch sind, so auch $\lambda u + \mu v$ für alle $\lambda, \mu \geq 0$.

3.8. Man zeige, daß für $u \in C^2(\Omega)$ die folgenden Aussagen äquivalent sind:

(i) $\Delta u \leq 0$ auf Ω.
(ii) $\frac{1}{\varrho^{N-1}\omega_N}\int_{\partial B_\varrho(x)} u(y)\, dS(y) \leq u(x)$ für alle Kugeln $B_\varrho(x) \subset\subset \Omega$.
(iii) $\frac{N}{r^N \omega_N}\int_{B_r(x)} u(y)\, dy \leq u(x)$ für alle Kugeln $B_r(x) \subset\subset \Omega$.

3.9. Man zeige, daß die Randpunkte von $\Omega = \mathbb{R}^N \setminus (\mathbb{R}^{N-1} \times \{0\})$ regulär sind.

3.10. Es sei $\Omega_0 \subseteq \mathbb{R}^3$ offen, und Ω_0 enthalte die Strecke $T := [0,1] \times \{0\} \times \{0\}$. Es sei $u \colon \Omega_0 \setminus T \to \mathbb{R}$ harmonisch und beschränkt. Man zeige, daß sich u zu einer in Ω_0 harmonischen Funktion fortsetzen läßt.
Anleitung: Man wähle ein $\Omega \subset\subset \Omega_0$, das T enthält und für das sich das Dirichletproblem $-\Delta v = 0$ in Ω, $v|_{\partial\Omega} = u|_{\partial\Omega}$ lösen läßt. Das Potential $w_T(x,y,z) := \int_0^1 ((t-x)^2 + y^2 + z^2)^{-1/2}\, dt$ erfüllt die Forderungen in Satz 3.5.1.

3.11. Es seien $\Omega \subseteq \mathbb{R}^N$ offen und unbeschränkt, $g \colon \partial\Omega \to \mathbb{R}$ stetig und $\gamma \in \mathbb{R}$. Man zeige, daß es höchstens ein auf Ω harmonisches $u \in C^2(\Omega) \cap C^0(\overline{\Omega})$ mit

$$u|_{\partial\Omega} = g \quad \text{und} \quad \lim_{\substack{x \in \Omega \\ |x| \to \infty}} u(x) = \gamma$$

gibt, indem man das schwache Maximumprinzip (Korollar 2.3.5) verwende. Man betrachte die Menge $\Omega_\varrho := \Omega \cap B_\varrho(0)$ für geeignetes $\varrho > 0$.

3.12. Man beweise die Sätze 3.6.4 und 3.6.6.

3.13. Man zeige für $a, b \in \mathbb{R}^N \setminus \{0\}$

$$\left| \frac{a}{|a|} - b|a| \right| = \left| \frac{b}{|b|} - a|b| \right| .$$

3.14. Es seien $\Omega \subseteq \mathbb{R}^N$ offen, $\xi \in \mathbb{R}^N \setminus \{0\}$ und $u \colon \Omega \to \mathbb{R}$. Der Grenzwert $\lim_{t \to 0} \frac{1}{t}[u(x + t\xi) - u(x)]$ heißt im Falle seiner Existenz *Richtungsableitung von u nach dem Vektor ξ im Punkt $x \in \Omega$* und wird mit $\frac{\partial u}{\partial \xi}(x)$ oder ähnlich bezeichnet. Ist u im Punkt x differenzierbar, so existiert $\frac{\partial u}{\partial \xi}(x)$ für alle $\xi \in \mathbb{R}^N \setminus \{0\}$, und es gilt

$$\frac{\partial u}{\partial \xi}(x) = \sum_{i=1}^N \xi_i \frac{\partial u}{\partial x_i}(x) = \xi \cdot \nabla u(x) .$$

Im Spezialfall $x \in \Omega \setminus \{0\}$ und $\xi = \frac{x}{|x|}$ heißt $\frac{\partial u}{\partial \xi}$ *Radialableitung* und man schreibt kürzer $\frac{\partial u}{\partial |x|}$ oder $\frac{\partial u}{\partial r}$, auch $\frac{\partial u}{\partial \nu_x}$ o.ä. Für $x \in \mathbb{R}^N \setminus \{0\}$ und $i \neq k$ ist

$$\tau := (0, \ldots, 0, x_k, 0, \ldots, 0, -x_i, 0, \ldots, 0)$$

(x_k steht an der i-ten, $-x_i$ an der k-ten Stelle) orthogonal zu x und daher

$$\frac{\partial u}{\partial \tau}(x) = \left(x_k \frac{\partial}{\partial x_i} - x_i \frac{\partial}{\partial x_k} \right) u(x)$$

Richtungsableitung nach einem Tangentialvektor der Sphäre um 0 mit Radius $|x|$ an der Stelle x.
Man zeige:

a) Ist für $f\colon S^{N-1} \to \mathbb{R}$ die Funktion $x \mapsto f(x/|x|)$, $x \in \Omega\setminus\{0\}$, differenzierbar, so gilt

$$\frac{\partial}{\partial r} f\left(\frac{x}{|x|}\right) = 0\,.$$

b) Für $u \in C^2(\Omega\setminus\{0\})$ und $x \in \Omega \setminus \{0\}$ gilt

$$\frac{\partial^2 u}{\partial r^2}(x) = \sum_{i,k=1}^{N} \frac{x_i x_k}{|x|^2} \frac{\partial^2 u}{\partial x_i \partial x_k}(x)\,.$$

c) Ist $f \in C^1((0,\infty))$, so gilt für $x \in \mathbb{R}^N\setminus\{0\}$

$$\left(x_k \frac{\partial}{\partial x_i} - x_i \frac{\partial}{\partial x_k}\right) f(|x|) = 0\,.$$

3.15. Man gebe einen alternativen Beweis des Eindeutigkeitssatzes 3.6.1 für unbeschränkte offene $\Omega \subseteq \mathbb{R}^N$, für die $\mathbb{R}^N\setminus\Omega$ eine Kugel von positivem Radius enthält, der auf der Kelvintransformierten beruht. Zur Untersuchung der am Kugelmittelpunkt entstehenden Singularität verwende man die Ergebnisse aus Abschnitt 3.5.

3.16. Sei $\Omega \subseteq \mathbb{R}^2$ ein Außenraum in der Ebene und u eine auf Ω harmonische und beschränkte Funktion. Man zeige, daß $\lim_{|x|\to\infty} u(x)$ existiert.

3.17. Es sei $\Omega \subseteq \mathbb{R}^N$ offen. Es sei $u \in C^2(\Omega,\mathbb{C}) \cap C^0(\overline{\Omega},\mathbb{C})$, $u|_{\partial\Omega} = 0$, $\lim_{|x|\to\infty} u(x) = 0$, $\int_\Omega |\Delta u(x)|\,dx < \infty$; und desgleichen für $v\colon \overline{\Omega} \to \mathbb{C}$. Man zeige, daß dann die drei folgenden Integrale existieren und

$$-\int_\Omega \overline{u(x)}\Delta v(x)\,dx = \int_\Omega \overline{\nabla u(x)} \cdot \nabla v(x)\,dx = -\int_\Omega \overline{\Delta u(x)} v(x)\,dx$$

gilt.

3.18. Es sei $\Omega \subset\subset \mathbb{R}^N$. Die Funktion u erfülle zumindest eine der beiden folgenden Bedingungen a) oder b):

a) $u \in C^1(\Omega,\mathbb{C}) \cap C^0(\overline{\Omega},\mathbb{C})$, $u|_{\partial\Omega} = 0$, $\int_\Omega |\nabla u(x)|^2\,dx < \infty$,

b) $u \in C^2(\Omega,\mathbb{C}) \cap C^0(\overline{\Omega},\mathbb{C})$, $u|_{\partial\Omega} = 0$, $\int_\Omega |\Delta u(x)|\,dx < \infty$.

Ferner sei $v \in C^2(\Omega,\mathbb{C})$, $\int_\Omega |\nabla v(x)|^2\,dx < \infty$ und $\int_\Omega |\Delta v(x)|\,dx < \infty$. Man zeige, daß die beiden folgenden Integrale existieren und den gleichen Wert annehmen:

$$-\int_\Omega \overline{u(x)}\Delta v(x)\,dx = \int_\Omega \overline{\nabla u(x)} \cdot \nabla v(x)\,dx\,.$$

3.19. Es sei $\Omega \subset\subset \mathbb{R}^N$, $D_\Omega(v) := \int_\Omega |\nabla v(x)|^2\, dx$, und (u_n) sei eine Folge aus $C^1(\Omega)$, die auf jedem $\Omega' \subset\subset \Omega$ mitsamt Ableitungen erster Ordnung gleichmäßig gegen $u \in C^1(\Omega)$ konvergiert. Man zeige

$$D_\Omega(u) \leq \liminf_{n\to\infty} D_\Omega(u_n)$$

(Unterhalbstetigkeit des Dirichletintegrals).

3.20. Verwendet werde die Notation aus Bemerkung 3.1.8. Es ist dann

$$h_x^2 + h_y^2 = H_r^2 + \frac{1}{r^2} H_\varphi^2\,.$$

Man zeige, daß

$$D(h) = \iint_E \left(h_x^2 + h_y^2\right) dx\, dy = \pi \sum_{k=1}^\infty k\,(a_k^2 + b_k^2)$$

ist und bei Wahl von

$$G(t) = \sum_{n=1}^\infty \frac{\sin(n!t)}{n^2},\quad t \in \mathbb{R}\,,$$

$D(h) = \infty$ ausfällt (dazu würde es schon genügen, $n!$ im Argument des Sinus durch n^3 zu ersetzen).

4
Die Poissongleichung $-\Delta u = f$

Es wird gezeigt, daß die Poissongleichung eine zweimal stetig differenzierbare Lösung besitzt, wenn die rechte Seite lokal hölderstetig ist (Satz 4.2.6) und Stetigkeit alleine dazu nicht ausreicht (Satz 4.3.1). Satz 4.4.9 stellt eine Äquivalenz zwischen Lösbarkeit des Dirichletproblems, Existenz der Greenschen Funktion und Regularität der Randpunkte her. Über die Symmetrie der Greenschen Funktion (Satz 4.5.2) werden Abschätzungen für ihre Ableitungen hergeleitet (Sätze 4.6.2 und 4.6.3). Die Sätze 4.7.1 und 4.7.2 sind Hilfsmittel, um für das Greenpotential zum Hölderschen Satz 4.2.6 analoge Aussagen beweisen bzw. die Helmholtzsche Schwingungsgleichung in ähnlicher Weise behandeln zu können. Lemma 4.7.4 von E. Hopf wird erst in Abschnitt 9.2 benötigt.

4.1 Orientierende Bemerkungen zum Newtonpotential

Das Dirichletproblem für die Poissongleichung in $\Omega \subset\subset \mathbb{R}^N$ ist durch

$$-\Delta u = f \text{ in } \Omega, \tag{4.1}$$

$$u|_{\partial\Omega} = g \tag{4.2}$$

charakterisiert. Dabei sind $f\colon \Omega \to \mathbb{R}$ und $g\colon \partial\Omega \to \mathbb{R}$ vorgegebene Funktionen. Man nennt $u\colon \overline{\Omega} \to \mathbb{R}$ in Erweiterung des auf S. 59 Gesagten eine Lösung dieses Problems, wenn $u \in C^2(\Omega) \cap C^0(\overline{\Omega})$ ist und den beiden Gleichungen genügt (was natürlich mindestens die Stetigkeit von f und g voraussetzt).

Bemerkung 4.1.1. Nehmen wir an, wir hätten irgendeine Funktion $v \in C^2(\Omega) \cap C^0(\overline{\Omega})$ gefunden, die (4.1) erfüllt. Wenn dann jeder Randpunkt von Ω regulär ist, so garantiert nach Satz 3.3.9 die Perronsche Methode die Existenz einer Funktion $h \in C^2(\Omega) \cap C^0(\overline{\Omega})$ mit

$$\Delta h = 0 \text{ in } \Omega, \quad h = g - v \text{ auf } \partial\Omega.$$

$u := v + h$ ist daher eine Lösung des Dirichletproblems (4.1), (4.2). Die Eindeutigkeit ergibt sich sofort aus Satz 3.1.1, da die Differenz zweier Lösungen von (4.1) ja eine harmonische Funktion ist.

Es liegt nun nahe, nochmals die Linearität des Problems ausnützend, eine solche *partikuläre* Lösung v aus den bei festem $y \in \mathbb{R}^N$ in $\mathbb{R}^N \setminus \{y\}$ harmonischen Funktionen

$$|x-y|^{2-N} \text{ im Falle } N \geq 3 \quad \text{bzw.} \quad \ln|x-y| \text{ im Falle } N = 2$$

aufzubauen. Diese Funktionen sind uns schon an verschiedenen Stellen begegnet (in Aufgabe 2.4, auf S. 64 bei der Poissonschen Integralformel, bei den Barrieren in Abschnitt 3.4 und bei den behebbaren Singularitäten in Abschnitt 3.5). Von jetzt an werden sie noch intensiver benutzt.

Definition 4.1.2. *Für $x \in \mathbb{R}^N$, $y \in \mathbb{R}^N$, $x \neq y$, sei*

$$S(x,y) := \begin{cases} \frac{1}{(N-2)\omega_N}|x-y|^{2-N} & \text{für } N \geq 3 \\ -\frac{1}{2\pi}\ln|x-y| & \text{für } N = 2 \end{cases}.$$

Wir werden sehen, daß es bequem ist, für $x \in \mathbb{R}^N$ noch $S(x,x) := 0$ zu setzen. Man nennt $S: \mathbb{R}^N \times \mathbb{R}^N \to \mathbb{R}$ die Singularitätenfunktion *oder die* Grundlösung *zum Laplaceoperator.*

Ersichtlich gilt

$$S(x,y) = S(y,x), \quad \lim_{\substack{x \to y \\ x \neq y}} S(x,y) = \infty,$$

$0 < S(x,y)$ für $x \neq y$ im Falle $N \geq 3$ und für $0 < |x-y| < 1$ im Falle $N = 2$. Die Bestätigung der Angaben in der nachfolgenden Bemerkung ist eine leichte Übungsaufgabe. Aus (iv) erklärt sich die Wahl des dimensionsabhängigen Faktors in der Definition der Funktion S.

Bemerkung 4.1.3. a)

(i) Es gibt eine Konstante $C(N)$ mit

$$|S(x,y)| \leq C(N)\left(|x-y|^{2-N} + |\ln|x-y||\right)$$

und daher zu jedem $R > 0$ und $\gamma \in (0,1)$ eine Zahl $C_N(R,\gamma)$, so daß

$$|S(x,y)| \leq C_N(R,\gamma)|x-y|^{2-N-\gamma} \quad \text{für } |x-y| \leq R.$$

Damit wird eine Unterscheidung der Fälle $N \geq 3$ und $N = 2$ vermieden.

(ii) Es ist $S_{x_i}(x,y) = -\dfrac{1}{\omega_N}\dfrac{x_i - y_i}{|x-y|^N} = -S_{y_i}(x,y)$, und hieraus folgt

$$|\nabla_x S(x,y)| \leq \frac{1}{\omega_N}|x-y|^{1-N}.$$

(iii) Die zweiten Ableitungen berechnen sich zu

$$S_{x_i x_k}(x,y) = -\frac{1}{\omega_N |x-y|^N} \left\{ \delta_{ik} - N \frac{(x_i - y_i)(x_k - y_k)}{|x-y|^2} \right\} ;$$

mithin ist $\Delta_x S(x,y) = 0 = \Delta_y S(x,y)$ für $x \neq y$ und

$$|S_{x_i x_k}(x,y)| \leq \frac{N+1}{\omega_N |x-y|^N} .$$

(iv) Für $\Omega \subseteq \mathbb{R}^N$ offen, $x \in \Omega$ und $f \in C^0(\Omega)$ gilt

$$\lim_{\epsilon \to 0} \int_{\partial B_\epsilon(x)} f(y) \frac{x-y}{|x-y|} \cdot \nabla_y S(x,y)\, dS(y) = f(x) .$$

b) Die Abschätzungen in (i)–(iii) verwendet man häufig in Kombination mit der für $B_r(x) \subset\subset \mathbb{R}^N$ und $\beta > -N$ gültigen Formel

$$\int_{B_r(x)} |x-y|^\beta \, dy = \omega_N \frac{r^{N+\beta}}{N+\beta} .$$

Speziell ist daher für $\Omega \subset\subset \mathbb{R}^N$ mit $D := \operatorname{diam} \Omega$ für alle $x \in \overline{\Omega}$ und $\gamma \in (0,1)$

$$\int_\Omega |S(x,y)|\, dy \leq \int_{|y-x| \leq D} |S(x,y)|\, dy \leq C_N(D,\gamma) \frac{\omega_N}{2-\gamma} D^{2-\gamma} .$$

Des weiteren hat man

$$\int_{\partial B_\epsilon(x)} |S(x,y)|\, dS(y) \to 0 , \quad \int_{B_\epsilon(x)} |S_{x_i}(x,y)|\, dy \to 0$$

für $\epsilon \to 0$.

Aufgrund von Bemerkung 4.1.3 b) können wir die folgende Definition treffen.

Definition 4.1.4. *Es sei $\Omega \subset\subset \mathbb{R}^N$, und es sei $f \colon \Omega \to \mathbb{R}$ meßbar und beschränkt. Man nennt die durch*

$$v(x) := \int_\Omega S(x,y) f(y)\, dy \tag{4.3}$$

definierte Funktion $v \colon \mathbb{R}^N \to \mathbb{R}$ das Newtonpotential zu Ω und f.

In der älteren Literatur wurde die Bezeichnung „Newtonpotential" nur für $N = 3$ benutzt. Man kontrastierte es mit dem „Logarithmischen Potential" für $N = 2$. Für $N = 3$ stimmt v bis auf einen Faktor mit dem Potential (1.3) eines Kraftfeldes überein, das von einer in Ω mit der Dichte f verteilten Masse ausgeht. Wie auf S. 6 erwähnt, zeigte GAUSS, daß v für stetig differenzierbares f zweimal stetig differenzierbar ist und (4.1) erfüllt. Differenziert man (4.3) zweimal unter dem Integralzeichen, so erhält man wegen (iii) in Bemerkung 4.1.3 Terme der Gestalt $|x-y|^{-N}$, deren Integrierbarkeit also nur durch Voraussetzungen an die Dichte f erreicht werden kann. HÖLDER ersetzte dann die Voraussetzung der stetigen Differenzierbarkeit durch die in der nachfolgenden Definition 4.1.5 genannte zunächst nur geringfügig schwächer erscheinende Bedingung an den Stetigkeitsmodul von f. Die zentrale Bedeutung seiner Voraussetzung für die elliptischen Differentialgleichungen wurde erst später sehr deutlich, als im ersten Drittel des 20. Jahrhunderts Funktionalanalysis und Topologie zum Einsatz kamen. Für uns wird dieser Aspekt ab dem Abschnitt 5.5 eine große Rolle spielen.

Definition 4.1.5. *Für offenes $\Omega \subseteq \mathbb{R}^N$ ist*

$$C^H(\Omega) := \{u \colon \Omega \to \mathbb{R} \colon \textit{für jedes } K \subset\subset \Omega \textit{ gibt es Zahlen } c > 0 \textit{ und}$$
$$\alpha \in (0,1] \textit{ mit } |u(x) - u(y)| \leq c|x-y|^\alpha \textit{ für } x, y \in K\}$$

der Vektorraum der auf Ω lokal hölderstetigen Funktionen. (Man beachte, daß Hölderschranke c und Hölderexponent α lokal variieren können; insbesondere wird kein gemeinsamer Hölderexponent für alle $K \subset\subset \Omega$ vorgegeben. Dies wird erst in Abschnitt 5.3 geschehen.) Weiter setzen wir

$$C_b^H(\Omega) := \{u \in C^H(\Omega) \colon u \textit{ ist beschränkt}\} \ .$$

Man spricht meist von Hölderstetigkeit im Falle $\alpha \in (0,1)$ und Lipschitzstetigkeit im Falle $\alpha = 1$. Obwohl derartige Funktionen höchst unterschiedliche Eigenschaften haben können – es gibt hölderstetige Funktionen, die nirgends differenzierbar sind, während lipschitzstetige Funktionen es nach einem Satz von RADEMACHER [271] fast überall sind – lassen sich bei unseren Untersuchungen diese Funktionenklassen weitgehend gemeinsam behandeln.

Die Schwierigkeit bei der Untersuchung der Differenzierbarkeitseigenschaften singulärer Integrale der Gestalt (4.3) besteht darin, daß es nicht möglich ist, den Differenzenquotienten durch eine von $x \in \overline{\Omega}$ unabhängige integrierbare Funktion abzuschätzen, also einen klassischen Satz über Parameterintegrale anzuwenden (vgl. Satz A.5). Eine Möglichkeit, diese Schwierigkeit zu meistern, besteht darin, den singulären Kern S durch singularitätenfreie Kerne, die mit Hilfe einer *Abschneidefunktion* erzeugt werden, zu approximieren (s. den Beweis von Satz 4.2.4). Naheliegender ist vielleicht eine Approximation, bei der $|x-y|$ in $S(x,y)$ durch $\left(|x-y|^2 + h^2\right)^{1/2}$ ersetzt und h gegen Null geschickt wird, ein Gedanke, der von GREEN [87] stammt (er verwendet ihn in beliebigen Dimensionen) und der für das Newtonpotential tatsächlich sehr bequem ist, sich aber nicht auf allgemeinere singuläre Integrale, wie sie in Abschnitt 4.7 vorkommen, übertragen läßt. LICHTENSTEIN verwendet diesen gelegentlich nach ihm benannten Trick in seiner auf Arbeiten von KORN [150, 151] basierenden und für seine hydrodynamischen Untersuchungen wichtigen systematischen Darstellung [191] der Eigenschaften des Newtonpotentials.

Einen eigenständigen Charakter hat das Studium singulärer Integrale durch eine Arbeit von CALDERÓN und ZYGMUND aus dem Jahre 1952 bekommen. Hierüber unterrichtet das Buch von MIKHLIN [205]. Diese Ergebnisse sind besonders für die von uns nicht behandelte L^p-Theorie elliptischer Differentialgleichungen wichtig. Sie enthalten als Spezialfall den Lichtensteinschen Satz, daß das Newtonpotential fast überall zweimal differenzierbar ist, wenn die Dichte quadratisch integrierbar ist [187]. In Abschnitt 4.3 werden wir sehen, daß nicht einmal die Stetigkeit der Dichte für die überall zweimalige Differenzierbarkeit des Potentials ausreicht.

4.2 Differenzierbarkeitseigenschaften des Newtonpotentials und Lösung des Dirichletproblems

Wir beginnen mit einer Aussage, deren Beweis nur vom Gaußschen Satz für Kugeln Gebrauch macht.

Lemma 4.2.1. *Es sei $\Omega \subset\subset \mathbb{R}^N$, und es sei $\sigma \in C^2(\Omega)$ eine Funktion, für die $\Delta \sigma$ beschränkt ist. Dann gilt*

$$\int_\Omega S(\cdot, y) \Delta \sigma(y)\, dy \in C^2(\Omega)$$

und für $x \in \Omega$

$$-\Delta \int_\Omega S(x,y) \Delta \sigma(y)\, dy = \Delta \sigma(x) . \tag{4.4}$$

Beweis. Sei $B \subset\subset \Omega$ eine Kugel, $x \in B$ und $B_\epsilon(x) \subset\subset B$ für ein $\epsilon > 0$. Wir zerlegen

$$\int_\Omega S(x,y) \Delta \sigma(y)\, dy = \int_{\Omega \setminus B} S(x,y) \Delta \sigma(y)\, dy + \int_B S(x,y) \Delta \sigma(y)\, dy . \tag{4.5}$$

Das erste Integral rechts kann nach dem Standardsatz A.5 über Parameterintegrale beliebig oft unter dem Integralzeichen differenziert werden; es stellt also eine harmonische Funktion dar. Somit verbleibt

$$\int_B S(x,y) \Delta \sigma(y)\, dy = \int_{B \setminus B_\epsilon(x)} S(x,y) \Delta \sigma(y)\, dy + \int_{B_\epsilon(x)} S(x,y) \Delta \sigma(y)\, dy .$$

Das zweite Integral rechts geht nach Bemerkung 4.1.3 b) für $\epsilon \to 0$ gegen Null. Auf das erste Integral wenden wir den Gaußschen Satz B.6 an, wobei auf die Richtung der äußeren Einheitsnormalen ν zu achten ist. Wegen $\Delta_y S(x,y) = 0$ für $y \in B \setminus B_\epsilon(x)$ haben wir

$$-\int_{B\setminus B_\epsilon(x)} S(x,y)\Delta\sigma(y)\,dy = \int_{B\setminus B_\epsilon(x)} [\sigma(y)\Delta_y S(x,y) - S(x,y)\Delta\sigma(y)]\,dy$$

$$= \int_{\partial B} [\sigma(y)\nabla_y S(x,y) - S(x,y)\nabla\sigma(y)]\cdot\nu(y)\,dS(y)$$

$$+ \int_{\partial B_\epsilon(x)} \sigma(y)\frac{x-y}{|x-y|}\cdot\nabla_y S(x,y)\,dS(y) \qquad (4.6)$$

$$- \int_{\partial B_\epsilon(x)} S(x,y)\,\frac{x-y}{|x-y|}\cdot\nabla\sigma(y)\,dS(y)\,.$$

Das erste Integral in (4.6) ist eine in B harmonische Funktion $h(x)$. Für $\epsilon \to 0$ strebt das zweite nach Bemerkung 4.1.3 a) gegen $\sigma(x)$, während das dritte nach Teil b) dieser Bemerkung gegen Null geht. Dies liefert uns für $x \in B$,

$$\sigma(x) = -\int_B S(x,y)\Delta\sigma(y)\,dy - h(x)\,, \qquad (4.7)$$

was man auch als *Greensche Darstellungsformel* für die Kugel B bezeichnet. Zusammen mit (4.5) folgt, daß $\int_\Omega S(\cdot,y)\Delta\sigma(y)\,dy$ auf B zweimal stetig differenzierbar ist. Anwendung von Δ auf (4.5) führt wegen der Harmonizität von h und von $\int_{\Omega\setminus B} S(\cdot,y)\Delta\sigma(y)\,dy$ auf Relation (4.4) für alle $x \in B$. Da $B \subset\subset \Omega$ beliebig gewählt war, folgt hieraus die Behauptung. □

Korollar 4.2.2. *Für $\Omega \subset\subset \mathbb{R}^N$ gilt die auf S. 6 genannte* POISSON*sche Aussage über das mit einer konstanten Dichte gebildete Newtonpotential, d.h.*

$$\int_\Omega S(\cdot,y)\,dy \in C^\infty(\Omega) \quad \text{und} \quad -\Delta\int_\Omega S(x,y)\,dy = 1 \quad \text{für alle } x \in \Omega\,.$$

Beweis. Man wende Lemma 4.2.1 auf $\sigma(x) = \frac{1}{2N}|x|^2$ an. Die C^∞-Eigenschaft des Newtonpotentials folgt nunmehr sofort aus (4.7). □

Korollar 4.2.3. *Für $\varphi \in C_c^2(\mathbb{R}^N)$ und $x \in \mathbb{R}^N$ gilt*

$$-\Delta\int_{\mathbb{R}^N} S(x,y)\varphi(y)\,dy = -\int_{\mathbb{R}^N} S(x,y)\Delta\varphi(y)\,dy = \varphi(x)\,.$$

Ist $\varphi \in C_c^\infty(\mathbb{R}^N)$, so ist sein Newtonpotential auf $\mathbb{R}^N$ beliebig oft differenzierbar.

Beweis. Die Gleichheit rechts folgt sofort aus (4.7), da h identisch Null wird, wenn man $B \supseteq \operatorname{supp}\varphi$ wählt. Die andere Behauptung ergibt sich aus

4.2 Differenzierbarkeit des Newtonpotentials, Lösung des Dirichletproblems 109

$$\begin{aligned}\int_{\mathbb{R}^N} S(x,y)\Delta\varphi(y)\,dy &= \int_{\mathbb{R}^N} S(0,z)\Delta\varphi(x+z)\,dz \\ &= \int_{\mathbb{R}^N} S(0,z)\Delta_x\varphi(x+z)\,dz \\ &= \Delta \int_{\mathbb{R}^N} S(0,z)\varphi(x+z)\,dz\,,\end{aligned}$$

wobei die Vertauschung von Differentiation und Integration durch den Standardsatz A.5 gedeckt wird. Die letzte Behauptung folgt ebenfalls aus dem Standardsatz A.5, wenn man $\int_{\mathbb{R}^N} S(x,y)\varphi(y)\,dy = \int_{\mathbb{R}^N} S(0,z)\varphi(x+z)\,dz$ verwendet. □

Wenn man primär daran interessiert ist zu zeigen, daß das Newtonpotential eine schwache Lösung der Poissongleichung ist, kann man nun direkt zu Satz 10.2.5 übergehen.

Satz 4.2.4. *Es sei* $\Omega \subset\subset \mathbb{R}^N$, *ferner* $f\colon \Omega \to \mathbb{R}$ *meßbar und beschränkt. Dann ist das Newtonpotential (4.3) zu* Ω *und* f *aus* $C^1(\mathbb{R}^N)$, *und es gilt*

$$v_{x_i}(x) = \int_\Omega S_{x_i}(x,y) f(y)\, dy \quad \text{für alle } x \in \mathbb{R}^N\,. \tag{4.8}$$

Ist M eine Schranke für $|f|$, so besteht

$$|v_{x_i}(x)| \le c(\Omega) M \quad \text{für alle } x \in \mathbb{R}^N \tag{4.9}$$

mit einer allein von N und von dem Volumen von Ω abhängigen Konstanten $c(\Omega)$.

Beweis. Die absolute Konvergenz des Integrals (4.8) ergibt sich sofort aus (ii) in Bemerkung 4.1.3 a). Um zu einer Differenzierbarkeitsaussage für v zu kommen, machen wir von einer *Abschneidefunktion* $\varphi\colon \mathbb{R} \to \mathbb{R}$ mit den Eigenschaften $\varphi \in C^\infty(\mathbb{R})$, $0 \le \varphi \le 1$ und

$$\varphi(t) = \begin{cases} 0 & \text{für } t < 1 \\ 1 & \text{für } t > 2 \end{cases}$$

Gebrauch und setzen noch

$$\varphi_\epsilon(t) := \varphi(t/\epsilon)$$

für $\epsilon > 0$. Es gibt dann ein $k > 0$ mit

$$|\varphi'_\epsilon(t)| \le \frac{k}{\epsilon} \tag{4.10}$$

110   4 Die Poissongleichung $-\Delta u = f$

für $\epsilon > 0$ und $t \in \mathbb{R}$. Damit ist dann $\varphi_\epsilon(|x-y|)S(x,y)$ singularitätenfrei, und für alle $x, y \in \mathbb{R}^N$ gilt

$$\lim_{\epsilon \to 0} \varphi_\epsilon(|x-y|)S(x,y) = S(x,y),$$

denn wir haben ja $S(x,x)$ zu Null definiert. Setzen wir

$$v_\epsilon(x) := \int_\Omega \varphi_\epsilon(|x-y|)S(x,y)f(y)\,dy, \qquad (4.11)$$

so gilt aufgrund des Satzes von der majorisierten Konvergenz

$$\lim_{\epsilon \to 0} v_\epsilon(x) = v(x)$$

für alle $x \in \mathbb{R}^N$.

Für jedes $\epsilon > 0$ liegt nach dem Standardsatz A.5 über Parameterintegrale v_ϵ in $C^1(\mathbb{R}^N)$ und

$$\frac{\partial}{\partial x_i} v_\epsilon(x) = \int_\Omega f(y) \frac{\partial}{\partial x_i} [\varphi_\epsilon(|x-y|)S(x,y)]\,dy.$$

Zum Nachweis der Differenzierbarkeit von v und der Darstellung (4.8) brauchen wir also nur zu zeigen, daß für $\epsilon \to 0$

$$D_\epsilon(x) := \frac{\partial}{\partial x_i} v_\epsilon(x) - \int_\Omega S_{x_i}(x,y) f(y)\,dy$$

gleichmäßig für $x \in \Omega$ gegen Null geht. Aufgrund der Eigenschaften der Abschneidefunktion φ_ϵ und wegen Bemerkung 4.1.3 haben wir mit einer geeigneten Zahl c_N $(R=1, \gamma=\frac{1}{2}) =: c_N$, daß für $\epsilon \leq \frac{1}{2}$ gilt

$$|D_\epsilon(x)| \leq M \int_{|x-y|\leq 2\epsilon} (|(\varphi_\epsilon(|x-y|)-1)\,S_{x_i}(x,y)| + |\varphi'_\epsilon(|x-y|)\,S(x,y)|)\,dy$$

$$\leq M \int_{|x-y|\leq 2\epsilon} \left(\frac{1}{\omega_N}|x-y|^{1-N} + \frac{k}{\epsilon}c_N|x-y|^{2-N-\frac{1}{2}} \right) dy$$

$$= M \left(2\epsilon + \frac{2k}{3\epsilon} c_N \omega_N (2\epsilon)^{\frac{3}{2}} \right).$$

Die Abschätzung (4.9) ergibt sich schließlich aus

$$|v_{x_i}(x)| \leq \int_\Omega |S_{x_i}(x,y)f(y)|\,dy \leq \frac{M}{\omega_N} \int_\Omega |x-y|^{1-N}\,dy$$

$$\leq \frac{M}{\omega_N} \left\{ \int_{B_1(x)} |x-y|^{1-N}\,dy + \int_\Omega 1^{1-N}\,dy \right\}$$

nach Bemerkung 4.1.3. □

4.2 Differenzierbarkeit des Newtonpotentials, Lösung des Dirichletproblems   111

Lemma 4.2.5. *Ist $B \subset\subset \mathbb{R}^N$ eine Kugel, so gilt für $x \in B$*

$$\frac{\partial^2}{\partial x_i \partial x_k} \int_B S(x,y)\, dy = -\int_{\partial B} \nu_i(y) S_{x_k}(x,y)\, dS(y).$$

Dabei ist $\nu_i(y)$ die i-te Komponente der äußeren Einheitsnormalen an ∂B im Punkte y.

Beweis. Sei $x \in B$ und $B_\epsilon(x) \subset\subset B$. Nach Satz 4.2.4 hat das Newtonpotential zu B und 1,

$$v(x) := \int_B S(x,y)\, dy,$$

die Eigenschaft

$$v_{x_i}(x) = \int_B S_{x_i}(x,y)\, dy,$$

was nach (ii) in Bemerkung 4.1.3 a) in der Form

$$v_{x_i}(x) = -\int_{B \setminus B_\epsilon(x)} S_{y_i}(x,y)\, dy - \int_{B_\epsilon(x)} S_{y_i}(x,y)\, dy$$

geschrieben werden kann, wobei das zweite Integral nach Punkt b) dieser Bemerkung für $\epsilon \to 0$ gegen Null geht. Wenden wir auf das erste Integral den Gaußschen Satz B.6 an, so erhalten wir

$$\int_{B \setminus B_\epsilon(x)} S_{y_i}(x,y)\, dy = \int_{\partial B} \nu_i(y) S(x,y)\, dS(y) + \int_{\partial B_\epsilon(x)} \frac{x_i - y_i}{|x-y|} S(x,y)\, dS(y).$$

Da das zweite Integral ebenfalls in Bemerkung 4.1.3 b) als gegen Null gehend erkannt wurde, haben wir die Darstellung

$$v_{x_i}(x) = -\int_{\partial B} \nu_i(y) S(x,y)\, dS(y)$$

erreicht. Die rechte Seite kann nach Satz A.5 aber unter dem Integralzeichen nach x_k differenziert werden. □

Nachfolgend der Hauptsatz dieses Abschnitts; wir erinnern an Definition 4.1.5.

Satz 4.2.6 (O. Hölder). *Es sei $\Omega \subset\subset \mathbb{R}^N$, und es sei $f \in C_b^H(\Omega)$. Dann ist das zu Ω und f gehörige Newtonpotential v aus $C^2(\Omega)$, und für $x \in \Omega$ gilt*

$$v_{x_i x_k}(x) = \int_\Omega [f(y) - f(x)]\, S_{x_i x_k}(x,y)\, dy + f(x) \frac{\partial^2}{\partial x_i \partial x_k} \int_\Omega S(x,y)\, dy. \quad (4.12)$$

Beweis. Nach Voraussetzung lassen sich zu einer kleinen Kugel $B_\epsilon(x) \subset\subset \Omega$ um den festen Punkt $x \in \Omega$ eine Hölderschranke c und ein Hölderexponent α zu dieser Kugel angeben derart, daß für $y \in B_\epsilon(x)$

$$|(f(y) - f(x))\, S_{x_i x_k}(x,y)| \leq c|x-y|^\alpha \frac{N+1}{\omega_N} |x-y|^{-N}$$

ausfällt (siehe (iii) in Bemerkung 4.1.3 a)). Für $y \in \Omega \setminus B_\epsilon(x)$ können wir gröber durch

$$|(f(y) - f(x))\, S_{x_i x_k}(x,y)| \leq \frac{N+1}{\omega_N \epsilon^N} 2 \sup |f|$$

abschätzen. Das erste Integral in (4.12) ist also absolut konvergent.

Es sei $B' \subset\subset \Omega$ eine Kugel. Es genügt zu zeigen, daß v auf B' zweimal stetig differenzierbar ist und die Darstellung (4.12) für $x \in B'$ besteht. Dazu betrachten wir wieder die mit der zu Beginn des Beweises von Satz 4.2.4 eingeführten Abschneidefunktion φ_ϵ erzeugte Funktion v_ϵ aus (4.11), wobei wir annehmen können, daß mit der Zahl $k > 0$ aus (4.10) auch

$$|\varphi_\epsilon''(t)| \leq \frac{k}{\epsilon^2} \qquad (4.13)$$

für $\epsilon > 0$ und $t \in \mathbb{R}$ besteht. Es ist $v_\epsilon \in C^2(\mathbb{R}^N)$, wobei unter dem Integralzeichen differenziert werden kann. Wir schreiben

$$\frac{\partial^2}{\partial x_i \partial x_k} v_\epsilon(x) = \int_\Omega f(y) \frac{\partial^2}{\partial x_i \partial x_k} [\varphi_\epsilon(|x-y|) S(x,y)]\, dy$$

$$= \int_\Omega [f(y) - f(x)] \frac{\partial^2}{\partial x_i \partial x_k} [\varphi_\epsilon(|x-y|) S(x,y)]\, dy + f(x) T_\epsilon(x)$$

mit

$$T_\epsilon(x) := \frac{\partial^2}{\partial x_i \partial x_k} \int_\Omega \varphi_\epsilon(|x-y|) S(x,y)\, dy\,.$$

Es sei B eine zu B' konzentrische Kugel mit $B' \subset\subset B \subset\subset \Omega$ und nunmehr

$$0 < \epsilon < \frac{1}{2} \operatorname{dist}(B', \partial B)\,. \qquad (4.14)$$

Für $x \in B'$ und $y \in \Omega \setminus B$ ist dann $|x-y| \geq 2\epsilon$ und daher $\varphi_\epsilon(|x-y|) = 1$, mithin

$$T_\epsilon(x) = \frac{\partial^2}{\partial x_i \partial x_k} \int_{\Omega \setminus B} S(x,y)\, dy + \frac{\partial}{\partial x_k} \int_B \frac{\partial}{\partial x_i} [\varphi_\epsilon(|x-y|) S(x,y)]\, dy\,.$$

In dem zweiten Integral können wir $\frac{\partial}{\partial x_i}$ durch $-\frac{\partial}{\partial y_i}$ ersetzen (vgl. (ii) in Bemerkung 4.1.3 a)) und dann den Gaußschen Satz anwenden:

4.2 Differenzierbarkeit des Newtonpotentials, Lösung des Dirichletproblems

$$\int_B \frac{\partial}{\partial x_i} [\varphi_\epsilon(|x-y|) S(x,y)] \, dy = -\int_{\partial B} \nu_i(y) S(x,y) \, dS(y) \, .$$

Nach Lemma 4.2.5 gilt daher für ϵ, die (4.14) erfüllen,

$$T_\epsilon(x) = \frac{\partial^2}{\partial x_i \partial x_k} \int_{\Omega \setminus B} S(x,y) \, dy + \frac{\partial^2}{\partial x_i \partial x_k} \int_B S(x,y) \, dy \, ,$$

so daß wir nur noch zeigen müssen, daß für $\epsilon \to 0$

$$D_\epsilon(x) := \frac{\partial^2 v_\epsilon(x)}{\partial x_i \partial x_k} - \int_\Omega [f(y) - f(x)] S_{x_i x_k}(x,y) \, dy - f(x) \frac{\partial^2}{\partial x_i \partial x_k} \int_\Omega S(x,y) \, dy$$

$$= \int_\Omega [f(y) - f(x)] \frac{\partial^2}{\partial x_i \partial x_k} \{ S(x,y)[\varphi_\epsilon(|x-y|) - 1] \} \, dy$$

gleichmäßig in $x \in B'$ gegen Null geht. Wir beobachten zunächst wieder, daß sich dieses Integral nur über die $y \in \Omega$ erstreckt, für die $|x-y| \leq 2\epsilon$ ist. Die Ableitung der geschweiften Klammer liefert die vier Terme

$$S_{x_i x_k}(x,y)[\varphi_\epsilon(|x-y|) - 1] \, ,$$

$$\varphi'_\epsilon(|x-y|) \left[S_{x_i}(x,y) \frac{x_k - y_k}{|x-y|} + S_{x_k}(x,y) \frac{x_i - y_i}{|x-y|} \right] \, ,$$

$$S(x,y) \varphi''_\epsilon(|x-y|) \frac{(x_i - y_i)(x_k - y_k)}{|x-y|^2} \, ,$$

$$S(x,y) \frac{\varphi'_\epsilon(|x-y|)}{|x-y|} \left[\delta_{ik} - \frac{(x_i - y_i)(x_k - y_k)}{|x-y|^2} \right] \, .$$

Wir schätzen exemplarisch den ersten Term ab und geben die Abschätzung der drei anderen Terme als Übungsaufgabe (hier sind (4.10) und (4.13) zu verwenden). Bei der Wahl von ϵ in (4.14) ist $B_{2\epsilon}(x) \subseteq B$ für $x \in B'$. Auf B gibt es Zahlen $c > 0$ und $\alpha \in (0,1]$ mit

$$|f(y) - f(x)| \leq c|y - x|^\alpha \quad \text{für alle } x, y \in B \, .$$

Also kann der erste Term für $x \in B'$ nach Bemerkung 4.1.3 durch

$$c \frac{N+1}{\omega_N} \int_{|x-y| \leq 2\epsilon} |x-y|^{\alpha - N} \, dy = c(N+1) \frac{(2\epsilon)^\alpha}{\alpha}$$

majorisiert werden. Bei den drei anderen Termen sind die Abschätzungen ähnlich. □

4 Die Poissongleichung $-\Delta u = f$

Korollar 4.2.7. *Unter den Voraussetzungen von Satz 4.2.6 gilt*
$$-\Delta v = f\,.$$

Beweis. Aus (4.12) folgt ja für $x \in \Omega$
$$-\Delta v(x) = -\int_\Omega [f(y) - f(x)]\Delta_x S(x,y)\,dy - f(x)\,\Delta \int_\Omega S(x,y)\,dy\,.$$

Das erste Integral erstreckt sich über eine absolutintegrierbare Funktion, die für fast alle $y \in \Omega$ Null ist, so daß die Behauptung aus Korollar 4.2.2 folgt. □

Bemerkung 4.2.8. Für $\Omega \subset\subset \mathbb{R}^N$, $f \in C_b^H(\Omega)$ und $g \in C^0(\partial\Omega)$ hat aufgrund der einleitenden Bemerkung 4.1.1 das Dirichletproblem

$$-\Delta u = f \text{ in } \Omega\,, \quad u|_{\partial\Omega} = g \tag{4.15}$$

genau eine Lösung, wenn jeder Punkt von $\partial\Omega$ regulär ist.

Für Lösungen der Poissongleichung lassen sich nun leicht Sätze beweisen, die dem Kompaktheitssatz (Satz 2.1.10) und den beiden Harnackschen Sätzen (Satz 2.2.4 und Korollar 3.1.3) für harmonische Funktionen analog sind. Dies geschieht in den Aufgaben 4.4 und 4.5. Einen zu den Sätzen 3.1.2 und 3.1.6 analogen Stabilitätssatz für Lösungen des Dirichletproblems für die Poissongleichung gewinnen wir aus der nachfolgenden A-Priori-Abschätzung.

Satz 4.2.9. *Zu $D > 0$ und $N \geq 2$ gibt es $C(N,D)$, so daß für alle nichtleeren $\Omega \subset\subset \mathbb{R}^N$ mit $\operatorname{diam} \Omega \leq D$, alle $f \in C_b^H(\Omega)$, alle $g \in C^0(\partial\Omega)$ und alle Lösungen u von (4.15) die folgende Abschätzung für alle $x \in \Omega$ besteht:*

$$|u(x)| + \operatorname{dist}(x, \partial\Omega)|\nabla u(x)| \leq C(N,D)\left(\max_{\partial\Omega}|g| + \sup_\Omega |f|\right)\,.$$

Beweis. Es sei v das Newtonpotential zu Ω und f. Dann ist $u - v \in C^0(\overline{\Omega})$ und in Ω harmonisch, also aufgrund des schwachen Maximumprinzips (s. Korollar 2.3.5 und nachfolgende Bemerkung)

$$|u(x) - v(x)| \leq \max_{y \in \partial\Omega}|u(y) - v(y)| \leq \max_{\partial\Omega}|g| + \max_{\partial\Omega}|v|$$

für $x \in \Omega$, und die innere A-Priori-Abschätzung aus Satz 2.1.7 liefert

$$\operatorname{dist}(x, \partial\Omega)\,|\nabla[u(x) - v(x)]| \leq N\sqrt{N}\max_{\partial\Omega}|u - v|$$
$$\leq N\sqrt{N}\left(\max_{\partial\Omega}|g| + \max_{\partial\Omega}|v|\right)\,.$$

Die Behauptung folgt nun aus Bemerkung 4.1.3 b) und Ungleichung (4.9). □

Korollar 4.2.10 (Stabilitätssatz). *Zu $\Omega \subset\subset \mathbb{R}^N$ gibt es eine Zahl $c(N, D)$, die allein durch N und $D := \operatorname{diam} \Omega$ bestimmt ist, so daß folgendes gilt: Für $i = 1, 2$ seien u_i Lösungen der Dirichletpobleme*

$$-\Delta u_i = f_i \text{ in } \Omega \text{ mit } f_i \in C_b^H(\Omega), \quad u_i|_{\partial\Omega} = g_i \in C^0(\partial\Omega).$$

Gilt zudem für ein $\epsilon > 0$, daß $|f_1 - f_2| \leq \epsilon$ in Ω und $|g_1 - g_2| \leq \epsilon$ auf $\partial\Omega$, so ist für alle $x \in \Omega$:

$$|u_1(x) - u_2(x)| \leq c(N, D)\epsilon, \quad \text{und} \quad |\nabla u_1(x) - \nabla u_2(x)| \leq \frac{c(N, D)\epsilon}{\operatorname{dist}(x, \partial\Omega)}.$$

Bemerkung 4.2.11. Eine weitere Folgerung ist, daß die Lösungen u_l von $-\Delta u_l = f_l$ in Ω, $u_l|_{\partial\Omega} = g_l$, auf $\overline{\Omega}$ gleichmäßig konvergieren, wenn die Folgen (f_l) und (g_l) gleichmäßig konvergieren. (u_l) konvergiert aber im allgemeinen *nicht* gegen eine Lösung u von $-\Delta u = \lim_{l \to \infty} f_l$. Da aufgrund des Weierstraßschen Approximationssatzes jede auf $\overline{\Omega}$ stetige Funktion gleichmäßiger Limes einer Folge beschränkter, hölderstetiger Funktionen ist, würde dies Bemerkung 4.3.2 widersprechen. Man muß also entweder von der rechten Seite mehr voraussetzen oder den Lösungsbegriff abschwächen (s. Aufgabe 10.1).

4.3 Petrinis Gegenbeispiel

Es blieb lange unklar, ob das Newtonpotential schon unter der Voraussetzung der Stetigkeit der Dichte f zweimal differenzierbar ist. Daß dem nicht so ist, hat erst der schwedische Mathematiker PETRINI [251] durch ein Beispiel für $N = 2, 3$ belegt.

Satz 4.3.1. *Es sei $R < 1$, $B := B_R(0) \subseteq \mathbb{R}^N$, ferner $i, k \in \{1, \ldots, N\}$. Gegeben sei die stetige Funktion*

$$f(y) := \begin{cases} \dfrac{y_i y_k}{|y|^2 |\ln|y||} & \text{für } y \in B \setminus \{0\} \\ 0 & \text{für } y = 0 \end{cases},$$

und es sei v das Newtonpotential zu B und f. Dann existiert $v_{x_i x_k}(0)$ nicht.

Beweis. Wir nehmen widerspruchshalber an, das sei doch der Fall. Ist dann $e_k := (\delta_{k1}, \ldots, \delta_{kN})$, so ist für $0 < h < R$

$$\left| \frac{1}{h} [v_{x_i}(he_k) - v_{x_i}(0)] \right| = \frac{1}{h} |v_{x_i}(he_k)| \leq \text{konst.} \tag{4.16}$$

Nach Satz 4.2.4 und (ii) in Bemerkung 4.1.3 a) ist ja

$$v_{x_i}(0) = \frac{1}{\omega_N} \int_B f(y) \frac{y_i}{|y|^N} \, dy = 0,$$

116   4 Die Poissongleichung $-\Delta u = f$

da der Integrand ungerade ist und B bei der Ersetzung von y durch $-y$ ungeändert bleibt.

Es sei nun $m > 0$, ferner $h > 0$ so, daß $mh < R$. Wegen

$$\frac{1}{h}\left|\int_{B_{mh}(0)} f(y)\frac{h\delta_{ki} - y_i}{|he_k - y|^N}\,dy\right| \leq (h|\ln R|)^{-1}\int_{B_{(m+1)h}(he_k)} |he_k - y|^{1-N}\,dy = \frac{m+1}{|\ln R|}\omega_N$$

folgt daher aus (4.16) die Beschränktheit von

$$\frac{1}{h}\int_{mh<|y|<R} f(y)\frac{h\delta_{ki} - y_i}{|he_k - y|^N}\,dy = \int_{mh}^{R}\frac{1}{|\ln r|}\left(\frac{1}{h}\int_{|\eta|=1}\frac{\frac{h}{r}\delta_{ki} - \eta_i}{|\frac{h}{r}e_k - \eta|^N}\eta_i\eta_k\,dS(\eta)\right)dr$$

für $h \to 0$. Wir kürzen den Ausdruck in der runden Klammer mit $I(h,r)$ ab und zeigen, daß es ein $m > 0$ so gibt, daß für $mh < r < R$

$$I(h,r) \leq -\frac{\omega_N}{2(N+2)}\frac{1}{r} \tag{4.17}$$

ausfällt, was den gewünschten Widerspruch liefert. Zum Beweis von (4.17) dient die folgende Darstellung von $I(h,r)$:

$$\frac{1}{r}\int_{|\eta|=1}\frac{\delta_{ik}\eta_i^2}{|\frac{h}{r}e_k - \eta|^N}\,dS(\eta) - \frac{1}{h}\int_{|\eta|=1}\frac{\eta_i^2\eta_k}{|\frac{h}{r}e_k - \eta|^N}\,dS(\eta)$$

$$= \frac{1}{r}\int_{|\eta|=1}\frac{\delta_{ik}\eta_i^2}{|\frac{h}{r}e_k - \eta|^N}\,dS(\eta) - \frac{1}{h}\int_{\substack{|\eta|=1\\ \eta_k>0}}\left(\frac{1}{|\frac{h}{r}e_k - \eta|^N} - \frac{1}{|\frac{h}{r}e_k + \eta|^N}\right)\eta_i^2\eta_k\,dS(\eta)$$

$$= \frac{1}{r}\int_{|\eta|=1}\frac{\delta_{ik}\eta_i^2}{|\frac{h}{r}e_k - \eta|^N}\,dS(\eta) - \frac{N}{2h}\int_{\substack{|\eta|=1\\ \eta_k>0}}\left(\int_{|\frac{h}{r}e_k - \eta|^2}^{|\frac{h}{r}e_k + \eta|^2} t^{-1-\frac{N}{2}}\,dt\right)\eta_i^2\eta_k\,dS(\eta).$$

Für $|\eta| = 1$ ist $\left|\frac{h}{r}e_k \pm \eta\right|^2 = 1 + \frac{h^2}{r^2} \pm 2\frac{h\eta_k}{r}$, und es folgt

$$\left|\frac{h}{r} - 1\right|^2 \leq \left|\frac{h}{r}e_k \pm \eta\right|^2 \leq \left|\frac{h}{r} + 1\right|^2 \quad \text{und} \quad \left|\frac{h}{r}e_k + \eta\right|^2 - \left|\frac{h}{r}e_k - \eta\right|^2 = 4\frac{h\eta_k}{r}.$$

Das ergibt die Abschätzung

$$I(h,r) \leq \frac{1}{r}\left|\frac{h}{r} - 1\right|^{-N}\int_{|\eta|=1}\delta_{ik}\eta_i^2\,dS(\eta) - \frac{N}{2h}\frac{4h}{r}\int_{\substack{|\eta|=1\\ \eta_k>0}}\left|\frac{h}{r}e_k + \eta\right|^{-2-N}\eta_k^2\eta_i^2\,dS(\eta)$$

$$\leq \frac{1}{r}\left(\left|\frac{h}{r} - 1\right|^{-N}\int_{|\eta|=1}\delta_{ik}\eta_i^2\,dS(\eta) - N\left|\frac{h}{r} + 1\right|^{-2-N}\int_{|\eta|=1}\eta_k^2\eta_i^2\,dS(\eta)\right).$$

Die Integrale über die Einheitssphäre lassen sich mit dem Gaußschen Integralsatz leicht berechnen. Man beachte auch $\delta_{ik} y_i y_k = \delta_{ik} y_k^2$. Es ist

$$\int_{|\eta|=1} \eta_i^2 \, dS(\eta) = \int_{|y|=1} y_i \nu_i(y) \, dS(y) = \int_{|y|\le 1} (y_i)_{y_i} \, dy = \int_{|y|\le 1} dy = \frac{\omega_N}{N},$$

$$\int_{|\eta|=1} \eta_k^2 \eta_i^2 \, dS(\eta) = \int_{|y|\le 1} (y_k^2 y_i)_{y_i} \, dy = (2\delta_{ik} + 1) \int_{|y|\le 1} y_k^2 \, dy$$

$$= (2\delta_{ik} + 1) \int_0^1 \int_{|\eta|=1} \eta_k^2 \, dS(\eta) r^{N+1} \, dr = \frac{(2\delta_{ik} + 1)}{N+2} \frac{\omega_N}{N}.$$

Mithin ist

$$I(h,r) \le \frac{\omega_N}{r} \left(\frac{1}{N} \left| \frac{h}{r} - 1 \right|^{-N} \delta_{ik} - \frac{1}{N+2} \left| \frac{h}{r} + 1 \right|^{-2-N} (2\delta_{ik} + 1) \right).$$

Zu $0 < \epsilon < 1$ läßt sich jetzt $m > 0$ so fixieren, daß für $h/r < 1/m$ die Ungleichungen $\left| \frac{h}{r} - 1 \right|^N \ge \frac{1}{1+\epsilon}$ und $\left| \frac{h}{r} + 1 \right|^{2+N} \le \frac{1}{1-\epsilon}$ bestehen. Dann ist

$$I(h,r) \le \frac{\omega_N}{r} \left\{ \left[\frac{1+\epsilon}{N} - \frac{2(1-\epsilon)}{N+2} \right] \delta_{ik} - \frac{1-\epsilon}{N+2} \right\}$$

für $hm < r < R$, so daß man tatsächlich $\epsilon > 0$ vorgeben kann, daß (4.17) gilt. □

Wenn man will, kann man sich nun, ausgehend von der Funktion f aus Satz 4.3.1, mittels des HANKELschen Prinzips von der Verdichtung der Singularitäten, das DU BOIS-REYMOND in Zusammenhang mit der Divergenz von Fourierreihen stetiger Funktionen verwendete [56, S. 100 ff.], eine auf B stetige und beschränkte Funktion ϱ verschaffen, so daß die zweiten Ableitungen des Newtonpotentials zu B und ϱ auf einer in B dichten Teilmenge nicht existieren.

Bemerkung 4.3.2. Zu dem f aus Satz 4.3.1 gibt es kein $u \in C^2(B)$ mit $-\Delta u = f$ in B. Für ein solches u wäre ja Δu auf einer konzentrischen Kugel $B' \subset\subset B$ beschränkt, also nach Lemma 4.2.1 $\int_{B'} S(\cdot, y) f(y) \, dy \in C^2(B')$, was Satz 4.3.1 widerspricht.

Natürlich folgt aus all dem nicht, daß die Hölderstetigkeit von f notwendig für die zweimalige Differenzierbarkeit des Newtonpotentials ist. Tatsächlich kann man den Beweis von Satz 4.2.6 bereits unter der schwächeren Voraussetzung führen, daß lokal $|f(x) - f(y)| \le \omega(|x-y|)$ gilt, wobei ω eine monoton wachsende stetige Funktion mit der Eigenschaft

$$\int_0^1 \frac{\omega(t)}{t} \, dt < \infty$$

ist. Dies geht auf MORERA [210] zurück. Auch diese Forderung an den Stetigkeitsmodul entstammt der Theorie der Fourierreihen; sie wurde dort von DINI [50] eingeführt.

Wir werden auf das Gegenbeispiel von Petrini bei der Abschwächung des klassischen Lösungsbegriffs in Korollar 10.2.6 zurückkommen.

4.4 Die Greensche Funktion zum Dirichletproblem

Bei der Lösung des Dirichletproblems (4.1), (4.2) mit Hilfe des Newtonpotentials v benötigt man nach Bemerkung 4.1.1 eine harmonische Funktion h mit $h = g - v$ auf $\partial\Omega$. Hätte man anstelle von v eine Lösung w der Poissongleichung mit $w|_{\partial\Omega} = 0$, so brauchte man diese nur zu der Lösung des Dirichletproblems für die Laplacegleichung zu addieren, um die Lösung des Problems für die Poissongleichung zu erhalten.

Wir machen für w, das man auch *Greenpotential* zu Ω und f nennt, den Ansatz

$$w(x) = \int_\Omega G(x,y) f(y)\, dy$$

und suchen G herzustellen (zur Historie siehe das auf S. 10 ff. Gesagte). Wegen der Forderung $w|_{\partial\Omega} = 0$ ist es naheliegend, von G zu verlangen, daß $G(x,\cdot) = 0$ ist für $x \in \partial\Omega$. Da $-\Delta w = f$ sein soll und das Newtonpotential v schon diese Eigenschaft besitzt, ist es nicht unplausibel, die Harmonizität von $G(\cdot, y) - S(\cdot, y)$ für $y \in \Omega$ zu verlangen. Dies führt uns (die Forderung (iii) wird durch den Wunsch nach Eindeutigkeit motiviert) zu

Definition 4.4.1. *Es sei $\Omega \subseteq \mathbb{R}^N$ offen. Man nennt $G\colon \overline{\Omega}\times\Omega \to \mathbb{R}$ Greensche Funktion für Ω (genauer: für Ω und den Laplaceoperator mit Dirichletscher Randbedingung [sofern $\partial\Omega$ nichtleer ist] oder auch Greensche Funktion 1. Art für Ω und den Laplaceoperator), wenn für jedes $y \in \Omega$ folgendes gilt:*

(i) $G(\cdot, y) - S(\cdot, y)$ *ist stetig auf $\overline{\Omega}$ und harmonisch auf Ω;*
(ii) $G(\cdot, y) = 0$ *auf $\partial\Omega$;*
(iii) *für jede Folge (x_n) aus Ω mit $|x_n| \to \infty$ für $n \to \infty$ gilt*

$$\liminf_{n\to\infty} G(x_n, y) = 0$$

und

$$\limsup_{n\to\infty} G(x_n, y) \begin{cases} < \infty & \text{für } N = 2 \\ = 0 & \text{für } N \geq 3 \end{cases}.$$

Bemerkung 4.4.2. a) Man beachte, daß wir in Definition 4.1.2 die Singularitätenfunktion S auf der Diagonalen zu Null definiert haben, so daß für $y \in \Omega$ die Differenz $G(\cdot, y) - S(\cdot, y)$ tatsächlich auf ganz $\overline{\Omega}$ erklärt ist. Man verifiziert leicht, daß $G(\cdot, y)$ auf $\Omega \setminus \{y\}$ harmonisch und in $\overline{\Omega} \setminus \{y\}$ stetig ist.

b) Die Forderung (iii) entfällt, wenn Ω beschränkt ist.

c) Ist $N \geq 3$ und $\Omega = \mathbb{R}^N$, so hat die Singularitätenfunktion S offensichtlich alle von G verlangten Eigenschaften. Hingegen gibt es im Fall $\Omega = \mathbb{R}^2$ keine Funktion G mit den Eigenschaften (i)–(iii). Andernfalls wäre nämlich bei festem $y \in \mathbb{R}^2$ die Funktion $H(\cdot,y) := G(\cdot,y) - S(\cdot,y)$ harmonisch, also die Menge der Minimumstellen dieser Funktion offen. Die dritte Forderung würde $\liminf_{n \to \infty} H(x_n, y) = \infty$ für jede Folge (x_n) mit $|x_n| \to \infty$ nach sich ziehen. Aufgrund des Randminimumprinzips (Satz 2.3.8) wäre dann aber $H(\cdot,y) \geq c$ für jedes $c \in \mathbb{R}$, was unmöglich ist.

d) Es gibt, wenn überhaupt, genau eine Greensche Funktion. Für $N \geq 3$ ergibt sich dies sofort, wenn man auf die Differenz zweier solcher Funktionen das Randminimumprinzip anwendet. Ist $N = 2$ und Ω unbeschränkt (für beschränktes Ω folgt die Behauptung ja sofort aus dem schwachen Minimumprinzip), so können wir wegen c) annehmen, daß $\mathbb{R}^2 \setminus \Omega$ nichtleer ist. Dann folgt aber die Behauptung aus dem Eindeutigkeitssatz 3.6.1.

Nun zur Existenz der Greenschen Funktion.

Satz 4.4.3. *Die Greensche Funktion für $\Omega \subset\subset \mathbb{R}^N$ existiert, wenn jeder Punkt von $\partial\Omega$ regulär ist.*

Beweis. Sei $y \in \Omega$. Nach Satz 3.3.9 gibt es eine in Ω harmonische und auf $\overline{\Omega}$ stetige Funktion $H(\cdot, y)$ mit $H(x,y) = -S(x,y)$ für $x \in \partial\Omega$, so dass $G := S + H$ das Gewünschte leistet. □

Ein zentrales Ergebnis dieses Paragraphen wird in der Umkehrung dieses Satzes bestehen (Satz 4.4.9). Zunächst einige allgemein wichtige Informationen über die Greensche Funktion, losgelöst von der Frage der Existenz einer solchen Funktion.

Lemma 4.4.4. *Es sei $\Omega \subseteq \mathbb{R}^N$ und G Greensche Funktion für Ω. Ist $y \in \Omega$, so gilt*

$$0 \leq G(x,y) \text{ für } x \in \overline{\Omega} \setminus \{y\};$$

genauer: es ist

$0 < G(x,y)$, *wenn sich x und y in derselben Zusammenhangskomponente von Ω befinden und $x \neq y$ ist,*

und

$0 = G(x,y)$, *wenn x und y in verschiedenen Zusammenhangskomponenten von Ω liegen.*

Für $x \in \overline{\Omega}$, $y \in \Omega$, $x \neq y$, gilt

$$G(x,y) \leq \begin{cases} S(x,y) & , \text{ falls } N \geq 3 \\ -\frac{1}{2\pi} \ln \frac{|x-y|}{\operatorname{diam} \Omega} & , \text{ falls } N = 2 \text{ und } \Omega \subset\subset \mathbb{R}^N \end{cases}.$$

120   4 Die Poissongleichung $-\Delta u = f$

Beweis. Wir fixieren $y \in \Omega$. Nach 4.4.1 (i) ist $G(\cdot, y)$ in $\Omega \setminus \{y\}$ harmonisch. Wir werden $\liminf_{n \to \infty} G(x_n, y) \geq 0$ zeigen, wenn (x_n) aus Ω gegen einen Punkt von $\{y\} \cup \partial \Omega$ strebt oder $|x_n| \to \infty$ geht. Mit dem Randminimumprinzip 2.3.8 folgt dann $G(x, y) \geq 0$ für $x \in \Omega \setminus \{y\}$, und das gilt dann wegen 4.4.1 (ii) auch für $x \in \overline{\Omega} \setminus \{y\}$.

Wir beginnen mit dem Fall $x_n \to y$. Da $G(\cdot, y) - S(\cdot, y)$ nach 4.4.1 (i) in einer Umgebung von y beschränkt ist und $S(x_n, y) \to \infty$ gilt, ist auch $\liminf_{n \to \infty} G(x_n, y) = \infty$. Wenn (x_n) gegen einen Punkt aus $\partial \Omega$ konvergiert oder $|x_n| \to \infty$ geht, folgt $\liminf_{n \to \infty} G(x_n, y) = 0$ aus 4.4.1 (ii) (in Verbindung mit der Stetigkeit von $G(\cdot, y)$ auf $\overline{\Omega} \setminus \{y\}$) bzw. 4.4.1 (iii).

Es sei Y diejenige Zusammenhangskomponente von Ω, die y enthält. Damit ist $G(\cdot, y)$ in $Y \setminus \{y\}$ nach 4.4.1 (i) hamonisch. Hätte die Funktion dort eine Nullstelle, so wäre dies eine Minimumstelle, also nach Satz 2.3.2 $G(\cdot, y)$ konstant. Wegen 4.4.1 (i) müßte dann aber $-S(\cdot, y)$ in einer Umgebung von y beschränkt sein.

Liegt x in einer Zusammenhangskomponente X von Ω, die y nicht enthält, so liefert im Falle $N \geq 3$ das Randminimumprinzip 2.3.8, angewandt auf die in X harmonischen Funktionen $\pm G(\cdot, y)$, daß $G(x, y) = 0$ ist. Im Fall $N = 2$ folgt diese Behauptung sofort aus Satz 3.6.1.

Im Falle $N \geq 3$ ist die auf $\overline{\Omega}$ stetige und in Ω harmonische Funktion $G(\cdot, y) - S(\cdot, y)$ auf $\partial \Omega$ negativ. Wegen $G(x_n, y) \to 0$ für Folgen $|x_n| \to \infty$ ergibt die Anwendung von Satz 2.3.8, daß $G(x, y) - S(x, y) \leq 0$ für alle $x \in \Omega$ gilt. Im Falle $N = 2$ mit $\Omega \subset\subset \mathbb{R}^N$ genügt es, Korollar 2.3.5 auf die Funktion $G(\cdot, y) + \frac{1}{2\pi} [\ln |\cdot -y| - \ln(\text{diam } \Omega)]$ anzuwenden. □

Lemma 4.4.5. *Ist $\Omega \subset\subset \mathbb{R}^N$ und G Greensche Funktion für Ω, so gilt*

$$H := G - S \in C^0(\overline{\Omega} \times \Omega) \, .$$

Beweis. Es genügt zu zeigen, daß die Funktion H für jedes $\Omega_0 \subset\subset \Omega$ auf $\overline{\Omega} \times \Omega_0$ stetig ist. Definitionsgemäß ist bei festem $y \in \Omega_0$ die Funktion $H(\cdot, y)$ auf $\overline{\Omega}$ stetig, so daß es genügt zu zeigen, daß $H(x, \cdot)$ auf Ω_0 stetig ist, und zwar gleichmäßig bezüglich $x \in \overline{\Omega}$. Aufgrund von 4.4.1 (ii) gilt

$$H|_{\partial \Omega \times \overline{\Omega_0}} = -S|_{\partial \Omega \times \overline{\Omega_0}} \, ,$$

und die Funktion rechts ist gleichmäßig stetig auf dem Kompaktum $\partial \Omega \times \overline{\Omega_0}$. Insbesondere gibt es also zu jedem $\epsilon > 0$ ein $\delta > 0$, so daß $|H(x, y_1) - H(x, y_2)| < \epsilon$ ausfällt für alle $x \in \partial \Omega$ und alle $y_1, y_2 \in \Omega_0$ mit $|y_1 - y_2| < \delta$. Da aber $H(\cdot, y_1)$ und $H(\cdot, y_2)$ auf $\overline{\Omega}$ stetige und in Ω harmonische Funktionen sind, folgt aus dem Stabilitätssatz 3.1.2 $|H(x, y_1) - H(x, y_2)| \leq \epsilon$ für alle $x \in \overline{\Omega}$ und alle $y_1, y_2 \in \Omega_0$ mit $|y_1 - y_2| < \delta$. □

Bemerkung 4.4.6. Ist $\Omega \subset\subset \mathbb{R}^N$ und G Greensche Funktion, so ist $G(x, \cdot)$ stetig auf $\Omega \setminus \{x\}$ für $x \in \overline{\Omega}$ (nach Lemma 4.4.5) und besitzt eine über Ω integrierbare Majorante (nach Lemma 4.4.4 in Verbindung mit Bemerkung 4.1.3), so daß für meßbares und beschränktes $f: \Omega \to \mathbb{R}$ das Greenpotential

4.4 Die Greensche Funktion zum Dirichletproblem

$$w(x) := \int_\Omega G(x,y)f(y)\,dy, \quad x \in \overline{\Omega}, \tag{4.18}$$

existiert. Das Problem, diese Funktion zweimal zu differenzieren, wird bei dem nachfolgenden Beweis auf das in Abschnitt 4.2 gelöste Problem verschoben, das Newtonpotential zweimal zu differenzieren. Eine Beweisvariante wird in Aufgabe 4.9 vorgestellt, wo auf der Basis der Sätze 4.7.1 und 4.7.2 für das Greenpotential das Analogon zu Relation (4.12) hergestellt werden soll. Daß die Greensche Funktion die Voraussetzungen dieser Sätze erfüllt, wird sich aus Lemma 4.5.4 ergeben, das auf der Symmetrie der Funktion $H := G - S$ beruht (Satz 4.5.2).

Teil c) des nachfolgenden Satzes wird nur im Beweis der Sätze 6.2.1 und 10.3.9 verwendet.

Satz 4.4.7. *Es sei $\Omega \subset\subset \mathbb{R}^N$ und G die Greensche Funktion für Ω.*

a) *Ist $f: \Omega \to \mathbb{R}$ meßbar und beschränkt, so ist das Greenpotential (4.18) zu Ω und f aus $C^0(\overline{\Omega})$ (und natürlich $w = 0$ auf $\partial\Omega$).*

b) *Ist $f \in C_b^H(\Omega)$ (s. Definition 4.1.5), so ist überdies $w \in C^2(\Omega)$ und*

$$-\Delta w = f \text{ in } \Omega.$$

c) *Ist $\sigma \in C^2(\Omega)$ eine Funktion, für die $\Delta\sigma$ beschränkt ist, so ist das Greenpotential w zu Ω und $\Delta\sigma$ aus $C^2(\Omega)$ und*

$$-\Delta w = \Delta\sigma \text{ in } \Omega.$$

Beweis. a) Es seien $x_0 \in \overline{\Omega}$, $n \in \mathbb{N}$ und

$$w_n(x) := \int_{\Omega \setminus B_{\frac{1}{n}}(x_0)} G(x,y)f(y)\,dy, \quad x \in \overline{\Omega}.$$

Die Stetigkeit von w_n im Punkte x_0 ergibt sich aufgrund der in Lemma 4.4.4 gegebenen Abschätzung mit Hilfe des Satzes A.5. Es genügt daher zu zeigen, daß (w_n) auf $\overline{\Omega}$ gleichmäßig gegen w konvergiert. Dazu zerlegen wir

$$w(x) - w_n(x) = \int_{\Omega \cap B_{\frac{1}{n}}(x_0)} G(x,y)f(y)\,dy = I_1(x) + I_2(x)$$

mit

$$I_1(x) := \int_{\Omega_1} G(x,y)f(y)\,dy, \quad \Omega_1 := \left\{y \in B_{\frac{1}{n}}(x_0): |y-x| < |y-x_0|\right\} \cap \Omega,$$

$$I_2(x) := \int_{\Omega_2} G(x,y)f(y)\,dy, \quad \Omega_2 := \left\{y \in B_{\frac{1}{n}}(x_0): |y-x| \geq |y-x_0|\right\} \cap \Omega.$$

Nach Lemma 4.4.4 und Bemerkung 4.1.3 haben wir für geeignetes $R > 0$ und $M := \sup |f|$ die Abschätzungen

$$|I_1(x)| \leq Mc_N\left(R, \tfrac{1}{2}\right) \int_{|y-x|<\frac{1}{n}} |x-y|^{\frac{3}{2}-N} \, dy = Mc_N(R, \tfrac{1}{2}) \frac{2\omega_N}{3} \left(\frac{1}{n}\right)^{\frac{3}{2}},$$

$$|I_2(x)| \leq Mc_N(R, \tfrac{1}{2}) \int_{\Omega_2} |x-y|^{\frac{3}{2}-N} \, dy \leq Mc_N(R, \tfrac{1}{2}) \int_{|y-x_0|<\frac{1}{n}} |y-x_0|^{\frac{3}{2}-N} dy \,,$$

woraus sofort das Gewünschte folgt.

b) Wir setzen $H := G - S$ und schreiben $w(x) = v(x) + h(x)$ für $x \in \overline{\Omega}$, wobei v das Newtonpotential zu Ω und f und

$$h(x) := \int_\Omega H(x,y) f(y) \, dy$$

ist. Im Hinblick auf den Hölderschen Satz 4.2.6 zusammen mit Korollar 4.2.7 genügt es zu zeigen, dass h in Ω harmonisch ist. Dazu sei $B_r(x_0) \subset\subset \Omega$. Auf $B_r(x_0) \times \Omega$ ist die Funktion

$$(x,y) \mapsto [H(x_0,y) - H(x,y)] f(y)$$

nach Lemma 4.4.5 stetig und daher insbesondere meßbar. Ferner existiert das Integral

$$\int_{B_r(x_0)} \left(\int_\Omega |H(x_0,y) - H(x,y)| \, |f(y)| \, dy \right) dx \,,$$

da f beschränkt ist und in dem inneren Integral H nach Lemma 4.4.4 durch die Singularitätenfunktion majorisiert werden kann. Nach Fubini-Tonelli ist daher

$$\int_{B_r(x_0)} [h(x_0) - h(x)] \, dx = \int_\Omega \left(\int_{B_r(x_0)} [H(x_0,y) - H(x,y)] \, dx \right) f(y) \, dy \,.$$

Der Ausdruck in der Klammer ist aber Null, da für $y \in \Omega$ die Funktion $H(\cdot, y)$ harmonisch ist, also die Mittelwerteigenschaft besitzt. Gemäß Satz 2.1.1 beweist dies die Harmonizität von h.

c) Für $x \in \overline{\Omega}$ schreiben wir wieder

$$w(x) = \int_\Omega S(x,y) \Delta\sigma(y) \, dy + \int_\Omega H(x,y) \Delta\sigma(y) \, dy \,.$$

Der zweite Summand ist in Ω harmonisch nach b), wo nur Beschränktheit und Meßbarkeit von f benützt wurden. Die Behauptung folgt daher aus Lemma 4.2.1. □

Korollar 4.4.8. *Es sei G die Greensche Funktion für die Kugel $B_R(0) \subset\subset \mathbb{R}^N$. Dann gilt für alle $x \in \overline{B_R(0)}$*

$$\int_{B_R(0)} G(x,y)\, dy = \frac{1}{2N}(R^2 - |x|^2)\,.$$

Beweis. Beide Seiten lösen das Dirichletproblem $-\Delta u = 1$ in $B_R(0)$, $u = 0$ auf $\partial B_R(0)$. □

Satz 4.4.9. *Für $\Omega \subset\subset \mathbb{R}^N$ sind die folgenden Aussagen äquivalent.*
(i) Es existiert die Greensche Funktion für Ω.
(ii) Jeder Punkt von $\partial\Omega$ ist regulär.
(iii) Das Dirichletproblem $-\Delta u = f$ in Ω, $u|_{\partial\Omega} = g$ hat für jedes $f \in C_b^H(\Omega)$ und jedes $g \in C^0(\partial\Omega)$ eine Lösung.

Beweis. Die Implikationen „(ii)⇒(i)" und „(iii)⇒(i)" ergeben sich aus Satz 4.4.3 bzw. seinem Beweis. Wir zeigen zunächst „(i)⇒(ii)". Sei $x_0 \in \partial\Omega$. Dann ist

$$b(x) := \frac{1}{2N}|x - x_0|^2 + \int_\Omega G(x,y)\, dy\,, \quad x \in \overline{\Omega}\,,$$

eine Barriere für Ω im Punkt x_0. Es ist ja $b \in C^0(\overline{\Omega})$ nach Satz 4.4.7 a) und

$$\Delta b(x) = 1 + \Delta \int_\Omega G(x,y)\, dy = 0\,, \quad x \in \Omega\,,$$

nach Satz 4.4.7 b). Ferner gilt $b(x_0) = 0$, und aus Lemma 4.4.4 folgt für alle $x \in \overline{\Omega} \setminus \{x_0\}$, daß $b(x) \geq \frac{1}{2N}|x - x_0|^2 > 0$. Die Implikation „(ii)⇒(iii)" haben wir bereits in Bemerkung 4.2.8 abgehandelt. □

4.5 Die Symmetrie der Greenschen Funktion

Die Symmetrie der Greenschen Funktion wurde bei GREEN [86, §6] aus physikalischen Überlegungen erschlossen und von KIRCHHOFF [140] gegen einen Einwand verteidigt; MAXWELL betont sie in einem Anhang zu Greens Gesammelten Abhandlungen. Heutzutage wird sie in nahezu jedem Buch mit Hilfe des Gaußschen Satzes hergeleitet, was aber Kenntnisse von $\nabla_x G(x,y)$ in Randnähe und eine gewisse Glattheit des Randes bedingt[1], es sei denn, man

---
[1] LYAPUNOV zeigt, daß der reguläre Anteil von G auf den nach ihm benannten Flächen eine Normalableitung besitzt und beweist damit die Symmetrie von G in so berandeten Gebieten [185, §24]. Für glattberandete Gebiete gewinnt P. LAX [169] Existenz und Symmetrie der Greenschen Funktion mit dem Satz von Hahn-Banach über die Erweiterung stetiger linearer Funktionale auf normierten Räumen.

verwendet den Satz von GIESECKE, Satz 3.7.1. Etwas anders argumentiert KELLOGG in seinem klasssischen Werk über Potentialtheorie [136, pp. 238 ff.]. Er wendet den Gaußschen Satz auf die Niveauflächen $G(x, y) =$ const an, was schon früher BÔCHER beim Beweis seines Satzes über das Verhalten harmonischer Funktionen in der Nähe einer isolierten Singularität getan hatte (s. Abschnitt 5.2). In der Ebene ist dies aufgrund eines Resultates von OSGOOD [245, p. 588] gerechtfertigt. Für höhere Dimensionen scheint er sich auf seine Arbeit [137] zu berufen, ohne dies allerdings zu detaillieren (vgl. [273]). Der nachfolgende Beweis[2] benützt allein die Eigenschaften von G, die in ihrer Definition 4.4.1 niedergelegt sind, sowie die direkt aus ihnen folgenden Lemmata 4.4.4 und 4.4.5. Einen anderen einfachen Zugang zur Symmetrie von G werden wir in Satz 10.3.4 kennenlernen. Es sei daran erinnert, daß die Singularitätenfunktionen S zum Laplaceoperator in Definition 4.1.2 auf der Diagonalen zu Null erklärt wurde.

Wir beginnen mit einem Hilfssatz.

Lemma 4.5.1. *Es sei G die Greensche Funktion für $\Omega \subset\subset \mathbb{R}^N$. Für $x \in \overline{\Omega}$ ist $H(x, \cdot) := G(x, \cdot) - S(x, \cdot)$ harmonisch in Ω.*

Beweis. Es sei $B_r(y_0) \subset\subset \Omega$. Die Funktion

$$h(x) := \int_{B_r(y_0)} [H(x, y_0) - H(x, y)]\, dy, \quad x \in \overline{\Omega},$$

ist stetig, da der Integrand nach Lemma 4.4.5 auf $\overline{\Omega} \times \Omega$ stetig ist. Wir zeigen, daß h in Ω harmonisch und Null auf $\partial\Omega$ ist. Aufgrund des Maximumprinzips, Korollar 2.3.5, ist daher h identisch Null, nach Satz 2.1.1 $H(x, \cdot)$ also harmonisch in Ω.

Für den Nachweis, daß h die zweite Mittelwerteigenschaft besitzt, sei $B_\varrho(x_0) \subset\subset \Omega$. Dann gilt

$$\int_{B_\varrho(x_0)} [h(x_0) - h(x)]\, dx \tag{4.19}$$

$$= \int_{B_r(y_0)} \left(\int_{B_\varrho(x_0)} \{[H(x_0, y_0) - H(x_0, y)] - [H(x, y_0) - H(x, y)]\}\, dx \right) dy,$$

denn aufgrund der Stetigkeit des Integranden ist die Vertauschung der Integrationsreihenfolge auf kompakten Mengen unproblematisch. Die rechte Seite von (4.19) ist aber Null, da $H(\cdot, y_0) - H(\cdot, y)$ nach Definition 4.4.1 harmonisch ist. Also ist h in der Tat harmonisch in Ω. Da $G(\cdot, y)$ auf $\partial\Omega$ Null ist, haben wir für $x \in \partial\Omega$

$$h(x) = \int_{B_r(y_0)} [-S(x, y_0) + S(x, y)]\, dy$$

und dies ist Null, da $S(x, \cdot)$ harmonisch in Ω ist. □

---

[2] Wienholtz hat ihn am 24.1.1995 in seinem Oberseminar in München vorgeführt.

Satz 4.5.2. *Es sei G die Greensche Funktion für $\Omega \subset\subset \mathbb{R}^N$. Dann ist $H := G - S$ auf $\Omega \times \Omega$ symmetrisch, insbesondere also*

$$G(x,y) = G(y,x) \quad \text{für } (x,y) \in \Omega \times \Omega .$$

Beweis. Es sei $y \in \Omega$ und $x \in \Omega \setminus \{y\}$. Nach Lemma 4.4.4 ist dann $G(x,y) \geq 0$, also

$$H(x,y) - H(y,x) \geq -S(x,y) - H(y,x) = -[S(y,x) + H(y,x)]$$
$$= -G(y,x) .$$

Ist daher (y_j) eine Folge aus Ω, die gegen einen Punkt $z \in \partial\Omega$ konvergiert, so haben wir aufgrund der Stetigkeit von $G(\cdot, x)$ auf $\overline{\Omega}$

$$\liminf_{j \to \infty} [H(x, y_j) - H(y_j, x)] \geq \liminf_{j \to \infty} [-G(y_j, x)] = -G(z, x) = 0 .$$

Da $H(x, \cdot) - H(\cdot, x)$ harmonisch ist – für $H(x, \cdot)$ hatten wir dies gerade in Lemma 4.5.1 gezeigt, für $H(\cdot, x)$ ist dies definitionsgemäß der Fall –, ist aufgrund des Randminimumprinzips, Satz 2.3.8,

$$H(x,y) - H(y,x) \geq 0 .$$

Vertauscht man die Rollen von x und y, so ergibt sich die Behauptung. □

Zusammen mit Lemma 4.4.5 erhalten wir überdies

Korollar 4.5.3. *Es sei G die Greensche Funktion für $\Omega \subset\subset \mathbb{R}^N$. Dann besitzt $H := G - S$ eine stetige Fortsetzung auf $(\overline{\Omega} \times \Omega) \cup (\Omega \times \overline{\Omega})$, und diese ist symmetrisch. Für $x \in \Omega$ ist $G(x, \cdot)$ harmonisch in $\Omega \setminus \{x\}$ und stetig fortsetzbar auf $\overline{\Omega} \setminus \{x\}$. Diese Fortsetzung ist Null auf $\partial\Omega$.*

Des weiteren werden in den Abschnitten 4.6 und 4.8 noch die folgenden Aussagen benötigt.

Lemma 4.5.4. *Es sei G die Greensche Funktion für $\Omega \subset\subset \mathbb{R}^N$ und $H := G - S$.*

a) Es sei $x \in \Omega$. Dann sind $H_{x_i}(x, \cdot)$ und $H_{x_i x_k}(x, \cdot)$ harmonisch in Ω und stetig fortsetzbar auf $\overline{\Omega}$. $G_{x_i}(x, \cdot)$ und $G_{x_i x_k}(x, \cdot)$ sind harmonisch in $\Omega \setminus \{x\}$ und stetig fortsetzbar auf $\overline{\Omega} \setminus \{x\}$. Diese Fortsetzungen sind Null auf $\partial\Omega$.

b) Es sind $H_{x_i}, H_{x_i x_k} \in C^0(\Omega \times \overline{\Omega})$.

Beweis. a) Es seien $x, z \in \Omega$. Man wähle $\varrho, r > 0$ mit $B_{2\varrho}(x) \subset\subset \Omega$ und $B_r(z) \subset\subset \Omega$. Wegen Lemma 4.4.5 existiert

$$M := \max\{|H(w,y)| : w \in \overline{B_{2\varrho}(x)}, \, y \in \overline{B_r(z)}\} < \infty .$$

Die A-Priori-Abschätzung aus Satz 2.1.7 liefert wegen der Harmonizität von $H(\cdot,y)$ dann für alle $w \in \overline{B_\varrho(x)}$, $y \in \overline{B_r(z)}$ und $1 \leq i \leq N$

$$|H_{x_i}(w,z)| \leq \frac{NM}{\varrho}.$$

Wir können daher die nach Lemma 4.5.1 geltende Relation

$$\int_{B_r(z)} [H(x,z) - H(x,y)]\, dy = 0$$

unter dem Integral nach x_i differenzieren, was die Harmonizität von $H_{x_i}(x,\cdot)$ in Ω beweist. Ist $B \subset\subset \Omega$ eine Kugel mit $x \in B$ und P_B der Poissonkern für B, so haben wir nach Satz 3.2.3 die Darstellung

$$H(x,z) = \int_{\partial B} P_B(x,y) H(y,z)\, dS(y).$$

Diese Darstellung gilt für alle $z \in \overline{\Omega}$, da für solche z die Funktion $H(z,\cdot)$ gemäß Lemma 4.5.1 auf Ω harmonisch ist und dort nach Korollar 4.5.3 $H(z,\cdot)$ mit $H(\cdot,z)$ übereinstimmt. Überdies darf rechts unter dem Integralzeichen differenziert werden:

$$H_{x_i}(x,z) = \int_{\partial B} \frac{\partial}{\partial x_i} P_B(x,y) H(y,z)\, dS(y). \qquad (4.20)$$

Erneute Anwendung von Korollar 4.5.3 zeigt, daß für $x \in \Omega$ die Funktion $H_{x_i}(x,\cdot)$ auf $\overline{\Omega}$ stetig ist. Für $z \in \partial\Omega$ ergibt sich mit der Symmetrie von H und S nunmehr

$$H(x,z) = H(z,x) = -S(z,x) = -S(x,z),$$

also

$$H_{x_i}(x,z) = -S_{x_i}(x,z). \qquad (4.21)$$

Damit sind dann auch die Behauptungen bezüglich $G_{x_i}(x,\cdot)$ bewiesen. Für die 2. Ableitungen schließt man entsprechend.

b) Der Beweis der Aussage für H_{x_i} folgt aus der Darstellung (4.20) von $H_{x_i}(x,z)$ für $x \in B$, $z \in \overline{\Omega}$ und Korollar 4.5.3. Die Behauptung für die 2. Ableitungen ergibt sich natürlich analog. □

4.6 Abschätzungen für die Ableitungen der Greenschen Funktion

Da die Singularitätenfunktion S das Verhalten der Greenschen Funktion G in der Nähe der Diagonalen bestimmt, liegt die Vermutung nahe, daß sich

4.6 Abschätzungen für die Ableitungen der Greenschen Funktion

die Ableitungen von G auch durch die Ableitungen von S abschätzen lassen, aber es zeigt sich, daß Beweise schwieriger als erwartet ausfallen. WEYL [339] und P. LÉVY [183] gelangten über die Untersuchung einer Fredholmschen Integralgleichung für G zu Aussagen über deren erste Ableitungen. Genauer betrachtet Weyl die Elastizitätsgleichungen und untersucht deren Greenschen Tensor; diese Arbeit dient MIZOHATA als Modell für eine Abschätzung von G_{x_i} in seinem Buch [208, p. 425 ff.]. Die Arbeit [183] wird in [60, 61] kritisiert. Eine Satz 4.6.2 (ii) vergleichbare Aussage wurde in elementarer Weise zum erstenmal von ROSENBLATT [288] im 2. Teil des Gedenkbandes für Lichtenstein bewiesen. Rosenblatt greift einen Gedanken von ZAREMBA [351, p. 817] auf, G zur Greenschen Funktion für das Äußere von Kreisscheiben in Beziehung zu setzen. Abschätzungen der ersten beiden Ableitungen der Greenschen Funktion in der Höldernorm kündigt SCHAUDER in dem Übersichtsartikel [295] an, aber zu einer ausführlichen Darstellung ist es kriegsbedingt nicht mehr gekommen. Abschätzungen der Ableitungen von G für sogenannte Lyapunovgebiete stammen von ÈĬDUS [60, 61]. WIDMAN [343] und GRÜTER-WIDMAN [88] beweisen Satz 4.6.2, zum Teil unter schwächeren Voraussetzungen an den Rand, für die Greensche Funktion allgemeinerer Gleichungen. ZHAO [357] verwendet die Poissonsche Integralformel, um Abschätzungen von G und G_{x_i} nach unten für $C^{1,1}$-Gebiete (vgl. Definition 7.1.1) zu erhalten.

Ist $\Omega \subset\subset \mathbb{R}^N$ und $D := \operatorname{diam} \Omega$, so können wir die Abschätzungen aus Lemma 4.4.4 für die Greensche Funktion vereinheitlichen, indem wir schreiben: für $x \in \overline{\Omega}$, $y \in \Omega$, $x \neq y$, gilt

$$0 \leq G(x,y) \leq D^{2-N} S\left(\frac{x}{D}, \frac{y}{D}\right). \tag{4.22}$$

Formulierung und Beweis von Satz 4.6.2 werden durch diese geschlossene Schreibweise erleichtert; allerdings ist die Information nicht mehr ganz so gut abzulesen. Zum Beispiel lautet Aussage (4.25) explizit folgendermaßen:

$$|\nabla_x G(x,y)| \leq \begin{cases} c_4(N)\left(1 + \dfrac{D}{R}\right) \dfrac{6^{N-2}}{(N-2)\omega_N} |x-y|^{1-N} & \text{für } N \geq 3 \\ c_4(2)\left(1 + \dfrac{D}{R}\right) \dfrac{-1}{2\pi|x-y|} \ln \dfrac{|x-y|}{6D} & \text{für } N = 2 \end{cases}.$$

Die folgende Hilfsfunktion spielt beim Beweis von Satz 4.6.2 eine wichtige Rolle.

Lemma 4.6.1. *Es seien B_r und B_{2r} konzentrische Kugeln in $\mathbb{R}^N$ mit Radien r bzw. $2r$ und Mittelpunkt a. Dann ist durch*

$$u_r(x) := \begin{cases} \dfrac{r^{2-N} - |x-a|^{2-N}}{r^{2-N} - (2r)^{2-N}} & \textit{für } N \geq 3 \\ -\dfrac{\ln r - \ln |x-a|}{\ln 2} & \textit{für } N = 2 \end{cases}$$

eine in der Kugelschale $B_{2r} \setminus \overline{B}_r$ harmonische Funktion $u_r \in C^0\left(\overline{B}_{2r} \setminus B_r\right)$ definiert, für die $u_r|_{\partial B_{2r}} = 1$ und $u_r|_{\partial B_r} = 0$ ist und die

$$|\nabla u_r(x)| \leq \frac{c(N)}{r} \quad \text{für } r < |x - a| < 2r$$

erfüllt.

Beweis. Von der Gültigkeit der Abschätzung überzeugt man sich durch Differenzieren; die anderen Behauptungen sind klar. □

Satz 4.6.2. $\Omega \subset\subset \mathbb{R}^N$ habe die gleichmäßige äußere Kugeleigenschaft[3], d.h. es gebe ein $R > 0$ und zu jedem $x_0 \in \partial \Omega$ eine Kugel B_R mit Radius R, die $\overline{\Omega}$ nur in x_0 berührt: $\overline{\Omega} \cap \overline{B}_R = \{x_0\}$. Es sei $D := \operatorname{diam} \Omega$ (wir können o.B.d.A. $R < D$ annehmen) und G die Greensche Funktion für Ω [4]. Dann gibt es allein durch N bestimmte Zahlen $c_i(N)$, so daß für $0 < \alpha \leq 1$ und für $x, y \in \Omega$, $x \neq y$, mit $\delta(x) := \operatorname{dist}(x, \partial\Omega)$ gilt:

$$0 \leq G(x,y) \leq c_2(N)\left(1 + \frac{D}{R}\right) D^{2-N} S\left(\frac{x}{3D}, \frac{y}{3D}\right)\left(\frac{\delta(y)}{|x-y|}\right)^\alpha, \quad (4.23)$$

$$0 \leq G(x,y) \leq c_3(N)\left(1 + \frac{D}{R}\right)^2 D^{2-N} S\left(\frac{x}{9D}, \frac{y}{9D}\right)\left(\frac{\delta(x)\delta(y)}{|x-y|^2}\right)^\alpha, \quad (4.24)$$

$$|\nabla_x G(x,y)| \leq c_4(N)\left(1 + \frac{D}{R}\right) D^{2-N} S\left(\frac{x}{6D}, \frac{y}{6D}\right) \frac{1}{|x-y|}, \quad (4.25)$$

$$|\nabla_x G(x,y)| \leq c_5(N)\left(1 + \frac{D}{R}\right)^2 D^{2-N} S\left(\frac{x}{18D}, \frac{y}{18D}\right) \frac{\delta(y)^\alpha}{|x-y|^{1+\alpha}}, \quad (4.26)$$

$$|G_{x_i y_k}(x,y)| \leq c_6(N)\left(1 + \frac{D}{R}\right)^2 D^{2-N} S\left(\frac{x}{36D}, \frac{y}{36D}\right) \frac{1}{|x-y|^2}. \quad (4.27)$$

Beweis. Es sei $x \in \Omega$. Es sei $P(x, \cdot)$ eine in $\Omega \setminus \{x\}$ harmonische und auf $\overline{\Omega} \setminus \{x\}$ stetige Funktion mit $P(x, \cdot) = 0$ auf $\partial\Omega$, die der Ungleichung

$$|P(x,y)| \leq f(x) Q(|x-y|) \quad \text{für alle } y \in \Omega \setminus \{x\} \quad (4.28)$$

mit $f \geq 0$ und monoton fallendem $Q: (0, D) \to (0, \infty)$ genügt. Für solches P beweisen wir

$$|P(x,y)| \leq c_0(N)\left(1 + \frac{D}{R}\right) f(x) Q\left(\frac{|x-y|}{3}\right)\left(\frac{\delta(y)}{|x-y|}\right)^\alpha, \quad (4.29)$$

$$|\nabla_y P(b,a)| \leq c_1(N)\left(1 + \frac{D}{R}\right) f(b) Q\left(\frac{|a-b|}{6}\right) \frac{1}{|a-b|}. \quad (4.30)$$

Aufgrund von Korollar 4.5.3 und Ungleichung (4.22) gilt (4.28) mit $P = G$, $f = 1$ und $Q(|x-y|) = D^{2-N} S\left(\frac{x}{D}, \frac{y}{D}\right)$. Im Hinblick auf (4.29) haben wir daher

---
[3] Dieser Begriff geht auf ANDRADE [4] zurück.
[4] Sie existiert aufgrund der Sätze 3.4.2 und 4.4.9.

4.6 Abschätzungen für die Ableitungen der Greenschen Funktion   129

(4.23) bewiesen, während (4.25) aus (4.30) folgt, da aufgrund der Symmetrie von G (Satz 4.5.2)

$$\nabla_x G(a,b) = \nabla_y G(b,a) \tag{4.31}$$

gilt. Des weiteren folgt aufgrund der Symmetrie von G aus (4.23) auch

$$0 \leq G(x,y) \leq c_2(N)\left(1 + \frac{D}{R}\right) D^{2-N} S\left(\frac{x}{3D}, \frac{y}{3D}\right) \left(\frac{\delta(x)}{|x-y|}\right)^\alpha.$$

Wir genügen (4.28) dadurch, daß wir $P = G$, $f(x) = c_2(N)\left(1 + \frac{D}{R}\right)\delta(x)^\alpha$ und $Q(|x-y|) = D^{2-N} S\left(\frac{x}{3D}, \frac{y}{3D}\right) \frac{1}{|x-y|^\alpha}$ spezialisieren, und es folgen mit (4.29) und (4.30) jetzt die Behauptungen (4.24) und (4.26) (bei (4.26) ist noch (4.31) zu beachten). Für den Beweis von (4.27) spezialisiert man in (4.28) durch $P = G_{x_i}$, $f(x) = c_4(N)\left(1 + \frac{D}{R}\right)$ und $Q(|x-y|) = D^{2-N} S\left(\frac{x}{6D}, \frac{y}{6D}\right) \frac{1}{|x-y|}$, was wegen Lemma 4.5.4 a) und (4.25) zulässig ist, und erhält vermöge (4.30) die gewünschte Behauptung.

I. Zum Beweis von (4.29) unterscheiden wir drei Fälle.

1. Fall: $\delta(y) \geq R$; dann ist

$$|P(x,y)| \leq f(x)\, Q(|x-y|) \frac{|x-y|^\alpha}{|x-y|^\alpha} \frac{\delta(y)^\alpha}{R^\alpha} \leq \left(\frac{D}{R}\right)^\alpha f(x)\, Q(|x-y|) \frac{\delta(y)^\alpha}{|x-y|^\alpha}$$

$$\leq \frac{D}{R} f(x)\, Q\left(\frac{|x-y|}{3}\right) \frac{\delta(y)^\alpha}{|x-y|^\alpha}.$$

2. Fall: $\delta(y) \geq \frac{|x-y|}{6}$; dann ist

$$|P(x,y)| \leq f(x)\, Q(|x-y|) \frac{6^\alpha \delta(y)^\alpha}{|x-y|^\alpha} \leq 6 f(x)\, Q\left(\frac{|x-y|}{3}\right) \frac{\delta(y)^\alpha}{|x-y|^\alpha}.$$

3. Fall: $\delta(y) < R$ und $\delta(y) < \frac{|x-y|}{6}$.

Zur Behandlung dieses Falles benutzen wir die Existenz von $y_0 \in \partial\Omega$ mit $|y - y_0| = \delta(y)$ und von der Kugel B_R mit $\overline{B}_R \cap \overline{\Omega} = \{y_0\}$. Mit dem Radius $r := \min\left\{\frac{|x-y|}{6}, R\right\}$ gibt es dann $B_r \subseteq B_R$ mit $\overline{B}_r \cap \overline{\Omega} = \{y_0\}$. Es ist $\delta(y) < r$. Wenn daher B_{2r} mit B_r konzentrisch ist, dann ist $y \in B_{2r}$, und somit ist $|y - z| \leq 4r$ für alle $z \in \partial B_{2r}$. Folglich gilt

$$|y - x| \leq 4r + |z - x| \leq \frac{2}{3}|y - x| + |z - x|.$$

Also ist $\frac{1}{3}|y - x| \leq |z - x|$ für $z \in \partial B_{2r}$.

Wir bringen jetzt die Kugelschale $B_{2r} \setminus \overline{B}_r$ zum Schnitt mit Ω und erhalten $\Omega_r := \Omega \cap \left(B_{2r} \setminus \overline{B}_r\right)$. Es ist $\partial\Omega_r \subseteq \partial\Omega \cup \partial B_{2r}$. Zu $B_{2r} \setminus \overline{B}_r$ führen wir die harmonische Funktion u_r wie in Lemma 4.6.1 ein. Wir vergleichen $\pm P(x, \cdot)$ und $f(x)\, Q(|x-y|/3) u_r(\cdot)$ auf $\partial\Omega_r$. Für z aus jenem Teil von $\partial\Omega_r$, der zu $\partial\Omega$ gehört, ist $\pm P(x,z) \leq f(x)\, Q(|x-y|/3) u_r(z)$, weil links Null steht. Auf dem Rest von $\partial \Omega_r$ ist $z \in \partial B_{2r}$ und daher $u_r(z) = 1$ und $|x - z| \geq \frac{1}{3}|x - y|$; also folgt aus der Monotonie von Q die Abschätzung

$$\pm P(x, z) \leq |P(x, z)| \leq f(x) \, Q(|x - z|) \leq f(x) \, Q\!\left(\frac{|x - y|}{3}\right) u_r(z) \, .$$

In Ω_r sind $\pm P(x, \cdot)$ und $f(x) \, Q(|x-y|/3) u_r(\cdot)$ harmonisch und auf $\overline{\Omega}_r$ stetig. Für $\pm P(x, \cdot)$ gilt dies, weil es auf $\Omega \setminus \{x\}$ harmonisch und auf $\overline{\Omega} \setminus \{x\}$ stetig ist und weil $x \notin \overline{\Omega}_r$ ist; denn es ist $y \in B_{2r}$ und $|x - y| \geq 6r$, also $x \notin \overline{B}_{2r}$.

Nach dem Maximumprinzip für harmonische Funktionen folgt

$$\pm P(x, z) \leq f(x) \, Q\!\left(\frac{|x - y|}{3}\right) u_r(z)$$

für $z \in \Omega_r$, insbesondere für $z = y$. Wegen $u_r(y_0) = 0$ haben wir daher

$$|P(x, y)| \leq f(x) \, Q\!\left(\frac{|x - y|}{3}\right) (u_r(y) - u_r(y_0))$$
$$\leq f(x) \, Q\!\left(\frac{|x - y|}{3}\right) \delta(y) \frac{c(N)}{r} \leq c(N) f(x) \, Q\!\left(\frac{|x - y|}{3}\right) \frac{\delta(y)^\alpha}{r^\alpha} \, ,$$

letzteres aufgrund von Lemma 4.6.1 und weil $\delta(y)/r < 1$ ist. Wenn $r = \frac{|x-y|}{6}$ ist, dann gilt

$$|P(x, y)| \leq 6 \, c(N) f(x) \, Q\!\left(\frac{|x - y|}{3}\right) \frac{\delta(y)^\alpha}{|x - y|^\alpha} \, .$$

Wenn $r = R$ ist, haben wir

$$|P(x, y)| \leq c(N) f(x) \, Q\!\left(\frac{|x - y|}{3}\right) \frac{\delta(y)^\alpha}{R^\alpha} \frac{D^\alpha}{|x - y|^\alpha} \, ;$$

stets ist

$$|P(x, y)| \leq 6 \, c(N) \left(1 + \frac{D}{R}\right) f(x) \, Q\!\left(\frac{|x - y|}{3}\right) \frac{\delta(y)^\alpha}{|x - y|^\alpha} \, ,$$

und Ungleichung (4.29) ist damit bewiesen.

II. Zum Beweis von (4.30) sei $r := \min\{|x - y|, \delta(y)\}$. Dann ist $B_r(y) \subseteq \Omega$ und $P(x, \cdot)$ ist in der Kugel $B_r(y)$ harmonisch. Wir schätzen nun $P_{y_i}(x, \cdot)$ im Mittelpunkt y von $B_{r/2}(y)$ nach Satz 2.1.7 ab:

$$|P_{y_i}(x, y)| \leq \frac{2N}{r} \sup \{|P(x, z)| : z \in B_{r/2}(y)\} \, .$$

Für $z \in B_{r/2}(y)$ ist $\delta(z) \leq \delta(y) + r/2 \leq \frac{3}{2}\delta(y)$ und

$$|x - y| \leq |x - z| + |z - y| \leq |x - z| + r/2 \leq |x - z| + \frac{1}{2}|x - y| \, ,$$

4.6 Abschätzungen für die Ableitungen der Greenschen Funktion 131

also $|x - z| \geq \frac{1}{2}|x - y|$. Wenn $r = |x - y|$ ist, verwenden wir

$$|P(x,z)| \leq f(x)\, Q(|x - z|) \leq f(x)\, Q\!\left(\frac{|x - y|}{2}\right) \leq f(x)\, Q\!\left(\frac{|x - y|}{6}\right),$$

so daß $|P_{y_i}(x,y)| \leq 2Nf(x)\, Q(|x - y|/6)|x - y|^{-1}$ resultiert. Wenn $r = \delta(y)$ ist, ersetzen wir die allgemeine Variable y in (4.29) durch z, wählen $\alpha = 1$ und haben

$$|P(x,z)| \leq c_0(N)\left(1 + \frac{D}{R}\right) f(x)\, Q\!\left(\frac{|x - z|}{3}\right) \frac{\delta(z)}{|x - z|}$$
$$\leq 3c_0(N)\left(1 + \frac{D}{R}\right) f(x)\, Q\!\left(\frac{|x - y|}{6}\right) \frac{\delta(y)}{|x - y|},$$

so daß in diesem Falle

$$|P_{y_i}(x,y)| \leq 6Nc_0(N)\left(1 + \frac{D}{R}\right) f(x)\, Q\!\left(\frac{|x - y|}{6}\right) \frac{1}{|x - y|}$$

ist. In beiden Fällen gilt (4.30). □

Satz 4.6.3. $\Omega \subset\subset \mathbb{R}^N$ *habe die gleichmäßige äußere Kugeleigenschaft, wobei wir wie in Satz 4.6.2 ohne Beschränkung der Allgemeinheit für den Kugelradius $R < D := \operatorname{diam} \Omega$ annehmen. Es gibt eine allein durch N, R und D bestimmte Zahl k derart, daß die Greensche Funktion G für Ω für $0 < \alpha \leq 1$, $x', x'' \in \Omega$, $y \in \Omega \setminus \{x', x''\}$ den Ungleichungen*

$$|G(x',y) - G(x'',y)| \leq kD^{2-N}\left[S\!\left(\frac{x'}{6D}, \frac{y}{6D}\right) \frac{1}{|x' - y|^\alpha}\right.$$
$$\left. + S\!\left(\frac{x''}{6D}, \frac{y}{6D}\right) \frac{1}{|x'' - y|^\alpha}\right] |x' - x''|^\alpha ,$$

$$|G_{y_i}(x',y) - G_{y_i}(x'',y)| \leq kD^{2-N}\left[S\!\left(\frac{x'}{36D}, \frac{y}{36D}\right) \frac{1}{|x' - y|^{1+\alpha}}\right.$$
$$\left. + S\!\left(\frac{x''}{36D}, \frac{y}{36D}\right) \frac{1}{|x'' - y|^{1+\alpha}}\right] |x' - x''|^\alpha$$

für $i = 1,\ldots,N$ genügt.

Beweis. A) Nach (4.22) ist für alle $a, b \in \Omega$, $a \neq b$,

$$0 \leq G(a,b) \leq D^{2-N} S\!\left(\frac{a}{D}, \frac{b}{D}\right) \leq D^{2-N} S\!\left(\frac{a}{6D}, \frac{b}{6D}\right).$$

Wir betrachten zuerst den Fall $|x' - y| \leq 2|x' - x''|$. Wegen $|x'' - y| \leq 3|x' - x''|$ haben wir dann

$$|G(x',y) - G(x'',y)| \leq D^{2-N}\left[S\left(\frac{x'}{6D},\frac{y}{6D}\right) + S\left(\frac{x''}{6D},\frac{y}{6D}\right)\right]$$

$$\leq D^{2-N}\left[S\left(\frac{x'}{6D},\frac{y}{6D}\right)\frac{3^\alpha}{|x'-y|^\alpha} + S\left(\frac{x''}{6D},\frac{y}{6D}\right)\frac{3^\alpha}{|x''-y|^\alpha}\right]|x'-x''|^\alpha \ .$$

Den komplementären Fall $|x'-y| > 2|x'-x''|$ behandeln wir zunächst unter der Zusatzannahme, daß $\delta(x'') := \mathrm{dist}(x'',\partial\Omega) \leq \delta(x')$ ist.

a) Es sei $\delta(x') \leq |x'-x''|$. Da aufgrund der Symmetrie von G (Satz 4.5.2) nach (4.23) für alle $a,b \in \Omega$, $a \neq b$, die Abschätzung

$$0 \leq G(a,b) \leq cD^{2-N} S\left(\frac{a}{3D},\frac{b}{3D}\right)\left(\frac{\delta(a)}{|a-b|}\right)^\alpha \tag{4.32}$$

mit $c := c_2(N)\left(1+\frac{D}{R}\right)$ besteht, haben wir dann

$$|G(x',y) - G(x'',y)| \leq cD^{2-N}\left[S\left(\frac{x'}{6D},\frac{y}{6D}\right)\left(\frac{|x'-x''|}{|x'-y|}\right)^\alpha \right.$$
$$\left. + S\left(\frac{x''}{6D},\frac{y}{6D}\right)\left(\frac{|x'-x''|}{|x''-y|}\right)^\alpha\right] \ .$$

b) Es sei $\delta(x') > |x'-x''|$. Wir setzen

$$r := \min\left\{\frac{1}{2}|x'-y|,\ \delta(x')\right\} \tag{4.33}$$

und

$$M := \sup_{x \in B_r(x')} G(x,y) \ .$$

Man beachte, daß in dem derzeit behandelten Fall $|x'-x''| < r$ gilt. Weiter ist $G(\cdot,y)$ auf $B_r(x')$ harmonisch, da jedes $z \in B_r(x')$ der Ungleichung $|z-y| \geq |x'-y| - |x'-z| > r$ genügt. Satz 2.1.7 und Lemma 4.4.4 liefern

$$|\nabla_x G(z,y)| \leq \frac{N\sqrt{N}}{r}M \quad \text{für alle } z \text{ mit } |z-x'| < \frac{r}{2} \ .$$

Der Mittelwertsatz der Differentialrechnung führt zu

$$|G(x',y) - G(x'',y)| \leq N\sqrt{N}M\frac{|x'-x''|}{r} \leq N\sqrt{N}M\left(\frac{|x'-x''|}{r}\right)^\alpha$$

für $|x'-x''| < \frac{r}{2}$. Für $\frac{r}{2} \leq |x'-x''| < r$ verwenden wir, daß $G(\cdot,y)$ auf $B_r(x')$ nur Werte in $[0,M]$ annimmt:

$$|G(x',y) - G(x'',y)| \leq M \leq 2M\frac{|x'-x''|}{r} \leq N\sqrt{N}M\left(\frac{|x'-x''|}{r}\right)^\alpha \ .$$

Da nach obiger Bemerkung $x'' \in B_r(x')$ gilt, haben wir die Abschätzung

4.6 Abschätzungen für die Ableitungen der Greenschen Funktion

$$|G(x',y) - G(x'',y)| \leq N\sqrt{N}M\left(\frac{|x'-x''|}{r}\right)^\alpha$$

etabliert. Im Falle $r = \frac{1}{2}|x'-y|$ ist nach (4.22)

$$M \leq D^{2-N} \sup_{x \in B_r(x')} S\left(\frac{x}{D}, \frac{y}{D}\right) \leq D^{2-N} S\left(\frac{x'}{6D}, \frac{y}{6D}\right),$$

denn für $x \in B_r(x')$ gilt ja

$$|x-y| \geq |x'-y| - |x'-x| \geq \frac{1}{2}|x'-y| \geq \frac{1}{6}|x'-y|.$$

Im Falle $r = \delta(x')$ haben wir nach (4.32)

$$M \leq cD^{2-N} \sup_{x \in B_r(x')} S\left(\frac{x}{3D}, \frac{y}{3D}\right) \left(\frac{\delta(x)}{|x-y|}\right)^\alpha$$

$$\leq cD^{2-N} S\left(\frac{x'}{6D}, \frac{y}{6D}\right) \frac{(4r)^\alpha}{|x'-y|^\alpha},$$

denn für $x \in B_r(x')$ ist ja $\delta(x) \leq \delta(x') + |x-x'| \leq 2r$ und wegen $\delta(x') \leq \frac{1}{2}|x'-y|$

$$|x-y| \geq |x'-y| - r = |x'-y| - \delta(x') \geq \frac{1}{2}|x'-y|.$$

Beidesmal ergibt sich mit einer nur von N, R und D abhängenden Zahl k

$$|G(x',y) - G(x'',y)| \leq kD^{2-N} S\left(\frac{x'}{6D}, \frac{y}{6D}\right) \left(\frac{|x'-x''|}{|x'-y|}\right)^\alpha,$$

und wir haben damit auch den Fall $\delta(x') > |x'-x''|$ abgeschlossen. Wir befreien uns nun von der Zusatzannahme $\delta(x'') \leq \delta(x')$. Im Falle a) braucht man hierzu nur die Rollen von x' und x'' zu vertauschen. Im Falle b) führt eine solche Vertauschung gerade auf den zweiten Summanden der rechten Seite der zu beweisenden Ungleichung.

B) Der Beweis der 2. Ungleichung verläuft ganz ähnlich, so daß wir uns etwas kürzer fassen können. Für alle $a, b \in \Omega$, $a \neq b$, haben wir wegen (4.31) nach (4.25) bzw. (4.26) mit $d_1 := c_4(N)\left(1 + \frac{D}{R}\right)$ bzw. $d_2 := c_5(N)\left(1 + \frac{D}{R}\right)^2$

$$|G_{y_i}(b,a)| = |G_{x_i}(a,b)| \leq d_1 D^{2-N} S\left(\frac{a}{6D}, \frac{b}{6D}\right) \frac{1}{|a-b|}, \quad (4.34)$$

$$|G_{y_i}(b,a)| = |G_{x_i}(a,b)| \leq d_2 D^{2-N} S\left(\frac{a}{18D}, \frac{b}{18D}\right) \frac{\delta(b)^\alpha}{|a-b|^{1+\alpha}}. \quad (4.35)$$

Im Falle $|x'-y| \leq 2|x'-x''|$ ergibt sich aus (4.34) sofort

$$|G_{y_i}(x',y) - G_{y_i}(x'',y)| \le d_1 D^{2-N} \left[S\left(\frac{x'}{36D}, \frac{y}{36D}\right) \frac{3^\alpha}{|x'-y|^{1+\alpha}} \right.$$
$$\left. + S\left(\frac{x''}{36D}, \frac{y}{36D}\right) \frac{3^\alpha}{|x''-y|^{1+\alpha}} \right] |x'-x''|^\alpha \ .$$

Im komplementären Fall liefert (4.35) für $\delta(x'') \le \delta(x') \le |x'-x''|$

$$|G_{y_i}(x',y) - G_{y_i}(x'',y)| \le d_2 D^{2-N} \left[S\left(\frac{x'}{36D}, \frac{y}{36D}\right) \frac{1}{|x'-y|^{1+\alpha}} \right.$$
$$\left. + S\left(\frac{x''}{36D}, \frac{y}{36D}\right) \frac{1}{|x''-y|^{1+\alpha}} \right] |x'-x''|^\alpha \ .$$

Nun machen wir von der Tatsache Gebrauch, daß wegen (4.31) und Lemma 4.5.4 a) die Funktion $G_{y_i}(\cdot, a) = G_{x_i}(a, \cdot)$ für $a \in \Omega$ harmonisch in $\Omega \setminus \{a\}$ ist. In dem verbleibenden Fall haben wir daher bei der alten Wahl von r in (4.33)

$$|G_{y_i}(x',y) - G_{y_i}(x'',y)| \le 2N\sqrt{N} M \left(\frac{|x'-x''|}{r}\right)^\alpha$$

mit $M := \sup_{z \in B_r(x')} |G_{x_i}(y,z)|$. Im Falle $r = \frac{1}{2}|x'-y|$ liefert uns (4.34)

$$M \le d_1 D^{2-N} S\left(\frac{x'}{36D}, \frac{y}{36D}\right) \frac{6}{|x'-y|} \ ;$$

im Falle $r = \delta(x')$ erhalten wir aus (4.35)

$$M \le d_2 D^{2-N} S\left(\frac{x'}{36D}, \frac{y}{36D}\right) \frac{2(4r)^\alpha}{|x'-y|^{1+\alpha}} \ ,$$

womit dann alles bewiesen ist. □

Eine analoge Ungleichung für $|G_{x_i}(x',y) - G_{x_i}(x'',y)|$ scheint sich den hier verwendeten elementaren Beweismitteln zu entziehen; sie ergibt sich jedoch über eine von CAMPANATO stammende Charakterisierung derjenigen quadratisch integrierbaren Funktionen, die auf einer Kugel hölderstetig sind ([36], [310, p. 2–4]; vgl. auch [43, § 1]).

4.7 Das Newtonpotential verallgemeinernde singuläre Integrale

Schaut man die in Abschnitt 4.2 gegebenen Beweise der Differenzierbarkeitseigenschaften des Newtonpotentials genauer an, so sieht man, daß sie gar nicht von der speziellen Gestalt der Singularitätenfunktion S für den Laplaceoperator, sondern nur von gewissen Abschätzungen von S und ihren Ableitungen Gebrauch machen. Sie übertragen sich daher auf Potentiale, die von der Greenschen Funktion (wenn für sie – wie in Abschnitt 4.6 – solche Abschätzungen

4.7 Das Newtonpotential verallgemeinernde singuläre Integrale

vorliegen), von den Singularitätenfunktionen anderer Differentialgleichungen wie z.B. der Helmholtzschen Schwingungsgleichung (Abschnitt 4.9) oder von Funktionen, die den Begriff der Singularitätenfunktion verallgemeinern (sog. *Parametrices*, s. Bemerkung 9.2.2), erzeugt werden. Besonders leicht ist die Verallgemeinerung von Satz 4.2.4.

Satz 4.7.1. *Es seien $\Omega \subset\subset \mathbb{R}^N$, $U \subseteq \mathbb{R}^N$ offen und $P: U \times \Omega \to \mathbb{R}$ eine Funktion mit folgenden Eigenschaften:*

(i) bei festem $y \in \Omega$ ist $P(\cdot, y): U \setminus \{y\} \to \mathbb{R}$ stetig differenzierbar, und bei festem $x \in U$ ist $P(x, \cdot): \Omega \to \mathbb{R}$ meßbar;

(ii) es gibt Zahlen $b > 0$ und $\alpha \in (0, 1)$ mit

$$|P(x,y)| \leq b|x-y|^{2-N-\alpha}, \quad |P_{x_i}(x,y)| \leq b|x-y|^{1-N-\alpha}$$

für $(x, y) \in U \times \Omega$ und $i = 1, \ldots, N$.

Ferner sei $f: \Omega \to \mathbb{R}$ meßbar und beschränkt. Dann existiert

$$v(x) := \int_\Omega P(x,y)f(y)\,dy \tag{4.36}$$

für $x \in U$ und definiert eine Funktion $v \in C^1(U)$. Bei festem $x \in U$ sind $P_{x_i}(x, \cdot)$, $i = 1, \ldots, N$, über Ω integrierbar, und es gilt

$$v_{x_i}(x) = \int_\Omega P_{x_i}(x,y)f(y)\,dy. \tag{4.37}$$

Ist M eine Schranke für $|f|$, so besteht

$$|v_{x_i}(x)| \leq c(\Omega, \alpha)Mb, \quad x \in U, \tag{4.38}$$

mit einer allein durch Ω und α bestimmten Konstanten $c(\Omega, \alpha)$.

Beweis. Bei festem $x \in U$ sind die $P_{x_i}(x, \cdot)$ als Limites der meßbaren $\frac{1}{h}[P(x + he_i, \cdot) - P(x, \cdot)]$ meßbar, und wegen der geforderten Abschätzung sind sie über Ω integrierbar. Damit hat P alle diejenigen Eigenschaften, die beim Beweis von Satz 4.2.4 von der Singularitätenfunktion S benutzt wurden. Die Abschätzung für (4.37) lautet nunmehr

$$|v_{x_i}(x)| \leq Mb\left(\int_{\Omega \cap B_1(x)} |x-y|^{1-N-\alpha}\,dy + \int_\Omega 1^{1-N-\alpha}\,dy\right),$$

so daß sich (4.38) aus Bemerkung 4.1.3 b) ergibt. □

Bei der Untersuchung der 2. Ableitungen des Newtonpotentials wurde die starke Singularität der 2. Ableitungen von S durch die lokale Hölderstetigkeit der Dichte f abgemildert. Entsprechendes geschieht in dem nachfolgenden Satz, der den Hölderschen Satz 4.2.6 verallgemeinert. Für die Notation erinnern wir an Definition 4.1.5.

136   4 Die Poissongleichung $-\Delta u = f$

Satz 4.7.2. *Es seien $\Omega \subset\subset \mathbb{R}^N$, $U \subseteq \Omega$ offen und $P\colon U \times \Omega \to \mathbb{R}$ eine Funktion mit folgenden Eigenschaften:*

(i) bei festem $y \in \Omega$ ist $P(\cdot, y)\colon U \setminus \{y\} \to \mathbb{R}$ stetig differenzierbar, und bei festem $x \in U$ ist $P(x, \cdot)\colon \Omega \to \mathbb{R}$ meßbar;

(ii) es gibt ein $b > 0$ mit

$$|P(x,y)| \leq b|x-y|^{1-N}(1 + |\ln|x-y||),$$
$$|P_{x_i}(x,y)| \leq b|x-y|^{-N}(1 + |\ln|x-y||)$$

für $(x,y) \in U \times \Omega$ und $i = 1, \ldots, N$.

Ferner sei $f \in C_b^H(\Omega)$.

a) Sei $x_0 \in U$. Dann existiert

$$w(x) := \int_\Omega [f(y) - f(x_0)] P(x,y)\, dy \qquad (4.39)$$

für $x \in U$. Die Funktion w ist an der Stelle x_0 differenzierbar, und es gilt

$$w_{x_i}(x_0) = \int_\Omega [f(y) - f(x_0)] P_{x_i}(x_0, y)\, dy, \quad i = 1, \ldots, N. \qquad (4.40)$$

b) Es sei $\int_\Omega P(\cdot, y)\, dy \in C^1(U)$. Dann ist durch

$$v(x) := \int_\Omega P(x,y) f(y)\, dy, \quad x \in U,$$

ein $v \in C^1(U)$ definiert, und für $i = 1, \ldots, N$ ist

$$v_{x_i}(x) = \int_\Omega [f(y) - f(x)] P_{x_i}(x,y)\, dy + f(x) \frac{\partial}{\partial x_i} \int_\Omega P(x,y)\, dy, \quad x \in U.$$

Beweis. a) Die Existenz von

$$\int_\Omega |P(x,y)|\, dy$$

für $x \in U$ folgt sofort aus Bemerkung 4.1.3 b). Sei $0 < r_0 < 1$ so gewählt, daß $B_{r_0}(x_0) \subset\subset U$. Dann gibt es nach Voraussetzung eine Hölderschranke c und einen Hölderexponenten $\alpha \in (0,1)$, so daß für alle $x, y \in B_{r_0}(x_0)$

$$|f(y) - f(x)|\,|P_{x_i}(x,y)| \leq bc|x-y|^{\alpha-N}(1 + |\ln|x-y||) \qquad (4.41)$$

ausfällt. Das Integral (4.40) ist daher nach Bemerkung 4.1.3 b) absolut konvergent (auf $\Omega \setminus B_{r_0}(x_0)$ ist der Integrand ja sogar beschränkt; die $P_{x_i}(x,\cdot)$ sind meßbar als Limites meßbarer Funktionen).

4.7 Das Newtonpotential verallgemeinernde singuläre Integrale

Es sei nun $e_i := (0,\ldots,0,1,0,\ldots,0)$ mit 1 an der i-ten Stelle und $0 < |t| < \frac{r_0}{4}$. Für

$$I(t) := \frac{1}{t}[w(x_0 + te_i) - w(x_0)] - \int_\Omega [f(y) - f(x_0)]P_{x_i}(x_0,y)\,dy$$

$$= \int_\Omega [f(y) - f(x_0)] \left(\frac{1}{t}[P(x_0 + te_i,y) - P(x_0,y)] - P_{x_i}(x_0,y)\right) dy$$

ist zu zeigen, daß $I(t) \to 0$ für $t \to 0$. Wir zerlegen dieses Integral in ein Integral $I_1(t)$, das sich über $B_{2|t|}(x_0)$, und ein Integral $I_2(t)$, das sich über $\Omega \setminus B_{2|t|}(x_0)$ erstreckt. Es ist dann

$$|I_1(t)| \leq c(2|t|)^\alpha \frac{1}{|t|} \left(\int_{B_{2|t|}(x_0)} |P(x_0 + te_i,y)|\,dy + \int_{B_{2|t|}(x_0)} |P(x_0,y)|\,dy\right)$$
$$+ \int_{B_{2|t|}(x_0)} |f(y) - f(x_0)||P_{x_i}(x_0,y)|\,dy,$$

und wir erhalten wegen (4.41), wenn wir die beiden ersten Integrale über $|y - (x_0 + te_i)| \leq 3|t|$ bzw. $|y - x_0| \leq 3|t|$ erstrecken,

$$|I_1(t)| \leq b\,c\,\omega_N \left(2^\alpha |t|^{\alpha-1} 2 \int_0^{3|t|} (1 + |\ln r|)\,dr + \int_0^{2|t|} r^{\alpha-1}(1 + |\ln r|)\,dr\right).$$

Die rechte Seite geht in der Tat für $t \to 0$ gegen Null.

Für das Integral $I_2(t)$ liefert uns der Mittelwertsatz mit geeignetem t^* mit $|t^*| < |t|$ die Darstellung

$$I_2(t) = \int_{\Omega \setminus B_{2|t|}(x_0)} [f(y) - f(x_0)][P_{x_i}(x_0 + t^*e_i,y) - P_{x_i}(x_0,y)]\,dy.$$

Sei nun $0 < \delta < \frac{1}{4}r_0$. Wir zerlegen $\Omega \setminus B_{2|t|}(x_0)$ in die Mengen $2|t| \leq |y - x_0| \leq \delta$ und $\Omega \setminus B_\delta(x_0)$. Das Integral $I_{21}(t)$ über das Ringgebiet können wir wegen $|x_0 + t^*e_i - y| \geq |x_0 - y| - |t| \geq \frac{1}{2}|y - x_0|$ wie folgt abschätzen:

$$|I_{21}(t)| \leq \int_{2|t| \leq |y-x_0| \leq \delta} |f(y) - f(x_0)|(|P_{x_i}(x_0 + t^*e_i,y)| + |P_{x_i}(x_0,y)|)\,dy$$

$$\leq b\,c\,\omega_N \int_0^\delta \left[2^N r^{\alpha-1}\left(1 + \left|\ln\frac{r}{2}\right|\right) + r^{\alpha-1}(1 + |\ln r|)\right] dr.$$

Zu vorgegebenem $\epsilon > 0$ läßt sich daher $\delta > 0$ so klein wählen, daß für $0 < |t| < \frac{\delta}{2}$ gilt $|I_{21}(t)| < \frac{\epsilon}{2}$. Das verbleibende Integral $I_{22}(t)$ schätzen wir in der Form

$$|I_{22}(t)| \leq \int_{\Omega \setminus B_\delta(x_0)} |f(y) - f(x_0)| |P_{x_i}(x_0 + t^* e_i, y) - P_{x_i}(x_0, y)| \, dy \quad (4.42)$$

ab. Für $y \in \Omega \setminus B_\delta(x_0)$ ist die Funktion $P_{x_i}(\cdot, y)$ an der Stelle x_0 stetig. Der Integrand in (4.42) konvergiert also bei festem y für $t \to 0$ gegen Null und hat für $|t| < \frac{\delta}{2}$ die integrierbare Majorante

$$2b \sup |f| \left[\left(\frac{\delta}{2}\right)^{-N} \left(1 + \left|\ln \frac{\delta}{2}\right|\right) + \delta^{-N} (1 + |\ln \delta|) \right].$$

Aufgrund des Lebesgueschen Grenzwertsatzes gibt es daher ein $\delta_1 \in (0, \frac{\delta}{2})$ mit $|I_{22}(t)| < \frac{\epsilon}{2}$ für alle $0 < |t| < \delta_1$.

b) Die Differenzierbarkeit von v an einer fixierten Stelle $x_0 \in U$ ergibt sich sofort aus

$$v(x) = \int_\Omega [f(y) - f(x_0)] P(x, y) \, dy + f(x_0) \int_\Omega P(x, y) \, dy$$

aufgrund von a). Zu zeigen bleibt also nur noch die Stetigkeit von

$$\varphi \colon x \mapsto \int_\Omega [f(y) - f(x)] P_{x_i}(x, y) \, dy$$

an jeder Stelle $x_0 \in U$. Dazu bilden wir mit $0 < \epsilon < r_0 < \frac{1}{2} \min\{\text{dist}(x_0, \partial U), 1\}$

$$\varphi_\epsilon(x) := \int_{\substack{\Omega \\ |y - x_0| \geq \epsilon}} [f(y) - f(x)] P_{x_i}(x, y) \, dy \, ,$$

und es genügt, die folgenden zwei Punkte zu zeigen:

(i) $\lim_{\epsilon \to 0} \varphi_\epsilon(x) = \varphi(x)$ gleichmäßig für $x \in B_{r_0}(x_0)$;
(ii) bei festem ϵ ist $\varphi_\epsilon \colon \Omega \to \mathbb{R}$ stetig an der Stelle x_0.

(i) Für $0 < \epsilon < 1$ und $x \in B_{r_0}(x_0)$ erhalten wir im Falle $|x - x_0| \leq 2\sqrt{\epsilon}$ aufgrund der Abschätzung (4.41), daß

$$|\varphi(x) - \varphi_\epsilon(x)| \leq \int_{|y - x_0| < \epsilon} |f(y) - f(x)| \, |P_{x_i}(x, y)| \, dy$$

$$\leq bc\omega_N \int_0^{3\sqrt{\epsilon}} r^{\alpha - 1}(1 + |\ln r|) \, dr \, .$$

Ist $|x - x_0| > 2\sqrt{\epsilon}$, so kann der Integrand für $|y - x_0| \leq \epsilon < \sqrt{\epsilon}$ durch $2b \sup |f| \epsilon^{-\frac{N}{2}} \left(1 + \frac{1}{2}|\ln \epsilon|\right)$ abgeschätzt werden, woraus sich

4.7 Das Newtonpotential verallgemeinernde singuläre Integrale   139

$$|\varphi(x) - \varphi_\epsilon(x)| \leq 2b \sup |f| \frac{\omega_N}{N} \epsilon^{\frac{N}{2}} \left(1 + \frac{1}{2}|\ln \epsilon|\right)$$

ergibt. Aus diesen beiden Ungleichungen folgt die behauptete gleichmäßige Konvergenz.
(ii) ergibt sich aus dem Standardsatz A.5 über Parameterintegrale. □

Für seine Untersuchung der inneren Regularität der Lösungen elliptischer Gleichungen, die wir in Abschnitt 9.2 darstellen werden, benötigte E. HOPF [123] detailliertere Aussagen über die Qualität von Funktionen der Gestalt (4.36) oder (4.39), deren Beweis eine Verfeinerung der traditionellen Technik verlangt. Der nachfolgende Hilfssatz hat vorbereitenden Charakter. Wir verweisen auch auf Aufgabe 5.4, die für den Beweis von Satz 5.6.6 a) von Bedeutung ist.

Lemma 4.7.3. *Es seien $\Omega \subset\subset \mathbb{R}^N$, $D := \text{diam}\,\Omega$, $U \subseteq \Omega$ offen, $\alpha \in (0,1]$ und $P\colon U \times \Omega \to \mathbb{R}$ eine Funktion mit folgenden Eigenschaften:*
(i) bei festem $x \in U$ ist $P(x,\cdot)\colon \Omega \to \mathbb{R}$ meßbar;
(ii) es gibt ein $b > 0$ mit

$$|P(x,y)| \leq b|x-y|^{\alpha-N} \quad \text{für } (x,y) \in U \times \Omega,$$
$$|P(x',y) - P(x'',y)| \leq b\left(\frac{1}{|y-x'|^N} + \frac{1}{|y-x''|^N}\right)|x'-x''|^\alpha$$

für $x', x'' \in U, y \in \Omega$ mit $2|x'-x''| \leq |y-x'|$.
Ferner sei $f\colon \Omega \to \mathbb{R}$ meßbar und beschränkt mit $|f| \leq M$. Dann existiert

$$v(x) := \int_\Omega P(x,y)f(y)\,dy, \quad x \in U,$$

und es gilt

$$|v(x') - v(x'')| \leq c(\Omega,\alpha,\gamma)bM\omega_N|x'-x''|^\gamma$$

für alle $x', x'' \in U$ und alle $\gamma \in (0,\alpha)$ mit

$$c(\Omega,\alpha,\gamma) := \left[\frac{5}{\alpha} + \frac{2}{(\alpha-\gamma)e}\right] D^{\alpha-\gamma}.$$

Beweis. Zu zeigen ist nur noch die Hölderabschätzung. Es seien $x', x'' \in U$, $h := |x'-x''| > 0$. Dann gilt

$$|v(x') - v(x'')| \leq M(I_1 + I_2 + I_3) \tag{4.43}$$

mit

$$I_1 := \int\limits_{\substack{\Omega \\ |y-x'|\leq 2h}} |P(x',y)|\, dy \;\leq\; b\,\omega_N \frac{(2h)^\alpha}{\alpha}\,, \tag{4.44}$$

$$I_2 := \int\limits_{\substack{\Omega \\ |y-x'|\leq 2h}} |P(x'',y)|\, dy \;\leq\; \int\limits_{\substack{\Omega \\ |y-x''|\leq 3h}} |P(x'',y)|\, dy \;\leq\; b\,\omega_N \frac{(3h)^\alpha}{\alpha}\,, \tag{4.45}$$

$$I_3 := \int\limits_{\substack{\Omega \\ |y-x'|\geq 2h}} |P(x',y) - P(x'',y)|\, dy \leq b\, h^\alpha \int\limits_{\substack{\Omega \\ 2h\leq |y-x'|\leq D}} \left(|y-x'|^{-N} + |y-x''|^{-N} \right) dy$$

$$\leq b\, h^\alpha \left(\int\limits_{2h\leq |y-x'|\leq 2D} |y-x'|^{-N}\, dy + \int\limits_{h\leq |y-x''|\leq D} |y-x''|^{-N}\, dy \right)$$

$$= 2\, b\, \omega_N\, D^\alpha\, (h/D)^\gamma\, (D/h)^{\gamma-\alpha}\, \ln(D/h)\,. \tag{4.46}$$

Da $h^\alpha = D^\alpha (h/D)^\alpha \leq D^\alpha (h/D)^\gamma$ ist und die Funktion $t \mapsto t^{\gamma-\alpha}\ln t$ ihr Maximum an der Stelle $e^{1/(\alpha-\gamma)}$ annimmt, ist das die Behauptung. $\square$

Lemma 4.7.4 (E. Hopf). *Es seien $\Omega \subset\subset \mathbb{R}^N$, $\alpha \in (0,1)$ und $K\colon \Omega \times \mathbb{R}^N \to \mathbb{R}$ eine Funktion mit folgenden Eigenschaften:*

(i) bei festem $x \in \Omega$ ist $K(x,\cdot)\colon \mathbb{R}^N \to \mathbb{R}$ meßbar;
(ii) es gibt ein $b > 0$ mit

$$|K(x,z)| \leq b|z|^{-N} \quad \text{für } (x,z) \in \Omega \times \mathbb{R}^N\,,$$
$$|K(x',z) - K(x'',z)| \leq b|z|^{-N}|x'-x''|^\alpha \quad \text{für } x',x'' \in \Omega, z \in \mathbb{R}^N\,,$$
$$|K(x,z') - K(x,z'')| \leq b\left(|z'|^{-N-1} + |z''|^{-N-1}\right)|z'-z''|$$
$$\text{für } x \in \Omega \text{ und } z',z'' \in \mathbb{R}^N \text{ mit } 2|z'-z''| \leq |z'|\,.$$

Ferner sei $f\colon \Omega \to \mathbb{R}$ meßbar und beschränkt, und $g\colon \Omega \to \mathbb{R}$ sei gleichmäßig α-hölderstetig, d.h. es gibt eine Konstante C_g mit $|g(x) - g(y)| \leq C_g |x-y|^\alpha$ für alle $x,y \in \Omega$ (vgl. Definition 5.3.1). Dann gilt:

a) Das Integral

$$w(x) := \int_\Omega [g(x) - g(y)]\, K(x, x-y) f(y)\, dy$$

existiert für alle $x \in \Omega$, und es gibt für jedes $\gamma \in (0,\alpha)$ eine Konstante $C > 0$ mit $|w(x') - w(x'')| \leq C|x'-x''|^\gamma$ für alle $x',x'' \in \Omega$.

b) Hat K die zusätzliche Eigenschaft, daß es $\Omega_0 \subset\subset \Omega$ und positive Zahlen c_0, δ_0 gibt mit

$$\left| \int\limits_{\substack{\Omega \\ |y-x|>\delta}} K(x, x-y)\, dy \right| \leq c_0$$

4.7 Das Newtonpotential verallgemeinernde singuläre Integrale

für alle $x \in \Omega_0$ und $\delta \in (0, \delta_0)$, und existieren $\beta \in (0,1)$, $C_f > 0$ mit $|f(x) - f(y)| \leq C_f |x - y|^\beta$ für alle $x, y \in \Omega$, so existiert eine Konstante $A > 0$ mit $|w(x') - w(x'')| \leq A|x' - x''|^\alpha$ für alle $x', x'' \in \Omega_0$.

Beweis. a) wird in Aufgabe 4.6 gezeigt.

b) Es seien $x', x'' \in \Omega_0$, $h := |x' - x''| > 0$, $D := \operatorname{diam} \Omega$ und $P(x,y) := [g(x) - g(y)]K(x, x - y)$. Wir ersetzen die Abschätzungen (4.43)–(4.46) durch

$$|w(x') - w(x'')| \leq bC_g M \omega_N \frac{5}{\alpha} h^\alpha + I ,$$

wobei wir wieder $M := \sup |f|$ abgekürzt haben und

$$I := \left| \int_{\substack{\Omega \\ |y-x'|>2h}} [P(x', y) - P(x'', y)] f(y) \, dy \right|$$

für $h < \delta_0$ sorgfältiger behandeln, indem wir von der Identität

$$\begin{aligned}[P(x', y) - P(x'', y)] f(y) &= [g(x') - g(y)][K(x', x' - y) - K(x'', x' - y)]f(y) \\
&+ [g(x') - g(y)][K(x'', x' - y) - K(x'', x'' - y)]f(y) \\
&+ [g(x') - g(x'')]K(x'', x'' - y)[f(y) - f(x'')] \\
&+ [g(x') - g(x'')]K(x'', x'' - y)f(x'') \quad (4.47)\end{aligned}$$

Gebrauch machen. Die Voraussetzungen an K, f und g liefern für $h \in (0, \delta_0)$ die Abschätzung

$$\begin{aligned}I \leq M \Bigg(&\int_{\substack{\Omega \\ |y-x'|>2h}} C_g |x' - y|^\alpha b |x' - y|^{-N} h^\alpha \, dy \\
&+ \int_{\substack{\Omega \\ |y-x'|>2h}} C_g |x' - y|^\alpha b \left(|x' - y|^{-(N+1)} + |x'' - y|^{-(N+1)} \right) h \, dy \\
&+ \frac{1}{M} \int_{\substack{\Omega \\ |y-x'|>2h}} C_g h^\alpha b |x'' - y|^{-N} C_f |y - x''|^\beta \, dy + C_g h^\alpha (c_0 + b\omega_N \ln 3) \Bigg).\end{aligned}$$

Hinsichtlich des letzten Summanden beachte man, daß wir wegen $|K(x,z)| \leq b|z|^{-N}$

$$\left| \int_{\substack{\Omega \\ |y-x'|>2h}} K(x'', x'' - y) \, dy - \int_{\substack{\Omega \\ |y-x''|>h}} K(x'', x' - y) \, dy \right|$$

$$\leq \int_{\substack{\Omega \\ h<|y-x''|<3h}} |K(x'', x'' - y)| \, dy \leq b\omega_N \ln 3$$

haben. Des weiteren gilt für $y \in \Omega$ mit $|y - x'| > 2h$

$$2|y - x''| \geq |y - x'| + |y - x'| - 2h > |y - x'|.$$

Mithin ist

$$I \leq C_g M h^\alpha \left\{ b\omega_N \left[\int_{2h}^D r^{\alpha-1} dr + h^{1-\alpha} \left(\int_{2h}^D r^{\alpha-2} dr + 2^\alpha \int_h^D r^{\alpha-2} dr \right) \right. \right.$$
$$\left. \left. + \frac{C_f}{M} \int_h^D r^{\beta-1} dr + \ln 3 \right] + c_0 \right\},$$

und die geschweifte Klammer kann durch eine von h unabhängige Zahl abgeschätzt werden (für $\alpha = 1$ wäre das nicht möglich). Für $x', x'' \in \Omega_0$ mit $|x' - x''| \geq \delta_0$ ist

$$|w(x') - w(x'')| \leq 2 \sup |w| \frac{|x' - x''|^\alpha}{\delta_0^\alpha},$$

wobei die Beschränktheit von w nach a) gewährleistet ist. □

In Lemma 4.7.4 begegnen uns zum erstenmal gleichmäßig α-hölderstetige Funktionen (vgl. Definition 5.3.1). Diese sind – wie wir ab dem Abschnitt 5.3 sehen werden – für die klassische Lösungstheorie elliptischer Differentialgleichungen von großer Bedeutung.

4.8 Das Dirichletproblem für $-\Delta u = f$ bei am Rand unbeschränktem f

Wie zu Beginn von Abschnitt 4.4 erwähnt, läßt sich für die Poissongleichung das Dirichletproblem mit $u|_{\partial\Omega} = g$ durch Addition einer passenden harmonischen Funktion auf das Randwertproblem mit $u|_{\partial\Omega} = 0$ zurückführen. Das Entsprechende wäre bei dem allgemeineren Problem

$$-\Delta v + \sum_{i=1}^N a_i(x) v_{x_i} + a(x) v = \tilde{f}(x) \quad \text{für } x \in \Omega, \quad v|_{\partial\Omega} = g \quad (4.48)$$

nur dann sinnvoll, wenn wir die Dirichletsche Randwertaufgabe für (4.48) mit $\tilde{f} = 0$ beherrschen würden, was aber natürlich nicht der Fall ist. Wir können allenfalls harmonische h mit $h|_{\partial\Omega} = g$ heranziehen. Über $u = v - h$ und

$$f = \tilde{f} - \sum_{i=1}^N a_i h_{x_i} - ah$$

sind dann die Probleme (4.48) und

4.8 Das Dirichletproblem für $-\Delta u = f$ bei am Rand unbeschränktem f

$$-\Delta u + \sum_{i=1}^{N} a_i(x)u_{x_i} + a(x)u = f(x) \quad \text{für } x \in \Omega, \quad u|_{\partial\Omega} = 0 \qquad (4.49)$$

äquivalent.

Das Beispiel der in Aufgabe 3.20 betrachteten harmonischen Funktion, deren Ableitung am Rand der Einheitskreisscheibe unbeschränkt ist, zeigt, daß man nun im allgemeinen mit Differentialgleichungen konfrontiert wird, deren rechte Seiten am Rand unbeschränkt sind; lediglich wenn die $a_i = 0$ sind oder kompakten, in Ω gelegenen Träger haben, tritt diese Schwierigkeit nicht auf. Da aufgrund der inneren A-Priori-Abschätzung harmonischer Funktionen aus Satz 2.1.7 dist$(x, \partial\Omega)h_{x_i}(x)$ für $x \in \Omega$ beschränkt ist, betrachten wir nun in Verallgemeinerung von Satz 4.4.7 Greenpotentiale, deren Dichten die Eigenschaften (4.50) haben und mit deren Hilfe wir dann in Abschnitt 6.3 zeigen können, daß (4.49) einem Integralgleichungsproblem äquivalent ist. Die Kompaktheit der dann auftretenden Integraloperatoren wird sich aus Korollar 4.8.5 ergeben.

Lemma 4.8.1. *$\Omega \subset\subset \mathbb{R}^N$ habe die gleichmäßige äußere Kugeleigenschaft (s. Satz 4.6.2), und es sei $\delta(y) := \text{dist}(y, \partial\Omega)$. Es sei $f: \Omega \to \mathbb{R}$ eine meßbare Funktion mit der Eigenschaft*

$$M := \sup_{y \in \Omega} |\delta(y)f(y)| < \infty. \qquad (4.50)$$

Dann existiert für alle $x \in \overline{\Omega}$ das Greenpotential

$$w(x) := \int_{\Omega} G(x,y)f(y)\,dy \qquad (4.51)$$

zu Ω und f und definiert eine Funktion $w \in C^0(\overline{\Omega})$. Für $x \in \overline{\Omega}$ und $\gamma \in (0,1)$ ist

$$|w(x)| \leq c(\Omega, \gamma) M \delta(x)^{1-\gamma} \qquad (4.52)$$

mit einer allein durch Ω und γ bestimmten Konstanten $c(\Omega, \gamma)$.

Beweis. Unter Berücksichtigung von Bemerkung 4.1.3 (i) ergeben sich aus (4.23) und (4.24) für $x \in \overline{\Omega}$, $y \in \Omega$, $x \neq y$, und $\gamma \in (0,1)$ die Abschätzungen

$$0 \leq G(x,y) \leq \text{const}\,|x-y|^{1-N-\gamma}\delta(y),$$
$$0 \leq G(x,y) \leq \text{const}\,|x-y|^{-N-\gamma}\delta(x)\delta(y)$$

mit allein von Ω und γ bestimmten Konstanten. Mit Hilfe der ersten Ungleichung erschließt man die Stetigkeit von w wie im Beweis von Satz 4.4.7 a). Verwenden wir die erste Ungleichung für $|y-x| \leq \delta(x)$ und die zweite für $|y-x| > \delta(x)$, so erhalten wir mit Bemerkung 4.1.3 b)

$$|w(x)| \le M \operatorname{const} \left(\int_{|y-x|\le \delta(x)} |x-y|^{1-N-\gamma} \, dy + \delta(x) \int_{|y-x|>\delta(x)} |x-y|^{-N-\gamma} \, dy \right)$$

$$\le M\omega_N \operatorname{const} \left(\frac{\delta(x)^{1-\gamma}}{1-\gamma} + \delta(x) \int_{\delta(x)}^{D} r^{-\gamma-1} \, dr \right),$$

wenn $D := \operatorname{diam} \Omega$ ist. Dies beweist die Behauptung, da die Abhängigkeit der Konstanten von N durch die Angabe von Ω berücksichtigt ist. □

Lemma 4.8.1 impliziert, daß das durch (4.51) definierte Greenpotential w auf $\partial\Omega$ verschwindet. Zusammen mit dem nun folgenden Satz ist dann die Existenz einer Lösung von $-\Delta u = f$ in Ω, $u|_{\partial\Omega} = 0$ in dem Fall gezeigt, daß $\Omega \subset\subset \mathbb{R}^N$ die gleichmäßige äußere Kugeleigenschaft besitzt und f eine auf Ω lokal hölderstetige Funktion ist, die der Bedingung (4.50) genügt.

Satz 4.8.2. *$\Omega \subset\subset \mathbb{R}^N$ habe die gleichmäßige äußere Kugeleigenschaft, und es sei $\delta(y) := \operatorname{dist}(y, \partial\Omega)$.*

a) Ist $f: \Omega \to \mathbb{R}$ eine meßbare Funktion mit der Eigenschaft (4.50), so ist das Greenpotential (4.51) aus $C^1(\Omega)$, und es gilt

$$w_{x_i}(x) = \int_\Omega G_{x_i}(x,y) f(y) \, dy, \quad x \in \Omega. \tag{4.53}$$

Für alle $x \in \Omega$, $\gamma \in (0,1)$ und $i = 1, \ldots, N$ besteht

$$|w_{x_i}(x)| \le d(\Omega, \gamma) M \delta(x)^{-\gamma} \tag{4.54}$$

mit einer allein durch Ω und γ bestimmten Konstanten $d(\Omega, \gamma)$.

b) Ist $f \in C^H(\Omega)$ (s. Definition 4.1.5) eine Funktion mit der Eigenschaft (4.50), so ist $w \in C^2(\Omega)$ und

$$-\Delta w = f \quad in \ \Omega.$$

Beweis. a) Wir zeigen zunächst die Existenz des Integrals in (4.53) und seine Abschätzung (4.54). Aufgrund der Ungleichungen (4.25) und (4.26) haben wir (wieder unter Berücksichtigung von Bemerkung 4.1.3 (i)) für alle $x, y \in \Omega$, $x \ne y$ und $\gamma \in (0,1)$

$$|G_{x_i}(x,y)| \le \operatorname{const} |x-y|^{1-N-\gamma},$$
$$|G_{x_i}(x,y)| \le \operatorname{const} |x-y|^{-N-\gamma} \delta(y) \tag{4.55}$$

mit allein durch Ω und γ bestimmten Konstanten. Wegen $\delta(x) \le \delta(y) + |x-y|$ besteht im Falle $|x-y| \le \frac{1}{2}\delta(x)$ die Ungleichung $\delta(x) \le 2\delta(y)$, so daß

$$\delta(x)|G_{x_i}(x,y) f(y)| \le M \operatorname{const} \begin{cases} 2|x-y|^{1-N-\gamma} & \text{für } |x-y| \le \frac{1}{2}\delta(x) \\ \delta(x)|x-y|^{-N-\gamma} & \text{für } |x-y| > \frac{1}{2}\delta(x) \end{cases}$$

4.8 Das Dirichletproblem für $-\Delta u = f$ bei am Rand unbeschränktem f 145

resultiert, woraus sich wie beim Beweis von Lemma 4.8.1

$$\delta(x) \int_\Omega |G_{x_i}(x,y) f(y)|\, dy \leq d(\Omega,\gamma) M \delta(x)^{1-\gamma}$$

ergibt.

Zum Nachweis der stetigen Differenzierbarkeit von w sei $\Omega_0 \subset\subset \Omega$ und $0 < t < \frac{1}{2} \operatorname{dist}(\Omega_0, \partial\Omega)$. Dann ist

$$\Omega_0 \subset\subset \Omega_t := \{y \in \Omega : \delta(y) > t\}\,.$$

Für $x \in \Omega_0$ schreiben wir $w(x) = v(x) + h(x)$ mit

$$v(x) := \int_{\Omega_t} G(x,y) f(y)\, dy\,, \tag{4.56}$$

$$h(x) := \int_{\Omega \setminus \Omega_t} G(x,y) f(y)\, dy\,. \tag{4.57}$$

Es genügt zu zeigen, daß v und h auf Ω_0 stetig differenzierbare Funktionen definieren und daß die Differentiation unter dem Integralzeichen erfolgen kann.

Im Falle von h folgt dies nach dem Standardsatz A.5 über Parameterintegrale aus (4.50) und (4.55) zusammen mit der Beobachtung, daß für $y \in \Omega \setminus \Omega_t$ ein $y_0 \in \partial\Omega$ existiert mit $|y - y_0| \leq t$ und somit für alle $x \in \Omega_0$ gilt

$$|x - y| \geq |x - y_0| - |y_0 - y| \geq \operatorname{dist}(\Omega_0, \partial\Omega) - t > \frac{1}{2} \operatorname{dist}(\Omega_0, \partial\Omega)\,. \tag{4.58}$$

Im Falle der Funktion v folgt das Gewünschte aus Aufgabe 4.7, die man auf die Funktion $f_t := f \mathcal{X}_{\Omega_t}$ anwendet, wobei $\mathcal{X}_{\Omega_t}$ die charakteristische Funktion der Menge Ω_t bezeichnet. Gemäß Bemerkung 2.1.5 a) ist δ stetig und somit Ω_t offen. Da aus (4.50) die Abschätzung $|f_t(y)| \leq \frac{M}{t}$ für alle $y \in \Omega$ folgt, ist f_t meßbar und beschränkt.

b) Wir werden zeigen, daß die in (4.56) und (4.57) definierten Funktionen auf Ω_0 zweimal stetig differenzierbar sind und die zweiten Ableitungen durch

$$w_{x_i x_k}(x) = \int_\Omega G_{x_i x_k}(x,y)[f(y) - f(x)] + f(x) \frac{\partial^2}{\partial x_i \partial x_k} \int_\Omega G(x,y)\, dy \tag{4.59}$$

gegeben sind. Wegen $\Delta_x G(x,y) = 0$ für $x \neq y$ und wegen Satz 4.4.7 b) mit $f = 1$ folgt dann $-\Delta w = f$ auf Ω_0. Da $\Omega_0 \subset\subset \Omega$ beliebig gewählt war, ist dies die Behauptung.

Wir wenden uns zunächst der in (4.56) definierten Funktion v zu und benutzen wiederum, daß die Einschränkung von f auf Ω_t beschränkt ist und damit $f|_{\Omega_t} \in C_b^H(\Omega_t)$. Aussage c) aus Aufgabe 4.9 liefert die zweimalige stetige Differenzierbarkeit von v auf $\Omega_0 \subset\subset \Omega_t$ sowie die Darstellung (4.59) für $v_{x_i x_k}$ mit Integrationsbereichen Ω_t anstelle von Ω.

Die Harmonizität von $G_{x_i}(\cdot, y)$ und die Abschätzungen (4.55) und (4.58) führen gemäß Satz 2.1.7 auf

$$|G_{x_i x_k}(x,y)| \leq \text{const}\, \delta(y)$$

für alle $x \in \Omega_0$ und $y \in \Omega \setminus \Omega_t$, wobei die Konstante allein durch Ω und $\text{dist}(\Omega_0, \partial\Omega)$ bestimmt ist. Die Funktion h aus (4.57) kann folglich auch ein zweites Mal nach dem Standardsatz über Parameterintegrale differenziert werden, und wir erhalten für $x \in \Omega_0$

$$h_{x_i x_k}(x) = \int_{\Omega \setminus \Omega_t} G_{x_i x_k}(x,y) f(y)\, dy\,.$$

Ebenso gilt $\frac{\partial^2}{\partial x_i \partial x_k} \int_{\Omega \setminus \Omega_t} G(\cdot, y)\, dy = \int_{\Omega \setminus \Omega_t} G_{x_i x_k}(\cdot, y)\, dy$, und wir gewinnen für $h_{x_i x_k}$ ebenso eine Darstellung von der Form (4.59), wobei die Integrationsbereiche nun durch $\Omega \setminus \Omega_t$ anstelle von Ω gegeben sind. Addition von $h_{x_i x_k}(x)$ und $v_{x_i x_k}(x)$ liefert somit (4.59). □

Lemma 4.8.3. $\Omega \subset\subset \mathbb{R}^N$ *habe die gleichmäßige äußere Kugeleigenschaft. Ist* $f\colon \Omega \to \mathbb{R}$ *eine meßbare Funktion mit der Eigenschaft (4.50), so gibt es zu jedem $\Omega_0 \subset\subset \Omega$ und $\gamma \in (0,1)$ eine von Ω_0, Ω und γ abhängende Zahl C derart, daß die ersten Ableitungen des Greenpotentials (4.51) zu Ω und f für $x', x'' \in \Omega_0$ der Ungleichung*

$$|w_{x_i}(x') - w_{x_i}(x'')| \leq MC|x' - x''|^\gamma$$

für alle $i = 1, \ldots, N$ genügen.

Beweis. Wir erinnern zunächst an die Notation $\Omega_s := \{y \in \Omega : \delta(y) > s\}$ aus dem Beweis von Satz 4.8.2. Wir setzen $t := \frac{1}{4}\text{dist}(\Omega_0, \partial\Omega) > 0$ und zerlegen $w = v + h$ wie in (4.56) und (4.57) angegeben. Offensichtlich genügt es, entsprechende Hölderschranken für h_{x_i} und v_{x_i} herzuleiten.

a) Wir betrachten zunächst den Fall $|x' - x''| \geq t$. Für $x \in \Omega_0$ und $y \in \Omega \setminus \Omega_t$ gilt $|x - y| \geq 3t$. Ungleichung (4.55) liefert dann für alle $x \in \Omega_0$

$$|h_{x_i}(x)| \leq \int_{\Omega \setminus \Omega_t} |G_{x_i}(x,y)|\, |f(y)|\, dy \leq MC_1(\Omega, \gamma, t)\,,$$

und wir erhalten somit für $x', x'' \in \Omega_0$ mit $|x' - x''| \geq t$

$$|h_{x_i}(x') - h_{x_i}(x'')| \leq 2MC_1(\Omega, \gamma, t) \left(\frac{|x' - x''|}{t}\right)^\gamma\,.$$

Da t nur von Ω_0 und Ω abhängt, ist dies die gewünschte Abschätzung.

Um den Fall $|x' - x''| < t$ zu behandeln, bemerken wir zunächst, daß wir aufgrund von (4.55), der Harmonizität von $G_{x_i}(\cdot, y)$ und Satz 2.1.7 Konstanten finden können, die nur von Ω, γ und t abhängen, so daß

$$|G_{x_i}(x,y)| \leq \text{const}\, \delta(y) \quad \text{für alle } x \in \Omega_{2t},\ y \in \Omega \setminus \Omega_t\,,$$
$$|\nabla_x G_{x_i}(x,y)| \leq \text{const}\, \delta(y) \quad \text{für alle } x \in \Omega_{3t},\ y \in \Omega \setminus \Omega_t\,.$$

Somit gilt

$$|\nabla_x h_{x_i}(x)| \leq \int_{\Omega \setminus \Omega_t} |\nabla_x G_{x_i}(x,y)|\, |f(y)|\, dy \leq M C_2(\Omega,\gamma,t)$$

für alle $x \in \Omega_{3t}$. Da $\Omega_0 \subseteq \Omega_{4t}$ nach Definition von t, liegt für $x', x'' \in \Omega_0$ mit $|x'-x''|<t$ auch die Strecke zwischen x' und x'' ganz in Ω_{3t} und wir erhalten

$$|h_{x_i}(x') - h_{x_i}(x'')| \leq M C_2(\Omega,\gamma,t)|x'-x''| \leq M C_2(\Omega,\gamma,t) t^{1-\gamma}|x'-x''|^\gamma\,.$$

b) Aufgabe 4.11 mit $U := \Omega_0$ erlaubt uns die Anwendung von Lemma 4.7.3, wobei wir anstelle von f die abgeschnittene Funktion $f\mathcal{X}_{\Omega_t}$ einsetzen, welche durch $\frac{M}{t}$ beschränkt wird. Da die Konstante b gemäß Aufgabe 4.11 nur von Ω_0 und Ω abhängt, ist die von Lemma 4.7.3 gelieferte Abschätzung für $x', x'' \in \Omega_0$ von der Form

$$|v_{x_i}(x') - v_{x_i}(x'')| \leq C_3(\Omega, \Omega_0, \gamma, t) M |x'-x''|^\gamma\,. \qquad \square$$

Bemerkung 4.8.4. Die sich aus unserem Beweis ergebende Konstante C in der Formulierung von Lemma 4.8.3 hängt in komplizierter Weise von Ω und Ω_0 ab. So gehen zum Beispiel Schranken an die zweiten Ableitungen von $H = G - S$ auf $\overline{\Omega}_1 \times \overline{\Omega}$ mit geeignet gewähltem Ω_1 ($\Omega_0 \subset\subset \Omega_1 \subset\subset \Omega$) für die Bestimmung der Konstanten b in Aufgabe 4.11 ein.

Korollar 4.8.5. *$\Omega \subset\subset \mathbb{R}^N$ habe die gleichmäßige äußere Kugeleigenschaft. Es sei $M > 0$ und*

$$F := \left\{ g \colon \Omega \to \mathbb{R} \,:\, g \text{ ist meßbar und } \sup_{y \in \Omega} |\delta(y) g(y)| \leq M \right\}\,.$$

Dann ist

$$\left\{ \int_\Omega G_{x_i}(\cdot,y) f(y)\, dy \,:\, f \in F,\ i \in \{1,\ldots,N\} \right\}$$

eine Menge auf Ω definierter stetiger Funktionen, die auf jeder kompakten Teilmenge von Ω gleichgradig gleichmäßig stetig ist.

4.9 Erweiterung: Die Greensche Funktion für $-\Delta + 1$

Wir wollen hier die Resultate der Abschnitte 4.2 und 4.4–4.6 auf die Gleichung

$$-\Delta u + \lambda u = f \tag{4.60}$$

ausdehnen. Dazu müssen wir zunächst einmal $\lambda > 0$ voraussetzen; im Falle $\lambda < 0$ gibt es ein Problem, das in Bemerkung 5.5.7 kurz gestreift und in Abschnitt 6.2 näher behandelt wird (vgl. insbesondere Satz 6.2.8). Sucht man Lösungen von (4.60) mit $f = 0$ in der Form $u(x) = U(|x|)$ (aufgrund der Translationsinvarianz des Laplaceoperators ist dann bei festem $y \in \mathbb{R}^N$ auch $U(|x-y|)$ für $x \neq y$ eine Lösung), so wird man auf die gewöhnliche Differentialgleichung geführt, die wir bereits in Bemerkung 2.5.1 kennengelernt haben. Wir können in der dortigen Gleichung (2.15) $\lambda = 1$ setzen, also

$$U''(r) + \frac{N-1}{r} U'(r) - U(r) = 0 \qquad (4.61)$$

betrachten, denn wenn wir r durch $\sqrt{\lambda} r$ in dem Argument von U ersetzen, erhalten wir eine Lösung der allgemeinen Gleichung.

Durch die Substitution $y(r) := r^{(N-1)/2} U(r)$ geht (4.61) in

$$y'' - \left[1 + \frac{(N-1)(N-3)}{4r^2}\right] y = 0 \qquad (4.62)$$

über. Man kann also erwarten, daß (4.62) und damit auch (4.61) eine für $r \to \infty$ exponentiell fallende und eine exponentiell wachsende Lösung besitzt [98, p. 381]. Wir suchen daher für (4.61) eine Lösung der Gestalt

$$U(r) = \int_1^\infty e^{-rt} \varphi(t) \, dt$$

mit einer höchstens polynomial wachsenden Funktion φ. Zweimalige Differentiation unter dem Integralzeichen liefert

$$U''(r) - U(r) = \int_1^\infty e^{-rt} (t^2 - 1) \varphi(t) \, dt, \qquad (4.63)$$

und mit

$$\phi(t) := \int_1^t s \varphi(s) \, ds$$

erhalten wir durch partielle Integration

$$U'(r) = -\int_1^\infty e^{-rt} t \varphi(t) \, dt = -r \int_1^\infty e^{-rt} \phi(t) \, dt. \qquad (4.64)$$

Gleichung (4.61) ist somit erfüllt, wenn

$$(t^2 - 1) \varphi(t) = (N-1) \phi(t)$$

gilt, was uns über

4.9 Erweiterung: Die Greensche Funktion für $-\Delta + 1$

$$\frac{\varphi'(t)}{\varphi(t)} = (N-3)\frac{t}{t^2-1}$$

auf die Wahl $\varphi(t) = (t^2-1)^{\frac{N-3}{2}}$ führt. Man überzeugt sich leicht, daß wir mit

$$U(r) := \int_1^\infty e^{-rt}(t^2-1)^{(N-3)/2}\,dt, \quad r > 0, \tag{4.65}$$

eine Lösung der gewünschten Art gefunden haben. Ein anderer und vielleicht etwas systematischerer Weg hätte darin bestanden, (4.61) oder (4.62) als Differentialgleichung der modifizierten Besselfunktion zu identifizieren (s. Bemerkung 4.9.2 b)). Die Funktion (4.65) wurde für $N=2$ erstmals von RIEMANN [281] betrachtet.

Um das Verhalten von U für $r \to 0$ und $r \to \infty$ zu untersuchen, machen wir in (4.63), (4.64) (mit $\varphi(t) = (t^2-1)^{(N-3)/2}$) und (4.65) die Variablentransformation $s = r(t-1)$, was

$$U(r) = \frac{e^{-r}}{r^{N-2}}\int_0^\infty e^{-s}(2sr+s^2)^{(N-3)/2}\,ds, \tag{4.66}$$

$$U'(r) = -\frac{e^{-r}}{(N-1)r^{N-1}}\int_0^\infty e^{-s}(2sr+s^2)^{(N-1)/2}\,ds, \tag{4.67}$$

$$U''(r) = U(r) + \frac{e^{-r}}{r^N}\int_0^\infty e^{-s}(2sr+s^2)^{(N-1)/2}\,ds \tag{4.68}$$

liefert. Für $m \in \mathbb{N}_0$ ist

$$\int_0^\infty e^{-s}(2sr+s^2)^{\frac{m}{2}}\,ds \leq \int_0^\infty e^{-s}(r+s)^m\,ds = \sum_{i=0}^m \binom{m}{i}r^i\int_0^\infty e^{-s}s^{m-i}\,ds$$

$$\leq \begin{cases} \text{const} & \text{für } 0 < r < 1 \\ \text{const}\,r^m & \text{für } r \geq 1 \end{cases}. \tag{4.69}$$

Für $N = 2$ haben wir

$$\int_0^\infty e^{-s}(2sr+s^2)^{-1/2}\,ds \leq \frac{1}{(2r)^{1/2}}\int_0^\infty e^{-s}s^{-1/2}\,ds, \quad r > 0, \tag{4.70}$$

was für $r \geq 1$ eine gute Abschätzung ist. Für $N = 2$ und $r \in (0,1)$ empfiehlt es sich, in (4.64) die Substitution $s = rt$ zu machen:

$$U'(r) = -\frac{1}{r}\int_r^\infty e^{-s}\sqrt{s^2-r^2}\,ds.$$

150   4 Die Poissongleichung $-\Delta u = f$

Mit der stetigen Funktion

$$g(r) := 1 - \int_r^\infty e^{-s}\sqrt{s^2 - r^2}\, ds$$

ist

$$U'(r) = -\frac{1}{r} + \frac{g(r)}{r}.$$

Wegen $\int_0^\infty s e^{-s}\, ds = 1$ können wir

$$g(r) = \int_0^r s e^{-s}\, ds + \int_r^\infty e^{-s}\left(s - \sqrt{s^2 - r^2}\right) ds$$

schreiben. Der erste Term ist $\leq \frac{1}{2}r^2$, der zweite $\leq r$, denn für $s \geq r$ ist ja

$$s - \sqrt{s^2 - r^2} = \frac{r^2}{s + \sqrt{s^2 - r^2}} \leq r.$$

Also gilt im Falle $N = 2$ für $0 < r < 1$

$$U'(r) = -\frac{1}{r} + g_1(r), \tag{4.71}$$

$$U(r) = -\ln r + g_2(r) \tag{4.72}$$

mit stetigen und beschränkten Funktionen g_1 und g_2. Wir bemerken noch, daß aus (4.67)

$$\lim_{r \to 0} r^{N-1} U'(r) = -\frac{1}{N-1} \int_0^\infty e^{-s} s^{N-1}\, ds = -\frac{\Gamma(N)}{N-1} = -(N-2)! \tag{4.73}$$

folgt.

Mit der Funktion U in (4.65) haben wir eine Funktion gefunden, die für $-\Delta + 1$ die gleiche Rolle spielt wie die Singularitätenfunktion aus Definition 4.1.2 für $-\Delta$.

Definition 4.9.1. *Für $x, y \in \mathbb{R}^N$ sei*

$$S(x,y) := \begin{cases} \dfrac{1}{(N-2)!\omega_N} \displaystyle\int_1^\infty e^{-|x-y|t}(t^2 - 1)^{(N-3)/2}\, dt & \text{, falls } x \neq y \\ 0 & \text{, falls } x = y \end{cases}.$$

S *heißt die* Singularitätenfunktion *oder die* Grundlösung *zu* $-\Delta + 1$.

Bemerkung 4.9.2. a) S ist außerhalb der Diagonalen beliebig oft differenzierbar. Für $x, y \in \mathbb{R}^N$ ist $S(x,y) = S(y,x)$, ferner für $x \neq y$

$$S_{x_i}(x,y) = -S_{y_i}(x,y), \tag{4.74}$$

$$(-\Delta_x + 1)S(x,y) = 0. \tag{4.75}$$

Es gibt eine Zahl $c(N)$ und für jedes $\gamma \in (0,1)$ eine Zahl $c(N,\gamma)$, so daß für alle $x, y \in \mathbb{R}^N$ mit $x \neq y$

(i) $0 < S(x,y) \leq c(N,\gamma)|x-y|^{2-N-\gamma}e^{-\frac{1}{2}|x-y|}$,
(ii) $|S_{x_i}(x,y)| \leq c(N)|x-y|^{1-N}e^{-\frac{1}{2}|x-y|}$,
(iii) $|S_{x_i x_k}(x,y)| \leq c(N)|x-y|^{-N}e^{-\frac{1}{2}|x-y|}$.

(i) folgt aus (4.66), (4.69) und (4.70) und schwächt das für $N=2$ in (4.72) Erreichte ab, um eine Fallunterscheidung bezüglich N zu vermeiden. (ii) ergibt sich aus (4.67) und (4.69). (iii) erhält man schließlich aus (4.68) und (4.69) in Kombination mit der Abschätzung (i). Das exponentielle Abklingen und die Tatsache, daß die Abschätzung (i) außerhalb der Diagonalen in ganz $\mathbb{R}^N \times \mathbb{R}^N$ gilt, unterscheiden diese Singularitätenfunktion in angenehmer Weise von der zu $-\Delta$. Die lokale Singularität bei $x=y$ ist von der gleichen Art.

b) Unter Verwendung der modifizierten Besselfunktion 2. Art K_ν der Ordnung $\nu := (N-2)/2$ kann S in der Form

$$S(x,y) = \frac{1}{(2\pi)^{N/2}} \frac{K_\nu(|x-y|)}{|x-y|^\nu}$$

geschrieben werden [331, p. 172]. Für ungerade N kann K_ν durch elementare Funktionen ausgedrückt werden [331, p. 80], was mit Hilfe partieller Integration auch unmittelbar aus der Definition von S erschlossen werden kann. Für die Singularitätenfunktion S zu $-\Delta + \lambda$ mit $\lambda > 0$ hat man die Normierung

$$S_\lambda(x,y) = \frac{1}{2\pi} \left(\frac{\sqrt{\lambda}}{2\pi|x-y|} \right)^\nu K_\nu\left(\sqrt{\lambda}|x-y|\right) = \lambda^\nu S\left(\sqrt{\lambda}x, \sqrt{\lambda}y\right)$$

zu treffen, um analog zu Lemma 4.9.4 b)

$$(-\Delta + \lambda) \int_\Omega S_\lambda(x,y)\, dy = 1$$

zu erhalten. Speziell für $N=3$ ist

$$S_\lambda(x,y) = \frac{1}{4\pi|x-y|} e^{-\sqrt{\lambda}|x-y|}.$$

Wir können nun sehr schnell ein Analogon zu dem Hölderschen Satz 4.2.6 beweisen, indem wir uns auf Hilfsmittel aus Abschnitt 4.7 stützen. Wir beginnen mit einer Satz 4.2.4 entsprechenden Aussage.

Lemma 4.9.3. *Es seien S die Singularitätenfunktion zu $-\Delta + 1$, $\Omega \subseteq \mathbb{R}^N$ offen und $f: \Omega \to \mathbb{R}$ meßbar und beschränkt. Dann ist*

$$v(x) := \int_\Omega S(x,y)f(y)\, dy, \quad x \in \mathbb{R}^N, \tag{4.76}$$

aus $C^1(\mathbb{R}^N)$, und es gilt für $x \in \mathbb{R}^N$

$$v_{x_i}(x) = \int_\Omega S_{x_i}(x,y)f(y)\, dy. \tag{4.77}$$

152   4 Die Poissongleichung $-\Delta u = f$

Beweis. Die Existenz des Integrals in (4.76) folgt sofort aus der Abschätzung (i) in Bemerkung 4.9.2 a). Für den Beweis von $v \in C^1(\mathbb{R}^N)$ seien $B' \subset\subset B \subset\subset \mathbb{R}^N$ und $x \in B'$; es genügt, $v \in C^1(B')$ zu zeigen. In der Zerlegung

$$v(x) = \int_{\Omega \setminus B} S(x,y)f(y)\,dy + \int_{\Omega \cap B} S(x,y)f(y)\,dy \tag{4.78}$$

kann der erste Term nach dem Standardsatz A.5 über Parameterintegrale beliebig oft unter dem Integralzeichen differenziert werden. Auf den zweiten Term können wir Satz 4.7.1 mit $U = B'$ und $\Omega \cap B$ anstelle des dortigen Ω anwenden, da seine Voraussetzungen aufgrund von Bemerkung 4.9.2 a) erfüllt sind. □

In Analogie zu Korollar 4.2.2 und Lemma 4.2.5 haben wir

Lemma 4.9.4. *Es sei S die Singularitätenfunktion zu $-\Delta + 1$.*

a) Ist $B \subset\subset \mathbb{R}^N$ eine Kugel, so gilt für $x \in B$

$$\frac{\partial^2}{\partial x_i \partial x_k} \int_B S(x,y)\,dy = -\int_{\partial B} \nu_i(y) S_{x_k}(x,y)\,dS(y).$$

Dabei ist $\nu_i(y)$ die i-te Komponente der äußeren Einheitsnormalen an ∂B im Punkte y.

b) Ist $\Omega \subseteq \mathbb{R}^N$ offen, so gilt

$$\int_\Omega S(\cdot,y)\,dy \in C^\infty(\Omega) \quad und \quad (-\Delta+1)\int_\Omega S(\cdot,y)\,dy = 1 \quad für\ x \in \Omega.$$

Beweis. a) Sei $x \in B$ und $B_\epsilon(x) \subset\subset B$. Wir haben (4.77) mit $f = 1$ zur Verfügung, und mit (4.74) gilt

$$v_{x_i}(x) = -\int_B S_{y_i}(x,y)\,dy = -\int_{B \setminus B_\epsilon(x)} S_{y_i}(x,y)\,dy - \int_{B_\epsilon(x)} S_{y_i}(x,y)\,dy,$$

wobei das zweite Integral aufgrund der Abschätzung (ii) in Bemerkung 4.9.2 a) für $\epsilon \to 0$ gegen Null geht. Das erste Integral läßt sich nach dem Gaußschen Satz B.6 in ein Oberflächenintegral verwandeln:

$$\int_{B \setminus B_\epsilon(x)} S_{y_i}(x,y)\,dy = \int_{\partial B} \nu_i(y) S(x,y)\,dS(y) + \int_{\partial B_\epsilon(x)} \frac{x_i - y_i}{|x-y|} S(x,y)\,dS(y).$$

Da das zweite Integral nach der Abschätzung (i) in Bemerkung 4.9.2 a) für $\epsilon \to 0$ gegen Null geht, resultiert

4.9 Erweiterung: Die Greensche Funktion für $-\Delta + 1$

$$v_{x_i}(x) = -\int_{\partial B} \nu_i(y) S(x,y)\, dS(y)\,.$$

Da die rechte Seite aus $C^\infty(B)$ ist und unter dem Integralzeichen beliebig oft differenziert werden darf, ist also $v \in C^\infty(B)$ und insbesondere

$$v_{x_i x_k}(x) = -\int_{\partial B} \nu_i(y) S_{x_k}(x,y)\, dS(y)\,.$$

b) In (4.78) sei speziell $f = 1$ und $B = B_r(x) \subset\subset \Omega$. Anwendung von $-\Delta + 1$ auf das erste Integral liefert wegen (4.75) Null. Nach Beweisteil a) haben wir

$$(-\Delta+1)\int_{B_r(x)} S(x,y)\,dy = \int_{\partial B_r(x)} \frac{y-x}{|y-x|} \cdot \nabla_x S(x,y)\, dS(y) + \int_{B_r(x)} S(x,y)\,dy$$

$$= -\frac{1}{(N-2)!\,\omega_N}\int_{\partial B_r(x)} U'(|x-y|)\,dS(y) + \int_{B_r(x)} S(x,y)\,dy\,.$$

Die Behauptung folgt nun aus (4.73), da das zweite Integral für $r \to 0$ ja gegen Null geht. □

Nun sind wir in der Lage, ein dem Hölderschen Satz 4.2.6 entsprechendes Resultat zu beweisen.

Satz 4.9.5. *Es seien $\Omega \subseteq \mathbb{R}^N$ offen, S die Singularitätenfunktion zu $-\Delta + 1$ und $f \in C_b^H(\Omega)$ (s. Definition 4.1.5). Dann ist*

$$v(x) := \int_\Omega S(x,y) f(y)\, dy, \quad x \in \mathbb{R}^N\,,$$

aus $C^2(\Omega)$, und für $x \in \Omega$ gilt

$$v_{x_i x_k}(x) = \int_\Omega [f(y) - f(x)] S_{x_i x_k}(x,y)\, dy + f(x) \frac{\partial^2}{\partial x_i \partial x_k} \int_\Omega S(x,y)\, dy\,. \tag{4.79}$$

Beweis. Es sei $B \subset\subset \Omega$ eine Kugel. Für $x \in B' \subset\subset B$ haben wir wegen (4.77) die Zerlegung

$$v_{x_i}(x) = \int_{\Omega\setminus B} S_{x_i}(x,y) f(y)\, dy + \int_B S_{x_i}(x,y) f(y)\, dy\,.$$

Die Ableitung nach x_k in dem ersten Integral ist wieder unproblematisch. Auf das zweite Integral können wir Satz 4.7.2 b) mit $U = \Omega = B$ anwenden, denn es ist ja

154   4 Die Poissongleichung $-\Delta u = f$

$$\frac{\partial}{\partial x_i} \int_B S(\cdot, y)\, dy = \int_B S_{x_i}(\cdot, y)\, dy \in C^1(B)$$

(Lemma 4.9.3 und Lemma 4.9.4 b)). Die anderen Voraussetzungen von Satz 4.7.2 b) sind aufgrund von Bemerkung 4.9.2 a) erfüllt. Es ist also $v \in C^2(\Omega)$ und für $x \in B'$

$$v_{x_i x_k}(x) = \int_{\Omega \setminus B} S_{x_i x_k}(x, y) f(y)\, dy + \int_B [f(y) - f(x)] S_{x_i x_k}(x, y)\, dy$$
$$+ f(x) \frac{\partial^2}{\partial x_i \partial x_k} \int_B S(x, y)\, dy\ .$$

Da wir dies in der Form

$$v_{x_i x_k}(x) = f(x) \int_{\Omega \setminus B} S_{x_i x_k}(x, y)\, dy + \int_\Omega [f(y) - f(x)] S_{x_i x_k}(x, y)\, dy$$
$$+ f(x) \frac{\partial^2}{\partial x_i \partial x_k} \int_B S(x, y)\, dy$$

schreiben und in dem ersten Integral die Ableitungen vor das Integral ziehen können, ist damit (4.79) bewiesen.   □

In Kombination mit Lemma 4.9.4 b) folgt sofort aus (4.79) und (4.75)

Korollar 4.9.6. *Unter den Voraussetzungen von Satz 4.9.5 gilt auf Ω*

$$(-\Delta + 1)v = f\ .$$

In Analogie zu Definition 4.4.1 treffen wir die

Definition 4.9.7. *Es sei $\Omega \subseteq \mathbb{R}^N$ offen und S die Singularitätenfunktion zu $-\Delta + 1$. Man nennt $G \colon \overline{\Omega} \times \Omega \to \mathbb{R}$ Greensche Funktionen für Ω und den Operator $-\Delta + 1$ (mit Dirichletscher Randbedingung), wenn für jedes $y \in \Omega$ folgendes gilt:*

(i) $G(\cdot, y) - S(\cdot, y)$ *ist aus $C^2(\Omega) \cap C^0(\overline{\Omega})$ und erfüllt*

$$(-\Delta_x + 1)[G(x, y) - S(x, y)] = 0 \quad \textit{für } x \in \Omega\ ;$$

(ii) $G(\cdot, y) = 0$ *auf $\partial \Omega$;*
(iii) *für jede Folge (x_n) aus Ω mit $|x_n| \to \infty$ für $n \to \infty$ gilt*

$$\lim_{n \to \infty} G(x_n, y) = 0\ .$$

Bemerkung 4.9.8. a) Im Falle $\Omega = \mathbb{R}^N$ hat die Singularitätenfunktion S offensichtlich alle von G verlangten Eigenschaften, diesmal für alle $N \geq 2$.

b) Die Forderung (iii) entfällt, wenn Ω beschränkt ist.

c) Es gibt, wenn überhaupt, genau eine Greensche Funktion. Sei $y \in \Omega$. Die Differenz G zweier Greenscher Funktionen genügt nämlich auf Ω der Gleichung

$$(-\Delta_x + 1)G(\cdot, y) = 0 \, .$$

Für $x \in \partial\Omega$ ist $G(x,y) = 0$, ferner $\lim_{n\to\infty} G(x_n, y) = 0$ für $|x_n| \to \infty$. Da $G(\cdot, y)$ nach Aufgabe 2.18 in Ω kein positives Maximum und kein negatives Minimum annehmen kann, ist also $G(x,y) = 0$ für $x \in \overline{\Omega}$.

d) Daß die Greensche Funktion für $\Omega \subset\subset \mathbb{R}^N$ und $-\Delta + 1$ existiert, wenn jeder Randpunkt von Ω regulär ist im Sinne von Definition 3.3.8, wird mit Satz 6.2.7 gezeigt werden.

Wir weisen nun nach, daß sich die aus den Abschnitten 4.4–4.6 für die Greensche Funktion zu $-\Delta$ bekannten Grundeigenschaften übertragen.

Lemma 4.9.9. *Es sei $\Omega \subseteq \mathbb{R}^N$ offen und G Greensche Funktion für Ω und $-\Delta + 1$. Ist $y \in \Omega$, so gilt*

$$0 \leq G(x,y) \quad \text{für } x \in \overline{\Omega} \setminus \{y\} \, ;$$

genauer: es ist
$0 < G(x,y)$, wenn sich x und y in derselben Zusammenhangskomponente von Ω befinden und $x \neq y$ ist,
und
$0 = G(x,y)$, wenn x und y in verschiedenen Zusammenhangskomponenten von Ω liegen.
Weiter gilt $G(x,y) \leq S(x,y)$ für alle $x \in \overline{\Omega}$, $y \in \Omega$ mit $x \neq y$.

Beweis. Sei $y \in \Omega$. Liegt $x \in \Omega$ in einer Zusammenhangskomponente X von Ω, die y nicht enthält, so gilt wegen (4.75)

$$(-\Delta_x + 1)G(\cdot, y) = 0 \tag{4.80}$$

auf X. Auf $\partial X \subseteq \partial\Omega$ ist $G(\cdot, y) = 0$. Ferner gilt für unbeschränktes X, daß $G(x_n, y) \to 0$ strebt für jede Folge (x_n) aus X, die gegen Unendlich strebt. Da $G(\cdot, y)$ nach Aufgabe 2.18 in X weder ein positives Maximum noch ein negatives Minimum haben kann, ist also $G(x,y) = 0$ für jedes solche $x \in X$.

Nun sei Y diejenige Zusammenhangskomponente von Ω, die y enthält. Dann besteht dank (4.75) die Gleichung (4.80) auf $Y \setminus \{y\}$. Nach Aufgabe 2.18 kann $G(\cdot, y)$ also dort kein negatives Minimum annehmen. Es ist also $G(x,y) \geq 0$ für $x \in Y \setminus \{y\}$. Gäbe es ein $x_0 \in Y \setminus \{y\}$ mit $G(x_0, y) = 0$, so wäre nach Aufgabe 2.19 schon $G(x,y) = 0$ für alle $x \in Y \setminus \{y\}$, also aufgrund der Eigenschaft (i) in Definition 4.9.7 $-S(\cdot, y)$ in einer Umgebung von y beschränkt.

156   4 Die Poissongleichung $-\Delta u = f$

Die auf $\overline{\Omega}$ stetige Funktion $G(\cdot,y) - S(\cdot,y)$ ist auf $\partial\Omega$ negativ. Wäre sie positiver Werte fähig, so besäße sie in Ω ein positives Maximum, was nach Aufgabe 2.18 nicht sein kann. Dies beweist die letzte Behauptung. □

Lemma 4.9.10. *Ist $\Omega \subset\subset \mathbb{R}^N$ und G Greensche Funktion für Ω und $-\Delta+1$, so gilt*
$$H := G - S \in C^0(\overline{\Omega} \times \Omega) \, .$$

Beweis. Ganz wie im Beweis von Lemma 4.4.5 genügt es zu zeigen, daß die Funktion $H(x,\cdot)$ auf jedem $\Omega_0 \subset\subset \Omega$ stetig ist, und zwar gleichmäßig bezüglich $x \in \overline{\Omega}$. Aufgrund von 4.9.7 (ii) gilt
$$H|_{\partial\Omega \times \overline{\Omega}_0} = -S|_{\partial\Omega \times \overline{\Omega}_0} \, ,$$
wobei die Funktion rechts gleichmäßig stetig ist. Insbesondere gibt es also zu jedem $\epsilon > 0$ ein $\delta > 0$, so daß $|H(x,y_1) - H(x,y_2)| < \epsilon$ ausfällt für alle $x \in \partial\Omega$ und alle $y_1, y_2 \in \Omega_0$ mit $|y_1 - y_2| < \delta$. Es löst $u := H(\cdot,y_1) - H(\cdot,y_2) \in C^2(\Omega) \cap C^0(\overline{\Omega})$ die Gleichung $(-\Delta+1)u = 0$ in Ω, so daß nach Aufgabe 2.9 a)
$$-\epsilon \leq H(x,y_1) - H(x,y_2) \leq \epsilon$$
für alle $x \in \overline{\Omega}$ und für alle $y_1, y_2 \in \Omega_0$ mit $|y_1 - y_2| < \delta$ gilt. □

Bemerkung 4.9.11. Ist $\Omega \subset\subset \mathbb{R}^N$ und G Greensche Funktion zu Ω und $-\Delta + 1$, so ist $G(x,\cdot)$ für $x \in \overline{\Omega}$ stetig auf $\Omega \setminus \{x\}$ (nach Lemma 4.9.10) und besitzt eine über Ω integrierbare Majorante (nach Lemma 4.9.9 in Verbindung mit Abschätzung (i) aus Bemerkung 4.9.2 a)), so daß für meßbares und beschränktes $f: \Omega \to \mathbb{R}$

$$w(x) := \int_\Omega G(x,y) f(y) \, dy, \quad x \in \overline{\Omega} \, , \tag{4.81}$$

existiert.

Satz 4.9.12. *Es sei $\Omega \subset\subset \mathbb{R}^N$ und G Greensche Funktion zu Ω und $-\Delta+1$.*

a) *Ist $f: \Omega \to \mathbb{R}$ meßbar und beschränkt, so definiert (4.81) eine Funktion $w \in C^0(\overline{\Omega})$. (Natürlich ist $w(x) = 0$ für $x \in \partial\Omega$.)*
b) *Ist $f \in C_b^H(\Omega)$, so gilt überdies $w \in C^2(\Omega)$ und*
$$(-\Delta+1)w = f \quad \text{in } \Omega \, .$$

Beweis. a) wird wie in Satz 4.4.7 a) bewiesen, wobei nunmehr lediglich Lemma 4.9.9 in Kombination mit der Ungleichung (i) in Bemerkung 4.9.2 a) heranzuziehen ist.

b) Wir setzen $H := G - S$ und schreiben $w(x) = v(x) + h(x)$ für $x \in \overline{\Omega}$ mit

4.9 Erweiterung: Die Greensche Funktion für $-\Delta + 1$

$$v(x) := \int_\Omega S(x,y)f(y)\,dy, \quad h(x) := \int_\Omega H(x,y)f(y)\,dy\,.$$

Da nach Korollar 4.9.6 $(-\Delta + 1)v = f$ ist, bleibt also nur

$$(-\Delta + 1)h = 0 \quad \text{auf } \Omega \tag{4.82}$$

zu zeigen. Für jedes $y \in \Omega$ hat $H(\cdot, y)$ auf Ω definitionsgemäß die Eigenschaft $(-\Delta_x + 1)H(\cdot, y) = 0$, so daß nach Bemerkung 2.5.1 und Aufgabe 2.13 a) für alle $B_r(x_0) \subset\subset \Omega$ die zweite Mittelwertrelation

$$\int_{B_r(x_0)} [R_N(r)H(x_0,y) - H(x,y)]\,dx = 0 \tag{4.83}$$

besteht. Dabei ist

$$R_N(r) := \frac{N}{r^N} \int_0^r \phi(N,1;\varrho)\varrho^{N-1}\,d\varrho \tag{4.84}$$

und $\phi(N,1;\cdot)$ die stetige und positive Funktion aus (2.17).[5] Auf $B_r(x_0) \times \Omega$ ist die Funktion

$$(x,y) \mapsto [R_N(r)H(x_0,y) - H(x,y)]f(y)$$

nach Lemma 4.9.10 stetig, insbesondere also meßbar. Ferner existiert das Integral

$$\int_{B_r(x_0)} \left(\int_\Omega (|R_N(r)H(x_0,y)| + |H(x,y)|)\,|f(y)|\,dy \right) dx\,, \tag{4.85}$$

da f beschränkt ist und $|H|$ nach Lemma 4.9.9 durch S majorisiert werden kann. Nach Fubini-Tonelli ist daher

$$\int_{B_r(x_0)} [R_N(r)h(x_0) - h(x)]\,dx$$
$$= \int_\Omega \left(\int_{B_r(x_0)} [R_N(r)H(x_0,y) - H(x,y)]\,dx \right) f(y)\,dy = 0\,,$$

so daß nach Aufgabe 2.14 b) die Gleichung (4.82) besteht. Die hierfür benötigte Stetigkeit von h in jedem Punkte $x_0 \in \Omega$ ergibt sich aus dem Standardsatz A.5 über Parameterintegrale, wobei die Majorante in der Nähe von x_0 gemäß Lemma 4.9.10 konstant gewählt werden kann und für den verbleibenden Integrationsbereich $|H| \leq S$ genutzt werden kann. □

---

[5] Mit $\nu := (N-2)/2$ hat man $\phi(N,\lambda;\varrho) = \Gamma\left(\frac{N}{2}\right)(2/\varrho)^\nu I_\nu(\varrho)$, wobei I_ν die modifizierte Besselfunktion 1. Art der Ordnung ν ist [331, p. 77]. Speziell ist $\phi(3,1;\varrho) = (\sinh\varrho)/\varrho$ [331, p. 80]. Vgl. Aufgabe 2.13 b).

158   4 Die Poissongleichung $-\Delta u = f$

Die Symmetrie der Greenschen Funktion beweisen wir ähnlich wie früher (Lemma 4.5.1 und Satz 4.5.2). Einen anderen Beweis werden wir in Aufgabe 10.10 kennenlernen.

Lemma 4.9.13. *Es sei $\Omega \subset\subset \mathbb{R}^N$ und G Greensche Funktion zu Ω und $-\Delta + 1$. Für $x \in \overline{\Omega}$ ist $H(x,\cdot) := G(x,\cdot) - S(x,\cdot)$ Lösung von*

$$(-\Delta + 1)u = 0 \quad \text{in } \Omega. \tag{4.86}$$

Beweis. Es sei $B_r(y_0) \subset\subset \Omega$ und $R_N(r)$ wie in (4.84). Die Funktion

$$h(x) := \int_{B_r(y_0)} [R_N(r)H(x,y_0) - H(x,y)]\,dy, \quad x \in \overline{\Omega},$$

ist stetig, da der Integrand nach Lemma 4.9.10 auf $\overline{\Omega} \times \Omega$ stetig ist. Wir zeigen, daß h der 2. Mittelwertrelation genügt und auf $\partial\Omega$ Null ist. Aus den Aufgaben 2.14 b) und 2.18 folgt dann, daß h in Ω weder ein positives Maximum noch ein negatives Minimum annehmen kann, also identisch Null ist. Mithin genügt $H(x,\cdot)$ für $x \in \overline{\Omega}$ auf Ω der 2. Mittelwertrelation, was nach Aufgabe 2.14 b) das Bestehen von (4.86) impliziert.

Für $B_\varrho(x_0) \subset\subset \Omega$ gilt (Vertauschung der Integrationsreihenfolge ist unproblematisch)

$$\int_{B_\varrho(x_0)} [R_N(\varrho)h(x_0) - h(x)]\,dx$$

$$= \int_{B_r(y_0)} R_N(r) \left(\int_{B_\varrho(x_0)} [R_N(\varrho)H(x_0,y_0) - H(x,y_0)]\,dx \right) dy$$

$$- \int_{B_r(y_0)} \left(\int_{B_\varrho(x_0)} [R_N(\varrho)H(x_0,y) - H(x,y)]\,dx \right) dy.$$

Die beiden inneren Integrale sind aber nach (4.83) Null, so daß h in der Tat der 2. Mittelwertrelation genügt. Für $x \in \partial\Omega$ ist $G(x,y) = 0$, mithin

$$h(x) = \int_{B_r(y_0)} [-R_N(r)S(x,y_0) + S(x,y)]\,dy.$$

Dies ist aber Null, denn aus (4.75) und der Symmetrie von S folgt ja

$$(-\Delta_y + 1)S(x,\cdot) = 0,$$

so daß $S(x,\cdot)$ nach Bemerkung 2.5.1 und Aufgabe 2.13 a) der 2. Mittelwertrelation genügt. □

Satz 4.9.14. *Es sei $\Omega \subset\subset \mathbb{R}^N$ und G Greensche Funktion zu Ω und $-\Delta + 1$. Dann ist $H := G - S$ auf $\Omega \times \Omega$ symmetrisch, insbesondere also*

$$G(x,y) = G(y,x) \quad \text{für } (x,y) \in \Omega \times \Omega.$$

4.9 Erweiterung: Die Greensche Funktion für $-\Delta + 1$ 159

Beweis. Es sei $x \in \Omega$ und $y \in \Omega \setminus \{x\}$. Die Funktion
$$u(y) := H(x,y) - H(y,x), \quad y \in \Omega,$$
ist nach 4.9.7 (i) und Lemma 4.9.13 Lösung von (4.86). Wegen $G(x,y) \geq 0$ (nach Lemma 4.9.9) und der Symmetrie von S ist
$$u(y) \geq -[S(x,y) + H(y,x)] = -[S(y,x) + H(y,x)] = -G(y,x) \quad \text{für } x \neq y.$$
Für jede Folge (y_i) aus Ω, die gegen einen Punkt $z \in \partial\Omega$ konvergiert, gilt daher wegen 4.9.7 (i) und (ii)
$$\liminf_{i \to \infty} u(y_i) \geq 0.$$
Da u nach Aufgabe 2.18 in Ω kein negatives Minimum annehmen kann, ist also $u(y) \geq 0$. Vertauscht man die Rollen von x und y, so ergibt sich die Behauptung. □

Wir zeigen nun noch, wie man sich unter zusätzlichen Voraussetzungen an die Qualität des Randes von Ω Abschätzungen für die Ableitung der Greenschen Funktion verschaffen kann. Lemma 4.6.1, das im Fall des Laplaceoperators hilfreich war, wird ersetzt durch

Lemma 4.9.15. *Es seien B_r und B_{2r} konzentrische Kugeln in $\mathbb{R}^N$ mit Radien r bzw. $2r$ und Mittelpunkt a, ferner U die Funktion aus (4.65). Dann wird durch*
$$u_r(x) := \frac{U(r) - U(|x-a|)}{U(r) - U(2r)}, \quad r \leq |x-a| \leq 2r,$$
eine nichtnegative, stetige, in der Kugelschale $B_{2r} \setminus \overline{B_r}$ beliebig oft differenzierbare Funktion mit $u_r|_{\partial B_{2r}} = 1$, $u_r|_{\partial B_r} = 0$ und
$$(-\Delta + 1)u_r = 0 \quad \text{in } B_{2r} \setminus \overline{B_r}$$
erklärt, die der Abschätzung
$$|\nabla u_r(x)| \leq 2^{N-1}\frac{e^r}{r} \quad \text{für } r < |x-a| < 2r \tag{4.87}$$
genügt.

Beweis. Wir können uns auf den Beweis der Abschätzung beschränken. Für geeignetes $\varrho \in (r, 2r)$ ist nach (4.67)
$$U(r) - U(2r) = -rU'(\varrho) = \frac{re^{-\varrho}}{(N-1)\varrho^{N-1}} \int_0^\infty e^{-s}(2s\varrho + s^2)^{(N-1)/2}\,ds$$
$$\geq \frac{re^{-2r}}{(N-1)(2r)^{N-1}} \int_0^\infty e^{-s}(2sr + s^2)^{(N-1)/2}\,ds$$
$$= \frac{re^{-r}}{2^{N-1}}|U'(r)|.$$

160   4 Die Poissongleichung $-\Delta u = f$

Aus (4.68) folgt, daß U' streng monoton wächst. Aus $r < |x-a| < 2r$ folgt daher

$$|\nabla U(|x-a|)| = |U'(|x-a|)| = -U'(|x-a|) < -U'(r) = |U'(r)|,$$

was (4.87) beweist. □

Den beim Beweis von Satz 4.6.2 verwendeten Mechanismus stellen wir nun in folgendem Hilfssatz heraus.

Lemma 4.9.16. $\Omega \subset\subset \mathbb{R}^N$ habe die gleichmäßige äußere Kugeleigenschaft (s. Satz 4.6.2); es seien $D := \operatorname{diam} \Omega$ und $R < D$ ein entsprechender Kugelradius. Für $x \in \Omega$ sei $P(x,\cdot) \in C^2(\Omega \setminus \{x\}) \cap C^0(\overline{\Omega} \setminus \{x\})$ eine Funktion mit

$$(-\Delta_y + 1)P(x,\cdot) = 0 \text{ in } \Omega \setminus \{x\}, \quad P(x,\cdot) = 0 \text{ auf } \partial\Omega,$$

die für $y \in \Omega \setminus \{x\}$ der Ungleichung

$$|P(x,y)| \leq f(x)Q(|x-y|) \tag{4.88}$$

mit $f \geq 0$ und monoton fallendem $Q \colon (0,\infty) \to (0,\infty)$ genügt. Dann gibt es allein von N abhängende Zahlen $c_0(N)$ und $c_1(N)$, so daß für $0 < \alpha \leq 1$ und für $x, y \in \Omega$, $x \neq y$, mit $\delta(y) := \operatorname{dist}(y, \partial\Omega)$

$$|P(x,y)| \leq c_0(N)\left(1 + \frac{D}{R}e^R\right) f(x) Q\left(\frac{|x-y|}{3}\right) \left(\frac{\delta(y)}{|x-y|}\right)^\alpha, \tag{4.89}$$

$$|\nabla_y P(x,y)| \leq c_1(N)\left(1 + \frac{D}{R}e^R\right) f(x) Q\left(\frac{|x-y|}{6}\right) \frac{1}{|x-y|} \tag{4.90}$$

gilt.

Beweis. Die Argumentation im Beweis von Satz 4.6.2 ist nur an den beiden Stellen zu verändern, an denen von der Harmonizität der früheren Funktion P Gebrauch gemacht wurde.

Beim Beweis von (4.89) kommt es allein auf den Fall an, daß $\delta(y) < r := \min(|x-y|/6, R)$ gilt. Wie früher sei $y_0 \in \partial\Omega$ so, daß $|y-y_0| = \delta(y)$. Weiter sei B_r eine Kugel mit Radius r mit $\overline{B_r} \cap \overline{\Omega} = \{y_0\}$, die wegen $r \leq R$ ja existieren muß. Die Kugel B_{2r} mit Radius $2r$ sei konzentrisch zu B_r, und u_r bezeichne die gemäß Lemma 4.9.15 auf $\overline{B_{2r}} \setminus B_r$ definierte zugehörige Funktion. Wir setzen $\Omega_r := \Omega \cap (B_{2r} \setminus \overline{B_r})$. Die alte Argumentation zeigt, daß die Funktionen

$$f(x)Q\left(\frac{|x-y|}{3}\right) u_r(z) \mp P(x,z), \quad z \in \overline{\Omega}_r,$$

auf $\partial\Omega_r$ nichtnegativ sind. Aus Aufgabe 2.9 a) folgt, daß sie dann auch auf Ω_r nichtnegativ sind. Wegen $u_r(y_0) = 0$ können wir mit (4.87)

$$|P(x,y)| \le f(x)Q\left(\frac{|x-y|}{3}\right)(u_r(y) - u_r(y_0))$$
$$\le f(x)Q\left(\frac{|x-y|}{3}\right)\delta(y)2^{N-1}\frac{e^r}{r}$$

folgern. Wir schätzen nun e^r durch e^R ab und schließen im übrigen wie früher.

Zum Beweis von (4.90) sei $r := \min(|x-y|, \delta(y))$. Wir können Bemerkung 2.5.3 auf die Funktion $P(x,\cdot)$ anwenden und erhalten

$$|P_{y_i}(x,y)| \le \frac{4N}{r} \sup_{z \in B_{r/2}(y)} |P(x,z)|.$$

Für $r = |x-y|$ können wir nun das alte Argument verwenden. Im Falle $r = \delta(y)$ benützen wir, daß nach (4.89) für alle $z \in B_{r/2}(y)$

$$|P(x,z)| \le c_0(N)\left(1 + \frac{D}{R}e^R\right)f(x)Q\left(\frac{|x-z|}{3}\right)\frac{\delta(z)}{|x-z|}$$

ist, und nun verläuft wieder alles wie früher. □

Satz 4.9.17. $\Omega \subset\subset \mathbb{R}^N$ habe die gleichmäßige äußere Kugeleigenschaft, und es sei G die Greensche Funktion zu Ω und $-\Delta + 1$.[6] Dann gibt es eine allein durch Ω bestimmte Zahl $c(\Omega)$, so daß

$$|\nabla_x G(x,y)| \le c(\Omega)S\left(\frac{x}{6}, \frac{y}{6}\right)\frac{1}{|x-y|}$$

für $x, y \in \Omega$, $x \ne y$.

Beweis. G genügt nach Lemma 4.9.9 der Ungleichung (4.88) mit $f=1$ und $Q(|x-y|) = S(x,y)$ und hat nach Aufgabe 4.13 die übrigen in Lemma 4.9.16 verlangten Eigenschaften. Aufgrund der Symmetrie von G (Satz 4.9.14) ist

$$\nabla_x G(a,b) = \nabla_y G(b,a)$$

für alle $a, b \in \Omega$ mit $a \ne b$, so daß die Behauptung aus (4.90) folgt. □

Aufgaben

4.1. Man beweise die Behauptungen in Bemerkung 4.1.3.

4.2. Sei $\Omega \subseteq \mathbb{R}^N$ offen. Man zeige folgende Aussagen über den Raum $C^H(\Omega)$ der lokal hölderstetigen Funktionen.

a) Sind $f, g \in C^H(\Omega)$, so gilt auch $f \cdot g \in C^H(\Omega)$.

---
[6] Sie existiert nach den Sätzen 3.4.2 und 6.2.7.

b) Eine Funktion $f\colon \Omega \to \mathbb{R}$ liegt genau dann in $C^H(\Omega)$, wenn es zu jedem $x_0 \in \Omega$ positive Zahlen C, r und ein $\alpha \in (0,1]$ gibt mit $|f(x) - f(y)| \leq C|x-y|^\alpha$ für alle $x, y \in B_r(x_0)$.
c) Jede auf Ω stetig differenzierbare Funktion liegt in $C^H(\Omega)$.

4.3. Es sei $N \geq 3$, und $B \subset\subset \mathbb{R}^N$ sei eine Kugel und $\nu(y)$ die äußere Einheitsnormale an B im Punkte $y \in \partial B$. Man zeige, daß die Singularitätenfunktion S zum Laplaceoperator für $x \in B$

$$\int_B S(x,y)\,dy = \frac{1}{2}\sum_{i=1}^{N}\int_{\partial B}\nu_i(y)(y_i - x_i)S(x,y)\,dS(y)$$

erfüllt.

4.4. Es sei $\Omega \subset\subset \mathbb{R}^N$, $f\colon \Omega \to \mathbb{R}$ stetig und (u_n) sei eine Folge von Lösungen der Poissongleichung

$$-\Delta u = f \text{ in } \Omega\,. \tag{4.91}$$

Man zeige

a) Konvergiert $u_n \to u$ gleichmäßig auf jedem $\Omega' \subset\subset \Omega$, so ist u ebenfalls Lösung von (4.91) (vgl. Satz 2.1.6).
b) Ist (u_n) beschränkte Folge, so besitzt sie eine Teilfolge, die gegen eine Lösung von (4.91) konvergiert und zwar gleichmäßig auf jedem $\Omega' \subset\subset \Omega$ (vgl. Satz 2.1.10).
c) Ist Ω zusammenhängend und fällt (u_n) monoton, so ist entweder $\lim_{n\to\infty} u_n(x) = -\infty$ für alle $x \in \Omega$, oder es konvergiert (u_n) gegen eine Lösung von (4.91), und zwar gleichmäßig auf jedem $\Omega' \subset\subset \Omega$ (vgl. Satz 2.2.4).

4.5. Man übertrage den ersten Harnackschen Satz, Korollar 3.1.3, auf Lösungen von (4.91) mit stetigem $f\colon \Omega \to \mathbb{R}$.

4.6. Man beweise Teil a) des Lemmas 4.7.4 von Hopf.

4.7. $\Omega \subset\subset \mathbb{R}^N$ habe die gleichmäßige äußere Kugeleigenschaft (s. Satz 4.6.2), und es bezeichne G die Greensche Funktion zu Ω und $-\Delta$. Weiter sei die Funktion $f\colon \Omega \to \mathbb{R}$ meßbar und beschränkt, und w bezeichne das zugehörige Greenpotential

$$w(x) := \int_\Omega G(x,y)f(y)\,dy, \quad x \in \Omega\,.$$

Man zeige mit Hilfe von Satz 4.7.1, daß w auf Ω stetig differenzierbar ist mit $w_{x_i}(x) = \int_\Omega G_{x_i}(x,y)f(y)\,dy$ für $x \in \Omega$ und $i = 1, \ldots, N$.

Zudem weise man nach, daß es eine allein durch Ω bestimmte Zahl $c(\Omega)$ gibt mit

$$|\nabla w(x)| \leq c(\Omega)\sup|f| \quad \text{für alle } x \in \Omega\,.$$

4.8. Sei G die Greensche Funktion zu $\Omega \subset\subset \mathbb{R}^N$ und $-\Delta$. Man zeige mit Hilfe der in Abschnitt 4.5 gewonnenen Ergebnisse für beliebige $U \subset\subset \Omega$:

a) Die Funktion $P\colon U \times \Omega \to \mathbb{R}$, $P(x,y) = G(x,y)$ erfüllt die Voraussetzungen des Satzes 4.7.1.

b) Die Funktionen $P_k\colon U \times \Omega \to \mathbb{R}$, $P_k(x,y) = G_{x_k}(x,y)$ erfüllen die Voraussetzungen des Satzes 4.7.2 für $k = 1, \ldots, N$.

4.9. Sei G die Greensche Funktion zu $\Omega \subset\subset \mathbb{R}^N$ und $-\Delta$, $\Omega' \subseteq \Omega$ offen und $f\colon \Omega' \to \mathbb{R}$ meßbar und beschränkt. Es sei $v(x) := \int_{\Omega'} G(x,y)f(y)\,dy$ für $x \in \Omega'$. Man zeige:

a) $v \in C^1(\Omega')$ mit $v_{x_i}(x) = \int_{\Omega'} G_{x_i}(x,y) f(y)\,dy$ für $x \in \Omega'$.
Hinweis: Man verwende Satz 4.7.1 und Aufgabe 4.8 a).

b) $\int_{\Omega'} G(\cdot, y)\, dy$ ist auf Ω' beliebig oft differenzierbar.
Hinweis: Man zerlege $G = S + H$ und verwende Korollar 4.2.2 bzw. die Beweisidee von Satz 4.4.7 b).

c) Gilt zusätzlich $f \in C_b^H(\Omega')$, so ist $v \in C^2(\Omega')$ mit

$$v_{x_i x_k}(x) = \int_{\Omega'} G_{x_i x_k}(x,y)(f(y) - f(x))\,dy + f(x) \frac{\partial^2}{\partial x_i \partial x_k} \int_{\Omega'} G(x,y)\,dy$$

Hinweis: Satz 4.7.2 und Aufgabe 4.8 b).

4.10. a) Es sei $\Omega \subset\subset \mathbb{R}^N$, und die Funktion $K\colon \Omega \times \mathbb{R}^N \to \mathbb{R}$ genüge den Voraussetzungen (i) und (ii) von Lemma 4.7.4. Ferner existiere ein $\alpha \in (0,1]$ und ein $C > 0$ mit $|g(x) - g(y)| \leq C|x-y|^\alpha$ für alle $x,y \in \Omega$. Man zeige, daß

$$P(x,y) := [g(x) - g(y)] K(x, x-y)$$

die Voraussetzungen von Lemma 4.7.3 erfüllt, indem man die Identität (4.47) mit $f \equiv 1$ verwende.

b) Man zeige, daß unter den Voraussetzungen des Hölderschen Satzes 4.2.6 die 2. Ableitungen des Newtonpotentials v zu Ω und f in $C^H(\Omega)$ liegen, indem man in der Darstellungsformel (4.12) für $v_{x_i x_k}$ für $B' \subset\subset \Omega$ das erste Integral rechts in die Anteile

$$\varphi(x) := \int_{\Omega \setminus B'} S_{x_i x_k}(x,y)[f(y) - f(x)]\,dy, \quad x \in \Omega,$$

und

$$\psi(x) := \int_{B'} S_{x_i x_k}(x,y)[f(y) - f(x)]\,dy, \quad x \in \Omega,$$

zerlege und auf $\psi|_{B'}$ Teil a) und Lemma 4.7.3 anwende.

164   4 Die Poissongleichung $-\Delta u = f$

4.11. Es sei G die Greensche Funktion zu $\Omega \subset\subset \mathbb{R}^N$ und $-\Delta$. Man zeige für jedes $U \subset\subset \Omega$ und $i = 1, \ldots, N$, daß $P \colon U \times \Omega \to \mathbb{R}$, $P(x,y) = G_{x_i}(x,y)$ die Voraussetzungen von Lemma 4.7.3 für $\alpha = 1$ erfüllt mit einer Konstanten b, die nur von Ω und U abhängt.

Hinweis: Man zerlege $G_{x_i} = S_{x_i} + H_{x_i}$. Für S_{x_i} sind die Abschätzungen elementar. Für H_{x_i} verwende man Lemma 4.5.4, wobei die Hölderabschätzung über Schranken an die zweiten Ableitungen von H hergeleitet werden kann (vgl. die Begründung der Hölderabschätzung für h_{x_i} im Teil a) des Beweises von Lemma 4.8.3).

4.12. Es seien S die Singularitätenfunktion zu $-\Delta + 1$, $\Omega \subseteq \mathbb{R}^N$ offen, $f \colon \Omega \to \mathbb{R}$ meßbar und beschränkt und

$$v(x) := \int_\Omega S(x,y) f(y)\, dy, \quad x \in \mathbb{R}^N\,. \tag{4.92}$$

Man zeige:

a) Es gibt eine Zahl c_N mit

$$|v(x)| + |v_{x_i}(x)| \leq c_N \sup |f|, \quad x \in \mathbb{R}^N\,.$$

b) Zu $\Omega \subset\subset \mathbb{R}^N$ gibt es ein $c(\Omega)$ mit

$$|v(x)| + |v_{x_i}(x)| \leq c(\Omega)(\sup |f|)\, e^{-\frac{1}{2}|x|}, \quad x \in \mathbb{R}^N\,.$$

c) Es sei $\Omega = \mathbb{R}^N$ in (4.92) und $k \in \mathbb{N}_0$. Klingt $f \in C^k(\mathbb{R}^N)$ mit allen Ableitungen der Ordnung $\leq k$ im Unendlichen exponentiell ab, so gilt

$$D^\alpha v(x) = \int_{\mathbb{R}^N} S(x,y) D^\alpha f(y)\, dy, \quad x \in \mathbb{R}^N\,,$$

für alle Multiindizes α mit $|\alpha| \leq k$. Gilt mit geeigneten $M, \lambda > 0$

$$|D^\alpha f(x)| \leq M e^{-\lambda |x|}, \quad x \in \mathbb{R}^N\,,$$

für alle diese α, so gibt es zu N und $0 < \beta < \min\{\frac{1}{2}, \lambda\}$ ein $c_N(\beta)$ mit

$$|D^\alpha v(x)| + \left|\frac{\partial}{\partial x_i} D^\alpha v(x)\right| \leq c_N(\beta) M e^{-\beta |x|} \quad \text{für alle } x \in \mathbb{R}^N\,.$$

4.13. Es sei $\Omega \subset\subset \mathbb{R}^N$ und G Greensche Funktion zu Ω und $-\Delta + 1$. Es sei $x \in \Omega$. Man zeige, daß $G(x, \cdot) \in C^2(\Omega \setminus \{x\}) \cap C^0(\overline{\Omega} \setminus \{x\})$ ist und

$$(-\Delta_y + 1) G(x, \cdot) = 0 \text{ in } \Omega \setminus \{x\}, \quad G(x, \cdot) = 0 \text{ auf } \partial \Omega$$

gilt.

5

Die Greensche Funktion für die Kugel mit Anwendungen

Die Greensche Funktion für die Kugel wird benützt, um zu zeigen, daß bei der Kugel die Lösung des Dirichletproblems für die Poissongleichung bei gleichmäßig α-hölderstetiger rechter Seite gleichmäßig α-hölderstetige zweite Ableitungen besitzt (Satz 5.3.4). Mit Hilfe der Kontinuitätsmethode von Bernstein wird dieses Resultat in den Sätzen 5.5.5 und 5.5.6 auf Gleichungen ausgedehnt, deren Hauptteil wenig vom Laplaceoperator abweicht. Diese Sätze bilden die Basis für den in Kapitel 7 gegebenen Beweis des Satzes von Kellogg und damit für die Herleitung der Schauderschen Abschätzungen in Kapitel 8. Unter Heranziehung des Fixpunktsatzes von Leray-Schauder wird in Satz 5.6.6 das Dirichletproblem in der Kugel für eine semilineare Gleichung behandelt.

5.1 Die Greensche Funktion für den Halbraum, die Kugel und ihr Äußeres

Aufgrund der in Satz 4.4.9 genannten Äquivalenzen überrascht es nicht, daß es nur bei sehr spezieller Geometrie von Ω möglich ist, die Greensche Funktion für Ω explizit anzugeben. Besonders einfach ist dies für den oberen Halbraum $\mathbb{R}^N_+ := \{x \in \mathbb{R}^N : x_N > 0\}$. Wir spiegeln $x \in \mathbb{R}^N_+$ an der Hyperebene $x_N = 0$ und erhalten $\tilde{x} := (x_1, \ldots, x_{N-1}, -x_N)$. Bei festem $y \in \mathbb{R}^N_+$ ist $|\tilde{x} - y| > 0$ für $x \in \overline{\mathbb{R}^N_+}$, also $x \mapsto S(\tilde{x}, y)$ stetig auf $\overline{\mathbb{R}^N_+}$ und harmonisch in $\mathbb{R}^N_+$. Es erfüllt also

$$G(x,y) := S(x,y) - S(\tilde{x},y), \quad x \in \overline{\mathbb{R}^N_+}, \ y \in \mathbb{R}^N_+,$$

alle in Definition 4.4.1 gestellten Bedingungen.

Im Falle der Kugel $B_R(0) \subseteq \mathbb{R}^N$ spiegeln wir wie in Abschnitt 3.6 die Punkte $x \in B_R(0)$ an der Sphäre $\partial B_R(0)$ – hierzu müssen wir zwischenzeitlich $x \neq 0$ voraussetzen– und erhalten $\tilde{x} := (R/|x|)^2 x$. Wir wissen aus Korollar 3.6.10, daß bei festem $y \in \mathbb{R}^N$ die Kelvintransformierte $(|x|/R)^{2-N} S(\tilde{x}, y)$ für $\tilde{x} \neq y$ harmonisch in x ist. Es liegt nun nahe, die Greensche Funktion gleich

$$S(x,y) - (|x|/R)^{2-N} S(\tilde{x}, y) \tag{5.1}$$

zu wählen, da man sich leicht überlegt, daß

$$(|x|/R)^{2-N} S(\tilde{x}, y) = S(x,y) \quad \text{für alle } x \in \partial B_R(0)$$

und somit die Bedingung (ii) aus Definition 4.4.1 erfüllt ist. Es bleibt dann nur noch zu zeigen, daß die Funktion $(|x|/R)^{2-N} S(\tilde{x}, y)$ für $y \neq 0$ eine harmonische Fortsetzung in $x = 0$ besitzt, bzw. daß im Fall des Außenraumes der Kugel $\Omega = \mathbb{R}^N \setminus \overline{B_R(0)}$ die Bedingung (iii) aus Definition 4.4.1 erfüllt ist. Für $N \geq 3$ ist dies der Fall. Für $N = 2$ hingegen sind beide Bedingungen verletzt. Dieser Mangel kann jedoch sowohl im Fall der Kugel als auch im Fall des Außenraumes dadurch behoben werden, daß man zu (5.1) noch die harmonische Funktion $\frac{1}{2\pi} \ln(|x|/R)$ hinzuaddiert. Um die letztgenannten Behauptungen nachzuweisen, verwende man, daß

$$\left(\frac{|x|}{R}\right)^{2-N} S(\tilde{x}, y) = \frac{1}{(N-2)\omega_N} \left| x \frac{R}{|x|} - y \frac{|x|}{R} \right|^{2-N} \quad \text{im Falle } N \geq 3,$$

$$\left(\frac{|x|}{R}\right)^{2-N} S(\tilde{x}, y) - \frac{1}{2\pi} \ln \frac{|x|}{R} = -\frac{1}{2\pi} \ln \left| x \frac{R}{|x|} - y \frac{|x|}{R} \right| \quad \text{im Falle } N = 2,$$

zusammen mit der Tatsache, daß

$$\varphi(x,y) := \left[R^2 - 2x \cdot y + R^{-2} |x|^2 |y|^2 \right]^{1/2} \tag{5.2}$$

die Funktion $|x(R/|x|) - y(|x|/R)|$ in $x = 0$ stetig fortsetzt. Mit dem Hebbarkeitssatz (Korollar 3.5.3) ergibt sich unmittelbar die Harmonizität in $x = 0$. Im Fall des Außenraums verifiziere man

$$\varphi(x,y) \to \infty \quad \text{und} \quad \frac{\varphi(x,y)}{|x-y|} \to \frac{|y|}{R} > 1 \quad \text{für } |x| \to \infty,$$

woraus Eigenschaft 4.4.1 (iii) folgt. Zusammenfassend erhält man die folgende Darstellung der Greenschen Funktion für die Kugel und ihr Äußeres.

Bemerkung 5.1.1. a) Es sei $\varphi(x,y)$ wie in (5.2) definiert. Dann ist die für $x \in \overline{B_R(0)}, y \in B_R(0)$ bzw. $x \in \mathbb{R}^N \setminus B_R(0), y \in \mathbb{R}^N \setminus \overline{B_R(0)}$ durch

$$G(x,y) := S(x,y) + \begin{cases} -\frac{1}{(N-2)\omega_N} [\varphi(x,y)]^{2-N} & \text{für } N \geq 3 \\ \frac{1}{2\pi} \ln \varphi(x,y) & \text{für } N = 2 \end{cases}$$

definierte Funktion die Greensche Funktion für $B_R(0)$ bzw. $\mathbb{R}^N \setminus \overline{B_R(0)}$.

b) Eine Besonderheit bei der Kugel bzw. bei deren Außenraum ist, daß der in der Zerlegung $G = S + H$ auftretende Anteil H durch eine Funktion dargestellt wird, die für $0 < \epsilon < R$ auf $B_{R-\epsilon}(0) \times B_{R^2/(R-\epsilon)}(0)$ und auf $(\mathbb{R}^N \setminus \overline{B_{R^2/(R-\epsilon)}(0)}) \times (\mathbb{R}^N \setminus \overline{B_{R-\epsilon}(0)})$ beliebig oft differenzierbar ist; denn für $|x||y| \neq R^2$ ist $\varphi(x,y) > 0$, also $\varphi > 0$, wenn (x,y) einem dieser Gebiete

5.1 Die Greensche Funktion für den Halbraum, die Kugel und ihr Äußeres 167

angehört. Für $x \in B_{R-\epsilon}(0)$ besitzt somit $H(x,\cdot)$ eine glatte Fortsetzung über $\overline{B_R(0)}$ hinaus. Speziell können wir daher aufgrund der Symmetrie von H bei stetigem und beschränktem $f: B_R(0) \to \mathbb{R}$ für $x \in B_R(0)$ in

$$h(x) := \int_{B_R(0)} H(x,y) f(y)\, dy = \int_{B_R(0)} H(y,x) f(y)\, dy$$

Ableitungen und Integration vertauschen.

Wir hatten beim Beweis von Lemma 4.2.1 die Greensche Darstellungsformel (4.7) hergeleitet. Führt man den Beweis anstelle von S mit der Greenschen Funktion $G = S + H$ für $B := B_R(0)$ durch, so ergibt sich aufgrund des in Bemerkung 5.1.1 b) über H Gesagten für alle $x \in B$

$$\sigma(x) = \int_{\partial B} [G(x,y) \nabla \sigma(y) - \sigma(y) \nabla_y G(x,y)] \cdot \nu(y)\, dS(y)$$

für jede Funktion $\sigma \in C^0(\overline{B})$, die auf B harmonisch ist und deren erste Ableitungen eine stetige Fortsetzung auf ∂B besitzen ($\nu(y) = y/|y|$ die äußere Einheitsnormale im Punkt $y \in \partial B$). Aufgrund der Symmetrie von G ist nun aber $G(x,y) = 0$ für $x \in B$, $y \in \partial B$, mithin

$$\sigma(x) = -\int_{\partial B} [\nu(y) \cdot \nabla_y G(x,y)]\, \sigma(y)\, dS(y)$$

für jedes derartige σ. Andererseits haben wir aufgrund der Poissonschen Integralformel (Satz 3.2.1) in Verbindung mit dem Eindeutigkeitssatz 3.1.1 für alle $x \in B$

$$\sigma(x) = \frac{1}{R\omega_N} \int_{\partial B} \frac{R^2 - |x|^2}{|y-x|^N} \sigma(y)\, dS(y)\,.$$

Ein Vergleich der letzten beiden Formeln legt den Schluß nahe, daß für $x \in B$ und $y \in \partial B$ die Relation

$$-\nu(y) \cdot \nabla_y G(x,y) = -\frac{y}{|y|} \cdot \nabla_y G(x,y) = \frac{1}{R\omega_N} \frac{R^2 - |x|^2}{|y-x|^N} \qquad (5.3)$$

gilt. In der Tat kann man (5.3) für alle $y \in \partial B_R(0)$ und $x \in \mathbb{R}^N \setminus \{y\}$ durch einfaches Ausrechnen verifizieren (s. Aufgabe 5.1). Berücksichtigen wir zudem Satz 4.4.7 und Satz 3.2.1, so erhalten wir

Bemerkung 5.1.2. Es seien $B := B_R(0) \subset\subset \mathbb{R}^N$, $f \in C_b^H(B)$ und $g \in C^0(\partial B)$. Mit der Greenschen Funktion G für B ist dann die Lösung des Dirichletproblems

$$-\Delta u = f \text{ in } B, \quad u = g \text{ auf } \partial B$$

durch

$$u(x) = \begin{cases} \displaystyle\int_B G(x,y)f(y)\,dy - \int_{\partial B} \frac{y}{|y|} \cdot \nabla_y G(x,y) g(y)\,dS(y) & \text{für } x \in B, \\ g(x) & \text{für } x \in \partial B \end{cases}$$

gegeben.

Satz 5.1.3. *Es seien $B := B_R(0) \subset\subset \mathbb{R}^N$ und $f \in C_b^H(B)$. Dann ist das Greenpotential*

$$w(x) := \int_B G(x,y) f(y)\,dy, \quad x \in \overline{B}, \tag{5.4}$$

zu B und f aus $C^2(B)$, und für $x \in B$ gilt

$$w_{x_i x_k}(x) = \int_B [f(y) - f(x)] G_{x_i x_k}(x,y)\,dy - \frac{1}{N} f(x) \delta_{ik}.$$

Beweis. Die erste Behauptung folgt aus Satz 4.4.7 oder alternativ aus dem Hölderschen Satz 4.2.6 zusammen mit Bemerkung 5.1.1 b). Des weiteren haben wir mit den dortigen Funktionen h und H

$$h_{x_i x_k}(x) = \int_B [f(y) - f(x)] H_{x_i x_k}(x,y)\,dy + f(x) \int_B H_{x_i x_k}(x,y)\,dy,$$

was zusammen mit der Relation (4.12) für das Newtonpotential

$$w_{x_i x_k}(x) = \int_B [f(y) - f(x)] G_{x_i x_k}(x,y)\,dy + f(x) \frac{\partial^2}{\partial x_i \partial x_k} \int_B G(x,y)\,dy$$

liefert, so daß die Behauptung aus Korollar 4.4.8 folgt. □

Bemerkung 5.1.4. Aus der expliziten Kenntnis und dem übersichtlichen Aufbau der Greenschen Funktion G für die Kugel B werden wir unmittelbar mit Definition (5.4) Informationen über das Verhalten der 1. und 2. Ableitungen von $w(x)$ bei Annäherung von x an den Rand ∂B gewinnen. Das geschieht im Abschnitt 5.3, zu dem man im Anschluß an den nachfolgenden Satz 5.1.5 direkt übergehen kann. Dieser Satz wird vorbereitet durch die Abschätzung

$$\varphi(x,y) \geq |x-y|, \quad \text{für alle } |x| \leq R, \ |y| \leq R, \tag{5.5}$$

die sich sofort aus der Identität

5.1 Die Greensche Funktion für den Halbraum, die Kugel und ihr Äußeres   169

$$[\varphi(x,y)]^2 = |x-y|^2 + \frac{1}{R^2}\left(R^2 - |x|^2\right)\left(R^2 - |y|^2\right)$$

ergibt. Für $x \neq 0$ können wir

$$\varphi(x,y) = \frac{|x|}{R}|\tilde{x} - y| \text{ mit } \tilde{x} := \frac{R^2}{|x|^2}x$$

schreiben. Da φ symmetrisch in x und y ist, haben wir für $y \neq 0$ dann auch

$$\varphi(x,y) = \frac{|y|}{R}|x - \tilde{y}| \text{ mit } \tilde{y} := \frac{R^2}{|y|^2}y \;. \tag{5.6}$$

Satz 5.1.5. *In der Notation von Bemerkung 5.1.1 für die Greensche Funktion $G = S+H$ für die Kugel $B_R(0)$ bestehen auf $B_R(0) \times B_R(0)$ die Ungleichungen*

$$|H_{x_i}| \leq \text{const } \varphi^{1-N} \;,\quad |H_{x_i x_k}| \leq \text{const } \varphi^{-N} \;,\quad |H_{x_i x_k x_j}| \leq \text{const } \varphi^{-(N+1)} \;.$$

Insbesondere gilt für alle $x, y \in B_R(0)$ mit $x \neq y$

$$|G_{x_i}(x,y)| \leq \text{const}\, |x-y|^{1-N} \;,\quad |G_{x_i x_k}(x,y)| \leq \text{const}\, |x-y|^{-N} \;,$$

$$|G_{x_i x_k x_j}(x,y)| \leq \text{const}\, |x-y|^{-(N+1)} \;.$$

Die Konstanten hängen nur von N ab.

Beweis. Es ist $H_{x_i} = \frac{1}{\omega_N}\varphi^{1-N}\varphi_{x_i}$. Wir nehmen zunächst $y \neq 0$ an. Dann gilt wegen (5.6)

$$\varphi_{x_i}(x,y) = \left(\frac{|y|}{R}\right)^2 \frac{(x-\tilde{y})_i}{\varphi(x,y)} \;, \text{ also}$$

$$H_{x_i} = \frac{1}{\omega_N}\left(\frac{|y|}{R}\right)^2 (x-\tilde{y})_i\, \varphi^{-N} \;;$$

mithin

$$H_{x_i x_k} = \frac{1}{\omega_N}\left(\frac{|y|}{R}\right)^2 \varphi^{-N}\left[\delta_{ik} - N\left(\frac{|y|}{R}\right)^2 \frac{(x-\tilde{y})_i (x-\tilde{y})_k}{\varphi^2}\right] \;,$$

und schließlich, wieder ohne Beteiligung höherer Ableitungen von φ,

$$H_{x_i x_k x_j} = \frac{1}{\omega_N}\left(\frac{|y|}{R}\right)^2 \varphi^{-(N+1)}\left\{N(N+2)\left(\frac{|y|}{R}\right)^4 \frac{(x-\tilde{y})_i(x-\tilde{y})_k(x-\tilde{y})_j}{\varphi^3}\right.$$

$$\left. -N\left(\frac{|y|}{R}\right)^2 \frac{\delta_{ik}(x-\tilde{y})_j + \delta_{kj}(x-\tilde{y})_i + \delta_{ji}(x-\tilde{y})_k}{\varphi}\right\} \;.$$

Wegen (5.6) haben wir daher

$$|H_{x_i}| \leq \frac{\varphi^{1-N}}{\omega_N}, \quad |H_{x_ix_k}| \leq \frac{N+1}{\omega_N}\varphi^{-N}, \quad |H_{x_ix_kx_j}| \leq \frac{N(N+5)}{\omega_N}\varphi^{-(N+1)}.$$

Diese Abschätzungen gelten aus Stetigkeitsgründen auch für $y = 0$. Wegen (5.5) und der entsprechenden Abschätzungen der Singularitätenfunktion in Bemerkung 4.1.3 ergibt das die behaupteten Abschätzungen der Greenschen Funktion. □

Man könnte an dieser Stelle unter Verwendung von Aufgabe 5.4 b) mit der Methode der sukzessiven Approximation (s. Bemerkung 5.4.4 a)) das semilineare Dirichletproblem für eine genügend kleine Kugel lösen. Wir verzichten darauf, da die Methode, die wir in Abschnitt 5.6 vorstellen, ohne eine solche Kleinheitsvoraussetzung auskommt.

Erwähnt sei abschließend noch, daß das Ellipsoid ein Gebiet ist, für das die Greensche Funktion zwar nicht durch elementare Funktionen darstellbar, aber dennoch besonders gut untersucht ist. Seit Newtons Zeiten bis zu Ende des 19. Jahrhunderts diente speziell das Rotationsellipsoid als ein bevorzugtes Modell für die Gestalt der Erde. Ausgedehnte historische Hinweise findet der Leser bei [325]; fünf klassische Arbeiten sind in [330] abgedruckt und kommentiert. Für eine neuere Darstellung verweisen wir auf [305].

5.2 Einschub: Harmonische Funktionen mit einer isolierten Singularität

Der nachfolgende Satz, der von dem amerikanischen Mathematiker Maxime BÔCHER [19] stammt, enthält als Spezialfall den Hebbarkeitssatz, Korollar 3.5.3. Er geriet erst 20 Jahre später durch eine Publikation von PICARD [257], die offenbar ohne Kenntnis dieses Satzes erfolgte, wieder in das Blickfeld der Mathematiker. Der hier gegebene Beweis, der die Greensche Funktion für das Äußere einer Kugel benötigt, dann aber sehr elementar verläuft, stammt von STOŻEK [317][1]. Einen ähnlichen Beweis gab RAYNOR [273], der auf eine Lücke in Bôchers ursprünglichem Argument hinwies, worauf wir bereits in Abschnitt 4.5 eingegangen sind. Ein Beweis von KELLOGG [135] verwendet eine Reihenentwicklung nach Kugelfunktionen. Das Buch [9] enthält auf den Seiten 50–54 einen eigenen Beweis der Autoren und gibt auf den Seiten 197–200 eine Äquivalenz mit der Liouville-Eigenschaft harmonischer Funktionen.

Satz 5.2.1 (Bôcher). *Es sei S die Singularitätenfunktion zum Laplaceoperator. Jede in der punktierten Kugel $\dot{B}_1(0) := \{x \in \mathbb{R}^N : 0 < |x| < 1\}$ harmonische Funktion u, die für alle $x \in B_1(0)$ einer Abschätzung nach unten*

---

[1] STOŻEK gehörte zu dem Kreis von Mathematikern um Banach, der sich regelmäßig im Schottischen Café in Lemberg (Lwów) traf. Er wurde 1941 von Deutschen erschossen.

5.2 Einschub: Harmonische Funktionen mit einer isolierten Singularität   171

$$u(x) > -[c_1 + c_2 S(x,0)]$$

mit von x unabhängigen positiven Zahlen c_1, c_2 genügt, ist von der Form

$$u(x) = a S(x,0) + h(x)$$

mit einer eindeutig bestimmten Zahl a und einer eindeutig bestimmten auf ganz $B_1(0)$ harmonischen Funktion h.

Beweis. Bei zwei derartigen Darstellungen ist $(a_1 - a_2) S(\cdot, 0) = h_2 - h_1$. Die linke Seite ist aber dann und nur dann auf ganz $B_1(0)$ harmonisch, wenn $a_1 = a_2$ gilt.

Wenn sich von der positiven Funktion $v := u + c_1 + c_2 S(\cdot, 0)$ die behauptete Darstellung beweisen läßt, hat auch u eine solche. Daher darf man $u > 0$ annehmen. Sei $B_\epsilon(x) \subset\subset \dot{B}_r(0)$. Wir wählen $0 < R < r < 1$ so, daß $B_\epsilon(x) \subset\subset B_r(0) \setminus \overline{B_R(0)}$ gilt. Wir werden zunächst ϵ und dann R gegen Null schicken. Es sei $G = S + H$ die Greensche Funktion für $\mathbb{R}^N \setminus \overline{B_R(0)}$; sie hängt natürlich von R ab. Da u und $G(x, \cdot)$ in $W := B_r(0) \setminus (\overline{B_R(0) \cup B_\epsilon(x)})$ harmonisch sind, liefert der Gaußsche Satz B.6

$$0 = \int_W [G(x,y) \Delta u(y) - u(y) \Delta_y G(x,y)] \, dy$$
$$= \int_{\partial W} [G(x,y) \nabla u(y) - u(y) \nabla_y G(x,y)] \cdot \nu(y) \, dS(y) ,$$

wobei ν die in das Äußere von W (also in das Innere von $B_\epsilon(x)$ und $B_R(0)$ weisende) Einheitsnormale bezeichnet. Da die Funktionen u, $H(x, \cdot)$, u_{y_i} und $H_{y_i}(x, \cdot)$ in einer Umgebung von x stetig sind, gilt

$$\lim_{\epsilon \to 0} \int_{\partial B_\epsilon(x)} [G(x,y) \nabla u(y) - u(y) \nabla_y G(x,y)] \cdot \nu(y) \, dS(y)$$
$$= \lim_{\epsilon \to 0} \int_{\partial B_\epsilon(x)} [S(x,y) \nabla u(y) - u(y) \nabla_y S(x,y)] \cdot \nu(y) \, dS(y)$$
$$= -u(x) ,$$

letzteres aufgrund von Bemerkung 4.1.3. Gemäß Aufgabe 5.1 gilt für $y \in \partial B_R(0)$

$$G(x,y) = 0 , \quad -\frac{y}{|y|} \cdot \nabla_y G(x,y) = \frac{1}{R \omega_N} \frac{R^2 - |x|^2}{|y - x|^N}$$

(anders als in (5.3) ist dies nunmehr gleich $\nu(y) \cdot \nabla_y G(x,y)$), so daß

$$u(x) = \int_{\partial B_r(0)} [G(x,y)\nabla u(y) - u(y)\nabla_y G(x,y)] \cdot \nu(y)\, dS(y) \qquad (5.7)$$

$$- \frac{1}{R\omega_N} \int_{\partial B_R(0)} \frac{R^2 - |x|^2}{|y-x|^N} u(y)\, dS(y)$$

resultiert. Wegen $u > 0$ können wir auf das zweite Integral den Mittelwertsatz der Integralrechnung anwenden. Es gibt also ein $y^* \in \partial B_R(0)$ mit

$$I(R) := \frac{1}{R\omega_N} \int_{\partial B_R(0)} \frac{R^2 - |x|^2}{|y-x|^N} u(y)\, dS(y) = \frac{1}{R\omega_N} \frac{R^2 - |x|^2}{|y^* - x|^N} \int_{\partial B_R(0)} u(y)\, dS(y),$$

und das verbleibende Integral kann für $N \geq 3$ nach Aufgabe 2.5 durch

$$\int_{\partial B_R(0)} u(y)\, dS(y) = \frac{c_0}{2-N} R + d_0 R^{N-1}$$

mit geeigneten Zahlen c_0, d_0 ausgedrückt werden. Es ist also

$$\lim_{R \to 0} I(R) = \frac{c_0}{(N-2)\omega_N} |x|^{2-N}.$$

Da im Falle $N \geq 3$ gleichmäßig in $y \in \partial B_r(0)$ für $R \to 0$

$$G(x,y) = S(x,y) - (R/|x|)^{N-2} S\left((R/|x|)^2 x, y\right) \to S(x,y)$$

$$\nabla_y G(x,y) = \nabla_y S(x,y) - (R/|x|)^{N-2} \frac{(R/|x|)^2 x - y}{\omega_N |(R/|x|)^2 x - y|^N} \to \nabla_y S(x,y)$$

gilt, erhalten wir aus (5.7) im Limes $R \to 0$

$$u(x) = \int_{\partial B_r(0)} [S(x,y)\nabla u(y) - u(y)\nabla_y S(x,y)] \cdot \nu(y)\, dS(y) - c_0 S(x,0).$$

Das Integral hängt für $r > |x|$ gar nicht von $r \in (0,1)$ ab und definiert eine auf $B_1(0)$ harmonische Funktion. Den Fall $N = 2$ stellen wir als Aufgabe 5.7. □

5.3 Die 2. Ableitungen des Greenpotentials für die Kugel

Es sei $B \subset\subset \mathbb{R}^N$ eine Kugel. Wir wissen aufgrund des Hölderschen Satzes 4.2.6, daß das Newtonpotential v für B und eine hölderstetige Dichte f die Poissongleichung löst. Es liegt nahe zu vermuten, daß dann auch die 2. Ableitungen von v die Qualität von f haben. Wir werden sogleich sehen, daß dies im Falle eines Hölderexponenten $\alpha \in (0,1)$ richtig (Satz 5.3.4), aber im

5.3 Die 2. Ableitungen des Greenpotentials für die Kugel

Falle $\alpha = 1$ falsch ist (Satz 5.3.8). Diese Informationen über die 2. Ableitungen sind deswegen so wichtig, weil sie die Möglichkeit eröffnen, funktionalanalytische Methoden in die Theorie einzuführen, die es gestatten, die Lösbarkeit allgemeiner linearer elliptischer Differentialgleichungen mit variablen Koeffizientn und sogar nichtlineare elliptische Differentialgleichungen zu untersuchen.

KORN[2] [151] war der erste, der für die Kreisscheibe bewies, daß bei gleichmäßig α-hölderstetigem f die 2. Ableitungen des Newtonpotentials ebenfalls gleichmäßig hölderstetig sind mit demselben $\alpha \in (0,1)$. Auch für ihn war dies nur ein Hilfsmittel, eine nichtlineare Differentialgleichung zu untersuchen, nämlich durch sukzessive Approximation zu zeigen, daß die Minimalflächengleichung eine Lösung besitzt, wenn die berandende Kurve wenig von einer ebenen Kurve abweicht, ein Problem, um dessen Lösbarkeit sich POISSON um 1832 vergeblich bemüht hatte. MÜNTZ [216][3] beobachtete, daß es bei diesem Problem bequemer ist, mit dem Greenpotential anstelle des Newtonpotentials zu arbeiten. 40 Jahre nach Müntz konnte SIMODA [308] mit Lemma 5.3.3 einen neuen beweisvereinfachenden Gedanken einbringen. Im Anschluß an Bemerkung 5.3.6 zum Hauptresultat dieses Abschnitts, Satz 5.3.4, kann der Leser direkt zu Abschnitt 5.4 übergehen, um einen ersten Eindruck von einer Anwendungsmöglichkeit dieses Satzes zu gewinnen. Weitere Anwendungen, das Dirichletproblem für

$$-\sum_{i,k=1}^{N} a_{ik}(x) u_{x_i x_k} = f$$

in der Kugel, wenn die Koeffizienten a_{ik} nur wenig von δ_{ik} abweichen, und das für die semilineare Differentialgleichung

$$-\Delta u(x) = f(x, u(x), \nabla u(x)),$$

finden sich in den Abschnitten 5.5 bzw. 5.6.

Einen Beweis von Satz 5.3.4, der das Newtonpotential für den Halbraum in Kombination mit der Kelvintransformationsformel verwendet, findet man in [83, §4.3, 4.4]. Auf eine Ausdehnung von Satz 5.3.4 auf allgemeinere glattberandete Gebiete werden wir in Kapitel 7 zu sprechen kommen.

Bei all den genannten Problemen ist es erforderlich, einen Hölderexponenten vorzugeben. Wir ergänzen daher Definition 4.1.5 in folgender Weise.

---

[2] Arthur KORN erscheint bei uns nur als Urheber einiger recht spezieller potentialtheoretischer Ergebnisse. Er war ein außergewöhnlich vielseitiger Mathematiker und Physiker, auch technischer Physiker. U. a. hat er das – erst sehr viel später so genannte – Fax erfunden [195].

[3] Es ist dies seine bei H.A. Schwarz angefertigte Dissertation. Müntz, dessen Verallgemeinerung des Weierstraßschen Approximationssatzes heute zum klassischen Bestand der Approximationstheorie gehört, gelang es nicht, sich in Deutschland zu habilitieren. Einzelheiten über sein Leben sind erst seit kurzem durch [243] leicht zugänglich.

Definition 5.3.1. *Es sei $\Omega \subseteq \mathbb{R}^N$ offen und nicht leer. Für $u \in C^0(\Omega)$ und $\alpha \in (0,1]$ definiert man*

$$H_{\alpha;\Omega}(u) := \sup_{\substack{x,y \in \Omega \\ x \neq y}} \frac{|u(x) - u(y)|}{|x-y|^\alpha}.$$

Wenn dies endlich ist, nennt man diese Zahl eine (α-) Hölderschranke von u auf Ω. Es ist

$$\overline{C}^{(\alpha)}(\Omega) := \{u \in C^0(\Omega) : H_{\alpha;\Omega}(u) < \infty\}$$

der Vektorraum der auf Ω gleichmäßig α-hölderstetigen Funktionen (im Falle $\alpha = 1$ spricht man auch von gleichmäßig lipschitzstetigen Funktionen). Weiter setzen wir noch

$$\overline{C}^{0,\alpha}(\Omega) := \{u \in C^0(\Omega) : u \text{ beschränkt und } u \in \overline{C}^{(\alpha)}(\Omega)\},$$
$$\overline{C}^{1,\alpha}(\Omega) := \{u \in C^1(\Omega) : u, u_{x_i} \text{ beschränkt}, u_{x_i} \in \overline{C}^{(\alpha)}(\Omega)\},$$
$$\overline{C}^{2,\alpha}(\Omega) := \{u \in C^2(\Omega) : u, u_{x_i}, u_{x_i x_k} \text{ beschränkt}, u_{x_i x_k} \in \overline{C}^{(\alpha)}(\Omega)\},$$

wobei die Indizes i, k die Menge $\{1, \ldots, N\}$ durchlaufen.

Bemerkung 5.3.2. a) Jede Funktion $u \in \overline{C}^{(\alpha)}(\Omega)$ mit $0 < \alpha \leq 1$ ist gleichmäßig stetig und kann daher eindeutig zu einer stetigen Funktion auf $\overline{\Omega}$ fortgesetzt werden.

b) Für beschränkte Mengen Ω sind alle Funktionen $u \in \overline{C}^{(\alpha)}(\Omega)$ bereits beschränkt und es gilt $\overline{C}^{(\alpha)}(\Omega) = \overline{C}^{0,\alpha}(\Omega)$.

c) Ist Ω konvex und ist $u \in C^1(\Omega)$ eine beschränkte Funktion mit beschränktem Gradienten, so folgt $u \in \overline{C}^{0,1}(\Omega)$ aus dem Mittelwertsatz.

d) Aus den Aussagen in a) und c) folgt, daß für konvexe Mengen $\Omega \subseteq \mathbb{R}^N$ sich jede Funktion $u \in \overline{C}^{m,\alpha}(\Omega)$ mit $m \in \{0,1,2\}, \alpha \in (0,1]$, eindeutig zu einer stetigen Funktion auf $\overline{\Omega}$ fortsetzen läßt.

Lemma 5.3.3 (Simoda). *Seien $B \subset\subset \mathbb{R}^N$ eine Kugel und $F \in C^0(B)$. Gibt es dann Zahlen $c > 0$ und $\alpha \in (0,1]$ mit*

$$|F(x') - F(x'')| \leq c|x' - x''|^\alpha$$

für alle $x', x'' \in B$ mit $B_{2|x'-x''|}(x') \subseteq B$, so gilt

$$|F(x) - F(y)| \leq \left(1 + \frac{1 + 2^\alpha}{1 - 2^{-\alpha}}\right) c|x-y|^\alpha \quad \text{für alle } x, y \in B.$$

Beweis. Wir dürfen $B = B_R(0)$ annehmen. Es seien $x, y \in B$ und $h := |x - y| > 0$. Man wähle zwei Punktfolgen (x_i) und (y_i) in B, die gegen x bzw. y konvergieren und zusätzlich den folgenden Bedingungen genügen:

5.3 Die 2. Ableitungen des Greenpotentials für die Kugel

$$|x_{i+1} - x_i| \leq \frac{h}{2^i}, \qquad |y_{i+1} - y_i| \leq 2\frac{h}{2^i}, \qquad |x_0 - y_0| \leq h,$$

$$B_{2|x_i - x_{i+1}|}(x_i) \subseteq B, \quad B_{2|y_i - y_{i+1}|}(y_i) \subseteq B, \quad B_{2|x_0 - y_0|}(x_0) \subseteq B.$$

Eine explizite Definition solcher Folgen wird am Ende des Beweises vorgenommen. Wir können nun $F(x_n) - F(y_n)$ durch eine Teleskopsumme ausdrücken,

$$F(x_0) - F(y_0) + \sum_{i=0}^{n-1} \{[F(x_{i+1}) - F(x_i)] - [F(y_{i+1}) - F(y_i)]\},$$

und gewinnen so die Abschätzung

$$|F(x_n) - F(y_n)| \leq |F(x_0) - F(y_0)| + (1 + 2^\alpha) \sum_{i=0}^{\infty} c \left(\frac{h}{2^i}\right)^\alpha$$

$$\leq \left(1 + \frac{1 + 2^\alpha}{1 - 2^{-\alpha}}\right) ch^\alpha.$$

Aus der Stetigkeit von F folgt dann

$$|F(x) - F(y)| \leq \left(1 + \frac{1 + 2^\alpha}{1 - 2^{-\alpha}}\right) c|x - y|^\alpha.$$

Daß solche Folgen (x_i), (y_i) existieren, belegen wir durch explizite Angabe.

1. Fall: $|x| \leq 2h$; dann sei $x_i := (1 - 2^{-i}) x$, $y_i := (1 - 2^{-i}) y$.
2. Fall: $2h < |x|$; dann sei $x_i := (1 - 2^{1-i}h/|x|) x$, $y_i := (1 - 2^{1-i}h/|x|) y$. □

Satz 5.3.4. *Es sei $B \subset\subset \mathbb{R}^N$ eine Kugel, $0 < \alpha < 1$ und $f \in \overline{C}^{(\alpha)}(B)$. Dann hat die Lösung $u \in C^2(B) \cap C^0(\overline{B})$ des Dirichletproblems*

$$-\Delta u = f \text{ in } B, \quad u|_{\partial B} = 0$$

die Qualität $u, u_{x_i} \in \overline{C}^{(1)}(B)$, $u_{x_i x_k} \in \overline{C}^{(\alpha)}(B)$ für alle $i, k = 1, \ldots, N$; insbesondere ist $u \in \overline{C}^{2,\alpha}(B)$. Es gibt eine Zahl $k > 0$, die allein durch B und α bestimmt ist, mit

$$H_{\alpha;B}(u_{x_i x_k}) \leq k H_{\alpha;B}(f) \quad \text{für alle } i, k = 1, \ldots, N.$$

Beweis. Da f nach Bemerkung 5.3.2 b) beschränkt ist, ist die Lösung u nach Satz 5.1.3 durch das Greenpotential zu B und f gegeben:

$$u(x) = \int_B G(x, y) f(y) \, dy \quad \text{für } x \in \overline{B},$$

und für $x \in B$ gilt

$$u_{x_i x_k}(x) = \int_B [f(y) - f(x)] G_{x_i x_k}(x, y) \, dy - \frac{1}{N} f(x) \delta_{ik}.$$

Das Problem besteht nun darin, $H_{\alpha;B}(u_{x_ix_k}) \leq c(N,\alpha)H_{\alpha;B}(f)$ mit einer allein von N und α abhängenden Zahl $c(N,\alpha)$ zu zeigen (die restlichen Behauptungen folgen dann mit Bemerkung 5.3.2 c). Es genügt, die Funktion

$$F(x) = \int_B [f(y) - f(x)] G_{x_ix_k}(x,y)\, dy$$

abzuschätzen, wobei man sich dank Lemma 5.3.3 auf Punkte $x', x'' \in B$ mit $0 < h := |x' - x''|$ und $B_{2h}(x') \subseteq B$ beschränken darf. Dann ist $2h < R$, wobei R den Radius von B bezeichnet. Setzen wir noch $Q(x,y) := G_{x_ix_k}(x,y)$, so haben wir

$$F(x') - F(x'')$$
$$= \int_{B_{2h}(x')} Q(x',y)(f(y) - f(x'))\, dy - \int_{B_{2h}(x')} Q(x'',y)(f(y) - f(x''))\, dy$$
$$+ \int_{B \setminus B_{2h}(x')} (Q(x',y) - Q(x'',y))(f(y) - f(x'))\, dy - \int_{B \setminus B_{2h}(x')} Q(x'',y)(f(x') - f(x''))\, dy$$
$$= I_1 - I_2 + I_3 - I_4 \,.$$

I_1 und I_2 können problemlos abgeschätzt werden. Aufgrund von Satz 5.1.5 und der Hölderstetigkeit von f haben wir

$$|I_1| \leq c(N)\, H_{\alpha;B}(f) \int_{|y-x'|\leq 2h} |y - x'|^{-N+\alpha}\, dy = c(N)\, H_{\alpha;B}(f)\, \omega_N \int_0^{2h} r^{\alpha-1}\, dr$$
$$= c_1(N,\alpha)\, H_{\alpha;B}(f)\, h^\alpha \,,$$

$$|I_2| \leq c(N)\, H_{\alpha;B}(f) \int_{|y-x'|\leq 2h} |y - x''|^{-N+\alpha}\, dy \leq c(N)\, H_{\alpha;B}(f) \int_{|y-x''|\leq 3h} |y - x''|^{-N+\alpha}\, dy$$
$$= c_2(N,\alpha)\, H_{\alpha;B}(f)\, h^\alpha \,.$$

Für die in I_3 vorkommenden y ist $|x' - y| \geq 2h = 2|x' - x''|$, also für $t \in [0,1]$

$$|tx' + (1-t)x'' - y| \geq |x' - y| - (1-t)h \geq \frac{1}{2}|x' - y| \,.$$

Insbesondere ist daher $Q(\cdot, y)$ auf der Strecke zwischen x' und x'' differenzierbar, und nach dem Mittelwertsatz gibt es ein $\vartheta \in (0,1)$ derart, daß mit $x^* := \vartheta x' + (1-\vartheta)x''$

$$|Q(x',y) - Q(x'',y)| \leq |\nabla_x Q(x^*,y)||x' - x''|$$

gilt. Aufgrund der Abschätzung der 3. Ableitungen von G in Satz 5.1.5 haben wir daher

5.3 Die 2. Ableitungen des Greenpotentials für die Kugel

$$|I_3| \leq c(N)\, H_{\alpha;B}(f) \int_{2h \leq |y-x'| \leq 2R} |x' - x''||y - x'|^{-N-1+\alpha}\, dy$$

$$= c(N)\, H_{\alpha;B}(f)\, \omega_N\, h \int_{2h}^{2R} r^{\alpha-2}\, dr \leq c_3(B,\alpha)\, H_{\alpha;B}(f)\, h^\alpha\, .$$

Setzen wir für $x \in B$ mit $|x - x''| < \frac{h}{2}$

$$\psi(x', x) := \int_{B \setminus B_{2h}(x')} G_{x_i x_k}(x, y)\, dy\, ,$$

so verbleibt es, $\psi(x', x'')$ unabhängig von x' und x'' zu beschränken. Wählen wir $|x - x''| < h/2$ und $y \in B \setminus B_{2h}(x')$, so ist

$$|y - x| = |y - x' + x' - x'' + x'' - x| \geq 2h - h - \frac{h}{2} = \frac{h}{2}\, ,$$

also

$$\psi(x', x) = \frac{\partial^2}{\partial x_i \partial x_k} \left(\int_B G(x, y)\, dy - \int_{B_{2h}(x')} G(x, y)\, dy \right)$$

$$= -\frac{1}{N} \delta_{ik} - \frac{\partial^2}{\partial x_i \partial x_k} \int_{B_{2h}(x')} G(x, y)\, dy\, ,$$

letzteres nach Korollar 4.4.8. Gemäß Bemerkung 5.1.1 b) ist also nur noch

$$\frac{\partial^2}{\partial x_i \partial x_k} \int_{B_{2h}(x')} S(x, y)\, dy + \int_{B_{2h}(x')} H_{x_i x_k}(x, y)\, dy \tag{5.8}$$

für $x = x''$ zu betrachten. Das erste Integral ist nach Lemma 4.2.5 gleich

$$- \int_{\partial B_{2h}(x')} \frac{y_i - x'_i}{|y - x'|} S_{x_k}(x, y)\, dS(y)\, .$$

Sein Betrag an der Stelle $x = x''$ läßt sich also nach Bemerkung 4.1.3 durch

$$\frac{1}{\omega_N} \int_{|y-x'|=2h} |x'' - y|^{1-N}\, dS(y) \leq \frac{1}{\omega_N} h^{1-N} \omega_N (2h)^{N-1}$$

majorisieren. Für das zweite Integral in (5.8) haben wir nach Satz 5.1.5 die Abschätzung

$$c(N) \int_{B_{2h}(x')} \varphi(x'', y)^{-N}\, dy\, . \tag{5.9}$$

Wegen $B_{2h}(x') \subseteq B$ ist aber $|x'| \leq R - 2h$, also $|x''| \leq R - h$, mithin

$$\varphi(x'', h) \geq \left(R^2 - 2|x''||y| + R^{-2}|x''|^2|y|^2 \right)^{1/2} = R - |x''| \frac{|y|}{R} \geq h\, ,$$

so daß auch (5.9) eine alleine von N abhängende Schranke besitzt. $\square$

178   5 Die Greensche Funktion für die Kugel mit Anwendungen

Die beiden folgenden Bemerkungen stellen einen ersten Bezug zu funktionalanalytischen Begriffsbildungen her.

Bemerkung 5.3.5. Es sei $\Omega \subseteq \mathbb{R}^N$ offen und $\alpha \in (0,1]$. Da für alle konstanten Funktionen u der Ausdruck $H_{\alpha;\Omega}(u)$ verschwindet, bildet $H_{\alpha;\Omega}(\cdot)$ nur eine Halbnorm auf $\overline{C}^{0,\alpha}(\Omega)$. Zu einer Norm gelangt man, wenn man

$$\|u\|_{\Omega;0,\alpha} := \sup_{\Omega} |u| + H_{\alpha;\Omega}(u) \tag{5.10}$$

setzt. Entsprechend werden $\overline{C}^{1,\alpha}(\Omega)$ und $\overline{C}^{2,\alpha}(\Omega)$ durch

$$\|u\|_{\Omega;1,\alpha} := \sup_{\Omega} |u| + \sum_{i=1}^{N} \sup_{\Omega} |u_{x_i}| + \sum_{i=1}^{N} H_{\alpha;\Omega}(u_{x_i}) \tag{5.11}$$

$$\|u\|_{\Omega;2,\alpha} := \sup_{\Omega} |u| + \sum_{i=1}^{N} \sup_{\Omega} |u_{x_i}| + \sum_{i,k=1}^{N} \sup_{\Omega} |u_{x_i x_k}| + \sum_{i,k=1}^{N} H_{\alpha;\Omega}(u_{x_i x_k})$$

zu normierten Räumen (vgl. Aufgabe 5.8), und wir können Satz 5.3.4 folgendermaßen erweitern: Zur Kugel $B \subset\subset \mathbb{R}^N$ und $\alpha \in (0,1)$ gibt es ein $c(B,\alpha)$ mit

$$\|u\|_{B;2,\alpha} \leq c(B,\alpha) \|\Delta u\|_{B;0,\alpha} \tag{5.12}$$

für alle $u \in \overline{C}^{2,\alpha}(B)$ mit $u|_{\partial B} = 0$.[4] Da ja $\Delta u \in \overline{C}^{0,\alpha}(B)$ ist, existiert genau ein $v \in C^2(B) \cap C^0(\overline{B})$ mit $-\Delta v = -\Delta u$ in B und $v|_{\partial B} = 0$. Aufgrund der in Bemerkung 4.1.1 formulierten Eindeutigkeitsaussage gilt somit $u = v$. Satz 5.3.4 ergibt mit $f = -\Delta u$ unmittelbar die Abschätzungen

$$H_{\alpha;B}(v_{x_i x_k}) \leq c_1(B,\alpha) \, H_{\alpha;B}(\Delta u) \, .$$

Weiter gilt mit Lemma 4.4.4 und Korollar 4.4.8 (R Radius von B)

$$|v(x)| = \left| \int_B G(x,y) \Delta u(y) \, dy \right| \leq \frac{R^2}{2N} \sup_B |\Delta u| \, .$$

Gemäß Satz 4.2.4, Bemerkung 5.1.1 b) und Satz 5.1.5 ist

$$|v_{x_i}(x)| = \left| \int_B G_{x_i}(x,y) \Delta u(y) \, dy \right| \leq c(N) \omega_N 2R \sup_B |\Delta u| \, .$$

Schließlich nutzen wir die Darstellung aus Satz 5.1.3 für die zweiten Ableitungen von v und erhalten mit Satz 5.1.5

---

[4] *Konvention:* Mit „$u \in \overline{C}^{2,\alpha}(B)$, $u|_{\partial B} = 0$" ist gemeint, daß die gemäß Bemerkung 5.3.2 d) eindeutig bestimmte stetige Fortsetzung von u auf $\overline{B}$ auf dem Rand Null ist.

5.3 Die 2. Ableitungen des Greenpotentials für die Kugel

$$|v_{x_i x_k}(x)| \leq \frac{\delta_{ik}}{N} \sup_B |\Delta u| + c(N)\omega_N \frac{(2R)^\alpha}{\alpha} H_{\alpha,B}(\Delta u) \ .$$

Diese Abschätzungen gelten gleichmäßig für alle $x \in B$. Hieraus ergibt sich $\|v\|_{B;2,\alpha} \leq c(B,\alpha)\|\Delta u\|_{B;0,\alpha}$ für eine geeignete Konstante $c(B,\alpha)$, und wegen $u = v$ ist (5.12) bewiesen. In Bemerkung 5.3.7 werden wir für $\Omega \subset\subset \mathbb{R}^N$ eine Ungleichung der Form (5.12) aus dem Banachschen Satz über die Stetigkeit der inversen Abbildung gewinnen.

Abschließend stellen wir fest, daß die Konstante $c(B,\alpha)$ in (5.12) nicht von der Lage der Kugel in $\mathbb{R}^N$ abhängt. Ist nämlich $\tau\colon \mathbb{R}^N \to \mathbb{R}^N$ eine Translation und $B' := \tau B$, so gilt

$$\|u\|_{B';2,\alpha} = \|u \circ \tau\|_{B;2,\alpha} \leq c(B,\alpha)\|\Delta(u \circ \tau)\|_{B;0,\alpha}$$
$$= c(B,\alpha)\|(\Delta u) \circ \tau\|_{B;0,\alpha} = c(B,\alpha)\|\Delta u\|_{B';0,\alpha} \ .$$

Bemerkung 5.3.6. Ist $B_R \subset\subset \mathbb{R}^N$ eine Kugel mit Radius R, so werden durch

$$\|u\|'_{B_R;0,\alpha} := \sup_{B_R} |u| + R^\alpha H_{\alpha;B_R}(u) \ ,$$

$$\|u\|'_{B_R;1,\alpha} := \sup_{B_R} |u| + R \sum_{i=1}^N \sup_{B_R} |u_{x_i}| + R^{1+\alpha} \sum_{i=1}^N H_{\alpha,B_R}(u_{x_i}) \ ,$$

$$\|u\|'_{B_R;2,\alpha} := \sup_{B_R} |u| + R \sum_{i=1}^N \sup_{B_R} |u_{x_i}| + R^2 \sum_{i,k=1}^N \sup_{B_R} |u_{x_i x_k}|$$
$$+ R^{2+\alpha} \sum_{i,k=1}^N H_{\alpha,B_R}(u_{x_i x_k})$$

Normen definiert, die zu (5.10) bzw. (5.11) jeweils mit $\Omega = B_R$ äquivalent sind. Zum Beispiel ist ja

$$\min\{1, R^\alpha\}\|u\|_{B_R;0,\alpha} \leq \|u\|'_{B_R;0,\alpha} \leq \max\{1, R^\alpha\}\|u\|_{B_R;0,\alpha} \ .$$

Ein Vorteil dieser neuen Normen liegt in ihrer Invarianzeigenschaft

$$\|u\|'_{B_R(x_0);m,\alpha} = \|u \circ Q\|'_{B_1(0);m,\alpha} = \|u \circ Q\|_{B_1(0);m,\alpha} \ , \quad m = 0, 1, 2 \ ,$$

wenn $Q\colon \mathbb{R}^N \to \mathbb{R}^N$ eine Transformation ist, die sich aus der Dilatation $\lambda\colon x \mapsto Rx$ und der Translation $\tau\colon x \mapsto x + x_0$ zusammensetzt, $Q := \tau \circ \lambda$. Die Transformation Q führt die Kugel $B_1(0)$ in die Kugel $B_R(x_0)$ über. Zum Beweis der Invarianzeigenschaft bemerken wir

$$(u \circ Q)_{x_i} = R(u_{x_i} \circ Q) \ , \quad (u \circ Q)_{x_i x_k} = R^2(u_{x_i x_k} \circ Q)$$

und beispielsweise

$$H_{\alpha;B_1(0)}\left((u \circ Q)_{x_i x_k}\right) = R^2 H_{\alpha;B_1(0)}\left(u_{x_i x_k} \circ Q\right)$$

$$= R^2 \sup_{\substack{x', x'' \in B_1(0) \\ x' \neq x''}} \frac{|u_{x_i x_k}(Rx' + x_0) - u_{x_i x_k}(Rx'' + x_0)|}{|x' - x''|^\alpha}$$

$$= R^{2+\alpha} H_{\alpha;B_R(x_0)}(u_{x_i x_k}).$$

Wegen $\Delta(u \circ Q) = R^2 (\Delta u) \circ Q$ erhalten wir daher anstelle von (5.12): Zu N und $\alpha \in (0,1)$ gibt es ein $c(N, \alpha)$, nämlich $c(N, \alpha) := c(B_1(0), \alpha)$, so daß für jede Kugel $B \subset\subset \mathbb{R}^N$ mit Radius R und für alle $u \in \overline{C}^{2,\alpha}(B) \cap C^0(\overline{B})$ mit $u|_{\partial B} = 0$

$$\|u\|'_{B;2,\alpha} \leq c(N, \alpha) R^2 \|\Delta u\|'_{B;0,\alpha}$$

ausfällt.

Bemerkung 5.3.7. Der Zusammenhang zwischen Satz 5.3.4 und der Ungleichung (5.12) wird durch die folgende Aussage deutlicher.

Es sei $\Omega \subset\subset \mathbb{R}^N$ und $\alpha \in (0,1)$. Wenn das Dirichletproblem

$$-\Delta u = f \text{ in } \Omega, \quad u|_{\partial \Omega} = 0$$

für jedes $f \in \overline{C}^{0,\alpha}(\Omega)$ eine Lösung in $\overline{C}^{2,\alpha}(\Omega)$ hat, so gibt es eine allein durch Ω und α bestimmte Zahl $c(\Omega, \alpha)$ mit

$$\|u\|_{\Omega;2,\alpha} \leq c(\Omega, \alpha) \|\Delta u\|_{\Omega;0,\alpha}$$

für alle $u \in \overline{C}^{2,\alpha}(\Omega)$ mit $u|_{\partial \Omega} = 0$.

Da aufgrund des BANACHschen *Satzes von der offenen Abbildung* bei einer linearen Bijektion T zwischen zwei Banachräumen X, Y die Stetigkeit von T die von T^{-1} impliziert (s. z.B. [289, p. 48 f.] oder [337, S. 152 f.]), ergibt sich die obige Aussage wie folgt. Es sind

$$X := \{u \in \overline{C}^{2,\alpha}(\Omega) : u|_{\partial \Omega} = 0\} \text{ und } Y := \overline{C}^{0,\alpha}(\Omega),$$

versehen mit den Normen $\|\cdot\|_{\Omega;2,\alpha}$ bzw. $\|\cdot\|_{\Omega;0,\alpha}$, Banachräume (vgl. Satz 5.4.1). Die Bedingung $u|_{\partial \Omega} = 0$ in der Definition des Raumes X ist so zu verstehen, daß die stetige Fortsetzbarkeit von u auf $\overline{\Omega}$ zusammen mit der Bedingung $u|_{\partial \Omega} = 0$ gefordert wird. Man überlegt sich leicht, daß dadurch ein abgeschlossener Unterraum von $\overline{C}^{2,\alpha}(\Omega)$ definiert wird, der dann selbst wieder Banachraum ist. Die Abbildung

$$T: X \to Y, \quad u \mapsto -\Delta u$$

ist linear und nach Voraussetzung surjektiv, ferner aufgrund des Eindeutigkeitssatzes 3.1.1 injektiv. Ihre Stetigkeit folgt aus

$$\|-\Delta u\|_{\Omega;0,\alpha} \leq \sum_{i,k=1}^{N} \|u_{x_i x_k}\|_{\Omega;0,\alpha} \leq \|u\|_{\Omega;2,\alpha}.$$

Mithin gibt es eine Konstante $c(X, Y, T)$, so daß

$$\|T^{-1}f\|_{\Omega;2,\alpha} \leq c(X,Y,T)\|f\|_{\Omega;0,\alpha}$$

für alle $f \in \overline{C}^{0,\alpha}(\Omega)$. Da X, Y und T allein durch Ω, α und Δ bestimmt sind, ist das die Behauptung.

Natürlich sichert der Banachsche Satz nur die Existenz einer solchen Zahl $c(\Omega, \alpha)$, während eine Zahl $c(B, \alpha)$, für die (5.12) besteht, explizit angegeben werden könnte, wenn man sich die Mühe machen würde, die Konstanten aller im Beweis von Satz 5.3.4 auftretenden Abschätzungen genau zu verfolgen. SCHAUDER [293, p. 281] war der erste, der einen Zusammenhang zwischen A-Priori-Abschätzungen bei partiellen Differentialgleichungen und dem Banachschen Satz von der offenen Abbildung herstellte.

Wenn in Satz 5.3.4 die rechte Seite $f \in \overline{C}^{0,1}(B)$ ist, liefert die Abschätzung von I_3

$$|I_3| \leq \mathrm{const}\, H_{1;B}(f)\, h \ln \frac{R}{h}\,,$$

während die erhaltenen Abschätzungen für die drei anderen Terme mit $\alpha = 1$ bestehenbleiben. Also ist die Lösung u des Dirichletproblems aus $\overline{C}^{2,\beta}(B)$ für jedes $\beta \in (0,1)$. Das folgende Beispiel belegt, daß man $u \in \overline{C}^{2,1}(B)$ im allgemeinen nicht erreichen kann.

Satz 5.3.8. *Es sei $R < 1$, $B := B_R(0) \subseteq \mathbb{R}^N$, ferner*

$$\varrho(y) := \begin{cases} \dfrac{y_1^2}{|y|^2 |\ln|y||} & \text{für } y \in B \setminus \{0\} \\ 0 & \text{für } y = 0 \end{cases}$$

und

$$f(x) := \int_0^{x_1} \varrho(t, x_2, \ldots, x_N)\, dt \quad \text{für } x \in \overline{B}\,.$$

Dann gilt:
a) f ist gleichmäßig lipschitzstetig auf $\overline{B}$, insbesondere also $f \in \overline{C}^{0,1}(B)$.
b) Die Lösung $u \in C^2(B) \cap C^0(\overline{B})$ des Dirichletproblems

$$-\Delta u = f \text{ in } B, \quad u = 0 \text{ auf } \partial B$$

hat die Eigenschaft $u_{x_1 x_1} \notin \overline{C}^{(1)}(B)$.

Beweis. a) Schreiben wir $y \in B \setminus \{0\}$ in der Form $y = (t, z_1, \ldots, z_{N-1})$, so gilt

$$\nabla_z \varrho(t, z) = \frac{-4t^2 z}{(t^2 + |z|^2)^2 |\ln(t^2 + |z|^2)|} \left[1 + \frac{1}{|\ln(t^2 + |z|^2)|}\right],$$

also
$$|\nabla_z \varrho(t,z)| \leq \frac{4|z|}{(t^2+|z|^2)|\ln R^2|}\left(1+\frac{1}{|\ln R^2|}\right),$$

so daß $\int_0^1 |\nabla_z \varrho(t,z)|\, dt$ unabhängig von z majorisiert werden kann. Für x', $x'' \in \overline{B}$ haben wir

$$f(x') - f(x'') = \int_{x_1''}^{x_1'} \varrho(t, x_2', \ldots, x_N')\, dt$$
$$+ \int_0^{x_1''} [\varrho(t, x_2', \ldots x_N') - \varrho(t, x_2'', \ldots, x_N'')]\, dt\,.$$

Aufgrund der Stetigkeit von ϱ kann das erste Integral durch $\text{const}\,|x_1' - x_1''|$ abgeschätzt werden. Das zweite Integral können wir nach Anwendung des Mittelwertsatzes durch $\text{const}\,|(x_2', \ldots, x_N') - (x_2'', \ldots, x_N'')|$ majorisieren. Hieraus folgt sofort die Behauptung.

b) Da die Lösung u durch das Greenpotential zu B und f gegeben ist, brauchen wir aufgrund von Satz 5.1.3 nur zu zeigen, daß für

$$F(x) := \int_B [f(y) - f(x)]\, G_{x_1 x_1}(x,y)\, dy\,, \quad x \in B,$$

der Differenzenquotient $\frac{1}{h}[F(he_1) - F(0)]$ für $h \to 0$ unbeschränkt ist. Nach Bemerkung 5.1.1 b) ist der Anteil H in der Zerlegung $G = S + H$ auf $B_{\frac{R}{2}}(0) \times B_{2R}(0)$ beliebig oft differenzierbar, so daß die Funktion

$$x \mapsto \int_B H_{x_1 x_1}(x,y) f(y)\, dy - f(x) \int_B H_{x_1 x_1}(x,y)\, dy$$

auf $B_{\frac{R}{2}}(0)$ gleichmäßig lipschitzstetig ist. Es verbleibt also nur die Untersuchung von

$$\int_B [f(y)-f(x)] S_{x_1 x_1}(x,y)\, dy = \lim_{\epsilon \to 0} \int_{B \setminus B_\epsilon(x)} [f(y)-f(x)] S_{y_1 y_1}(x,y)\, dy\,.$$

Hierfür gewinnen wir durch partielle Integration wegen

$$\left|\int_{\partial B_\epsilon(x)} \frac{x_1-y_1}{|x-y|}[f(y)-f(x)] S_{y_1}(x,y)\, dS(y)\right|$$
$$\leq \frac{\text{const}}{\omega_N} \int_{\partial B_\epsilon(x)} |x-y|^{2-N}\, dS(y) = \text{const}\,\epsilon$$

den Ausdruck

5.3 Die 2. Ableitungen des Greenpotentials für die Kugel 183

$$\int_{\partial B} \nu_1(y)\left[f(y) - f(x)\right] S_{y_1}(x,y)\, dS(y) - \int_B S_{y_1}(x,y)\varrho(y)\, dy \ .$$

Das Randintegral stellt wieder eine auf $B_{\frac{R}{2}}(0)$ gleichmäßig lipschitzstetige Funktion dar. Hingegen hat

$$\phi(x) := \int_B S_{y_1}(x,y)\varrho(y)\, dy = \frac{1}{\omega_N}\int_B \frac{x_1 - y_1}{|x - y|^N}\varrho(y)\, dy$$

die Eigenschaft, daß $\frac{1}{h}\left[\phi(he_1) - \phi(0)\right] = \frac{1}{h}\phi(he_1)$ für $h \searrow 0$ nicht beschränkt bleibt, wie wir beim Beweis von Satz 4.3.1 gezeigt haben. □

Wir beschließen diesen Paragraphen mit einem Satz, dessen Beweis nur eine kleine Variante des Beweises von Satz 5.3.4 ist; verwendet wird er erst in den Abschnitten 7.2 und 7.3.

Satz 5.3.9. *Es sei $B \subset\subset \mathbb{R}^N$ eine Kugel, G die Greensche Funktion für B, $\alpha \in (0,1)$ und $k \in \{1,\ldots,N\}$. Dann existiert*

$$U(x) := \int_B G_{y_k}(x,y)f(y)\, dy\, , \quad x \in B\, ,$$

für jedes $f \in \overline{C}^{0,\alpha}(B)$ und definiert $U \in C^1(B)$ mit $U_{x_i} \in \overline{C}^{0,\alpha}(B)$ für $i \in \{1,\ldots,N\}$. Es existiert eine allein durch B und α bestimmte Konstante $\tilde{c}(B,\alpha)$, mit

$$\|U\|_{B;1,\alpha} \leq \tilde{c}(B,\alpha)\|f\|_{B;0,\alpha}$$

ist (vgl. Bemerkung 5.3.5).

Beweis. Nach Aufgabe 5.3 ist $U \in C^1(B)$, und es ist

$$U_{x_i}(x) = \int_B (f(y) - f(x))\, G_{y_k x_i}(x,y)\, dy \ .$$

Analog zu den Rechnungen in Bemerkung 5.3.5 lassen sich die Terme $\sup_B |U|$ und $\sup_B |U_{x_i}|$ leicht durch $c_1(B,\alpha)\|f\|_{B;0,\alpha}$ abschätzen, wobei nun Aufgabe 5.2 anstelle von Satz 5.1.5 zu verwenden ist. Eine Schranke für $H_{\alpha;B}(U_{x_i})$ gewinnt man, indem $Q(x,y) := G_{y_k x_i}(x,y)$ gewählt wird und $U_{x_i}(x') - U_{x_i}(x'') = I_1 - I_2 + I_3 - I_4$ auf dieselbe Weise wie $F(x') - F(x'')$ im Beweis des Satzes 5.3.4 zerlegt wird.

Ganz wie dort gilt $|I_1| + |I_2| + |I_3| \leq c_2(B,\alpha)H_{\alpha;B}(f)h^\alpha$; denn nach Aufgabe 5.2 genügen Q und $\nabla_x Q$ denselben Abschätzungen, die im Beweis von Satz 5.3.4 aus Satz 5.1.5 gewonnen wurden. Nur die Abschätzung von I_4 muß anders gestaltet werden. Es bezeichne Ψ das Analogon zu ψ im Beweis von Satz 5.3.4:

$$\Psi(x', x'') = \int_{B \setminus B_{2h}(x')} G_{y_k x_i}(x'', y) \, dy = \int_{\partial(B \setminus B_{2h}(x'))} \nu_k(y) G_{x_i}(x'', y) \, dS(y)$$

$$= \int_{\partial B} \nu_k(y) G_{x_i}(x'', y) dS(y) + \int_{\partial B_{2h}(x')} \nu_k(y) G_{x_i}(x'', y) \, dS(y) \, .$$

Das Randintegral über ∂B verschwindet, denn in B ist $G(\cdot, y) = 0$ für $y \in \partial B$. Es ist also

$$\Psi(x', x'') = \int_{\partial B_{2h}(x')} \nu_k(y) G_{x_i}(x'', y) \, dS(y) \, ,$$

und hierin ist $|x'' - y| \geq h$; also ist der Betrag des Integranden $\leq c(N) h^{-N+1}$. Daraus folgt $|\Psi(x', x'')| \leq 2^{N-1} c(N) \omega_N$. Das Lemma 5.3.3 von Simoda vermittelt dann ein $c_3(B, \alpha)$, mit

$$|U_{x_i}(x') - U_{x_i}(x'')| \leq c_3(B, \alpha) H_{\alpha;B}(f) |x' - x''|^\alpha \quad \text{für alle } x', x'' \in B \, .$$

Mithin ist $U_{x_i} \in \overline{C}^{0,\alpha}(B)$. Zusammenfassend ergibt sich die Behauptung mit $\tilde{c}(B, \alpha) = (N+1) c_1(B, \alpha) + N c_3(B, \alpha)$. □

5.4 Eine erste Anwendung: Die lokale Lösbarkeit des Beltrami-Systems

Das Problem, ein analytisches Flächenstück in $\mathbb{R}^3$ konform in die Ebene abzubilden, wurde von GAUSS in seiner Kopenhagener Preisschrift 1822 gelöst [80]. Ist das Flächenstück nicht mehr notwendig analytisch und seine Metrik durch die Gaußschen Fundamentalgrößen E, F und G mit $g := EG - F^2 > 0$ gegeben, so wird man auf das System partieller Differentialgleichungen 1. Ordnung

$$\begin{pmatrix} \varphi_{x_1} \\ \varphi_{x_2} \end{pmatrix} = \frac{1}{\sqrt{g}} \begin{pmatrix} F(x) & G(x) \\ -E(x) & -F(x) \end{pmatrix} \begin{pmatrix} \psi_{x_1} \\ \psi_{x_2} \end{pmatrix} \quad (5.13)$$

geführt, welches in engem Zusammenhang mit dem in Bemerkung 3.6.8 eingeführten Beltrami-Operator steht. Der erste, der die Existenz einer Lösung des Beltrami-Systems (5.13) im Kleinen bewies, wenn die Koeffizienten nur lipschitzstetig sind, war LICHTENSTEIN [186]. Mit Hilfe des Newtonpotentials, für das er ähnliche Resultate bewies, wie sie KORN bereits in seiner in Abschnitt 5.3 genannten Arbeit erhalten hatte, überführte er (5.13) in eine Integralgleichung, die durch sukzessive Approximation gelöst wurde. Angeregt durch die KORNsche Arbeit [152], bei der das Verfahren der sukzessiven Approximation direkt auf Differentialgleichungen 2. Ordnung mit hölderstetigen Koeffizienten angewandt wurde, konnte er dann in [189] die Voraussetzung der Lipschitzstetigkeit durch Hölderstetigkeit ersetzen.

Löst u eine semilineare elliptische Gleichung der Gestalt

5.4 Lokale Lösbarkeit des Beltrami-Systems

$$Eu_{x_1x_1} + 2Fu_{x_1x_2} + Gu_{x_2x_2} = f(x_1, x_2, u, u_{x_1}, u_{x_2})$$

und ist φ, ψ eine Lösung von (5.13), deren Funktionaldeterminante

$$d := \det \begin{pmatrix} \varphi_{x_1} & \psi_{x_1} \\ \varphi_{x_2} & \psi_{x_2} \end{pmatrix} \neq 0$$

ist, so ist die Koordinatentransformation $\xi_1 = \varphi(x_1, x_2)$, $\xi_2 = \psi(x_1, x_2)$ lokal injektiv und $v(\xi) = u(x)$ genügt einer Gleichung der Form

$$v_{\xi_1\xi_1} + v_{\xi_2\xi_2} = g(\xi_1, \xi_2, v, v_{\xi_1}, v_{\xi_2})$$

(s. etwa [107, II.1]). Allerdings wird man eine solche Vereinfachung des Hauptteils kaum als erstrebenswert ansehen, wenn sie mit der Lösung einer neuen partiellen Differentialgleichung erkauft wird, zumal es, wie wir sehen werden, Methoden gibt, Gleichungen mit einem allgemeinen Hauptteil zu behandeln, die nicht auf zwei Dimensionen beschränkt sind.

Bei der Untersuchung von (5.13) ist fast selbstverständlich, daß wir $g = 1$ und $E > 0$ annehmen dürfen. Ist $x \mapsto y = M(x-p)$ eine injektive, affine Koordinatentransformation und M^t die zu M transponierte Matrix, so erhalten wir mit den Setzungen

$$\Phi(y) = \varphi(x), \quad \Psi(y) = \psi(x), \quad D := \begin{pmatrix} \Phi_{y_1} & \Psi_{y_1} \\ \Phi_{y_2} & \Psi_{y_2} \end{pmatrix}$$

$d = \det D \det M$, also $d \neq 0$ genau dann, wenn $\det D \neq 0$ ist, ferner

$$\nabla \Phi(y) = (M^t)^{-1} \begin{pmatrix} F(x) & G(x) \\ -E(x) & -F(x) \end{pmatrix} M^t \nabla \Psi(y).$$

Definiert man daher neue Funktionen a, b, c durch

$$\begin{pmatrix} b & c \\ -a & -b \end{pmatrix}(y) = (M^t)^{-1} \begin{pmatrix} F(x) & G(x) \\ -E(x) & -F(x) \end{pmatrix}\bigg|_{x=M^{-1}y+p} M^t,$$

so erreicht man mit der Wahl

$$M = \frac{1}{\sqrt{E(p)}} \begin{pmatrix} F(p) & -E(p) \\ 1 & 0 \end{pmatrix}, \text{ also } (M^t)^{-1} = \frac{1}{\sqrt{E(p)}} \begin{pmatrix} 0 & -1 \\ E(p) & F(p) \end{pmatrix},$$

daß

$$a(0) = E(p)G(p) - F^2(p) = 1, \quad c(0) = 1, \quad b(0) = 0$$

wird. In den neuen Koordinaten ergibt sich also das System

$$\begin{pmatrix} \Phi_{y_1} - \Psi_{y_2} \\ \Phi_{y_2} + \Psi_{y_1} \end{pmatrix} = \begin{pmatrix} b(y) & c(y)-1 \\ 1-a(y) & -b(y) \end{pmatrix} \begin{pmatrix} \Psi_{y_1} \\ \Psi_{y_2} \end{pmatrix},$$

das für $y = 0$ in die Cauchy-Riemannschen Differentialgleichungen übergeht. Für eine Verallgemeinerung solcher Systeme beweisen wir nun einen lokalen Existenzsatz, indem wir Satz 5.3.4 mit einem ganz einfachen funktionalanalytischen Hilfsmittel kombinieren, nämlich dem Banachschen Fixpunktsatz, demzufolge eine strikt kontrahierende Abbildung eines vollständigen Raumes in sich genau einen Fixpunkt besitzt.

Zunächst zeigen wir die Vollständigkeit der von uns in Definition 5.3.1 und in Bemerkung 5.3.5 gewählten normierten Räume gleichmäßig hölderstetiger Funktionen.

Satz 5.4.1. *Für nichtleeres offenes $\Omega \subseteq \mathbb{R}^N$, $\alpha \in (0,1]$ und $m \in \{0,1,2\}$ bildet $\overline{C}^{m,\alpha}(\Omega)$, versehen mit der Norm $\|\cdot\|_{\Omega;m,\alpha}$, einen Banachraum.*

Beweis. Wir beschränken uns auf den Fall $m = 1$ und zeigen nur, daß der lineare und normierte Raum $\overline{C}^{1,\alpha}(\Omega)$ vollständig ist, also zu jeder Folge (u_i) aus $\overline{C}^{1,\alpha}(\Omega)$ mit

$$\|u_i - u_k\|_{\Omega;1,\alpha} \to 0 \quad \text{für } i,k \to \infty \tag{5.14}$$

ein $u \in \overline{C}^{1,\alpha}(\Omega)$ mit $\|u_i - u\|_{\Omega;1,\alpha} \to 0$ existiert. Dazu zerlegen wir $\|u\|_{\Omega;1,\alpha}$ in

$$\|u\|_{\Omega;1} := \sup_{\Omega} |u| + \sum_{i=1}^{N} \sup_{\Omega} |u_{x_i}| \quad \text{und} \quad H_{\Omega;1,\alpha}(u) := \sum_{i=1}^{N} H_{\alpha;\Omega}(u_{x_i}).$$

Aus (5.14) folgt nun zum einen $\|u_i - u_k\|_{\Omega;1} \to 0$ für $i,k \to \infty$. Es konvergieren also die Folge (u_i) und für jeden Multiindex μ mit $|\mu| = 1$ die Folge $(D^\mu u_i)$ gegen stetige Funktionen u bzw. v_μ. Aus dem Hauptsatz der Differential- und Integralrechnung ergibt sich sofort, daß die v_μ die partiellen Ableitungen von u, also u stetig differenzierbar ist. Zu $\epsilon > 0$ gibt es ein $N > 0$ mit $\|u_i - u_k\|_{\Omega;1} < \frac{\epsilon}{2}$ für $i,k > N$. Sei nun $i > N$. Zu $x \in \Omega$ gibt es dann ein $k > N$ mit

$$|u_k(x) - u(x)| + \sum_{|\mu|=1} |D^\mu u_k(x) - D^\mu u(x)| < \frac{\epsilon}{2},$$

was $\|u\|_{\Omega;1} < \infty$ und $\|u_i - u\|_{\Omega;1} \leq \epsilon$ impliziert.

Zum anderen gilt $H_{\Omega;1,\alpha}(u_i - u_k) \to 0$ für $i,k \to \infty$, so daß es ein $C > 0$ gibt mit $H_{\Omega;1,\alpha}(u_i) \leq C$ für alle $i \in \mathbb{N}$. Wir müssen noch die beiden folgenden Aussagen zeigen:

$$H_{\Omega;1,\alpha}(u) < \infty, \tag{5.15}$$

$$H_{\Omega;1,\alpha}(u_i - u) \to \infty \quad \text{für } i \to \infty. \tag{5.16}$$

Zu (5.15): Für $|\mu| = 1$ und $x,y \in \Omega$ kann $|D^\mu u(x) - D^\mu u(y)|$ abgeschätzt werden durch

5.4 Lokale Lösbarkeit des Beltrami-Systems   187

$$|D^\mu u(x) - D^\mu u_i(x)| + |D^\mu u_i(x) - D^\mu u_i(y)| + |D^\mu u_i(y) - D^\mu u(y)|$$
$$\leq 2\|u_i - u\|_{\Omega;1} + C|x-y|^\alpha \,.$$

Zu jedem Paar $x,y \in \Omega$, $x \neq y$, läßt sich i so groß wählen, daß $2\|u_i - u\|_{\Omega;1} \leq |x-y|^\alpha$ wird. Folglich ist $u \in \overline{C}^{1,\alpha}(\Omega)$.

Zu (5.16): Für $|\mu| = 1$ und $x, y \in \Omega$ gilt

$$|D^\mu(u_i - u)(x) - D^\mu(u_i - u)(y)|$$
$$\leq |D^\mu(u_i - u_k)(x) - D^\mu(u_i - u_k)(y)| + |D^\mu(u_k - u)(x) - D^\mu(u_k - u)(y)|\,,$$

also

$$\frac{|D^\mu(u_i - u)(x) - D^\mu(u_i - u)(y)|}{|x-y|^\alpha} \leq H_{\Omega;1,\alpha}(u_i - u_k) + 2\frac{\|u_k - u\|_{\Omega;1}}{|x-y|^\alpha}\,.$$

Zu $\epsilon > 0$ existiert ein $N > 0$ mit $H_{\Omega;1,\alpha}(u_i - u_k) < \epsilon/2$ für $i, k > N$, und zu $x, y \in \Omega$, $x \neq y$, gibt es $k > N$ mit $4\|u_k - u\|_{\Omega;1} < \epsilon|x-y|^\alpha$. □

Bemerkung 5.4.2. Es sei $\alpha \in (0,1)$. Manchmal begegnet man dem Fehler, daß der Raum $\overline{C}^{m,\alpha}(\Omega)$ mit der Vervollständigung von $C^\infty(\Omega)$ unter der Norm $\|\cdot\|_{\Omega;m,\alpha}$ gleichgesetzt wird. Tatsächlich liefert die Vervollständigung jedoch einen echten Teilraum von $\overline{C}^{m,\alpha}(\Omega)$. Besonders einfach ist dies im Falle des Hölderraums $\overline{C}^{0,\alpha}(\Omega)$ zu sehen, dessen Norm durch (5.10) gegeben ist.

Zum Beispiel gilt $u \in \overline{C}^{0,\frac{1}{2}}(B_1(0))$, wenn $u(x) := \sqrt{|x|}$ ist. Wir nehmen widerspruchshalber an, daß es zu $\epsilon = \frac{1}{4}$ ein $\varphi \in C^\infty(B_1(0))$ mit

$$\|u - \varphi\|_{B_1(0);0,\frac{1}{2}} < \epsilon$$

gibt. Für $0 < \delta < 1$ gilt dann auch

$$\|u\|_{B_\delta(0);0,\frac{1}{2}} - \|\varphi\|_{B_\delta(0);0,\frac{1}{2}} < \epsilon \,.$$

Nun ist aber für $x \in B_\delta(0) \setminus \{0\}$

$$\|u\|_{B_\delta(0);0,\frac{1}{2}} \geq H_{\frac{1}{2};B_\delta(0)} \geq \frac{|u(x) - u(0)|}{|x-0|^{1/2}} = 1$$

und

$$\|\varphi\|_{B_\delta(0);0,\frac{1}{2}} = \sup_{x \in B_\delta(0)} |\varphi(x)| + \sup_{\substack{x,y \in B_\delta(0) \\ x \neq y}} \frac{|\varphi(x) - \varphi(y)|}{|x-y|^{1/2}}$$
$$\leq \sup_{x \in B_\delta(0)} |\varphi(x) - u(x)| + \sqrt{\delta} + \sup_{\substack{x,y,z \in B_\delta(0) \\ x \neq y}} |x-y|^{1/2} |\nabla\varphi(z)|\,,$$

also $1 - \epsilon - \sqrt{\delta} - \sqrt{2\delta}\sup_{z \in B_\delta(0)}|\nabla\varphi(z)| < \epsilon$, was für genügend kleines δ den gewünschten Widerspruch liefert.

Satz 5.4.3. *Es sei $\Omega \subseteq \mathbb{R}^2$ eine offene Menge mit $0 \in \Omega$, und es sei $\alpha \in (0,1)$. Es seien $A, B, C \colon \Omega \to \mathbb{R}^{(2,2)}$ matrixwertige Funktionen mit $A(0) = B(0) = C(0) = 0$, deren Einträge in $\overline{C}^{(\alpha)}(\Omega)$ liegen. Dann gibt es eine Kreisscheibe $B := B_R(0)$ und $\varphi, \psi \in \overline{C}^{1,\alpha}(B)$, die auf B*

$$\begin{pmatrix} \varphi_{x_1} - \psi_{x_2} \\ \varphi_{x_2} + \psi_{x_1} \end{pmatrix} = A(x) \begin{pmatrix} \varphi_{x_1} \\ \varphi_{x_2} \end{pmatrix} + B(x) \begin{pmatrix} \psi_{x_1} \\ \psi_{x_2} \end{pmatrix} + C(x) \begin{pmatrix} \varphi \\ \psi \end{pmatrix} \quad (5.17)$$

und

$$\det \begin{pmatrix} \varphi_{x_1} & \psi_{x_1} \\ \varphi_{x_2} & \psi_{x_2} \end{pmatrix} > 0 \quad (5.18)$$

erfüllen.

Beweis. Aufgrund von Satz 5.4.1 und Bemerkung 5.3.6 ist auch $\overline{C}^{1,\alpha}(B) \times \overline{C}^{1,\alpha}(B)$, versehen mit der Norm

$$\|(\varphi, \psi)\| := \|\varphi\|'_{B;1,\alpha} + \|\psi\|'_{B;1,\alpha} \,,$$

ein Banachraum. Für $\varphi, \psi \in \overline{C}^{1,\alpha}(B)$ kürzen wir die rechte Seite von (5.17) mit (f, g) ab. Dann liegen nach Bemerkung 5.3.2 b) und Aufgabe 5.10 die Funktionen f und g in $\overline{C}^{0,\alpha}(B)$. Nach Satz 5.3.4 sind die Greenpotentiale zu B und f bzw. g

$$s(x) := \int_B G(x,y) f(y) \, dy \,, \quad t(x) := \int_B G(x,y) g(y) \, dy \,, \quad x \in \overline{B} \,,$$

aus $\overline{C}^{2,\alpha}(B)$, mithin die Funktionen

$$u := -s_{x_1} - t_{x_2} \,, \quad v := s_{x_2} - t_{x_1}$$

aus $\overline{C}^{1,\alpha}(B)$. Es definiert also $K\colon (\varphi, \psi) \mapsto (u, v)$ eine lineare und für jedes $x \in \mathbb{R}^2$

$$L(\varphi, \psi)(x) := x + K(\varphi, \psi)(x)$$

eine affine lineare Abbildung L von $\overline{C}^{1,\alpha}(B) \times \overline{C}^{1,\alpha}(B)$ in sich, und wegen

$$\begin{aligned} (x_1 + u)_{x_1} - (x_2 + v)_{x_2} &= u_{x_1} - v_{x_2} = -\Delta s = f \,, \\ (x_1 + u)_{x_2} + (x_2 + v)_{x_1} &= u_{x_2} + v_{x_1} = -\Delta t = g \end{aligned}$$

hat (5.17) sicher dann eine Lösung, wenn L einen Fixpunkt besitzt. Wir müssen also versuchen zu erreichen, daß für geeignetes $R > 0$ die lineare Abbildung K eine strikte Kontraktion wird. Nun ist

$$\|K(\varphi, \psi)\| = \|-(s_{x_1} + t_{x_2})\|'_{B;1,\alpha} + \|s_{x_2} - t_{x_1}\|'_{B;1,\alpha}$$

5.4 Lokale Lösbarkeit des Beltrami-Systems

und beispielsweise

$$\|s_{x_1}\|'_{B;1,\alpha} = \sup_B |s_{x_1}| + R\sum_{i=1}^{2} \sup_B |s_{x_1 x_i}| + R^{1+\alpha}\sum_{i=1}^{2} H_{\alpha;B}(s_{x_1 x_i})$$
$$\leq \frac{1}{R}\|s\|'_{B;2,\alpha} \leq \frac{1}{R}c(N,\alpha)R^2\|\Delta s\|'_{B;0,\alpha} ,$$

wobei wir Bemerkung 5.3.6 verwendet haben. Daher ist

$$\|K(\varphi,\psi)\| \leq 2c(N,\alpha)R\left(\|f\|'_{B;0,\alpha} + \|g\|'_{B;0,\alpha}\right)$$

und weiter

$$\|f\|'_{B;0,\alpha} = \left\|\sum_{i=1}^{2}(A_{1i}\varphi_{x_i} + B_{1i}\psi_{x_i}) + C_{11}\varphi + C_{12}\psi\right\|'_{B;0,\alpha} .$$

Nach Aufgabe 5.10 haben wir z.B.

$$\|A_{11}\varphi_{x_1}\|'_{B;0,\alpha} \leq \|A_{11}\|'_{B;0,\alpha}\|\varphi_{x_1}\|'_{B;0,\alpha} .$$

Nun ist aufgrund der Voraussetzung an die Elemente der Matrixfunktion A

$$\|A_{11}\|'_{B;0,\alpha} = \sup_{B_R} |A_{11}| + R^\alpha H_{\alpha;B_R}(A_{11})$$
$$= \sup_{|x|<R} |A_{11}(x) - A_{11}(0)| + R^\alpha H_{\alpha;B_R}(A_{11})$$
$$\leq 2R^\alpha H_{\alpha;B_R}(A_{11}) ,$$

ferner

$$\|\varphi_{x_1}\|'_{B;0,\alpha} = \sup_B |\varphi_{x_1}| + R^\alpha H_{\alpha;B}(\varphi_{x_1}) \leq \frac{1}{R}\|\varphi\|'_{B;1,\alpha} .$$

Schließlich ist für $R \leq 1$

$$\|\varphi\|'_{B;0,\alpha} = \sup_B |\varphi| + R^\alpha H_{\alpha;B}(\varphi) \leq 2\left(\sup_B |\varphi| + R\sum_{k=1}^{2}\sup_B |\varphi_{x_k}|\right)$$
$$\leq 2\|\varphi\|'_{B;1,\alpha} ,$$

denn aufgrund des Mittelwertsatzes ist ja mit geeignetem $x^* \in B_R$

$$|\varphi(x) - \varphi(y)| = |(x-y)\cdot\nabla\varphi(x^*)| \leq |x-y|\sum_{k=1}^{2}\sup_B |\varphi_{x_k}| ,$$

also

$$R^\alpha H_{\alpha;B}(\varphi) \leq R^\alpha (2R)^{1-\alpha}\sum_{k=1}^{2}\sup_B |\varphi_{x_k}| .$$

Es gibt folglich ein $l > 0$ so, daß für alle $\varphi,\psi \in \overline{C}^{1,\alpha}(B)$ und $R < 1$

190   5 Die Greensche Funktion für die Kugel mit Anwendungen

$$\|f\|'_{B;0,\alpha} + \|g\|'_{B;0,\alpha} \leq \frac{l}{2} R^{\alpha-1} \left(\|\varphi\|'_{B;1,\alpha} + \|\psi\|'_{B;1,\alpha} \right), \qquad (5.19)$$

mithin

$$\|K(\varphi,\psi)\| \leq l\, c(N,\alpha) R^{\alpha} \|(\varphi,\psi)\|$$

ausfällt. Für geeignetes $R \in (0,1)$ ist daher etwa $\|K(\varphi,\psi)\| \leq \frac{1}{2}\|(\varphi,\psi)\|$, woraus folgt, daß L strikte Kontraktion auf $\overline{C}^{1,\alpha}(B) \times \overline{C}^{1,\alpha}(B)$ ist.

Es sei (Φ,Ψ) Fixpunkt von L, also Lösung von (5.17). Wir zeigen nun, daß es gegebenenfalls durch weitere Verkleinerung von R gelingt, (5.18) zu erreichen. Sind S,T die Greenpotentiale zu B und den beiden Zeilen der rechten Seite von (5.17), gebildet mit Φ,Ψ, so erhält man aus $(\Phi,\Psi)(x) = x + K(\Phi,\Psi)(x)$

$$\Phi_{x_1}\Psi_{x_2} - \Phi_{x_2}\Psi_{x_1} = (1 - S_{x_1 x_1} - T_{x_1 x_2})(1 + S_{x_2 x_2} - T_{x_2 x_1})$$
$$- (-S_{x_2 x_1} - T_{x_2 x_2})(S_{x_1 x_2} - T_{x_1 x_1}).$$

Es bleibt also nur zu zeigen, daß $|S_{x_i x_k}(x)| + |T_{x_i x_k}(x)|$ gleichmäßig in $x \in B_R$ klein werden, wenn R klein wird. Nun gilt aber für alle $\varphi,\psi \in \overline{C}^{1,\alpha}(B)$ und alle $x \in B$ nach Bemerkung 5.3.6 für die zugehörigen Funktionen s und t

$$|s_{x_i x_k}(x)| + |t_{x_i x_k}(x)| \leq \frac{1}{R^2} \left(\|s\|'_{B;2,\alpha} + \|t\|'_{B;2,\alpha} \right)$$
$$\leq c(N,\alpha) \left(\|f\|'_{B;0,\alpha} + \|g\|'_{B;0,\alpha} \right),$$

und dies ist nach (5.19)

$$\leq \frac{l}{2} c(N,\alpha) R^{\alpha-1} \|(\varphi,\psi)\|.$$

Speziell ergibt sich für den Fixpunkt

$$\|(\Phi,\Psi)\| = \|(x_1,x_2) + K(\Phi,\Psi)\| \leq \|(x_1,x_2)\| + \frac{1}{2}\|(\Phi,\Psi)\|,$$

also $\|(\Phi,\Psi)\| \leq 2\|(x_1,x_2)\|$ und daher

$$|S_{x_i x_k}(x)| + |T_{x_i x_k}(x)| \leq \frac{l}{2} c(N,\alpha) R^{\alpha-1} 2 \left(\|x_1\|'_{B;1,\alpha} + \|x_2\|'_{B;1,\alpha} \right)$$
$$\leq \frac{l}{2} c(N,\alpha) R^{\alpha-1} 2 \cdot 4R.$$

□

Bemerkung 5.4.4. a) Wie jeder über das Kontraktionsprinzip gewonnene Fixpunkt läßt sich (Φ,Ψ) als geometrische Reihe darstellen (welche, wenn es sich um die Lösung einer Integralgleichung handelt, im Hinblick auf die auf S. 15 ff. beschriebene Lösungsmethode von C. NEUMANN [225] gerne *Neumannsche Reihe* genannt wird), deren Partialsummen also eine sukzessive

Annäherung an die Lösung darstellen. Dieses Verfahren der *sukzessiven Approximation* hat eine lange Geschichte, z.B. in der Störungsrechnung der astronomischen Bahnbestimmung und in der iterativen Approximation von Lösungen numerischer Gleichungen. LIOUVILLE wandte von 1830 ab Iterationsverfahren auf spezielle gewöhnliche Differentialgleichungen an (diese und Arbeiten von CAUCHY werden in [198, pp. 446–448] diskutiert). H.A. SCHWARZ gewann in seiner Weierstraß zum 70. Geburtstag gewidmeten Schrift Lösungen der Minimalflächengleichung durch sukzessive Approximation [303]. PICARD, der mit diesem Verfahren primär assoziiert wird, obwohl er sich auf SCHWARZ beruft, behandelte mit ihm elliptische und hyperbolische Differentialgleichungen 2. Ordnung sowie nichtlineare Systeme gewöhnlicher Differentialgleichungen [253] – etwas früher hatte PEANO lineare Systeme so behandelt – und zeigte auf diese Weise, daß die Lösungen linearer elliptischer Gleichungen 2. Ordnung mit analytischen Koeffizienten analytisch sind [254].

b) Aufgrund des engen Bezuges zu den Cauchy-Riemannschen Differentialgleichungen und wegen vielfältiger Anwendungen ist die Literatur über elliptische Systeme der Form (5.17) außerordentlich umfangreich; wir verweisen auf [336].

5.5 Das Dirichletproblem für die Kugel bei kleiner Abweichung des Hauptteils vom Laplaceoperator

Das Dirichletproblem für einen linearen Differentialoperator 2. Ordnung,

$$Lu := -\sum_{i,k=1}^{N} a_{ik} u_{x_i x_k} + \sum_{i=1}^{N} a_i u_{x_i} + au \,, \tag{5.20}$$

dessen Hauptteil, also

$$-\sum_{i,k=1}^{N} a_{ik} u_{x_i x_k} \,,$$

nur wenig von $-\Delta u$ abweicht, wurde von KORN in der schon im Abschnitt 5.4 genannten Arbeit [152] mit dem Verfahren der sukzessiven Approximation gelöst. Wir folgen hier der von SCHAUDER in [293, p. 278 f.] gegebenen Anregung, stattdessen die von S.N. BERNSTEIN [18, p. 83] in allgemeinerem Zusammenhang eingeführte *Kontinuitätsmethode* mit geeigneten A-Priori-Abschätzungen zu kombinieren. Anstelle des einen Operators L werde für $t \in [0,1]$ die Schar von Operatoren

$$L_t u := -\sum_{i,k=1}^{N} [t a_{ik} + (1-t)\delta_{ik}] u_{x_i x_k} + t \left(\sum_{i=1}^{N} a_i u_{x_i} + au \right)$$

betrachtet. Es bezeichne τ die Menge derjenigen $t \in [0,1]$, für welche das Dirichletproblem

$$L_t u = f \text{ in } B, \quad u|_{\partial B} = 0$$

bei jeder Wahl von $f \in \overline{C}^{0,\alpha}(B)$ mit $u \in \overline{C}^{2,\alpha}(B)$ eindeutig lösbar ist. Nach Satz 5.3.4 ist $0 \in \tau$; das Ziel ist es, $1 \in \tau$ zu zeigen. Der Grundgedanke ist nun der, das Intervall $[0,1]$ mit endlichvielen Intervallen einer festen Länge zu überdecken, welche so geartet sind, daß jedes von ihnen schon dann ganz zu τ gehört, wenn einer seiner Punkte zu τ gehört. Dies geschieht mit Hilfe des Banachschen Fixpunktsatzes unter Verwendung einer A-Priori-Abschätzung, die aus dem BERNSTEINschen Lemma 2.3.6, der Ungleichung (5.12) aus Bemerkung 5.3.5 und einer nun noch herzuleitenden *Interpolationsungleichung* besteht, bei der die Norm von $\overline{C}^{1,\alpha}(B)$ durch die von $\overline{C}^{2,\alpha}(B)$ und die Supremumsnorm abgeschätzt wird. Erinnert sei daran, daß wir für $m \in \{0,1,2\}$ den Hölderraum $\overline{C}^{m,\alpha}(\Omega)$ definiert hatten durch

$$\{u \in C^m(\Omega) \colon \text{für jeden Multiindex } \mu \text{ mit } |\mu| \leq m \text{ ist } D^\mu u \text{ beschränkt},$$
$$\text{und für alle } |\mu| = m \text{ gilt zudem } H_{\alpha;\Omega}(D^\mu u) < \infty\}$$

und mit der Norm

$$\|u\|_{\Omega;m,\alpha} := \sum_{|\mu| \leq m} \sup_\Omega |D^\mu u| + \sum_{|\mu|=m} H_{\alpha;\Omega}(D^\mu u)$$

versehen hatten (s. Definition 5.3.1 und Bemerkung 5.3.5). Für konvexes $\Omega \subset\subset \mathbb{R}^N$ hat man aufgrund des Mittelwertsatzes sofort die Inklusion $\overline{C}^{2,\alpha}(\Omega) \subseteq \overline{C}^{1,\alpha}(\Omega)$.

Der Hauptsatz der Differential- und Integralrechnung legt es nahe, 1. Ableitungen einer Funktion durch 2. Ableitungen und die Funktionswerte selbst abzuschätzen (NIRENBERG [238] spricht in diesem Zusammenhang von „calculus inequalities" oder einem „calculus lemma"). Ist zum Beispiel u eine Funktion in $C^2([a,b])$, so besteht für alle $n \in \mathbb{N}$ die Identität

$$(b-a)u'(y) = \int_a^y \frac{(x-a)^{n+1}}{(y-a)^n} u''(x)\,dx - \int_y^b \frac{(b-x)^{n+1}}{(b-y)^n} u''(x)\,dx$$
$$+ n(n+1)\left[-\int_a^y \frac{(x-a)^{n-1}}{(y-a)^n} u(x)\,dx + \int_y^b \frac{(b-x)^{n-1}}{(b-y)^n} u(x)\,dx\right],$$

wie man durch einmalige partielle Integration in jedem der vier Integrale sieht. Also ist

5.5 Kleine Abweichungen des Hauptteils vom Laplaceoperator

$$(b-a)\max|u'| \leq \left[\int_a^y \frac{(x-a)^{n+1}}{(y-a)^n}\,dx + \int_y^b \frac{(b-x)^{n+1}}{(b-y)^n}\,dx\right]\max|u''|$$

$$+ n(n+1)\left[\int_a^y \frac{(x-a)^{n-1}}{(y-a)^n}\,dx + \int_y^b \frac{(b-x)^{n-1}}{(b-y)^n}\,dx\right]\max|u|$$

$$\leq \frac{(b-a)^2}{n+2}\max|u''| + 2(n+1)\max|u|\ .$$

Es gibt also zu jedem $\epsilon > 0$ ein $d_\epsilon > 0$, so daß für alle $u \in C^2([a,b])$

$$\max|u'| \leq \epsilon\max|u''| + d_\epsilon\max|u|$$

ist. Ungleichungen dieses Typs lassen sich für höhere Ableitungen oder andere Normen in einer oder in höheren Dimensionen herleiten. In Zusammenhang mit einer solchen Ungleichung, der von EHRLING [59], machte nun FICHERA [65, p. 27 f.] die bemerkenswerte Beobachtung, daß ihr eine einfache abstrakte Beziehung, kompakte Operatoren betreffend, zugrunde liegt. Sind X, Y normierte Räume, so heißt ein (nicht notwendig linearer) Operator $K\colon X \mapsto Y$ *kompakt*, wenn für jede beschränkte Folge (x_n) aus X die Folge (Kx_n) eine konvergente Teilfolge besitzt. Ist K linear, so folgt aus der Kompaktheit automatisch die Stetigkeit von K. Die nachfolgende Aussage wird auch gerne als EHRLINGsches Lemma bezeichnet, obwohl diese abstrakte Version in [59] nicht vorkommt.

Lemma 5.5.1. *Es seien X, Y, Z normierte Räume. Es sei $K\colon X \to Y$ linear und kompakt, ferner $T\colon Y \to Z$ linear, stetig und injektiv. Dann gibt es zu jedem $\epsilon > 0$ eine Zahl $d(\epsilon, K, T) > 0$, so daß*

$$\|Kx\|_Y \leq \epsilon\|x\|_X + d(\epsilon,K,T)\|Tx\|_Z \quad \text{für alle } x \in X\ .$$

Beweis. Andernfalls gäbe es ein $\epsilon_0 > 0$ und zu jedem $n \in \mathbb{N}$ ein $x_n \in X$ mit

$$\|Kx_n\|_Y > \epsilon_0\|x_n\|_X + n\|Tx_n\|_Z\ .$$

Wir dürfen $\|x_n\| = 1$ annehmen. Wegen der Kompaktheit von K enthält die Folge (Kx_n) eine konvergente Teilfolge: $Kx_{n'} \to y \in Y$. Es folgt $\|TKx_{n'}\|_Z \to 0$, also $Ty = 0$ wegen der Stetigkeit von T und dann $y = 0$ wegen der Injektivität. Daher gilt $Kx_{n'} \to 0$ im Widerspruch zu $\|Kx_{n'}\|_Y > \epsilon_0$. □

Satz 5.5.2. *Es sei $\Omega \subset\subset \mathbb{R}^N$ eine nichtleere, konvexe Menge und $\alpha \in (0,1]$. Dann ist der Einbettungsoperator $K\colon \overline{C}^{2,\alpha}(\Omega) \to \overline{C}^{1,\alpha}(\Omega)$, $u \mapsto u$ kompakt.*

Beweis. Es sei (u_n) eine Folge aus $C^2(\Omega)$ mit

$$\sum_{|\mu|\leq 2}\sup_\Omega|D^\mu u_n| + \sum_{|\mu|=2}H_{\alpha;\Omega}(D^\mu u_n) \leq \text{const}$$

für $n \in \mathbb{N}$. Aufgrund des Mittelwertsatzes (in Verbindung mit der Konvexität von Ω) sind dann für $|\mu| \leq 2$ die $(D^\mu u_n)$ Folgen gleichgradig gleichmäßig stetiger Funktionen, die somit auf $\overline{\Omega}$ stetig fortsetzbar sind. Speziell kann also (u_n) als eine auf dem Kompaktum $\overline{\Omega}$ definierte beschränkte Folge gleichgradig gleichmäßig stetiger Funktionen angesehen werden. Nach dem Satz von Arzelà und Ascoli (s. auch den Beweis von Satz 2.1.10) besitzt sie daher eine gleichmäßig konvergente Teilfolge $(u_{n'})$. Gleichermaßen hat für jeden Multiindex μ mit $1 \leq |\mu| \leq 2$ die Folge $(D^\mu u_{n'})$ gleichmäßig konvergente Teilfolgen. Für $|\mu| = 2$ verwende man die Beschränktheit der $H_{\alpha;\Omega}(D^\mu u_{n'})$, um die gleichgradige gleichmäßige Beschränktheit der Folgen nachzuweisen. Durch sukzessive Teilfolgenbildung können wir eine Teilfolge $(u_{n''})$ von $(u_{n'})$ so herstellen, daß $(D^\mu u_{n''})$ für alle $|\mu| \leq 2$ eine Cauchyfolge bezüglich der Supremumsnorm darstellt. Die Konvexität und Beschränktheit von Ω ausnutzend, zeigt man nun mit dem Mittelwertsatz, daß $(u_{n''})$ Cauchyfolge in $\overline{C}^{1,\alpha}(\Omega)$ bezüglich der Norm $\|\cdot\|_{\Omega;1,\alpha}$ ist. Die Vollständigkeit des Raumes (Satz 5.4.1) impliziert nun die gewünschte Konvergenzaussage. □

Da die Einbettung T von $\overline{C}^{1,\alpha}(\Omega)$ in $C^0(\Omega)$, versehen mit der Supremumsnorm, ersichtlich stetig und injektiv ist, haben wir

Korollar 5.5.3. *Es sei $\Omega \subset\subset \mathbb{R}^N$ eine nichtleere, konvexe Menge und $\alpha \in (0,1]$. Dann gibt es zu jedem $\epsilon > 0$ ein $d(\epsilon, \Omega, \alpha) > 0$ mit*

$$\|u\|_{\Omega;1,\alpha} \leq \epsilon \|u\|_{\Omega;2,\alpha} + d(\epsilon, \Omega, \alpha) \sup_\Omega |u| \tag{5.21}$$

für alle $u \in \overline{C}^{2,\alpha}(\Omega)$.

Bemerkung 5.5.4. a) Wie in Bemerkung 5.3.5 sieht man, daß die Konstante in (5.21) für solche Ω und Ω', die durch eine Translation auseinander hervorgehen, dieselbe ist.

b) Die Voraussetzung der Konvexität im Satz 5.5.2 kann wesentlich abgeschwächt werden. Wir werden im Abschnitt 7.3 darauf zurückkommen (vgl. auch Bemerkung 7.3.6 und die auf Bemerkung C.2 folgende Diskussion in Anhang C und dort insbesondere Satz C.5).

Satz 5.5.5 (A-Priori-Abschätzung). *Es sei L linearer Differentialoperator wie in (5.20) angegeben. Weiter seien $B \subset\subset \mathbb{R}^N$ eine Kugel, $\alpha \in (0,1)$ und $b > 0$. Es sei $c(B, \alpha)$ wie in Ungleichung (5.12) von Bemerkung 5.3.5 und*

$$\|a_{ik} - \delta_{ik}\|_{B;0,\alpha} \leq n(B, \alpha) := \frac{1}{2} \min\left\{\frac{1}{c(B,\alpha)}, \frac{1}{N}\right\}$$

für alle $a_{ik} \in \overline{C}^{0,\alpha}(B)$, $i, k \in \{1, \ldots, N\}$. Dann gilt:

(i) Es gibt zu jedem $\epsilon > 0$ eine Zahl $d(\epsilon, B, \alpha) > 0$, so daß

5.5 Kleine Abweichungen des Hauptteils vom Laplaceoperator

$$\|-\Delta u - Lu\|_{B;0,\alpha} \leq \frac{1}{2}\left(c(B,\alpha)^{-1} + 4b\epsilon\right)\|u\|_{B;2,\alpha} \quad (5.22)$$
$$+ 2b(d(\epsilon, B, \alpha) + 1)\max_{\overline{B}}|u|\,,$$

sowie eine Zahl $c(B,\alpha,b) > 0$, so daß

$$\|u\|_{B;2,\alpha} \leq c(B,\alpha,b)\left(\|Lu\|_{B;0,\alpha} + \max_{\overline{B}}|u|\right)$$

für alle diese a_{ik}, alle a_i und a aus $\overline{C}^{0,\alpha}(B)$ mit $\|a_i\|_{B;0,\alpha} \leq b$, $\|a\|_{B;0,\alpha} \leq b$ und alle $u \in \overline{C}^{2,\alpha}(B)$ mit $u|_{\partial B} = 0$.

(ii) Es gibt eine Zahl $\tilde{c}(B,\alpha,b) > 0$ derart, daß für alle a_{ik}, a_i, a und u mit den in (i) genannten Eigenschaften

$$\|u\|_{B;2,\alpha} \leq \tilde{c}(B,\alpha,b)\|Lu\|_{B;0,\alpha}$$

besteht, wenn zusätzlich $a \geq 0$ vorausgesetzt wird.

Beweis. Zunächst überzeugen wir uns davon, daß Lu für $u \in \overline{C}^{2,\alpha}(B)$ in $\overline{C}^{0,\alpha}(B)$ liegt. Mit dem Mittelwertsatz der Differentialrechnung ersieht man $\overline{C}^{2,\alpha}(B) \subseteq \overline{C}^{1,\alpha}(B) \subseteq \overline{C}^{0,\alpha}(B)$, so daß u, u_{x_i}, $u_{x_i x_k}$ in $\overline{C}^{0,\alpha}(B)$ liegen, und es folgt $Lu \in \overline{C}^{0,\alpha}(B)$ aus Aufgabe 5.10.

Zu (i): Aufgrund der Eigenschaft von $c(B,\alpha)$ haben wir

$$\|u\|_{B;2,\alpha} \leq c(B,\alpha)\|\Delta u\|_{B;0,\alpha} \quad (5.23)$$
$$\leq c(B,\alpha)\left(\|-\Delta u - Lu\|_{B;0,\alpha} + \|Lu\|_{B;0,\alpha}\right)$$

und mit Aufgabe 5.10 a)

$$\|-\Delta u - Lu\|_{B;0,\alpha} \leq \sum_{i,k=1}^{N}\|a_{ik} - \delta_{ik}\|_{B;0,\alpha}\|u_{x_i x_k}\|_{B;0,\alpha}$$
$$+ \sum_{i=1}^{N}\|a_i\|_{B;0,\alpha}\|u_{x_i}\|_{B;0,\alpha} + \|a\|_{B;0,\alpha}\|u\|_{B;0,\alpha}$$
$$\leq \frac{1}{2c(B,\alpha)}\|u\|_{B;2,\alpha} + b\|u\|_{B;1,\alpha} + bH_{\alpha;B}(u)$$
$$\leq \frac{1}{2c(B,\alpha)}\|u\|_{B;2,\alpha} + 2b\|u\|_{B;1,\alpha} + 2b\sup_{B}|u|\,,$$

letzteres, da für $x,y \in B$ mit $|x-y| \geq 1$

$$\frac{|u(x) - u(y)|}{|x-y|^{\alpha}} \leq 2\sup_{B}|u|$$

und für $x,y \in B$ mit $0 < |x-y| < 1$ aufgrund des Mittelwertsatzes

$$\frac{|u(x)-u(y)|}{|x-y|^\alpha} \leq \frac{|(x-y)\cdot \nabla u(x^*)|}{|x-y|^\alpha} \leq \sum_{i=1}^N \sup_B |u_{x_i}|$$

ist. Mit Korollar 5.5.3 ergibt dies die Behauptung (5.22). Setzt man die Abschätzung (5.22) in (5.23) ein und wählt $0 < \epsilon = \epsilon(B, \alpha, b)$ hinreichend klein, so erhält man schließlich die zweite Behauptung.

Zu (ii): Wegen $n(B,\alpha)N \leq \frac{1}{2}$ haben wir für alle $\xi \in \mathbb{R}^N$ und $x \in B$

$$\sum_{i,k=1}^N a_{ik}(x)\xi_i\xi_k = \sum_{i,k=1}^N [a_{ik}(x) - \delta_{ik}]\xi_i\xi_k + |\xi|^2 \geq \frac{1}{2}|\xi|^2 \, ,$$

so daß aufgrund des Bernsteinschen Lemmas 2.6.3

$$\max_{\overline{B}} |u| \leq c_0(B, \tfrac{1}{2}, b) \sup_B |Lu|$$

ist. Zusammen mit (i) ergibt das die Behautptung. □

Satz 5.5.6 (Existenz und Eindeutigkeit). *Es seien $B \subset\subset \mathbb{R}^N$ eine Kugel, $\alpha \in (0,1)$ und $n(B,\alpha)$ die in Satz 5.5.5 definierte Zahl. Für $i,k \in \{1, \ldots N\}$ seien $a_{ik} \in \overline{C}^{0,\alpha}(B)$ Funktionen mit $\|a_{ik} - \delta_{ik}\|_{B;0,\alpha} \leq n(B,\alpha)$, ferner $a_i \in \overline{C}^{0,\alpha}(B)$ und $0 \leq a \in \overline{C}^{0,\alpha}(B)$. Es sei $f \in \overline{C}^{0,\alpha}(B)$. Dann hat das Dirichletproblem*

$$Lu = f \text{ in } B, \quad u|_{\partial B} = 0 \tag{5.24}$$

genau eine Lösung $u \in C^0(\overline{B}) \cap C^2(B)$, und es ist $u \in \overline{C}^{2,\alpha}(B)$.

Beweis. Die Strategie des Beweises ist eingangs erläutert worden; wir verwenden auch die dort eingeführten Bezeichnungen. Für jedes $t \in [0,1]$ hat das Dirichletproblem

$$L_t u = f \text{ in } B, \quad u|_{\partial B} = 0 \tag{5.25}$$

nach dem Bernsteinschen Lemma 2.6.3 höchstens eine Lösung $u \in C^0(\overline{B}) \cap C^2(B)$. Ist $b > 0$ eine Schranke für die $\|a_i\|_{B;0,\alpha}$ und für $\|a\|_{B;0,\alpha}$, so gilt nach Satz 5.5.5 (ii) für alle $t \in [0,1]$ und $u \in \overline{C}^{2,\alpha}(B)$ mit $u|_{\partial B} = 0$ wegen

$$\|ta_{ik} + (1-t)\delta_{ik} - \delta_{ik}\|_{B;0,\alpha} = \|t(a_{ik} - \delta_{ik})\|_{B;0,\alpha} \leq n(B,\alpha) \, ,$$
$$\|ta_i\|_{B;0,\alpha} \leq b, \quad \|ta\|_{B;0,\alpha} \leq b \quad \text{sowie} \quad ta \geq 0 \, ,$$

daß

$$\|u\|_{B;2,\alpha} \leq \tilde{c}(B,\alpha,b)\|L_t u\|_{B;0,\alpha} \, . \tag{5.26}$$

Offensichtlich sind $L_t u = f$ und $L_{t_0} u = f + (L_{t_0} - L_t)u$ äquivalent. Für jedes $v \in \overline{C}^{2,\alpha}(B)$ ist

5.6 Der semilineare Fall und die Methode von Leray und Schauder

$$(L_{t_0} - L_t)v = (t_0 - t)(L_1 - L_0)v \,, \tag{5.27}$$

und die rechte Seite ist in $\overline{C}^{0,\alpha}(B)$. Sei nun $f \in \overline{C}^{0,\alpha}(B)$ und $t_0 \in \tau$, also Element der Menge der $t \in [0,1]$, für welche (5.25) für jede rechte Seite aus $\overline{C}^{0,\alpha}(B)$ eindeutig lösbar ist. Wir betrachten die (von t_0, t und f abhängende) Abbildung

$$T : \overline{C}^{2,\alpha}(B) \to \{z \in \overline{C}^{2,\alpha}(B) : z|_{\partial B} = 0\}$$

$v \mapsto$ das $w \in \overline{C}^{2,\alpha}(B)$ mit $w|_{\partial B} = 0$ und $L_{t_0}w = f + (L_{t_0} - L_t)v$.

Wir zeigen, daß es ein allein durch B, α, b bestimmtes $\delta > 0$ gibt, so daß für $|t_0 - t| < \delta$ die Abbildung T einen Fixpunkt u besitzt. Es ist dann $u \in \overline{C}^{2,\alpha}(B)$ mit $u|_{\partial B} = Tu|_{\partial B} = 0$, ferner $L_{t_0}u = L_{t_0}(Tu) = f + (L_{t_0} - L_t)u$, also u Lösung von (5.25), mithin $t \in \tau$. Wir haben dann also unser eingangs genanntes Ziel erreicht, das Intervall $[0,1]$ mit endlichvielen Intervallen einer festen Länge zu überdecken, welche so geartet sind, daß jedes von ihnen schon dann ganz zu τ gehört, wenn einer seiner Punkte zu τ gehört.

Es bleibt zu zeigen, daß T eine strikte Kontraktion ist. Für $v_1, v_2 \in \overline{C}^{2,\alpha}(B)$ haben wir aufgrund der Linearität der Operatoren L_{t_0} und L_t

$$\begin{aligned}L_{t_0}(Tv_1 - Tv_2) &= L_{t_0}Tv_1 - L_{t_0}Tv_2 = (L_{t_0} - L_t)(v_1 - v_2)\\ &= (t_0 - t)(L_1 - L_0)(v_1 - v_2) \text{ in } B \,,\end{aligned} \tag{5.28}$$

letzteres wegen (5.27). Ferner ist $(Tv_1 - Tv_2)|_{\partial B} = 0$. Aus Satz 5.5.5 (ii) folgt

$$\|Tv_1 - Tv_2\|_{B;2,\alpha} \leq \tilde{c}(B,\alpha,b)\|L_{t_0}(Tv_1 - Tv_2)\|_{B;0,\alpha} \,,$$

was sich wegen (5.22) und (5.28) abschätzen läßt durch

$$|t_0 - t|\,\tilde{c}(B,\alpha,b)\left[\frac{1}{2c(B,\alpha)} + 2b + 2bd(1,B,\alpha) + 2b\right]\|v_1 - v_2\|_{B;2,\alpha} \,.$$

Es gibt also in der Tat ein $\delta = \delta(B,\alpha,b) > 0$, so daß für $|t - t_0| < \delta$ die Abbildung T eine strikte Kontraktion ist. □

Bemerkung 5.5.7. Wenn die Voraussetzung $a \geq 0$ nicht mehr erfüllt ist, kann es nichttriviale $u \in \overline{C}^{2,\alpha}(B)$ mit $u|_{\partial B} = 0$ und $Lu = 0$ geben, so daß man nicht mehr erwarten kann, $Lv = f$ für jedes $f \in \overline{C}^{0,\alpha}(B)$ eindeutig lösen zu können. Am einfachsten sieht man dies am Beispiel der Helmholtzschen Schwingungsgleichung $-\Delta u + \lambda u = 0$, die für $\lambda < 0$ nichttriviale Lösungen hat, die für geeignetes $r > 0$ auf $\partial B_r(0)$ Null sind (vgl. die Bemerkung im Anschluß an Gleichung (2.17)). Dieses Problem wird in Kapitel 6 eigens behandelt.

5.6 Die Methode von Leray und Schauder am Beispiel des semilinearen Dirichletproblems in der Kugel

Wir behandeln nun das semilineare Dirichletproblem

$$-\Delta u(x) = f(x, u(x), \nabla u(x)) \quad \text{für } x \in B := B_R(0) \subset\subset \mathbb{R}^N, \quad u|_{\partial B} = 0$$

anhand einer Schlußweise, die für die Behandlung vieler nichtlinearer Probleme typisch ist. Man spricht von einem *semilinearen* Problem, wenn, wie hier, in den Termen, die die höchsten Ableitungen enthalten, die gesuchte Funktion nur linear auftritt. Die Idee ist schnell skizziert:

Bemerkung 5.6.1. Gegeben seien $0 < \alpha < 1$ und ein nicht notwendig beschränktes $f \colon B \times \mathbb{R} \times \mathbb{R}^N \to \mathbb{R}$ mit $f \in \overline{C}^{0,\alpha}(B \times Q)$ für jedes $Q \subset\subset \mathbb{R} \times \mathbb{R}^N$. Es soll eine Lösung $u \in \overline{C}^{2,\alpha}(B)$ gefunden werden (zur Notation s. Definition 5.3.1). Man fixiert ein $\gamma \in (0,1)$ und setzt in die rechte Seite f beliebige Funktionen $v \in \overline{C}^{1,\gamma}(B)$ ein. Nach Aufgabe 5.9 c) ist dann $x \mapsto f(x, v(x), \nabla v(x))$ jeweils eine Funktion aus $\overline{C}^{(\alpha\gamma)}(B)$. Wie in Bemerkung 5.3.2 b) begründet wurde, gilt $\overline{C}^{(\alpha\gamma)}(B) = \overline{C}^{0,\alpha\gamma}(B)$. Nach Satz 5.3.4 hat das lineare Dirichletproblem

$$-\Delta w(x) = f(x, v(x), \nabla v(x)) \quad \text{für } x \in B, \quad w|_{\partial B} = 0$$

eine Lösung w in

$$\overline{C}_0^{2,\alpha\gamma}(B) := \left\{ u \in \overline{C}^{2,\alpha\gamma}(B) \colon u|_{\partial B} = 0 \right\}.$$

Der Subindex 0 bringt zum Ausdruck, daß wir nur solche $u \in \overline{C}^{2,\alpha\gamma}(B)$ betrachten, deren eindeutig bestimmte stetige Fortsetzung auf ∂B verschwindet (vgl. Bemerkung 5.3.2 d)). Es ist w eindeutig bestimmt. Die Zuordnung $v \mapsto w$ definiert daher eine Abbildung

$$S \colon \overline{C}^{1,\gamma}(B) \to \overline{C}_0^{2,\alpha\gamma}(B) \subseteq \overline{C}^{1,\gamma}(B). \tag{5.29}$$

Die Inklusion ergibt sich sofort aufgrund des Mittelwertsatzes, da B beschränkt und konvex ist. Wir haben nach Definition

$$-\Delta(Sv)(x) = f(x, v(x), \nabla v(x)) \quad \text{für } x \in B, \quad (Sv)|_{\partial B} = 0.$$

Wenn S einen Fixpunkt hätte, also wenn es ein $u \in \overline{C}^{1,\gamma}(B)$ gäbe mit $Su = u$, dann wäre $u = Su \in \overline{C}_0^{2,\alpha\gamma}(B)$ und

$$-\Delta u(x) = f(x, u(x), \nabla u(x)) \quad \text{für } x \in B, \quad u|_{\partial B} = 0.$$

Nun tritt ein Regularisierungseffekt ein: $u \in \overline{C}^{2,\alpha\gamma}(B) \subseteq \overline{C}^{1,1}(B)$ hat nach Aufgabe 5.9 c) zur Folge, daß $f(\cdot, u(\cdot), \nabla u(\cdot)) \in \overline{C}^{0,\alpha}(B)$ ist, und daher liegt u in $\overline{C}^{2,\alpha}(B)$ nach Satz 5.3.4.

Der Fixpunktsatz, den wir jetzt verwenden, wurde von LERAY und SCHAUDER [179] im Rahmen ihrer Verallgemeinerung des BROUWERschen Abbildungsgrades bewiesen. Man gewinnt ihn am einfachsten aus dem SCHAUDERschen Fixpunktsatz [291]. Wir erinnern an die Definition eines kompakten Operators, die vor der Formulierung von Lemma 5.5.1 gegeben wurde.

Satz 5.6.2 (Fixpunktsatz von Schauder). *Es sei M eine nichtleere, beschränkte, abgeschlossene und konvexe Teilmenge eines Banachraums. Ist dann $T: M \to M$ kompakt und stetig, so besitzt T einen Fixpunkt.*

Satz 5.6.3 (Fixpunktsatz von Leray-Schauder). *Es seien X ein Banachraum und die Abbildung $S: X \to X$ kompakt und stetig. Weiter nehmen wir an, daß ein $A > 0$ existiert derart, daß alle $x \in X$, welche die Gleichung $x = \sigma S(x)$ für ein $\sigma \in (0,1)$ erfüllen, der Abschätzung $\|x\| \leq A$ genügen. Dann hat S einen Fixpunkt.*

Für einen Beweis dieser Sätze verweisen wir auf [356, p. 56 f., p. 245]. Man beachte, daß anders als beim Kontraktionsprinzip die Eindeutigkeit des Fixpunktes im allgemeinen nicht mehr gegeben sein wird. Der nachfolgende Satz 5.6.5 ist hinsichtlich seiner Voraussetzungen auf die des Leray-Schauderschen Fixpunktsatzes zugeschnitten und reduziert das Problem der Existenz einer Lösung des semilinearen Dirichletproblems auf das des Beweises einer A-Priori-Ungleichung. Auf dieses wird dann in Satz 5.6.6 eingegangen.

Bemerkung 5.6.4. Wir benötigen noch zwei leichte Modifikationen des Einbettungssatzes 5.5.2, die in noch allgemeinerem Rahmen in Anhang C (s. Satz C.5) bewiesen werden: Es sei $\Omega \subset\subset \mathbb{R}^N$ konvex und nichtleer.

a) Für $\alpha, \beta \in (0,1]$ ist die Einbettung von $\overline{C}^{2,\beta}(\Omega)$ in $\overline{C}^{1,\alpha}(\Omega)$ kompakt.
b) Für $\alpha \in (0,1]$ und $m \in \{1,2\}$ (nur von diesen Werten von m machen wir hier Gebrauch) ist die Einbettung von $\overline{C}^{m,\alpha}(\Omega)$ in

$$\overline{C}^m(\Omega) := \left\{ u \in C^m(\Omega) : \|u\|_{\Omega;m} := \sum_{|\mu| \leq m} \sup_\Omega |D^\mu u| < \infty \right\}$$

kompakt. Der Raum $\overline{C}^1(\Omega)$ trat implizit bereits beim Beweis von Satz 5.4.1 in Erscheinung.

Satz 5.6.5. *Es sei $B := B_r(0) \subset\subset \mathbb{R}^N$, $0 < \alpha < 1$, und $f: B \times \mathbb{R} \times \mathbb{R}^N \to \mathbb{R}$ erfülle $f \in \overline{C}^{0,\alpha}(B \times Q)$ für jedes $Q \subset\subset \mathbb{R} \times \mathbb{R}^N$. Es gebe ein $\gamma \in (0,1)$ und ein $A > 0$ derart, daß für jedes $v \in \overline{C}^{2,\alpha}(B)$, zu dem es ein $\sigma \in (0,1)$ mit*

$$-\Delta v(x) = \sigma f(x, v(x), \nabla v(x)) \quad \text{für } x \in B, \quad v|_{\partial B} = 0$$

gibt, die Ungleichung

$$\|v\|_{B;1,\gamma} \leq A \tag{5.30}$$

besteht. Dann gibt es ein $u \in \overline{C}^{2,\alpha}(B)$ mit

$$-\Delta u = f(x, u(x), \nabla u(x)) \quad \text{für } x \in B, \quad u|_{\partial B} = 0\,.$$

Beweis. Es sei $\gamma \in (0,1)$, und es sei S wie in (5.29). In Satz 5.4.1 wurde gezeigt, daß $\overline{C}^{1,\gamma}(B)$ ein Banachraum ist. Bei festem $\sigma \in (0,1)$ sind dann die drei Aussagen

(1) $v \in \overline{C}^{1,\gamma}(B)$, $\sigma S v = v$;

(2) $v \in \overline{C}^{2,\alpha\gamma}(B)$, $-\Delta v(x) = \sigma f(x, v(x), \nabla v(x))$ für $x \in B$, $v|_{\partial B} = 0$;

(3) $v \in \overline{C}^{2,\alpha}(B)$, $-\Delta v(x) = \sigma f(x, v(x), \nabla v(x))$ für $x \in B$, $v|_{\partial B} = 0$

zueinander äquivalent. Während sich die Äquivalenz von (1) und (2) unmittelbar aus der Definition von S ergibt und (3) trivialerweise (2) impliziert, folgt (3) aus (2) mit dem in Bemerkung 5.6.1 geschilderten Regularisierungseffekt. Aufgrund von Satz 5.6.3 ist also nur zu zeigen, daß die Abbildung S kompakt und stetig ist.

Zunächst die Kompaktheit: Es sei (v_n) eine in $\overline{C}^{1,\gamma}(B)$ beschränkte Folge. Aus Bemerkung 5.6.1 wissen wir $Sv_n \in \overline{C}_0^{2,\alpha\gamma}(B)$. Nach Bemerkung 5.3.7 gibt es daher eine allein von B und $\alpha\gamma$ abhängende Zahl $c(B, \alpha\gamma)$ mit

$$\|Sv_n\|_{B;2,\alpha\gamma} \leq c(B,\alpha\gamma) \|f(\cdot, v_n(\cdot), \nabla v_n(\cdot))\|_{B;0,\alpha\gamma} ,$$

so daß die Folge (Sv_n) nach Aufgabe 5.12 a) eine in $\overline{C}^{2,\alpha\gamma}(B)$ beschränkte Folge ist. Da die Einbettung von $\overline{C}^{2,\alpha\gamma}(B)$ in $\overline{C}^{1,\gamma}(B)$ nach Bemerkung 5.6.4 a) kompakt ist, gibt es also eine Teilfolge $(v_{n'})$, für die $(Sv_{n'})$ in $\overline{C}^{1,\gamma}(B)$ konvergiert.

Was die Stetigkeit anbetrifft, so machen wir von der Tatsache Gebrauch, daß eine Abbildung $F\colon X \to Y$ (X, Y normierte Räume) genau dann stetig in $x \in X$ ist, wenn jede Folge (x_n) aus X mit $x_n \to x$ eine Teilfolge $(x_{n'})$ besitzt mit $F(x_{n'}) \to F(x)$. Sei nun (v_n) eine Folge in $\overline{C}^{1,\gamma}(B)$, die in der Norm dieses Raumes gegen ein v konvergiert. Sie ist dann insbesondere in $\overline{C}^{1,\gamma}(B)$ beschränkt, und wie soeben gezeigt wurde, ist auch die in $\overline{C}_0^{2,\alpha\gamma}(B)$ liegende Folge (Sv_n) beschränkt. Nach Bemerkung 5.6.4 b) existiert eine in $\overline{C}^2(B)$ konvergente Teilfolge $(Sv_{n'})$. Ihr Limes sei w; es ist dann $w \in \overline{C}^2(B)$ und $w|_{\partial B} = 0$. Nach Definition von S gilt

$$-\Delta Sv_{n'}(x) = f(x, v_{n'}(x), \nabla v_{n'}(x)) \text{ für } x \in B, \quad Sv_{n'}|_{\partial B} = 0 ,$$

und wegen der Konvergenz von $(Sv_{n'})$ in $\overline{C}^2(B)$, der von $(v_{n'})$ in $\overline{C}^{1,\gamma}(B)$ und der Stetigkeit von f folgt

$$-\Delta w(x) = f(x, v(x), \nabla v(x)) \text{ für } x \in B, \quad w|_{\partial B} = 0 .$$

Nach Aufgabe 5.12 a) ist $f(\cdot, v(\cdot), \nabla v(\cdot)) \in \overline{C}^{0,\alpha\gamma}(B)$. Aus Satz 5.3.4 ergibt sich $w \in \overline{C}^{2,\alpha\gamma}(B)$. Die Definition von S liefert nun $w = Sv$. Mithin enthält jede Folge $v_n \to v$ in $\overline{C}^{1,\gamma}(B)$ eine Teilfolge $(v_{n'})$ mit $Sv_{n'} \to Sv$ in $\overline{C}^2(B) \subseteq \overline{C}^{1,\gamma}(B)$. □

Der nachfolgende Satz gibt zwei Antworten auf die naheliegende Frage, wann denn die Voraussetzung (5.30) von Satz 5.6.5 erfüllt ist; die zweite ist inspiriert durch ein Resultat in [148, p. 43].

Satz 5.6.6. *Es sei $B := B_r(0) \subset\subset \mathbb{R}^N$ und $\alpha \in (0,1)$. $f\colon B \times \mathbb{R} \times \mathbb{R}^N \to \mathbb{R}$ genüge entweder der Bedingung*

5.6 Der semilineare Fall und die Methode von Leray und Schauder 201

a) $f \in \overline{C}^{0,\alpha}(B \times \mathbb{R} \times \mathbb{R}^N)$

oder

b) erfülle die Voraussetzungen
  (i) $f \in \overline{C}^{0,\alpha}(B \times Q)$ für alle $Q \subset\subset \mathbb{R} \times \mathbb{R}^N$;
  (ii) für $x \in B$ ist $f(x,\cdot,\cdot) \in C^1(\mathbb{R} \times \mathbb{R}^N)$;
  (iii) es gibt $c_1, c_2, c_3 > 0$ derart, daß für alle $(x,z,p) \in B \times \mathbb{R} \times \mathbb{R}^N$ gilt
  $$|f(x,z,p)| \le c_1 + c_2(|z|+|p|),\ f_z(x,z,p) \le 0,\ |\nabla_p f(x,z,p)| \le c_3.$$

Dann gibt es ein $u \in \overline{C}^{2,\alpha}(B)$ mit
$$-\Delta u(x) = f(x,u(x),\nabla u(x))\ \text{für } x \in B,\quad u|_{\partial B} = 0.$$

Beweis. Wir müssen nur zeigen, daß die Voraussetzung (5.30) von Satz 5.6.5 erfüllt ist. Sei $\gamma \in (0,1)$. Nach Aufgabe 5.4 b) gibt es eine Zahl $c(B,\gamma)$ mit
$$\|w\|_{B;1,\gamma} \le c(B,\gamma) \sup_B |\Delta w|$$

für alle $w \in C^2(B) \cap C^0(\overline{B})$ mit $w|_{\partial B} = 0$. Im Falle der Voraussetzung a) ist $M := \sup|f| < \infty$, also für alle in Satz 5.6.5 genannten v
$$\|v\|_{B;1,\gamma} \le c(B,\gamma) \sup_{x \in B} |f(x,v(x),\nabla v(x))| \le c(B,\gamma) M.$$

Im Falle der Voraussetzung b) gilt für alle in Satz 5.6.5 genannten v zunächst
$$\|v\|_{B;1,\gamma} \le c(B,\gamma)\left(c_1 + c_2\left[\sup_B |v| + \sup_B |\nabla v|\right]\right) \le c(B,\gamma)(c_1 + c_2\|v\|_{B;1}).$$

Nach Bemerkung 5.6.4 b) in Verbindung mit Lemma 5.5.1 gibt es zu jedem $\epsilon > 0$ ein $d(\epsilon,B,\gamma) > 0$ mit
$$\|w\|_{B;1} \le \epsilon\|w\|_{B;1,\gamma} + d(\epsilon,B,\gamma)\sup_B|w|$$

für alle $w \in \overline{C}^{1,\gamma}(B)$. Es existiert daher ein $K(B,\gamma)$ so, daß die v aus Satz 5.6.5 die Ungleichung
$$\|v\|_{B;1,\gamma} \le K(B,\gamma)(1 + \sup_B|v|) = K(B,\gamma)(1 + \max_{\overline{B}}|v|)$$

erfüllen. Wegen
$$-\Delta v(x) - \sigma f(x,0,0) = \sigma \int_0^1 \frac{d}{dt} f(x,tv(x),t\nabla v(x))\,dt$$
$$= \sigma \int_0^1 \left[f_z(x,tv(x),t\nabla v(x))v(x) + \sum_{i=1}^N f_{p_i}(x,tv(x),t\nabla v(x))v_{x_i}(x)\right] dt$$

genügt v der linearen Differentialgleichung

$$Lv(x) := -\Delta v(x) + \sum_{i=1}^{N} b_i(x) v_{x_i}(x) + b(x) v(x) = \sigma f(x, 0, 0)$$

mit

$$b(x) := -\sigma \int_0^1 f_z(x, tv(x), t\nabla v(x))\, dt \geq 0\,,$$

$$b_i(x) := -\sigma \int_0^1 f_{p_i}(x, tv(x), t\nabla v(x))\, dt\,.$$

Aufgrund des Bernsteinschen Lemmas 2.6.3 gibt es daher eine Zahl $c_0(B, 1, c_3)$ mit

$$\max_{x \in \overline{B}} |v(x)| \leq c_0(B, 1, c_3)\, c_1\,.$$

Hieraus ergibt sich (5.30) mit $A := K(B, \gamma)(1 + c_0(B, 1, c_3)\, c_1)$. □

Aufgaben

5.1. Es bezeichne G die Greensche Funktion für die Kugel $B_R(0)$. Durch Rechnung weise man nach, daß für alle $y \in \partial B_R(0)$ und $x \in \mathbb{R}^N \setminus \{y\}$ gilt

$$\frac{y}{|y|} \cdot \nabla_y G(x, y) = \frac{1}{R\omega_N} \frac{|x|^2 - R^2}{|y - x|^N}\,.$$

5.2. Man zeige, daß die Greensche Funktion G für die Kugel $B \subset\subset \mathbb{R}^N$ den folgenden Abschätzungen mit allein durch N bestimmten Konstanten genügt:

$$|G_{y_k}(x, y)| \leq \text{const}\, |x - y|^{1-N}\,, \quad |G_{x_i y_k}(x, y)| \leq \text{const}\, |x - y|^{-N}\,,$$
$$|G_{x_i y_k x_j}(x, y)| \leq \text{const}\, |x - y|^{-(N+1)}$$

für alle $x, y \in B$ mit $x \neq y$ und alle $i, k, j \in \{1, \ldots, N\}$.

5.3. Es sei $B \subset\subset \mathbb{R}^N$ eine Kugel, G die Greensche Funktion für B und $k \in \{1, \ldots, N\}$. Man zeige, daß für $f \in C_b^H(B)$ durch

$$U(x) := \int_B G_{y_k}(x, y) f(y)\, dy\,, \quad x \in B\,,$$

eine Funktion $U \in C^1(B)$ definiert wird und daß

$$U_{x_i}(x) = \int_B [f(y) - f(x)]\, G_{y_k x_i}(x, y)\, dy$$

für $x \in B$ und $i \in \{1, \ldots, N\}$ gilt.

5.4. a) Es sei G die Greensche Funktion für die Kugel $B := B_R(0)$ und sei $b \in C^0(B)$ beschränkt,

$$u(x) := \int_B G(x,y)b(y)\,dy\,, \quad x \in B\,,$$

und $\gamma \in (0,1)$. Man zeige: Es gibt Konstanten $c(N)$ und $c(N,\gamma)$, so daß für $i \in \{1,\ldots,N\}$ und $x \in B$ bzw. $x', x'' \in B$ gilt

$$u_{x_i}(x) = \int_B G_{x_i}(x,y)b(y)\,dy\,,$$

$$|u(x)| \leq c(N)R\,\mathrm{dist}(x,\partial B)\sup|b| \leq c(N)R^2 \sup|b|\,,$$

$$|u_{x_i}(x)| \leq c(N)R\sup|b|\,,$$

$$|u_{x_i}(x') - u_{x_i}(x'')| \leq c(N,\gamma)R^{1-\gamma}(\sup|b|)\,|x'-x''|^\gamma\,.$$

b) Man folgere aus a): Es sei $B \subset\subset \mathbb{R}^N$ eine Kugel mit Radius R und $\gamma \in (0,1)$. Dann gibt es Konstanten $c(N)$ und $c(N,\gamma)$, so daß für alle $u \in C^2(B) \cap C^0(\overline{B})$ mit $u|_{\partial B} = 0$ und für alle $i \in \{1,\ldots,N\}$ gilt (für die Notation s. Definition 5.3.1):

$$\sup|u| \leq c(N)R\,\mathrm{dist}(x,\partial B)\sup|\Delta u| \leq c(N)R^2 \sup|\Delta u|\,,$$

$$\sup|u_{x_i}| \leq c(N)R\sup|\Delta u|\,,$$

$$H_{\gamma;B}(u_{x_i}) \leq c(N,\gamma)R^{1-\gamma}\sup|\Delta u|\,.$$

5.5. Es sei G die Greensche Funktion für die Kugel $B := B_R(0)$. Man zeige: Ist $v \in C^2(B) \cap C^0(\overline{B})$ derart, daß $v|_{\partial B} = 0$ und ∇v in B beschränkt ist, so gilt

$$-\lim_{\varrho \nearrow R} \int_{B_\varrho(0)} G(x,y)\Delta v(y)\,dy = v(x) \quad \text{für alle } x \in B\,.$$

5.6. Für offenes und nichtleeres $\Omega \subseteq \mathbb{R}^N$ und $\alpha \in (0,1]$ ergänzen wir Definition 5.3.1 in der folgenden Weise. Es ist

$$C^{(\alpha)}(\Omega) := \{u \in C^0(\Omega)\colon H_{\alpha;\Omega_0}(u) < \infty \text{ für jedes } \Omega_0 \subset\subset \Omega\}$$

der Vektorraum der auf Ω *lokal gleichmäßig α-hölderstetigen* bzw. *lokal gleichmäßig lipschitzstetigen* Funktionen.

Es sei $f \in C^{(\alpha)}(\Omega)$ für ein $\alpha \in (0,1)$ und $u \in C^2(\Omega)$ eine Funktion mit

$$-\Delta u = f \text{ in } \Omega\,.$$

Man zeige $u_{x_i x_k} \in C^{(\alpha)}(\Omega)$ für $i,k \in \{1,\ldots N\}$. Diese Eigenschaft der Lösungen der Poissongleichung nennt man *innere Regularität*.

Anleitung: Man überlege sich zunächst, daß es genügt, $u_{x_i x_k} \in \overline{C}^{0,\alpha}(B)$ für jede Kugel $B \subset\subset \Omega$ zu zeigen. In einer Kugel B' mit $B \subset\subset B' \subset\subset \Omega$ löse man dann $-\Delta w = f$ mit $w|_{\partial B'} = 0$ und addiere dazu die harmonische Funktion h mit $h|_{\partial B'} = u|_{\partial B'}$.

5.7. Man vollende für $N = 2$ den Beweis des Bôcherschen Satzes 5.2.1.

5.8. Man zeige für offenes $\Omega \subseteq \mathbb{R}^N$, $\alpha \in (0, 1]$ und $m = 0, 1, 2$, daß $\overline{C}^{m,\alpha}(\Omega)$ ein linearer Raum ist, auf dem $\|\cdot\|_{\Omega;m,\alpha}$ eine Norm definiert.

5.9. Es seien $\Omega \subseteq \mathbb{R}^N$ offen und $\alpha, \beta \in (0, 1]$. Man zeige:

a) $\overline{C}^{(\alpha)}(\Omega) \subseteq \overline{C}^{(\beta)}(\Omega)$, falls $\beta \leq \alpha$ und $\Omega \subset\subset \mathbb{R}^N$;
b) $C^1(\Omega) \subseteq C^{(\alpha)}(\Omega) \subseteq C^{(\beta)}(\Omega) \subseteq C^H(\Omega) \subseteq C^0(\Omega)$, falls $\beta \leq \alpha$;
c) sind $\Omega, U \subset\subset \mathbb{R}^N$, $f \in \overline{C}^{(\alpha)}(U)$ und liegen die Komponenten von $\varphi: \Omega \to U$ in $\overline{C}^{(\beta)}(U)$, so ist $f \circ \varphi \in \overline{C}^{(\alpha\beta)}(\Omega)$.

5.10. Es sei $\alpha \in (0, 1]$. Man beweise:

a) $\|fg\|_{\Omega;0,\alpha} \leq \|f\|_{\Omega;0,\alpha} \|g\|_{\Omega;0,\alpha}$ für $\Omega \subset\subset \mathbb{R}^N$ und $f, g \in \overline{C}^{0,\alpha}(\Omega)$;
b) $\|fg\|'_{B_R;0,\alpha} \leq \|f\|'_{B_R;0,\alpha} \|g\|'_{B_R;0,\alpha}$ für alle Kugeln $B_R \subset\subset \mathbb{R}^N$ und für alle Funktionen $f, g \in \overline{C}^{0,\alpha}(B_R)$. Hierzu weise man für $\Omega \subset\subset \mathbb{R}^N$, $d := \operatorname{diam} \Omega$, $\beta \in (0, 1]$, $\lambda := \min\{\alpha, \beta\}$ und für alle $f \in \overline{C}^{0,\alpha}(\Omega)$, $g \in \overline{C}^{0,\beta}(\Omega)$ die folgenden drei Aussagen nach:
(i) $fg \in \overline{C}^{0,\lambda}(\Omega)$,
(ii) $H_{\lambda;\Omega}(fg) \leq H_{\alpha;\Omega}(f) \, d^{\alpha-\lambda} \sup |g| + H_{\beta;\Omega}(g) \, d^{\beta-\lambda} \sup |f|$,
(iii) $\|fg\|_{\Omega;0,\lambda} \leq (\sup |f|)(\sup |g|) + H_{\lambda;\Omega}(fg)$
$\leq \max\{1, d^{|\alpha-\beta|}\} \|f\|_{\Omega;0,\alpha} \|g\|_{\Omega;0,\alpha}$.

Zur Notation siehe Definition 5.3.1 sowie die Bemerkungen 5.3.5 und 5.3.6.

5.11. Es sei $\Omega \subseteq \mathbb{R}^N$ offen, $0 < \alpha < 1$, $u \in \overline{C}^{0,\alpha}(\Omega)$, $u(x) = 0$ für $x \in \Omega \setminus B_{2\varrho/3}(x_0)$. Man zeige:

$$\|u\|_{\Omega;0} = \|u\|_{\Omega \cap B_\varrho(x_0);0},$$

$$\frac{|u(x) - u(y)|}{|x-y|^\alpha} \leq \begin{cases} H_{\alpha;\Omega \cap B_\varrho(x_0)}(u) & \text{für } x, y \in \Omega \cap B_\varrho(x_0) \\ 0 & \text{für } x, y \in \Omega \setminus B_{2\varrho/3}(x_0) \\ \frac{\|u\|_{\Omega \cap B_\varrho(x_0);0}}{(\varrho/3)^\alpha} & \text{für } x \in \Omega \cap B_{2\varrho/3}(x_0), y \in \Omega \setminus B_\varrho(x_0) \end{cases}$$

und folgere

$$\|u\|_{\Omega;0,\alpha} \leq \|u\|_{\Omega \cap B_\varrho(x_0);0,\alpha} + (\varrho/3)^{-\alpha} \|u\|_{\Omega \cap B_\varrho(x_0);0}.$$

5.12. Es sei $B := B_R(0) \subset\subset \mathbb{R}^N$, $\alpha \in (0, 1)$, und $f: B \times \mathbb{R} \times \mathbb{R}^N \to \mathbb{R}$ erfülle

$$f \in \overline{C}^{0,\alpha}(B \times Q) \text{ für jedes } Q \subset\subset \mathbb{R} \times \mathbb{R}^N.$$

a) Es seien $\gamma \in (0,1]$, $\lambda > 0$, $Q(\lambda) := \{(z,p) \in \mathbb{R} \times \mathbb{R}^N : |z| < \lambda, |p| < \lambda\}$ und $D := \max\{1, \operatorname{diam} B\}$. Man zeige: Für alle $v \in \overline{C}^{1,\gamma}(B)$ mit $\|v\|_{B;1} \leq \lambda$ genügt $F_v := f(\cdot, v(\cdot), \nabla v(\cdot))$ der Ungleichung

$$\|F_v\|_{B;0,\alpha\gamma} \leq \|f\|_{B \times Q(\lambda);0} + D^{(1-\gamma)\alpha}\left(1 + \|v\|_{B;1,\gamma}^2\right)^{\alpha/2} H_{\alpha;B \times Q(\lambda)}(f).$$

b) Man folgere im Falle $f \in \overline{C}^{0,\alpha}(B \times \mathbb{R} \times \mathbb{R}^N)$, daß es eine Zahl $k(B, \alpha, \gamma)$ mit

$$\|F_v\|_{B;0,\alpha\gamma} \leq k(B,\alpha,\gamma)\|f\|_{B \times \mathbb{R} \times \mathbb{R}^N;0,\alpha}(1 + \|v\|_{B;1,\gamma}^2)^{\alpha/2}$$

für alle $v \in \overline{C}^{1,\gamma}(B)$ gibt.

6

Die Fredholmsche Alternative für das Dirichletproblem

Es wird gezeigt, daß bei einem beschränkten Gebiet mit regulärem Rand die Greensche Funktion zu $-\Delta$ einen kompakten Integraloperator definiert (Lemma 6.2.2). Hieraus ergibt sich, daß das Dirichletproblem für $(-\Delta + a - \lambda)u = f$ genau dann für jede rechte Seite lösbar ist, wenn die homogene Gleichung nur die triviale Lösung besitzt (Satz 6.2.5). Wichtige Folgerungen sind die Existenz der Greenschen Funktion für $-\Delta + 1$ (Satz 6.2.7), die Existenz unendlichvieler Eigenwerte für $-\Delta$ (Satz 6.2.8) sowie die stetige Abhängigkeit der Lösung des Dirichletproblems von den Koeffizienten (Satz 6.2.9). Unter etwas stärkeren Voraussetzungen an den Rand wird in Abschnitt 6.3 eine etwas allgemeinere Gleichung betrachtet. Die Behandlung der allgemeinen linearen elliptischen Gleichung 2. Ordnung erfolgt in Abschnitt 8.3.

6.1 Die Sätze von Fredholm und ihre Verallgemeinerung. Resolvente und Spektrum.

Wir hatten in Bemerkung 5.5.7 am Beispiel der Helmholtzschen Schwingungsgleichung darauf hingewiesen, daß das Dirichletproblem

$$-\Delta u + a(x)u = f(x) \text{ in } \Omega \subset\subset \mathbb{R}^N, \quad u|_{\partial\Omega} = g \tag{6.1}$$

im Falle $a < 0$ nicht eindeutig lösbar zu sein braucht, da es möglich ist, daß dann das homogene Problem (d.h. $f = 0$ und $g = 0$) eine nichttriviale Lösung besitzt. Für lineare Gleichungssysteme $Ax = b$ zwischen Vektoren in $\mathbb{R}^N$ hat die Existenz nichttrivialer Lösungen zur Folge, daß es Vektoren b gibt, für welche das Gleichungssystem $Ax = b$ keine Lösung besitzt. Wir werden sehen, daß auch das Dirichletproblem (6.1) genau dann für jede rechte Seite lösbar ist, wenn das homogene Problem nur die triviale Lösung hat. Daß die Entsprechung zu endlichdimensionalen linearen Gleichungssystemen so weit geht, ist keineswegs selbstverständlich und liegt daran, daß mittels der Greenschen Funktion für Ω und den Laplaceoperator die Lösung des Problems

(6.1) äquivalent ist der Lösung einer *Fredholmschen Integralgleichung* (auch *Integralgleichung 2. Art* genannt), nämlich der Gleichung (6.7) unten.

Geleitet durch den Gedanken, bei vorgegebenen stetigen Funktionen k und f die Integralgleichung

$$u(x) + \lambda \int_0^1 k(x,y) u(y) \, dy = f(x), \quad x \in [0,1],\qquad(6.2)$$

durch ein lineares Gleichungssystem zu approximieren[1], gelangte FREDHOLM 1900 zu seiner berühmten Alternative: Entweder ist (6.2) für jede rechte Seite lösbar (die Lösung kann dann in Analogie zur Cramerschen Regel als Quotient zweier Funktionen geschrieben werden, die ganze Funktionen in dem Parameter $\lambda \in \mathbb{C}$ sind), oder die homogene Gleichung hat eine nichttriviale Lösung [71]. In zwei Comptes-Rendus-Noten und der abschließenden Arbeit [72] bewies er ergänzend: Die homogene Gleichung hat höchstens endlich viele linear unabhängige Lösungen. Ist r ihre Maximalzahl, so besitzt auch die homogene Gleichung für den transponierten Kern $k^t(x,y) := k(y,x)$ genau r linear unabhängige Lösungen $\psi_1, \ldots, \psi_r$, und (6.2) ist genau dann lösbar, wenn

$$\int_0^1 f(x) \psi_i(x) \, dx = 0$$

für alle $i = 1, \ldots, r$ gilt.

Ein direkter Nachweis der Berechtigung des Grenzübergangs von einem endlichen System linearer Gleichungen zu (6.2) stammt von HILBERT [114], der die erste Fredholmsche Arbeit durch einen Vortrag von Holmgren in Göttingen im Frühjahr 1901 kennenlernte. In seiner determinantenfreien Theorie der quadratischen Formen von unendlichvielen Variablen kristallisierte sich als Haupteigenschaft einer Abbildung, für die noch eine Analogie zur Hauptachsentransformation in der linearen Algebra besteht, die Kompaktheit (in Hilberts Terminologie: Vollstetigkeit) heraus [115, S. 201]. 1916 bewies F. RIESZ [286] auf eine elegante Weise, die nahezu ohne Änderung in die Lehrbuchliteratur übernommen werden konnte (wir nennen beispielhaft [154, Chapter 3]), den folgenden

Satz 6.1.1 (Fredholmsche Alternative). *Es seien X ein normierter Raum und $K: X \to X$ ein linearer kompakter Operator. Dann hat $T := 1 - K$ (wir schreiben „1" für die Identität auf X) einen endlichdimensionalen Nullraum und einen abgeschlossenen Wertebereich. Überdies gilt: Entweder ist die Gleichung $Tu = f$ für alle $f \in X$ lösbar oder $Tu = 0$ hat nichttriviale Lösungen.*

---

[1] Etwa gleichzeitig versuchte HADAMARD mehrere Jahre vergeblich, diesen Gedanken auf die Integralgleichung 1. Art anzuwenden, bei der der Term $u(x)$ in (6.2) fehlt. Das sei, schreibt er in [95, p. 52, p. 128], ein Mißerfolg gewesen, den er besonders bedauere, der aber durch die Tatsache gemildert werde, daß seine Determinantenabschätzung für die Fredholmschen Überlegungen wesentlich sei.

(Mit anderen Worten: Der Operator T ist genau dann surjektiv, wenn er injektiv ist.)

Dieser Satz wurde 1930 von SCHAUDER [292] durch die Aussage ergänzt, daß ein linearer Operator A von dem Banachraum X in den Banachraum Y genau dann kompakt ist, wenn der Operator A' von dem topologischen Dualraum Y' in den Raum X' diese Eigenschaft hat. Man spricht daher auch häufig von der RIESZ-SCHAUDER-Theorie. In Zusammenhang mit dem Dirichletproblem ist es jedoch nicht zweckmäßig, den normierten Raum der stetigen Funktionen zu verlassen und zum Dualraum überzugehen. Vielmehr bietet es sich an, unabhängig von der Norm noch ein Skalarprodukt einzuführen und den transponierten Operator zu betrachten, der sich bezüglich dieses Skalarprodukts ergibt. Eine abstrakte Theorie, die dem, aber auch dem ursprünglichen Schauderschen Resultat Rechnung trägt, wurde in den 60er Jahren von Heuser, Jörgens, Kreß und Wendland entwickelt und basiert auf dem folgenden Begriff (vgl. auch [155]).

Definition 6.1.2. *Es seien X, Y normierte Räume (über $\mathbb{K}$, dem Körper der reellen oder dem der komplexen Zahlen) und $b\colon X \times Y \to \mathbb{K}$ eine nichtentartete Bilinearform (d.h. zu jedem $x \in X \setminus \{0\}$ gibt es ein $y \in Y \setminus \{0\}$ mit $b(x,y) \neq 0$ und umgekehrt zu jedem $y \in Y \setminus \{0\}$ ein $x \in X \setminus \{0\}$ mit dieser Eigenschaft). Dann heißt (X,Y) ein* Dualsystem *bezüglich b.*

Bemerkung 6.1.3. Ist (X,Y) ein Dualsystem bezüglich b und $A\colon X \to X$ ein linearer Operator, so gibt es höchstens einen Operator $A^t\colon Y \to Y$ mit

$$b(Ax, y) = b(x, A^t y) \quad \text{für alle } x \in X,\ y \in Y\ .$$

Er ist notwendigerweise linear und heißt der zu A *transponierte Operator*.

Die nachfolgenden Aussagen a), b) werden vielfach 1. bzw. 2. *Fredholmscher Satz* genannt.

Satz 6.1.4. *Es sei (X,Y) ein Dualsystem bezüglich b. Weiter seien die beiden Operatoren $K\colon X \to X$, $K^t\colon Y \to Y$ linear und kompakt. Dann gilt:*

a) *Die Nullräume von $T := 1 - K$, $T^t = 1 - K^t$ sind endlichdimensional und haben die gleiche Dimension.*

b) *Ist $f \in X$, so ist die Gleichung $Tu = f$ genau dann lösbar, wenn $b(f, \psi) = 0$ ist für alle ψ aus dem Nullraum $N(T^t)$ des transponierten Operators.*

Für einen Beweis und weitere Literaturhinweise sei auf [154, Chapter 4] verwiesen.

Sind X, Y normierte Räume über $\mathbb{K}$, also über $\mathbb{R}$ oder $\mathbb{C}$, und A ein linearer Operator mit Definitionsbereich $D(A) \subseteq X$ und Wertebereich $W(A) \subseteq Y$, so versteht man unter seiner *Resolventenmenge* (oder *Resolventmenge*) $\varrho(A)$ die Menge alle $\lambda \in \mathbb{K}$ mit den beiden folgenden Eigenschaften (anstelle von λ id schreiben wir λ):

(i) $R := W(A - \lambda)$ ist dicht in Y, d.h. zu jedem $\epsilon > 0$ und $f \in Y$ gibt es ein $u \in D(A)$ mit $\|f - (A - \lambda)u\|_Y < \epsilon$;

(ii) $(A - \lambda)^{-1}: R \to X$ existiert und ist beschränkt, d.h. es gibt ein $\alpha > 0$ mit $\|(A - \lambda)^{-1}\varphi\|_X \leq \alpha \|\varphi\|_Y$ für alle $\varphi \in R$.

Der stetige lineare Operator $R(A, \lambda) := (A - \lambda)^{-1}: R \to X$ heißt dann die *Resolvente* von A an der Stelle $\lambda \in \varrho(A)$. Für jedes $\varphi \in R$ löst ja $u := R(A, \lambda)\varphi$ die Gleichung $(A - \lambda)u = \varphi$, und jedes $f \in Y$ kann durch ein solches φ approximiert werden. Begriff und Namengebung stammen von HILBERT [115], desgleichen der Name *Spektrum* für das Komplement $\sigma(A) := \mathbb{K} \setminus \varrho(A)$. Bemerkenswerterweise zeigte sich mehr als zwei Jahrzehnte später, daß für gewisse Operatoren A der Quantenmechanik $\sigma(A)$ in der Tat das Spektrum von Atomen oder Molekülen beschreibt. Speziell gehören natürlich *Eigenwerte* von A, also λ, zu denen es $u \in D(A)$, $u \neq 0$, mit $Au = \lambda u$ gibt, zum Spektrum von A, da für diese ja $(A - \lambda)^{-1}$ nicht existiert. Es wird sich zeigen, daß die von uns betrachteten Differentialoperatoren die Besonderheit haben, daß ihr Spektrum genau aus Eigenwerten besteht (s. Korollar 6.2.6).

Der nachfolgende Satz stammt ebenfalls von F. RIESZ [286]; er verallgemeinert den historisch früheren, aber hier nachgestellten Satz 6.1.7.

Satz 6.1.5 (Spektralsatz für kompakte Operatoren). *Es seien X ein unendlichdimensionaler normierter Raum und $K: X \to X$ ein linearer kompakter Operator. Dann ist $0 \in \sigma(K)$ und $\sigma(K) \setminus \{0\}$ besteht aus höchstens abzählbar vielen Eigenwerten. Sie haben endliche Vielfachheit und 0 als einzigen möglichen Häufungspunkt.*

Bemerkung 6.1.6. Es gibt einfache Beispiele linearer kompakter Operatoren K, die keine Eigenwerte besitzen. Für solche Operatoren gilt $\sigma(K) = \{0\}$.

Für einen Beweis von Satz 6.1.5 und der Aussage aus Bemerkung 6.1.6 verweisen wir wieder auf [154, Chapter 3].

Es sei nun X ein Vektorraum, der mit einem Skalarprodukt versehen ist, also ein *Prähilbertraum* (im endlichdimensionalen Fall spricht man auch von einem *euklidischen Raum* ($\mathbb{K} = \mathbb{R}$) oder von einem *unitären Raum* ($\mathbb{K} = \mathbb{C}$)) und $K: X \to X$ ein linearer Operator mit der Eigenschaft

$$\langle Kx, y \rangle = \langle x, Ky \rangle \quad \text{für alle } x, y \in X,$$

also ein *symmetrischer Operator*. Er besitzt, wenn er kompakt ist, wenigstens einen (notwendigerweise reellen) Eigenwert. Dieses von HILBERT [114, p. 78] stammende Resultat verallgemeinert den Satz, daß jede symmetrische Matrix wenigstens einen Eigenwert besitzt. Allgemeiner gilt folgender ebenfalls auf Hilbert zurückgehender und von ERHARD SCHMIDT [297] von einer überflüssigen Voraussetzung befreiter

Satz 6.1.7 (Spektralsatz für symmetrische kompakte Operatoren). *Es seien X ein Prähilbertraum und $K: X \to X$ ein symmetrischer kompakter*

Operator mit unendlichdimensionalem Wertebereich. Dann besitzt K abzählbar unendlichviele von Null verschiedene Eigenwerte. Sie haben alle endliche Vielfachheit und 0 als einzigen Häufungspunkt.

Für einen Beweis dieses Satzes, der meistens für vollständige Räume betrachtet wird, verweisen wir auf [320, p. 335 f.].

6.2 Das Dirichletproblem für $(-\Delta + a - \lambda)u = f$

Es sei $\Omega \subset\subset \mathbb{R}^N$. Anstelle des Dirichletproblems

$$(-\Delta + a - \lambda)v = \tilde{f} \text{ in } \Omega, \quad v|_{\partial\Omega} = g \qquad (6.3)$$

können wir das Problem

$$(-\Delta + a - \lambda)u = f \text{ in } \Omega, \quad u|_{\partial\Omega} = 0 \qquad (6.4)$$

betrachten, indem wir wie zu Beginn von Abschnitt 4.8 vorgehen: Ist g stetig und jeder Randpunkt von Ω regulär, so gibt es nach Satz 3.3.9 genau ein harmonisches $h \in C^2(\Omega) \cap C^0(\overline{\Omega})$ mit $h|_{\partial\Omega} = g$. Über $u = v - h$ und $f = \tilde{f} - (a-\lambda)h$ sind dann (6.3) und (6.4) äquivalent.

Bei der Poissongleichung $-\Delta u = f$ konnten wir uns auf reellwertige f und u beschränken, weil der komplexwertige Fall nur das Bestehen der beiden ungekoppelten Gleichungen $-\Delta \operatorname{Re} u = \operatorname{Re} f$ und $-\Delta \operatorname{Im} u = \operatorname{Im} f$ bedeutete. Wollte man aber bei den Gleichungen (6.3) oder (6.4) mit komplexwertigen Koeffizienten und Lösungen Real- und Imaginärteil trennen, so bekäme man ein gekoppeltes System von Gleichungen für $\operatorname{Re} u$ und $\operatorname{Im} u$. Daher empfiehlt es sich hier, gleich alles im Komplexen zu behandeln.

Während wir im Falle $a - \lambda \geq 0$ aufgrund des Bersteinschen Lemmas 2.6.3 bereits wissen, daß das Dirichletproblem (6.4) mit $f = 0$ nur die triviale Lösung hat, kann es bei $a - \lambda < 0$ oder komplexwertigen a oder λ auch nichttriviale Lösungen geben. Wir werden jedoch sehen, daß dies bei vorgegebenem a nur für diskret liegende Werte von $\lambda \in \mathbb{C}$ der Fall sein kann. Dies entspricht bei dem Gleichungssystem $(A - \lambda)x = 0$ im Vektorraum $\mathbb{R}^N$, daß $\det(A - \lambda) = 0$ nur endlichviele Nullstellen hat. Einerseits ist man bei vielen Problemen an der Existenz solcher Eigenwerte interessiert; andererseits hat die Existenz solcher λ zur Folge, daß das inhomogenen Problem nicht mehr für jede rechte Seite lösbar ist.

Für offenes $\Omega \subseteq \mathbb{R}^N$ setzen wir

$$\overline{C}^0(\Omega, \mathbb{C}) := \{u \in C^0(\Omega, \mathbb{C}): u \text{ ist beschränkt}\} . \qquad (6.5)$$

Versehen mit der Norm

$$\|u\|_\infty := \sup_{x \in \Omega} |u(x)|,$$

wird $\overline{C}^0(\Omega,\mathbb{C})$ für nichtleeres Ω zu einem Banachraum (Aufgabe 6.1 a)). Das nun folgende Resultat bildet die Basis für die Anwendung der Sätze 6.1.1 und 6.1.4 sowie 6.1.5 und 6.1.7 auf unser Dirichletproblem in Satz 6.2.5. Die Kompaktheit des Integraloperators in (6.7) wird in Lemma 6.2.2 gezeigt. Ein Problem erwächst noch aus der Tatsache, daß das Dirichletproblem aufgrund des in Satz 4.3.1 genannten Gegenbeispiels von Petrini nicht für alle $f \in \overline{C}^0(\Omega,\mathbb{C})$ klassisch lösbar ist (s. Bemerkung 4.3.2). Immerhin haben wir aber die Lösbarkeit auf einer Menge, die nach Lemma 6.2.4 dicht in $\overline{C}^0(\Omega,\mathbb{C})$ liegt.

Satz 6.2.1 (Äquivalenzsatz). *Es sei jeder Randpunkt von $\Omega \subset\subset \mathbb{R}^N$ regulär (s. Definition 3.3.8), so daß nach Satz 4.4.9 die Greensche Funktion G für Ω und den Laplaceoperator existiert. Ferner seien $a, f \in C_b^H(\Omega,\mathbb{C})$ (vgl. Definition 4.1.5) und $\lambda \in \mathbb{C}$. Dann sind das Differentialgleichungsproblem*

$$\begin{aligned}&u \in C^2(\Omega,\mathbb{C}) \cap C^0(\overline{\Omega},\mathbb{C}) \\ &-\Delta u(x) + [a(x) - \lambda]u(x) = f(x), \quad x \in \Omega, \quad u|_{\partial\Omega} = 0\,,\end{aligned} \quad (6.6)$$

und das Integralgleichungsproblem

$$\begin{aligned}&\psi \in \overline{C}^0(\Omega,\mathbb{C})\,, \\ &\psi(x) + [a(x) - \lambda] \int_\Omega G(x,y)\psi(y)\,dy = f(x), \quad x \in \Omega\,,\end{aligned} \quad (6.7)$$

in folgendem Sinne äquivalent: Wenn für u die Aussage (6.6) zutrifft, dann erfüllt $\psi := -\Delta u$ die Aussage (6.7); wenn für ψ die Aussage (6.7) zutrifft, dann hat das Dirichletproblem

$$-\Delta u = \psi \text{ in } \Omega, \quad u|_{\partial\Omega} = 0$$

genau eine Lösung $u \in C^2(\Omega,\mathbb{C}) \cap C^0(\overline{\Omega},\mathbb{C})$. Diese Lösung ist gegeben durch $u(x) = \int_\Omega G(x,y)\psi(y)\,dy$, $x \in \overline{\Omega}$, und sie erfüllt zudem (6.6). Ferner haben (6.6) und (6.7) im Falle $f = 0$ gleichviel linear unabhängige Lösungen.

Beweis. a) Wenn u die Eigenschaft (6.6) hat, so liegt insbesondere $\psi := -\Delta u$ in $\overline{C}^0(\Omega,\mathbb{C})$. Da u das Dirichletproblem

$$-\Delta u = \psi \text{ in } \Omega, \quad u|_{\partial\Omega} = 0$$

löst, ist

$$u(x) = \int_\Omega G(x,y)\psi(y)\,dy \quad \text{für } x \in \overline{\Omega}\,.$$

Nach Satz 4.4.7 a) und c) lösen ja

$$\int_\Omega G(x,y)\operatorname{Re}\psi(y)\,dy \quad \text{und} \quad \int_\Omega G(x,y)\operatorname{Im}\psi(y)\,dy$$

dasselbe Dirichletproblem wie Re u bzw. Im u. Die Funktion $\psi = -\Delta u$ erfüllt daher in der Tat (6.7).

b) Sei ψ eine Lösung von (6.7). Aufgrund der Beschränktheit von ψ folgt dann aus Satz 4.4.7 a) zunächst, daß

$$u := \int_\Omega G(\cdot, y)\psi(y)\, dy$$

aus $C^0(\overline{\Omega}, \mathbb{C})$ und somit beschränkt ist. Nach Aufgabe 4.9 ist $u \in C^1(\Omega, \mathbb{C})$ und liegt gemäß Aufgabe 4.2 c) in $C_b^H(\Omega, \mathbb{C})$. Aufgrund der Gleichung in (6.7) und Aufgabe 4.2 a) ist dann $\psi \in C_b^H(\Omega, \mathbb{C})$, woraus nach Satz 4.4.7 b) folgt, daß $u \in C^2(\Omega, \mathbb{C})$ ist und das Dirichletproblem

$$-\Delta u = \psi \text{ in } \Omega, \quad u|_{\partial\Omega} = 0$$

löst. Die Gleichung in (6.7), der ψ genügt, schreibt sich daher wie in (6.6) angegeben.

c) Es seien nun $u_1, \ldots, u_r$ linear unabhängige Lösungen von (6.6) mit $f = 0$. Dann sind $\psi_1 := -\Delta u_1, \ldots, \psi_r := -\Delta u_r$ Lösungen von (6.7). Sie sind auch linear unabhängig. Gäbe es nämlich eine nichttriviale Linearkombination $c_1\psi_1 + \ldots + c_r\psi_r = 0$, so wäre

$$-\Delta(c_1 u_1 + \ldots + c_r u_r) = 0 \text{ in } \Omega, \quad (c_1 u_1 + \ldots + c_r u_r)|_{\partial\Omega} = 0\,,$$

also $c_1 u_1 + \ldots + c_r u_r = 0$ auf $\overline{\Omega}$. Umgekehrt seien $\psi_1, \ldots, \psi_r$ linear unabhängige Lösungen von (6.7). Für $i \in \{1, \ldots, r\}$ ist die Lösung u_i von

$$-\Delta u = \psi_i \text{ in } \Omega, \quad u|_{\partial\Omega} = 0$$

auch Lösung von (6.6). Gäbe es eine nichttriviale Linearkombination $c_1 u_1 + \ldots + c_r u_r = 0$, so wäre auch $-\Delta(c_1 u_1 + \ldots + c_r u_r) = 0$, also $c_1\psi_1 + \ldots + c_r\psi_r = 0$. □

Ist $K \subseteq \mathbb{R}^N$ ein Kompaktum, so erzeugt ein *schwach singulärer* Kern einen kompakten Operator in $C^0(K)$ [154, p. 21]. Diese Aussage und ihr Beweis bleiben gültig für unseren Integraloperator in (6.7). Beim Beweis macht man am bequemsten von einer elementaren Aussage über Folgen kompakter Operatoren Gebrauch: Ist X ein Banachraum und $A_n: X \to X$ für jedes $n \in \mathbb{N}$ ein linearer kompakter Operator und konvergiert (A_n) in der Operatornorm gegen einen Operator $A: X \to X$, so ist A ein linearer kompakter Operator [154, p. 18].

Lemma 6.2.2. *Es sei jeder Randpunkt von $\Omega \subset\subset \mathbb{R}$ regulär und G die Greensche Funktion für Ω und den Laplaceoperator. Dann wird durch*

$$\Gamma f(x) := \int_\Omega G(x, y) f(y)\, dy, \quad x \in \overline{\Omega}\,,$$

ein linearer kompakter Operator $\Gamma: \overline{C}^0(\Omega, \mathbb{C}) \to \overline{C}^0(\Omega, \mathbb{C})$ definiert.

Beweis. a) Wir zeigen, daß für $k \in C^0(\overline{\Omega} \times \overline{\Omega})$ durch

$$Kf(x) := \int_\Omega k(x,y)f(y)\,dy, \quad x \in \overline{\Omega},$$

ein (natürlich linearer) kompakter Operator $K\colon \overline{C}^0(\Omega,\mathbb{C}) \to \overline{C}^0(\Omega,\mathbb{C})$ definiert wird. Es sei (f_n) eine beschränkte Folge in $\overline{C}^0(\Omega,\mathbb{C})$, mit geeignetem $M > 0$ also $\|f_n\|_\infty \leq M$ für alle $n \in \mathbb{N}$. Aufgrund der gleichmäßigen Stetigkeit von k auf $\overline{\Omega} \times \overline{\Omega}$ gibt es zu jedem $\epsilon > 0$ ein $\delta > 0$, so daß für alle $(x,y),(w,z) \in \overline{\Omega} \times \overline{\Omega}$ gilt:

$$|(x,y) - (w,z)| < \delta \Rightarrow |k(x,y) - k(w,z)| < \frac{\epsilon}{M(1 + \mathrm{vol}(\Omega))}.$$

Für alle $n \in \mathbb{N}$ und $|x - w| < \delta$ folgt die Ungleichung $|Kf_n(x) - Kf_n(w)| < \epsilon$. Es ist also (Kf_n) eine auf $\overline{\Omega}$ gleichgradig gleichmäßig stetige Folge mit

$$\max_{x \in \overline{\Omega}} |Kf_n(x)| \leq MC\,\mathrm{vol}(\Omega), \quad n \in \mathbb{N},$$

für geeignetes $C > 0$. Nach Arzelà-Ascoli enthält daher (Kf_n) eine gleichmäßig konvergente Teilfolge.

b) Es sei φ die Abschneidefunktion aus dem Beweis von Satz 4.2.4. Für $n \in \mathbb{N}$ und $x,y \in \overline{\Omega}$ setzen wir

$$k_n(x,y) := \varphi(n|x-y|)\varphi(n\,\mathrm{dist}(y,\partial\Omega))G(x,y).$$

Nach Korollar 4.5.3 ist $k_n \in C^0(\overline{\Omega} \times \overline{\Omega})$, und gemäß a) definiert

$$K_nf(x) := \int_\Omega k_n(x,y)f(y)\,dy$$

einen linearen kompakten Operator $K_n\colon \overline{C}^0(\Omega,\mathbb{C}) \to \overline{C}^0(\Omega,\mathbb{C})$ für jedes $n \in \mathbb{N}$. Wir betrachten nun zunächst den Fall $N \geq 3$. Lemma 4.4.4 führt für $f \in \overline{C}^0(\Omega,\mathbb{C})$ und $x \in \Omega$ auf die Abschätzung

$$|(K_n - \Gamma)f(x)| \leq \|f\|_\infty \int_\Omega |k_n(x,y) - G(x,y)|\,dy$$

$$\leq \|f\|_\infty \int_{\Omega_{n,x}} G(x,y)\,dy$$

$$\leq \|f\|_\infty \int_{\Omega_{n,x}} S(x,y)\,dy$$

mit $\Omega_{n,x} := \Omega_n \cup (\Omega \cap B_{2/n}(x))$ und $\Omega_n := \{y \in \Omega\colon \mathrm{dist}(y,\partial\Omega) \leq \frac{2}{n}\}$. Der Konvergenzsatz von Lebesgue liefert

6.2 Das Dirichletproblem für $(-\Delta + a - \lambda)u = f$ 215

$$\operatorname{vol}(\Omega_{n,x}) \leq \frac{\omega_N}{N}(2/n)^N + \operatorname{vol}(\Omega_n) =: V_n \to 0 \quad \text{für } n \to \infty, \qquad (6.8)$$

und wir erhalten mit der in Aufgabe 6.2 definierten Funktion E_N für alle $x \in \Omega$:

$$|(K_n - \Gamma)f(x)| \leq E_N(V_n)\|f\|_\infty.$$

Somit ist $\|K_n - \Gamma\|_\infty := \sup\{\|(K_n - \Gamma)f\|_\infty \colon \|f\|_\infty \leq 1\} \leq E_N(V_n)$. Aus (6.8) und Aufgabe 6.2 folgt $\|K_n - \Gamma\|_\infty \to 0$ für $n \to \infty$, d.h. (K_n) ist eine Folge linearer kompakter Operatoren in $\overline{C}^0(\Omega, \mathbb{C})$, die in der Operatornorm gegen Γ konvergiert. Also ist Γ kompakt.

Im Falle $N = 2$ führt Lemma 4.4.4 mit obiger Argumentation auf

$$\|K_n - \Gamma\|_\infty \leq E_2(V_n) + \frac{V_n}{2\pi}\ln(\operatorname{diam}\Omega) \to 0 \quad \text{für } n \to \infty.$$

Somit ist die Kompaktheit von Γ auch in diesem Falle bewiesen. □

Bemerkung 6.2.3. Das Produkt aus einem linearen beschränkten und einem linearen kompakten Operator ist wieder kompakt. Ist speziell Γ der kompakte Operator aus Lemma 6.2.2 und $a \in \overline{C}^0(\Omega, \mathbb{C})$, so ist $a\Gamma \colon \overline{C}^0(\Omega, \mathbb{C}) \to \overline{C}^0(\Omega, \mathbb{C})$ kompakt.

Wir benötigen noch die Dichtheit von $C_b^H(\Omega, \mathbb{C})$ in $\overline{C}^0(\Omega, \mathbb{C})$; sie folgt aus

Lemma 6.2.4. *Ist $\Omega \subseteq \mathbb{R}^N$ offen und nicht leer, so ist $C^\infty(\Omega, \mathbb{C}) \cap \overline{C}^0(\Omega, \mathbb{C})$ dicht in $\overline{C}^0(\Omega, \mathbb{C})$.*

Beweis. Es sei (Ω_n), $n \in \mathbb{N}_0$, eine offene Überdeckung von Ω und (ψ_n) eine C^∞-Zerlegung der Eins für Ω bezüglich dieser Überdeckung (s. Satz A.13). Sei $n \in \mathbb{N}_0$ und $f \in \overline{C}^0(\Omega, \mathbb{C})$. Wegen $\operatorname{supp}\psi_n \subset \Omega_n$ gibt es ein $\hat{\epsilon}_n > 0$ so, daß für $\epsilon \in (0, \hat{\epsilon}_n)$ auch der Träger von $j_\epsilon * (f\psi_n)$, der Glättung von $f\psi_n$, noch in Ω_n liegt (vgl. Satz A.6). Ferner konvergiert $j_\epsilon * (f\psi_n)$ nach Satz A.6 (iv) für $\epsilon \to 0$ auf Ω_n gleichmäßig gegen $f\psi_n$. Zu jedem $\eta > 0$ gibt es daher ein $\epsilon_n > 0$ so, daß $e_n := j_{\epsilon_n} * (f\psi_n)$ in $C_c^\infty(\Omega_n, \mathbb{C})$ liegt und für $x \in \Omega_n$

$$|f(x)\psi_n(x) - e_n(x)| \leq \frac{\eta}{2^{n+1}}$$

ausfällt. Es ist

$$e := \sum_{n=0}^\infty e_n$$

aus $C^\infty(\Omega, \mathbb{C})$, denn für jedes $\Omega' \subset\subset \Omega$ sind höchstens endlichviele Summanden dieser Reihe von Null verschieden. Ferner ist

$$f = \sum_{n=0}^\infty f\psi_n,$$

also
$$|f(x) - e(x)| \leq \eta \sum_{n=0}^{\infty} \frac{1}{2^{n+1}} = \eta\,;$$
mithin ist e beschränkt und $\|f - e\|_\infty \leq \eta$. □

Es sei $D := \{u \in C^2(\Omega, \mathbb{C}) \cap C^0(\overline{\Omega}, \mathbb{C}) \colon \Delta u \in C_b^H(\Omega, \mathbb{C}),\, u|_{\partial\Omega} = 0\}$. Für $a \in C_b^H(\Omega, \mathbb{C})$ können wir gemäß Aufgabe 4.2 einen linearen Operator L definieren durch

$$L\colon D \to C_b^H(\Omega, \mathbb{C})\,, \qquad u \mapsto -\Delta u + au\,, \tag{6.9}$$

den wir im Hinblick auf das auf dem Äquivalenzsatz 6.2.1 beruhenden Korollar 6.2.6 als einen Operator in dem Banachraum $(\overline{C}^0(\Omega, \mathbb{C}), \|\cdot\|_\infty)$ ansehen. In diesem Banachraum definieren wir ein Skalarprodukt durch

$$\langle u, v \rangle := \int_\Omega u(x)\overline{v(x)}\, dx\,.$$

(Es ist dann $(\overline{C}^0(\Omega, \mathbb{C}), \langle \cdot, \cdot \rangle)$ ein Prähilbertraum; mit der von dem Skalarprodukt erzeugten Norm $\|\cdot\|_2 := \langle \cdot, \cdot \rangle^{1/2}$ würden wir den normierten Raum $(\overline{C}^0(\Omega, \mathbb{C}), \|\cdot\|_2)$ erhalten, der nicht vollständig ist.) Die Vollständigkeit von $(\overline{C}^0(\Omega, \mathbb{C}), \|\cdot\|_\infty)$ wurde beim Beweis von Lemma 6.2.2 und wird bei dem von Satz 6.2.9 benützt. Aufgrund des Satzes von GIESECKE (in der Version von Aufgabe 3.17) gilt für alle $u, v \in D$

$$\langle Lu, v \rangle = \int_\Omega (\nabla u \cdot \nabla \overline{v} + au\overline{v})\,,$$

ohne daß die Qualität der Berandung von $\Omega \subset\subset \mathbb{R}^N$ eine Rolle spielt. Speziell ist also

$$\langle Lu, u \rangle = \int_\Omega (|\nabla u|^2 + a|u|^2) \tag{6.10}$$

und

$$\langle Lu, v \rangle - \langle u, Lv \rangle = \int_\Omega (a - \overline{a}) u\overline{v}\,. \tag{6.11}$$

Ist λ ein Eigenwert von L und u eine zugehörige Eigenfunktion, so folgt aus (6.10)

$$(\mathrm{Re}\,\lambda) \int_\Omega |u|^2 = \int_\Omega |\nabla u|^2 + \int_\Omega (\mathrm{Re}\,a)|u|^2\,,$$
$$(\mathrm{Im}\,\lambda) \int_\Omega |u|^2 = \int_\Omega (\mathrm{Im}\,a)|u|^2\,.$$

Gilt $\int_\Omega |\nabla u|^2 = 0$, so ist u auf jeder Zusammenhangskomponente von Ω konstant, wegen $u|_{\partial\Omega} = 0$ also Null. Folglich können mögliche Eigenwerte von L nur in dem Streifen

6.2 Das Dirichletproblem für $(-\Delta + a - \lambda)u = f$

$$S := \{\lambda \in \mathbb{C}: \operatorname{Re}\lambda > \inf \operatorname{Re} a, \ |\operatorname{Im}\lambda| \leq \sup|\operatorname{Im} a|\} \tag{6.12}$$

liegen. Ist a reellwertig, so ersieht man aus (6.11), daß L ein symmetrischer Operator ist.

Satz 6.2.5 (Fredholmsche Alternative). *Jeder Randpunkt von $\Omega \subset\subset \mathbb{R}^N$ sei regulär (s. Definition 3.3.8), $a \in C_b^H(\Omega, \mathbb{C})$ und $\lambda \in \mathbb{C}$. Dann gilt:*

a) Entweder hat das Dirichletproblem

$$-\Delta u + a(x)u - \lambda u = f(x) \ in \ \Omega, \quad u|_{\partial\Omega} = g$$

für jedes $f \in C_b^H(\Omega, \mathbb{C})$ und jedes $g \in C^0(\partial\Omega, \mathbb{C})$ eine Lösung u aus $C^2(\Omega, \mathbb{C}) \cap C^0(\overline{\Omega}, \mathbb{C})$, oder es gibt eine Lösung $u \neq 0$ in $C^2(\Omega, \mathbb{C}) \cap C^0(\overline{\Omega}, \mathbb{C})$ für das homogene Problem

$$-\Delta u + a(x)u - \lambda u = 0 \ in \ \Omega, \quad u|_{\partial\Omega} = 0\,.$$

Im ersten Fall ist u eindeutig bestimmt; im zweiten Fall ist λ ein Eigenwert des Operators L aus (6.9).

b) L hat höchstens abzählbar viele Eigenwerte. Sie haben endliche Vielfachheit und keinen endlichen Häufungspunkt und liegen in dem Streifen (6.12).

Beweis. a) Aufgrund der Äquivalenz der Probleme (6.3) und (6.4) (mit der dortigen harmonischen Funktion h gilt gemäß Aufgabe 4.2 $(a - \lambda)h \in C_b^H(\Omega, \mathbb{C})$) genügt es, den Satz unter der Annahme $g = 0$ zu beweisen. Wir befinden uns damit in der Situation des Äquivalenzsatzes 6.2.1. Nach Lemma 6.2.2 und Bemerkung 6.2.3 ist der Operator

$$K_\lambda := (\lambda - a)\Gamma \colon \overline{C}^0(\Omega, \mathbb{C}) \to \overline{C}^0(\Omega, \mathbb{C})\,,$$

mit dem sich die Gleichung (6.7) in der Form

$$(1 - K_\lambda)\psi = f \tag{6.13}$$

schreibt, kompakt. Wenn also (6.6) für alle f aus der nach Lemma 6.2.4 in $\overline{C}^0(\Omega, \mathbb{C})$ dichten Menge $C_b^H(\Omega, \mathbb{C})$ lösbar ist, so gilt dies auch für (6.13). Da der Wertebereich von $1 - K_\lambda$ nach Satz 6.1.1 abgeschlossen ist, ist also (6.13) für alle $f \in \overline{C}^0(\Omega, \mathbb{C})$ lösbar, so daß wieder nach Satz 6.1.1

$$(1 - K_\lambda)\psi = 0 \tag{6.14}$$

nur die triviale Lösung besitzt. Aufgrund des Äquivalenzsatzes 6.2.1 hat daher die Gleichung (6.6) mit $f = 0$ nur die triviale Lösung, d.h. λ ist kein Eigenwert von L. Die eindeutige Lösbarkeit des Dirichletproblems ist klar, da $L - \lambda$ ja injektiv ist.

Umgekehrt: Wenn λ kein Eigenwert von L ist, so hat nach Satz 6.2.1 die Gleichung (6.14) nur die triviale Lösung. Nach Satz 6.1.1 ist daher (6.13) für alle $f \in \overline{C}^0(\Omega, \mathbb{C})$, insbesondere also für $f \in C_b^H(\Omega, \mathbb{C})$ lösbar. Der Äquivalenzsatz 6.2.1 garantiert daher die Lösbarkeit von (6.6) für alle $f \in C_b^H(\Omega, \mathbb{C})$.

b) Ist S der in (6.12) definierte Streifen und $\lambda_0 \in \mathbb{C}\setminus S$, so ist λ_0 kein Eigenwert von L, also der beschränkte Operator $1 - K_{\lambda_0}$ nach Satz 6.1.1 bijektiv, mithin nach dem Banachschen Satz von der offenen Abbildung (wir haben ihn schon in Bemerkung 5.3.7 verwendet) auch $(1 - K_{\lambda_0})^{-1}: \overline{C}^0(\Omega, \mathbb{C}) \to \overline{C}^0(\Omega, \mathbb{C})$ beschränkt. Sei nun λ ein Eigenwert von L. Wir schreiben die dann bestehende Gleichung (6.14) in der Form

$$0 = (\lambda_0 - \lambda)\Gamma\psi + (1 - K_{\lambda_0})\psi \ .$$

Es ist also $\mu := (\lambda - \lambda_0)^{-1}$ ein Eigenwert des nach Bemerkung 6.2.3 kompakten Operators $(1 - K_{\lambda_0})^{-1}\Gamma$. (Umgekehrt ist für jeden von Null verschiedenen Eigenwert μ dieses Operators $\lambda := \lambda_0 + \frac{1}{\mu}$ ein Eigenwert von L.) Der Spektralsatz 6.1.5 für kompakte Operatoren liefert nun in Verbindung mit dem Äquivalenzsatz 6.2.1 die Behauptung. □

Als Korollar zu dem Beweis von Satz 6.2.5 halten wir fest:

Korollar 6.2.6. *Es sei jeder Randpunkt von $\Omega \subset\subset \mathbb{R}^N$ regulär, $a \in C_b^H(\Omega, \mathbb{C})$ und $L = -\Delta + a$ der in (6.9) definierte Operator. Dann gilt:*

a) Ist λ kein Eigenwert von L, so ist der Wertebereich $(L-\lambda)(D)$ von $L - \lambda$ gleich $C_b^H(\Omega, \mathbb{C})$.
b) Das Spektrum $\sigma(L)$ von L besteht nur aus Eigenwerten.

Beweis. a) Die komplexe Zahl λ sei kein Eigenwert von L. Wie im Beweis von Satz 6.2.5 a) folgt, daß zu jedem $f \in C_b^H(\Omega, \mathbb{C})$ ein $u \in C^2(\Omega, \mathbb{C}) \cap C^0(\overline{\Omega}, \mathbb{C})$ existiert mit

$$-\Delta u + a(x)u - \lambda u = f(x) \text{ in } \Omega, \quad u|_{\partial\Omega} = 0 \ .$$

Wegen $a \in C_b^H(\Omega, \mathbb{C})$ ist gemäß Aufgabe 4.2 auch $\Delta u \in C_b^H(\Omega, \mathbb{C})$, also $u \in D$ mit $(L - \lambda)u = f$. Da mit Aufgabe 4.2 zudem $(L - \lambda)(D) \subseteq C_b^H(\Omega, \mathbb{C})$ gezeigt werden kann, ist Aussage a) bewiesen.

b) Sei $\lambda \in \mathbb{C}$ kein Eigenwert von L. Aus a) und Lemma 6.2.4 folgt unmittelbar, daß der Wertebereich von $L - \lambda$ in $C^0(\overline{\Omega}, \mathbb{C})$ dicht liegt. Dem Äquivalenzsatz 6.2.1 entnehmen wir folgende Darstellung der Resolvente:

$$(L - \lambda)^{-1}f = \Gamma(1 - K_\lambda)^{-1}f \quad \text{für } f \in C_b^H(\Omega, \mathbb{C}) \ .$$

Die Beschränktheit der Resolvente und damit die Zugehörigkeit von λ zur Resolventenmenge $\varrho(L)$ ergibt sich aus der Beschränktheit von $(1 - K_\lambda)^{-1}$ (s. Beweis von Satz 6.2.5 b)) und der Kompaktheit von Γ. □

Eine weitere bemerkenswerte Konsequenz von Satz 6.2.5 ist folgender

Satz 6.2.7. *Es sei jeder Randpunkt von $\Omega \subset\subset \mathbb{R}^N$ regulär. Dann existiert die Greensche Funktion zu Ω und $-\Delta + 1$ (s. Definition 4.9.7).*

Beweis. Für $a = 1$ ist $\lambda = 0$ nicht in der zugehörigen Menge S enthalten, und folglich ist 0 kein Eigenwert von $L = -\Delta + 1$. Somit besitzt das Problem

$$-\Delta u + u = 0 \text{ in } \Omega, \quad u|_{\partial\Omega} = 0$$

nur die triviale Lösung (vgl. auch Aufgabe 2.9 a) oder Lemma 2.6.3), so daß nach Satz 6.2.5 das Problem

$$-\Delta u + u = 0 \text{ in } \Omega, \quad u|_{\partial\Omega} = g$$

für jedes stetige $g \colon \partial\Omega \to \mathbb{R}$ genau eine Lösung $u \in C^2(\Omega) \cap C^0(\overline{\Omega})$ besitzt. Sei S die Singularitätenfunktion zu $-\Delta + 1$ (s. Definition 4.9.1). Dann gibt es also zu jedem $y \in \Omega$ ein $H(\cdot, y) \in C^2(\Omega) \cap C^0(\overline{\Omega})$ mit

$$-\Delta_x H(x, y) + H(x, y) = 0 \text{ für } x \in \Omega, \quad H(x, y) = -S(x, y) \text{ für } x \in \partial\Omega,$$

und $G := S + H$ ist die gesuchte Greensche Funktion. □

Satz 6.2.8. *Es sei jeder Randpunkt der nichtleeren Menge $\Omega \subset\subset \mathbb{R}^N$ regulär.*

a) Das Problem

$$u \in C^2(\Omega) \cap C^0(\overline{\Omega}), \quad -\Delta u = \lambda u \text{ in } \Omega, \quad u|_{\partial\Omega} = 0 \quad (6.15)$$

besitzt abzählbar unendlichviele Eigenwerte. Sie sind positiv, haben endliche Vielfachheit und $+\infty$ als einzigen Häufungspunkt.

b) Es seien λ ein Eigenwert des Problems (6.15) und $f \in C_b^H(\Omega)$. Dann ist das Problem

$$u \in C^2(\Omega) \cap C^0(\overline{\Omega}), \quad -\Delta u - \lambda u = f(x), \; x \in \Omega, \quad u|_{\partial\Omega} = 0$$

genau dann lösbar, wenn

$$\int_\Omega f(x) v(x) \, dx = 0 \quad (6.16)$$

für alle v mit der Eigenschaft (6.15) gilt.

Beweis. a) Für jede Lösung u von (6.15) gilt wegen Aufgabe 4.2 c), daß $-\Delta u = \lambda u \in C_b^H(\Omega)$. Mithin ist u aus dem Definitionsbereich des Operators L aus (6.9), den wir für $a = 0$ betrachten. Aus (6.12) folgt sofort, daß Eigenwerte von L notwendigerweise auf der positiven reellen Achse liegen. Gleichung (6.14) lautet nun einfach

$$\Gamma\psi = \frac{1}{\lambda}\psi.$$

Es ist also λ genau dann Eigenwert von L, wenn $\frac{1}{\lambda}$ Eigenwert des kompakten Operators Γ ist. Dieser ist nach Aufgabe 6.3 b) symmetrisch, so daß die Behauptung aus dem Spektralsatz 6.1.7 folgt. Daß der Wertebereich von Γ

unendlichdimensional ist, ergibt sich aus $\dim C_b^H(\Omega) = \infty$ und aus der Injektivität von $\Gamma|_{C_b^H(\Omega)}$, die ihrerseits aus Satz 4.4.7 b) folgt.

b) Nach Aufgabe 6.3 a) gilt $\Gamma^t = \Gamma$ bezüglich der dortigen Bilinearform b. Nach Satz 6.1.4 b) ist daher

$$T\psi = (1 - \lambda\Gamma)\psi = f$$

genau dann lösbar, wenn für alle $\psi \in N(T)$

$$0 = b(f, \psi) = \int_\Omega f\psi \tag{6.17}$$

gilt. Aufgrund des Äquivalenzsatzes 6.2.1 besteht zwischen den Lösungen der Gleichung (6.7) mit $f = 0$ und den Lösungen v der Gleichung (6.6) mit $f = 0$ der Zusammenhang $-\Delta v = \psi$, so daß (6.17) in der Tat zu (6.16) äquivalent ist. □

H.A. SCHWARZ bewies in seiner wegen der Methode der sukzessiven Approximation bereits in Bemerkung 5.4.4 a) genannten Schrift [303] aus dem Jahre 1885, daß das Problem (6.15) einen kleinsten Eigenwert und eine zugehörige, in Ω nullstellenfreie Eigenfunktion besitzt (er betrachtet eine etwas allgemeinere Gleichung, aber $N = 2$). Zum Nachweis der Konvergenz der Iterierten leitet er die nach ihm benannte Ungleichung her [303, Art. 15]; daß BUNYAKOVSKIĬ sie schon 1859 gefunden hatte, war unbemerkt geblieben. POINCARÉ [261, 262] bewies dann die Existenz von unendlichvielen Eigenwerten. ERHARD SCHMIDT [297] bediente sich der Schwarzschen Iterierten beim Beweis des (so natürlich noch nicht formulierten) Satzes 6.1.7. HILBERT [115] war der erste, der über eine Greensche Funktion die Äquivalenz des Dirichletproblems für eine partielle Differentialgleichung mit einer Fredholmschen Integralgleichung herstellte und dann zum Nachweis der Existenz unendlichvieler Eigenwerte seinen Satz über Eigenwerte kompakter symmetrischer Operatoren heranzog. Der Gedanke, nur mit der Greenschen Funktion für den Laplaceoperator zu arbeiten, findet sich bei [256].

In Bemerkung 3.1.5 hatten wir beim Dirichletproblem für harmonische Funktionen auf die Bedeutung der stetigen Abhängigkeit der Lösungen von den Randdaten hingewiesen.

Wir wollen nun analog die Abhängigkeit der Lösung u des Dirichletproblems

$$-\Delta u + a(x)u = f(x) \text{ in } \Omega, \quad u|_{\partial\Omega} = g$$

von den vorgegebenen Daten f und g untersuchen. Um von einer eindeutigen Lösung des Dirichletproblems sprechen zu können, darf gemäß Satz 6.2.5 Null kein Eigenwert des in (6.9) definierten Operators L sein. Wegen Korollar 6.2.6 wissen wir sogar, daß $0 \in \varrho(L)$ und $L(D) = C_b^H(\Omega, \mathbb{C})$. Somit existiert ein $\alpha > 0$ mit

6.2 Das Dirichletproblem für $(-\Delta + a - \lambda)u = f$

$$\|L^{-1}f\|_\infty \leq \alpha \|f\|_\infty \quad \text{für alle } f \in C_b^H(\Omega,\mathbb{C}). \tag{6.18}$$

Seien nun für $j = 1,2$ die Funktionen $f_j \in C_b^H(\Omega,\mathbb{C})$ und $g_j \in C^0(\partial\Omega,\mathbb{C})$ gegeben, und es bezeichne $u_j \in C^2(\Omega,\mathbb{C}) \cap C^0(\overline{\Omega},\mathbb{C})$ die eindeutig bestimmten Lösungen von

$$-\Delta u + a(x)u = f_j(x) \text{ in } \Omega, \quad u|_{\partial\Omega} = g_j.$$

Weiter seien $h_j \in C^2(\Omega,\mathbb{C}) \cap C^0(\overline{\Omega},\mathbb{C})$ die harmonischen Funktionen mit $h_j = g_j$ auf $\partial\Omega$. Man überlegt sich leicht, daß $w_j := u_j - h_j$ im Definitionsbereich D des Operators L liegt mit

$$Lw_j = f_j - ah_j.$$

Verwendet man schließlich (6.18) und die aus dem schwachen Maximumprinzip (s. Satz 2.3.4 und Korollar 2.3.5) folgende Relation $\|h_1 - h_2\|_\infty = \|g_1 - g_2\|_\infty$, so ergibt sich die gewünschte Abschätzung

$$\|u_1 - u_2\|_\infty < \alpha \|f_1 - f_2\|_\infty + (1 + \alpha \|a\|_\infty) \|g_1 - g_2\|_\infty.$$

Etwas schwieriger gestaltet sich der Nachweis der stetigen Abhängigkeit der Lösungen von den Koeffizienten a, λ.

Satz 6.2.9 (Stabilität bezüglich der Koeffizienten). *Es sei jeder Randpunkt von $\Omega \subset\subset \mathbb{R}^N$ regulär, ferner $a_0 \in C_b^H(\Omega,\mathbb{C})$ und $\lambda_0 \in \mathbb{C}$. Das homogene Dirichletproblem*

$$\begin{aligned} w \in C^2(\Omega,\mathbb{C}) \cap C^0(\overline{\Omega},\mathbb{C}), \\ -\Delta w + a_0(x)w - \lambda_0 w = 0 \text{ in } \Omega, \quad w|_{\partial\Omega} = 0 \end{aligned} \tag{6.19}$$

habe nur die triviale Lösung. Dann gibt es ein allein von a_0, λ_0 und Ω abhängendes $\delta_0 > 0$, so daß für alle $a \in C_b^H(\Omega,\mathbb{C})$ und $\lambda \in \mathbb{C}$ mit

$$\|a - a_0\|_\infty + |\lambda - \lambda_0| < \delta_0$$

das Dirichletproblem

$$\begin{aligned} u \in C^2(\Omega,\mathbb{C}) \cap C^0(\overline{\Omega},\mathbb{C}), \\ -\Delta u + a(x)u - \lambda u = f(x) \text{ in } \Omega, \quad u|_{\partial\Omega} = g \end{aligned} \tag{6.20}$$

für alle $f \in C_b^H(\Omega,\mathbb{C})$ und $g \in C^0(\partial\Omega,\mathbb{C})$ lösbar ist. Es sei u_0 die Lösung im Falle $a = a_0$, $\lambda = \lambda_0$. Dann gibt es zu jedem $\epsilon > 0$ ein $\delta \in (0, \delta_0)$, so daß für alle $a \in C_b^H(\Omega,\mathbb{C})$ und $\lambda \in \mathbb{C}$

$$\|a - a_0\|_\infty + |\lambda - \lambda_0| < \delta \Rightarrow \|u - u_0\|_\infty \leq \epsilon(\|f\|_\infty + \|g\|_\infty) \tag{6.21}$$

besteht.

Beweis. Wir behandeln zunächst den Fall $g = 0$. Ist Γ der lineare kompakte Operator aus Lemma 6.2.2, so setzen wir

$$K_0 := (\lambda_0 - a_0)\Gamma \quad, \quad K := (\lambda - a)\Gamma \, .$$

Da (6.19) nur die triviale Lösung hat, trifft dies aufgrund des Äquivalenzsatzes 6.2.1 auch auf die zu $(1 - K_0)\psi_0 = f$ gehörende homogene Gleichung zu. Es ist also der lineare und beschränkte Operator $1 - K_0 \colon \overline{C}^0(\Omega, \mathbb{C}) \to \overline{C}^0(\Omega, \mathbb{C})$ nach Satz 6.1.1 bijektiv, so daß es aufgrund des Banachschen Satzes von der offenen Abbildung ein $\alpha_0 > 0$ gibt, das von a_0, λ_0 und über die Greensche Funktion von Ω abhängt, mit

$$\|(1 - K_0)^{-1}\varphi\|_\infty \leq \alpha_0 \|\varphi\|_\infty \quad \text{für alle } \varphi \in \overline{C}^0(\Omega, \mathbb{C}) \, . \tag{6.22}$$

Speziell gilt also für $\psi_0 = (1 - K_0)^{-1} f$

$$\|\psi_0\|_\infty \leq \alpha_0 \|f\|_\infty \, .$$

Um zu zeigen, daß auch

$$(1 - K)\psi = f \tag{6.23}$$

eine Lösung besitzt, wenn a, λ nur wenig von a_0 bzw. λ_0 abweichen, schreiben wir diese Gleichung in der Form $[1 - K_0 - (K - K_0)]\psi = f$ oder

$$[1 - (1 - K_0)^{-1}(K - K_0)]\psi = (1 - K_0)^{-1} f = \psi_0 \, .$$

Zunächst ist wegen (6.22) für $\psi \in \overline{C}^0(\Omega, \mathbb{C})$

$$\|(1 - K_0)^{-1}(K - K_0)\psi\|_\infty \leq \alpha_0 \|(K - K_0)\psi\|_\infty \, . \tag{6.24}$$

Aus

$$(K - K_0)\psi(x) = [a_0(x) - a(x) + \lambda - \lambda_0] \int_\Omega G(x, y)\psi(y)\,dy, \quad x \in \Omega \, ,$$

folgt mit den Abschätzungen aus Lemma 4.4.4 und Bemerkung 4.1.3

$$|(K - K_0)\psi(x)| \leq (\|a - a_0\|_\infty + |\lambda - \lambda_0|)\|\psi\|_\infty \int_{|y-x|<\mathrm{diam}\,\Omega} c(\Omega, N)|x - y|^{3/2 - N}\,dy$$

mit einer durch diam Ω und N bestimmten Konstante $c(\Omega, N)$. Somit gilt

$$\|(K - K_0)\psi\|_\infty \leq (\|a - a_0\|_\infty + |\lambda - \lambda_0|) c_0(\Omega) \|\psi\|_\infty \tag{6.25}$$

mit einer allein durch Ω bestimmten Zahl $c_0(\Omega)$.

Daß für $\|a - a_0\|_\infty + |\lambda - \lambda_0| < \delta_0 := [\alpha_0 c_0(\Omega)]^{-1}$ die Gleichung (6.23) eine Lösung besitzt (und damit aufgrund des Äquivalenzsatzes 6.2.1 auch (6.20) mit $g = 0$ und $f \in C_b^H(\Omega, \mathbb{C})$), ist nun leicht zu sehen. Mit

6.2 Das Dirichletproblem für $(-\Delta + a - \lambda)u = f$

$$U := (1 - K_0)^{-1}(K - K_0)$$

erhalten wir aus (6.24) und (6.25) mittels vollständiger Induktion für $n \in \mathbb{N}_0$

$$\|U^n\psi_0\|_\infty \leq q^n\|\psi_0\|_\infty \leq \alpha_0 q^n\|f\|_\infty ,$$

wobei

$$q := (\|a - a_0\|_\infty + |\lambda - \lambda_0|)\alpha_0 c_0(\Omega) < 1 .$$

Es ist daher $(\sum_{n=0}^m U^n\psi_0)$ Cauchyfolge in dem Banachraum $\overline{C}^0(\Omega, \mathbb{C})$, die in diesem Zusammenhang gerne *Neumannsche Reihe* (vgl. die historische Bemerkung 5.4.4 a)) genannte geometrische Reihe

$$\psi := \sum_{n=0}^\infty U^n\psi_0$$

also konvergent, und es gilt $(1 - U)\psi = \psi_0$.

Die verbleibende Behauptung des Satzes ergibt sich nun folgendermaßen. Zunächst ist

$$\|\psi - \psi_0\|_\infty \leq \sum_{n=1}^\infty \|U^n\psi_0\|_\infty \leq \frac{\alpha_0 q}{1-q}\|f\|_\infty . \qquad (6.26)$$

Gemäß Äquivalenzsatz 6.2.1 ist $u = \Gamma\psi$ und $u_0 = \Gamma\psi_0$, also

$$|u(x) - u_0(x)| = \left|\int_\Omega G(x,y)(\psi - \psi_0)(y)\,dy\right| \leq c_0(\Omega)\|\psi - \psi_0\|_\infty$$

mit der Konstanten $c_0(\Omega)$ aus (6.25). Zusammen mit (6.26) beweist dies (6.21). Den Fall beliebiger $g \in C^0(\partial\Omega, \mathbb{C})$ führt man mit Hilfe der Äquivalenz von (6.3) und (6.4) auf den Fall $g = 0$ zurück, indem man f durch $f - (a - \lambda)h$ ersetzt, wobei h die auf Ω harmonische Funktion mit $h|_{\partial\Omega} = g$ ist. Aus dem schwachen Maximumprinzip (Satz 2.3.4 und Korollar 2.3.5) folgt $\|h\|_\infty = \|g\|_\infty$ und somit (6.21). □

Bemerkung 6.2.10. Hat $\Omega \subset\subset \mathbb{R}^N$ die gleichmäßige äußere Kugeleigenschaft (s. Satz 4.6.2), so haben wir unter den übrigen Voraussetzungen von Satz 6.2.9 für genügend kleine $\|a - a_0\|_\infty + |\lambda - \lambda_0|$ sogar die Ungleichung

$$\|u - u_0\|_\infty + \sum_{i=1}^N \|u_{x_i} - (u_0)_{x_i}\|_\infty \leq \epsilon(\|f\|_\infty + \|g\|_\infty) ,$$

denn nach Aufgabe 4.7 gilt dann

$$|\nabla u(x) - \nabla u_0(x)| \leq c(\Omega)\|\psi - \psi_0\|_\infty \quad \text{für alle } x \in \Omega .$$

6.3 Die Gleichung $-\Delta u + \sum_{i=1}^{N} a_i u_{x_i} + (a - \lambda)u = f$ mit am Rand unbeschränkten a und f

In diesem Abschnitt sollen die Resultate des vorangegangenen Abschnitts auf das Dirichletproblem für die in der Überschrift genannte Gleichung ausgedehnt werden. Die Betrachtung am Rand unbeschränkter f wurde in Abschnitt 4.8 motiviert. Aufgrund der dortigen Vorarbeiten bietet es sich an, für $\Omega \subset\subset \mathbb{R}^N$ die Funktion $\delta(x) := \mathrm{dist}(x, \partial\Omega)$, $x \in \Omega$, heranzuziehen und $\overline{C}^0(\Omega, \mathbb{C})$ aus (6.5) durch den gewichteten Raum stetiger Funktionen

$$C_*^0(\Omega, \mathbb{C}) := \{u \in C^0(\Omega, \mathbb{C}) : \delta \cdot u \text{ ist beschränkt}\}$$

zu ersetzen, der, versehen mit der Norm

$$\|u\|_* := \sup_{x \in \Omega} |\delta(x) u(x)|,$$

ebenfalls ein Banachraum ist (s. Aufgabe 6.4). Die Analysis in diesem Abschnitt erlaubt es, ohne Mehraufwand auch den Fall unbeschränkter a zu behandeln. Die Äquivalenz der Lösung des Dirichletproblems mit der Lösung einer Fredholmschen Integralgleichung wird durch folgenden Satz hergestellt.

Satz 6.3.1 (Äquivalenzsatz). *$\Omega \subset\subset \mathbb{R}^N$ habe die gleichmäßige äußere Kugeleigenschaft (s. Satz 4.6.2), so daß insbesondere die Greensche Funktion G für Ω und den Laplaceoperator existiert. Ferner seien $a, f \in C^H(\Omega, \mathbb{C}) \cap C_*^0(\Omega, \mathbb{C})$, $a_1, \ldots, a_N \in C_b^H(\Omega, \mathbb{C})$ (vgl. Definition 4.1.5) und $\lambda \in \mathbb{C}$. Dann sind das Differentialgleichungsproblem*

$$u \in C^2(\Omega, \mathbb{C}) \cap C^0(\overline{\Omega}, \mathbb{C}), \quad u_{x_i} \in C_*^0(\Omega, \mathbb{C}), \quad i = 1, \ldots, N,$$
$$-\Delta u(x) + \sum_{i=1}^N a_i(x) u_{x_i}(x) + [a(x) - \lambda] u(x) = f(x), \quad x \in \Omega, \quad (6.27)$$
$$u|_{\partial\Omega} = 0$$

und das Integralgleichungsproblem

$$\psi \in C_*^0(\Omega, \mathbb{C}), \text{ und für } x \in \Omega \text{ ist} \qquad (6.28)$$

$$\psi(x) + \sum_{i=1}^N a_i(x) \int_\Omega G_{x_i}(x,y) \psi(y)\, dy + [a(x) - \lambda] \int_\Omega G(x,y) \psi(y)\, dy = f(x),$$

in folgendem Sinne äquivalent: Wenn für u die Aussage (6.27) zutrifft, dann erfüllt $\psi := -\Delta u$ die Aussage (6.28); wenn für ψ die Aussage (6.28) zutrifft, dann hat das Dirichletproblem

$$-\Delta u = \psi \text{ in } \Omega, \quad u|_{\partial\Omega} = 0$$

genau eine Lösung $u \in C^2(\Omega, \mathbb{C}) \cap C^0(\overline{\Omega}, \mathbb{C})$. Diese Lösung ist gegeben durch $u(x) = \int_\Omega G(x,y) \psi(y)\, dy$, $x \in \overline{\Omega}$, und sie erfüllt (6.27). Ferner haben (6.27) und (6.28) im Falle $f = 0$ gleichviel linear unabhängige Lösungen.

6.3 $-\Delta u+\sum_{i=1}^{N}a_{i}u_{x_{i}}+(a-\lambda)u = f$ mit am Rand unbeschränktem a und f 225

Beweis. a) Wenn u die Eigenschaft (6.27) hat, so folgt mit Aufgabe 4.2, daß $(a-\lambda)u, a_i u_{x_i} \in C^H(\Omega, \mathbb{C}) \cap C^0_*(\Omega, \mathbb{C})$. Somit löst u das Dirichletproblem

$$-\Delta u = \psi \text{ in } \Omega, \quad u|_{\partial\Omega} = 0 \tag{6.29}$$

mit $\psi := -\Delta u \in C^H(\Omega, \mathbb{C}) \cap C^0_*(\Omega, \mathbb{C})$. Nach Lemma 4.8.1 und Satz 4.8.2 b) ist daher

$$u(x) = \int_\Omega G(x,y)\psi(y)\,dy, \quad x \in \overline{\Omega}\,,$$

die eindeutig bestimmte Lösung von (6.29). Satz 4.8.2 a) vermittelt

$$u_{x_i}(x) = \int_\Omega G_{x_i}(x,y)\psi(y)\,dy, \quad x \in \Omega\,.$$

Die Gleichung in (6.27) läßt sich also in der in (6.28) behaupteten Weise schreiben.

b) Sei ψ eine Lösung von (6.28). Dann ist das Greenpotential

$$\int_\Omega G(\cdot,y)\psi(y)\,dy \tag{6.30}$$

zu Ω und ψ nach Lemma 4.8.1 und Satz 4.8.2 a) aus $C^0(\overline{\Omega}, \mathbb{C}) \cap C^1(\Omega, \mathbb{C})$, insbesondere also aus $C^H_b(\Omega, \mathbb{C})$. Da nach Lemma 4.8.3 auch

$$\int_\Omega G_{x_i}(\cdot,y)\psi(y)\,dy \in C^H(\Omega, \mathbb{C})$$

ist, folgt aus Satz 4.8.2 a) und (6.28), daß $\psi \in C^H(\Omega, \mathbb{C}) \cap C^0_*(\Omega, \mathbb{C})$. Das Dirichletproblem

$$-\Delta u = \psi \text{ in } \Omega, \quad u|_{\partial\Omega=0}$$

hat also genau eine Lösung $u \in C^2(\Omega, \mathbb{C}) \cap C^0(\overline{\Omega}, \mathbb{C})$, und diese ist nach Satz 4.8.2 b) durch (6.30) gegeben. Wie schon bemerkt, gilt nach Satz 4.8.2 a)

$$u_{x_i} = \int_\Omega G_{x_i}(\cdot,y)\psi(y)\,dy \in C^0_*(\Omega, \mathbb{C})\,.$$

Die Gleichung in (6.28), der ψ genügt, schreibt sich nun ersichtlich wie in (6.27) angegeben.

Der Beweis der Behauptung, die die homogenen Gleichungen betrifft, ist identisch mit dem betreffenden Beweisteil von Satz 6.2.1. □

Nun zur Kompaktheit der in (6.28) auftretenden Integraloperatoren.

Lemma 6.3.2. $\Omega \subset\subset \mathbb{R}^N$ habe die gleichmäßige äußere Kugeleigenschaft. Es sei G die Greensche Funktion für Ω und den Laplaceoperator und $i \in \{1,\ldots,N\}$. Dann ist

$$\Gamma_i \colon C_*^0(\Omega,\mathbb{C}) \to C_*^0(\Omega,\mathbb{C}), \quad f \mapsto \int_\Omega G_{x_i}(\cdot,y) f(y)\, dy$$

ein linearer kompakter Operator.

Beweis. Daß der (natürlich lineare) Operator Γ_i für $f \in C_*^0(\Omega,\mathbb{C})$ definiert ist und f nach $C_*^0(\Omega,\mathbb{C})$ abbildet, folgt aus Satz 4.8.2 a). Sei (f_n) eine Folge in $C_*^0(\Omega,\mathbb{C})$ mit $\|f_n\|_* \leq M$ für ein $M > 0$ und alle $n \in \mathbb{N}$. Wir setzen

$$u_n := \int_\Omega G(\cdot,y) f_n(y)\, dy\,.$$

Auf jeder kompakten Teilmenge von Ω ist die Folge $(\partial_{x_i} u_n)$ nach Satz 4.8.2 a) gleichgradig beschränkt und nach Korollar 4.8.5 gleichgradig gleichmäßig stetig, besitzt also dort nach Arzelà-Ascoli eine gleichmäßig konvergente Teilfolge. Sei nun $\Omega_0 \subset\subset \Omega_1 \subset\subset \ldots \subset\subset \Omega$ eine abzählbare Ausschöpfung von Ω. Es gibt dann eine Teilfolge $(\partial_{x_i} u_n^0)$, die auf $\overline{\Omega}_0$ gleichmäßig konvergiert; sie enthält ihrerseits eine Teilfolge $(\partial_{x_i} u_n^1)$, die auf $\overline{\Omega}_1$ gleichmäßig konvergiert usw. Die Diagonalfolge $(\partial_{x_i} u_n^n)$ ist dann auf jeder kompakten Teilmenge von Ω gleichmäßig konvergent. Wir zeigen, daß sie Cauchyfolge in $C_*^0(\Omega,\mathbb{C})$ und daher konvergent ist. Es sei $d(\Omega, 1/2)$ die Konstante aus Satz 4.8.2 a) mit $\gamma = \frac{1}{2}$. Zu $\epsilon > 0$ gibt es dann ein $t > 0$ so, daß für alle $n,m \in \mathbb{N}$

$$\sup_{\substack{x \in \Omega \\ \delta(x) < t}} |\delta(x) \partial_{x_i} [u_n^n(x) - u_m^m(x)]| \leq 2 d(\Omega,1/2) M t^{1/2} < \frac{\epsilon}{2}\,.$$

Ferner existiert ein $n_\epsilon \in \mathbb{N}$ mit

$$\sup_{\substack{x \in \Omega \\ \delta(x) \geq t}} |\delta(x) \partial_{x_i} [u_n^n(x) - u_m^m(x)]| < \frac{\epsilon}{2} \quad \text{für } n,m \geq n_\epsilon$$

wegen der Beschränktheit der Funktion δ und der gleichmäßigen Konvergenz von $(\partial_{x_i} u_n^n)$ auf $\{x \in \Omega \colon \delta(x) \geq t\}$. Damit ist die Kompaktheit von Γ_i bewiesen. □

Da die a_i stetig und beschränkt sind, ist also $\sum_{i=1}^N a_i \Gamma_i \colon C_*^0(\Omega,\mathbb{C}) \to C_*^0(\Omega,\mathbb{C})$ ein kompakter Operator. Der Nachweis der Kompaktheit des anderen Integraloperators in (6.28) sei als Übungsaufgabe gestellt (Aufgabe 6.6), desgleichen der Nachweis, daß $C^\infty(\Omega,\mathbb{C}) \cap C_*^0(\Omega,\mathbb{C})$ und daher auch $C^H(\Omega,\mathbb{C}) \cap C_*^0(\Omega,\mathbb{C})$ in $C_*^0(\Omega,\mathbb{C})$ dicht ist (Aufgabe 6.5).

Wir definieren nun den zu der Differentialgleichung (6.27) gehörigen Operator. Sei

6.3 $-\Delta u + \sum_{i=1}^{N} a_i u_{x_i} + (a-\lambda)u = f$ mit am Rand unbeschränkten a und f

$$D := \{u \in C^2(\Omega, \mathbb{C}) \cap C^0(\overline{\Omega}, \mathbb{C}) : \Delta u \in C^H(\Omega, \mathbb{C}) \cap C^0_*(\Omega, \mathbb{C}),$$
$$\nabla u \in C^0_*(\Omega, \mathbb{C}^N), \quad u|_{\partial\Omega} = 0\}.$$

Für $a \in C^H(\Omega, \mathbb{C}) \cap C^0_*(\Omega, \mathbb{C})$ und $a_1, \ldots, a_N \in C^H_b(\Omega, \mathbb{C})$ definieren wir einen linearen Operator L durch

$$L \colon D \to C^H(\Omega, \mathbb{C}) \cap C^0_*(\Omega, \mathbb{C}), \quad u \mapsto -\Delta u + \sum_{i=1}^{N} a_i u_{x_i} + au. \quad (6.31)$$

(Man beachte wieder, daß gemäß Aufgabe 4.2 für $u \in C^2(\Omega, \mathbb{C})$ schon $u_{x_i} \in C^H(\Omega, \mathbb{C})$ gilt.) Es bietet sich an, L als einen Operator in dem Banachraum $C^0_*(\Omega, \mathbb{C})$ zu betrachten. Im Hinblick auf gewisse Stabilitätsaussagen (Satz 6.3.5 oder Aufgabe 6.8) kann man L aber auch als einen Operator aus dem Banachraum (s. Aufgabe 6.4)

$$C^1_*(\Omega, \mathbb{C}) := \{u \in C^1(\Omega, \mathbb{C}) \colon u, \ \delta \cdot u_{x_i} \text{ beschränkt für alle } i = 1, \ldots, N\}$$

mit der Norm

$$\|u\|_{*,1} := \sup_{x \in \Omega} |u(x)| + \sum_{i=1}^{N} \sup_{x \in \Omega} |\delta(x) u_{x_i}(x)|$$

in den Banachraum $(C^0_*(\Omega, \mathbb{C}), \|\cdot\|_*)$ ansehen.

Lemma 6.3.3. *$\Omega \subset\subset \mathbb{R}^N$ habe die gleichmäßige äußere Kugeleigenschaft. Ferner seien $a \in C^H(\Omega, \mathbb{C}) \cap C^0_*(\Omega, \mathbb{C})$ und $a_1, \ldots, a_N \in C^H_b(\Omega, \mathbb{C})$. Ist dann $\lambda \in \mathbb{C}$ ein Eigenwert des Operators L in (6.31) und u eine zugehörige Eigenfunktion, so existieren die Integrale rechts in (6.32) (als Lebesgue-Integrale), und es gilt*

$$\lambda \int_\Omega |u|^2 = \int_\Omega |\nabla u|^2 + \sum_{i=1}^{N} \int_\Omega a_i u_{x_i} \overline{u} + \int_\Omega a|u|^2. \quad (6.32)$$

Ist $A := \inf_{x \in \Omega} \operatorname{Re} a(x)$ endlich und $B := \sup_{x \in \Omega} \sum_{i=1}^{N} |a_i(x)|^2$, so liegt λ in der Halbebene

$$H := \{\mu \in \mathbb{C} \colon \operatorname{Re} \mu \geq A - \tfrac{B}{4}\}. \quad (6.33)$$

Beweis. Wir haben

$$\lambda |u|^2 = (-\Delta u)\overline{u} + \sum_{i=1}^{N} a_i u_{x_i} \overline{u} + a|u|^2, \quad (6.34)$$

und aufgrund des Äquivalenzsatzes 6.3.1 hat $\psi := -\Delta u$ die Eigenschaft

$$\psi = (\lambda - a) \int_\Omega G(\cdot, y)\psi(y)\,dy - \sum_{i=1}^N a_i \int_\Omega G_{x_i}(\cdot, y)\psi(y)\,dy \ .$$

Ist daher M eine Schranke für $\sup_{y\in\Omega}|\delta(y)a(y)|$, $\sup_{y\in\Omega}|\delta(y)\psi(y)|$ und $|a_1|,\ldots,|a_N|$, so folgt aus Lemma 4.8.1 und Satz 4.8.2 a) für alle $\gamma \in (0,1)$ und $x \in \Omega$

$$|\Delta u(x)| = |\psi(x)| \le M\left[(|\lambda|\operatorname{diam}\Omega + M)c(\Omega,\gamma) + NMd(\Omega,\gamma)\right]\delta(x)^{-\gamma}\ ,$$
$$|u(x)| \le Mc(\Omega,\gamma)\delta(x)^{1-\gamma}\ .$$

Wählt man $0 < \gamma \le \frac{1}{2}$, so erkennt man die Beschränktheit und folglich die Integrierbarkeit von $|u(x)\Delta u(x)|$ auf Ω. Wendet man den Satz von GIESECKE in der Version von Korollar 3.7.3 auf $\operatorname{Re} u$ und $\operatorname{Im} u$ an, so erhält man

$$\int_\Omega (-\Delta u)\overline{u} = \int_\Omega |\nabla u|^2\ .$$

Aus

$$2|a_i u_{x_i}\overline{u}| \le \epsilon |u_{x_i}|^2 + \frac{1}{\epsilon}|a_i|^2|u|^2,\quad \epsilon > 0\ , \tag{6.35}$$

ergibt sich nun die Integrierbarkeit der linken Seite von (6.35) und aus (6.34) schließlich die von $a|u|^2$. Wenn nun A endlich ist, so folgt aus (6.32) und (6.35) (mit $\epsilon = 2$)

$$(\operatorname{Re}\lambda)\int_\Omega |u|^2 \ge \left(A - \frac{B}{4}\right)\int_\Omega |u|^2\ .$$

□

Satz 6.3.4 (Fredholmsche Alternative). $\Omega \subset\subset \mathbb{R}^N$ *habe die gleichmäßige äußere Kugeleigenschaft. Es seien* $a \in C^H(\Omega,\mathbb{C}) \cap C^0_*(\Omega,\mathbb{C})$, $a_1,\ldots,a_N \in C^H_b(\Omega,\mathbb{C})$ *und* $\lambda \in \mathbb{C}$. *Dann gilt:*

a) Entweder hat das Dirichletproblem

$$-\Delta u + \sum_{i=1}^N a_i(x)u_{x_i} + a(x)u - \lambda u = f(x)\ \text{in}\ \Omega,\quad u|_{\partial\Omega} = g$$

für jedes $f \in C^H(\Omega,\mathbb{C})\cap C^0_*(\Omega,\mathbb{C})$ *und jedes* $g \in C^0(\partial\Omega,\mathbb{C})$ *eine Lösung* $u \in C^2(\Omega,\mathbb{C}) \cap C^0(\overline{\Omega},\mathbb{C})$ *mit* $\nabla u \in C^0_*(\Omega,\mathbb{C}^N)$, *oder es gibt eine Lösung* $u \neq 0$ *in* $C^2(\Omega,\mathbb{C}) \cap C^0(\overline{\Omega},\mathbb{C})$ *mit* $\nabla u \in C^0_*(\Omega,\mathbb{C}^N)$ *für das homogene Problem*

$$-\Delta u + \sum_{i=1}^N a_i(x)u_{x_i} + a(x)u - \lambda u = 0\ \text{in}\ \Omega,\quad u|_{\partial\Omega} = 0\ .$$

Im ersten Fall ist u *eindeutig bestimmt; im zweiten Fall ist* λ *ein Eigenwert des Operators* L *aus (6.31).*

6.3 $-\Delta u+\sum_{i=1}^{N} a_i u_{x_i}+(a-\lambda)u = f$ mit am Rand unbeschränkten a und f 229

b) *Sei* inf Re a *endlich. Dann hat* L *höchstens abzählbar viele Eigenwerte. Sie haben endliche Vielfachheit und keinen endlichen Häufungspunkt und liegen in der Halbebene (6.33).*

Beweis. a) Aufgrund der Äquivalenz der Probleme (4.48) und (4.49) aus Abschnitt 4.8 und wegen Satz 2.1.7 braucht nur der Fall $g = 0$ behandelt zu werden, so daß wir uns auf den Äquivalenzsatz 6.3.1 stützen können. Nach Lemma 6.3.2, Bemerkung 6.2.3 und Aufgabe 6.6 ist der Operator

$$K_\lambda := (\lambda - a)\Gamma - \sum_{i=1}^{N} a_i \Gamma_i \colon C^0_*(\Omega, \mathbb{C}) \to C^0_*(\Omega, \mathbb{C}),$$

mit dem sich die Gleichung (6.28) in der Form

$$(1 - K_\lambda)\psi = f$$

schreibt, kompakt. Die Argumentation ist nun die gleiche wie beim Beweis des Teils a) von Satz 6.2.5; die dortigen Räume $\overline{C}^0(\Omega, \mathbb{C})$ und $C^H_b(\Omega, \mathbb{C})$ sind lediglich durch $C^0_*(\Omega, \mathbb{C})$ bzw. $C^H(\Omega, \mathbb{C}) \cap C^0_*(\Omega, \mathbb{C})$ zu ersetzen.

b) Auch der Beweis des Teils b) von Satz 6.2.5 überträgt sich nahezu wortwörtlich, wenn man beachtet, daß die Rolle des Streifens S aus (6.12) nun von der Halbebene H aus (6.33) übernommen wird. □

Der Beweis des nachfolgenden Satzes ergibt sich durch eine sinngemäße Abänderung des Beweises von Satz 6.2.9 und sei daher als eine Übungsaufgabe gestellt.

Satz 6.3.5 (Stabilität bezüglich der Koeffizienten). $\Omega \subset\subset \mathbb{R}^N$ *habe die gleichmäßige äußere Kugeleigenschaft. Es seien* $a \in C^H(\Omega, \mathbb{C}) \cap C^0_*(\Omega, \mathbb{C})$, $a_1, \ldots, a_N \in C^H_b(\Omega, \mathbb{C})$ *und* $\lambda_0 \in \mathbb{C}$. *Das homogene Dirichletproblem*

$$w \in C^2(\Omega, \mathbb{C}) \cap C^0(\overline{\Omega}, \mathbb{C}), \quad \nabla w \in C^0_*(\Omega, \mathbb{C}^N),$$

$$-\Delta w + \sum_{i=1}^{N} a_i(x) w_{x_i} + a(x) w - \lambda_0 w = 0 \text{ in } \Omega, \quad w|_{\partial\Omega} = 0,$$

habe nur die triviale Lösung. Dann gibt es ein allein von $a, a_1, \ldots, a_N, \lambda_0$ *und* Ω *abhängendes* $\delta_0 > 0$, *so daß für alle* $b \in C^H(\Omega, \mathbb{C}) \cap C^0_*(\Omega, \mathbb{C})$, $b_1, \ldots, b_N \in C^H_b(\Omega, \mathbb{C})$ *und* $\lambda \in \mathbb{C}$ *mit*

$$\|b - a\|_* + \sum_{i=1}^{N} \|b_i - a_i\|_\infty + |\lambda - \lambda_0| < \delta_0$$

das Dirichletproblem

$$u \in C^2(\Omega, \mathbb{C}) \cap C^0(\overline{\Omega}, \mathbb{C}), \quad \nabla u \in C^0_*(\Omega, \mathbb{C}^N),$$

$$-\Delta u + \sum_{i=1}^{N} b_i(x) u_{x_i} + b(x) u - \lambda u = f(x) \text{ in } \Omega, \quad u|_{\partial\Omega} = g,$$

für alle $f \in C^H(\Omega,\mathbb{C}) \cap C^0_*(\Omega,\mathbb{C})$ *und* $g \in C^0(\partial\Omega,\mathbb{C})$ *lösbar ist. Es sei* u_0 *die Lösung im Falle* $b = a$, $b_i = a_i$, $\lambda = \lambda_0$. *Dann existiert zu jedem* $\epsilon > 0$ *ein* $\delta \in (0,\delta_0)$, *so daß für alle* $b \in C^H(\Omega,\mathbb{C}) \cap C^0_*(\Omega,\mathbb{C})$, $b_1,\ldots,b_N \in C^H_b(\Omega,\mathbb{C})$ *und* $\lambda \in \mathbb{C}$ *mit*

$$\|b-a\|_* + \sum_{i=1}^N \|b_i - a_i\|_\infty + |\lambda - \lambda_0| < \delta \tag{6.36}$$

folgender Sachverhalt besteht: Für alle $x \in \Omega$ *und* $\gamma \in (0,1)$ *gilt mit einer (aus den Abschätzungen in Lemma 4.8.1 und Satz 4.8.2 resultierenden) Zahl* $c_0(\Omega,\gamma)$

$$|u(x) - u_0(x)| + \delta(x)|\nabla u(x) - \nabla u_0(x)| \leq \epsilon c_0(\Omega,\gamma)\delta(x)^{1-\gamma}(\|f\|_* + \|g\|_\infty)\,.$$

Insbesondere gibt es also zu jedem $\epsilon > 0$ *ein* $\delta \in (0,\delta_0)$ *derart, daß für alle Koeffizienten mit der Eigenschaft (6.36)*

$$\|u - u_0\|_{*,1} \leq \epsilon(\|f\|_* + \|g\|_\infty)$$

gilt.

Aufgaben

6.1. a) Es sei $\Omega \subseteq \mathbb{R}^N$ offen und nicht leer. Man zeige, daß der Vektorraum $\overline{C}^0(\Omega,\mathbb{C}) := \{u \in C^0(\Omega,\mathbb{C}): u \text{ ist beschränkt}\}$, versehen mit der Norm $\|u\|_\infty := \sup|u|$, vollständig ist.
b) Man zeige, daß der Banachraum aus a) bezüglich der Bilinearform

$$b(u,v) := \int_\Omega u(x)v(x)\,dx, \quad u,v \in \overline{C}^0(\Omega,\mathbb{C})\,,$$

ein Dualsystem bildet.

6.2. Es bezeichne S die Singularitätenfunktion in Definition 4.1.2. Man zeige, daß für jedes $N \geq 2$ eine Funktion $E_N \colon \mathbb{R}_0^+ \to \mathbb{R}$ existiert mit $\lim_{v \to 0} E_N(v) = 0$ und

$$\int_M S(x,y)\,dy \leq E_N(\mathrm{vol}(M))$$

für alle $x \in \mathbb{R}^N$ und für alle meßbaren Mengen $M \subseteq \mathbb{R}^N$ endlichen Volumens.
  Hinweis: Man wähle $E_N(v) := \int_{B_r(0)} S(0,y)\,dy$, wobei der Radius r so gewählt sei, daß $v = \mathrm{vol}(B_r(0))$ gilt.

6.3. Es sei jeder Randpunkt von $\Omega \subset\subset \mathbb{R}^N$ regulär, ferner $a \in C^0(\overline{\Omega},\mathbb{C})$ und $\lambda \in \mathbb{C}$. Es sei Γ der Operator aus Lemma 6.2.2.

a) Man bestimme den zu
$$K := (\lambda - a)\Gamma \colon \overline{C}^0(\Omega, \mathbb{C}) \to \overline{C}^0(\Omega, \mathbb{C})$$
transponierten Operator K^t bezüglich der Bilinearform aus Aufgabe 6.1 b) und zeige, daß dieser kompakt ist.

b) Man zeige, daß Γ ein symmetrischer Operator ist, wenn man $\overline{C}^0(\Omega, \mathbb{C})$ mit dem Skalarprodukt
$$\langle u, v \rangle := \int_\Omega u(x)\overline{v(x)}\, dx$$
versieht.

6.4. Es sei $\Omega \subset\subset \mathbb{R}^N$ nichtleer und $\delta(x) := \operatorname{dist}(x, \partial\Omega)$ für $x \in \Omega$. Man zeige, daß die Vektorräume
$$C_*^0(\Omega, \mathbb{C}) := \{u \in C^0(\Omega, \mathbb{C}) \colon \delta \cdot u \text{ ist beschränkt}\},$$
$$C_*^1(\Omega, \mathbb{C}) := \{u \in C^1(\Omega, \mathbb{C}) \colon u, \delta \cdot u_{x_i} \text{ beschränkt für alle } i = 1, \ldots, N\}$$
vollständig sind, wenn sie mit den Normen $\|u\|_* := \sup_{x \in \Omega} |\delta(x)u(x)|$ bzw. $\|u\|_{*,1} := \sup_{x \in \Omega} |u(x)| + \sum_{i=1}^N \sup_{x \in \Omega} |\delta(x)u_{x_i}(x)|$ versehen werden.

6.5. Man zeige, daß $C^\infty(\Omega, \mathbb{C}) \cap C_*^0(\Omega, \mathbb{C})$ dicht in $C_*^0(\Omega, \mathbb{C})$ ist.

6.6. Es seien die Voraussetzungen von Lemma 6.3.2 erfüllt und $a \in C_*^0(\Omega, \mathbb{C})$. Man zeige, daß mittels
$$\Gamma \colon f \mapsto \int_\Omega G(\cdot, y)f(y)\, dy$$
ein Operator $a\Gamma \colon C_*^0(\Omega, \mathbb{C}) \to C_*^0(\Omega, \mathbb{C})$ definiert wird, der kompakt ist.

6.7. Es seien Ω, a und $a_1, \ldots, a_N$ wie in Satz 6.3.4, und es bezeichne L den in (6.31) definierten zugehörigen Operator. Man zeige:

a) Ist $\lambda \in \mathbb{C}$ kein Eigenwert von L, so ist der Wertebereich von $L - \lambda$ gegeben durch $C^H(\Omega, \mathbb{C}) \cap C_*^0(\Omega, \mathbb{C})$.

b) Das Spektrum von L besteht ausschließlich aus Eigenwerten.

6.8. Es seien Ω, a und $a_1, \ldots, a_N$ wie in Satz 6.3.4. Für $j \in \{1, 2\}$ sei $f_j \in C^H(\Omega, \mathbb{C}) \cap C_*^0(\Omega, \mathbb{C})$, $g_j \in C^0(\partial\Omega, \mathbb{C})$ und u_j Lösung von
$$-\Delta u_j + \sum_{i=1}^N a_i(u_j)_{x_i} + au_j = f_j \text{ in } \Omega, \quad u_j|_{\partial\Omega} = g_j.$$
Man zeige: Ist Null kein Eigenwert des Operators L aus (6.31) (vgl. Aufgabe 6.7), so gibt es ein $c > 0$ mit
$$\|u_1 - u_2\|_{*,1} \le c(\|f_1 - f_2\|_* + \max|g_1 - g_2|).$$

6.9. Man beweise Satz 6.3.5.

7

Der Kelloggsche Satz

Zur Vorbereitung der Schauderschen Abschätzungen in Kapitel 8 wird gezeigt, daß die Lösung des Dirichletproblems für die Poissongleichung bei gleichmäßig α- hölderstetiger rechter Seite gleichmäßig α-hölderstetige Ableitungen bis zur Ordnung 2 besitzt, wenn der Rand des beschränkten Gebietes diese Qualität hat (Satz 7.2.1 bzw. Korollar 7.2.2). Der Beweis geschieht in der Weise, daß ein Diffeomorphismus angegeben wird, der den Rand des Gebietes lokal auf einen Teil der Oberfläche der Kugel abbildet, wobei der Laplaceoperator in einen allgemeinen elliptischen Operator 2. Ordnung überführt wird, dessen Hauptteil sich nur wenig von diesem unterscheidet, so daß auf die Sätze 5.3.4 und 5.5.6 zurückgegriffen werden kann. Des weiteren werden für die Schauderabschätzungen noch die Interpolationsungleichungen aus Lemma 7.3.3 und Korollar 7.3.4 benötigt.

KELLOGG [138] untersuchte 1931 das Verhalten harmonischer Funktionen in der Nähe eines Randstücks z.B. der Qualität $C^{2,\alpha}$ (s. Definition 7.1.1), indem er das Poissonintegral für eine den Rand von innen her berührende Kugel betrachtete. Vielfach heißt aber seit langem die folgende Aussage (zur Definition der Hölderräume s. Definition 5.3.1) KELLOGGscher Satz (s. Korollar 7.2.2):

Es seien $\Omega \subset\subset \mathbb{R}^N$ mit $\partial\Omega \in C^{2,\alpha}$ und $f \in \overline{C}^{0,\alpha}(\Omega)$ für ein $\alpha \in (0,1)$. Dann hat das Dirichletproblem

$$-\Delta u = f \text{ in } \Omega, \quad u|_{\partial\Omega} = 0$$

eine Lösung $u \in \overline{C}^{2,\alpha}(\Omega)$.

Der Grund für die Namengebung ergibt sich aus folgendem Beweisgedanken, den man auf p. 337 der amerikanischen Ausgabe von [46] findet. Ist $B \supset \overline{\Omega}$ eine Kugel, so hat f eine Fortsetzung $\tilde{f} \in \overline{C}^{0,\alpha}(B)$ mit Träger in B (einen Beweis findet man in [83, § 6.9]). Ist v das Newtonpotential zu B und $\tilde{f}$, so besitzt die harmonische Funktion h, die auf $\partial\Omega$ gleich v ist, aufgrund der Kelloggschen Untersuchungen [138] die gewünschte Qualität, und es ist $u := v - h$ die gesuchte Lösung.

Der Kelloggsche Satz wurde von SCHAUDER [293] mit Hilfe seiner berühmten A-Priori-Abschätzung bewiesen. Mit der BERNSTEINschen Kontinuitätsmethode zeigte er dann die Lösbarkeit des Dirichletproblems in $\overline{C}^{2,\alpha}(\Omega)$ für allgemeine lineare elliptische Differentialgleichungen 2. Ordnung und mit dem LERAY-SCHAUDERschen Fixpunktsatz für gewisse nichtlineare elliptische Gleichungen. Darauf werden wir in Kapitel 8 näher eingehen.

Ein in sich abgeschlossener und direkter, also die nicht leicht herzuleitende A-Priori-Abschätzung von Schauder vermeidender Beweis wurde von MANFRED KÖNIG gegeben [146]. Gleichzeitig zeigte König in [147], eine Bemerkung von Schauder in [293, p. 281] aufgreifend (wir haben bereits in Bemerkung 5.3.7 auf sie verwiesen), wie man bei Verwendung des Kelloggschen Satzes mit Hilfe des BANACHschen Satzes von der offenen Abbildung zu der Schauderschen A-Priori-Abschätzung gelangen kann. Wir werden darauf ebenfalls in Kapitel 8 zurückkommen.

Wie es in der Literatur üblich ist, bedeutet die $C^{2,\alpha}$-Regularität von $\partial\Omega$, daß wir zu jedem Randpunkt eine in $\mathbb{R}^N$ offene Umgebung U und einen $C^{2,\alpha}$-Diffeomorphismus $\phi\colon U \to D \subseteq \mathbb{R}^N$ finden können, der $U \cap \Omega$ in den Halbraum $\mathbb{R}_+^N$ und den Rand $U \cap \partial\Omega$ in die den Halbraum begrenzende Hyperebene $R^{N-1} \times \{0\}$ abbildet (s. Definition 7.1.1 und Bemerkung 7.1.4). Für den Beweis des Kelloggschen Satzes werden wir jedoch nicht diese Diffeomorphismen verwenden, sondern solche, die den Rand $\partial\Omega$ lokal auf einen Teil einer Kugeloberfläche transformieren. Dabei geht der Laplaceoperator in einen linearen elliptischen Differentialoperator 2. Ordnung über, dessen Hauptteil nur wenig von $-\Delta$ abweicht. Für diesen Operator kennen wir die Lösbarkeit des Dirichletproblems in der Klasse $\overline{C}^{2,\alpha}(B)$ aufgrund der Sätze 5.3.4 und 5.5.6. Allerdings machen wir auch noch von einer Eigenschaft des Gradienten des Greenpotentials für $-\Delta$ und Ω Gebrauch (s. den Beweis von Korollar 7.2.2), die uns in Aufgabe 4.7 nur für den Fall zur Verfügung steht, daß Ω die gleichmäßige äußere Kugeleigenschaft besitzt (s. Satz 4.6.2). Dies ist jedoch, wie wir sehen werden, für alle $\Omega \subset\subset \mathbb{R}^N$ mit $C^{2,\alpha}$-Rand der Fall.

7.1 Vorbereitungen

Wir beginnen mit der Definition der $C^{2,\alpha}$-Regularität für den Rand einer offenen Teilmenge des $\mathbb{R}^N$.

Definition 7.1.1. *Für offenes $\Omega \subseteq \mathbb{R}^N$, $\alpha \in (0,1]$ bedeute $\partial\Omega \in C^{2,\alpha}$, daß zu jedem $x_0 \in \partial\Omega$ eine in $\mathbb{R}^N$ offene Umgebung U existiere, die x_0 enthält, und eine Abbildung $\eta \in \overline{C}^{2,\alpha}(U)$ mit $\nabla\eta(x_0) \neq 0$ und*

$$U \cap \Omega = \{x \in U \colon \eta(x) > 0\}. \tag{7.1}$$

Bemerkung 7.1.2. a) Für $\Omega \subset\subset \mathbb{R}^N$ und $0 < \beta < \alpha \leq 1$ ergibt sich aus Aufgabe 5.9 a) und Definition 7.1.1, daß $\partial\Omega \in C^{2,\alpha}$ bereits $\partial\Omega \in C^{2,\beta}$ impliziert.

b) Zusätzlich zu den in Definition 7.1.1 geforderten Eigenschaften, können wir stets annehmen, daß U so gewählt ist, daß $\nabla \eta(x) \neq 0$ für alle $x \in U$ gilt. Dann gilt $\eta(x) < 0$ für jedes $x \in U \setminus \overline{\Omega}$, da im Falle $\eta(x) = 0$ die Funktion η in jeder Umgebung von x auch positive Werte annimmt, und somit jede Umgebung von x einen nichtleeren Schnitt mit Ω besitzt. Wegen $\partial\Omega = \overline{\Omega} \setminus \Omega$ ist $\eta(x) = 0$ für alle $x \in U \cap \partial\Omega$. Da jedes $x \in U$ genau einer der drei Mengen $U \cap \Omega$, $U \cap \partial\Omega$ oder $U \setminus \overline{\Omega}$ angehört, folgt

$$U \cap \partial\Omega = \{x \in U \colon \eta(x) = 0\},$$
$$U \setminus \overline{\Omega} = \{x \in U \colon \eta(x) < 0\}.$$

Es ist eine unmittelbare Konsequenz des Satzes über implizite Funktionen, daß sich $C^{2,\alpha}$-Ränder lokal als Graphen von $\overline{C}^{2,\alpha}$-Funktionen darstellen lassen. Dies wird in folgendem Lemma formuliert, wobei wir zudem eine Wahl des Koordinatensystems treffen, die sich für die weiteren Betrachtungen als vorteilhaft erweisen wird.

Lemma 7.1.3. *Die offene Menge $\Omega \subseteq \mathbb{R}^N$ besitze einen Rand $\partial\Omega \in C^{2,\alpha}$ für ein $\alpha \in (0,1]$. Dann existieren zu jedem $x_0 \in \partial\Omega$ eine Zahl $r > 0$, eine orthogonale $N \times N$ Matrix T und eine Abbildung $\varphi \in \overline{C}^{2,\alpha}(B')$, $B' := B'_r(0) \subseteq \mathbb{R}^{N-1}$, mit den Eigenschaften*

$$\varphi(0) = 0 \;,\; \nabla\varphi(0) = 0,$$
$$J(\partial\Omega \cap B_r(x_0)) = \{(x', x_N) \in B_r(0) \colon x_N = \varphi(x')\},$$
$$J(\Omega \cap B_r(x_0)) = \{(x', x_N) \in B_r(0) \colon x_N > \varphi(x')\}.$$

Hierbei beschreibt $J(x) := T(x - x_0)$, $x \in \mathbb{R}^N$, die Wahl eines geeigneten kartesischen Koordinatensystems.

Beweis. Zu $x_0 \in \partial\Omega$ seien $U \subseteq \mathbb{R}^N$, $\eta \in \overline{C}^{2,\alpha}(U)$ gewählt wie in Definition 7.1.1. Wegen $\nabla \eta(x_0) \neq 0$ existiert eine orthogonale $N \times N$ Matrix T mit $T\nabla\eta(x_0) = \lambda e_N$ für ein $\lambda > 0$. Es bezeichne J die isometrische Abbildung $J(x) = T(x - x_0)$. Weiter sei

$$Q \colon J(U) \to \mathbb{R} \;,\; Q(x) := \eta\left(J^{-1}(x)\right).$$

Für die stetig differenzierbare Funktion Q gilt

$$Q(0) = \eta(x_0) = 0 \;,\; \nabla Q(0) = \left(\eta'(x_0) T^{-1}\right)^t = T\nabla\eta(x_0) = \lambda e_N.$$

Der Satz über implizite Funktionen liefert nun eine Zahl $r > 0$ und eine stetig differenzierbare Funktion $\varphi \colon B' \to \mathbb{R}$ mit $B' = \{x \in \mathbb{R}^{N-1} \colon |x| < r\}$ und

$$\{(x', x_N) \in B' \times (-r, r) \colon Q(x', x_N) = 0\} = \{(x', \varphi(x')) \colon x' \in B'\}. \quad (7.2)$$

Aus $Q(0) = 0$ folgt $\varphi(0) = 0$. Differenzieren der Identität $Q(x', \varphi(x')) = 0$ führt auf

$$\varphi_{x_k}(x') = -\frac{Q_{x_k}}{Q_{x_N}}(x', \varphi(x'))$$

für $1 \leq k \leq N-1$ und $x' \in B'$. Wegen $\nabla Q(0) = \lambda e_N$ gilt somit $\nabla \varphi(0) = 0$. Da Q zweimal stetig differenzierbar ist, gilt auch $\varphi \in C^2(B')$ mit

$$\varphi_{x_k x_l}(x') = \left[-\frac{Q_{x_k x_l}}{Q_{x_N}} + \frac{Q_{x_k}Q_{x_N x_l} + Q_{x_l}Q_{x_k x_N}}{Q_{x_N}^2} - \frac{Q_{x_k}Q_{x_l}Q_{x_N x_N}}{Q_{x_N}^3}\right](x', \varphi(x'))$$

für $1 \leq k, l \leq N-1$ und $x' \in B'$. Aus der Konvexität von B' folgt $\overline{C}^1(B') \subseteq \overline{C}^{(\lambda)}(B')$ für jedes $\lambda \in (0,1]$. Da wir zudem die Beschränktheit von $1/Q_{x_N}$ auf B' durch Verkleinerung von r stets erreichen können, ergibt sich aus $Q \in \overline{C}^{2,\alpha}(J(U))$ mit Hilfe der Aufgaben 5.9 c) und 5.10 a), daß $\varphi \in \overline{C}^{2,\alpha}(B')$. Man beachte, daß J^{-1} die Kugel $B_r(0)$ auf $B_r(x_0) \subseteq U$ abbildet. Gemäß Bemerkung 7.1.2 b) gilt

$$B_r(x_0) \cap \Omega = \{x \in B_r(x_0) \colon \eta(x) > 0\},$$
$$B_r(x_0) \cap \partial\Omega = \{x \in B_r(x_0) \colon \eta(x) = 0\}.$$

Hieraus folgt unmittelbar

$$J(B_r(x_0) \cap \Omega) = \{x \in B_r(0) \colon Q(x) > 0\},$$
$$J(B_r(x_0) \cap \partial\Omega) = \{x \in B_r(0) \colon Q(x) = 0\}.$$

Da $B_r(0) \subseteq Z := B' \times (-r, r)$ ist, gilt mit (7.2)

$$\{x \in B_r(0) \colon Q(x) = 0\} = \{(x', x_N) \in B_r(0) \colon x_N = \varphi(x')\}.$$

Da $Z_\pm := \{(x', x_N) \in Z \colon 0 < \pm(x_N - \varphi(x'))\}$ zusammenhängende Mengen sind, die keine Nullstellen von Q enthalten, und $Q_{x_N}(0) = \lambda > 0$ gilt, nimmt Q auf Z_+ nur positive und auf Z_- nur negative Werte an. Folglich ist

$$\{x \in B_r(0) \colon Q(x) > 0\} = B_r(0) \cap Z_+ = \{(x', x_N) \in B_r(0) \colon x_N > \varphi(x')\}.$$

□

Bemerkung 7.1.4. Eine andere Art, die $C^{2,\alpha}$-Regularität des Randes einer offenen Menge $\Omega \subseteq \mathbb{R}^N$ zu definieren, besteht darin, für jedes $x_0 \in \partial\Omega$ die Existenz einer offenen Umgebung U von x_0, einer offenen Menge $D \subseteq \mathbb{R}^N$, sowie eines $\overline{C}^{2,\alpha}$-Diffeomorphismus $\phi \colon U \to D$ (d.h. ϕ ist bijektiv und alle Komponenten von ϕ und ϕ^{-1} sind $\overline{C}^{2,\alpha}$-Funktionen) zu fordern mit der zusätzlichen Eigenschaft

$$\phi(U \cap \Omega) = D \cap \mathbb{R}_+^N, \quad \text{wobei } \mathbb{R}_+^N := \{x \in \mathbb{R}^N \colon x_N > 0\}.$$

Man beachte, daß dann $\eta := \phi_N$ die Bedingungen von Definition 7.1.1 erfüllt, wobei $\nabla\eta(x_0) \neq 0$ aus der Invertierbarkeit von $\phi'(x_0)$ folgt. Insbesondere gilt gemäß Bemerkung 7.1.2 b)

$$\phi(U \cap \partial\Omega) = D \cap \left(\mathbb{R}^{N-1} \times \{0\}\right) .$$

Mit Hilfe des Satzes über implizite Funktionen kann man zeigen (vgl. Aufgabe 7.1), daß aus der Existenz einer Funktion η mit den in Definition 7.1.1 geforderten Eigenschaften auf die Existenz eines $\overline{C}^{2,\alpha}$-Diffeomorphismus ϕ mit den oben beschriebenen Eigenschaften geschlossen werden kann. Die obige Definition der $C^{2,\alpha}$-Regularität ist somit äquivalent zu der Definition 7.1.1.

Bemerkung 7.1.5. Wir können in Bemerkung 7.1.4 die Menge U so wählen, daß D zu einer offenen Kugel um $\phi(x_0)$ wird. Dann ist $D \cap \mathbb{R}_+^N$ zusammenhängend und somit auch $U \cap \Omega$. Dies bedeutet, daß es zu jedem Punkt x_0 eines $C^{2,\alpha}$-Randes $\partial\Omega$ eine offene Umgebung U gibt, welche nur eine Zusammenhangskomponente von Ω schneidet. Diese Beobachtung hat folgende nützliche Konsequenzen.

Sei $\Omega \subset\subset \mathbb{R}^N$ mit $\partial\Omega \in C^{2,\alpha}$ für ein $\alpha \in (0,1]$. Dann gilt:

a) Ω besteht aus endlichvielen Zusammenhangskomponenten.
b) Es gibt ein $\delta > 0$ derart, daß $|x - y| \geq \delta$ für alle x und y, die in verschiedenen Zusammenhangskomponenten von Ω liegen.
c) Es bezeichne $\Omega_1, \ldots, \Omega_k$ die Zusammenhangskomponenten von Ω. Weiter seien $m \in \mathbb{N}_0$, $\beta \in (0,1]$ und $u \colon \Omega \to \mathbb{R}$ mit $u|_{\Omega_p} \in \overline{C}^{m,\beta}(\Omega_p)$ für alle $p = 1, \ldots, k$. Dann gilt schon $u \in \overline{C}^{m,\beta}(\Omega)$ und

$$\|u\|_{\Omega;m,\beta} \leq (1 + \delta^{-\beta}) \sum_{p=1}^{k} \|u|_{\Omega_p}\|_{\Omega_p;m,\beta} .$$

Die ersten beiden Aussagen beweisen wir indirekt. Angenommen, Ω enthält unendlichviele Zusammenhangskomponenten Ω_p, $p \geq 1$. Wähle $x_p \in \partial\Omega_p \subseteq \partial\Omega$ beliebig. Da $\partial\Omega$ kompakt ist, enthält die Folge $(x_p)_{p\geq 1}$ einen Häufungspunkt $x_0 \in \partial\Omega$. Jede Umgebung von x_0 schneidet somit unendlichviele Zusammenhangskomponenten, was den gewünschten Widerspruch liefert.

Um Aussage b) zu beweisen, nehmen wir an, es gäbe eine Folge von Paaren $(x_j, y_j)_{j\geq 1}$ mit $|x_j - y_j| \to 0$ für $j \to \infty$, wobei x_j und y_j jeweils in verschiedenen Zusammenhangskomponenten von Ω liegen. Da es nur endlichviele Zusammenhangskomponenten gibt, können wir annehmen, daß $x_j \in \Omega'$ und $y_j \in \Omega''$ für alle $j \geq 1$, wobei Ω' und Ω'' zwei verschiedene Zusammenhangskomponenten von Ω bezeichnen. Aus der Beschränktheit von Ω folgt, daß die Folgen $(x_j)_{j\geq 1}$, $(y_j)_{j\geq 1}$ einen gemeinsamen Häufungspunkt x_0 besitzen, der dann notwendig in $\partial\Omega' \cap \partial\Omega'' \subseteq \partial\Omega$ liegt. Somit schneidet jede Umgebung von x_0 mindestens zwei Zusammenhangskomponenten von Ω, was im Widerspruch zu der zu Beginn dieser Bemerkung gemachten Beobachtung steht.

Aussage c) folgt schließlich aus den leicht zu verifizierenden Ungleichungen

$$\|u\|_{\Omega;m} \leq \sum_{p=1}^{k} \|u\|_{\Omega_p;m} \qquad (7.3)$$

und
$$H_{\beta;\Omega}(D^\mu u) \leq \sum_{p=1}^{k} H_{\beta;\Omega_p}(D^\mu u) + \delta^{-\beta} \sum_{p=1}^{k} \sup_{\Omega_p} |D^\mu u|,$$

wobei δ die positive Konstante aus Aussage b) bezeichnet.

Das folgende Lemma zeigt, daß es für jeden Punkt x_0 eines $C^{2,\alpha}$-Randes $\partial\Omega$ Kugeln gibt, die im Inneren bzw. im Äußeren von Ω liegen und den Rand nur in dem vorgegebenen Punkt x_0 berühren. Zudem wird nachgewiesen, daß der Radius dieser Kugeln lokal konstant gewählt werden kann.

Lemma 7.1.6. *Sei $\Omega \subseteq \mathbb{R}^N$ offen mit $C^{2,\alpha}$-Rand für ein $\alpha \in (0,1]$. Dann gibt es zu jedem $x_0 \in \partial\Omega$ positive Zahlen r und R so, daß für alle $x \in B_r(x_0) \cap \partial\Omega$ Kugeln B_x^I, B_x^A vom Radius R existieren mit*

$$\overline{B}_x^I \cap (\mathbb{R}^N \setminus \Omega) = \{x\} \quad , \quad \overline{B}_x^A \cap \overline{\Omega} = \{x\}.$$

Beweis. Die Isometrie der Abbildung J in Lemma 7.1.3 erlaubt es, sich ohne Beschränkung der Allgemeinheit auf den Fall $x_0 = 0$ zurückzuziehen mit

$$\Omega \cap B_\varrho(0) = \{(x', x_N) \in B_\varrho(0) \colon x_N > \varphi(x')\} \tag{7.4}$$

für geeignetes $\varrho > 0$ und $\varphi \in \overline{C}^{2,\alpha}(B'_\varrho(0))$.

Wir wollen nun die Aussage des Lemmas für

$$r := \frac{\varrho}{2}, \quad R := \min\left\{\frac{\varrho}{4}, \frac{1}{C+1}\right\}, \quad C := \sup_{x' \in B'_\varrho(0)} |H\varphi(x')|$$

beweisen, wobei C eine obere Schranke an die mit der euklidischen Vektornorm verträgliche Matrixnorm ($|A| = \sup_{|x|\leq 1} |Ax|$) der Hessematrix $H\varphi = (\varphi_{x_k x_l})$ bezeichnet. Sei nun $\hat{x} \in B_r(0) \cap \partial\Omega$ und somit $\hat{x} = (\hat{x}', \varphi(\hat{x}'))$. Als Mittelpunkt für die Kugel $B_{\hat{x}}^I$ wählen wir $m_I := \hat{x} + v$, wobei

$$v := \frac{R}{\sqrt{1 + |\nabla\varphi(\hat{x}')|^2}} \begin{pmatrix} -\nabla\varphi(\hat{x}') \\ 1 \end{pmatrix}$$

der Vektor der Länge R ist, der senkrecht auf dem Tangentialraum zu $\partial\Omega$ im Punkt $\hat{x}$ steht und $v_N > 0$ erfüllt. Der Punkt $\hat{x}$ liegt somit auf dem Rand der Kugel

$$B_{\hat{x}}^I := B_R(m_I).$$

Die Tangentialräume zu $\partial\Omega$ und $\partial B_{\hat{x}}^I$ stimmen in dem Punkt $\hat{x}$ überein. Es bleibt zu zeigen, daß $\overline{B}_{\hat{x}}^I \setminus \{\hat{x}\}$ in Ω enthalten ist. Zunächst gilt $|m_I| \leq |\hat{x}| + |v| < r + R \leq 3\varrho/4$, und somit haben wir $\overline{B}_{\hat{x}}^I \subseteq B_\varrho(0)$. Wegen (7.4) genügt es, folgende Ungleichung für alle $x' \in \overline{B}'_R(m'_I) \setminus \{\hat{x}'\}$ nachzuweisen:

$$h(x') := (m_I)_N - \sqrt{R^2 - |x' - m_I'|^2} - \varphi(x') > 0 \ . \tag{7.5}$$

Man beachte, daß $\{(x', (m_I)_N - \sqrt{R^2 - |x' - m_I'|^2}) \colon |x' - m_I'| \leq R\}$ die Menge der auf der unteren Halbkugel befindlichen Randpunkte von $B_{\hat{x}}^I$ beschreibt. Nach Konstruktion liegt $\hat{x}$ wegen $v_N > 0$ auf der unteren Hälfte von $\partial B_{\hat{x}}^I$, und es gilt $h(\hat{x}') = 0$. Aus der Übereinstimmung der Tangentialräume zu $\partial\Omega$ und $\partial B_{\hat{x}}^I$ im Punkt $\hat{x}$ folgt $\nabla h(\hat{x}') = 0$. Die Funktion h läßt sich demgemäß auf $\overline{B}_R'(m_I')$ darstellen durch

$$h(x') = \int_0^1 (1-t)(x'-\hat{x}') \cdot [Hh(\hat{x}' + t(x'-\hat{x}'))(x'-\hat{x}')] \, dt \ .$$

Die gewünschte Relation (7.5) ist nun eine Konsequenz der positiven Definitheit der Hessematrix Hh. Diese folgt wegen $C < R^{-1}$ aus einer einfachen Rechnung. Für $x' \in B_R'(m_I')$ und $y \in \mathbb{R}^{N-1} \setminus \{0\}$ gilt nämlich

$$y \cdot [Hh(x')y] \geq \left(R^2 - |x' - m_I'|^2\right)^{-1/2} |y|^2 - y \cdot [H\varphi(x')y]$$
$$\geq \frac{1}{R}|y|^2 - C|y|^2 > 0 \ .$$

Somit ist (7.5) gezeigt, was die gewünschten Eigenschaften von $B_{\hat{x}}^I$ nachweist. Analog definiert man $B_{\hat{x}}^A := B_R(m_A)$ mit $m_A := \hat{x} - v$. Die geforderte Inklusion $\overline{B}_{\hat{x}}^A \setminus \{\hat{x}\} \subseteq \mathbb{R}^N \setminus \overline{\Omega}$ kann nachgewiesen werden, indem man die aus Lemma 7.1.3 unmittelbar folgende Relation

$$B_\varrho(0) \cap (\mathbb{R}^N \setminus \overline{\Omega}) = \{(x', x_N) \in B_\varrho(0) \colon x_N < \varphi(x')\}$$

benutzt sowie die negative Definitheit der Hessematrizen $H\tilde{h}(x')$ der auf $\overline{B}_R'(m_A')$ definierten Funktion

$$\tilde{h}(x') := (m_A)_N + \sqrt{R^2 - |x' - m_A'|^2} - \varphi(x') \ .$$

□

Korollar 7.1.7. *Jede Teilmenge $\Omega \subset\subset \mathbb{R}^N$ mit $C^{2,\alpha}$-Rand für ein $\alpha \in (0,1]$ erfüllt die gleichmäßige äußere Kugeleigenschaft (s. Satz 4.6.2).*

Beweis. Für jedes $x_0 \in \partial\Omega$ bezeichne $r(x_0)$, $R(x_0)$ die in Lemma 7.1.6 bestimmten positiven Zahlen. Es ist $(B_{r(y)}(y))$ mit $y \in \partial\Omega$ eine offene Überdeckung der kompakten Menge $\partial\Omega$, die folglich eine endliche Teilüberdeckung $(B_{r(y_j)}(y_j))$ mit $j = 1, \ldots, k$ besitzt. Wähle $R := \min_{1 \leq j \leq k} R(y_j) > 0$. Sei $y \in \partial\Omega$ und $1 \leq j \leq k$ so gewählt, daß $y \in B_{r(y_j)}(y_j)$. Gemäß Lemma 7.1.6 existiert eine Kugel B_y^A mit Radius $R(y_j)$ so, daß $B_y^A \cap \overline{\Omega} = \{y\}$ gilt. Wegen $R \leq R(y_j)$ läßt sich dann auch eine in B_y^A enthaltene Kugel $\tilde{B}_y^A$ mit Radius R finden, die ebenfalls $\overline{\Omega}$ nur in dem Punkt y berührt. □

240   7 Der Kelloggsche Satz

Wir führen nun eine weitere Regularitätsbedingung für die Berandung offener Mengen ein. Diese zielt darauf ab, den Rand lokal durch $\overline{C}^{2,\alpha}$-Diffeomorphismen auf Teile einer Kugeloberfläche abzubilden. Zudem werden Bedingungen gestellt, die dafür sorgen, daß der Hauptteil der mit Hilfe dieser Diffeomorphismen transformierten Poissongleichung sich nur wenig von $-\Delta$ unterscheidet. Um den lokalen Charakter des Kelloggschen Satzes (s. Satz 7.2.1) zum Ausdruck bringen zu können, formulieren wir die nun folgende Regularitätsbedingung auch für Teilmengen Γ des Randes $\partial\Omega$.

Definition 7.1.8. *Für offenes $\Omega \subseteq \mathbb{R}^N$, $\Gamma \subseteq \partial\Omega$ und $\alpha \in (0,1]$ bedeute*

$$\Gamma \in K^{2,\alpha},$$

daß zu jedem $x_0 \in \Gamma$ eine offene Kugel $B \subseteq \Omega$ mit $x_0 \in \partial B$ und positive Zahlen h_0, c existieren derart, daß es für jedes $h \in (0, h_0)$ eine stetige Abbildung $\psi_h \colon \overline{B} \to \mathbb{R}^N$ mit $\psi_h(x_0) = x_0$ und eine Zahl $\varrho_h > 0$ mit folgenden Eigenschaften gibt:

(i) $\psi_h(\overline{B}) \subseteq \Omega \cup \Gamma$.
(ii) *Jede Komponente $(\psi_h)_k$ von ψ_h liegt in $\overline{C}^{2,\alpha}(B)$.*
(iii) $\Omega \cap B_{\varrho_h}(x_0) \subseteq \psi_h(B)$.
(iv) $\|(\psi_h)_k\|_{B;2} \leq c$ *für* $1 \leq k \leq N$ *(s. Bemerkung 5.6.4 b)).*
(v) $\lim_{h \to 0} \sup_B |\psi_h' - I| = 0$ *(ψ_h' ist die Jacobimatrix von ψ_h und I die N-dimensionale Einheitsmatrix).*

Um ein Gefühl für diese Definition zu vermitteln, zeigen wir zunächst, daß die $C^{2,\alpha}$-Regularität des Randes die $K^{2,\alpha}$-Regularität impliziert.

Lemma 7.1.9. *Für offenes $\Omega \subseteq \mathbb{R}^N$ und $\alpha \in (0,1]$ folgt aus $\partial\Omega \in C^{2,\alpha}$ bereits $\partial\Omega \in K^{2,\alpha}$.*

Beweis. Gemäß Lemma 7.1.3 beschränken wir uns zunächst auf den Fall, daß $x_0 = 0$ und

$$\begin{aligned} \Omega \cap B_r(0) &= \{(x', x_N) \in B_r(0) \colon x_N > \varphi(x')\}, \\ \partial\Omega \cap B_r(0) &= \{(x', x_N) \in B_r(0) \colon x_N = \varphi(x')\} \end{aligned} \tag{7.6}$$

für ein $r > 0$ und $\varphi \in \overline{C}^{2,\alpha}(B_r'(0))$ mit $\varphi(0) = 0$ und $\nabla\varphi(0) = 0$ ist. Man wähle wie im Beweis von Lemma 7.1.6

$$C := \sup\{|H\varphi(x')| \colon |x'| < r\} \text{ und } R := \min\left\{\frac{r}{4}, \frac{1}{C+1}\right\}. \tag{7.7}$$

Dann ist B_0^I aus Lemma 7.1.6 gegeben durch

$$B := B_R((0, R))$$

und besitzt die Eigenschaft $\overline{B} \cap (\mathbb{R}^N \setminus \Omega) = \{0\}$. Insbesondere gilt $B \subseteq \Omega$ und $0 \in \partial B$. Wir definieren nun eine Abbildung

$$\psi\colon \overline{B} \to \mathbb{R}^N \quad, \quad \psi(x', x_N) := \left(x', x_N + \left[\varphi(x') - R + \sqrt{R^2 - |x'|^2}\right]\right).$$

Man beachte, daß diese Abbildung die Randpunkte $(x', R - \sqrt{R^2 - |x'|^2})$, $|x'| \leq R$, der unteren Hälfte der Kugel $\overline{B}$ auf $(x', \varphi(x'))$ und somit auf $\partial\Omega$ abbildet. Die Abbildungen ψ_h gewinnt man nun dadurch, daß man für solche $x = (x', x_N)$ mit $|x'| < h$ die Abbildung ψ verwendet, während für $|x'| > 2h$ die Abbildung durch die Identität gegeben wird. Die glatte Fortsetzung dieser Abbildung auf ganz $\overline{B}$ wird durch folgende Definition gewährleistet. Sei $\phi \in C^\infty(\mathbb{R})$ mit

$$\phi(t) = \begin{cases} 1 & \text{für } |t| < 1 \\ 0 & \text{für } |t| > 2 \end{cases}$$

eine Abschneidefunktion. Dann sei $\psi_h\colon \overline{B} \to \mathbb{R}^N$ gegeben durch

$$\psi_h(x', x_N) := \left(x', x_N + \phi\left(\frac{|x'|}{h}\right) \left[\varphi(x') - R + \sqrt{R^2 - |x'|^2}\right]\right).$$

Offensichtlich gilt $\psi_h(0) = 0$. Nach Wahl von R (s. Lemma 7.1.6) gilt für jedes $0 < |x'| \leq R$, daß $R - \sqrt{R^2 - |x'|^2} > \varphi(x')$. Dies hat zur Folge, daß für jedes $x = (x', x_N) \in \overline{B}$ die Ungleichungen

$$x_N \geq (\psi_h)_N(x) \geq \varphi(x')$$

erfüllt sind. Aus (7.6) und $\overline{B} \subseteq \overline{\Omega}$ folgt $\psi_h(\overline{B}) \subseteq \overline{\Omega} = \Omega \cup \partial\Omega$ für beliebige $h > 0$. Bedingung (i) ist somit gezeigt. Für den Nachweis der verbleibenden vier Bedingungen (ii)-(v) wählen wir $h_0 > 0$ so, daß

$$4h_0 < R \quad \text{und} \quad \frac{C}{2}h_0^2 + h_0 \leq R \tag{7.8}$$

gelten (s. (7.7) für die Definition von C und R). Durch diese Wahl ist sichergestellt, daß für alle $h \in (0, h_0)$ die Abbildung ψ_h für $|x'| > \frac{R}{2}$ mit der Identität übereinstimmt. Damit liegen sämtliche Komponenten von ψ_h in $\overline{C}^{2,\alpha}(B)$. Als nächstes zeigen wir, daß Bedingung (iii) mit $\varrho_h := h$ erfüllt ist. Dazu bemerken wir zunächst, daß wegen $\varphi(0) = 0$, $\nabla\varphi(0) = 0$ und der Setzungen in (7.7) und (7.8) für alle $|x'| < h_0$ gilt:

$$\varphi(x') + R \geq R - \frac{C}{2}|x'|^2 \geq R - \frac{C}{2}h_0^2 \geq h_0. \tag{7.9}$$

Für $h \in (0, h_0)$ gilt dann mit (7.6) und (7.9), daß

$$\begin{aligned}
\Omega \cap B_{\varrho_h}(0) &= \Omega \cap B_h(0) \\
&\subseteq \{(x', x_N) \in \mathbb{R}^N : |x'| < h \text{ und } \varphi(x') < x_N < h\} \\
&\subseteq \{(x', x_N) \in \mathbb{R}^N : |x'| < h \text{ und } \varphi(x') < x_N < \varphi(x') + R\} \\
&\subseteq \psi_h(B).
\end{aligned}$$

Die letzte Inklusion ergibt sich aus den folgenden Relationen für $|x'| < h < h_0 < R/4$:

$$B \cap (\{x'\} \times \mathbb{R}) = \{x'\} \times \left(R - \sqrt{R^2 - |x'|^2}, R + \sqrt{R^2 - |x'|^2}\right),$$

$$\psi_h(B \cap (\{x'\} \times \mathbb{R})) = \psi(B \cap (\{x'\} \times \mathbb{R}))$$
$$= \{x'\} \times \left(\varphi(x'), \varphi(x') + 2\sqrt{R^2 - |x'|^2}\right),$$

$$2\sqrt{R^2 - |x'|^2} \geq 2\sqrt{R^2 - (R/4)^2} > R.$$

Um die letzten beiden Bedingungen (iv) und (v) nachzuweisen, schreiben wir für $x \in B$

$$\psi_h(x) = x + \left(0, \phi\left(\frac{|x'|}{h}\right) f(x')\right) \text{ mit } f(x') := \varphi(x') - R + \sqrt{R^2 - |x'|^2}.$$

Weil $f(0) = 0$ und $\nabla f(0) = 0$ gilt, gibt es $D > 0$ derart, daß für alle $|x'| \leq \frac{R}{2}$ gilt

$$|f(x')| \leq D|x'|^2 \quad , \quad |\nabla f(x')| \leq D|x'| \quad , \quad |Hf(x')| \leq D.$$

Da die Funktion $x' \mapsto \phi(|x'|/h)$ für $|x'| > 2h$ identisch verschwindet und wegen $2h < 2h_0 < R/2$ erhalten wir schließlich die verbleibenden Eigenschaften (iv) und (v).

Die zu Beginn des Beweises gewählte Beschränkung auf die spezielle Situation (7.6) lösen wir dadurch auf, daß wir im allgemeinen Fall Lemma 7.1.3 zu Hilfe nehmen und ψ_h ersetzen durch

$$\tilde{\psi}_h \colon J^{-1}(\overline{B}) \to \mathbb{R}^N \quad , \quad \tilde{\psi}_h(x) := J^{-1} \psi_h(Jx),$$

wobei J die in Lemma 7.1.3 eingeführte Isometrie bezeichnet. Es ist nicht schwer zu sehen, daß $(\tilde{\psi}_h)_{0<h<h_0}$ sämtliche gewünschten Eigenschaften besitzt. □

In der folgenden Bemerkung wird skizziert, wie die Funktionen ψ_h verwendet werden, um die $\overline{C}^{2,\alpha}(\Omega)$-Zugehörigkeit von Funktionen u nachzuweisen, die auf dem Rand $\partial\Omega$ verschwinden und zugleich $\Delta u \in \overline{C}^{0,\alpha}(\Omega)$ erfüllen.

Bemerkung 7.1.10. Ist φ eine Abschneidefunktion, die die zu untersuchende Lösung u unseres Dirichletproblems lokalisiert, so genügt $w := \varphi u$ der Poissongleichung

$$-\Delta w = F := -(\varphi \Delta u + 2\nabla\varphi \cdot \nabla u + u\Delta\varphi). \tag{7.10}$$

Da wir in Lemma 7.1.13 (iii) sehen werden, daß die Qualität von w durch die von $v_h := w \circ \psi_h$ bestimmt wird, konstruieren wir auf der Kugel B eine Differentialgleichung für v_h, deren Hauptteil sich nur wenig von $-\Delta$ unterscheidet. Zur Abkürzung lassen wir den Index h fort und bilden für $y \in B$

$$v_{y_i}(y) = \sum_{m=1}^{N} w_{x_m}(\psi(y))\psi_{my_i}(y) ,$$

$$v_{y_i y_k}(y) = \sum_{m,n=1}^{N} w_{x_m x_n}(\psi(y))\psi_{ny_k}(y)\psi_{my_i}(y) + \sum_{m=1}^{N} w_{x_m}(\psi(y))\psi_{my_i y_k}(y) .$$

Wir suchen $a_{ik}(y)$ und $a_k(y)$ so zu bestimmen, daß v der Differentialgleichung

$$-\sum_{i,k=1}^{N} a_{ik}(y) v_{y_i y_k}(y) + \sum_{k=1}^{N} a_k(y) v_{y_k}(y) = -\sum_{n=1}^{N} w_{x_n x_n}(\psi(y))$$

genügt. Da sich die linke Seite in der Form

$$-\sum_{\substack{i,k=1\\m,n=1}}^{N} w_{x_m x_n} \psi_{my_i} a_{ik} \psi_{ny_k} - \sum_{\substack{i,k=1\\m=1}}^{N} w_{x_m} a_{ik} \psi_{my_i y_k} + \sum_{k,m=1}^{N} w_{x_m} a_k \psi_{my_k}$$

darstellt, reicht es aus, folgendes System für die a_{ik} und a_k zu lösen:

$$\sum_{i,k=1}^{N} \psi_{my_i} a_{ik} \psi_{ny_k} = \delta_{mn} ,$$

$$-\sum_{i,k=1}^{N} a_{ik} \psi_{my_i y_k} + \sum_{k=1}^{N} a_k \psi_{my_k} = 0 .$$

Die ersten N^2 Gleichungen lassen sich zu $\psi' A \psi'^t = I$ zusammenfassen, wobei ψ'^t die Transponierte von ψ' bezeichnet. Wir setzen daher, wobei wir den Index h wieder einführen,

$$A^h := (\psi'_h)^{-1} (\psi'^t_h)^{-1} . \tag{7.11}$$

Die letzten Gleichungen können als System

$$\psi' a = b \text{ mit } b_n := \sum_{i,k=1}^{N} a_{ik} \psi_{ny_i y_k}$$

geschrieben werden. Wir setzen daher

$$a^h := (\psi'_h)^{-1} b^h . \tag{7.12}$$

Aus den beiden nun folgenden Hilfssätzen ergibt sich, daß die mit den Koeffizienten aus (7.11) und (7.12) gebildete Differentialgleichung (7.13) von dem Typus ist, der in Satz 5.5.6 behandelt wurde.

Lemma 7.1.11. *In der Situation von Definition 7.1.8 können h_0, $c > 0$ so gewählt werden, daß für $h \in (0, h_0)$ zusätzlich gilt:*

a) $|\det \psi_h'(y)| \geq \frac{1}{2}$, $y \in B$;
b) *die Einträge von* $(\psi_h')^{-1}$ *sind in* $\overline{C}^{1,\alpha}(B)$, *und es ist* $\|(\psi_h')^{-1}\|_{B;1} \leq c$;
c) $\lim\limits_{h \to 0} \sup\limits_{B} |(\psi_h')^{-1}(\psi_h'^t)^{-1} - I| = 0$.

Beweis. a) Eine Determinante hängt stetig von ihren Einträgen ab, so daß die Behauptung sofort aus Definition 7.1.8 (v) folgt.

b) Wie immer bei Inversen, sind die Elemente von $(\psi_h')^{-1}$ von der Form $\frac{Z}{N}$, wobei Z Adjunkten von ψ_h' sind und $N := \det \psi_h'$ ist. Wegen (ii) in Definition 7.1.8 sind beide aus $\overline{C}^{1,\alpha}(B)$. Aus a) folgt daher, daß die Einträge von $(\psi_h')^{-1}$ in der Tat in $\overline{C}^{1,\alpha}(B)$ liegen. Die restliche Behauptung ergibt sich nun wegen

$$\left(\frac{Z}{N}\right)_{y_i} = \frac{1}{N^2}(N Z_{y_i} - N_{y_i} Z)$$

aus (iv) in Definition 7.1.8 und a).

c) Es ist

$$(\psi_h')^{-1}(\psi_h'^t)^{-1} - I = (\psi_h')^{-1}\left[I - \psi_h'\psi_h'^t\right](\psi_h'^t)^{-1} .$$

Da die Einträge der beiden äußeren Matrizen nach b) beschränkt sind, kommt es nur auf

$$I - \psi_h'\psi_h'^t = I - \psi_h'^t + (I - \psi_h')\psi_h'^t$$

an. Die Behauptung ergibt sich nun aus (iv) und (v) der Definition 7.1.8. □

Lemma 7.1.12. *In der Situation von Definition 7.1.8 mit* $\alpha < 1$ *können* h_0, $c > 0$ *so gewählt werden, daß zusätzlich zu den dortigen Aussagen und denen von Lemma 7.1.11 für* $h \in (0, h_0)$ *folgendes besteht. Ist* $w \in C^2(\psi_h(B)) \cap C^0(\overline{\psi_h(B)})$, *so genügt* $v_h := w \circ \psi_h$ *auf* B *einer Differentialgleichung der Form*

$$\left[-\sum_{i,k=1}^{N} a_{ik}^h(y)\frac{\partial^2}{\partial y_i \partial y_k} + \sum_{k=1}^{N} a_k^h(y)\frac{\partial}{\partial y_k}\right] v_h(y) = -(\Delta w)(\psi_h(y)) , \quad (7.13)$$

deren Koeffizienten allein durch ψ_h *bestimmt sind und die die Eigenschaften*

α) $a_{ik}^h \in \overline{C}^{1,\alpha}(B)$, $\|a_{ik}^h\|_{B;1} \leq c$;

β) $a_k^h \in \overline{C}^{0,\alpha}(B)$, $\sup\limits_{B} |a_k^h| \leq c$;

γ) $\lim\limits_{h \to 0} \|a_{ik}^h - \delta_{ik}\|_{B;0,\alpha} = 0$

besitzen.

Beweis. Die Differentialgleichung wurde bereits in Bemerkung 7.1.10 hergeleitet. Die Aussagen in α) folgen aus (7.11) und Lemma 7.1.11 b), die in β) aus (7.12) zusammen mit (ii), (iv) in Definition 7.1.8 sowie Lemma 7.1.11 b) und α).

Da für $\alpha < 1$ die Einbettung von $\overline{C}^1(B) \subseteq \overline{C}^{0,\alpha}(B)$ in $\overline{C}^{0,\alpha}(B)$ kompakt (s. Satz C.5) und die von $\overline{C}^{0,\alpha}(B)$ in $\overline{C}^0(B)$, versehen mit der Supremumsnorm, injektiv und stetig ist, gibt es nach dem EHRLINGschen Lemma 5.5.1 zu jedem $\epsilon > 0$ ein $d(\epsilon) > 0$, so daß

$$\left\| a_{ik}^h - \delta_{ik} \right\|_{B;0,\alpha} \leq \epsilon \left\| a_{ik}^h - \delta_{ik} \right\|_{B;1} + d(\epsilon) \sup_B \left| a_{ik}^h - \delta_{ik} \right|.$$

Der zweite Term rechts geht wegen (7.11) und Lemma 7.1.11 c) für $h \to 0$ gegen Null, während der erste Term rechts nach α) beschränkt bleibt. Damit ist dann auch γ) bewiesen. □

Die letzte Aussage des nachfolgenden Lemmas spricht das Ziel an, das mit der Transformation ψ_h erreicht werden soll: Wenn die rechte Seite von (7.13), also die Funktion $-\Delta w$ aus (7.10), in $\overline{C}^{0,\alpha}(\psi_h(B))$ liegt (dies nachzuweisen wird das Kernproblem unseres Beweises des Kelloggschen Satzes sein), so folgt mit Satz 5.5.6 für kleine $h > 0$, daß $v_h \in \overline{C}^{2,\alpha}(B)$, also $w = \varphi u$ und damit u aus $\overline{C}^{2,\alpha}(\psi_h(B))$ ist.

Lemma 7.1.13. *In der Situation von Definition 7.1.8 kann $h_0 > 0$ so gewählt werden, daß zusätzlich zu den bisherigen Aussagen folgendes gilt:*

(i) $\left| \psi_h^{-1}(x') - \psi_h^{-1}(x'') \right| \leq 2 |x' - x''|$, $x', x'' \in \psi_h(B)$;

(ii) sämtliche Komponenten von ψ_h^{-1} liegen in $\overline{C}^{2,\alpha}(\psi_h(B))$;

(iii) für $n \in \{1, 2\}$ folgt aus $w : \psi_h(B) \to \mathbb{R}$, $v_h := w \circ \psi_h$ und $v_h \in \overline{C}^{n,\alpha}(B)$, daß auch $w \in \overline{C}^{n,\alpha}(\psi_h(B))$.

Beweis. (i) Für $y', y'' \in B$ ist

$$\psi_h(y') - \psi_h(y'') = \int_0^1 \frac{d}{dt} \psi_h(ty' + (1-t)y'')\, dt$$

$$= \int_0^1 \psi_h'(ty' + (1-t)y'')(y' - y'')\, dt$$

$$= y' - y'' + \int_0^1 [\psi_h'(ty' + (1-t)y'') - I](y' - y'')\, dt,$$

mithin

$$|\psi_h(y') - \psi_h(y'')| \geq \left(1 - \sup_B |\psi_h' - I| \right) |y' - y''|.$$

Da nach (v) in Definition 7.1.8 $\sup_B |\psi_h' - I| \leq \frac{1}{2}$ für kleine $h > 0$ ausfällt, ist das die Behauptung.

(ii) Aus (ii) und (iv) in Definition 7.1.8 folgt nach den klassischen Regeln der Differentiation einer Umkehrfunktion zunächst, daß die Umkehrfunktion

$\mathcal{X}_h := \psi_h^{-1}$ aus $\overline{C}^2(\psi_h(B))$ ist und zwischen den Jacobimatrizen $\mathcal{X}_h'$ und ψ_h' die Beziehung

$$\mathcal{X}_h'(x) = [\psi_h'(\mathcal{X}_h(x))]^{-1}, \quad x \in \psi_h(B),$$

besteht. In Kombination mit Lemma 7.1.11 b) besagt dies, daß die Einträge der Matrixfunktion $\mathcal{X}_h'$ Kompositionen von $\overline{C}^{1,\alpha}(B)$-Funktionen mit $\mathcal{X}_h$ sind. Unterdrücken wir wieder den Index h, so haben wir

$$\mathcal{X}_{ix_k}(x) = f^{ik}(\mathcal{X}(x)) \text{ mit gewissen } f^{ik} \in \overline{C}^{1,\alpha}(B).$$

Es ist also

$$\mathcal{X}_{ix_k x_l}(x) = \sum_{m=1}^N f^{ik}_{y_m}(\mathcal{X}(x))\mathcal{X}_{mx_l}(x) = \sum_{m=1}^N f^{ik}_{y_m}(\mathcal{X}(x))f^{ml}(\mathcal{X}(x)).$$

Da $\mathcal{X}$ nach (i) lipschitzstetig ist, folgt mit Aufgabe 5.9 c) und Aufgabe 5.10 a), daß die 2. Ableitungen von $\mathcal{X}$ zu $\overline{C}^{(\alpha)}(\psi(B))$ gehören.

(iii) Wir unterdrücken wieder den Index h und schreiben $w = v \circ \mathcal{X}$, so daß

$$w_{x_k}(x) = \sum_{i=1}^N v_{y_i}(\mathcal{X}(x))\mathcal{X}_{ix_k}(x),$$

$$w_{x_k x_l}(x) = \sum_{i,j=1}^N v_{y_i y_j}(\mathcal{X}(x))\mathcal{X}_{ix_k}(x)\mathcal{X}_{jx_l}(x) + \sum_{i=1}^N v_{y_i}(\mathcal{X}(x))\mathcal{X}_{ix_k x_l}(x)$$

für $x \in \psi(B)$ gilt. Hieraus ergibt sich die Behauptung wieder über (i), Aufgabe 5.9 c) und Aufgabe 5.10 a). □

7.2 Umformulierung und Beweis des Kelloggschen Satzes

Um den lokalen Charakter der Regularitätsaussage des Kelloggschen Satzes stärker herauszustellen, formulieren wir ihn wie folgt.

Satz 7.2.1. *Es seien $\Omega \subseteq \mathbb{R}^N$ offen, $\Gamma \subseteq \partial\Omega$ und $\alpha \in (0,1)$, ferner $\omega \subseteq \Omega$ offen, nichtleer und beschränkt, $\overline{\omega} \setminus \Gamma \subseteq \Omega$ und $\overline{\omega} \cap \Gamma \in K^{2,\alpha}$, wobei in Definition 7.1.8 Ω durch ω ersetzt wird. Es sei*

$$u \in C^2(\Omega) \cap C^0(\Omega \cup \Gamma), \quad u|_\Gamma = 0 \text{ und } \Delta u \in \overline{C}^{0,\alpha}(\Omega).$$

Gilt dann $u \in \overline{C}^1(\omega)$, so ist

$$u \in \overline{C}^{2,\alpha}(\omega).$$

7.2 Umformulierung und Beweis des Kelloggschen Satzes

Korollar 7.2.2. *Sei $\Omega \subset\subset \mathbb{R}^N$ mit $\partial\Omega \in C^{2,\alpha}$ für ein $\alpha \in (0,1)$. Dann hat das Dirichletproblem*

$$-\Delta u = f \text{ in } \Omega, \quad u|_{\partial\Omega} = 0$$

für jedes $f \in \overline{C}^{0,\alpha}(\Omega)$ genau eine Lösung in $\overline{C}^{2,\alpha}(\Omega)$.

Beweis. Wir wissen schon seit Bemerkung 4.2.8 und Satz 3.4.2, daß es genau eine Lösung $u \in C^2(\Omega) \cap C^0(\overline{\Omega})$ gibt, weil gemäß Korollar 7.1.7 Ω die gleichmäßige äußere Kugeleigenschaft besitzt. Mit Aufgabe 4.7 gilt zudem $u \in \overline{C}^1(\Omega)$. Die Behauptung folgt daher aus Satz 7.2.1 mit $\omega = \Omega$ und $\Gamma = \partial\Omega$. □

Der Beweis von Satz 7.2.1 wird darin bestehen nachzuweisen, daß die Voraussetzungen des nachfolgenden Hilfssatzes erfüllt sind.

Lemma 7.2.3. *Es seien $\omega \subset\subset \mathbb{R}^N$, $u\colon \omega \to \mathbb{R}$, $n \in \{1,2\}$ und $0 < \alpha < 1$. Zu jedem $x_0 \in \overline{\omega}$ existiere eine (in $\mathbb{R}^N$ offene) Umgebung U_{x_0}, so daß u in $\overline{C}^{n,\alpha}(\omega \cap U_{x_0})$ liegt. Dann ist $u \in \overline{C}^{n,\alpha}(\omega)$.*

Beweis. Es seien x_0 und U_{x_0} wie angegeben und $r(x_0) > 0$ so gewählt, daß $B_{2r(x_0)}(x_0) \subseteq U_{x_0}$. Das offene Überdeckungssystem $(B_{r(x_0)}(x_0))$, $x_0 \in \overline{\omega}$, von $\overline{\omega}$ besitzt ein endliches Überdeckungssystem $(B_{r(x_k)}(x_k))$ mit $1 \leq k \leq p$. Es bezeichne $B_k := B_{2r(x_k)}(x_k) \cap \omega$ für $1 \leq k \leq p$,

$$C := \max_{1 \leq k \leq p} \|u|_{B_k}\|_{B_k;n,\alpha}$$

$$r := \min_{1 \leq k \leq p} r(x_k).$$

Wegen $\omega = \bigcup_{k=1}^p B_k$ gilt $u \in \overline{C}^n(\omega)$ mit $\|u\|_{\omega;n} \leq C$. Sei nun $x \neq y \in \omega$ und μ Multiindex mit $|\mu| = n$. Ist $|x - y| < r$, so existiert ein $k \in \{1, \ldots, p\}$ mit $x, y \in B_k$. Folglich ist

$$\frac{|D^\mu u(x) - D^\mu u(y)|}{|x-y|^\alpha} \leq H_{\alpha;B_k}(D^\mu u|_{B_k}) \leq C.$$

Für $|x - y| \geq r$ gilt andererseits

$$\frac{|D^\mu u(x) - D^\mu u(y)|}{|x-y|^\alpha} \leq \frac{2\|u\|_{\omega;n}}{r^\alpha} \leq \frac{2C}{r^\alpha}$$

Zusammenfassend haben wir $H_{\alpha;\omega}(D^\mu u) \leq C \max(1, 2r^{-\alpha})$ für jedes $|\mu| = n$ gezeigt. □

Der Beweis von Satz 7.2.1 erfolgt nun in vier Schritten.

1. Schritt. Es sei $x_0 \in \overline{\omega}$. Wegen $\overline{\omega} = (\overline{\omega} \setminus \Gamma) \cup (\overline{\omega} \cap \Gamma) \subseteq \Omega \cup (\overline{\omega} \cap \Gamma)$ ist dann entweder $x_0 \in \Omega$ oder $x_0 \in \overline{\omega} \cap \Gamma$. Im ersten Fall gibt es Kugeln $B_R := B_R(x_0) \subset\subset B_{2R} := B_{2R}(x_0) \subset\subset \Omega$. Sei $\varphi \in C_c^\infty(B_{2R})$ eine Funktion mit der Eigenschaft $\varphi|_{B_R} = 1$. Es ist dann $w := \varphi u \in C^2(B_{2R}) \cap C^0(\overline{B}_{2R})$ Lösung des Dirichletproblems

$$-\Delta w = F := -(\varphi \Delta u + 2\nabla \varphi \cdot \nabla u + u \Delta \varphi) \text{ in } B_{2R}, \quad w|_{\partial B_{2R}} = 0 \, .$$

Nach Voraussetzung ist $\varphi \Delta u \in \overline{C}^{0,\alpha}(B_{2R})$, und es ist $2\nabla\varphi \cdot \nabla u + u\Delta\varphi$ sogar in $C_c^1(B_{2R})$, mithin $F \in \overline{C}^{0,\alpha}(B_{2R})$ und daher nach Satz 5.3.4 $w \in \overline{C}^{2,\alpha}(B_{2R})$. Für $n \in \{1,2\}$ ist daher

$$u \in \overline{C}^{n,\alpha}(B_R) \quad \text{und folglich} \quad u \in \overline{C}^{n,\alpha}(\omega \cap U_{x_0}) \text{ mit } U_{x_0} := B_R(x_0) \, .$$

Wir haben damit die *innere Regularität* der Lösung bewiesen. Mit einer etwas anderen Schlußweise geschah dasselbe bereits in Aufgabe 5.6.

Im Falle $x_0 \in \overline{\omega} \cap \Gamma$ gibt es nach Definition 7.1.8 (ω und $\overline{\omega} \cap \Gamma$ übernehmen nun die Rolle von Ω bzw. Γ) eine Kugel $B \subseteq \omega$ mit $x_0 \in \partial B$ und für $h \in (0, h_0)$ eine Abbildung $\psi_h : \overline{B} \to \omega \cup (\overline{\omega} \cap \Gamma)$ und eine Zahl ϱ_h mit den dort genannten Eigenschaften. Nach (iii) in Definition 7.1.8 ist dann insbesondere

$$\omega \cap U_{x_0} \subseteq \psi_h(B) \text{ mit } U_{x_0} := B_{\frac{1}{4}\varrho_h}(x_0) \, .$$

Sei $\varphi_h \in C^\infty(\mathbb{R}^N)$ eine Funktion mit

$$\varphi_h(x) = \begin{cases} 1 & \text{für } |x - x_0| < \frac{1}{4}\varrho_h \\ 0 & \text{für } |x - x_0| > \frac{1}{2}\varrho_h \end{cases} \, .$$

Da auf U_{x_0} die Funktionen u und $\varphi_h u$ übereinstimmen, haben wir für $n \in \{1,2\}$ nach Lemma 7.2.3 also die gewünschte Beziehung $u \in \overline{C}^{n,\alpha}(\omega)$, sofern nur

$$\varphi_h u \in \overline{C}^{n,\alpha}(\psi_h(B)) \tag{7.14}$$

ist. Wir zeigen im nächsten Schritt, daß es tatsächlich genügt, (7.14) für $n = 1$ zu beweisen.

2. Schritt. Sei $h \in (0, h_0)$ und $w_h := \varphi_h u$. Wegen $\psi_h(B) \subseteq \omega \subseteq \Omega$ und

$$\overline{\psi_h(B)} = \psi_h(\overline{B}) \subseteq \omega \cup (\overline{\omega} \cap \Gamma) \subseteq \omega \cup \Gamma \subseteq \Omega \cup \Gamma \tag{7.15}$$

ist $w_h \in C^2(\psi_h(B)) \cap C^0(\overline{\psi_h(B)})$. Des weiteren gilt

$$-\Delta w_h = F_h := -(\varphi_h \Delta u + 2\nabla \varphi_h \cdot \nabla u + u \Delta \varphi_h) \text{ in } \psi_h(B) \, ,$$
$$w_h|_{\partial \psi_h(B)} = 0 \, . \tag{7.16}$$

Letzteres ergibt sich wie folgt. Wegen (iii) in Definition 7.1.8 und (7.15) ist

$$\partial \psi_h(B) = \overline{\psi_h(B)} \setminus \psi_h(B) \subseteq (\omega \cup \Gamma) \setminus (\omega \cap B_{\varrho_h}(x_0)) \subseteq \Gamma \cup (\omega \setminus B_{\varrho_h}(x_0)) \, .$$

Nach Voraussetzung ist u auf Γ Null, und konstruktionsgemäß verschwindet φ_h außerhalb $B_{\frac{1}{2}\varrho_h}(x_0)$. Nach Lemma 7.1.12 ist daher $v_h := w_h \circ \psi_h \in C^2(B) \cap C^0(\overline{B})$ Lösung des Dirichletproblems

7.2 Umformulierung und Beweis des Kelloggschen Satzes

$$\left[-\sum_{i,k=1}^{N} a_{ik}^{h}(y)\frac{\partial^2}{\partial y_i \partial y_k} + \sum_{k=1}^{N} a_{k}^{h}(y)\frac{\partial}{\partial y_k}\right] v_h(y) = F_h(\psi_h(y)), \quad y \in B, \tag{7.17}$$
$$v_h|_{\partial B} = 0$$

mit Koeffizienten $a_{ik}^h \in \overline{C}^{1,\alpha}(B)$, $a_k^h \in \overline{C}^{0,\alpha}(B)$. Der Parameter $h > 0$ kann so klein gewählt werden, daß

$$\|a_{ik}^h - \delta_{ik}\|_{B;0,\alpha} \leq \min\left\{n(B,\alpha), \frac{1}{2N^2 \tilde{c}(B,\alpha)}\right\} \tag{7.18}$$

wird, wobei $n(B,\alpha)$ bzw. $\tilde{c}(B,\alpha)$ die in Satz 5.5.5 bzw. Satz 5.3.9 auftretenden Zahlen sind. Nach Satz 5.5.6 wäre $v_h \in \overline{C}^{2,\alpha}(B) \subseteq \overline{C}^{1,\alpha}(B)$ und mit Lemma 7.1.13 (iii) auch (7.14) bewiesen, wenn wir wüßten, daß $F_h \circ \psi_h \in \overline{C}^{0,\alpha}(B)$ ist. Da die Komponenten von ψ_h aus $\overline{C}^1(B)$ und daher lipschitzstetig sind, erhalten wir aus den Voraussetzungen an u in Kombination mit den Aufgaben 5.9 c) und 5.10 b)

$$(\varphi_h \Delta u) \circ \psi_h = (\varphi_h \circ \psi_h)(\Delta u) \circ \psi_h \in \overline{C}^{0,\alpha}(B),$$
$$(u \Delta \varphi_h) \circ \psi_h = [(\Delta \varphi_h) \circ \psi_h] u \circ \psi_h \in \overline{C}^1(B) \subseteq \overline{C}^{0,\alpha}(B).$$

Es verbleibt der Term $(\nabla \varphi_h \cdot \nabla u) \circ \psi_h$ in (7.16); er ist sicher dann in $\overline{C}^{0,\alpha}(B)$, wenn $u \in \overline{C}^{1,\alpha}(\omega)$ ist. Diese Eigenschaft – sie ergibt sich noch nicht direkt aus Abschnitt 4.6 – werden wir nun in den nächsten beiden Schritten herleiten.

3. Schritt. Wir wählen ein $h \in (0, h_0)$ so, daß (7.18) besteht, und lassen in der Folge den so fixierten Index h fort, um die Notation zu entlasten. Mit

$$\epsilon_{ik}(y) := a_{ik}(y) - \delta_{ik}$$

schreibt sich dann (7.17)

$$-\Delta v(y) - \sum_{i,k=1}^{N} \epsilon_{ik}(y) v_{y_i y_k}(y) + \sum_{k=1}^{N} a_k(y) v_{y_k}(y) = F(\psi(y)), \quad y \in B. \tag{7.19}$$

Wegen $u \in \overline{C}^1(\omega)$ und $\Delta u \in \overline{C}^{0,\alpha}(\Omega)$ ist F auf ω stetig und beschränkt, also $F \circ \psi$ auf B stetig und beschränkt; ebenso ist

$$v_{y_k}(y) = \sum_{l=1}^{N} w_{x_l}(\psi(y)) \psi_{l y_k}(y)$$

auf B stetig und beschränkt, also $v \in C^2(B) \cap C^0(\overline{B}) \cap \overline{C}^1(B)$.

Wir multiplizieren (7.19) mit der Greenschen Funktion für B und integrieren über eine mit B konzentrische Kugel $B_\varrho \subset\subset B$:

$$-\int_{B_\varrho} G(x,y) \Delta v(y)\, dy - \sum_{i,k=1}^{N} T_{ik}(x) \tag{7.20}$$

$$= \int_{B_\varrho} G(x,y) \left[F(\psi(y)) - \sum_{k=1}^{N} a_k(y) v_{y_k}(y)\right] dy.$$

Dabei ist (zunächst Aussparung der Singularität durch eine kleine Kugel wie beim Beweis von Lemma 4.2.1)

$$T_{ik}(x) := \int_{B_\varrho} G(x,y)\epsilon_{ik}(y)v_{y_iy_k}(y)\,dy \tag{7.21}$$

$$= \int_{\partial B_\varrho} G(x,y)\epsilon_{ik}(y)v_{y_i}(y)\nu_k(y)\,dS(y) - \int_{B_\varrho} v_{y_i}(y)\frac{\partial}{\partial y_k}[G(x,y)\epsilon_{ik}(y)]\,dy\,.$$

Da aufgrund der Symmetrie der Greenschen Funktion $G(x,y)$ für festes $x \in B$ gleichmäßig in $y \in \partial B_\varrho$ gegen Null geht, wenn ϱ gegen den Radius ϱ_B von B strebt, und $\epsilon_{ik}v_{y_i}$ beschränkt ist, geht das Oberflächenintegral in (7.21) für $\varrho \to \varrho_B$ gegen Null. Da das Integral links in (7.20) bei diesem Grenzübergang nach Aufgabe 5.5 gegen $v(x)$ strebt, erhalten wir für $x \in B$

$$v(x) + \sum_{i,k=1}^{N}\int_B G_{y_k}(x,y)\epsilon_{ik}(y)v_{y_i}(y)\,dy = \tilde{F}(x) := \int_B G(x,y)b(y)\,dy$$

mit

$$b(y) := F(\psi(y)) - \sum_{k=1}^{N} a_k(y)v_{y_k}(y) - \sum_{i,k=1}^{N} v_{y_i}(y)\frac{\partial}{\partial y_k}\epsilon_{ik}(y)\,.$$

Wegen $a_k \in \overline{C}^{0,\alpha}(B)$, $\epsilon_{ik} \in \overline{C}^{1,\alpha}(B)$ ist $b \in C^0(B)$ beschränkt, mithin nach Aufgabe 5.4 a) $\tilde{F} \in \overline{C}^{1,\alpha}(B)$.

4. Schritt. Wir behaupten jetzt:
(I) Die Gleichung

$$z(x) + \sum_{i,k=1}^{N}\int_B G_{y_k}(x,y)\epsilon_{ik}(y)z_{y_i}(y)\,dy = \tilde{F}(x), \quad x \in B\,, \tag{7.22}$$

hat eine Lösung $z \in \overline{C}^{1,\alpha}(B)$.
(II) Die Gleichung hat in $\overline{C}^1(B)$ höchstens eine Lösung.

Da $v \in \overline{C}^1(B)$ ja eine Lösung ist, folgt aus (I) und (II) $v \in \overline{C}^{1,\alpha}(B)$. Nach Lemma 7.1.13 (iii) besteht daher (7.14) mit $n = 1$, und das Ziel $u \in \overline{C}^{1,\alpha}(\omega)$ ist erreicht.

Beweis von (I). Mit $z \in \overline{C}^{1,\alpha}(B)$ ist $\epsilon_{ik}z_{y_i} \in \overline{C}^{0,\alpha}(B)$. Nach Satz 5.3.9 ist daher das Integral in (7.22) aus $\overline{C}^{1,\alpha}(B)$. Es genügt also zu zeigen, daß die Abbildung

$$T\colon \overline{C}^{1,\alpha}(B) \to \overline{C}^{1,\alpha}(B), \quad z \mapsto \tilde{F} - \sum_{i,k=1}^{N}\int_B G_{y_k}(\cdot,y)\epsilon_{ik}(y)z_{y_i}(y)\,dy$$

7.2 Umformulierung und Beweis des Kelloggschen Satzes

einen Fixpunkt besitzt. Wir beweisen, daß T kontrahierend ist. Mit der Konstanten $\tilde{c}(B,\alpha)$ aus Satz 5.3.9 gilt für $z_1, z_2 \in \overline{C}^{1,\alpha}(B)$

$$\|T(z_1-z_2)\|_{B;1,\alpha} \leq \tilde{c}(B,\alpha) \sum_{i,k=1}^{N} \|\epsilon_{ik}(z_1-z_2)_{y_i}\|_{B;0,\alpha} .$$

Da nach Aufgabe 5.10 a)

$$\|\epsilon_{ik}(z_1-z_2)_{y_i}\|_{B;0,\alpha} \leq \|\epsilon_{ik}\|_{B;0,\alpha}\|(z_1-z_2)_{y_i}\|_{B;0,\alpha}$$

ist, haben wir wegen (7.18) in der Tat

$$\|T(z_1-z_2)\|_{B;1,\alpha} \leq \tilde{c}(B,\alpha) \left(\sum_{i,k=1}^{N}\|\epsilon_{ik}\|_{B;0,\alpha}\right) \|z_1-z_2\|_{B;1,\alpha}$$
$$\leq \frac{1}{2}\|z_1-z_2\|_{B;1,\alpha} .$$

Beweis von (II). Die Differenz z zweier Lösungen von (7.22) genügt der Gleichung

$$z(x) + \sum_{i,k=1}^{N} \int_B G_{y_k}(x,y)\epsilon_{ik}(y)z_{y_i}(y)\,dy = 0 \quad \text{für alle } x \in B . \quad (7.23)$$

$z \in \overline{C}^1(B)$ hat eine stetige Fortsetzung auf $\overline{B}$. Wir zeigen zunächst, daß diese auf ∂B Null ist. Sei $x_0 \in \partial B$. Es genügt zu zeigen, daß

$$\int_B |G_{y_k}(x,y)|\,dy = \int_{\{y\in B:\,|y-x_0|\leq\delta\}} |G_{y_k}(x,y)|\,dy + \int_{\{y\in B:\,|y-x_0|>\delta\}} |G_{y_k}(x,y)|\,dy \quad (7.24)$$

gegen Null geht, wenn $x \in B$ gegen x_0 strebt. Das erste Integral in (7.24) kann aufgrund der ersten Abschätzungen in Aufgabe 5.2 durch Wahl von $\delta > 0$ kleiner als $\epsilon/2$ gemacht werden, wobei δ unabhängig von $x \in B$ gewählt werden kann. Da nach dem Mittelwertsatz

$$G_{y_k}(x,y) = G_{y_k}(x,y) - G_{y_k}(x_0,y) = (x-x_0)\cdot\nabla_x G_{y_k}(\xi,y)$$

ist, wird aufgrund der zweiten Abschätzung in Aufgabe 5.2 das zweite Integral in (7.24) für hinreichend kleine $|x-x_0|$ ebenfalls kleiner als $\epsilon/2$.

Sei nun $\phi \in \overline{C}^{2,\alpha}(B)$ und $\phi|_{\partial B} = 0$. Dann folgt aus (7.23) nach Vertauschung der Integrationsreihenfolge

$$\int_B z(x)\Delta\phi(x)\,dx + \sum_{i,k=1}^{N}\int_B \epsilon_{ik}(y)z_{y_i}(y)\left(\int_B G_{y_k}(x,y)\Delta\phi(x)\,dx\right)dy = 0. \quad (7.25)$$

Da die Greensche Funktion symmetrisch ist, haben wir

$$\int_B G_{y_k}(x,y)\Delta\phi(x)\,dx = \frac{\partial}{\partial y_k}\int_B G(x,y)\Delta\phi(x)\,dx = \frac{\partial}{\partial y_k}\int_B G(y,x)\Delta\phi(x)\,dx$$

(vgl. etwa Aufgabe 5.4 a)). Des weiteren ist

$$\int_B G(y,x)\Delta\phi(x)\,dx = -\phi(y),$$

denn es genügen beide Seiten demselben Dirichletproblem (vgl. Satz 4.4.7 b)). Wegen $\epsilon_{ik}z\phi_{y_k} \in \overline{C}^1(B)$ kann gemäß Bemerkung 5.3.2 a) und Satz B.5

$$-\int_B \epsilon_{ik}(y)z_{y_i}(y)\phi_{y_k}(y)\,dy$$

partiell bezüglich y_i integriert werden, wobei das Oberflächenintegral verschwindet, weil $z|_{\partial B} = 0$ gilt. Also kann (7.25) in die Form

$$0 = \int_B z(y)\left[\Delta\phi(y) + \sum_{i,k=1}^N (\epsilon_{ik}(y)\phi_{y_k}(y))_{y_i}\right]dy$$

$$= \int_B z(y)\left[\sum_{i,k=1}^N a_{ik}(y)\phi_{y_iy_k} + \sum_{k=1}^N \left(\sum_{i=1}^N \frac{\partial}{\partial y_i}a_{ik}(y)\right)\phi_{y_k}(y)\right]dy$$

gebracht werden. Aufgrund der in (7.18) getroffenen Wahl der a_{ik} gibt es nach Satz 5.5.6 ein $\phi \in \overline{C}^{2,\alpha}(B)$, für das die eckige Klammer gleich $z(y)$ wird. Also ist tatsächlich $z = 0$. □

7.3 Zwei A-Priori-Ungleichungen im Gefolge des Kelloggschen Satzes

Es seien $B \subset\subset \mathbb{R}^N$ eine Kugel und $\alpha, \gamma \in (0,1)$. In Kapitel 5 hatten wir gesehen, daß es Zahlen $c(B,\alpha)$ und $c(B,\gamma)$ gibt, so daß für alle $u \in \overline{C}^{2,\alpha}(B)$ mit $u|_{\partial B} = 0$

$$\|u\|_{B;2,\alpha} \leq c(B,\alpha)\|\Delta u\|_{B;0,\alpha} \qquad \text{(vgl. (5.12))}$$

gilt und für alle $u \in \overline{C}^2(B)$ mit $u|_{\partial B} = 0$

$$\|u\|_{B;1,\gamma} \leq c(B,\gamma)\sup|\Delta u| \qquad \text{(vgl. Aufgabe 5.4 b))} \qquad (7.26)$$

besteht. Die erste Ungleichung ergab sich entweder durch direkte Abschätzung des Greenpotentials zu B und Δu (Bemerkung 5.3.5) oder durch Kombination von Satz 5.3.4 mit dem BANACHschen Satz von der offenen Abbildung, wie in Bemerkung 5.3.7 erläutert. Da die dort vorausgesetzte Lösbarkeit des Dirichletproblems nunmehr dank Korollar 7.2.2 für $\partial\Omega \in C^{2,\alpha}$ gewährleistet ist, haben wir

7.3 Zwei A-Priori-Ungleichungen im Gefolge des Kelloggschen Satzes

Satz 7.3.1. *Es sei $\Omega \subset\subset \mathbb{R}^N$ und $\partial\Omega \in C^{2,\alpha}$ für ein $\alpha \in (0,1)$. Dann gibt es eine allein durch Ω und α bestimmte Konstante $c(\Omega, \alpha)$, so daß*

$$\|u\|_{\Omega;2,\alpha} \leq c(\Omega,\alpha)\|\Delta u\|_{\Omega;0,\alpha} \qquad (7.27)$$

für alle $u \in \overline{C}^{2,\alpha}(\Omega)$ mit $u|_{\partial\Omega} = 0$.

Beweis. Die in Bemerkung 5.3.7 definierte lineare injektive und stetige Abbildung T ist nach Korollar 7.2.2 auch surjektiv. Nach dem Banachschen Satz von der offenen Abbildung ist daher auch die lineare Abbildung T^{-1} stetig, also beschränkt. □

Wie in Abschnitt 5.5 für die Kugel erläutert, könnte man nun auf der Basis der A-Priori-Ungleichung (7.27) das Dirichletproblem in Ω für allgemeine lineare elliptische Differentialgleichungen 2. Ordnung, deren Hauptteil wenig vom Laplaceoperator abweicht, lösen. Wir werden im nächsten Kapitel jedoch sehen, daß man tatsächlich ohne eine solche Kleinheitsbedingung auskommt.

Ungleichung (7.26) wurde in Aufgabe 5.4 b) durch Abschätzung des Greenpotentials zu B und Δu gewonnen. Eine A-Priori-Ungleichung dieses Typs spielte bei der in Abschnitt 5.6 erläuterten Lösung des semilinearen Dirichletproblems nach der Methode von LERAY-SCHAUDER eine Rolle. Wir wollen nun das Analogon zu (7.26) für $\Omega \subset\subset \mathbb{R}^N$ mit $\partial\Omega \in C^{2,\alpha}$ über die Integralgleichung (7.22) herleiten, die bei unserem Beweis des Kelloggschen Satzes eine zentrale Rolle spielte. Hierzu und für ähnliche Zwecke in Kapitel 8 benötigen wir Einbettungsresultate wie in Satz 5.5.2 oder Bemerkung 5.6.4 für allgemeinere als konvexe Gebiete. Die folgende Klasse von Gebieten, die in anderem Zusammenhang von WHITNEY [342] eingeführt wurde, gestattet es, die Hölderschranke einer Funktion durch die Funktion und ihre Ableitung abzuschätzen.

Definition 7.3.2. *Es sei $\Omega \subseteq \mathbb{R}^N$ zusammenhängend. Ω heißt ein* Gebiet von endlicher Länge, *wenn es eine Zahl $\omega \geq 1$ gibt, so daß sich je zwei Punkte x, $y \in \Omega$ durch einen stetig differenzierbaren Weg innerhalb Ω verbinden lassen, dessen Länge $\leq \omega|x-y|$ ist.*

Bei den nachfolgenden Resultaten interessieren uns primär die Fälle $m \in \{1,2\}$.

Lemma 7.3.3. *Es seien $\Omega \subseteq \mathbb{R}^N$ ein nichtleeres Gebiet von endlicher Länge, ω wie in Definition 7.3.2 und $m \in \mathbb{N}$. Dann gilt für alle $\gamma \in (0,1]$ und $u \in \overline{C}^m(\Omega)$*

$$\sum_{|\mu|=m-1} H_{\gamma;\Omega}(D^\mu u) \leq N\omega \sum_{m-1\leq|\mu|\leq m} \sup_\Omega |D^\mu u|$$

Beweis. Nach Voraussetzung gibt es ein $\omega \geq 1$ und zu $x, y \in \Omega$, $x \neq y$, eine stetig differenzierbare Funktion $\varphi\colon [0,1] \to \Omega$ mit $\varphi(0) = x$, $\varphi(1) = y$ und

$$\int_0^1 |\varphi'(t)|\,dt \le \omega|x-y|\,.$$

Ist μ ein Multiindex mit $|\mu|=m-1$, so gilt daher aufgrund der Schwarzschen Ungleichung

$$|D^\mu u(x)-D^\mu u(y)| = \left|\int_0^1 \frac{d}{dt}D^\mu u(\varphi(t))\,dt\right| = \left|\int_0^1 \nabla D^\mu u(\varphi(t))\cdot\varphi'(t)\,dt\right|$$

$$\le \int_0^1 |\nabla D^\mu u(\varphi(t))|\,|\varphi'(t)|\,dt \le \left[\sum_{i=1}^N \left(\sup_{x\in\Omega}\left|\frac{\partial}{\partial x_i}D^\mu u(x)\right|\right)^2\right]^{1/2}\int_0^1 |\varphi'(t)|\,dt\,,$$

also

$$\frac{|D^\mu u(x)-D^\mu u(y)|}{|x-y|^\gamma} \le \begin{cases} \omega \sum_{i=1}^N \sup_{x\in\Omega}\left|\frac{\partial}{\partial x_i}D^\mu u(x)\right|\,,\ \text{falls } |x-y|\le 1 \\ 2\sup_{x\in\Omega}|D^\mu u(x)| \qquad\qquad\,,\ \text{falls } |x-y|>1 \end{cases}.$$

Mithin ist

$$\sum_{|\mu|=m-1} H_{\gamma;\Omega}(D^\mu u) \le 2\omega \sum_{|\mu|=m-1}\sup|D^\mu u| + N\omega \sum_{|\mu|=m}\sup|D^\mu u|\,.$$

$\square$

Aus Lemma 7.3.3 folgt unmittelbar, daß für jedes $m\in\mathbb{N}_0$ der Raum $\overline{C}^{m+1}(\Omega)$ in $\overline{C}^{m,1}(\Omega)$ enthalten und der zugehörige Einbettungsoperator stetig ist (vgl. (C.19)). Daß die Voraussetzung an Ω, ein Gebiet endlicher Länge zu sein, nicht einfach fortgelassen werden darf, belegen die Aufgaben 7.3 und 7.4, in denen zu beliebigen $0<\alpha,\beta\le 1$ Funktionen u konstruiert werden mit $u\in\overline{C}^{1,\beta}(\Omega)$ und $u\notin\overline{C}^{0,\alpha}(\Omega)$. Es ist nicht schwer zu zeigen, daß für beliebige offene $\Omega\subseteq\mathbb{R}^N$, $m\in\mathbb{N}_0$ und $0<\beta<\alpha\le 1$ die stetigen Inklusionen

$$\overline{C}^{m,\alpha}(\Omega)\subseteq\overline{C}^{m,\beta}(\Omega)\subseteq\overline{C}^m(\Omega)$$

gelten (s. (C.16)–(C.18)). Für Gebiete $\Omega\subseteq\mathbb{R}^N$ von endlicher Länge ergibt sich somit die Stetigkeit folgender Einbettungen für $m,n\in\mathbb{N}$ und $0<\alpha,\beta\le 1$:

$$\begin{aligned}\overline{C}^m(\Omega)&\subseteq\overline{C}^n(\Omega),&&\text{falls } m\ge n\,,\\ \overline{C}^m(\Omega)&\subseteq\overline{C}^{n,\beta}(\Omega),&&\text{falls } m>n\,,\\ \overline{C}^{m,\alpha}(\Omega)&\subseteq\overline{C}^n(\Omega),&&\text{falls } m\ge n\,,\\ \overline{C}^{m,\alpha}(\Omega)&\subseteq\overline{C}^{n,\beta}(\Omega),&&\text{falls } m>n \text{ oder } (m=n \text{ und } \alpha\ge\beta)\,.\end{aligned}$$

All diese Aussagen werden in Satz C.4 bequem zusammengefaßt, indem den Räumen $\overline{C}^m(\Omega)$ der Grad m und den Räumen $\overline{C}^{m,\alpha}(\Omega)$ der Grad $m+\alpha$ zugeordnet wird (s. Definition C.3).

7.3 Zwei A-Priori-Ungleichungen im Gefolge des Kelloggschen Satzes

In Anhang C wird mit Satz C.5 noch mehr gezeigt: Ist Ω ein beschränktes Gebiet von endlicher Länge, so sind die oben genannten Einbettungen schon kompakt, wenn der Grad des einzubettenden Raumes echt größer ist als der Grad des Raumes, in den eingebettet wird. Spezialfälle dieses Satzes sind uns bereits in Satz 5.5.2, Bemerkung 5.6.4 und im Beweis von Lemma 7.1.12 begegnet. Eine einfache Folgerung aus Satz C.5 und dem EHRLINGschen Lemma 5.5.1 ist wegen der Injektivität der Einbettung von $\overline{C}^m(\Omega)$ in $\overline{C}^k(\Omega)$, $0 \leq k < m$, das folgende

Korollar 7.3.4. *Es seien $\Omega \subset\subset \mathbb{R}^N$ ein Gebiet von endlicher Länge, $m \in \mathbb{N}$ und $\gamma \in (0,1]$. Dann gibt es zu jedem $\epsilon > 0$ ein $d(\epsilon, \Omega, m, \gamma) > 0$ mit*

$$\|u\|_{\Omega;m} \leq \epsilon \|u\|_{\Omega;m,\gamma} + d(\epsilon, \Omega, m, \gamma) \|u\|_{\Omega;k}$$

für alle $u \in \overline{C}^{m,\gamma}(\Omega)$ und $0 \leq k < m$.

Wir zeigen nun, daß jedes Gebiet mit glattem Rand (in unserem Fall $C^{2,\alpha}$-Rand) ein Gebiet endlicher Länge ist.

Satz 7.3.5. *Es sei $\Omega \subset\subset \mathbb{R}^N$ zusammenhängend und $\partial\Omega \in C^{2,\alpha}$ für ein $\alpha \in (0,1]$. Dann ist Ω ein Gebiet von endlicher Länge.*

Beweis. Wir überzeugen uns zunächst, daß zu jedem $y \in \overline{\Omega}$ ein $r(y) > 0$ so gewählt werden kann, daß $B_{2r(y)}(y) \cap \Omega$ ein Gebiet von endlicher Länge ist mit $\omega \leq 2$ (ω wie in Definition 7.3.2). Im Falle $y \in \Omega$ wähle man hierzu $r(y) > 0$ mit $B_{2r(y)}(y) \subseteq \Omega$. Für $y \in \partial\Omega$ verwende man Lemma 7.1.9 und wähle $r(y) := \varrho_h/2$ mit $h := h_0/2$ für die gemäß Definition 7.1.8 zu dem Randpunkt $x_0 = y$ gehörigen Größen h_0 und ϱ_h. Daß $B_{2r(y)}(y) \cap \Omega$ in diesem Fall ein Gebiet endlicher Länge ist, folgt aus $B_{\varrho_h}(y) \cap \Omega \subseteq \psi_h(B)$ (s. (iii) in Definition 7.1.8) und aus $|\psi'_h(x)| \leq 2$ für alle $x \in B$, was gemäß (v) in Definition 7.1.8 durch Verkleinerung von h stets erreicht werden kann. Es bildet $(B_{r(y)}(y))$, $y \in \overline{\Omega}$, eine offene Überdeckung der kompakten Menge $\overline{\Omega}$. Wir wählen $y_j \in \overline{\Omega}$, $1 \leq j \leq k$, derart, daß $(B_{r(y_j)}(y_j))$, $1 \leq j \leq k$, ebenfalls $\overline{\Omega}$ überdeckt. Es bezeichne $\delta := \min_{1 \leq j \leq k} r(y_j) > 0$. Wir zeigen nun, daß Ω ein Gebiet endlicher Länge ist. Sind $x \neq y \in \Omega$ mit $|x - y| < \delta$, so findet sich ein $j \in \{1, \ldots, k\}$ mit $x \in B_{r(y_j)}(y_j)$ und folglich $y \in B_{2r(y_j)}(y_j)$. Gemäß Konstruktion wissen wir, daß in Ω ein stetig differenzierbarer Weg der Länge $\leq 2|x-y|$ existiert, der x und y miteinander verbindet. Seien schließlich $x, y \in \Omega$ mit $|x - y| \geq \delta$. Wie im Beweis von Satz 2.2.5 erläutert, läßt sich x und y durch eine Kugelkette, bestehend aus Kugeln $B_{r(y_j)}(y_j)$, miteinander verbinden. Hieraus kann man einen x und y verbindenden stetig differenzierbaren Weg in Ω konstruieren, dessen Länge innerhalb jeder der in der Kette auftretenden Kugeln $B_{r(y_j)}(y_j)$ durch $4r(y_j)$ beschränkt ist. Trivialerweise kann die Kette so gewählt werden, daß jede Kugel höchstens einmal vorkommt. Die Gesamtlänge des verbindenden Weges läßt sich somit durch $4 \sum_{j=1}^{k} r(y_j)$ abschätzen. Wir haben also gezeigt, daß Ω ein Gebiet endlicher Länge ist mit

$$\omega \leq \max\left\{2, \frac{4}{\delta}\sum_{j=1}^{k} r(y_j)\right\}.$$

□

Bemerkung 7.3.6. Satz C.5 über die Kompaktheit von Einbettungen läßt sich gemäß Satz 7.3.5 auch auf Gebiete $\Omega \subset\subset \mathbb{R}^N$ mit $\partial\Omega \in C^{2,\alpha}$ für ein $\alpha \in (0,1]$ übertragen. In Aufgabe 7.5 soll mit Hilfe von Bemerkung 7.1.5 gezeigt werden, daß in dem Fall von $C^{2,\alpha}$-Rändern auf die Voraussetzung des Zusammenhangs verzichtet werden kann:
Sei $\Omega \subset\subset \mathbb{R}^N$ mit $\partial\Omega \in C^{2,\alpha}$ für ein $\alpha \in (0,1]$. Weiter seien

$$X, Y \in \{\overline{C}^{m,\gamma}(\Omega) \colon m \in \mathbb{N}_0, \ 0 < \gamma \leq 1\} \cup \{\overline{C}^m(\Omega) \colon m \in \mathbb{N}_0\}.$$

Ist der Grad von X kleiner als der Grad von Y, so ist die Einbettung $T\colon Y \to X$ kompakt.

Satz 7.3.7. *Es sei $\Omega \subset\subset \mathbb{R}^N$ nichtleer und $\partial\Omega \in C^{2,\alpha}$ für ein $\alpha \in (0,1]$. Dann gibt es für jedes $\gamma \in (0,1)$ eine allein von Ω und γ abhängende Zahl $c(\Omega,\gamma)$ mit*

$$\|u\|_{\Omega;1,\gamma} \leq c(\Omega,\gamma) \sup_{\Omega} |\Delta u| \qquad (7.28)$$

für alle $u \in \overline{C}^2(\Omega)$ mit $u|_{\partial\Omega} = 0$.

Beweis. Wegen Bemerkung 7.1.5 genügt es, den Fall zusammenhängender Ω zu betrachten. Gemäß Satz 7.3.5 können wir somit annehmen, daß Ω ein Gebiet von endlicher Länge ist. Zu jedem $x_0 \in \partial\Omega$ gibt es eine Kugel $B \subseteq \Omega$ mit $x_0 \in \partial B$ und Zahlen $h_0, c > 0$ derart, daß für jedes $h \in (0, h_0)$ eine Abbildung ψ_h und eine Zahl $\varrho_h > 0$ mit den in Definition 7.1.8 genannten Eigenschaften (i)–(v) existieren. Nach Lemma 7.1.12 gibt es ein $h \in (0, h_0)$ und Funktionen $a_{ik}^h \in \overline{C}^{1,\alpha}(B)$ mit

$$\|a_{ik}^h - \delta_{ik}\|_{B;0,\alpha} \leq \min\left\{n(B,\alpha), \frac{1}{2N^2 \tilde{c}(B,\alpha)}, \frac{1}{2N^2 \tilde{c}(B,\gamma)}\right\}. \qquad (7.29)$$

Dabei ist $n(B,\alpha)$ die in Satz 5.5.5 definierte Zahl, und die Zahlen $\tilde{c}(B,\alpha)$, $\tilde{c}(B,\gamma)$ sind wie in Satz 5.3.9 angegeben. Man beachte, daß wir wegen Bemerkung 7.1.2 a) $\alpha < 1$ annehmen können.

Da B durch x_0 und Ω bestimmt ist und α durch Ω, ist die Wahl von h allein durch x_0, Ω und γ bestimmt. Da Ω und γ natürlich im folgenden fixiert sind, ist also $r(x_0) := \frac{1}{8}\varrho_h$ allein von x_0 abhängig. Wir umgeben jetzt jedes $x_0 \in \partial\Omega$ mit der Kugel $B_{r(x_0)}(x_0)$ und jedes $x_0 \in \Omega$ mit $B_{d(x_0)}(x_0)$, wobei $d(x_0) := \frac{1}{8}\operatorname{dist}(x_0, \partial\Omega)$ ist. Dies liefert uns ein offenes Überdeckungssystem S von $\overline{\Omega}$, welches nach dem Satz von Heine-Borel ein endliches Teilsystem $(B_{\sigma_j}(x_j))$, $1 \leq j \leq q$, enthält, das $\overline{\Omega}$ überdeckt; es ist allein durch Ω und γ bestimmt, da dies ja auf S zutrifft. Dies gilt also insbesondere für q und die x_j

7.3 Zwei A-Priori-Ungleichungen im Gefolge des Kelloggschen Satzes

und σ_j und daher für $\varrho := \min\{\sigma_1, \ldots, \sigma_q\}$ sowie für die Abbildung $\psi_{h_j} : \overline{B} \to \overline{\Omega}$, die zu dem Punkt x_j gehört, falls dieser ein Randpunkt ist. Setzen wir $h := h_j$ und $\epsilon_{ik}^h := a_{ik}^h - \delta_{ik}$, wobei die a_{ik}^h gemäß (7.11) durch ψ_h gegeben sind, so sind die $\|\epsilon_{ik}^h\|_{B;0,\alpha}$ allein durch Ω und γ bestimmte Zahlen, die der Ungleichung (7.29) genügen. Desgleichen haben dann auch die in Definition 7.1.8 (iv), Lemma 7.1.12 (α), (β) und Aufgabe 7.2 auftretenden Zahlen diese Eigenschaft.

Wir überzeugen uns nun davon, daß es genügt, die Existenz einer allein von Ω und γ abhängenden Zahl $k(\Omega, \gamma)$ zu beweisen, mit der

$$\|u\|_{\Omega \cap B_{2\sigma_j}(x_j); 1, \gamma} \leq k(\Omega, \gamma) \left(\|u\|_{\Omega; 1} + \sup_{\Omega} |\Delta u| \right) \tag{7.30}$$

für alle $j \in \{1, \ldots, q\}$ und für alle $u \in \overline{C}^2(\Omega)$ mit $u|_{\partial \Omega} = 0$ besteht. Es seien $x, y \in \Omega$. Dann gibt es ein $j \in \{1, \ldots, q\}$ mit $x \in B_{\sigma_j}(x_j)$. Im Falle $|x - y| < \varrho$ sind dann $x, y \in \Omega \cap B_{2\sigma_j}(x_j)$, so daß für $x \neq y$

$$\frac{|u_{x_k}(x) - u_{x_k}(y)|}{|x - y|^\gamma} \leq \|u\|_{\Omega \cap B_{2\sigma_j}(x_j); 1, \gamma}$$

gilt. Im Falle $|x - y| \geq \varrho$ ist

$$\frac{|u_{x_k}(x) - u_{x_k}(y)|}{|x - y|^\gamma} \leq \frac{2}{\varrho^\gamma} \|u\|_{\Omega; 1} \ .$$

Es ist dann also $u \in \overline{C}^{1,\gamma}(\Omega)$ und

$$\|u\|_{\Omega; 1, \gamma} = \|u\|_{\Omega; 1} + \sum_{k=1}^N H_{\gamma; \Omega}(u_{x_k}) \tag{7.31}$$

$$\leq \left[1 + \frac{2N}{\varrho^\gamma} + N k(\Omega, \gamma) \right] \|u\|_{\Omega; 1} + N k(\Omega, \gamma) \sup_{\Omega} |\Delta u| \ .$$

Aus Korollar 7.3.4 (Ω ist gemäß der zu Beginn des Beweises gemachten Bemerkung ein Gebiet endlicher Länge) ergibt sich, daß zu jedem $\epsilon > 0$ ein $d(\epsilon, \Omega, 1, \gamma) > 0$ existiert, so daß

$$\|u\|_{\Omega; 1} \leq \epsilon \|u\|_{\Omega; 1, \gamma} + d(\epsilon, \Omega, 1, \gamma) \max_{\overline{\Omega}} |u| \tag{7.32}$$

für alle $u \in \overline{C}^{1,\gamma}(\Omega)$. Des weiteren ist nach dem Bernsteinschen Lemma 2.6.3

$$\max_{\overline{\Omega}} |u| \leq c_0(\Omega, 1, 1) \sup_{\Omega} |\Delta u| \ , \tag{7.33}$$

so daß die gewünschte Ungleichung (7.28) aus (7.31), (7.32) und (7.33) folgt.

Für den Beweis von (7.30) unterscheiden wir zwei Fälle.

1. Fall. Eines der x_j ist aus Ω. Dann gilt $B_j := B_{4\sigma_j}(x_j) = B_{4d(x_j)}(x_j) \subset\subset \Omega$, und es löst die mit der Abschneidefunktion $\varphi \in C_c^\infty(B_j)$, $0 \leq \varphi \leq 1$ und $\varphi(x) = 1$ für $x \in B_{2\sigma_j}(x_j)$ gebildete Funktion $w := \varphi u$ das Dirichletproblem

$$-\Delta w = F := -(\varphi \Delta u + 2\nabla\varphi \cdot \nabla u + u\Delta\varphi) \text{ in } B_j, \quad w|_{\partial B_j} = 0,$$

so daß wegen (7.26) die Ungleichung

$$\|u\|_{\Omega \cap B_{2\sigma_j}(x_j);1,\gamma} \leq \|w\|_{B_j;1,\gamma} \leq c(B_j,\gamma) \sup_{B_j} |F|$$

besteht. Da es eine Zahl $k > 0$ mit

$$\sup_{B_j} |\nabla\varphi| \leq \frac{k}{\sigma_j}, \quad \sup_{B_j} |\Delta\varphi| \leq \frac{k}{\sigma_j^2}$$

gibt und $\sigma_j \geq \varrho$ ist, beweist dies (7.30).

2. *Fall.* Eines der x_j ist aus $\partial\Omega$. Zu jedem solchen x_j gibt es dann eine Kugel $B \subseteq \Omega$ mit $x_j \in \partial B$, und mit der zu x_j gehörenden Abbildung ψ_{h_j} besteht insbesondere die Inklusion $\Omega \cap B_{2\sigma_j}(x_j) \subseteq \psi_{h_j}(B) \subseteq \Omega$. Wie im 1. Schritt des Beweises des Kelloggschen Satzes 7.2.1 wählen wir nun ein $\varphi_{h_j} \in C^\infty(\mathbb{R}^N)$ mit

$$\varphi_{h_j}(x) = \begin{cases} 1 & \text{für } |x - x_j| < \tfrac{1}{4}\varrho_{h_j} = 2\sigma_j \\ 0 & \text{für } |x - x_j| > \tfrac{1}{2}\varrho_{h_j} = 4\sigma_j \end{cases}$$

und bilden $w_{h_j} := \varphi_{h_j} u \in C^2(\psi_{h_j}(B)) \cap C^0\left(\overline{\psi_{h_j}(B)}\right)$. Wir unterdrücken nun den Index h_j und beachten

$$\|u\|_{\Omega \cap B_{2\sigma_j}(x_j);1,\gamma} = \|w\|_{\Omega \cap B_{2\sigma_j}(x_j);1,\gamma} \leq \|w\|_{\psi(B);1,\gamma},$$

so daß es offensichtlich genügt,

$$\|w\|_{\psi(B);1,\gamma} \leq k(\Omega,\gamma)(\|u\|_{\Omega;1} + \sup_{\Omega} |\Delta u|) \tag{7.34}$$

zu beweisen.

Wir setzen $v := w \circ \psi$ und $\mathcal{X} := \psi^{-1}$, so daß also $\|v \circ \mathcal{X}\|_{\psi(B);1,\gamma}$ abzuschätzen ist. Zunächst haben wir

$$\sup_{x \in \psi(B)} |w_{x_k}(x)| = \sup_{x \in \psi(B)} \left|\sum_{i=1}^N v_{y_i}(\mathcal{X}(x))\mathcal{X}_{ix_k}(x)\right|$$

$$\leq \max_l \sup_{\psi(B)} |\mathcal{X}_{lx_k}| \sum_{i=1}^N \sup_B |v_{y_i}|.$$

Für $x', x'' \in \psi(B)$, $x' \neq x''$, schreiben wir

$$v_{y_i}(\mathcal{X}(x'))\mathcal{X}_{ix_k}(x') - v_{y_i}(\mathcal{X}(x''))\mathcal{X}_{ix_k}(x'')$$
$$= \mathcal{X}_{ix_k}(x')\frac{v_{y_i}(\mathcal{X}(x')) - v_{y_i}(\mathcal{X}(x''))}{|\mathcal{X}(x') - \mathcal{X}(x'')|^\gamma}|\mathcal{X}(x') - \mathcal{X}(x'')|^\gamma$$
$$+ v_{y_i}(\mathcal{X}(x''))[\mathcal{X}_{ix_k}(x') - \mathcal{X}_{ix_k}(x'')],$$

7.3 Zwei A-Priori-Ungleichungen im Gefolge des Kelloggschen Satzes

woraus sich wegen Lemma 7.1.13 (i)

$$H_{\gamma;B}((v_{y_i} \circ \mathcal{X})\mathcal{X}_{ix_k}) \le 2^\gamma \sup_{\psi(B)} |\mathcal{X}_{ix_k}| H_{\gamma;B}(v_{y_i}) + \sup_B |v_{y_i}| H_{\gamma;\psi(B)}(\mathcal{X}_{ix_k}),$$

also

$$\sum_{i=1}^N H_{\gamma;B}((v_{y_i} \circ \mathcal{X})\mathcal{X}_{ix_k})$$

$$\le 2^\gamma \max_l \sup_{\psi(B)} |\mathcal{X}_{lx_k}| \sum_{i=1}^N H_{\gamma;B}(v_{y_i}) + \max_l H_{\gamma;\psi(B)}(\mathcal{X}_{lx_k}) \sum_{i=1}^N \sup_B |v_{y_i}|$$

ergibt. Es ist somit

$$\|w\|_{\psi(B);1,\gamma} = \|v \circ \mathcal{X}\|_{\psi(B);1,\gamma} \le 2^\gamma \sum_{l=1}^N \|\psi_l^{-1}\|_{\psi(B);1,\gamma} \|v\|_{B;1,\gamma}, \quad (7.35)$$

wobei die $\|\psi_l^{-1}\|_{\psi(B);1,\gamma}$ nach Aufgabe 7.2 durch eine Konstante abgeschätzt werden können, die, wie eingangs begründet, allein durch Ω und γ bestimmt ist.

Wir sind damit zu dem Problem gelangt, eine Ungleichung der Form

$$\|v\|_{B;1,\gamma} \le \tilde{k}(\Omega,\gamma) \left(\|u\|_{\Omega;1} + \sup_\Omega |\Delta u| \right) \quad (7.36)$$

herzustellen. Wir hatten zu Ende des 3. Schrittes im Beweis von Satz 7.2.1 gesehen, daß v für $x \in B$ der Integralgleichung

$$v(x) + \sum_{i,k=1}^N \int_B G_{y_k}(x,y)\epsilon_{ik}(y)v_{y_i}(y)\,dy = \int_B G(x,y)b(y)\,dy$$

mit

$$b(y) := F(\psi(y)) - \sum_{k=1}^N a_k(y) v_{y_k}(y) - \sum_{i,k=1}^N v_{y_i}(y) \frac{\partial}{\partial y_k} \epsilon_{ik}(y)$$

genügt, wobei die a_k durch (7.12) definiert sind und

$$F := -(\varphi \Delta u + 2 \nabla \varphi \cdot \nabla u + u \Delta \varphi)$$

ist.

Bei den nachfolgenden Abschätzungen bezeichnen wir der Einfachheit halber mit $c(\Omega,\gamma)$ immer wieder neue Konstanten, die aber alle die Eigenschaft haben, allein durch Ω und γ bestimmt zu sein. Zunächst ist

$$\sup_B |F \circ \psi| \le \sup_\Omega |F| \le c(\Omega,\gamma) \left(\|u\|_{\Omega;1} + \sup_\Omega |\Delta u| \right), \quad (7.37)$$

dann nach Definition 7.1.8 (iv)

$$\sup_B |v_{y_k}| \le \sum_{l=1}^N \sup_B |w_{x_l} \circ \psi| \sup_B |\psi_{l y_k}|$$
$$\le c(\Omega,\gamma)\|w\|_{\Omega;1} \le c(\Omega,\gamma)\|u\|_{\Omega;1}. \tag{7.38}$$

Aus (7.37) und (7.38) ergibt sich zusammen mit Lemma 7.1.12 $\alpha),\beta)$

$$\sup_B |b| \le \sup_B |F \circ \psi| + \sum_{k=1}^N \sup_B |a_k| \sup_B |v_{y_k}| + \sum_{i,k=1}^N \sup_B |(\epsilon_{ik})_{y_k}| \sup_B |v_{y_i}|$$
$$\le c(\Omega,\gamma)\left(\|u\|_{\Omega;1} + \sup_\Omega |\Delta u|\right),$$

mithin nach Aufgabe 5.4 a)

$$\left\|\int_B G(\cdot,y) b(y)\,dy\right\|_{B;1,\gamma} \le c(\Omega,\gamma)\left(\|u\|_{\Omega;1} + \sup_\Omega |\Delta u|\right).$$

Wegen $v_{y_i} \in \overline{C}^1(B) \subseteq \overline{C}^{0,\gamma}(B)$ und $\epsilon_{ik} \in \overline{C}^{1,\alpha}(B) \subseteq \overline{C}^{0,\gamma}(B)$ (s. Satz C.4) ist auch $\epsilon_{ik} v_{y_i} \in \overline{C}^{0,\gamma}(B)$ (s. Aufgabe 5.10 b)), so daß wir mit der Konstanten $\tilde{c}(B,\gamma)$ aus Satz 5.3.9 nach nochmaliger Anwendung von Aufgabe 5.10 b)

$$\left\|\int_B G_{y_k}(\cdot,y)\epsilon_{ik}(y) v_{y_i}(y)\,dy\right\|_{B;1,\gamma} \le \tilde{c}(B,\gamma)\|\epsilon_{ik} v_{y_i}\|_{B;0,\gamma}$$
$$\le \tilde{c}(B,\gamma)\left\{\sup_B|\epsilon_{ik}|\left[\sup_B|v_{y_i}| + H_{\gamma;B}(v_{y_i})\right] + H_{\gamma;B}(\epsilon_{ik})\sup_B|v_{y_i}|\right\}$$

erhalten. Insgesamt ergibt sich also aufgrund unserer Wahl in (7.29)

$$\|v\|_{B;1,\gamma} \le \tilde{c}(B,\gamma)\left[\left(\sum_{i,k=1}^N \sup_B|\epsilon_{ik}|\right)\|v\|_{B;1,\gamma} + \left(\sum_{i,k=1}^N H_{\gamma;B}(\epsilon_{ik})\right)\|v\|_{B;1}\right]$$
$$+ c(\Omega,\gamma)\left(\|u\|_{\Omega;1} + \sup_\Omega |\Delta u|\right)$$
$$\le \frac{1}{2}\|v\|_{B;1,\gamma} + \left(\sum_{i,k=1}^N H_{\gamma;B}(\epsilon_{ik})\right) c(\Omega,\gamma)\|u\|_{\Omega;1}$$
$$+ c(\Omega,\gamma)\left(\|u\|_{\Omega;1} + \sup_\Omega |\Delta u|\right).$$

Da auch $\sum_{i,k=1}^N H_{\gamma;B}(\epsilon_{ik})$ eine Zahl ist, die allein durch Ω und γ bestimmt ist, haben wir daher (7.36) und damit über (7.34) und (7.35) auch die für die angestrebte Abschätzung (7.28) hinreichende Beziehung (7.30) bewiesen. □

Aufgaben

7.1. Man zeige die Äquivalenz der in 7.1.1 und 7.1.4 gegebenen Definitionen für die $C^{2,\alpha}$-Regularität des Randes einer offenen Menge $\Omega \subseteq \mathbb{R}^N$.

7.2. Man zeige, daß in der Situation von Definition 7.1.8 $h_0, c > 0$ so gewählt werden können, daß zusätzlich zu den Aussagen der Lemmata 7.1.11–7.1.13 für alle $h \in (0, h_0)$

$$\|\psi_h^{-1}\|_{\psi(B);1,1} \le c$$

gilt.

7.3. Es ist $\Omega := \{x \in \mathbb{R}^2 : 1 < |x| < 2\} \setminus \{x \in \mathbb{R}^2 : x = (0, x_2), \; x_2 > 0\}$ ein längs der positiven x_2-Achse geschlitzter Kreisring in der Ebene, und es sei $u \in \overline{C}^2(\Omega)$ mit $u(x) = \begin{cases} -1, & \text{wenn } x_1 < 0, \; x_2 > 0, \\ +1, & \text{wenn } x_1 > 0, \; x_2 > 0. \end{cases}$
Man beweise für $0 \le \alpha, \beta \le 1$, daß $u \in \overline{C}^{1,\beta}(\Omega)$ ist, aber $u \notin \overline{C}^{0,\alpha}(\Omega)$.

7.4. a) Es sei

$$\Omega_k := \left\{ (x_1, x_2) \in \mathbb{R} \times \mathbb{R}^+ : 3 > |x_1| > e^{-x_2^{-2}}, \; 2^{-k} < x_2 < 3 \cdot 2^{-k-1} \right\}$$

und $\Omega := \bigcup_{k=1}^{\infty} \Omega_k$. Da die Ω_k paarweise disjunkt sind, ist die Definition $u(x_1, x_2) := 2^{-k} \operatorname{sgn} x_1$, wenn $(x_1, x_2) \in \Omega_k$, für $(x_1, x_2) \in \Omega$ sinnvoll. Hierbei bezeichnet sgn die Signumfunktion, welche 0 auf 0 abbildet und $x \ne 0$ den Wert $x/|x|$ zuordnet. Man zeige für $0 < \alpha, \beta \le 1$, daß $u \in \overline{C}^{1,\beta}(\Omega)$, aber $u \notin \overline{C}^{0,\alpha}(\Omega)$ ist.

b) Man mache Ω aus a) zusammenhängend, indem man

$$\Omega' := \{(x_1, x_2) \in \mathbb{R} \times \mathbb{R} : 2 < |x_1| < 3, \; -1 < x_2 < 1\} \text{ und}$$
$$\Omega'' := \{(x_1, x_2) \in \mathbb{R} \times \mathbb{R} : -3 < x_1 < 3, \; x_2 < 0\}$$

hinzunimmt, also

$$\Omega := \bigcup_{k=1}^{\infty} \Omega_k \cup \Omega' \cup \Omega''$$

definiert. Es bezeichne $\phi \in C^2(\mathbb{R} \setminus \{0\})$ eine feste Funktion mit $\phi(x_1) = \operatorname{sgn} x_1$ für $|x_1| < 1$, $\phi(x_1) = 0$ für $|x_1| > 2$, und es sei

$$u(x_1, x_2) := \begin{cases} 2^{-k} \phi(x_1), & \text{falls } (x_1, x_2) \in \Omega_k, \\ 0, & \text{falls } (x_1, x_2) \in \Omega' \cup \Omega''. \end{cases}$$

Man beweise für $0 < \alpha, \beta \le 1$, daß $u \in \overline{C}^{1,\beta}(\Omega)$, aber $u \notin \overline{C}^{0,\alpha}(\Omega)$. Zudem zeige man, daß u gleichmäßig stetig ist.

7.5. Man leite die Aussage der Bemerkung 7.3.6 aus den Sätzen C.5 und 7.3.5 und der Bemerkung 7.1.5 ab.

8

Die globale A-Priori-Abschätzung von Schauder und ihre Anwendung auf lineare und quasilineare Dirichletprobleme

In der Klasse der hölderstetigen Funktionen wurde das Dirichletproblem für die allgemeine lineare elliptische Differentialgleichung 2. Ordnung von SCHAUDER [293, 294] gelöst. Dabei war es seine erklärte Absicht, die von GIRAUD in zahlreichen umfangreichen Arbeiten[1] verwendete Methode der Konstruktion einer Grundlösung in Kombination mit der Lösung einer Integralgleichung durch A-Priori-Abschätzungen zu ersetzen, die dann auch für die Lösung nichtlinearer Probleme mit topologischen Mitteln eine entscheidende Rolle spielen.

Zur Herleitung seiner A-Priori-Ungleichung bezog sich Schauder auf nicht leicht zu beweisende und in der benötigten Form nicht bequem zur Verfügung stehende potentialtheoretische Hilfssätze, für die er auf LICHTENSTEINs Enzyklopädieartikel [190, S. 286 f.] und damit auf die dort auf S. 200 zitierte Literatur verwies, was spätere Lehrbücher mitunter zu der Taktik verleitete, verkürzt und ohne Beweis zu referieren. Erste detailliertere Bearbeitungen des Schauderschen Beweises stammen von BARRAR [11] (im Anschluß an ein Seminar von E.M. Rothe aus dem Jahre 1951) und GRAVES [85]. Diese Darstellungen sowie die in GILBARG-TRUDINGER [83, Chapter 6] und [290, Kap. IX, 4–7] (diese Abschnitte gehen auf eine Vorlesung von E. HEINZ aus dem Jahre 1976 zurück) beruhen auf der Untersuchung einer Lösung der Poissongleichung auf dem Schnitt einer Kugel mit einem Halbraum, die auf dem Hyperebenenteil des Randes verschwindet.

Etwa zur gleichen Zeit wie Schauder (aber nach dessen Besprechung von [33] im Zentralblatt für Mathematik 9, S. 68, 1934, von ihm nicht ganz unabhängig[2]) publizierte CACCIOPPOLI in der kurzen Arbeit [33] ein ähnli-

---

[1] Diese waren von vorneherein auf eine allgemeinere Fassung des Dirichletproblems ausgelegt, z.B. auf Gleichungen mit auf Ausnahmemengen oder am Rande unbeschränkten Koeffizienten. Wir verweisen auf [207, Ch. III, IV.26, V.36], wo auf einige seiner Arbeiten eingegangen wird.

[2] Das Verhältnis von Schauder zu Caccioppoli war gespannt, da dieser in [32] zwei Vorarbeiten Schauders für [291] nicht erwähnt hatte [67]. [32] enthält übrigens

ches Resultat. Eine detailliertere Darstellung gab MIRANDA erstmals in der 1. Auflage seines Buches [207].

Die Entwicklungslinie für den hier gegebenen Beweis wurde schon zu Beginn der Abschnitte 5.5 und 7 angedeutet. Wir beweisen die A-Priori-Abschätzung von Satz 8.2.1 auf der Basis der A-Priori-Abschätzung von Satz 7.3.1, die ihrerseits einer Verbindung des Kelloggschen Satzes, Korollar 7.2.2, mit dem Banachschen Satz von der offenen Abbildung entspringt. Satz 7.3.1 benützt und verallgemeinert die in Satz 5.3.4 gegebene Abschätzung des Greenpotentials für die Kugel.

8.1 Differentialoperatoren mit konstanten Koeffizienten

Es soll zunächst eine Abschätzung wie in Satz 7.3.1 für den Fall gewonnen werden, daß anstelle des Laplaceoperators $-\Delta$ ein Differentialoperator

$$L_0 := -\sum_{i,k=1}^{N} a_{ik} \frac{\partial^2}{\partial x_i \partial x_k}$$

mit konstanten Koeffizienten a_{ik} steht, die Elemente einer symmetrischen und positiv definiten Matrix A sind. Die Eigenwerte $\lambda_1, \ldots, \lambda_N$ von A sind dann positiv, und es gibt eine orthogonale Matrix U mit

$$U^t A U = \begin{pmatrix} \lambda_1 & & 0 \\ & \ddots & \\ 0 & & \lambda_N \end{pmatrix}.$$

Die symmetrische und positiv definite Matrix

$$B := U^t \begin{pmatrix} \sqrt{\lambda_1} & & 0 \\ & \ddots & \\ 0 & & \sqrt{\lambda_N} \end{pmatrix} U$$

hat dann die Eigenschaft $B^2 = A$. Ist

$$Q \colon \mathbb{R}^N \to \mathbb{R}^N, \quad x \mapsto Bx \tag{8.1}$$

und $u \in C^2(\mathbb{R}^N)$, so liefert die Argumentation in Aufgabe 2.2 sofort

$$(L_0 u) \circ Q = -\Delta(u \circ Q). \tag{8.2}$$

---

die Beobachtung, daß die lineare Struktur eines normierten Raumes für das Kontraktionsprinzip unwesentlich ist, dieses also in jedem vollständigen metrischen Raum gilt. Für Caccioppolis Vorreiterrolle beim Begriff der schwachen Lösung s. Abschnitt 10.3. Es existiert nur spärliches biographisches Material über Schauder, der 1943 von Deutschen ermordet wurde (s. [67,68,180]). Über Caccioppoli hingegen gibt es eine Biographie [326] und sogar einen Film, Morte di un matematico napolitano, von Mario Martone (1992).

8.1 Differentialoperatoren mit konstanten Koeffizienten

Lemma 8.1.1. *Es seien $\Omega \subset\subset \mathbb{R}^N$, $k \in \mathbb{N}_0$ und $\alpha \in (0,1]$, ferner $Q\colon \mathbb{R}^N \to \mathbb{R}^N$ linear, symmetrisch und positiv definit. Es gilt $u \circ Q \in \overline{C}^{k,\alpha}(Q^{-1}\Omega)$ genau dann, wenn $u \in \overline{C}^{k,\alpha}(\Omega)$ ist, und mit einer allein von Q, k und α bestimmten Zahl $c(Q,k,\alpha)$ ist dann*

$$\|u \circ Q\|_{Q^{-1}\Omega;k,\alpha} \leq c(Q,k,\alpha)\|u\|_{\Omega;k,\alpha}, \tag{8.3}$$

$$\|u\|_{\Omega;k,\alpha} \leq c(Q,k,\alpha)\|u \circ Q\|_{Q^{-1}\Omega;k,\alpha}. \tag{8.4}$$

Beweis. 1. Wir behandeln zunächst den Fall $k = 0$. Trivialerweise gilt

$$\sup_{Q^{-1}\Omega} |u \circ Q| = \sup_{\Omega} |u|.$$

Sei nun $\alpha \in (0,1]$ und $u \in \overline{C}^{0,\alpha}(\Omega)$. Dann besteht für y', $y'' \in Q^{-1}\Omega$ mit $y' \neq y''$

$$\frac{|u(Qy') - u(Qy'')|}{|y' - y''|^\alpha} = \frac{|u(Qy') - u(Qy'')|}{|Qy' - Qy''|^\alpha} \frac{|Q(y' - y'')|^\alpha}{|y' - y''|^\alpha} \tag{8.5}$$
$$\leq H_{\alpha;\Omega}(u)|Q|^\alpha,$$

wenn $|Q|$ die mit der euklidischen Vektornorm verträgliche Matrixnorm bezeichnet. Für $\alpha \in (0,1]$ und $u \in \overline{C}^{0,\alpha}(\Omega)$ ist also $u \circ Q \in \overline{C}^{0,\alpha}(Q^{-1}\Omega)$ und

$$\|u \circ Q\|_{Q^{-1}\Omega;0,\alpha} \leq (1 + |Q|^\alpha)\|u\|_{\Omega;0,\alpha}$$

bewiesen.

Mit Q ist auch Q^{-1} linear, symmetrisch und positiv definit. Ersetzen wir daher $u\colon \Omega \to \mathbb{R}$ durch $u \circ Q\colon Q^{-1}\Omega \to \mathbb{R}$ und Q durch Q^{-1}, so können wir aus $u \circ Q \in \overline{C}^{0,\alpha}(Q^{-1}\Omega)$ folgern, daß $u \in \overline{C}^{0,\alpha}(\Omega)$ ist und

$$\|u\|_{\Omega;0,\alpha} \leq (1 + |Q^{-1}|)\|u \circ Q\|_{\Omega^{-1};0,\alpha}$$

gilt.

2. Es sei jetzt $k \in \mathbb{N}$ und $u \in \overline{C}^{k,\alpha}(\Omega)$. Aufgrund der Kettenregel ist $(u \circ Q)_{x_j}$ eine Linearkombination der $u_{x_i} \circ Q$ mit Koeffizienten, die allein durch Q bestimmt sind, mithin

$$\|u \circ Q\|_{Q^{-1}\Omega;1} \leq c(Q)\|u\|_{\Omega;1}.$$

Entsprechendes gilt für die höheren Ableitungen. Es ist also mit einer allein durch k und Q bestimmten Konstanten

$$\|u \circ Q\|_{Q^{-1}\Omega;k} \leq c(k,Q)\|u\|_{\Omega;k}. \tag{8.6}$$

Wenden wir nun (8.5) auf alle Ableitungen von u der Ordnung k an, so ergibt sich $u \circ Q \in \overline{C}^{k,\alpha}(Q^{-1}\Omega)$ und mit (8.6) die Behauptung (8.3).

Wieder kann man nun $u \circ Q$ anstelle von u und Q^{-1} anstelle von Q nehmen, was den Beweis des Lemmas vollendet. □

Lemma 8.1.2. *Es sei $\Omega \subset\subset \mathbb{R}^N$ und $\partial\Omega \in C^{2,\alpha}$ für ein $\alpha \in (0,1]$, ferner $Q\colon \mathbb{R}^N \to \mathbb{R}^N$ linear, symmetrisch und positiv definit. Dann ist $Q\Omega \subset\subset \mathbb{R}^N$ und $\partial(Q\Omega) \in C^{2,\alpha}$.*

Beweis. Die Abbildung Q ist ein Homöormophismus, woraus $Q\Omega \subset\subset \mathbb{R}^N$ folgt. Zudem gilt $\partial(Q\Omega) = Q(\partial\Omega)$. Sei nun $y_0 \in \partial(Q\Omega)$ und $\eta \in \overline{C}^{2,\alpha}(U)$ die gemäß Definition 7.1.1 zum Punkt $x_0 := Q^{-1}y_0 \in \partial\Omega$ gehörige Funktion. Dann erfüllt $\tilde\eta(y) := \eta(Q^{-1}y)$, $y \in QU$, gemäß Lemma 8.1.1 die Kriterien von Definition 7.1.1 für y_0. □

Satz 8.1.3. *Es sei $\Omega \subset\subset \mathbb{R}^N$ und $\partial\Omega \in C^{2,\alpha}$ für ein $\alpha \in (0,1)$, ferner A eine symmetrische und positiv definite $N \times N$-Matrix. Dann gibt es eine allein durch Ω, α und A bestimmte Konstante $c(\Omega, \alpha, A)$ mit*

$$\|u\|_{\Omega;2,\alpha} \le c(\Omega,\alpha,A) \left\|\sum_{i,k=1}^N a_{ik} u_{x_i x_k}\right\|_{\Omega;0,\alpha}$$

für alle $u \in \overline{C}^{2,\alpha}(\Omega)$ mit $u|_{\partial\Omega} = 0$.

Beweis. Wir betrachten die Abbildung Q aus (8.1). Es ist $(u\circ Q)|_{\partial(Q^{-1}\Omega)} = 0$. Lemma 8.1.1 vermittelt $u \circ Q \in \overline{C}^{2,\alpha}(Q^{-1}\Omega)$. Nach Lemma 8.1.2 mit Q^{-1} statt Q ist $Q^{-1}\Omega \subset\subset \mathbb{R}^N$ und $\partial(Q^{-1}\Omega) \in C^{2,\alpha}$, so daß nach Satz 7.3.1

$$\|u \circ Q\|_{Q^{-1}\Omega,2,\alpha} \le c(Q^{-1}\Omega,\alpha)\|\Delta(u \circ Q)\|_{Q^{-1}\Omega;0,\alpha}$$

gilt. Mit (8.4), (8.2) und (8.3) haben wir daher

$$\|u\|_{\Omega;2,\alpha} \le c(Q,2,\alpha)\|u \circ Q\|_{Q^{-1}\Omega;2,\alpha}$$
$$\le c(Q,2,\alpha)c(Q^{-1}\Omega,\alpha)\|(L_0 u) \circ Q\|_{Q^{-1}\Omega;0,\alpha}$$
$$\le c(Q,2,\alpha)c(Q^{-1}\Omega,\alpha)c(Q,0,\alpha)\|L_0 u\|_{\Omega;0,\alpha}.$$

Da Q allein durch A bestimmt ist, ist das die Behauptung. □

Satz 8.1.3 hat noch den Mangel, daß die Zahl $c(\Omega,\alpha,A)$ von der individuellen Matrix A abhängt. Man gewinnt aber mit einem Überdeckungsargument daraus den folgenden Satz, der eine Konstante aufstellt, die für eine Klasse von Matrizen A gilt.

Satz 8.1.4 (A-Priori-Abschätzung bei konstanten Koeffizienten). *Es sei $\Omega \subset\subset \mathbb{R}^N$ und $\partial\Omega \in C^{2,\alpha}$ für ein $\alpha \in (0,1)$, ferner $0 < m < M$. Dann gibt es eine Zahl $c(\Omega,\alpha,m,M)$, so daß für alle symmetrischen Matrizen A, deren Elemente*

$$m|\xi|^2 \le \sum_{i,k=1}^N a_{ik}\xi_i\xi_k \le M|\xi|^2 \quad \text{für alle } \xi \in \mathbb{R}^N \tag{8.7}$$

erfüllen, und alle $u \in \overline{C}^{2,\alpha}(\Omega)$ mit $u|_{\partial\Omega} = 0$

$$\|u\|_{\Omega;2,\alpha} \le c(\Omega,\alpha,m,M) \left\|\sum_{i,k=1}^N a_{ik} u_{x_i x_k}\right\|_{\Omega;0,\alpha}$$

gilt.

Beweis. Jede reelle $N \times N$-Matrix $A = (a_{ik})$ fassen wir als Punkt in $\mathbb{R}^{N^2}$ auf. Es ist bequem, $\mathbb{R}^{N^2}$ mit der Norm

$$|A|_\infty := \max\{|a_{ik}|: 1 \leq i, k \leq N\}$$

zu versehen. Die Menge der symmetrischen Matrizen A mit der Eigenschaft (8.7) bildet eine kompakte Teilmenge $P_{m,M}$ von $\mathbb{R}^{N^2}$. Wir definieren nun eine Funktion

$$\phi: P_{m,M} \to \mathbb{R} \quad , \quad A \mapsto \frac{1}{2}[1 + c(\Omega, \alpha, A)]^{-1} ,$$

wobei $c(\Omega, \alpha, A)$ die in Satz 8.1.3 auftretende Zahl ist. Für $A \in P_{m,M}$ sei $W_{\phi(A)}(A)$ der (offene) Quader in $\mathbb{R}^{N^2}$ mit Mittelpunkt A und Seitenlänge $2\phi(A)$. Das offene Überdeckungssystem $S := (W_{\phi(A)}(A))$, $A \in P_{m,M}$, von $P_{m,M}$ besitzt ein endliches Teilsystem $(W_{\phi(A_j)}(A_j))$, $1 \leq j \leq q$, welches $P_{m,M}$ überdeckt. Es ist allein bestimmt durch $P_{m,M}$ und S, also durch m, M und ϕ und daher durch m, M, Ω und α; die Abhängigkeit von N wird schon durch die Angabe von Ω berücksichtigt.

Zu $A \in P_{m,M}$ gibt es ein $j \in \{1, \ldots, q\}$ mit

$$|A - A_j|_\infty < \phi(A_j) .$$

Für A_j besteht nach Satz 8.1.3 für alle $u \in \overline{C}^{2,\alpha}(\Omega)$ mit $u|_{\partial\Omega} = 0$ die Abschätzung

$$\|u\|_{\Omega;2,\alpha} \leq c(\Omega, \alpha, A_j) \left\|\sum_{i,k=1}^N a_{ik}^j u_{x_i x_k}\right\|_{\Omega;0,\alpha}$$
$$\leq c(\Omega, \alpha, A_j)\left(\left\|\sum_{i,k=1}^N (a_{ik}^j - a_{ik})u_{x_i x_k}\right\|_{\Omega;0,\alpha} + \left\|\sum_{i,k=1}^N a_{ik} u_{x_i x_k}\right\|_{\Omega;0,\alpha}\right).$$

Nun ist

$$\left\|\sum_{i,k=1}^N (a_{ik}^j - a_{ik})u_{x_i x_k}\right\|_{\Omega;0,\alpha} \leq |A - A_j|_\infty \|u\|_{\Omega;2,\alpha}$$
$$\leq \frac{1}{2}[1 + c(\Omega, \alpha, A_j)]^{-1} \|u\|_{\Omega;2,\alpha}$$

und folglich

$$\|u\|_{\Omega;2,\alpha} \leq 2 \max_{j \in \{1,\ldots,q\}} c(\Omega, \alpha, A_j) \left\|\sum_{i,k=1}^N a_{ik} u_{x_i x_k}\right\|_{\Omega;0,\alpha} .$$

Dies ist die behauptete A-Priori-Abschätzung, da q und $A_1, \ldots, A_q$ allein durch $P_{m,M}$ und S, also durch Ω, α, m und M bestimmt sind. □

8.2 Variable Koeffizienten

Satz 8.2.1 (Globale A-Priori-Abschätzung von Schauder). *Es sei $\Omega \subset\subset \mathbb{R}^N$ und $\partial\Omega \in C^{2,\alpha}$ für ein $\alpha \in (0,1)$, ferner $0 < m < M$ und $b > 0$. Dann gibt es eine Zahl $c(\Omega, \alpha, m, M, b)$, so daß*

268 8 Abschätzung von Schauder – Lineare und quasilineare Dirichletprobleme

$$\|u\|_{\Omega;2,\alpha} \leq c(\Omega,\alpha,m,M,b)(\|Lu\|_{\Omega;0,\alpha} + \sup_\Omega |u|)$$

ist für alle $u \in \overline{C}^{2,\alpha}(\Omega)$ *mit* $u|_{\partial\Omega} = 0$ *und alle Differentialoperatoren des Typs*

$$Lu(x) := -\sum_{i,k=1}^N a_{ik}(x) u_{x_i x_k}(x) + \sum_{i=1}^N a_i(x) u_{x_i}(x) + a(x) u(x) \, ,$$

wenn nur $a_{ik} = a_{ki}$, a_i, $a \in \overline{C}^{0,\alpha}(\Omega)$ *sind,*

$$m|\xi|^2 \leq \sum_{i,k=1}^N a_{ik}(x)\xi_i\xi_k \leq M|\xi|^2$$

für $x \in \Omega$ *und* $\xi \in \mathbb{R}^N$ *gilt und*

$$\|a_{ik}\|_{\Omega;0,\alpha} \leq b, \quad \|a_i\|_{\Omega;0,\alpha} \leq b, \quad \|a\|_{\Omega;0,\alpha} \leq b \tag{8.8}$$

für $i,k \in \{1,\ldots,N\}$ *ist.*

Beweis. Wegen Bemerkung 7.1.5 genügt es, den Fall zusammenhängender Ω zu betrachten. Gemäß Satz 7.3.5 können wir somit annehmen, daß Ω ein Gebiet von endlicher Länge ist. Ist $c(\Omega,\alpha,m,M)$ die Zahl aus Satz 8.1.4 und

$$\varrho := \left\{1 + [b(1 + 2c(\Omega,\alpha,m,M))]^{1/\alpha}\right\}^{-1},$$

so gilt nach Voraussetzung (8.8) für $x, x_0 \in \Omega$ mit $|x - x_0| < \varrho$

$$|a_{ik}(x) - a_{ik}(x_0)| \leq b|x - x_0|^\alpha \leq b\varrho^\alpha \leq \frac{1}{1 + 2c(\Omega,\alpha,m,M)} \, . \tag{8.9}$$

Es ist $S := (B_{\varrho/3}(x_0))$, $x_0 \in \overline{\Omega}$, ein offenes Überdeckungssystem von $\overline{\Omega}$, und es ist völlig bestimmt durch $\overline{\Omega}$ und ϱ, also durch Ω, α, m, M und b. Gleiches gilt dann für ein endliches Teilsystem $(B_{\varrho/3}(x_j))$, $1 \leq j \leq q$, das $\overline{\Omega}$ überdeckt.

Sei $\mathcal{X} \in C^\infty(\mathbb{R})$, $0 \leq \mathcal{X} \leq 1$ und

$$\mathcal{X}(t) = \begin{cases} 1 & \text{für } t < \frac{1}{2} \\ 0 & \text{für } t > \frac{2}{3} \end{cases}$$

und $K \geq 1$ so, daß

$$|\mathcal{X}'(t)| + |\mathcal{X}''(t)| + |\mathcal{X}'''(t)| \leq K \quad \text{für alle } t \in \mathbb{R} \, .$$

Auf $\Omega^* := \bigcup_{j=1}^q B_{\varrho/2}(x_j) \supseteq \overline{\Omega}$ definieren wir eine endliche Zerlegung der Eins durch

$$\varphi_j := \psi_j / \sum_{m=1}^q \psi_m \quad \text{mit} \quad \psi_j(x) := \mathcal{X}(|x - x_j|/\varrho) \, .$$

Auf Ω^* ist dann $1 \leq \sum_{m=1}^{q} \psi_m \leq q$ und $0 \leq \varphi_j \leq 1$. Für $k \in \{0,1,2\}$ und $j \in \{1,\ldots,q\}$ gilt

$$\varphi_j \in \overline{C}^{k,\alpha}(\Omega), \quad \|\varphi_j\|_{\Omega;k,\alpha} \leq \frac{Kc(q,\Omega)}{\varrho^{k+1}} \tag{8.10}$$

mit einer allein von q und Ω abhängenden Zahl $c(q,\Omega)$. Wir zeigen dies für $k = 0$ und verweisen für $k \in \{1,2\}$ auf Aufgabe 8.1. Wegen

$$\nabla \psi_j(x) = \frac{1}{\varrho} \mathcal{X}'(|x-x_j|/\varrho) \frac{x-x_j}{|x-x_j|}$$

gilt für $x \in \Omega$ die Ungleichung $|\nabla \psi_j(x)| \leq \frac{K}{\varrho}$, so daß

$$|\nabla \varphi_j| \leq |\nabla \psi_j| + \sum_{m=1}^{q} |\nabla \psi_m| \leq \frac{1}{\varrho} K(1+q)$$

folgt. Seien $x,y \in \Omega$. Im Falle $0 < |x-y| < \varrho$ liefert der Mittelwertsatz

$$\frac{|\varphi_j(x) - \varphi_j(y)|}{|x-y|^\alpha} \leq |x-y|^{1-\alpha} |\nabla \varphi_j(\xi)| \leq \frac{1}{\varrho^\alpha} K(1+q),$$

während für $|x-y| \geq \varrho$

$$\frac{|\varphi_j(x) - \varphi_j(y)|}{|x-y|^\alpha} \leq \frac{1}{\varrho^\alpha} |\varphi_j(x) - \varphi_j(y)| \leq \frac{1}{\varrho^\alpha}$$

ist. Dies beweist (8.10) für $k = 0$.

Über Aufgabe 5.10 a) folgt nun $\varphi_j u \in \overline{C}^{2,\alpha}(\Omega)$ und daher

$$\|u\|_{\Omega;2,\alpha} = \left\| \sum_{j=1}^{q} \varphi_j u \right\|_{\Omega;2,\alpha} \leq \sum_{j=1}^{q} \|\varphi_j u\|_{\Omega;2,\alpha}.$$

Wegen $\varphi_j u|_{\partial \Omega} = 0$ haben wir mit der Zahl $c(\Omega,\alpha,m,M)$ aus Satz 8.1.4 die Abschätzung

$$\|\varphi_j u\|_{\Omega;2,\alpha} \leq c(\Omega,\alpha,m,M) \left\| \sum_{i,k=1}^{N} a_{ik}(x_j)(\varphi_j u)_{x_i x_k} \right\|_{\Omega;0,\alpha}, \tag{8.11}$$

denn es ist ja $(a_{ik}(x_j))$ eine konstante symmetrische Matrix mit der Eigenschaft (8.7). Wir schreiben[3]

$$-\sum_{i,k=1}^{N} a_{ik}(x_j)(\varphi_j u)_{x_i x_k} = -\sum_{i,k=1}^{N} [a_{ik}(x_j) - a_{ik}(x)](\varphi_j u)_{x_i x_k} + \varphi_j Lu$$

$$-2\sum_{i,k=1}^{N} a_{ik}(x)\varphi_{jx_i} u_{x_k} - \sum_{i,k=1}^{N} a_{ik}(x)\varphi_{jx_i x_k} u$$

$$-\sum_{i=1}^{N} a_i(x)\varphi_j u_{x_i} - a(x)\varphi_j u.$$

---

[3] Dieser Kunstgriff wird häufig *Einfrieren der Koeffizienten* genannt; er geht auf KORN zurück [152].

Nach Aufgabe 5.11 ist

$$\|[a_{ik}(x_j) - a_{ik}](\varphi_j u)_{x_i x_k}\|_{\Omega;0,\alpha} \leq \|[a_{ik}(x_j) - a_{ik}](\varphi_j u)_{x_i x_k}\|_{\Omega \cap B_\varrho(x_j);0,\alpha}$$
$$+ (\varrho/3)^{-\alpha} \sup_{\Omega \cap B_\varrho(x_j)} |(\varphi_j u)_{x_i x_k}| \ .$$

Der erste Summand gestattet nach (8.9) sowie (iii) und (ii) in Aufgabe 5.10 b) die Abschätzung

$$\frac{1}{1 + 2c(\Omega, \alpha, m, M)} \|(\varphi_j u)_{x_i x_k}\|_{\Omega;0,\alpha} + \left(\sup_\Omega |(\varphi_j u)_{x_i x_k}|\right) H_{\alpha;\Omega}(a_{ik}) \ .$$

Aus (8.11) folgt daher wegen (8.8)

$$\|\varphi_j u\|_{\Omega;2,\alpha} \leq \frac{c(\Omega, \alpha, m, M)}{1 + 2c(\Omega, \alpha, m, M)} \|\varphi_j u\|_{\Omega;2,\alpha}$$
$$+ c(\Omega, \alpha, m, M) \left[((3/\varrho)^\alpha b + b) T_1 + \sum_{l=2}^{6} T_l\right] \ .$$

Die verbleibenden sechs Terme schätzen wir wie folgt ab. Wegen (8.10) ist

$$T_1 := \sum_{i,k=1}^{N} \sup_\Omega |(\varphi_j u)_{x_i x_k}|$$
$$\leq \sum_{i,k=1}^{N} \left(\sup_\Omega |\varphi_{j x_i x_k}| \sup_\Omega |u| + 2 \sup_\Omega |\varphi_{j x_i}| \sup_\Omega |u_{x_k}| + \sup_\Omega |\varphi_j| \sup_\Omega |u_{x_i x_k}|\right)$$
$$\leq \frac{Kc(q,\Omega)}{\varrho^3} \sup_\Omega |u| + \frac{2Kc(q,\Omega)}{\varrho^2} \sum_{k=1}^{N} \sup_\Omega |u_{x_k}| + \sum_{i,k=1}^{N} \sup_\Omega |u_{x_i x_k}|$$
$$\leq \frac{2Kc(q,\Omega)}{\varrho^3} \|u\|_{\Omega;2} \ ,$$

denn wir können ohne weiteres $c(q,\Omega) \geq 1$ annehmen. Unter Verwendung von Aufgabe 5.10 erhalten wir mit (8.8) und (8.10)

$$T_2 := \|\varphi_j Lu\|_{\Omega;0,\alpha} \leq \frac{Kc(q,\Omega)}{\varrho} \|Lu\|_{\Omega;0,\alpha} \ ,$$

$$T_3 := 2 \sum_{i,k=1}^{N} \|a_{ik} \varphi_{j x_i} u_{x_k}\|_{\Omega;0,\alpha}$$
$$\leq 2 \sum_{i,k=1}^{N} (\|a_{ik}\|_{\Omega;0,\alpha} \|\varphi_{j x_i}\|_{\Omega;0,\alpha} \|u_{x_k}\|_{\Omega;0,\alpha})$$
$$\leq 2b \|\varphi_j\|_{\Omega;1,\alpha} \|u\|_{\Omega;1,\alpha} \leq \frac{2bKc(q,\Omega)}{\varrho^2} \|u\|_{\Omega;1,\alpha} \ ,$$

$$T_4 := \sum_{i,k=1}^{N} \|a_{ik}\varphi_j u_{x_i x_k}\|_{\Omega;0,\alpha} \leq \sum_{i,k=1}^{N} (\|a_{ik}\|_{\Omega;0,\alpha} \|\varphi_{j x_i x_k}\|_{\Omega;0,\alpha} \|u\|_{\Omega;0,\alpha})$$
$$\leq \frac{bKc(q,\Omega)}{\varrho^3} \|u\|_{\Omega;0,\alpha} \,,$$
$$T_5 := \sum_{i=1}^{N} \|a_i \varphi_j u_{x_i}\|_{\Omega;0,\alpha} \leq \frac{bKc(q,\Omega)}{\varrho} \|u\|_{\Omega;1,\alpha} \,,$$
$$T_6 := \|a\varphi_j u\|_{\Omega;0,\alpha} \leq \frac{bKc(q,\Omega)}{\varrho} \|u\|_{\Omega;0,\alpha} \,.$$

Insgesamt ergibt sich daher

$$\frac{1}{2}\|\varphi_j u\|_{\Omega;2,\alpha} \leq c_0(\Omega,\alpha,m,M,b)\left(\|u\|_{\Omega;2} + \|Lu\|_{\Omega;0,\alpha} + \|u\|_{\Omega;1,\alpha} + \|u\|_{\Omega;0,\alpha}\right).$$

Gemäß Lemma 7.3.3 (wie zu Beginn des Beweises begründet, betrachten wir den Fall, daß Ω ein Gebiet von endlicher Länge ist) haben wir für ein geeignetes $\omega \geq 1$

$$H_{\alpha,\Omega}(u) \leq N\omega \|u\|_{\Omega;1}, \quad \sum_{i=1}^{N} H_{\alpha,\Omega}(u_{x_i}) \leq N\omega \|u\|_{\Omega;2} \,,$$

also

$$\|u\|_{2;\Omega,\alpha} \leq \sum_{j=1}^{q} \|\varphi_j u\|_{\Omega;2,\alpha}$$
$$\leq 2qc_0(\Omega,\alpha,m,M,b)\left[\|Lu\|_{\Omega;0,\alpha} + 2(1+N\omega)\|u\|_{\Omega;2} + \sup_{\Omega}|u|\right].$$

Nach Korollar 7.3.4 (Ω ist ein Gebiet von endlicher Länge) gibt es zu jedem $\epsilon > 0$ ein $d(\epsilon,\Omega,2,\alpha) > 0$ mit

$$\|u\|_{\Omega;2} \leq \epsilon \|u\|_{\Omega;2,\alpha} + d(\epsilon,\Omega,2,\alpha) \sup_{\Omega}|u| \,.$$

Wir wählen nun $\epsilon > 0$ so klein, daß

$$4qc_0(\Omega,\alpha,m,M,b)(1+N\omega)\epsilon = \frac{1}{2}$$

ausfällt. ϵ und damit $d(\epsilon,\Omega,2,\alpha)$ sind dann allein durch Ω, α, m, M und b bestimmt, und es resultiert die behauptete Abschätzung. □

Korollar 8.2.2. *Wenn zusätzlich $a \geq 0$ ist, so gilt mit einer allein durch Ω, α, m, M und b bestimmten Konstanten*

$$\|u\|_{\Omega;2,\alpha} \leq c(\Omega,\alpha,m,M,b)\|Lu\|_{\Omega;0,\alpha}$$

für alle $u \in \overline{C}^{2,\alpha}(\Omega)$ mit $u|_{\partial\Omega} = 0$.

Beweis. Im Falle $a \geq 0$ können wir $\sup_\Omega |u| = \max_{\overline{\Omega}}|u|$ aufgrund des Bernsteinschen Lemmas 2.6.3 durch $\sup_\Omega |Lu|$ abschätzen. □

8.3 Die Kontinuitätsmethode zur Lösung des allgemeinen linearen Dirichletproblems in $\overline{C}^{2,\alpha}(\Omega)$. Die Fredholmsche Alternative.

Wir hatten bereits in Abschnitt 5.5 die Kontinuitätsmethode vorgestellt und in Satz 5.5.6 auf das Dirichletproblem in der Kugel B angewendet, wenn der Hauptteil der Differentialgleichung wenig von $-\Delta$ abweicht. Entscheidendes Hilfsmittel dafür war die A-Priori-Abschätzung aus Satz 5.5.5 gewesen, die sich daraus ergab, daß wir für jedes $f \in \overline{C}^{0,\alpha}(B)$ das Dirichletproblem $-\Delta u = f$ in B, $u|_{\partial B} = 0$ in der Klasse $\overline{C}^{2,\alpha}(B)$ lösen konnten (vgl. Bemerkung 5.3.7). Wir leiten jetzt auf dem gleichen Wege aus dem Kelloggschen Satz (Korollar 7.2.2) und aus der A-Priori-Abschätzung von Korollar 8.2.2 den folgenden Satz ab.

Satz 8.3.1 (Schauder). *Es sei $\Omega \subset\subset \mathbb{R}^N$ mit $\partial\Omega \in C^{2,\alpha}$ für ein $\alpha \in (0,1)$, ferner $m > 0$. Es sei*

$$L := -\sum_{i,k=1}^{N} a_{ik}(x)\frac{\partial^2}{\partial x_i \partial x_k} + \sum_{i=1}^{N} a_i(x)\frac{\partial}{\partial x_i} + a(x)$$

ein linearer Differentialoperator mit Koeffizienten

$$a_{ik} = a_{ki}, \quad a_i, \quad 0 \leq a \in \overline{C}^{0,\alpha}(\Omega)$$

und

$$m|\xi|^2 \leq \sum_{i,k=1}^{N} a_{ik}(x)\xi_i\xi_k$$

für alle $x \in \Omega$ und $\xi \in \mathbb{R}^N$. Dann hat das Dirichletproblem

$$Lu = f \text{ in } \Omega, \quad u|_{\partial\Omega} = 0$$

für jedes $f \in \overline{C}^{0,\alpha}(\Omega)$ genau eine Lösung $u \in \overline{C}^{2,\alpha}(\Omega)$.

Beweis. Die Eindeutigkeit folgt bereits aus dem Bernsteinschen Lemma 2.6.3. Wegen Bemerkung 7.1.5 und Satz 7.3.5 genügt es wiederum, den Fall zu betrachten, daß Ω ein Gebiet von endlicher Länge ist. Zum Nachweis der Existenz betten wir L, wie eingangs von Abschnitt 5.5 erläutert, in eine Schar von Operatoren

$$L_t := -(1-t)\Delta + tL, \quad 0 \leq t \leq 1,$$

ein. Dann ist $L_0 = -\Delta$ und $L_1 = L$. Die Koeffizienten von L_t sind aus $\overline{C}^{0,\alpha}(\Omega)$ und erfüllen

$$\|-(1-t)\delta_{ik} - ta_{ik}\|_{\Omega;0,\alpha} \leq 1 + \|a_{ik}\|_{\Omega;0,\alpha},$$

$$\|ta_i\|_{\Omega;0,\alpha} \leq \|a_i\|_{\Omega;0,\alpha}, \quad \|ta\|_{\Omega;0,\alpha} \leq \|a\|_{\Omega;0,\alpha},$$

8.3 Das allgemeine lineare Dirichletproblem in $\overline{C}^{2,\alpha}(\Omega)$

so daß ein $b > 0$ existiert, welches diese Größen gleichmäßig beschränkt. Aufgrund der Schwarzschen Ungleichung hat dann $M := Nb$ die Eigenschaft

$$\sum_{i,k=1}^{N} a_{ik}(x)\xi_i\xi_k \leq M|\xi|^2$$

für $x \in \Omega$ und $\xi \in \mathbb{R}^N$. Wir dürfen $m \leq 1 \leq M$ annehmen. Dann ist auch

$$m|\xi|^2 \leq (1-t+tm)|\xi|^2 \leq \sum_{i,k=1}^{N} [(1-t)\delta_{ik} + ta_{ik}(x)]\xi_i\xi_k \leq (1-t+tM)|\xi|^2$$
$$\leq M|\xi|^2 \,.$$

Schließlich ist $ta \geq 0$.

Es sei τ die Menge derjenigen $t \in [0,1]$, für welche das Dirichletproblem

$$L_t u = f \text{ in } \Omega, \quad u|_{\partial\Omega} = 0$$

für jedes $f \in \overline{C}^{0,\alpha}(\Omega)$ mit $u \in \overline{C}^{2,\alpha}(\Omega)$ eindeutig lösbar ist. Nach Korollar 7.2.2 ist $0 \in \tau$, und es ist $1 \in \tau$ zu beweisen. Wenn $t_0 \in \tau$ ist, so ist das Dirichletproblem

$$L_{t_0} w = f + (L_{t_0} - L_t)v \text{ in } \Omega, \quad w|_{\partial\Omega} = 0 \tag{8.12}$$

für jedes $v \in \overline{C}^{2,\alpha}(\Omega)$ eindeutig lösbar, so daß wir die (von t_0, t und f abhängende) Abbildung

$$T: \overline{C}^{2,\alpha}(\Omega) \to \{z \in \overline{C}^{2,\alpha}(\Omega): z|_{\partial\Omega} = 0\},$$
$$v \mapsto \text{das } w \text{ mit der Eigenschaft (8.12)}$$

betrachten können. Wenn T für jedes $f \in \overline{C}^{0,\alpha}(\Omega)$ einen Fixpunkt besitzt, so ist $t \in \tau$.

Wir wollen daher nun nachweisen, daß die Abbildung T bei geeigneter Einschränkung von $|t - t_0|$ eine strikte Kontraktion ist. Für $v_1, v_2 \in \overline{C}^{2,\alpha}(\Omega)$ ist $Tv_1 - Tv_2 \in \overline{C}^{2,\alpha}(\Omega)$, $(Tv_1 - Tv_2)|_{\partial\Omega} = 0$ und

$$L_{t_0}(Tv_1 - Tv_2) = (L_{t_0} - L_t)(v_1 - v_2) = (t_0 - t)(\Delta + L)(v_1 - v_2) \,.$$

Daher gibt es nach Korollar 8.2.2 eine von t_0 und t unabhängige Zahl $c(\Omega, \alpha, m, M, b)$ mit

$$\|Tv_1 - Tv_2\|_{\Omega;2,\alpha} \leq |t_0 - t|c(\Omega,\alpha,m,M,b)\|(\Delta + L)(v_1 - v_2)\|_{\Omega;0,\alpha} \,.$$

Für $w := v_1 - v_2$ erhalten wir nun mit Aufgabe 5.10 a) und Lemma 7.3.3 (wie zu Beginn des Beweises begründet, betrachten wir den Fall, daß Ω ein Gebiet von endlicher Länge ist) für ein geeignetes $\omega \geq 1$ die Abschätzung

$$\|(\Delta + L)w\|_{\Omega;0,\alpha} \leq (1+b) \sum_{i,k=1}^{N} \left[\sup_{\Omega} |w_{x_i x_k}| + H_{\alpha,\Omega}(w_{x_i x_k}) \right]$$
$$+ b \left(\sum_{i=1}^{N} \left[\sup_{\Omega} |w_{x_i}| + H_{\alpha,\Omega}(w_{x_i}) \right] + \sup_{\Omega} |w| + H_{\alpha,\Omega}(w) \right)$$
$$\leq (1+b) \left[\|w\|_{\Omega;2,\alpha} + N\omega (\|w\|_{\Omega;2} + \|w\|_{\Omega;1}) \right]$$
$$\leq (1+b) 3N\omega \|w\|_{\Omega;2,\alpha} \ .$$

Für

$$|t_0 - t| < \delta := \frac{1}{[1 + c(\Omega, \alpha, m, M, b)](1+b)3N\omega}$$

hat daher T nach dem Banachschen Satz einen Fixpunkt. Wir können also $[0,1]$ mit endlichvielen Intervallen der Länge δ (sie hängt nicht von f, t_0 oder t ab) überdecken, die alle die Eigenschaft haben, daß jedes von ihnen schon dann ganz zu τ gehört, wenn dies für einen seiner Punkte zutrifft. Mit 0 ist daher auch in der Tat 1 aus τ. □

Bemerkung 8.3.2. a) Wenn $u|_{\partial\Omega} = g$ sein soll, dann ist das kein neues Problem, solange $g \colon \partial\Omega \to \mathbb{R}$ eine Fortsetzung $\tilde{g} \colon \overline{\Omega} \to \mathbb{R}$ mit $\tilde{g} \in \overline{C}^{2,\alpha}(\Omega)$ besitzt (eine solche existiert, wenn $g \in C^{2,\alpha}(\partial\Omega)$ ist [83, p. 137]). Da nach Satz 8.3.1 zu $f \in \overline{C}^{0,\alpha}(\Omega)$ genau ein $v \in \overline{C}^{2,\alpha}(\Omega)$ mit

$$Lv = f - L\tilde{g} \text{ in } \Omega, \quad v|_{\partial\Omega} = 0$$

existiert, löst $u := v + \tilde{g}$

$$Lu = f \text{ in } \Omega, \quad u|_{\partial\Omega} = g \ .$$

b) Während die Lösbarkeit des linearen Dirichletproblems in der Klasse $\overline{C}^{2,\alpha}(\Omega)$ für die Behandlung nichtlinearer Probleme von entscheidender Wichtigkeit ist, bleibt es für das lineare Problem aber eine natürliche Frage, ob Lösungen $u \in C^2(\Omega) \cap C^0(\overline{\Omega})$ existieren mit $u|_{\partial\Omega} = g$, wenn von $g \colon \partial\Omega \to \mathbb{R}$ nur noch die Stetigkeit vorausgesetzt wird. Ein solches g läßt sich nach einem klassischen Erweiterungssatz, dem von TIETZE [337, p. 472], zu einer Funktion $\tilde{g}$ fortsetzen, die auf einem $\overline{\Omega}$ enthaltenden Quader in $\mathbb{R}^N$ stetig ist. Nach Weierstraß läßt sich daher g gleichmäßig durch eine Folge von Polynomen P_n approximieren. Nach Teil a) dieser Bemerkung existiert daher für jedes n eine Lösung $u_n \in \overline{C}^{2,\alpha}(\Omega)$ mit

$$Lu_n = f \text{ in } \Omega, \quad u_n|_{\partial\Omega} = P_n|_{\partial\Omega} \ .$$

Die Folge (u_n) konvergiert gleichmäßig auf $\overline{\Omega}$ gegen ein $u \in C^0(\overline{\Omega})$. Dies folgt aus dem Bernsteinschen Lemma 2.6.3. Natürlich ist dann $u|_{\partial\Omega} = g$. Es ist aber trotz der globalen A-Priori-Abschätzung nicht klar, ob $u \in C^2(\Omega)$

und $Lu = f$ ist. Dazu müssen vielmehr neue A-Priori-Abschätzungen lokaler Natur, die „inneren" Abschätzungen vom kommenden Kapitel 9, herangezogen werden. Daher behandeln wir das allgemeine Dirichletproblem mit nur stetigen Randdaten erst im Kapitel 9.

Satz 8.3.3 (Fredholmsche Alternative). *Es sei $\Omega \subset\subset \mathbb{R}^N$ und $\partial\Omega \in C^{2,\alpha}$ für ein $\alpha \in (0,1)$, ferner $m > 0$. Die Koeffizienten in*

$$\mathcal{L} := -\sum_{i,k=1}^{N} a_{ik}(x)\frac{\partial^2}{\partial x_i \partial x_k} + \sum_{i=1}^{N} a_i(x)\frac{\partial}{\partial x_i} + a(x)$$

mögen

$$a_{ik} = a_{ki}, \quad a_i, \quad a \in \overline{C}^{0,\alpha}(\Omega)$$

und

$$m|\xi|^2 \leq \sum_{i,k=1}^{N} a_{ik}(x)\xi_i \xi_k$$

für alle $x \in \Omega$ und $\xi \in \mathbb{R}^N$ erfüllen. Ferner sei $\lambda \in \mathbb{R}$. Dann gilt:

a) Entweder hat das Dirichletproblem

$$\mathcal{L}u - \lambda u = f \text{ in } \Omega, \quad u|_{\partial\Omega} = g$$

für alle $f \in \overline{C}^{0,\alpha}(\Omega)$ und $g \in \overline{C}^{2,\alpha}(\Omega)^4$ eine Lösung $u \in \overline{C}^{2,\alpha}(\Omega)$, oder es gibt eine Lösung $u \neq 0$ in $\overline{C}^{2,\alpha}(\Omega)$ für das homogene Problem

$$\mathcal{L}u - \lambda u = 0 \text{ in } \Omega, \quad u|_{\partial\Omega} = 0 \,.$$

Im ersten Fall ist u eindeutig bestimmt; im zweiten Fall ist λ ein Eigenwert des linearen Operators

$$L \colon \overline{C}_0^{2,\alpha}(\Omega) \to \overline{C}^{0,\alpha}(\Omega), \quad u \mapsto \mathcal{L}u \,,$$

wobei $\overline{C}_0^{2,\alpha}(\Omega) = \{u \in \overline{C}^{2,\alpha}(\Omega) \colon u|_{\partial\Omega} = 0\}$ als Unterraum des Banachraums $\overline{C}^{0,\alpha}(\Omega)$ aufgefaßt wird.

b) L hat höchstens abzählbar viele Eigenwerte. Sie haben endliche Vielfachheit und $+\infty$ als einzig möglichen Häufungspunkt.

Beweis. a) Wegen Bemerkung 8.3.2 a) dürfen wir uns auf den Fall $g = 0$ beschränken. Wir fixieren ein $\lambda_0 \in \mathbb{R}$ so, daß $a(x) - \lambda_0 > 0$ für alle $x \in \Omega$ gilt. Nach Satz 8.3.1 gibt es dann zu jedem $f \in \overline{C}^{0,\alpha}(\Omega)$ genau ein $w \in \overline{C}^{2,\alpha}(\Omega)$ mit

$$(\mathcal{L} - \lambda_0)w = f \text{ in } \Omega, \quad w|_{\partial\Omega} = 0 \,,$$

---

[4] Nach Bemerkung 7.3.6 ist g in $\overline{C}^{0,\alpha}(\Omega)$ enthalten und damit gleichmäßig stetig. Folglich kann g in eindeutiger Weise zu einer stetigen Funktion auf $\overline{\Omega}$ fortgesetzt werden.

276 8 Abschätzung von Schauder – Lineare und quasilineare Dirichletprobleme

so daß der Operator $L - \lambda_0$ insbesondere injektiv ist. Nach Korollar 8.2.2 ist die lineare Abbildung

$$(L - \lambda_0)^{-1} \colon \overline{C}^{0,\alpha}(\Omega) \to \overline{C}^{2,\alpha}_0(\Omega), \quad f \mapsto w$$

beschränkt, d.h. es gilt

$$\|(L - \lambda_0)^{-1} f\|_{\Omega;2,\alpha} \leq c \|f\|_{\Omega;0,\alpha}$$

mit einer allein durch Ω, α, λ_0 und die Koeffizienten von $\mathcal{L}$ bestimmten Zahl $c > 0$. Da nach Bemerkung 7.3.6 die Einbettung

$$\mathcal{I} \colon \overline{C}^{2,\alpha}_0(\Omega) \to \overline{C}^{0,\alpha}(\Omega), \quad u \mapsto u$$

kompakt ist, ist daher auch $K := \mathcal{I}(L - \lambda_0)^{-1} \colon \overline{C}^{0,\alpha}(\Omega) \to \overline{C}^{0,\alpha}(\Omega)$ ein linearer kompakter Operator.

Für $\lambda \in \mathbb{R}$ und $f \in \overline{C}^{0,\alpha}(\Omega)$ sind nun die Gleichungen

$$u \in \overline{C}^{2,\alpha}(\Omega), \quad (\mathcal{L} - \lambda)u = f, \quad u|_{\partial\Omega} = 0 \qquad (8.13)$$

und

$$\psi \in \overline{C}^{0,\alpha}(\Omega), \quad [1 - (\lambda - \lambda_0)K]\psi = f \qquad (8.14)$$

in folgendem Sinne äquivalent. Genügt u den Bedingungen von (8.13), so ist $\psi := (L - \lambda_0)u$ aus $\overline{C}^{0,\alpha}(\Omega)$ und

$$\psi - (\lambda - \lambda_0)K\psi = (L - \lambda_0)u - (\lambda - \lambda_0)\mathcal{I}u = (\mathcal{L} - \lambda_0)u - (\lambda - \lambda_0)u = f.$$

Ist umgekehrt $\psi \in \overline{C}^{0,\alpha}(\Omega)$ Lösung von (8.14), so ist $u := (L - \lambda_0)^{-1}\psi$ aus $\overline{C}^{2,\alpha}_0(\Omega)$ und

$$f = (L - \lambda_0)u - (\lambda - \lambda_0)\mathcal{I}u = (\mathcal{L} - \lambda_0)u - (\lambda - \lambda_0)u.$$

Auf (8.14) läß sich nun die in Satz 6.1.1 formulierte Fredholmsche Alternative anwenden. Daher haben wir auch für unser Dirichletproblem die in a) behauptete Alternative.

b) Ist $\lambda \in \mathbb{R}$ ein Eigenwert von L, so ist $\lambda > \lambda_0$ (im Falle $\lambda \leq \lambda_0$ wäre ja auch $a - \lambda \geq 0$, so daß nach Satz 8.3.1 $(L - \lambda)u = 0$ nur die triviale Lösung besäße), und es besitzt (8.14) mit $f = 0$ eine nichttriviale Lösung. Es ist also $\mu := (\lambda - \lambda_0)^{-1}$ ein Eigenwert des kompakten Operators K. (Umgekehrt ist $\lambda := \lambda_0 + \mu^{-1}$ für jeden Eigenwert $\mu \neq 0$ von K ein Eigenwert von L.) Die Behauptung in b) folgt daher aus dem Spektralsatz 6.1.5 für kompakte Operatoren. Zudem folgt aus der Injektivität von $L - \lambda_0$, daß die Dimension des Nullraumes von $L - \lambda$ nicht größer sein kann als die von $K - \mu$. Sämtliche Eigenwerte von λ sind daher gemäß Satz 6.1.5 von endlicher Vielfachheit. □

8.4 Ausblick: Das Dirichletproblem für die quasilineare elliptische Differentialgleichung 2. Ordnung nach der Methode von Leray-Schauder

Man spricht von einer *quasilinearen* Differentialgleichung 2. Ordnung, wenn die Koeffizienten der 2. Ableitungen von u Funktionen allein von x, u und den 1. Ableitungen von u sind. Der Beweis des nachfolgenden Satzes gestaltet sich ganz ähnlich wie der von Satz 5.6.5.

Satz 8.4.1. *Es sei* $\Omega \subset\subset \mathbb{R}^N$ *und* $\partial\Omega \in C^{2,\alpha}$ *für ein* $\alpha \in (0,1)$, *ferner* $0 < m < M$. *Es seien* $a_{ik} = a_{ki} \colon \Omega \times \mathbb{R} \times \mathbb{R}^N \to \mathbb{R}$ *Funktionen mit der Eigenschaft*

$$m|\xi|^2 \leq \sum_{i,k=1}^N a_{ik}(x,z,p) \leq M|\xi|^2 \tag{8.15}$$

für alle $(x,z,p) \in \Omega \times \mathbb{R} \times \mathbb{R}^N$ *und* $\xi \in \mathbb{R}^N$, *ferner die* a_{ik} *aus* $\overline{C}^{0,\alpha}(\Omega \times \mathbb{R} \times \mathbb{R}^N)$. $f\colon \Omega \times \mathbb{R} \times \mathbb{R}^N \to \mathbb{R}$ *erfülle* $f \in \overline{C}^{0,\alpha}(\Omega \times Q)$ *für jedes* $Q \subset\subset \mathbb{R} \times \mathbb{R}^N$. *Es gebe schließlich ein* $\gamma \in (0,1)$ *und ein* $A > 0$ *derart, daß für jedes* $v \in \overline{C}^{2,\alpha}(\Omega)$, *zu dem ein* $\sigma \in (0,1)$ *mit*

$$-\sum_{i,k=1}^N a_{ik}(x,v(x),\nabla v(x))v_{x_ix_k}(x) = \sigma f(x,v(x),\nabla v(x)) \text{ für } x \in \Omega, \ v|_{\partial\Omega} = 0$$

existiert, die Ungleichung

$$\|v\|_{\Omega;1,\gamma} \leq A \tag{8.16}$$

besteht. Dann gibt es ein $u \in \overline{C}^{2,\alpha}(\Omega)$ *mit*

$$-\sum_{i,k=1}^N a_{ik}(x,u(x),\nabla u(x))u_{x_ix_k}(x) = f(x,u(x),\nabla u(x)) \text{ für } x \in \Omega, \ u|_{\partial\Omega} = 0.$$

Beweis. Sei $\gamma \in (0,1)$ und $v \in \overline{C}^{1,\gamma}(\Omega)$. Nach Aufgabe 5.9 c), Bemerkung 5.3.2 b) und Aufgabe 8.2 sind dann die Funktionen

$$x \mapsto a_{ik}(x,v(x),\nabla v(x)) \text{ und } x \mapsto f(x,v(x),\nabla v(x))$$

aus $\overline{C}^{0,\alpha\gamma}(\Omega)$. Nach Bemerkung 7.1.2 a) ist auch $\partial\Omega \in C^{2,\alpha\gamma}$. Nach dem Schauderschen Satz 8.3.1 besitzt daher das lineare Dirichletproblem

$$-\sum_{i,k=1}^N a_{ik}(x,v(x),\nabla v(x))w_{x_ix_k}(x) = f(x,v(x),\nabla v(x)) \text{ für } x \in \Omega, \ w|_{\partial\Omega} = 0$$

genau eine Lösung w in $\overline{C}_0^{2,\alpha\gamma}(\Omega) = \{u \in \overline{C}^{2,\alpha\gamma}(\Omega) \colon u|_{\partial\Omega} = 0\}$. Wie in Abschnitt 5.6 können wir daher die Abbildung

$$S\colon \overline{C}^{1,\gamma}(\Omega) \to \overline{C}_0^{2,\alpha\gamma}(\Omega) \subseteq \overline{C}^{1,\gamma}(\Omega), \quad v \mapsto w$$

betrachten, wobei die Inklusion nunmehr auf Bemerkung 7.3.6 beruht. Wenn S einen Fixpunkt u besitzt, so ist $Su = u \in \overline{C}_0^{2,\alpha\gamma}(\Omega) \subseteq \overline{C}^{1,\gamma}(\Omega)$, mithin nach Aufgabe 5.9 c) $f(\cdot, u(\cdot), \nabla u(\cdot)) \in \overline{C}^{0,\alpha}(\Omega)$, so daß nach Satz 8.3.1 $u \in \overline{C}^{2,\alpha}(\Omega)$ ist. Ebenso erhält man für $\sigma \in (0,1)$ die Äquivalenz der folgenden Aussagen (i) und (ii):

(i) $v \in \overline{C}^{1,\gamma}(\Omega), \quad \sigma Sv = v$;
(ii) $v \in \overline{C}_0^{2,\alpha}(\Omega), \quad -\sum_{i,k=1}^N a_{ik}(\cdot, v(\cdot), \nabla v(\cdot))v_{x_ix_k} = \sigma f(\cdot, v(\cdot), \nabla v(\cdot))$.

Daß S einen Fixpunkt besitzt, folgt nun aufgrund unserer Voraussetzung (8.16) sofort aus dem Leray-Schauderschen Fixpunktsatz 5.6.3, sobald gezeigt ist, daß S kompakt und stetig ist.

Ist (v_n) eine in $\overline{C}^{1,\gamma}(\Omega)$ beschränkte Folge, so ist (Sv_n) aus $\overline{C}_0^{2,\alpha\gamma}(\Omega)$, also nach Korollar 8.2.2 (denn nach Bemerkung 7.1.2 a) ist $\partial\Omega \in C^{2,\alpha\gamma}$)

$$\|Sv_n\|_{\Omega;2,\alpha\gamma} \leq c(\Omega, \alpha\gamma, m, M, b)\|f(\cdot, v_n(\cdot), \nabla v_n(\cdot))\|_{\Omega;0,\alpha\gamma}$$

(b sei eine Schranke für die $\overline{C}^{0,\alpha}(\Omega \times \mathbb{R} \times \mathbb{R}^N)$-Norm der a_{ik}), so daß (Sv_n) nach Aufgabe 8.2 eine in $\overline{C}^{2,\alpha\gamma}(\Omega)$ beschränkte Folge ist. Die Einbettung von $\overline{C}^{2,\alpha\gamma}(\Omega)$ in $\overline{C}^{1,\gamma}(\Omega)$ ist nach Bemerkung 7.3.6 kompakt. Es gibt also eine Teilfolge $(v_{n'})$, für die $(Sv_{n'})$ in $\overline{C}^{1,\gamma}(\Omega)$ konvergiert.

Zum Beweis der Stetigkeit von S sei (v_n) eine in $\overline{C}^{1,\gamma}(\Omega)$ konvergente Folge mit Grenzwert v. Sie ist dann insbesondere in $\overline{C}^{1,\gamma}(\Omega)$ beschränkt. Wie wir gerade gesehen haben, ist dann aber (Sv_n) eine in $\overline{C}^{2,\alpha\gamma}(\Omega)$ beschränkte Folge. Da die Einbettung von $\overline{C}^{2,\alpha\gamma}(\Omega)$ in $\overline{C}^2(\Omega)$ nach Bemerkung 7.3.6 kompakt ist, existiert also eine in $\overline{C}^2(\Omega)$ konvergente Teilfolge $(Sv_{n'})$ mit Grenzwert w, so daß aus

$$-\sum_{i,k=1}^N a_{ik}(\cdot, v_{n'}(\cdot), \nabla v_{n'}(\cdot))(Sv_{n'})_{x_ix_k} = f(\cdot, v_{n'}(\cdot), \nabla v_{n'}(\cdot)), \quad Sv_{n'}|_{\partial\Omega} = 0 ,$$

aufgrund der Stetigkeit der Funktionen a_{ik} und f

$$-\sum_{i,k=1}^N a_{ik}(\cdot, v(\cdot), \nabla v(\cdot))w_{x_ix_k} = f(\cdot, v(\cdot), \nabla v(\cdot)), \quad w|_{\partial\Omega} = 0 ,$$

folgt. Nach Aufgabe 8.2 ist $f(\cdot, v(\cdot), \nabla v(\cdot)) \in \overline{C}^{0,\alpha\gamma}(\Omega)$, so daß wegen $\partial\Omega \in C^{2,\alpha\gamma}$ nach dem Schauderschen Satz 8.3.1 $w \in \overline{C}^{2,\alpha\gamma}(\Omega)$ ist. Die Definition von S liefert nun $Sv = w$. Jede Folge (v_n) mit $v_n \to v$ in $\overline{C}^{1,\gamma}(\Omega)$ hat also eine Teilfolge $(v_{n'})$ mit $Sv_{n'} \to Sv$ in $\overline{C}^2(\Omega) \subseteq \overline{C}^{1,\gamma}(\Omega)$. □

Das schwierige Problem der Herstellung einer A-Priori-Ungleichung der Form (8.16) wurde für beliebiges N erstmals von CORDES gelöst, und zwar unter einer später nach ihm benannten Bedingung an den Hauptteil, der die

Elliptizitätsforderung (8.15) im Falle $N \geq 3$ verschärft [43,44]. Für die Resultate von LADYZHENSKAYA und URAL'TSEVA verweisen wir auf [83, Chapter 12] und die dort zitierte Literatur sowie auf [157]. Eine kritische Würdigung der Pionierarbeiten von S.N. BERNSTEIN findet man in [304, pp. 443, 473, 491 f.].

Aufgaben

8.1. Man zeige, daß die Aussage (8.10) im Beweis von Satz 8.2.1 für $k \in \{1,2\}$ gilt.

8.2. Man beweise die Aussage von Aufgabe 5.12 für $\Omega \subset\subset \mathbb{R}^N$ und $\partial\Omega \in C^{2,\alpha}$ anstelle von B.

8.3. Man beweise die Aussage von Satz 5.6.6 mit $\Omega \subset\subset \mathbb{R}^N$ und $\partial\Omega \in C^{2,\alpha}$ anstelle von B.

9
Innere Abschätzungen und innere Regularität

Aus der globalen A-Priori-Abschätzung von Schauder (Satz 8.2.1) wird eine innere Abschätzung hergeleitet (Satz 9.1.1) und aus dieser die Existenz einer Lösung des Dirichletproblems für die allgemeine lineare elliptische Differentialgleichung 2. Ordnung bei nur stetigem Randdatum gefolgert (Satz 9.1.2). Mit Hilfe der in (9.12) definierten Parametrix wird gezeigt, daß jede Lösung lokal gleichmäßig α-hölderstetige Ableitungen bis zur 2. Ordnung besitzt, wenn die Koeffizienten und die rechte Seite lokal gleichmäßig α-hölderstetig sind (Satz 9.2.5 von E. Hopf). Satz 9.2.6 dehnt diese innere Regularitätsaussage auf Lösungen quasilinearer elliptischer Gleichungen aus.

9.1 Eine innere A-Priori-Abschätzung und ihre Anwendung

Im Gefolge der KELLOGGschen Untersuchungen [138] gewann SCHAUDER [293] als Vorstufe für die globale A-Priori-Abschätzung von Satz 8.2.1 Abschätzungen, die den Abstand des „inneren Bereichs" vom Rand involvieren. Ein vereinfachter Beweis wurde von DOUGLIS und NIRENBERG gegeben und auf Systeme ausgedehnt [53]. Auf innere Abschätzungen gründet J.H. MICHAEL [202] eine Behandlung des Dirichletproblems in $C^2(\Omega) \cap C^0(\overline{\Omega})$, die die $\overline{\Omega}^{2,\alpha}$-Theorie vermeidet. Dabei wird die stetige Annahme der Randwerte ähnlich wie bei der in Abschnitt 3.3 dargestellten PERRONschen Methode mittels Barrieren bewiesen (vgl. auch [83, pp. 112–116]). Wir leiten hier umgekehrt eine lokale Abschätzung, Ungleichung (9.2), aus der globalen Abschätzung von Satz 8.2.1 ab, was nunmehr uns schon vertraute Argumentationen verlangt, sich aber doch verzwickter gestaltet, als man zunächst erwarten würde.

Für die Untersuchung von Lösungen im Inneren von Ω ist es günstig, die Räume $\overline{C}^{m,\alpha}(\Omega)$ gleichmäßig α-hölderstetiger Funktionen durch entsprechende Räume lokal gleichmäßiger Hölderräume zu ersetzen. Sei $m \in \mathbb{N}_0$ und $\alpha \in (0,1]$. Wir definieren für offene und nichtleere Mengen $\Omega \subseteq \mathbb{R}^N$

$$C^{m,\alpha}(\Omega) := \{u \in C^0(\Omega) \colon u|_K \in \overline{C}^{m,\alpha}(K) \text{ für alle } K \subset\subset \Omega\}\,. \tag{9.1}$$

Daß solche Räume für die Formulierung innerer Regularitätseigenschaften von Lösungen der Poissongleichung geeignet sind, haben wir bereits in Aufgabe 5.6 gesehen, wobei selbstredend $C^{(\alpha)}(\Omega) = C^{0,\alpha}(\Omega)$ gilt.

Satz 9.1.1 (Innere A-Priori-Abschätzung). *Es sei $\Omega \subseteq \mathbb{R}^N$ offen, $\alpha \in (0,1)$, $0 < m < M$ und $b > 0$. Es sei*

$$L := -\sum_{i,k=1}^{N} a_{ik}(x)\frac{\partial^2}{\partial x_i \partial x_k} + \sum_{i=1}^{N} a_i(x)\frac{\partial}{\partial x_i} + a(x)$$

ein Differentialoperator mit Koeffizienten $a_{ik} = a_{ki}$, a_i, $a \in \overline{C}^{0,\alpha}(\Omega)$, die

$$m|\xi|^2 \leq \sum_{i,k=1}^{N} a_{ik}(x)\xi_i \xi_k \leq M|\xi|^2$$

für $x \in \Omega$ und $\xi \in \mathbb{R}^N$ sowie

$$\|a_{ik}\|_{\Omega;0,\alpha} \leq b, \quad \|a_i\|_{\Omega;0,\alpha} \leq b, \quad \|a\|_{\Omega;0,\alpha} \leq b$$

für $i,k \in \{1,\ldots,N\}$ erfüllen. Dann gibt es eine Zahl $c(N,\alpha,m,M,b)$ derart, daß für je zwei konzentrische Kugeln $B_R \subset\subset B_{4R} \subset\subset \Omega$ mit Radius R bzw. $4R < 1$ und alle $u \in C^{2,\alpha}(\Omega)$ die Abschätzung

$$\|u\|'_{B_R;2,\alpha} \leq c(N,\alpha,m,M,b)\left(R^2\|Lu\|'_{B_{4R};0,\alpha} + \sup_{B_{4R}}|u|\right) \tag{9.2}$$

besteht. (Die mit dem Strich versehenen Normen wurden in Bemerkung 5.3.6 eingeführt.)

Beweis. Sind R und u wie angegeben, so setzen wir $\varrho_x := \frac{1}{4}\mathrm{dist}(x,\partial B_{4R})$, $B_x := B_{\varrho_x}(x)$ für $x \in B_{4R}$ und

$$U(x) := \|u\|'_{B_x;2,\alpha}\,.$$

Es gibt dann ein $x_1 \in B_{4R}$, für das

$$U(x_1) \geq \frac{1}{2}\sup_{B_{4R}} U$$

gilt. Mit $R_1 := \varrho_{x_1}$ und $B_{R_1} := B_{R_1}(x_1)$ besteht daher

$$\|u\|'_{B_x;2,\alpha} \leq 2\|u\|'_{B_{R_1};2,\alpha} \tag{9.3}$$

für alle $x \in B_{4R}$. Wählen wir speziell für x den Mittelpunkt der Kugel B_{4R}, so ist $\varrho_x = R$, also

9.1 Eine innere A-Priori-Abschätzung und ihre Anwendung   283

$$\|u\|'_{B_R;2,\alpha} \leq 2\|u\|'_{B_{R_1};2,\alpha}. \tag{9.4}$$

Natürlich hängt R_1 von u ab.

Sei nun $\mathcal{X} \in C^\infty(\mathbb{R})$, $0 \leq \mathcal{X} \leq 1$, und

$$\mathcal{X}(t) = \begin{cases} 1 & \text{für } t < \frac{1}{2} \\ 0 & \text{für } t > \frac{2}{3} \end{cases}.$$

Wir legen jetzt um B_{R_1} die konzentrische Kugel $B_{R_2} := B_{2R_1}(x_1)$ und setzen $\varphi := \mathcal{X}(|\cdot - x_1|/R_2)$. Es gibt dann eine allein durch die Wahl von $\mathcal{X}$ bestimmte Zahl $K \geq 1$ mit

$$\sup|\varphi_{x_i}| \leq \frac{K}{R_2}, \quad \sup|\varphi_{x_i x_k}| \leq \frac{K}{R_2^2}, \quad \sup|\varphi_{x_i x_k x_l}| \leq \frac{K}{R_2^3}. \tag{9.5}$$

Ist $Q\colon \mathbb{R}^N \to \mathbb{R}^N$, $Qx := R_2 x + x_1$, eine affine Transformation, die die Kugel $B_1(0)$ in die Kugel B_{R_2} überführt, so haben wir aufgrund der in Bemerkung 5.3.6 erläuterten Invarianzeigenschaft unserer Norm

$$\|u\|'_{B_{R_1};2,\alpha} \leq \|\varphi u\|'_{B_{R_2};2,\alpha} = \|(\varphi u) \circ Q\|_{B_1(0);2,\alpha}. \tag{9.6}$$

Auf die rechte Seite können wir Satz 8.2.1, die globale A-Priori-Abschätzung von Schauder, anwenden, und zwar für

$$\tilde{L} := -\sum_{i,k=1}^N \tilde{a}_{ik} \frac{\partial^2}{\partial x_i \partial x_k} + \sum_{i=1}^N \tilde{a}_i \frac{\partial}{\partial x_i} + \tilde{a}$$

mit

$$\tilde{a}_{ik} := a_{ik} \circ Q, \quad \tilde{a}_i := R_2 a_i \circ Q, \quad \tilde{a} := R_2^2 a \circ Q$$

anstelle des dortigen L. Die Voraussetzungen dieses Satzes sind erfüllt, denn aufgrund der Invarianzeigenschaft der Norm und wegen $R_2 < 1$ haben wir

$$\|\tilde{a}_{ik}\|_{B_1(0);0,\alpha} = \|a_{ik}\|'_{B_{R_2};0,\alpha} \leq \|a_{ik}\|_{B_{R_2};0,\alpha} \leq b,$$
$$\|\tilde{a}_i\|_{B_1(0);0,\alpha} = R_2\|a_i\|'_{B_{R_2};0,\alpha} \leq R_2\|a_i\|_{B_{R_2};0,\alpha} \leq b,$$
$$\|\tilde{a}\|_{B_1(0);0,\alpha} = R_2^2\|a\|'_{B_{R_2};0,\alpha} \leq R_2^2\|a\|_{B_{R_2};0,\alpha} \leq b$$

sowie

$$m|\xi|^2 \leq \sum_{i,k=1}^N \tilde{a}_{ik}(x)\xi_i\xi_k \leq M|\xi|^2 \quad \text{für alle } x \in B_1(0) \text{ und } \xi \in \mathbb{R}^N.$$

Also ist

$$\|(\varphi u) \circ Q\|_{B_1(0);2,\alpha} \leq c_1 \left(\|\tilde{L}((\varphi u) \circ Q)\|_{B_1(0);0,\alpha} + \sup_{B_1(0)} |(\varphi u) \circ Q| \right) \tag{9.7}$$

mit $c_1 := c(B_1(0), \alpha, m, M, b)$. Wegen

$$((\varphi u) \circ Q)_{x_i} = R_2(\varphi u)_{x_i} \circ Q, \quad ((\varphi u) \circ Q)_{x_i x_k} = R_2^2 (\varphi u)_{x_i x_k} \circ Q$$

haben wir

$$\|\tilde{L}((\varphi u) \circ Q)\|'_{B_1(0);0,\alpha} = R_2^2 \|(L(\varphi u)) \circ Q\|'_{B_1(0);0,\alpha} = R_2^2 \|L(\varphi u)\|'_{B_{R_2};0,\alpha}$$

$$\leq R_2^2 \Bigg[\|\varphi L u\|'_{B_{R_2};0,\alpha} + \sum_{i,k=1}^{N} \left(\|a_{ik}\varphi_{x_i x_k} u\|'_{B_{R_2};0,\alpha} + 2\|a_{ik}\varphi_{x_i} u_{x_k}\|'_{B_{R_2};0,\alpha} \right)$$

$$+ \sum_{i=1}^{N} \|a_i \varphi_{x_i} u\|'_{B_{R_2};0,\alpha} \Bigg] .$$

Nun folgt aus (9.5)

$$\|\varphi\|'_{B_{R_2};0,\alpha} = \sup_{B_{R_2}} |\varphi| + R_2^\alpha H_{\alpha;B_{R_2}}(\varphi)$$

$$\leq 1 + R_2^\alpha \left(\sup_{B_{R_2}} |\nabla\varphi| \right) \sup_{x',x'' \in B_{R_2}} |x' - x''|^{1-\alpha}$$

$$\leq 1 + R_2^\alpha \frac{K\sqrt{N}}{R_2} (2R_2)^{1-\alpha} \leq 3K\sqrt{N}$$

und analog

$$\|\varphi_{x_i}\|'_{B_{R_2};0,\alpha} \leq \frac{3K\sqrt{N}}{R_2}, \quad \|\varphi_{x_i x_k}\|'_{B_{R_2};0,\alpha} \leq \frac{3K\sqrt{N}}{R_2^2},$$

also wegen Aufgabe 5.10 b)

$$\|\tilde{L}((\varphi u) \circ Q)\|'_{B_1(0);0,\alpha} \leq 3K\sqrt{N} R_2^2 \|Lu\|'_{B_{R_2};0,\alpha}$$

$$+ 3bK\sqrt{N} \left(N^2 \|u\|'_{B_{R_2};0,\alpha} + 2NR_2 \sum_{i=1}^{N} \|u_{x_i}\|'_{B_{R_2};0,\alpha} \right.$$

$$+ NR_2 \|u\|'_{B_{R_2};0,\alpha} \Bigg) .$$

Im Hinblick auf (9.6) und (9.7) haben wir daher wegen $B_{R_2} \subseteq B_{4R}$ und $R_2 \leq 2R < 1$ die Ungleichung

$$\|u\|'_{B_{R_1};2,\alpha} \leq c_1 \Bigg[12K\sqrt{N} R^2 \|Lu\|'_{B_{4R};0,\alpha} + \sup_{B_{4R}} |u|$$

$$+ 6bKN\sqrt{N} \left(N\|u\|'_{B_{R_2};0,\alpha} + R_2 \sum_{i=1}^{N} \|u_{x_i}\|'_{B_{R_2};0,\alpha} \right) \Bigg]$$

gewonnen.

Wir wollen nun die Normen in der runden Klammer durch

9.1 Eine innere A-Priori-Abschätzung und ihre Anwendung

$$\|u\|'_{B_{R_2};2} := \sup_{B_{R_2}} |u| + R_2 \sum_{i=1}^{N} \sup_{B_{R_2}} |u_{x_i}| + R_2^2 \sum_{i,k=1}^{N} \sup_{B_{R_2}} |u_{x_i x_k}| \qquad (9.8)$$

abschätzen. Wegen

$$H_{\alpha;B_{R_2}}(u) \leq (2R_2)^{1-\alpha} \sum_{k=1}^{N} \sup_{B_{R_2}} |u_{x_k}|$$

ist

$$\|u\|'_{B_{R_2};0,\alpha} \leq \sup_{B_{R_2}} |u| + 2R_2 \sum_{k=1}^{N} \sup_{B_{R_2}} |u_{x_k}| \leq 2\|u\|'_{B_{R_2};2},$$

ferner

$$\|u_{x_i}\|'_{B_{R_2};0,\alpha} \leq \sup_{B_{R_2}} |u_{x_i}| + 2R_2 \sum_{k=1}^{N} \sup_{B_{R_2}} |u_{x_i x_k}|$$

$$\leq \frac{2}{R_2} \left(R_2 \sum_{k=1}^{N} \sup_{B_{R_2}} |u_{x_k}| + R_2^2 \sum_{i,k=1}^{N} \sup_{B_{R_2}} |u_{x_i x_k}| \right)$$

$$\leq \frac{2}{R_2} \|u\|'_{B_{R_2};2},$$

insgesamt also

$$N\|u\|'_{B_{R_2};0,\alpha} + R_2 \sum_{i=1}^{N} \|u_{x_i}\|'_{B_{R_2};0,\alpha} \leq 4N\|u\|'_{B_{R_2};2}.$$

Da für $x \in B_{R_2}$

$$4\varrho_x = \mathrm{dist}(x, \partial B_{4R}) \geq \mathrm{dist}(x_1, \partial B_{4R}) - R_2 = 4R_1 - R_2 = R_2$$

ist, gilt beispielsweise

$$R_2 \sup_{B_{R_2}} |u_{x_i}| \leq \sup_{x \in B_{R_2}} \left(R_2 \sup_{B_x} |u_{x_i}| \right) \leq 4 \sup_{x \in B_{R_2}} \left(\varrho_x \sup_{B_x} |u_{x_i}| \right)$$

$$\leq 4 \sup_{x \in B_{R_2}} \|u\|'_{B_x;2},$$

so daß wir die Norm (9.8) ihrerseits durch

$$\|u\|'_{B_{R_2};2} \leq (1 + 4N + 16N^2) \sup_{x \in B_{R_2}} \|u\|'_{B_x;2}$$

majorisieren können.

Bei festem $x \in B_{R_2}$ sei nun $T: \mathbb{R}^N \to \mathbb{R}^N$, $Ty := \varrho_x y + x$, eine affine Transformation, die die Kugel $B_1(0)$ in die Kugel B_x überführt. Da es nach Korollar 7.3.4 zu jedem $\epsilon > 0$ eine Zahl $d_\epsilon := d(\epsilon, B_1(0); 2, \alpha) > 0$ mit

$$\|u \circ T\|_{B_1(0);2} \leq \epsilon \|u \circ T\|_{B_1(0);2,\alpha} + d_\epsilon \sup_{B_1(0)} |u \circ T|$$

gibt, ist

$$\|u\|'_{B_x;2} = \|u \circ T\|_{B_1(0);2} \leq \epsilon \|u\|'_{B_x;2,\alpha} + d_\epsilon \sup_{B_x} |u|,$$

also wegen (9.3)

$$\|u\|'_{B_{R_2};2} \leq 21 N^2 \left(2\epsilon \|u\|'_{B_{R_1};2,\alpha} + d_\epsilon \sup_{B_{4R}} |u| \right),$$

mithin

$$\|u\|'_{B_{R_1};2,\alpha} \leq c_1 \left[12 K \sqrt{N} R^2 \|Lu\|'_{B_{4R};0,\alpha} + \sup_{B_{4R}} |u| \right.$$
$$\left. + 24 b K N^2 \sqrt{N} 21 N^2 \left(2\epsilon \|u\|'_{B_{R_1};2,\alpha} + d_\epsilon \sup_{B_{4R}} |u| \right) \right].$$

Wenn wir daher $\epsilon > 0$ so wählen, daß

$$c_1 24 b K N^2 \sqrt{N} 21 N^2 2\epsilon = \frac{1}{2}$$

ist, so ergibt sich wegen (9.4) die behauptete Abschätzung. □

Als eine unmittelbare Konsequenz innerer A-Priori-Abschätzungen resultiert

Satz 9.1.2. *Es sei $\Omega \subset\subset \mathbb{R}^N$ und $\partial\Omega \in C^{2,\alpha}$ für ein $\alpha \in (0,1)$, ferner $m > 0$. Die Koeffizienten in*

$$L := -\sum_{i,k=1}^N a_{ik}(x) \frac{\partial^2}{\partial x_i \partial x_k} + \sum_{i=1}^N a_i(x) \frac{\partial}{\partial x_i} + a(x)$$

mögen $a_{ik} = a_{ki}$, a_i, $0 \leq a \in \overline{C}^{0,\alpha}(\Omega)$ und

$$m|\xi|^2 \leq \sum_{i,k=1}^N a_{ik}(x) \xi_i \xi_k$$

für $x \in \Omega$ und $\xi \in \mathbb{R}^N$ erfüllen. Dann hat das Dirichletproblem

$$Lu = f \text{ in } \Omega, \quad u|_{\partial\Omega} = g$$

für jedes $f \in \overline{C}^{0,\alpha}(\Omega)$ und jedes stetige $g: \partial\Omega \to \mathbb{R}$ genau eine Lösung u aus $C^{2,\alpha}(\Omega) \cap C^0(\overline{\Omega})$.

Beweis. Die Eindeutigkeit folgt sofort aus dem Bernsteinschen Lemma 2.6.3. Sei (u_n) die in Bemerkung 8.3.2 b) definierte Funktionenfolge aus $\overline{C}^{2,\alpha}(\Omega)$. Sie konvergiert nach dem Bernsteinschen Lemma gegen ein $u \in C^0(\overline{\Omega})$, welches $u|_{\partial\Omega} = g$ erfüllt. Nach Satz 9.1.1 gibt es eine allein durch N, α und die Koeffizienten von L bestimmte Zahl $c > 0$ mit

$$\|u_n - u_m\|'_{B_R;2,\alpha} \leq c \sup_{B_{4R}} |u_n - u_m|$$

für alle $n, m \in \mathbb{N}$ und alle konzentrischen Kugeln $B_R \subset\subset B_{4R} \subset\subset \Omega$ mit $4R < 1$. Es konvergiert also (u_n) mitsamt Ableitungen erster und zweiter Ordnung lokal gleichmäßig in Ω gegen ein $u \in C^{2,\alpha}(\Omega)$, und es folgt $Lu = f$. □

Bezüglich der Fredholmschen Alternative läßt sich mit den bisherigen Mitteln kein Analogon zu Satz 8.3.3 gewinnen, das in $C^2(\Omega) \cap C^0(\overline{\Omega})$ gilt. Als wesentliches Bindeglied fehlt, daß die obige Folge (u_n) auch dann gleichmäßig konvergiert, wenn die Funktion a negativer Werte fähig ist.

9.2 Innere Regularität von C^2-Lösungen linearer und quasilinearer elliptischer Gleichungen nach E. Hopf

Wenn man den globalen Existenzsatz 8.3.1 von Schauder zur Verfügung hat, ist es leicht zu zeigen, daß im Falle $\alpha \in (0,1)$ jede Lösung $u \in C^2(\Omega)$ von

$$Lu := -\sum_{i,k=1}^{N} a_{ik} \frac{\partial^2 u}{\partial x_i \partial x_k} + \sum_{i=1}^{N} a_i \frac{\partial u}{\partial x_i} + au = f \tag{9.9}$$

tatsächlich in $C^{2,\alpha}(\Omega)$ liegt, sofern die Funktionen $a_{ik} = a_{ki}$, a_i, a und f aus $C^{0,\alpha}(\Omega)$ sind und überdies $a \geq 0$ und

$$\sum_{i,k=1}^{N} a_{ik}(x) \xi_i \xi_k > 0$$

für alle $x \in \Omega$ und $\xi \in \mathbb{R}^N \setminus \{0\}$ gilt. Dies nennt man *innere Regularität* der Lösungen elliptischer Differentialgleichungen.

Der Grundgedanke des Beweises war bereits in Aufgabe 5.6 enthalten. Es genügt, $u \in \overline{C}^{2,\alpha}(B)$ für jede Kugel $B \subset\subset \Omega$ zu zeigen. Sei B' eine Kugel mit $B \subset\subset B' \subset\subset \Omega$ und $\varphi \in C_c^\infty(B')$ eine Funktion mit $\varphi|_B = 1$. Es ist dann $v := \varphi u \in C^2(B') \cap C^0(\overline{B}')$ Lösung des Dirichletproblems

$$Lv = \tilde{f} \text{ in } B', \quad v|_{\partial B'} = 0$$

für

$$\tilde{f} := \varphi f - \sum_{i=1}^{N} \left(2 \sum_{k=1}^{N} a_{ik} u_{x_k} - a_i u \right) \varphi_{x_i} - \sum_{i,k=1}^{N} a_{ik} \varphi_{x_i x_k} u \, .$$

Wegen $\tilde{f} \in \overline{C}^{0,\alpha}(B')$ ist nach Satz 8.3.1 $v \in \overline{C}^{2,\alpha}(B')$, mithin $u \in \overline{C}^{2,\alpha}(B)$.

Nun wird man fragen, ob es sachgemäß ist, lokale Eigenschaften einer Lösung aus einem globalen Existenzsatz zu gewinnen. Insbesondere stellt sich die Frage, ob die Voraussetzung $a \geq 0$, die der globalen Theorie entstammt, für lokale Regularitätsfragen von Bedeutung ist (vgl. Satz 9.2.5). Tatsächlich hat EBERHARD HOPF [123] einige Jahre vor Entstehung der Schauderschen Abschätzungen die innere Regularität von Lösungen nicht notwendig linearer elliptischer Gleichungen mit rein lokalen Methoden bewiesen, die wir jetzt darstellen wollen. Dazu betrachten wir wie zu Beginn von Abschnitt 8.1 eine konstante symmetrische und positiv definite Matrix A und die Abbildung

$$Q\colon \mathbb{R}^N \to \mathbb{R}^N \quad,\quad z \mapsto A^{1/2}z\,.$$

Es sei S die Singularitätenfunktion des Laplaceoperators aus Definition 4.1.2 und $N \geq 3$. Aufgrund von Aufgabe 2.2 und der Transformationsformel für Gebietsintegrale haben wir dann für alle $x \in \mathbb{R}^N$ und $\varphi \in C_c^2(\mathbb{R}^N)$

$$\frac{(\det A^{-1})^{1/2}}{(N-2)\omega_N} \int_{\mathbb{R}^N} [A^{-1}(x-y)\cdot(x-y)]^{(2-N)/2} \sum_{i,k=1}^N a_{ik}\varphi_{y_i y_k}(y)\,dy$$

$$= (\det Q^{-1}) \int_{\mathbb{R}^N} S(Q^{-1}x, Q^{-1}y)(\Delta(\varphi \circ Q))(Q^{-1}y)\,dy$$

$$= \int_{Q^{-1}\mathbb{R}^N} S(Q^{-1}x, y')(\Delta(\varphi \circ Q))(y')\,dy'\,,$$

was wegen $Q^{-1}\mathbb{R}^N = \mathbb{R}^N$ nach Korollar 4.2.3 gleich $-(\varphi \circ Q)(Q^{-1}x)$ ist. Dies führt uns zu

Bemerkung 9.2.1. Ist $N \geq 3$, $\Omega \subseteq \mathbb{R}^N$ offen und $A\colon \Omega \to \mathbb{R}^{N\times N}$ eine symmetrische und positiv definite Matrixfunktion, so hat die durch

$$H(x,z) := \frac{[\det A^{-1}(x)]^{1/2}}{(N-2)\omega_N}[A^{-1}(x)z\cdot z]^{(2-N)/2} \qquad (9.10)$$

definierte Funktion $H\colon \Omega \times (\mathbb{R}^N \setminus \{0\}) \to \mathbb{R}$ die Eigenschaft

$$-\int_{\mathbb{R}^N} H(x_0, x-y) \sum_{i,k=1}^N a_{ik}(x_0)\varphi_{y_i y_k}(y)\,dy = \varphi(x) \qquad (9.11)$$

für $x_0 \in \Omega$, $x \in \mathbb{R}^N$ und $\varphi \in C_c^2(\mathbb{R}^N)$. Da mit A auch A^{-1} symmetrisch ist, haben wir

$$H_{z_n}(x,z) = -\frac{1}{\omega_N}\frac{[\det A^{-1}(x)]^{1/2}}{[A^{-1}(x)z\cdot z]^{N/2}}(A^{-1}(x)z)_n\,, \qquad (9.12)$$

$$H_{z_n z_m}(x,z) = \frac{[\det A^{-1}(x)]^{1/2}}{\omega_N[A^{-1}(x)z\cdot z]^{N/2}}\left[N\frac{(A^{-1}(x)z)_n(A^{-1}(x)z)_m}{A^{-1}(x)z\cdot z} - (A^{-1}(x))_{nm}\right]$$
$$\qquad (9.13)$$

9.2 Innere Regularität von C^2-Lösungen nach E. Hopf

Im Falle $N=2$ ist die rechte Seite von (9.10) durch

$$-\frac{[\det A^{-1}(x)]^{1/2}}{2\pi}\ln[A^{-1}(x)z\cdot z]^{1/2}$$

zu ersetzen.

Bei den hier angestrebten Regularitätsaussagen ist eine Fallunterscheidung bezüglich N überflüssig, weil man aus jeder Lösung u in der Ebene durch die Setzung $w(x_1,x_2,x_3):=u(x_1,x_2)$ eine Lösung in $\Omega\times\mathbb{R}$ für den um $-\partial^2/\partial x_3^2$ ergänzten Differentialausdruck L machen kann, die ihre Regularität mit der von u teilt. Wir können in der Folge daher o.B.d.A. $N\geq 3$ annehmen.

Bemerkung 9.2.2. Es seien $a_{ik}=a_{ki}\in C^1(\Omega)$, $a_i, a\in C^0(\Omega)$ und $b_i:=\sum_{k=1}^{N}\frac{\partial}{\partial x_k}a_{ik}+a_i\in C^1(\Omega)$. Dann erhalten wir für $u\in C^2(\Omega)$ und $\varphi\in C_c^2(\Omega)$ durch zweimalige partielle Integration (s. Bemerkung A.1)

$$\int_\Omega uL\varphi=\int_\Omega \varphi L^*u\,,$$

wobei

$$L^*u:=-\sum_{i,k=1}^{N}\frac{\partial}{\partial x_i}\left(a_{ik}\frac{\partial u}{\partial x_k}\right)-\sum_{i=1}^{N}\frac{\partial}{\partial x_i}(b_iu)+au$$

ist. (L^*u nennt man den zu (9.9) *adjungierten* Differentialausdruck.) Gilt zusätzlich mit geeigneten $0<m<M$

$$m|\xi|^2\leq\sum_{i,k=1}^{N}a_{ik}(x)\xi_i\xi_k\leq M|\xi|^2$$

für alle $x\in\Omega$ und $\xi\in\mathbb{R}^N$ und sind die a_i und a beschränkt, so haben wir mit $P(x,y):=H(y,x-y)$ eine *Parametrix*[1] für L erhalten, d.h. eine Funktion $P\colon(\Omega\times\Omega)\setminus\{(x,x)\colon x\in\Omega\}\to\mathbb{R}$ mit folgenden Eigenschaften: Für jedes $y\in\Omega$ ist die Funktion $P(\cdot,y)$ aus $C^2(\Omega\setminus\{y\})$, und es gilt

$$\int_\Omega |P(x,y)|\,dx<\infty\quad,\quad \int_\Omega |L_xP(x,y)|\,dx<\infty$$

sowie

$$\int_\Omega [P(x,y)L^*\varphi(x)-\varphi(x)L_xP(x,y)]\,dx=\varphi(y)$$

für alle $\varphi\in C_c^2(\Omega)$. Eine Parametrix Γ mit der zusätzlichen Eigenschaft

---

[1] Solche Funktionen traten zuerst bei HILBERT [116] und E.E. LEVI [182] auf. Die Namengebung stammt von HILBERT [117].

$$L_x \Gamma(x,y) = 0 \quad \text{für } x,y \in \Omega, \ x \neq y,$$

heißt *Grundlösung*[2] der Gleichung $Lu = 0$. In Analogie zum Newtonpotential erhält man dann eine Lösung von $Lu = f$ durch Faltung von f mit Γ. Eine solche Grundlösung kann man sich nach E.E. LEVI über eine Lösung der Integralgleichung

$$\gamma(x,y) - \int_\Omega L_x P(x,z)\gamma(z,y)\, dz = L_x P(x,y) \tag{9.14}$$

verschaffen. Da aus (9.13)

$$\sum_{i,k=1}^N a_{ik}(y)\frac{\partial^2}{\partial x_i \partial x_k} P(x,y) = 0$$

folgt, kann

$$\sum_{i,k=1}^N a_{ik}(x)\frac{\partial^2}{\partial x_i \partial x_k} P(x,y) = \sum_{i,k=1}^N [a_{ik}(x) - a_{ik}(y)]\frac{\partial^2}{\partial x_i \partial x_k} P(x,y)$$

im Falle $a_{ik} \in \overline{C}^{(\alpha)}(\Omega)$ durch konst. $|x-y|^{\alpha-N}$ abgeschätzt werden, so daß es sich bei (9.14) um eine Fredholmsche Integralgleichung 2. Art mit einem *schwach singulären* Kern handelt (vgl. S. 213 in Abschnitt 6.2). Für Einzelheiten und weitere Informationen sei auf [129] verwiesen.

Wir machen hier nur von Bemerkung 9.2.1 Gebrauch. Wir leiten in Lemma 9.2.4 eine Integralgleichung für die 2. Ableitungen einer Lösung u von $Lu = f$ her. Die Hölderstetigkeit von $u_{x_i x_k}$ ergibt sich dann in Satz 9.2.5 über den HOPFschen Hilfssatz 4.7.4. Daß die Voraussetzungen dieses Hilfssatzes erfüllt sind, wird durch folgendes Lemma sichergestellt.

Lemma 9.2.3. *Es seien $B \subset\subset \mathbb{R}^N$ eine Kugel, $\alpha \in (0,1)$, $0 < m < M$, ferner $A: B \to \mathbb{R}^{N \times N}$ eine symmetrische und positiv definite Matrixfunktion mit Elementen $a_{ik} \in \overline{C}^{0,\alpha}(B)$ und*

$$m|\xi|^2 \leq A(x)\xi \cdot \xi \leq M|\xi|^2 \tag{9.15}$$

für alle $x \in B$ und $\xi \in \mathbb{R}^N$, schließlich H die Funktion aus (9.10).

1. Es gibt eine allein von m, M und N abhängende Zahl b und eine allein durch m, M, N und die Hölderkoeffizienten $H_{\alpha;B}(a_{ik})$ der a_{ik} bestimmte Zahl c mit folgenden Eigenschaften:

a) Für alle $x, x', x'' \in B$, $z \in \mathbb{R}^N \setminus \{0\}$ und $n \in \{1, \ldots, N\}$ ist

$$|H(x,z)| \leq b|z|^{2-N}, \quad |H_{z_n}(x,z)| \leq b|z|^{1-N}; \tag{9.16}$$

$$|H_{z_n}(x',z) - H_{z_n}(x'',z)| \leq c|z|^{1-N}|x'-x''|^\alpha. \tag{9.17}$$

---

[2] Dieser Begriff geht auf PICARD [255, p. 687] zurück. Weitere Hinweise auf die frühe Literatur findet man bei HADAMARD [93].

b) *Für alle $x, x', x'' \in B$, $z, z', z'' \in \mathbb{R}^N \setminus \{0\}$ und $n, m \in \{1, \ldots, N\}$ gilt mit*
$K(x, z) := H_{z_n z_m}(x, z)$

$$|K(x, z)| \leq b|z|^{-N} ; \tag{9.18}$$
$$|K(x', z) - K(x'', z)| \leq c|z|^{-N}|x' - x''|^\alpha ; \tag{9.19}$$
$$|K(x, z') - K(x, z'')| \leq b|z'|^{-(N+1)}|z' - z''| \text{ für } 2|z' - z''| \leq |z'|. \tag{9.20}$$

2. *Ist $B_0 \subset\subset B$, $\delta_0 := \operatorname{dist}(B_0, \partial B)$ und K wie in b), so gilt für alle $x \in B_0$ und $\delta \in (0, \delta_0)$*

$$\left| \int\limits_{\substack{B \\ |y-x| > \delta}} K(x, x - y) \, dy \right| \leq b_0$$

mit einer allein von m, M, N, δ_0 und von dem Radius von B abhängenden Zahl b_0.

Beweis. 1. Aus (9.15) folgt

$$\frac{1}{M}|\xi|^2 \leq A^{-1}(x)\xi \cdot \xi \leq \frac{1}{m}|\xi|^2 \tag{9.21}$$

für alle $x \in B$ und $\xi \in \mathbb{R}^N$, so daß die Eigenwerte von $A^{-1}(x)$ zwischen M^{-1} und m^{-1} liegen. Da die Determinante einer symmetrischen Matrix gleich dem Produkt ihrer Eigenwerte ist, erhalten wir

$$M^{-N} \leq \det A^{-1}(x) \leq m^{-N} .$$

Ferner ist

$$\left| A^{-1}(x) \right| := \max_{|\xi|=1} \left| A^{-1}(x)\xi \right| = \max_{|\xi|=1} A^{-1}(x)\xi \cdot \xi \leq \frac{1}{m} .$$

Die Abschätzungen in (9.16) ergeben sich nun sofort aus (9.10) bzw. (9.12).

Zum Beweis der Abschätzung (9.17) setzen wir

$$d(x) := \left[\det A^{-1}(x) \right]^{1/2}, \quad \varrho(x, z) := \left[A^{-1}(x)z \cdot z \right]^{N/2}$$

und schreiben

$$H_{z_n}(x', z) - H_{z_n}(x'', z) = -\left[\omega_N \varrho(x', z) \varrho(x'', z) \right]^{-1} T ,$$

wobei wir

$$T := d(x')\varrho(x'', z) \left(A^{-1}(x')z \right)_n - d(x'')\varrho(x', z) \left(A^{-1}(x'')z \right)_n$$

in drei Summanden zerlegen:

$$T_1 := (d(x') - d(x''))\varrho(x'', z) \left(A^{-1}(x')z\right)_n,$$
$$T_2 := d(x'')\varrho(x'', z) \left[\left(A^{-1}(x') - A^{-1}(x'')\right) z\right]_n,$$
$$T_3 := d(x'') \left(A^{-1}(x'')z\right)_n (\varrho(x'', z) - \varrho(x', z)).$$

Da $\det A \geq m^N$ ist, folgt die gleichmäßige α-Hölderstetigkeit von d sofort aus der von $\det A$, die ja aus Summen und Produkten der $a_{ik} \in \overline{C}^{0,\alpha}(B)$ besteht. Die Elemente von A^{-1} bestehen aus mit $(\det A)^{-1}$ multiplizierten Unterdeterminanten von A, sind also ebenfalls aus $\overline{C}^{0,\alpha}(B)$. Da für $s, t \geq 0$ aufgrund des Mittelwertsatzes

$$\left|s^{\frac{N}{2}} - t^{\frac{N}{2}}\right| \leq \frac{N}{2}|s - t| \max\left\{s^{\frac{N}{2}-1}, t^{\frac{N}{2}-1}\right\}$$

ist, haben wir

$$|\varrho(x'', z) - \varrho(x', z)| \leq \frac{N}{2} \left|\left(A^{-1}(x'') - A^{-1}(x')\right) z \cdot z\right| \cdot$$
$$\cdot \max\left\{\left[A^{-1}(x'')z \cdot z\right]^{\frac{N}{2}-1}, \left[A^{-1}(x')z \cdot z\right]^{\frac{N}{2}-1}\right\}$$

und damit die gleichmäßige α-Hölderstetigkeit auch des letzten Terms, so daß sich (9.17) über die zur Verfügung stehende Abschätzung von A^{-1} ergibt.

Ungleichung (9.18) resultiert sofort aus (9.13) und (9.21), während der Beweis von (9.19) völlig analog zu dem von (9.17) verläuft. Auf die Differenz $K(x, z') - K(x, z'')$ läßt sich für $2|z' - z''| \leq |z'|$ der Mittelwertsatz anwenden, weil dann die Strecke zwischen z' und z'' in $\mathbb{R}^N \setminus \{0\}$ liegt, wo $K(x, \cdot)$ stetig differenzierbar ist. Es gilt also

$$|K(x, z') - K(x, z'')| \leq |z' - z''| \, |\nabla_z K(x, z^*)|$$
$$\leq \text{const}\, |z^*|^{-(N+1)} |z' - z''|$$

und mit geeignetem $t^* \in [0, 1]$

$$|z^*| = |(1 - t^*)z' + t^* z''| \geq |z'| - |z' - z''| \geq \frac{1}{2}|z'|.$$

Dies beweist (9.20).

2. Für $x \in B_0$ und $\delta \in (0, \delta_0)$ gilt aufgrund des Gaußschen Satzes B.6

$$I := \int_{\substack{B \\ |y-x|>\delta}} H_{y_n y_m}(x, x-y)\, dy = \int_{|y-x|=\delta} H_{y_n}(x, x-y)\nu_m(y)\, dS(y)$$
$$+ \int_{\partial B} H_{y_n}(x, x-y)\nu_m(y)\, dS(y),$$

wenn ν_m die m-te Komponente des jeweiligen äußeren Einheitsnormalenfeldes bezeichnet. Wegen (9.16) haben wir daher

$$|I| \leq b \left(\delta^{1-N} \omega_N \delta^{N-1} + \delta_0^{1-N} \int_{\partial B} dS(y) \right),$$

womit auch die letzte Behauptung bewiesen ist. □

Lemma 9.2.4. *Es seien* $B \subset\subset \mathbb{R}^N$ *eine Kugel,* $\alpha \in (0,1)$, $0 < m < M$ *und* $a_{ik} = a_{ki} \in \overline{C}^{0,\alpha}(B)$ *Funktionen mit*

$$m|\xi|^2 \leq \sum_{i,k=1}^{N} a_{ik}(x)\xi_i\xi_k \leq M|\xi|^2$$

für $x \in B$ *und* $\xi \in \mathbb{R}^N$. *Es sei* $v \in C_c^2(B)$ *eine Funktion mit der Eigenschaft*

$$-\sum_{i,k=1}^{N} a_{ik} v_{x_i x_k} =: F \in \overline{C}^{0,\alpha}(B).$$

Dann gilt für alle $x \in B$ *und* $n, m \in \{1, \ldots, N\}$ *mit der Funktion H aus* (9.10)

$$-v_{x_n x_m}(x) = I_1(x) + I_2(x) + I_3(x), \tag{9.22}$$

wobei I_1, I_2, I_3 *gegeben sind durch*

$$I_1(x) := \int_B H_{z_n z_m}(x, x-y) \sum_{i,k=1}^{N} [a_{ik}(x) - a_{ik}(y)] v_{y_i y_k}(y) \, dy, \tag{9.23}$$

$$I_2(x) := \int_B H_{z_n z_m}(x, x-y)[F(x) - F(y)] \, dy, \tag{9.24}$$

$$I_3(x) := F(x) \int_{\partial B} H_{z_m}(x, x-y) \nu_n(y) \, dS(y). \tag{9.25}$$

Beweis. Sei $x_0 \in B$. Für v haben wir nach (9.11) die Darstellung

$$v(x) = -\int_B H(x_0, x-y) \sum_{i,k=1}^{N} a_{ik}(x_0) v_{y_i y_k}(y) \, dy, \quad x \in B.$$

Nach Satz 4.7.1, dessen Voraussetzungen wegen (9.16) erfüllt sind, können wir unter dem Integral differenzieren und erhalten

$$v_{x_n}(x) = -\int_B H_{z_n}(x_0, x-y) \sum_{i,k=1}^{N} a_{ik}(x_0) v_{y_i y_k}(y) \, dy$$

$$= \int_B H_{z_n}(x_0, x-y) \sum_{i,k=1}^{N} [a_{ik}(y) - a_{ik}(x_0)] v_{y_i y_k}(y) \, dy$$

$$+ \int_B H_{z_n}(x_0, x-y) F(y) \, dy.$$

Nach Satz 4.7.2 a), dessen Voraussetzungen aufgrund der Abschätzungen (9.16) und (9.18) gegeben sind, liefert die Differentiation des ersten Terms nach x_m an der Stelle x_0

$$\int_B H_{z_n z_m}(x_0, x_0 - y) \sum_{i,k=1}^N [a_{ik}(y) - a_{ik}(x_0)] v_{y_i y_k}(y)\, dy\,.$$

Auf den zweiten Term können wir wegen[3]

$$\int_B H_{z_n}(x_0, \cdot - y)\, dy = -\int_B \frac{\partial}{\partial y_n} H(x_0, \cdot - y)\, dy$$

$$= -\int_{\partial B} H(x_0, \cdot - y)\nu_n(y)\, dS(y) \in C^\infty(B)$$

Satz 4.7.2 b) anwenden und erhalten dann für die Ableitung des zweiten Summanden nach x_m an der Stelle x_0

$$\int_B H_{z_n z_m}(x_0, x_0 - y)[F(y) - F(x_0)]\, dy - F(x_0)\int_{\partial B} H_{z_m}(x_0, x_0 - y)\nu_n(y)\, dS(y)\,.$$

Da $x_0 \in B$ keiner weiteren Einschränkung unterlag, ist damit die behauptete Darstellung erreicht. □

Nun sind wir in der Lage zu zeigen, daß jede C^2-Lösung einer linearen oder quasilinearen elliptischen Gleichung 2. Ordnung mit hölderstetigen Koeffizienten bereits hölderstetige 2. Ableitungen besitzt. Um diese Aussage durch Induktion auf höhere Ableitungen ausdehnen zu können, ist es wichtig, die nachfolgende Information über den C^3-Charakter einer Lösung zu haben.

Satz 9.2.5 (E. Hopf). *Es sei $\Omega \subseteq \mathbb{R}^N$ offen, $\alpha \in (0,1)$, $a_{ik} = a_{ki}$, $a_i, a, f \in C^{0,\alpha}(\Omega)$ und*

$$\sum_{i,k=1}^N a_{ik}(x)\xi_i\xi_k > 0 \tag{9.26}$$

für alle $x \in \Omega$ und $\xi \in \mathbb{R}^N \setminus \{0\}$. Dann ist jede Lösung $u \in C^2(\Omega)$ von

$$-\sum_{i,k=1}^N a_{ik}(x)u_{x_i x_k}(x) + \sum_{i=1}^N a_i(x)u_{x_i}(x) + a(x)u(x) = f(x), \quad x \in \Omega\,,$$

aus $C^{2,\alpha}(\Omega)$. Gilt $a_{ik} = a_{ki}$, $a_i, a, f \in C^{1,\alpha}(\Omega)$ und (9.26), so ist $u \in C^3(\Omega)$.

---

[3] Ist $x \in B$, so integriere man zunächst über $B \setminus B_\epsilon(x)$ und lasse ϵ gegen Null gehen, wobei man Lemma 9.2.3 verwendet.

9.2 Innere Regularität von C^2-Lösungen nach E. Hopf 295

Beweis. Es sei B_R eine Kugel mit $B_R \subset\subset B_{2R} \subset\subset \Omega$ und $\varphi \in C_c^\infty(B_{2R})$ eine Funktion mit $\varphi|_{B_R} = 1$.

a) Was die erste Behauptung betrifft, so genügt es zu zeigen, daß die zweiten Ableitungen von $v := \varphi u$ auf B_R gleichmäßig α-hölderstetig sind. Die Funktion v erfüllt die Gleichung $-\sum_{i,k=1}^N a_{ik} v_{x_i x_k} = F$, wobei

$$F := \varphi f - \sum_{i=1}^N \left[2\varphi_{x_i} \sum_{k=1}^N a_{ik} u_{x_k} + a_i u_{x_i} \varphi \right] - \left(\sum_{i,k=1}^N a_{ik} \varphi_{x_i x_k} + a\varphi \right) u$$

aus $\overline{C}^{0,\alpha}(B_{2R})$ ist. Nach Lemma 9.2.4 besteht daher die Darstellung (9.22)-(9.25) mit $B = B_{2R}$.

Aufgrund des Hopfschen Lemmas 4.7.4 a) (dessen Voraussetzungen nach Teil 1 von Lemma 9.2.3 erfüllt sind) ist die Funktion I_1 für jedes $\gamma \in (0, \alpha)$ gleichmäßig γ-hölderstetig auf B_{2R}, während die Funktion I_2 nach Lemma 4.7.4 b) (hier benötigen wir Teil 2 von Lemma 9.2.3) auf B_R gleichmäßig α-hölderstetig ist. Für $x', x'' \in B_R$ und $y \in \partial B_{2R}$ schreiben wir

$$H_{z_m}(x', x' - y) - H_{z_m}(x'', x'' - y)$$
$$= H_{z_m}(x', x' - y) - H_{z_m}(x'', x' - y) + H_{z_m}(x'', x' - y) - H_{z_m}(x'', x'' - y).$$

Die ersten beiden Terme können nach (9.17) durch

$$b|x' - y|^{1-N} |x' - x''|^\alpha \le b R^{1-N} |x' - x''|^\alpha$$

abgeschätzt werden, wobei in die Zahl b nur Schranken der a_{ik} und die Dimension N eingehen. Für $x \in B_R$ ist $x \mapsto H_{z_m}(x'', x - y)$ stetig differenzierbar, also sogar gleichmäßig lipschitzstetig. Insgesamt ergibt sich, daß I_3 auf B_R gleichmäßig α-hölderstetig ist. Damit ist $v_{x_n x_m}|_{B_R} \in \overline{C}^{0,\gamma}(B_R)$ für jedes $\gamma \in (0, \alpha)$, also $u \in C^{2,\gamma}(\Omega)$ erreicht. Mit dieser neuen Information folgt nun aber vermöge Lemma 4.7.4 b), daß die Funktion I_1 auf B_R sogar gleichmäßig α-hölderstetig ist. Das ergibt $v_{x_n x_m}|_{B_R} \in \overline{C}^{0,\alpha}(B_R)$.

b) Wir zeigen nun, daß die Funktionen I_1, I_2 und I_3 unter den verschärften Voraussetzungen aus $C^1(B_R)$ sind. Für I_3 ergibt sich das sofort, da nunmehr $F \in C^{1,\alpha}(B_{2R})$ gilt und mit Aufgabe 9.1 folgt, daß das Randintegral in (9.25) aus $C^1(B_R)$ ist. Wegen $\operatorname{supp} F \subseteq B_{2R}$ können wir in I_2 partiell integrieren (vgl. auch die Fußnote auf S. 294):

$$I_2(x) = -\int_{B_{2R}} \frac{\partial}{\partial y_m} H_{z_n}(x, x-y)[F(x) - F(y)]\, dy \qquad (9.27)$$

$$= -\int_{B_{2R}} H_{z_n}(x, x-y) F_{y_m}(y)\, dy - F(x) \int_{\partial B_{2R}} H_{z_n}(x, x-y) \nu_m(y)\, dS(y).$$

Die stetige Differenzierbarkeit des zweiten Terms auf B_{2R} folgt aus Aufgabe 9.1. Teil b) von Satz 4.7.2 sichert nun, daß auch der erste Term in $C^1(B_{2R})$ liegt, denn es ist ja

$$-\int_{B_{2R}} H_{z_n}(\cdot,\cdot-y)\,dy = \int_{B_{2R}} \frac{\partial}{\partial y_n} H(\cdot,\cdot-y)\,dy$$
$$= \int_{\partial B_{2R}} H(\cdot,\cdot-y)\nu_n(y)\,dS(y) \in C^1(B_{2R}),$$

und die übrigen Voraussetzungen dieses Satzes sind nach Aufgabe 9.1 erfüllt. In gleicher Weise können wir mit Satz 4.7.2 b) $I_1 \in C^1(B_{2R})$ erschließen, sofern nur

$$I := -\int_{B_{2R}} H_{z_n z_m}(\cdot,\cdot-y)[a_{ik}(\cdot) - a_{ik}(y)]\,dy \in C^1(B_{2R})$$

ist. Dies ist aber der Fall, denn für $x \in B_{2R}$ liefert der Gaußsche Satz (vgl. die Fußnote auf S. 294)

$$I(x) = \int_{B_{2R}} \left[\frac{\partial}{\partial y_m} H_{z_n}(x, x-y)\right][a_{ik}(x) - a_{ik}(y)]\,dy$$
$$= \int_{\partial B_{2R}} H_{z_n}(x, x-y)[a_{ik}(x) - a_{ik}(y)]\nu_m(y)\,dS(y)$$
$$+ \int_{B_{2R}} H_{z_n}(x, x-y)\frac{\partial}{\partial y_m} a_{ik}(y)\,dy .$$

Das Oberflächenintegral ist ersichtlich stetig differenzierbar; das zweite Integral ist vom gleichen Typ wie der erste Summand in (9.27), also ebenfalls aus $C^1(B_{2R})$. □

Mit Satz 9.2.5 lassen sich nun leicht innere Regularitätsaussagen auch im quasilinearen Fall beweisen.

Satz 9.2.6 (E. Hopf). *Es sei $\Omega \subseteq \mathbb{R}^N$ offen, $\alpha \in (0,1)$, $0 < m < M$ und $n \in \mathbb{N}_0$. Es seien $a_{ik} = a_{ki}$, $f \in C^{n,\alpha}(\Omega \times \mathbb{R} \times \mathbb{R}^N)$ und*

$$m|\xi|^2 \leq \sum_{i,k=1}^N a_{ik}(x,z,p)\xi_i\xi_k \leq M|\xi|^2$$

für $(x,z,p) \in \Omega \times \mathbb{R} \times \mathbb{R}^N$ und $\xi \in \mathbb{R}^N$. Dann ist jede Lösung $u \in C^2(\Omega)$ von

$$-\sum_{i,k=1}^N a_{ik}(x,u(x),\nabla u(x))u_{x_i x_k}(x) = f(x,u(x),\nabla u(x)), \quad x \in \Omega, \quad (9.28)$$

aus $C^{n+2,\alpha}(\Omega)$. Insbesondere ist also u beliebig oft differenzierbar, wenn die a_{ik} und f diese Eigenschaft haben.

Beweis. Aus $u \in C^2(\Omega)$ folgen $u, u_{x_i} \in C^{0,1}(\Omega)$, also vermöge Aufgabe 5.9 c) $a_{ik}(\cdot, u(\cdot), \nabla u(\cdot)), f(\cdot, u(\cdot), \nabla u(\cdot)) \in C^{0,\alpha}(\Omega)$. Für $n = 0$ folgt die Behauptung daher aus Satz 9.2.5. Sei nun $n \in \mathbb{N}_0$ eine Zahl, für die die Behauptung wahr ist. Es ist dann also $u \in C^{n+2,\alpha}(\Omega)$, und für den Induktionsschritt haben wir die Voraussetzungen $a_{ik}, f \in C^{n+1,\alpha}(\Omega \times \mathbb{R} \times \mathbb{R}^N)$ zur Verfügung. Für jeden Multiindex μ mit $|\mu| = n$ können wir daher D^μ auf (9.28) anwenden. Rechts haben wir dann eine Summe von Produkten von Ableitungen von f und u der Ordnung $\leq n$ bzw. $\leq n+1$ (für eine explizite Formel s. [69]); entsprechend links, wobei wir zusätzlich noch die Leibnizsche Regel anwenden müssen. Es resultiert, daß $D^\mu u$ einer linearen elliptischen Gleichung

$$-\sum_{i,k=1}^{N} a_{ik}(x, u(x), \nabla u(x))(D^\mu u)_{x_i x_k}(x)$$
$$= F(x, u(x), u_{x_1}(x), \ldots, u_{x_n}(x), \ldots, D^\mu u_{x_1}(x), \ldots, D^\mu u_{x_n}(x))$$

mit Koeffizienten und rechter Seite in $C^{1,\alpha}(\Omega)$ genügt. Nach Satz 9.2.5 ist daher $u \in C^{n+3}(\Omega)$, was aber zur Folge hat, daß wir (9.28) auch $(n+1)$-mal differenzieren dürfen. $D^\mu u$ genügt also für $|\mu| = n+1$ einer linearen elliptischen Gleichung mit Koeffizienten in $C^{0,\alpha}(\Omega)$, so daß nach Satz 9.2.5 $D^\mu u \in C^{2,\alpha}(\Omega)$ ist. Mithin ist $u \in C^{(n+1)+2,\alpha}(\Omega)$, was zu zeigen war. □

Die Sätze 9.2.5 und 9.2.6 waren für E. HOPF Mittel zur Lösung eines noch tieferliegenden Problems. Wir hatten in Bemerkung 5.4.4 a) erwähnt, daß PICARD [254] mit Hilfe der Methode der sukzessiven Approximation bewies (Korrekturen wurden später von ihm selbst und von Dini vorgenommen), daß die Lösungen linearer elliptischer Differentialgleichungen 2. Ordnung mit analytischen Koeffizienten analytisch sind. HILBERT vermutete, daß die Elliptizität und nicht die Linearität hierfür entscheidend sind, und stellte auf dem 2. Internationalen Mathematikerkongreß 1900 in Paris die Frage „Sind die Lösungen regulärer Variationsprobleme stets notwendig analytisch?" (In der gedruckten Version seines Vortrags [111] ist dies das 19. seiner berühmten 23 Probleme.)

Schon 1903 konnte S.N. BERNSTEIN [17] zeigen, daß jede C^3-Lösung von

$$\phi(x, u(x), \nabla u(x), D^2 u(x)) = 0, \quad x \in \Omega \subseteq \mathbb{R}^N, \tag{9.29}$$

im Falle $N = 2$ für elliptisches und analytisches ϕ analytisch ist (sein Beweis – er wird in [3] analysiert – bedurfte allerdings noch späterer Verbesserungen). Schon in [18, p. 132] vermutete BERNSTEIN, daß es möglich sein müsse, die Ausgangsannahme $u \in C^3$ auf $u \in C^2$ zu drücken. Dies gelang dann LICHTENSTEIN [188] im quasilinearen Fall durch eine Differenzenapproximation. Diesen Kunstgriff kann man auch benützen, um den zweiten Teil von Satz 9.2.5 zu beweisen; man findet das in [83, p. 104 f.] dargestellt.

Satz 9.2.5 diente E. HOPF als Hilfsmittel zu zeigen, daß für beliebiges N jede $C^{2,\alpha}$-Lösung von (9.29) (ϕ elliptisch und analytisch) analytisch ist. NIRENBERG bewies schließlich in [236], daß in dieser Situation jede C^2-Lösung schon aus $C^{2,\alpha}$ ist. (Für $N = 2$ hatte dies bereits CACCIOPPOLI angekündigt; s. jedoch SCHAUDERs Besprechung dieser Arbeit im Zentralblatt für Mathematik 13, 164, 1936.) Die Analytizität verallgemeinerter Lösungen regulärer Variationsprobleme wurde schließlich unabhängig voneinander von DE GIORGI [47] und NASH [218], dem späteren Nobelpreisträger für Wirtschaftswissenschaften, bewiesen. Weitere Literaturangaben findet man in [207, § 44].

Aufgaben

9.1. Zusätzlich zu den Voraussetzungen von Lemma 9.2.3 werde angenommen, daß die $a_{ik} \in C^1(B)$ sind und beschränkte Ableitungen besitzen. Sei $y \in \mathbb{R}^N$. Man zeige, daß

$$H(\cdot, \cdot - y), \quad H_{z_n}(\cdot, \cdot - y), \quad H_{z_n z_m}(\cdot, \cdot - y) \in C^1(B \setminus \{y\})$$

gilt und daß es eine allein durch m, M, N und Schranken der a_{ik} und ihrer Ableitungen bestimmte Zahl c gibt mit

$$\left| \frac{\partial}{\partial x_j} H_{z_n}(x, x - y) \right| \leq c |x - y|^{-N} \quad \text{für alle } x \in B \setminus \{y\}.$$

9.2. Man zeige: Ist $n \in \mathbb{N}_0$ und gilt zusätzlich zu den Voraussetzungen von Satz 9.2.5 a_{ik}, a_i, a, $f \in C^{n,\alpha}(\Omega)$, so ist jede Lösung $u \in C^2(\Omega)$ aus $C^{n+2,\alpha}(\Omega)$.

10
Schwache Lösungen

Daß das Newtonpotential bei beschränkter Grundmenge und integrierbarer Dichte eine schwache Lösung der Poissongleichung ist, wird in Satz 10.2.5 gezeigt. Das schwach formulierte Dirichletproblem für diese Gleichung wird unter der notwendigen und hinreichenden Voraussetzung (A) auf S. 310 mit Hilfe des Darstellungssatzes von Fréchet-Riesz gelöst (Satz 10.2.13). Die Regularität schwacher Lösungen von $(-\Delta + a)u = f$ nach Maßgabe der Regularität der Koeffizienten a und f wird in Satz 10.3.10 und seinem Korollar behandelt. Der Prototyp solcher Sätze, der Fall $a = f = 0$ (Satz 10.3.2), wird für einen Beweis der Symmetrie der Greenschen Funktion des Laplaceoperators herangezogen (Satz 10.3.4). Im Falle $a = 0$ wird auch das Problem der Randregularität schwacher Lösungen behandelt, und zwar wird Satz 3.7.1 von Giesecke benützt, um zu zeigen, daß jede klassische Lösung des Dirichletproblems auch das schwach formulierte Dirichletproblem löst (Satz 10.2.12). Für die Umkehrung werden zwei Beweise gegeben; der eine benützt die Perronsche Methode in vollem Umfang (Satz 10.4.1), der andere eine Abschätzung des Gradienten der Greenschen Funktion (Satz 10.4.2). Das Dirichletsche Prinzip wird auf zwei Arten gerechtfertigt: einmal über den Nachweis, daß jede Minimalfolge konvergent ist (Satz 10.5.2), alternativ über eine Variante des Projektionssatzes (Satz 10.5.4).

10.1 Bemerkungen zur historischen Entwicklung

In Satz 4.3.1 hatten wir das PETRINIsche Beispiel einer stetigen Funktion kennengelernt, deren Newtonpotential keine zweiten Ableitungen besitzt. Petrini zeigte in [249], daß das Newtonpotential v einer stetigen Dichtefunktion f jedoch einer Poissongleichung genügt, in der der Laplaceoperator durch eine Differenzenapproximation ersetzt ist, die erste Ableitungen von v enthält, und er gab in [250] notwendige und hinreichende Bedingungen für die Existenz zweiter Ableitungen von v. Wenig später ersetzte ZAREMBA [350] die Poissongleichung durch

$$-\lim_{h \to 0} \Delta_h u = f, \qquad \text{wobei} \qquad (10.1)$$

$$\Delta_h u(x) := \frac{1}{h^2} \sum_{i=1}^{N} [u(x + he_i) + u(x - he_i) - 2Nu(x)]$$

ist. Für $N = 1$ ist $\lim_{h \to 0} \Delta_h u$ die nach B. RIEMANN oder H.A. SCHWARZ benannte symmetrische zweite Ableitung, die in der Theorie der Fourierreihen eine Rolle spielt. Zaremba zeigte nicht nur, daß für $f \in C^0(\Omega)$, $\Omega \subseteq \mathbb{R}^N$ offen und nichtleer, das Newtonpotential zu Ω und f (10.1) erfüllt; aus seinen Betrachtungen ergibt sich auch, daß jedes $u \in C^0(\Omega)$, dessen Ableitungen $u_{x_i x_i}$, $i = 1, \ldots, N$, in Ω existieren und dort der Gleichung $\Delta u = 0$ genügen, eine im Sinne der auf S. 19 gegebenen Definition harmonische Funktion ist [122, 350]. (In [122] findet man auch eine von BLASCHKE 1916 gegebene und 1927 von WIENER erneut gefundene scheinbare Abschwächung des Begriffes *harmonisch*, die sich dem Zarembaschen Satz unterordnet.)

In einer Fußnote in [338, S. 182] definierte WEYL als Laplaceoperator von $u \in C^1(\Omega)$ die (im Falle ihrer Existenz eindeutig bestimmte) Funktion $\tilde{\Delta} u \in C^0(\Omega)$, mit welcher für alle Kugeln $B \subset\subset \Omega$

$$\int_B \tilde{\Delta} u = \int_{\partial B} \nu \cdot \nabla u$$

gilt (ν das äußere Einheitsnormalenfeld auf ∂B). Für $u \in C^2(\Omega)$ ist ja $\tilde{\Delta} u = \Delta u$ aufgrund des Gaußschen Satzes. Ist $f \in C^0(\Omega)$, so kann man zeigen, daß das Newtonpotential zu Ω und f für alle Kugeln $B \subset\subset \Omega$ der Gleichung

$$-\int_B \tilde{\Delta} u = \int_B f$$

genügt, so daß $-\tilde{\Delta} u = f$ auch punktweise auf Ω besteht.

BÔCHER hatte – für die Ebene – in der vor Satz 2.1.1 zitierten Arbeit [20] gezeigt, daß eine Funktion $u \in C^1(\Omega)$, die

$$\int_{\partial B} \nu \cdot \nabla u = 0$$

für alle Kugeln $B \subset\subset \Omega$ erfüllt, harmonisch in Ω ist. Für seinen Schüler G.C. Evans war dies der Ausgangspunkt, einen verallgemeinerten Gradienten und verallgemeinerte Lösungen der Poissongleichung in der Ebene und der eindimensionalen Wärmeleitungsgleichung zu definieren. Auf diese Arbeiten wird in [197, §§ 31–35] und [318, § 2.1] eingegangen.

In einer umfangreichen Abhandlung aus dem Jahre 1894 versuchte POINCARÉ das dritte Randwertproblem

$$-\Delta u = f \text{ in } \Omega, \quad hu + \nu \cdot \nabla u = g \text{ auf } \partial\Omega \qquad (10.2)$$

zu lösen, indem er u als Potenzreihe in h ansetzte. Da er aber die Existenz von ∇u nur in Ω zeigen konnte, ersetzte er (10.2) durch das Problem, ein $u \in C^0(\overline{\Omega})$ mit der Eigenschaft

$$\int_\Omega f\varphi + \int_\Omega u\Delta\varphi = \int_{\partial\Omega} [u(h\varphi + \nu\cdot\nabla\varphi) - g\varphi] \qquad (10.3)$$

für $\varphi \in C^2(\Omega) \cap C^0(\overline{\Omega})$ mit auf $\overline{\Omega}$ stetig fortsetzbaren ersten Ableitungen zu finden [262, pp. 100, 121]. Zu (10.2) sei dieses modifizierte Problem (10.3) „évidemment équivalente... au point de vue physique". Kurze Zeit später konnte ZAREMBA [349] zeigen, daß der von Poincaré eingeschlagene Weg unter geeigneten Voraussetzungen tatsächlich sogar zu einer Lösung von (10.2) führt, und das modifizierte Problem geriet in Vergessenheit.

Natürlich war die Poissongleichung nicht die einzige Gleichung, für die es unter Umständen wünschenswert erschien, den Lösungsbegriff zu verallgemeinern. In Zusammenhang mit dem 20. seiner 23 mathematischen Probleme schreibt HILBERT [111], daß der Grundgedanke, der ihn zur Rechtfertigung des Dirichletschen Prinzips führte, „uns dann vielleicht in den Stand setzen wird, der Frage näherzutreten, *ob nicht jedes reguläre Variationsproblem eine Lösung besitzt, sobald hinsichtlich der gegebenen Grenzbedingungen gewisse Annahmen...erfüllt sind und nötigenfalls der Begriff der Lösung eine sinngemäße Erweiterung erfährt."*

Die Gleichung für die schwingende Saite

$$u_{xx} - u_{tt} = 0 \,, \qquad (10.4)$$

von der man seit D'ALEMBERT und EULER weiß, daß ihre Lösungen die Gestalt

$$u(x,t) = f(x-t) + g(x+t)$$

haben, möchte man aus physikalischen Gründen auch Funktionen f oder g zulassen, die nicht zweimal stetig differenzierbar sind. Gleichung (10.4) motivierte WIENER zu der Definition, daß die Gleichung

$$Lu := -\sum_{i,k=1}^N a_{ik} u_{x_i x_k} + \sum_{i=1}^N a_i u_{x_i} + au = 0 \qquad (10.5)$$

eine Lösung in einem verallgemeinerten Sinne habe, wenn es eine Lebesgueintegrierbare Funktion v mit der Eigenschaft

$$\int_\Omega vL^*\varphi = 0 \qquad (10.6)$$

für alle $\varphi \in C_c^\infty(\Omega)$ gibt [347, § 8]. Hat man nämlich eine Lösung u im üblichen Sinne, so ergibt sich für $\varphi \in C_c^\infty(\Omega)$ aus

$$0 = \int_\Omega Lu \cdot \varphi$$

durch partielle Integration die Relation (10.6) mit $v = u$; L^* ist der in Bemerkung 9.2.2 definierte zu L adjungierte Differentialausdruck. In der genannten Arbeit von Wiener [347] (dort geht es um die Rechtfertigung der

Heavisideschen Methode zur Lösung von Differentialgleichungen wie der Telegraphengleichung) steht diese Definition völlig isoliert da, so daß sie in der sehr ausführlichen Besprechung im Jahrbuch über die Fortschritte der Mathematik (52, 416–418, 1926 [1935]) gar nicht erwähnt wird. Wiener selbst kam auch nie wieder auf sie zurück.[1] Erst durch die Untersuchungen von LERAY, SOBOLEV und FRIEDRICHS, die unabhängig von Wiener erfolgten, wurde sie zu der heute üblichen Definition der *schwachen Ableitung* (diese Namengebung stammt von Friedrichs [74, p. 524]) einer lokal integrierbaren Funktion (vgl. Definitionen 10.2.1 und 10.2.3).

In der 1934 erschienenen Arbeit [178], einer bahnbrechenden Untersuchung zeitabhängiger Lösungen der Navier-Stokes-Gleichungen in drei Dimensionen, trifft LERAY die folgende Definition. Eine Funktion $u \in L^2(\mathbb{R}^3)$ besitzt eine Quasi-Ableitung bezüglich der Variablen x_i, wenn es eine Funktion $u_i \in L^2(\mathbb{R}^3)$ gibt derart, daß für alle $a \in C^1(\mathbb{R}^3)$ mit $a, a_{x_i} \in L^2(\mathbb{R}^3)$ die Beziehung

$$\int_{\mathbb{R}^3} (u a_{x_i} + u_i a) = 0$$

besteht. Er zeigt unter anderem, daß bei glatten Anfangsbedingungen die mit Quasi-Ableitungen ausgestatteten Lösungen für ein gewisses kompaktes Zeitintervall eindeutig bestimmte glatte Lösungen sind.

Wenig später betrachtet S.L. SOBOLEV [311] Lösungen der hyperbolischen Differentialgleichung

$$Lu - u_{tt} = f \,,$$

L wie in (10.5), als lineare Funktionale auf einem Vektorraum glatter Funktionen mit kompaktem Träger (den Ausdruck *Testfunktionen* für solche Funktionen scheint BOCHNER [22, p. 203] geprägt zu haben) und gibt dann die heute übliche Definition der schwachen Ableitung einer (lokal) integrierbaren Funktion.[2] Hier deutet sich an, was später in der Distributionstheorie von LAURENT SCHWARTZ stärker in den Vordergrund gestellt wird, nämlich, daß es nützlich sein kann, nicht nur den Begriff der Ableitung, sondern auch den der Funktion zu verallgemeinern [131].

Sobolevs Arbeit [312] enthält im wesentlichen bereits seinen berühmten *Einbettungssatz*: Hat $u \in L^2(\Omega)$ schwache Ableitungen bis zur Ordnung $l \geq m := [N/2] + 1$, die allesamt in $L^2(\Omega)$ liegen, so stimmt u fast überall mit einer Funktion aus $C^{l-m}(\Omega)$ überein. In [313, §6] macht er die folgende

---

[1] Kurz zuvor hatte er durch die vor Satz 3.3.6 und in Bemerkung 3.3.11 genannten Arbeiten, aus denen hervorgeht, daß eine harmonische Funktion eine stetige Randvorgabe in einem nichtregulären Randpunkt nicht annehmen kann (vgl. Satz 3.5.8), der Potentialtheorie eine neue Richtung gegeben.

[2] Sie findet sich auch auf S. 469 f. des heute klassischen Werkes von COURANT-HILBERT [46]. Die auf S. 469 angekündigte Arbeit von Friedrichs ist [74].

Beobachtung: Es sei $I \subseteq \mathbb{R}$ ein offenes Intervall, und $u \in L^1_{\text{loc}}(I)$ besitze eine schwache erste Ableitung, also ein $v \in L^1_{\text{loc}}(I)$ mit

$$\int_I u\varphi' = -\int_I v\varphi$$

für alle $\varphi \in C_c^\infty(I)$. Hieraus folgt durch partielle Integration, wenn V eine Stammfunktion von v ist,

$$\int_I (u-V)\varphi' = 0$$

für alle diese φ. Nach einer Verallgemeinerung des von DU BOIS-REYMOND stammenden Fundamentallemmas der Variationsrechnung [23, S. 28 f.] (vgl. Satz A.11 b)) gibt es dann eine Konstante, mit der $u - V$ fast überall übereinstimmt. Umgekehrt hat für jedes $C \in \mathbb{R}$ und jedes $v \in L^1_{\text{loc}}(I)$ die durch

$$u(x) := C + \int_{x_0}^x v(t)\,dt, \quad x, x_0 \in I,$$

definierte stetige Funktion die schwache Ableitung v. In einer Dimension haben also genau die Funktionen eine schwache erste Ableitung, die lokal absolutstetig sind. In einer Dimension wird man also zwangsläufig auf die Funktionenklasse geführt, die in der Lebesgueschen Integrationstheorie die Rolle der stetig differenzierbaren Funktionen übernimmt.

Im Rahmen seiner Untersuchungen über die Fortsetzung eines symmetrischen Operators zu einem selbstadjungierten Operator in einem Hilbertraum betrachtete FRIEDRICHS Cauchyfolgen glatter Funktionen und ihrer Ableitungen [73, speziell S. 687 ff.]. Eine solche Betrachtung wird auch durch die Behandlung von Rand- und Eigenwertproblemen mit Methoden der Variationsrechnung nahegelegt; vgl. Kapitel 7 von [46], das einer Zusammenarbeit von Courant und Friedrichs entstammt [274, p. 198 f.]. In [74] bezeichnete er ihre Grenzelemente als *starke Ableitungen* und zeigte im Falle von Operatoren der Gestalt $-\Delta + a(x)$ in $L^2(\mathbb{R}^N)$, daß starke und schwache Ableitungen übereinstimmen. Überdies bewies er eine Variante des Sobolevschen Einbettungssatzes, bei der nicht alle schwachen Ableitungen bis zur Ordnung l existieren müssen.

Primär für das Dirichletsche und das Neumannsche Randwertproblem bei der Poissongleichung gab CIMMINO [40, 41] eine Verallgemeinerung des Lösungsbegriffs, die ebenfalls auf der Verwendung approximierender Folgen beruhte. In ähnlicher Weise hatte D.C. LEWIS [184] bereits etwas früher ein spezielles Anfangs-Randwertproblem für die schwingende Saite mit nichtlinearer rechter Seite behandelt. Diese Arbeiten wurden durch die von Friedrichs und Sobolev in Gang gesetzte Entwicklung überschattet.

Als einflußreich erwies sich ein Gedanke von ZAREMBA, der in engem Zusammenhang mit HILBERTS Rechtfertigung des Dirichletschen Prinzips steht.

Es sei $\Omega \subset\subset \mathbb{R}^N$ ein glattberandetes Gebiet, und $g: \partial\Omega \to \mathbb{R}$ lasse sich zu einer Funktion aus $C^1(\Omega) \cap C^0(\overline{\Omega})$ mit endlichem Dirichletintegral (vgl. (10.13)) fortsetzen. Ferner sei $u \in C^2(\Omega) \cap C^0(\overline{\Omega})$ eine Lösung des Problems

$$\Delta u = 0 \text{ in } \Omega, \quad u|_{\partial\Omega} = g,$$

die ein endliches Dirichletintegral besitzt. Dann gilt aufgrund des Gaußschen Satzes für alle auf Ω harmonischen Funktionen h mit endlichem Dirichletintegral

$$0 = -\int_\Omega (u-g)\Delta h = \int_\Omega \nabla h \cdot \nabla (u-g).$$

Dies motivierte Zaremba in [353, 355] dazu, ein von ihm „transformiertes Dirichletproblem" genanntes Problem zu lösen, nämlich zu vorgegebenem $g \in C^1(\Omega)$ ein $u \in C^1(\Omega)$ zu finden, so daß für alle auf Ω harmonischen Funktionen h

$$\int_\Omega \nabla h \cdot \nabla (u-g) = 0$$

besteht, wobei g, u und h ein endliches Dirichletintegral besitzen sollen. Geometrisch ist u die orthogonale Projektion von g – orthogonal hinsichtlich der von dem Dirichletintegral erzeugten Form (vgl. (10.12)) – auf die harmonischen Funktionen mit endlichem Dirichletintgral. Diese Interpretation des Zarembaschen Problems wurde aber erst von NIKODYM [234, 235] gegeben, und größere Aufmerksamkeit erlangte diese *Methode der orthogonalen Projektion* erst durch eine auch im Hinblick auf die Regularität schwacher Lösungen vielzitierte Arbeit von WEYL [340].

10.2 Existenz schwacher Lösungen

Die in $C^2(\Omega)$ liegenden Lösungen, die wir bis einschließlich Kapitel 9 betrachtet haben, werden häufig auch als *klassische Lösungen* bezeichnet, um sie von den nachfolgend definierten *schwachen Lösungen* (s. Def. 10.2.3) zu unterscheiden. Schwache Lösungen, die zudem in einem gewissen Sinne ein Randwertproblem lösen, werden uns in Definition 10.2.9 und in (10.17) begegnen. Wir bezeichnen diese als Lösungen eines *verallgemeinerten Dirichletproblems*. Am Anfang unserer Überlegungen steht der in der Einleitung 10.1 motivierte Begriff der *schwachen Ableitung*.

Definition 10.2.1. *Es seien $\Omega \subseteq \mathbb{R}^N$ offen, μ ein Multiindex der Ordnung $|\mu|$ und $u \in L^1_{\text{loc}}(\Omega)$. Eine Funktion $v \in L^1_{\text{loc}}(\Omega)$ heißt schwache μ-te Ableitung von u, wenn*

$$\int_\Omega v(x)\varphi(x)\,dx = (-1)^{|\mu|}\int_\Omega u(x)D^\mu\varphi(x)\,dx$$

für alle $\varphi \in C_c^\infty(\Omega)$ besteht.

Bemerkung 10.2.2. Existiert die μ-te schwache Ableitung von u, so ist diese wegen Satz A.11 b) fast überall eindeutig bestimmt und wir bezeichnen sie mit $w_\mu(u)$. Ist $u \in C^m(\Omega)$, so liefert partielle Integration (s. Bemerkung A.1) sofort, daß sämtliche schwachen Ableitungen von u bis zur Ordnung m existieren. Für alle $|\mu| \leq m$ gilt dann $D^\mu u = w_\mu(u)$ fast überall auf Ω. Aus diesem Grund können wir für die schwachen Ableitungen wieder die für die partiellen Ableitungen glatter Funktionen üblichen Notationen verwenden.

Der Begriff der schwachen Lösung einer Differentialgleichung $Lu = f$ entspricht dem der schwachen Ableitung $D^\mu u = f$, wenn man D^μ durch den Differentialoperator L ersetzt und dann partiell integriert. Für Differentialoperatoren L der Form (10.5) ist u schwache Lösung von $Lu = f$, wenn $\int_\Omega f\varphi = \int_\Omega uL^*\varphi$ für alle $\varphi \in C_c^\infty(\Omega)$ gilt, wobei L^* der in Bemerkung 9.2.2 erklärte adjungierte Differentialausdruck ist, dessen Definition gewisse Regularitätsanforderungen an die Koeffizienten mit sich bringt. Wir präzisieren dies nun in dem Spezialfall $L = -\Delta + a$.

Definition 10.2.3. *Es seien $\Omega \subseteq \mathbb{R}^N$ offen und $a, f \in L^1_{\text{loc}}(\Omega)$. Eine Funktion $u \in L^1_{\text{loc}}(\Omega)$ heißt schwache Lösung von*

$$-\Delta u + au = f, \tag{10.7}$$

wenn $au \in L^1_{\text{loc}}(\Omega)$ ist und

$$\int_\Omega u(-\Delta\varphi + a\varphi) = \int_\Omega f\varphi. \tag{10.8}$$

für alle $\varphi \in C_c^\infty(\Omega)$ besteht.

Bemerkung 10.2.4. Sind a, f (mindestens) lokal integrierbar und ist $u \in C^2(\Omega)$ eine Funktion, die (10.7) erfüllt, also eine klassische Lösung dieser Gleichung, so ersieht man nach Multiplikation mit $\varphi \in C_c^\infty(\Omega)$ und partieller Integration, die nach Bemerkung A.1 nur den Satz von Fubini beansprucht, daß u auch eine schwache Lösung ist. Umgekehrt folgt aus (10.8) für eine schwache Lösung, von der man die Zusatzinformation hat, daß sie einer Funktion aus $C^2(\Omega)$ äquivalent ist,

$$\int_\Omega (-\Delta u + au - f)\varphi = 0$$

für alle $\varphi \in C_c^\infty(\Omega)$, so daß (10.7) wegen Satz A.11 b) fast überall auf Ω gilt.

Im Falle $a = 0$ erhalten wir für eine große Klasse rechter Seiten mit dem Newtonpotential eine schwache Lösung von (10.7).

Satz 10.2.5. *Es seien $\Omega \subset\subset \mathbb{R}^N$, S die Singularitätenfunktion zum Laplaceoperator (s. Definition 4.1.2) und $f \in L^1(\Omega)$. Dann existiert*

$$v(x) := \int_\Omega S(x,y)f(y)\,dy \qquad (10.9)$$

für fast alle $x \in \Omega$ und definiert eine Funktion aus $L^1(\Omega)$ (sie heißt wieder Newtonpotential zu Ω und f), *die schwache Lösung der Poissongleichung ist.*

Beweis. Aus unseren Voraussetzungen und Bemerkung 4.1.3 b) folgt, daß

$$T\colon (x,y) \mapsto S(x,y)f(y)$$

eine auf $\Omega \times \Omega$ definierte meßbare Funktion ist, für die

$$\int_\Omega \left(\int_\Omega |T(x,y)|dx \right) dy$$

existiert. Nach Tonelli ist daher $T \in L^1(\Omega \times \Omega)$, so daß nach Fubini (10.9) für fast alle $x \in \Omega$ existiert und eine Funktion aus $L^1(\Omega)$ definiert. Ebenso hat man nach Fubini-Tonelli für alle $\varphi \in C_c^\infty(\Omega)$

$$\int_\Omega v(x)\Delta\varphi(x)\,dx = \int_\Omega \left(\int_\Omega S(x,y)\Delta\varphi(x)\,dx \right) f(y)\,dy \,.$$

Das innere Integral ist aufgrund der Symmetrie von S nach Korollar 4.2.3 gleich $-\varphi(y)$. □

Korollar 10.2.6. *Speziell ist das Newtonpotential zur Kugel B und dem* PETRINI*schen Beispiel f aus Satz 4.3.1 eine schwache Lösung der Poissongleichung.*

Entsprechend kann man für konstantes und positives a verfahren, da dann gemäß Definition 4.9.1 und Bemerkung 4.9.2 b) eine zu S analoge Singularitätenfunktion oder Grundlösung zur Verfügung steht. Für $a = 1$ soll das in Aufgabe 10.3 ausgeführt werden. Erwähnt sei, daß jede lineare partielle Differentialgleichung mit konstanten Koeffizienten eine Grundlösung besitzt. Für diesen Satz, der um 1954 unabhängig voneinander von EHRENPREIS und MALGRANGE bewiesen wurde, sei auf [244] und die dort zitierte Literatur verwiesen. Für nichtkonstantes a bietet die in Bemerkung 9.2.2 angedeutete Integralgleichungsmethode eine Möglichkeit, sich eine solche Grundlösung zu verschaffen.

Wir wenden uns nun einer ganz anderen Methode zu, die Existenz schwacher Lösungen nachzuweisen. Sie ist von bestechender Einfachheit und basiert auf dem fundamentalen Darstellungssatz von FRÉCHET-RIESZ in Hilberträumen, liefert aber keine explizite Darstellung der Lösung über ein Integral. Dazu und auch im Hinblick auf eine Rechtfertigung des Dirichletschen Prinzips in Abschnitt 10.5 führen wir nun zwei Arten von Funktionenräumen ein, die den Einsatz funktionalanalytischer Hilfsmittel gestatten, da ihre Elemente – anders als die aus Definition 10.2.3 – global integrierbar sind. Im Hinblick auf einige spätere Bemerkungen beginnen wir etwas allgemeiner als unbedingt erforderlich; benötigt wird in den beiden nachfolgenden Definitionen nur der Fall $m = 1$ und $p = 2$.

Definition 10.2.7. *Es seien $\Omega \subseteq \mathbb{R}^N$ offen und nichtleer, $m \in \mathbb{N}$ und $1 \leq p < \infty$. Mit $H^{m,p}(\Omega)$ werde die Menge bzw. der Vektorraum aller $u \in L^p(\Omega)$ bezeichnet, zu denen Folgen (u_n) aus $C^\infty(\Omega)$ mit der Eigenschaft existieren, daß für jeden Multiindex μ mit $|\mu| \leq m$*

$$\int_\Omega |D^\mu u_n|^p < \infty$$

ist und

$$\|u_n - u\|_p \to 0, \quad \|D^\mu u_n - D^\mu u_m\|_p \to 0$$

für $n, m \to \infty$ besteht.

Es bezeichne v das Grenzelement von $(D^\mu u_n)$ in $L^p(\Omega)$ für ein $|\mu| \leq m$. Da nach Bemerkung A.1 $\int_\Omega (D^\mu u_n)\varphi = (-1)^{|\mu|} \int_\Omega u_n D^\mu \varphi$ für alle $\varphi \in C_c^\infty(\Omega)$ gilt, folgt im Falle $p = 1$ sofort und für $p > 1$ aufgrund der Hölderschen Ungleichung

$$\int_\Omega v\varphi = (-1)^{|\mu|} \int_\Omega u D^\mu \varphi \quad \text{für alle } \varphi \in C_c^\infty(\Omega).$$

Somit ist $v \in L^p(\Omega) \subseteq L^1_{\text{loc}}(\Omega)$ schwache μ-te Ableitung von u und nach Bemerkung 10.2.2 eindeutig (als Element von $L^p(\Omega)$) durch u und μ bestimmt. Insbesondere hängt der Limes der Folge $(D^\mu u_n)$ nicht von der Wahl der approximierenden Folge (u_n) ab. In der Terminologie von FRIEDRICHS [74] ist $\lim_{n\to\infty} D^\mu u_n$ (im L^p-Sinne) die *starke μ-te Ableitung* von u, die wir mit $s_\mu(u)$ oder auch wieder mit $D^\mu u$ bezeichnen (vgl. Bemerkung 10.2.2). Der Raum $H^{m,p}(\Omega)$, versehen mit der Norm

$$\|u\|_{m,p} := \left(\sum_{|\mu| \leq m} \|D^\mu u\|_p^p \right)^{1/p}, \tag{10.10}$$

stellt einen Banachraum[3] dar. Zudem kann man zeigen, daß jedes $u \in C^m(\Omega)$ mit $\int_\Omega |D^\mu u|^p < \infty$ für alle $|\mu| \leq m$ in $H^{m,p}(\Omega)$ liegt, wobei die klassische partielle Ableitung $D^\mu u$ einen Repräsentanten von $s_\mu(u)$ darstellt (s. Aufgabe 10.4 b)).

Definition 10.2.8. *Für offenes und nichtleeres $\Omega \subseteq \mathbb{R}^N$, $m \in \mathbb{N}$ und $1 \leq p < \infty$ wird die Abschließung von $C_c^\infty(\Omega)$ in der Norm (10.10) mit $H_0^{m,p}(\Omega)$ bezeichnet.*

Ersichtlich ist $H_0^{m,p}(\Omega)$ ein abgeschlossener Teilraum von $H^{m,p}(\Omega)$. Für beschränktes Ω ist $H_0^{m,p}(\Omega)$ sogar ein echter Unterraum von $H^{m,p}(\Omega)$. Dies wird in Aufgabe 10.5 für einen Spezialfall, der aber typisch ist, gezeigt.

---

[3] Mitunter (so in [66, p. 220]) versteht man unter $H^{m,p}(\Omega)$ die Abschließung von $\overline{C}^\infty(\Omega)$ in der Norm (10.10). In diesem Fall besteht die Gleichung (10.37) nur unter Glattheitsvoraussetzungen an den Rand von Ω, z.B. der *Segmentbedingung* [66, p. 221 f.].

Nunmehr sei $m=1$ und $p=2$. Wir setzen
$$H^1(\Omega) := H^{1,2}(\Omega)\,, \quad H_0^1(\Omega) := H_0^{1,2}(\Omega)$$
und $\|\cdot\|$ für die L^2-Norm $\|\cdot\|_2$. Die Norm (10.10) schreibt sich dann
$$\|u\|_{1,2} := \left(\|u\|^2 + \sum_{i=1}^N \|u_{x_i}\|^2\right)^{1/2}. \tag{10.11}$$
Ist $\langle \cdot, \cdot \rangle$ das Skalarprodukt in $L^2(\Omega)$ und
$$D(u,v) := \int_\Omega \nabla u \cdot \nabla v\,, \tag{10.12}$$
so werden $H^1(\Omega)$ und $H_0^1(\Omega)$, versehen mit dem Skalarprodukt
$$\langle u,v \rangle_{1,2} := \langle u,v \rangle + D(u,v)\,,$$
zu Hilberträumen. Schließlich setzen wir noch zur Vereinfachung der Notation
$$D(u) := D(u,u) \tag{10.13}$$
für das Dirichletintegral, das uns bereits in Abschnitt 3.7 auf S. 95 begegnet ist.

Funktionen aus $H_0^1(\Omega)$ lassen sich in der $\|\cdot\|_{1,2}$-Norm durch glatte Funktionen approximieren, deren Träger kompakt in Ω enthalten ist, und die somit auf $\partial\Omega$ verschwinden. Damit ist aber nicht unmittelbar klar, welches Verhalten die Funktionen aus $H_0^1(\Omega)$ nahe des Randes von Ω haben können. In diesem Zusammenhang sei daran erinnert, daß jede L^2-Funktion beliebig gut durch C_c^∞-Funktionen bezüglich der L^2-Norm approximiert werden kann. Wir werden aber in Abschnitt 10.4 sehen, daß die Approximierbarkeit durch C_c^∞-Funktionen bezüglich der $\|\cdot\|_{1,2}$-Norm eine stärkere Bedingung darstellt. Die beiden Sätze von Abschnitt 10.4 zeigen nämlich, daß die Randbedingung $u|_{\partial\Omega} = g$ in den betrachteten Fällen durch die Forderung $u - g \in H_0^1(\Omega)$ ersetzt werden kann. Hierbei wird vorausgesetzt, daß sich das auf $\partial\Omega$ definierte vorgegebene Randdatum g zu einer H^1-Funktion auf Ω fortsetzen läßt. Die Formulierung der Randvorgabe macht insbesondere von der Existenz der schwachen Ableitungen erster Ordnung der Lösung Gebrauch. Es ist deshalb natürlich, bei der Formulierung der Differentialgleichung nur eine Ableitung auf die Testfunktion überzuwälzen. Die hierbei auftretenden Bilinearformen (vgl. (10.16)) sind für die funktionalanalytische Betrachtungsweise vorteilhaft. Im Fall des Laplaceoperators ist diese Bilinearform gerade durch D aus (10.12) gegeben. Für die Poissongleichung erhalten wir mit diesen Überlegungen folgende Aufgabenstellung:

Definition 10.2.9. *Es seien* $\Omega \subseteq \mathbb{R}^N$ *eine nichtleere offene Menge,* $f \in L^2(\Omega)$ *und* $g \in H^1(\Omega)$. *Wir sagen,* $u \in H^1(\Omega)$ *löst das verallgemeinerte Dirichletproblem für die Poissongleichung, wenn (i) und (ii) gilt mit* *(i)* $D(u,\varphi) = \langle f,\varphi \rangle$ für alle $\varphi \in C_c^\infty(\Omega)$,

(ii) $u - g \in H_0^1(\Omega)$.

Jedes $u \in H^1(\Omega)$ mit der Eigenschaft (i) ist eine schwache Lösung der Poissongleichung im Sinne von Definition 10.2.3, denn es ist ja $u \in L_{\text{loc}}^1(\Omega)$, und für alle $\varphi \in C_c^\infty(\Omega)$ gilt

$$\int_\Omega f\varphi = \int_\Omega \nabla u \cdot \nabla \varphi = \int_\Omega u(-\Delta \varphi),$$

wobei die zweite Umformung durch Bemerkung A.1 gerechtfertigt wird, wenn u durch C^∞-Funktionen approximiert wird.

Bemerkung 10.2.10. Löst u das verallgemeinerte Dirichletproblem für die Poissongleichung, so ist $v := u - g$ aus $H_0^1(\Omega)$ und erfüllt

$$D(v,\varphi) = \langle f,\varphi \rangle - D(g,\varphi) \quad \text{für alle } \varphi \in C_c^\infty(\Omega).$$

Hat man umgekehrt ein $v \in H_0^1(\Omega)$ mit dieser Eigenschaft, so ist $u := v + g$ aus $H^1(\Omega)$ und erfüllt (i), (ii).

Wir wollen nun zeigen, daß im Fall der Poissongleichung klassische Lösungen des Dirichletproblems auch das verallgemeinerte Dirichletproblem lösen. Dazu benötigen wir folgendes

Lemma 10.2.11. *Es sei $\Omega \subset\subset \mathbb{R}^N$ nichtleer und $w \in C^1(\Omega) \cap C^0(\overline{\Omega})$ eine Funktion mit den Eigenschaften $\nabla w \in L^2(\Omega, \mathbb{R}^N)$ und $w|_{\partial\Omega} = 0$. Dann liegt w in $H_0^1(\Omega)$.*

Beweis. Es bezeichne ϕ_n die zu Beginn des Beweises von Satz 3.7.1 eingeführte Hilfsfunktion, und es sei

$$w_n(x) := \int_0^{w(x)} \phi_n(t)\,dt.$$

Die auf diese Weise definierte Funktion w_n ist stetig differenzierbar mit Träger $\operatorname{supp} w_n \subseteq \{x \in \overline{\Omega} : |w_n(x)| \geq \frac{1}{n}\} \subseteq \Omega$. Folglich liegt w_n in $C_c^1(\Omega)$. Aus der Beschränktheit von Ω und aus

$$|w(x) - w_n(x)| \leq \frac{2}{n}, \quad |\nabla w(x) - \nabla w_n(x)| = [1 - \phi_n(w(x))]|\nabla w(x)|$$

für alle $x \in \Omega$ folgt mit dem Lebesgueschen Konvergenzsatz $\|w - w_n\|_{1,2} \to 0$ für $n \to \infty$. Zu vorgegebenem $\epsilon > 0$ existiert somit $\tilde{w} = w_{n_0} \in C_c^1(\Omega)$ mit $\|w - \tilde{w}\|_{1,2} < \epsilon/2$. Es bezeichne (j_δ) eine Glättungsschar (vgl. Definition A.3). Da der Träger von $\tilde{w}$ kompakt in Ω enthalten ist, gibt es ein $\delta_0 > 0$ so, daß $\tilde{w}_\delta := j_\delta * \tilde{w} \in C_c^\infty(\Omega)$ für $\delta < \delta_0$. Gemäß Satz A.6 konvergieren zudem $\tilde{w}_\delta$ und $\nabla \tilde{w}_\delta$ gleichmäßig gegen $\tilde{w}$ und $\nabla \tilde{w}$, da die Träger all dieser Funktionen kompakt in Ω enthalten sind. Aus der Beschränktheit von Ω folgt nun, daß wir ein $\delta_1 < \delta_0$ finden können mit $\|\tilde{w}_{\delta_1} - \tilde{w}\|_{1,2} < \frac{\epsilon}{2}$. Zusammenfassend gilt $\tilde{w}_{\delta_1} \in C_c^\infty(\Omega)$ mit $\|w - \tilde{w}_{\delta_1}\|_{1,2} < \epsilon$, wobei $\epsilon > 0$ beliebig vorgegeben war. Dies beweist $w \in H_0^1(\Omega)$. □

Satz 10.2.12. *Es seien $\Omega \subset\subset \mathbb{R}^N$ nichtleer, $f \in C^0(\Omega)$ und $g \in C^1(\Omega) \cap C^0(\overline{\Omega})$ mit $\int_\Omega |f|^2 < \infty$ und $\int_\Omega |\nabla g|^2 < \infty$. Ist dann $u \in C^2(\Omega) \cap C^0(\overline{\Omega})$ klassische Lösung des Dirichletproblems*

$$-\Delta u = f \ \text{in} \ \Omega, \quad u = g \ \text{auf} \ \partial\Omega,$$

so gilt $u \in H^1(\Omega)$ und

$$D(u,\varphi) = \langle f, \varphi \rangle \quad \text{für alle } \varphi \in C_c^\infty(\Omega), \quad u - g \in H_0^1(\Omega).$$

Beweis. Partielle Integration gemäß Bemerkung A.1 liefert

$$D(u,\varphi) = \int_\Omega \nabla u \cdot \nabla \varphi = -\int_\Omega (\Delta u)\varphi = \int_\Omega f\varphi = \langle f, \varphi \rangle$$

für alle $\varphi \in C_c^\infty(\Omega)$. Wendet man nun den Satz 3.7.1 von Giesecke mit $v = u - g$ an, so folgt aus $\int_\Omega |\nabla g|^2 < \infty$ und $\int_\Omega |-(\Delta u)v| \leq \|f\|\|u-g\| < \infty$ auch $\int_\Omega |\nabla u|^2 < \infty$. Gemäß Aufgabe 10.4 b) liegt u in $H^1(\Omega)$, und Lemma 10.2.11 liefert $u - g \in H_0^1(\Omega)$. □

Wir führen nun folgende zunächst etwas willkürlich erscheinende Annahme ein:

Es gibt ein $C > 0$, so daß $\|\varphi\|^2 \leq CD(\varphi)$ für alle $\varphi \in C_c^\infty(\Omega)$ gilt. (A)

Hieraus folgt sofort, daß sogar für alle $u \in H_0^1(\Omega)$

$$\|u\|^2 \leq CD(u)$$

und daher

$$D(u) \leq \|u\|_{1,2}^2 \leq (C+1)D(u)$$

gilt. Es ist also $\sqrt{D(\cdot)}$ eine Norm auf $H_0^1(\Omega)$, die zu der Norm (10.11) äquivalent ist. Insbesondere ist daher $(H_0^1(\Omega), D(\cdot,\cdot))$ ein Hilbertraum.

Unter der Voraussetzung (A) erhalten wir nun mühelos die Existenz (genau) einer Lösung des verallgemeinerten Dirichletproblems für die Poissongleichung über den Darstellungssatz von FRÉCHET-RIESZ, demzufolge zu jedem stetigen linearen Funktional l auf einem Hilbertraum H genau ein $v \in H$ mit

$$l(u) = \langle u, v \rangle \quad \text{für alle } u \in H$$

existiert. (Die Norm des Elements v ist dann gleich der Norm von l [337, S. 197].) Das Problem wird dann darin bestehen zu untersuchen, inwieweit eine Lösung im Sinne von Definition 10.2.9 noch Eigenschaften einer klassischen Lösung des Dirichletproblems besitzt. Diesem Problem werden wir uns in den beiden folgenden Abschnitten zuwenden und dabei sehen, daß zu seiner Bearbeitung Techniken und Resultate benötigt werden, wie wir sie vor allem in den Kapiteln 3, 4 und 9 vorgestellt haben. Andererseits ist jedoch zu sagen, daß viele numerische Verfahren nicht auf dem klassischen Lösungsbegriff, sondern auf dem von Definition 10.2.9 basieren.

Satz 10.2.13. *Es seien $\Omega \subseteq \mathbb{R}^N$ eine nichtleere offene Menge, $f \in L^2(\Omega)$ und $g \in H^1(\Omega)$. Unter der Voraussetzung (A) hat dann das verallgemeinerte Dirichletproblem für die Poissongleichung genau eine Lösung.*

Beweis. Durch
$$l\colon (H_0^1(\Omega), D(\cdot,\cdot)) \to \mathbb{R}, \quad w \mapsto \langle f, w\rangle - D(g,w)$$
wird ein lineares Funktional definiert. Mit
$$K := \sqrt{C}\|f\| + D(g)^{1/2}$$
gilt für alle $w \in H_0^1(\Omega)$ aufgrund der Schwarzschen Ungleichung
$$|l(w)| \leq \|f\|\|w\| + D(g)^{1/2}D(w)^{1/2} \leq K D(w)^{1/2}\,.$$
Es ist also l stetig, so daß nach Fréchet-Riesz genau ein $v \in H_0^1(\Omega)$ mit
$$D(v,w) = \langle f,w\rangle - D(g,w)$$
für alle $w \in H_0^1(\Omega)$ existiert. Mit Bemerkung 10.2.10 ist die Existenz gezeigt. Da l stetig ist und $C_c^\infty(\Omega)$ in $H_0^1(\Omega)$ dicht liegt, ergibt sich die Eindeutigkeit aus der Eindeutigkeitsaussage des Satzes von Fréchet-Riesz. $\square$

Aus dem nachfolgenden Resultat ergibt sich, daß insbesondere für jede beschränkte offene Menge Ω die Annahme (A) richtig ist.

Lemma 10.2.14. *Es sei $\Omega \subseteq \mathbb{R}^N$ eine offene Menge, die in einer Koordinatenrichtung beschränkt ist, also etwa*
$$\Omega \subseteq \{x = (x', x_N) \in \mathbb{R}^{N-1} \times \mathbb{R}\colon |x_N| \leq \alpha\}$$
für ein $\alpha > 0$ erfüllt. Dann gilt für alle $u \in H_0^1(\Omega)$
$$\|u\|^2 \leq (2\alpha)^2 D(u)\,. \tag{10.14}$$

Beweis. Es genügt, die Behauptung für $\varphi \in C_c^\infty(\Omega)$ zu beweisen. Wir setzen φ auf $\mathbb{R}^N \setminus \overline{\Omega}$ durch Null fort. Anwendung der Schwarzschen Ungleichung auf
$$\varphi(x) = \int_{-\alpha}^{x_N} 1 \cdot \varphi_{x_N}(x',t)\,dt$$
liefert
$$|\varphi(x', x_N)|^2 \leq \int_{-\alpha}^{\alpha} 1^2\,dt \int_{-\alpha}^{\alpha} |\varphi_{x_N}(x',t)|^2\,dt \leq 2\alpha \int_{-\alpha}^{\alpha} |\nabla\varphi(x',t)|^2\,dt\,,$$
so daß wir durch zweimalige Anwendung des Satzes von Fubini

$$\int_\Omega |\varphi|^2 = \int_{\mathbb{R}^N} |\varphi|^2 = \int_{-\alpha}^{\alpha} \left(\int_{\mathbb{R}^{N-1}} |\varphi(x', x_N)|^2 \, dx' \right) dx_N$$

$$\leq 2\alpha \int_{-\alpha}^{\alpha} \left\{ \int_{\mathbb{R}^{N-1}} \left(\int_{-\alpha}^{\alpha} |\nabla \varphi(x', t)|^2 \, dt \right) dx' \right\} dx_N$$

$$= 2\alpha \int_{-\alpha}^{\alpha} \left(\int_\Omega |\nabla \varphi|^2 \right) dx_N$$

erhalten, und dies ist die gewünschte Ungleichung für φ. □

Ungleichung (10.14) kann man als mehrdimensionales Analogon der Ungleichung

$$\left(\frac{\pi}{b-a} \right)^2 \int_a^b u^2 \leq \int_a^b (u')^2$$

ansehen, die von SCHEEFFER für $u \in C^1([a,b])$ mit $u(a) = u(b) = 0$ bewiesen wurde; sie findet sich auf S. 207 seiner postum erschienen Arbeit [296]. Für $N = 2$ bewies H.A. SCHWARZ eine Ungleichung des Typs (10.14) im Rahmen seiner im Anschluß an Satz 6.2.8 genannten Untersuchung. Meist wird eine solche Ungleichung aber nach POINCARÉ benannt, der in [260, p. 258] und [262, Abschnitt III] eine Ungleichung der Gestalt (10.14) für beschränkte konvexe Gebiete des $\mathbb{R}^3$ und Funktionen mit Mittelwert Null bewies, also eine Ungleichung der Form

$$\int_\Omega |u|^2 \leq \text{const} \left(\int_\Omega |\nabla u|^2 + \left| \int_\Omega u \right|^2 \right).$$

Die am Ende unseres historischen Überblicks in 10.1 genannten Arbeiten von ZAREMBA stehen in enger Beziehung zu den Betrachtungen dieses Abschnitts, und in [353, p. 223 f.] wird (10.14) für beschränktes Ω und Funktionen, die am Rand von Ω verschwinden, bewiesen.

Daß die Voraussetzung (A) in einer gewissen Weise auch notwendig für die Lösbarkeit des verallgemeinerten Dirichletproblems für die Poissongleichung ist, ergibt sich aus der nachfolgenden Beobachtung.

Bemerkung 10.2.15. Wir nehmen an, daß zu jedem vorgegebenem $f \in L^2(\Omega)$ und $g \in H^1(\Omega)$ ein $v \in H^1_0(\Omega)$ existiert mit

$$D(v, \psi) = \langle f, \psi \rangle - D(g, \psi) \quad \text{für alle } \psi \in C_c^\infty(\Omega) \,.$$

Speziell ist dann für alle $\psi \in C_c^\infty(\Omega)$ mit $D(\psi) = 1$ aufgrund der Schwarzschen Ungleichung, die auch für semidefinite symmetrische Bilinearformen gilt (s. Aufgabe 10.13 a)),

$$|\langle f, \psi \rangle| = |D(v + g, \psi)| \leq D(v + g)^{1/2} =: K_v \,,$$

d.h. der beschränkte lineare Operator

$$T_\psi : L^2(\Omega) \to \mathbb{R}, \quad f \mapsto \langle f, \psi \rangle$$

erfüllt

$$|T_\psi(f)| \leq K_v \ .$$

Aufgrund des Satzes von Banach-Steinhaus [337, S. 141] gibt es daher ein $C > 0$ mit

$$\|T_\psi\| \leq \sqrt{C}$$

für alle obigen ψ. Nun ist die Operatornorm $\|T_\psi\|$ das Infimum aller $k \geq 0$, für die für alle $f \in L^2(\Omega)$

$$|T_\psi(f)| \leq k\|f\|$$

besteht. Aufgrund der Schwarzschen Ungleichung ist aber $|\langle f, \psi \rangle| \leq \|f\|\|\psi\|$, wobei das Gleichheitszeichen genau dann gilt, wenn f und ψ linear abhängig sind. Also ist $\|T_\psi\| = \|\psi\|$, mithin

$$\|D(\varphi)^{-1/2}\varphi\| \leq \sqrt{C}$$

für alle $\varphi \in C_c^\infty(\Omega)$ mit $D(\varphi) \neq 0$, also mit $\varphi \neq 0$.

Im verbleibenden Teil dieses Abschnitts übertragen wir die Definition 10.2.9 des verallgemeinerten Dirichletproblems für die Poissongleichung auf allgemeine lineare Differentialgleichungen 2. Ordnung. Wie im Fall der klassischen Lösungen werden wir sehen, daß die Elliptizität des Differentialoperators wesentlich für den Nachweis der Existenz von Lösungen ist.

Es sei nun

$$L := -\sum_{i,k=1}^{N} a_{ik}(x) \frac{\partial^2}{\partial x_i \partial x_k} + \sum_{i=1}^{N} a_i(x) \frac{\partial}{\partial x_i} + a(x)$$

ein Differentialoperator mit Koeffizienten $a_{ik} \in C^1(\Omega)$, $a_i, a \in C^0(\Omega)$. Ist dann $f \in C^0(\Omega)$ und $u \in C^2(\Omega)$ Lösung von

$$Lu = f \ ,$$

so erhalten wir mit

$$b_i := \sum_{k=1}^{N} \frac{\partial}{\partial x_k} a_{ik} + a_i$$

für alle $\varphi \in C_c^\infty(\Omega)$ durch partielle Integration

$$\langle f, \varphi \rangle = \langle Lu, \varphi \rangle = \int_\Omega \left[\sum_{i,k=1}^{N} a_{ik} u_{x_i} \varphi_{x_k} + \sum_{i=1}^{N} b_i u_{x_i} \varphi + au\varphi \right] . \quad (10.15)$$

Durch (10.15) wird uns die Definition einer Bilinearform

$$b(u,v) := \int_\Omega \left[\sum_{i,k=1}^N a_{ik} u_{x_i} v_{x_k} + \sum_{i=1}^N b_i u_{x_i} v + auv \right] \qquad (10.16)$$

auf $H^1(\Omega)$ nahegelegt, und wir nennen in Analogie zu Definition 10.2.9 eine Funktion $v \in H^1(\Omega)$ Lösung des verallgemeinerten Dirichletproblems für

$$Lu = f, \quad u|_{\partial\Omega} = g$$

zu vorgegebenen $f \in L^2(\Omega)$, $g \in H^1(\Omega)$, wenn

$$b(u,\varphi) = \langle f, \varphi \rangle \quad \text{für alle } \varphi \in C_c^\infty(\Omega); \quad u - g \in H_0^1(\Omega). \qquad (10.17)$$

Wie in Bemerkung 10.2.10 beschrieben, ist dieses Problem äquivalent dazu, ein $v \in H_0^1(\Omega)$ zu finden mit $b(v,\varphi) = \langle f, \varphi \rangle - b(g,\varphi)$ für alle $\varphi \in C_c^\infty(\Omega)$.

Anders als die Dirichletform D ist die Bilinearform b im allgemeinen nicht symmetrisch, so daß man für sie nicht mehr wie im Beweis von Satz 10.2.13 mit dem Darstellungssatz von Fréchet-Riesz argumentieren kann. Man kann diesen und den für einen abgeschlossenen Teilraum L eines Hilbertraums H geltenden *Zerlegungssatz*

$$H = L \oplus L^\perp \qquad (10.18)$$

jedoch dazu benützen, folgenden Darstellungssatz [170] für allgemeine beschränkte Bilinearformen herzuleiten. Für den einfachen Beweis sei auf [66, p. 249] verwiesen (s.a. [119]).

Lemma 10.2.16 (Lax-Milgram). *Es sei H ein Hilbertraum und weiter sei $b \colon H \times H \to \mathbb{R}$ eine Bilinearform mit der Eigenschaft, daß ein $c > 0$ mit*

$$|b(u,v)| \leq c \|u\| \|v\| \quad \text{für alle } u,v \in H$$

existiert. Man nennt dann b eine beschränkte Bilinearform. Dann gilt:

(i) Es gibt genau einen Operator $A \colon H \to H$ mit

$$b(u,v) = \langle u, Av \rangle$$

für alle $u, v \in H$. A ist linear und $\|A\| \leq c$.
(ii) Wenn zusätzlich ein $d > 0$ existiert mit

$$|b(u,u)| \geq d \|u\|^2 \quad \text{für alle } u \in H,$$

so ist der Operator A aus (i) bijektiv und $\|A^{-1}\| \leq \frac{1}{d}$.

Korollar 10.2.17. *Die Bilinearform b erfülle die Voraussetzungen von Lemma 10.2.16. Es sei l ein stetiges lineares Funktional auf H und $h \in H$ das nach Fréchet-Riesz existierende Element mit $l(w) = \langle w, h \rangle$ für $w \in H$. Dann ist $v := A^{-1}h$ das eindeutig bestimmte Element mit*

$$l(w) = b(w,v) \quad \text{für alle } w \in H.$$

Wir definieren nun eine Klasse von Bilinearformen, welche die in (10.16) angegebenen beinhaltet, und diskutieren, unter welchen Bedingungen die Voraussetzungen von Lemma 10.2.16 erfüllt sind. Unter der generellen Annahme

$\Omega \subseteq \mathbb{R}^N$ *ist offen und nichtleer, und für* $i, k \in \{1, \ldots, N\}$ *sind* $a_{ik}, b_i, c_i, a \colon \Omega \to \mathbb{R}$ *meßbar und beschränkt* (B1)

betrachten wir nun für $u, v \in H^1(\Omega)$ die Bilinearform

$$B(u,v) := \int_\Omega \left[\sum_{i,k=1}^N a_{ik} u_{x_i} v_{x_k} + \sum_{i=1}^N (b_i u_{x_i} v + c_i u v_{x_i}) + auv \right]. \quad (10.19)$$

Aufgrund der Schwarzschen Ungleichung gibt es dann ein $K > 0$ mit

$$|B(u,v)| \leq K \|u\|_{1,2} \|v\|_{1,2} \quad \text{für alle } u, v \in H^1(\Omega). \quad (10.20)$$

Um auch noch die zweite Voraussetzung in Lemma 10.2.16 befriedigen zu können, machen wir folgende weitere Annahme:

Die Bilinearform (10.19) ist koerzitiv über $H_0^1(\Omega)$,
d.h. es gibt $k_1 > 0$ *und* $k_2 \geq 0$ *mit* (B2)
$B(u) := B(u, u) \geq k_1 \|u\|_{1,2}^2 - k_2 \|u\|^2$ *für alle* $u \in H_0^1(\Omega)$.

B heißt *streng koerzitiv* über $H_0^1(\Omega)$, wenn diese Ungleichung mit $k_2 = 0$ gilt.

Satz 10.2.18. *Es gelte (B1), und die Bilinearform B aus (10.19) sei streng koerzitiv über $H_0^1(\Omega)$. Sind dann $f \in L^2(\Omega)$ und $g \in H^1(\Omega)$, so gibt es genau ein $v \in H_0^1(\Omega)$ mit*

$$B(v, \varphi) = \langle f, \varphi \rangle - B(g, \varphi) \quad \text{für alle } \varphi \in C_c^\infty(\Omega).$$

Beweis. Auf dem Hilbertraum $(H_0^1(\Omega), \|\cdot\|_{1,2})$ definieren wir ein lineares Funktional durch

$$l(w) := \langle f, w \rangle - B(g, w).$$

Wegen (10.20) ist für alle $w \in H_0^1(\Omega)$

$$|l(w)| \leq \|w\| \|f\| + K \|w\|_{1,2} \|g\|_{1,2} \leq (\|f\| + K \|g\|_{1,2}) \|w\|_{1,2},$$

also l stetig. Überdies gibt es nach Voraussetzung ein $k > 0$ mit

$$|B(u)| \geq B(u) \geq k \|u\|_{1,2}^2$$

für alle $u \in H_0^1(\Omega)$. Nach Korollar 10.2.17 existiert daher genau ein $v \in H_0^1(\Omega)$ mit

$$l(w) = B(v, w) \quad \text{für alle } w \in H_0^1(\Omega),$$

womit die Existenz gezeigt ist. Da l und B beschränkt sind, folgt aus $l(\varphi) = B(v, \varphi)$ für alle $\varphi \in C_c^\infty(\Omega)$, daß auch $l(w) = B(v, w)$ für alle $w \in H_0^1(\Omega)$ gilt. Dies beweist die Eindeutigkeit. □

Ersetzt man in Satz 10.2.18 die Voraussetzung der strengen Koerzitivität durch Koerzitivität, so zeigt folgende Bemerkung für den Fall $g = 0$, daß noch die Fredholmsche Alternative gilt, welche wie im Fall klassischer Lösungen (vgl. Bemerkung 5.5.7 und Satz 6.2.5) besagt, daß die Existenz von nichttrivialen Lösungen der homogenen Gleichung die uneingeschränkte Lösbarkeit der inhomogenen Gleichung zerstört.

Bemerkung 10.2.19. Sei $\Omega \subset\subset \mathbb{R}^N$ und $B: H_0^1(\Omega) \times H_0^1(\Omega) \to \mathbb{R}$ eine beschränkte und koerzitive Bilinearform. Dann gilt:
Entweder gibt es zu jedem $f \in L^2(\Omega)$ genau ein $u \in H_0^1(\Omega)$ mit

$$B(v, \varphi) = \langle f, \varphi \rangle \quad \text{für alle } \varphi \in C_c^\infty(\Omega), \tag{10.21}$$

oder es gibt eine maximale Zahl $d \in \mathbb{N}$ derart, daß in $H_0^1(\Omega)$ linear unabhängige Elemente $u_1, \ldots, u_d$ existieren mit $B(\varphi, u_j) = 0$ für alle $\varphi \in C_c^\infty(\Omega)$ und $j \in \{1, \ldots, d\}$. Im 2. Fall ist (10.21) genau dann lösbar, wenn $\langle f, u_j \rangle = 0$ ist für alle $j \in \{1, \ldots, d\}$.

Die in Bemerkung 10.2.19 formulierte Aussage ist ein Spezialfall von Sätzen, die unabhängig voneinander etwa zeitgleich von F.E. BROWDER [30], GÅRDING [78] und M.I. VIŠIK [327] bewiesen wurden. Ihr Beweis (s. etwa [66, p. 249 ff.]) beruht darauf, daß für $\Omega \subset\subset \mathbb{R}^N$ die Einbettung von $H_0^1(\Omega)$ in $L^2(\Omega)$ kompakt ist [337, S. 192]. Den Anstoß zu einem solchen Resultat gab RELLICH [275], der unter gewissen Voraussetzungen an den Rand von $\Omega \subset\subset \mathbb{R}^2$ zeigte, daß aus jeder Menge von Funktionen, die in der $\|\cdot\|_{1,2}$-Norm beschränkt ist, eine in $L^2(\Omega)$ konvergente Folge ausgewählt werden kann. Eine systematische Einbeziehung von Soboleväumen wurde dann von Sobolevs Schüler V.I. KONDRAŠOV beschrieben [144, 145]. Beide Satztypen – Kompaktheit der Einbettung $H_0^1(\Omega)$ in $L^2(\Omega)$ für $\Omega \subset\subset \mathbb{R}^N$ und Kompaktheit der Einbettung von $H^1(\Omega)$ in $L^2(\Omega)$ für $\Omega \subset\subset \mathbb{R}^N$ unter einer Voraussetzung an $\partial\Omega$ (z.B. der Segmentbedingung) sowie deren Verallgemeinerungen – werden heute nach Rellich und Kondrašov benannt.

Wir zeigen nun, daß Elliptizität zusammen mit (B1) die Koerzitivität bereits impliziert.

Lemma 10.2.20. *Es sei die Voraussetzung (B1) erfüllt. Wenn es dann ein $\delta > 0$ mit*

$$\sum_{i,k=1}^N a_{ik}(x)\xi_i\xi_k \geq \delta|\xi|^2 \tag{10.22}$$

für alle $x \in \Omega$ und $\xi \in \mathbb{R}^N$ gibt, so ist die Bilinearform (10.19) koerzitiv über $H^1(\Omega)$ und daher erst recht über $H_0^1(\Omega)$.

Beweis. Da es Zahlen $C_1 > 0$ und $C_2 > 0$ mit

$$\sum_{i=1}^{N}(b_i+c_i)uu_{x_i} \geq -2C_1|\nabla u||u| \geq -C_1\left(\epsilon|\nabla u|^2 + \frac{1}{\epsilon}u^2\right),$$

$$au^2 \geq -C_2 u^2$$

für alle $u \in H^1(\Omega)$ und $\epsilon > 0$ gibt, haben wir

$$B(u) \geq \int_{\Omega} \left[(\delta - \epsilon C_1)|\nabla u|^2 - \left(\epsilon^{-1}C_1 + C_2\right)u^2\right]$$
$$= (\delta - \epsilon C_1)\|u\|_{1,2}^2 - \left(\delta - \epsilon C_1 + \epsilon^{-1}C_1 + C_2\right)\|u\|^2,$$

so daß die Behauptung für $0 < \epsilon < \delta C_1^{-1}$ folgt. □

Eine Ungleichung, wie sie in (B2) gefordert wird, nennt man gerne GÅRDINGsche Ungleichung. Diese Namengebung ist vielleicht etwas erklärungsbedürftig, da eine solche Ungleichung ja unter der Elliptizitätsbedingung (10.22), wie wir gerade gesehen haben, sofort elementar herstellbar ist. Zu beachten ist jedoch, daß unsere Bilinearform (10.19), die nur Ableitungen höchstens erster Ordnung enthält, nicht typisch für den Fall ist, daß Ableitungen bis zur Ordnung $m \geq 2$ auftreten. Es zeigt sich dann, daß eine zu (10.22) analoge Bedingung notwendig und hinreichend für Koerzitivität über $H_0^{m,2}(\Omega)$ ist (s. [78], insbesondere Beweis von Theorem 2.1; Koerzitivität über $H^{m,2}(\Omega)$ ist i.a. nicht mehr gegeben).

Wir beschließen diesen Abschnitt, indem wir einige Situationen diskutieren, in denen strenge Koerzitivität gilt.

Bemerkung 10.2.21. a) Zusätzlich zu (B1) gelte (B2) mit $k_2 > 0$. Erfüllt dann Ω die Voraussetzung von Lemma 10.2.14, so gilt aufgrund dieses Hilfssatzes für alle $u \in H_0^1(\Omega)$

$$B(u) \geq [k_1 - (2\alpha)^2 k_2]\|u\|_{1,2}^2,$$

d.h. im Falle $0 < \alpha < \frac{1}{2}\sqrt{k_1/k_2}$ ist B streng koerzitiv über $H_0^1(\Omega)$.

b) Es mögen die Voraussetzungen von Lemma 10.2.14 gelten und die Koeffizienten der Bilinearform (10.19) den Voraussetzungen (B1) und (10.22) genügen. Dann ist diese Bilinearform streng koerzitiv über $H_0^1(\Omega)$, wenn α „klein" ist (siehe a)) oder die b_i, c_i aus $C^1(\Omega)$ sind, beschränkte Ableitungen haben und $a \geq \frac{1}{2}\sum_{i=1}^{N}(b_i+c_i)_{x_i}$ gilt. Letzteres ergibt sich mit Bemerkung A.1 aus folgender Identität für alle $\varphi \in C_c^{\infty}(\Omega)$:

$$\sum_{i=1}^{N}(b_i+c_i)\varphi\varphi_{x_i} = \frac{1}{2}\sum_{i=1}^{N}[(b_i+c_i)\varphi^2]_{x_i} - \frac{1}{2}\sum_{i=1}^{N}(b_i+c_i)_{x_i}\varphi^2.$$

10.3 Innere Regularität schwacher Lösungen

Am Beispiel der Gleichung $-\Delta u + au = f$ wollen wir untersuchen, unter welchen Voraussetzungen an a und f von einer schwachen Lösung dieser Gleichung (im Sinne von Definition 10.2.3) gezeigt werden kann, daß diese auch eine in $C^2(\Omega)$ liegende klassische Lösung darstellt.

Ein Ergebnis der nachfolgenden Untersuchungen wird sein, daß im Falle $a, f \in C^\infty(\Omega)$ jede schwache Lösung von (10.7) einer Funktion aus $C^\infty(\Omega)$ äquivalent ist. Dieser Satz stammt im wesentlichen von FRIEDRICHS. Seine verallgemeinerten Lösungen sind allerdings Funktionen $u \in L^2_{\text{loc}}(\Omega)$, für die ∇u und Δu im schwachen Sinne existieren und in $L^2_{\text{loc}}(\Omega)$ liegen. Er beweist mit seiner Variante des SOBOLEVschen Einbettungssatzes u.a., daß im Falle $a, f \in C^l(\Omega)$, $l \geq m := \left[\frac{N}{2}\right] + 1$, jede seiner verallgemeinerten Lösungen von (10.7) einer Funktion aus $C^{l-m}(\Omega)$ äquivalent ist [74, Theorem 15.3]. Der Grundgedanke seines Beweises, mit Hilfe der Glättungsoperatoren aus Satz A.7 eine Integraldarstellung für die schwachen Lösungen herzustellen, die die Singularitätenfunktion des Laplaceoperators enthält, wird beim Beweis von Lemma 10.3.5 beibehalten, der daraus resultierende Regularitätssatz 10.3.10 dann aber mit Ergebnissen von E. HOPF kombiniert, um eine Dimensionsabhängigkeit bei den Glattheitsvoraussetzungen an die Koeffizienten der Gleichung zu vermeiden (Korollar 10.3.11).

Wir beginnen mit dem Spezialfall $a = f = 0$, Satz 10.3.2, der einen besonders einfachen Beweis und direkt eine interessante Anwendung in Satz 10.3.4 gestattet. Satz 10.3.2 stammt in der Substanz von CACCIOPPOLI [34, 35], wurde von diesem aber anders formuliert. In seiner Untersuchung der Poissongleichung auf Riemannschen Flächen zeigt er, daß gewisse stetige lineare Funktionale genau dann Null sind, wenn sie von harmonischen Funktionen erzeugt werden. Satz 10.3.2 wird meist *Lemma von Weyl* genannt nach [340, Lemma 2]. Unter dem Einfluß von [77] hat es sich sogar eingebürgert, jede Aussage über die Regularität schwacher Lösungen elliptischer Gleichungen als ein *Weylsches Lemma* zu bezeichnen, ein Sprachgebrauch, der historisch unglücklich, aber vermutlich kaum noch zu ändern ist.

Es ist bequem, die folgende einfache Beobachtung an den Anfang zu stellen.

Lemma 10.3.1. *Sei $\Omega \subseteq \mathbb{R}^N$ offen und $u \in L^1_{\text{loc}}(\Omega)$. Wenn es zu jeder Kugel $B \subset\subset \Omega$ ein $v \in C^0(B)$ mit*

$$\int_B (u-v)\varphi = 0 \quad \text{für alle } \varphi \in C_c^\infty(B), \tag{10.23}$$

also mit $u(x) = v(x)$ für fast alle $x \in B$ gibt (s. Satz A.11), so ist u einer Funktion aus $C^0(\Omega)$ äquivalent.

Beweis. Seien $B_1, B_2 \subset\subset \Omega$ zwei Kugeln mit $B_1 \cap B_2 \neq \emptyset$ und zugehörigen v_1, v_2, für die (10.23) besteht. Dann gilt für $\varphi \in C_c^\infty(B_1 \cap B_2)$

10.3 Innere Regularität schwacher Lösungen 319

$$\int_{B_1 \cap B_2} (v_1 - v_2)\varphi = \int_{B_2} (u - v_2)\varphi - \int_{B_1} (u - v_1)\varphi = 0 \, .$$

Aufgrund der Stetigkeit von v_1 und v_2 ist dann $(v_1 - v_2)|_{B_1 \cap B_2} = 0$.

Sei nun (x_j) eine Abzählung der Punkte in Ω mit rationalen Koordinaten und

$$r_j := \begin{cases} \frac{1}{2} \operatorname{dist}(x_j, \partial\Omega) \, , & \text{falls } \partial\Omega \neq \emptyset \\ 1 & , \text{falls } \partial\Omega = \emptyset \end{cases} .$$

Dann gilt $\Omega = \bigcup_{j=1}^{\infty} B_{r_j}(x_j)$, und für $j \in \mathbb{N}$ wird durch

$$v(x) := v_j(x) \, , \quad x \in B_{r_j}(x_j) \, ,$$

eine Funktion $v \in C^0(\Omega)$ definiert. Auf jeder solchen Kugel stimmt u fast überall mit v_j überein. Da die abzählbare Vereinigung von Nullmengen wieder eine Nullmenge ist, stimmt u fast überall mit v überein. □

Den eleganten und einfachen Beweis des nachfolgenden Satzes präsentierte SIMADER seit Anfang der 70er Jahre in Vorträgen, veröffentlichte ihn aber erst spät in [306]. Den gleichen Beweis gab unabhängig FOLLAND in der 1. Auflage seines Buches [66].

Satz 10.3.2. *Sei $\Omega \subseteq \mathbb{R}^N$ offen und $u \in L^1_{\mathrm{loc}}(\Omega)$ eine Funktion mit der Eigenschaft*

$$\int_{\Omega} u\Delta\varphi = 0 \quad \textit{für alle} \quad \varphi \in C_c^{\infty}(\Omega) \, . \tag{10.24}$$

Dann gibt es eine harmonische Funktion $h\colon \Omega \to \mathbb{R}$, mit der u fast überall übereinstimmt.

Beweis. Sei $x_0 \in \Omega$ und

$$R := \begin{cases} \frac{1}{2} \operatorname{dist}(x_0, \partial\Omega) \, , & \text{falls } \partial\Omega \neq \emptyset \\ 1 & , \text{falls } \partial\Omega = \emptyset \end{cases} .$$

Für $x \in B_R(x_0)$ und $\epsilon \in (0, R]$ liegt dann $j_\epsilon(x - \cdot)$, der Kern des Glättungsoperators aus Definition A.3, in $C_c^{\infty}(\Omega)$. Er kann daher als Testfunktion in (10.24) eingesetzt werden, und wir erhalten mit Satz A.6

$$\Delta u_\epsilon(x) = \int_{\Omega} u(y) \Delta_x j_\epsilon(x - y) \, dy = 0 \, , \tag{10.25}$$

d.h. es ist u_ϵ, die Glättung von u, auf $B_R(x_0)$ harmonisch, besitzt also nach Satz 2.1.1 die zweite Mittelwerteigenschaft. Für alle $r, \epsilon' \in (0, R]$ gilt daher

$$|u_\epsilon(x) - u_{\epsilon'}(x)| = \frac{N}{r^N \omega_N} \left| \int_{B_r(x)} [u_\epsilon(y) - u_{\epsilon'}(y)] \, dy \right|$$

$$\leq \frac{N}{r^N \omega_N} \int_{B_r(x)} |u_\epsilon(y) - u_{\epsilon'}(y)| \, dy \, .$$

Nach Satz A.11 strebt die rechte Seite für $\epsilon, \epsilon' \to 0$ gegen Null. Es ist also (u_ϵ) auf $B_R(x_0)$ gleichmäßig konvergent, strebt also dort gegen eine stetige Funktion h_0. Andererseits gibt es nach dem Lemma von Riesz eine Nullfolge (ϵ_j) mit

$$\lim_{j \to \infty} u_{\epsilon_j} = u \quad \text{fast überall auf } B_R(x_0) \, .$$

Mithin stimmt u fast überall auf $B_R(x_0)$ mit h_0 überein. Aus

$$u_\epsilon(x) = \frac{N}{r^N \omega_N} \int_{B_r(x)} u_\epsilon(y) \, dy$$

folgt die Relation

$$h_0(x) = \frac{N}{r^N \omega_N} \int_{B_r(x)} h_0(y) \, dy \, .$$

Nach Satz 2.1.1 ist also die Funktion h_0, mit der u fast überall auf $B_R(x_0)$ übereinstimmt, harmonisch. Mit Lemma 10.3.1 ergibt sich nun die Behauptung. □

Korollar 10.3.3. *Hat $u \in C^0(\Omega)$ die Eigenschaft (10.24), so ist u selbst harmonisch auf Ω.*

Satz 10.3.2 gestattet in Kombination mit dem Randminimumprinzip (Satz 2.3.8), Lemma 4.4.4–4.4.5 und Satz 4.4.7 c) einen anderen Beweis für die Symmetrie der Greenschen Funktion (Satz 4.5.2).

Satz 10.3.4. *Sei $\Omega \subset\subset \mathbb{R}^N$ und G Greensche Funktion für Ω und den Laplaceoperator mit Dirichletscher Randbedingung (s. Definition 4.4.1). Dann gilt für alle $(x,y) \in \Omega \times \Omega$*

$$G(x,y) = G(y,x) \, .$$

Beweis. Es genügt, $G(y,x) \leq G(x,y)$ für je zwei Punkte $x, y \in \Omega$ zu beweisen. Sei $H := G - S$ und $x \in \Omega$. Da die Singularitätenfunktion S symmetrisch ist, erhalten wir für $\varphi \in C_c^\infty(\Omega)$

$$-\int_\Omega G(z,x) \Delta \varphi(z) \, dz = -\int_\Omega S(x,z) \Delta \varphi(z) \, dz - \int_\Omega H(z,x) \Delta \varphi(z) \, dz \, .$$

Das erste Integral rechts ist nach Korollar 4.2.3 gleich $\varphi(x)$; das zweite Integral ist Null, denn wir können zweimal partiell integrieren (wozu nach Bemerkung A.1 nur der Satz von Fubini benötigt wird), und $H(\cdot,x)$ ist harmonisch auf Ω. Des weiteren ist

$$\varphi(x) = -\int_\Omega G(x,z)\Delta\varphi(z)\,dz\,,$$

denn nach Satz 4.4.7 c) lösen beide Seiten das Dirichletproblem

$$-\Delta\varphi = -\Delta\varphi \text{ in } \Omega\,,\quad \varphi|_{\partial\Omega} = 0\,.$$

Also ist

$$\int_\Omega [G(x,z) - G(z,x)]\Delta\varphi(z)\,dz = 0\,.$$

Da $G(x,\cdot) - G(\cdot,x) = G(x,\cdot) - S(x,\cdot) - [G(\cdot,x) - S(\cdot,x)]$ nach Lemma 4.4.5 aus $C^0(\Omega)$ ist, folgt mit Korollar 10.3.3 die Harmonizität von $G(x,\cdot) - G(\cdot,x)$ auf Ω. Das Randminimumprinzip 2.3.8 liefert nun $G(x,y) - G(y,x) \geq 0$ für alle $y \in \Omega$, denn für jede Folge (x_n) aus Ω mit $x_n \to z \in \partial\Omega$ und $x_n \neq x$ gilt wegen $G(x,x_n) \geq 0$ (Lemma 4.4.4)

$$\liminf_{n\to\infty}[G(x,x_n) - G(x_n,x)] \geq \liminf_{n\to\infty}[-G(x_n,x)] = -\lim_{n\to\infty} G(x_n,x) = 0\,.$$

$\square$

Wir erschließen, wie eingangs angedeutet, die innere Regularität schwacher Lösungen von (10.7) aus einer Integralidentität.

Lemma 10.3.5. *Es seien $\Omega \subseteq \mathbb{R}^N$ offen, $B' \subset\subset B \subset\subset \Omega$ konzentrische Kugeln, $\zeta \in C_c^\infty(B)$ eine Funktion mit $\zeta(y) = 1$ für $y \in B'$, $F \in L^1_{\text{loc}}(\Omega)$ und $u \in L^1_{\text{loc}}(\Omega)$ so, daß*

$$-\int_\Omega u\Delta\varphi = \int_\Omega F\varphi \quad \textit{für alle } \varphi \in C_c^\infty(\Omega)\,. \tag{10.26}$$

Mit der Singularitätenfunktion S des Laplaceoperators gilt dann für fast alle $x \in B'$

$$u(x) = \int_\Omega S(x,y)\zeta(y)F(y)\,dy \tag{10.27}$$

$$+ \int_\Omega u(y)[S(x,y)\Delta\zeta(y) + 2\nabla_y S(x,y)\cdot\nabla\zeta(y)]\,dy\,.$$

Beweis. Sei $x \in B'$. Dann gilt nach Korollar 4.2.3 für $\varphi \in C_c^\infty(\Omega)$

$$\varphi(x) = -\int_\Omega S(x,y)\Delta\varphi(y)\,dy\,. \tag{10.28}$$

Ist $0 < \epsilon < \operatorname{dist}(B, \partial\Omega)$ und $y \in B$, so liegt $j_\epsilon(y-\cdot)$, der Kern des Glättungsoperators, in $C_c^\infty(\Omega)$, und aus (10.26) erhalten wir anstelle von (10.25) nunmehr

$$F_\epsilon(y) = \int_\Omega F(z) j_\epsilon(y-z)\,dz = -\int_\Omega u(z) \Delta_y j_\epsilon(y-z)\,dz = -\Delta u_\epsilon(y)\,.$$

Aus (10.28) mit $\varphi = u_\epsilon \zeta$ ergibt sich daher

$$u_\epsilon(x) = -\int_\Omega S(x,y)[u_\epsilon(y)\Delta\zeta(y) + 2\nabla u_\epsilon(y)\cdot\nabla\zeta(y) - F_\epsilon(y)\zeta(y)]\,dy\,.$$

In dem mittleren Integral können wir die Ableitung von u_ϵ durch partielle Integration überwälzen, da sich die Integration nur über $B \setminus B'$ erstreckt:

$$u_\epsilon(x) = \int_\Omega S(x,y) F_\epsilon(y) \zeta(y)\,dy \tag{10.29}$$

$$+ \int_\Omega u_\epsilon(y)[S(x,y)\Delta\zeta(y) + 2\nabla_y S(x,y)\cdot\nabla\zeta(y)]\,dy\,.$$

Hieraus resultiert die Behauptung (10.27) im Limes $\epsilon \to 0$ wie folgt. Zunächst ist nach Satz A.11

$$\lim_{\epsilon \to 0} \int_B |u_\epsilon - u| = 0\,,$$

so daß es nach dem Lemma von Riesz (vgl. [62, VI.2.5]) eine Nullfolge (ϵ_j) und eine Funktion $U \in L^1(B)$ gibt derart, daß fast überall auf B

$$\lim_{j\to\infty} u_{\epsilon_j} = u \quad \text{und} \quad |u_{\epsilon_j}| \leq U$$

für alle $j \in \mathbb{N}$ gilt. Die linke Seite von (10.29) konvergiert daher auf dieser Nullfolge für fast alle $x \in B'$ gegen $u(x)$. Da nach Satz 10.2.5

$$\int_\Omega S(x,y) U(y) \Delta\zeta(y)\,dy$$

für fast alle $x \in B'$ existiert, liefert der Satz von der majorisierten Konvergenz

$$\lim_{j\to\infty} \int_\Omega S(x,y) u_{\epsilon_j}(y) \Delta\zeta(y)\,dy = \int_\Omega S(x,y) u(y) \Delta\zeta(y)\,dy$$

für fast alle $x \in B'$. Entsprechend folgt

$$\lim_{j \to \infty} \int_\Omega u_{\epsilon_j}(y) \nabla_y S(x,y) \cdot \nabla \zeta(y) \, dy = \int_\Omega u(y) \nabla_y S(x,y) \cdot \nabla \zeta(y) \, dy$$

für fast alle $x \in B'$. Wegen $\lim_{j \to \infty} \int_B |F_{\epsilon_j} - F| = 0$ garantiert das Lemma von Riesz die Existenz einer Nullfolge (ϵ_{j_k}) und einer Funktion $\Phi \in L^1(B)$ mit

$$\lim_{k \to \infty} F_{\epsilon_{j_k}} = F \text{ und } |F_{\epsilon_{j_k}}| \leq \Phi, \quad k \in \mathbb{N},$$

fast überall auf B. Auf dieser Nullfolge konvergiert dann das verbleibende Integral rechts in (10.29) gegen den gewünschten Term. □

Wir behandeln zunächst den einfacheren Fall $a = 0$ in (10.7).

Satz 10.3.6. *Ist $\Omega \subseteq \mathbb{R}^N$ offen, $f \in C^\infty(\Omega)$ und $u \in L^1_{\text{loc}}(\Omega)$ eine schwache Lösung der Poissongleichung, so ist u einer Funktion $v \in C^\infty(\Omega)$ mit $-\Delta v = f$ äquivalent.*

Beweis. Nach Lemma 10.3.1 genügt es zu zeigen, daß u auf jeder Kugel $B' \subset\subset \Omega$ einer solchen Funktion v äquivalent ist. Sei B eine zu B' konzentrische Kugel mit $B' \subset\subset B \subset\subset \Omega$ und $\zeta \in C_c^\infty(B)$ eine Funktion mit $\zeta(y) = 1$ für $y \in B'$. Nach Lemma 10.3.5 genügt u für fast alle $x \in B'$ der Identität

$$u(x) = \int_B S(x,y)\zeta(y)f(y) \, dy \qquad (10.30)$$
$$+ \int_{B \setminus B'} u(y)[S(x,y)\Delta\zeta(y) + 2\nabla_y S(x,y) \cdot \nabla \zeta(y)] \, dy \, .$$

Der erste Term rechts definiert nach Korollar 4.2.3 eine Funktion aus $C^\infty(B')$, während der zweite Term nach dem Standardsatz A.5 aus $C^\infty(B')$ ist. Es ist also u in der Tat einer Funktion $v \in C^\infty(\Omega)$ äquivalent. Die letzte Behauptung ist nun klar aufgrund des zweiten Teils von Bemerkung 10.2.4. □

Bemerkung 10.3.7. a) Aus Satz 10.3.6 folgt insbesondere, daß die Lösung des verallgemeinerten Dirichletproblems aus Satz 10.2.13 einen Repräsentanten aus $C^\infty(\Omega)$ besitzt, wenn f diese Eigenschaft hat (vgl. Bemerkung nach Definition 10.2.9).

b) Wenn man zeigen möchte, daß für $f \in C^H(\Omega)$ (s. Definition 4.1.5) jede schwache Lösung der Poissongleichung einer klassischen Lösung äquivalent ist, so muß man den tieferliegenden Hölderschen Satz 4.2.6 heranziehen, demzufolge der erste Term rechts in (10.30) in $C^2(B')$ liegt (es ist dann ja $\zeta f \in C_b^H(B)$). Aufgrund des Hopfschen Satzes 9.2.5 b) sind überdies die zweiten Ableitungen lokal hölderstetig mit Exponent $\alpha \in (0,1)$, wenn f lokal den Hölderexponenten α besitzt.

Bemerkung 10.3.8. Es ist bemerkenswert, daß man die Polynome in N komplexen Veränderlichen $P(z_1, \ldots, z_N)$, die die Eigenschaft haben, daß für jedes $f \in C^\infty(\Omega)$ jede schwache Lösung von

$$P\left(-i\frac{\partial}{\partial x_1}, \ldots, -i\frac{\partial}{\partial x_N}\right) u = f$$

einer Funktion aus $C^\infty(\Omega)$ äquivalent ist, durch ihre Nullstellenmannigfaltigkeit charakterisieren kann. Dies gelang HÖRMANDER in seiner Dissertation [124], für die er 1962 auf dem Internationalen Mathematikerkongreß in Stockholm die Fieldsmedaille erhielt. Solche Polynome bzw. die zugehörigen Differentialgleichungen heißen *hypoelliptisch*. Zu ihnen gehören speziell die Polynome vom Grad zwei, deren Hauptteil definit oder semidefinit ist (vgl. Bemerkung 2.6.2). Zur Namengebung s. [299, p. 288].

Bemerkung 10.3.7 b) gestattet es, einen anderen Beweis für Satz 4.8.2 b) zu geben.

Satz 10.3.9. $\Omega \subset\subset \mathbb{R}^N$ *habe die gleichmäßige äußere Kugeleigenschaft (s. Satz 4.6.2), und es sei* $\delta(y) := \operatorname{dist}(y, \partial\Omega)$. *Es sei* $f \in C^H(\Omega)$ *eine Funktion mit der Eigenschaft* $\sup_{y \in \Omega} |\delta(y) f(y)| < \infty$ *und G die Greensche Funktion für Ω und* $-\Delta$. *Dann ist das Greenpotential*

$$w(x) := \int_\Omega G(x,y) f(y) \, dy \, , \quad x \in \overline{\Omega} \, ,$$

zu Ω und f aus $C^2(\Omega)$ und erfüllt

$$-\Delta w = f \quad \textit{in } \Omega \, .$$

Beweis. Es genügt zu zeigen, daß w schwache Lösung der Poissongleichung ist, denn dann ist ja w nach Bemerkung 10.3.7 b) einer klassischen Lösung v äquivalent. Nach Lemma 4.8.1 ist aber $w \in C^0(\overline{\Omega})$, mithin $w = v$.

Der Beweis, daß w eine schwache Lösung der Poissongleichung ist, verläuft analog zu dem von Satz 10.2.5. Sei $\varphi \in C_c^\infty(\Omega)$. Dann existiert

$$\int_\Omega \left(\int_\Omega |G(x,y) f(y)| \, dy \right) |\Delta\varphi(x)| \, dx$$

aufgrund von Abschätzung (4.52). Ferner ist die Funktion

$$(x, y) \mapsto G(x,y) f(y) \Delta\varphi(x)$$

meßbar, nach Fubini-Tonelli daher

$$\int_\Omega w(x) \Delta\varphi(x) \, dx = \int_\Omega f(y) \left(\int_\Omega G(x,y) \Delta\varphi(x) \, dx \right) dy \, .$$

Das innere Integral ist aufgrund der Symmetrie der Greenschen Funktion (Satz 4.5.2 oder Satz 10.3.4) nach Satz 4.4.7 c) gleich $-\varphi(y)$. □

10.3 Innere Regularität schwacher Lösungen

Nun zu der allgemeinen Gleichung (10.31).

Satz 10.3.10. *Es seien $\Omega \subseteq \mathbb{R}^N$ offen und $a, f \in C^H(\Omega)$. Ist dann u eine Funktion in $L^1_{\text{loc}}(\Omega)$ mit der Eigenschaft*

$$\int_\Omega u(-\Delta\varphi + a\varphi) = \int_\Omega f\varphi \quad \text{für alle } \varphi \in C^\infty_c(\Omega), \tag{10.31}$$

so ist u einer klassischen Lösung von $(-\Delta + a)u = f$ äquivalent.

Beweis. Für $j \in \mathbb{N}$ seien $B'_{j+1} \subset\subset B_j \subset\subset \Omega$ konzentrische Kugeln und $\zeta \in C^\infty_c(B_j)$ eine Funktion mit $\zeta(y) = 1$ für $y \in B'_{j+1}$. Nach Lemma 10.3.5 genügt u für fast alle $x \in B'_{j+1}$ der Gleichung

$$u(x) = -\int_{B_j} S(x,y)\zeta(y)a(y)u(y)\,dy + \int_{B_j} S(x,y)\zeta(y)f(y)\,dy \tag{10.32}$$
$$+ \int_{B_j \setminus B'_{j+1}} u(y)[S(x,y)\Delta\zeta(y) + 2\nabla_y S(x,y) \cdot \nabla\zeta(y)]\,dy.$$

Das letzte Integral ist nach dem Standardsatz aus $C^\infty(B'_{j+1})$, während das mittlere wegen $\zeta f \in C^H_b(B_j)$ nach dem Hölderschen Satz 4.2.6 aus $C^2(B'_{j+1})$ ist. Wenn wir wüßten, daß u fast überall auf B_j beschränkt ist, so würde aus Satz 4.2.4 folgen, daß das erste Integral in (10.32) aus $C^1(\mathbb{R}^N)$ ist. Mit dieser Information wäre dann aber $\zeta au \in C^H_b(B_j)$, mithin die rechte Seite von (10.32) aus $C^2(B'_{j+1})$ und damit nach Lemma 10.3.1 alles bewiesen.

Es genügt also zu zeigen, daß man zu jedem $x \in \Omega$ eine x umgebende Kugel finden kann, auf der u fast überall beschränkt ist. Betrachten wir (10.32) auf einer Kugel $B_{j+1} \subset\subset B'_{j+1}$, so sind das zweite und das dritte Integral dort beschränkt. Das erste Integral können wir gemäß Bemerkung 4.1.3 a) abschätzen. Für alle $\gamma \in (0,1)$ und für jedes $j \in \mathbb{N}$ existiert also ein $a_j > 0$, so daß für fast alle $x \in B_{j+1}$

$$|u(x)| \leq a_j \left(\int_{B_j} \frac{|u(y)|}{|x-y|^{N-(2-\gamma)}}\,dy + 1 \right) \tag{10.33}$$

ausfällt. Wir wählen γ irrational, um sicherzustellen, daß $N - j(2-\gamma) \neq 0$ ist für alle $j \in \mathbb{N}$, und behaupten, daß es für jedes $j \in \mathbb{N}$ ein $b_j > 0$ gibt, so daß für fast alle $y \in B_{j+1}$ im Falle $N - j(2-\gamma) > 0$

$$|u(y)| \leq b_j \left(\int_{B_1} \frac{|u(z)|}{|y-z|^{N-j(2-\gamma)}}\,dz + 1 \right) \tag{10.34}$$

und im Falle $N - j(2-\gamma) < 0$

$$|u(y)| \leq b_j \left(\int_{B_1} |u(z)|\,dz + 1 \right) \tag{10.35}$$

gilt.

Der Induktionsanfang ist mit $j = 1$ in (10.33) gemacht. Sei also $j \in \mathbb{N}$ eine Zahl, für die (10.34) besteht (im Fall (10.35) ist nichts mehr zu beweisen). Für alle $x \in B_{j+2}$ folgt daher aus (10.33)

$$|u(x)| \leq a_{j+1} \left\{ \int_{B_{j+1}} \frac{b_j}{|x-y|^{N-(2-\gamma)}} \left(\int_{B_1} \frac{|u(z)|}{|y-z|^{N-j(2-\gamma)}} \, dz + 1 \right) dy + 1 \right\}$$

$$= a_{j+1} b_j \int_{B_1} \left(\int_{B_{j+1}} \frac{dy}{|x-y|^{N-(2-\gamma)} |y-z|^{N-j(2-\gamma)}} \right) |u(z)| \, dz$$

$$+ a_{j+1} \left(b_j \int_{B_{j+1}} \frac{dy}{|x-y|^{N-(2-\gamma)}} + 1 \right). \qquad (10.36)$$

Im Falle $N - (j+1)(2-\gamma) > 0$ kann das innere Integral in (10.36) nach Aufgabe 10.11 a) durch

$$c_j |x-z|^{2-\gamma - N + j(2-\gamma) - N + N}$$

abgeschätzt werden, während das zweite Integral $\leq d_j$ ist; c_j und d_j hängen außer von j nur noch von N und γ ab. Die Ungleichung (10.34) besteht daher auch für $j+1$. Ist $N - (j+1)(2-\gamma) < 0$, so ist das innere Integral in (10.36) nach Aufgabe 10.11 b) beschränkt, und wir haben Relation (10.35) mit $j+1$ anstelle von j erreicht.

Die schwache Lösung ist daher fast überall auf der Kugel B_{j+1} beschränkt, sobald $j > N/(2-\gamma)$ ist. □

In Kombination mit dem Hopfschen Satz 9.2.5 bzw. Aufgabe 9.2 ergibt sich

Korollar 10.3.11. *Sind $a, f \in C^{n,\alpha}(\Omega)$ (s. (9.1)) für ein $n \in \mathbb{N}_0$ und $\alpha \in (0,1)$, so ist jedes $u \in L^1_{\text{loc}}(\Omega)$ mit der Eigenschaft (10.31) einer Lösung aus $C^{n+2,\alpha}(\Omega)$ äquivalent. Insbesondere ist also im Falle $a, f \in C^{\infty}(\Omega)$ u einer Lösung aus $C^{\infty}(\Omega)$ äquivalent.*

Bemerkung 10.3.12. Ohne größere Änderung der Beweise von Lemma 10.3.5 und Satz 10.3.10 könnte man auch Terme mit Ableitungen erster Ordnung einbeziehen. Will man aber Aussagen über die Regularität schwacher Lösungen der allgemeinen elliptischen Gleichung

$$-\sum_{i,k=1}^{N} a_{ik} u_{x_i x_k} + \sum_{i=1}^{N} a_i u_{x_i} + au = f$$

machen, so empfiehlt sich die Benützung der Parametrix aus Bemerkung 9.2.2 anstelle der Singularitätenfunktion für den Laplaceoperator. Dies hat Wienholtz in [107, S. 189–196] ausgeführt.

Schwache Lösungen, deren Existenz aus Satz 10.2.13 oder aus Satz 10.2.18 gefolgert wird, sind mit verallgemeinerten Ableitungen erster Ordnung ausgestattet. Die Formulierung der zugrunde liegenden Differentialgleichung beinhaltet jedoch zweite Ableitungen. Es liegt daher nahe, auch noch einen anderen Typus als den klassischer innerer Regularität zu untersuchen. Als Spezialfall eines Satzes von J. KADLEC [128] erwähnen wir hier nur folgendes Resultat: Ist $\Omega \subset\subset \mathbb{R}^N$ konvex und $f \in L^2(\Omega)$, so ist die nach Satz 10.2.13 existierende Funktion $u \in H_0^1(\Omega)$ mit

$$D(u,\varphi) = \langle f, \varphi \rangle \quad \text{für alle } \varphi \in C_c^\infty(\Omega)$$

aus $H^2(\Omega)$. Für einen Beweis verweisen wir auf [314], wo man weitere Hinweise auf die umfangreiche Literatur findet.

Zum Abschluß dieses Abschnitts zeigen wir noch, wie Satz 10.3.10 zur Behandlung eines anderen Problems herangezogen werden kann. Während die Arbeiten von FRIEDRICHS wesentlich durch die Funktionenräume aus Definition 10.2.7 bestimmt sind, betrachtet SOBOLEV in [313] zu vorgegebenem $m \in \mathbb{N}$ zunächst Funktionen $u \in L^1(\Omega)$, die für alle Multiindizes μ der Ordnung m eine in $L^p(\Omega)$ liegende schwache μ-te Ableitung haben. Solche Funktionen müssen nicht notwendig schwache Ableitungen niedriger Ordnung besitzen. Um die Funktionenräume, die sich aus den verschiedenen Zugängen von Friedrichs (starke Ableitungen) und Sobolev (schwache Ableitungen) ergeben, besser miteinander vergleichen zu können, schließen wir anders als Sobolev, aber wie heute in der Literatur üblich [2, 3.2], die Existenz sämtlicher Ableitungen der Ordnung $\leq m$ in die Definition mit ein.

Definition 10.3.13. *Es seien $\Omega \subseteq \mathbb{R}^N$ offen und nichtleer, $m \in \mathbb{N}$ und $1 \leq p < \infty$. Mit $W^{m,p}(\Omega)$ werde die Menge bzw. der Vektorraum aller $u \in L^p(\Omega)$ bezeichnet, die für alle Multiindizes μ mit $|\mu| \leq m$ eine schwache μ-te Ableitung $w_\mu(u) \in L^p(\Omega)$ besitzen.*

Versehen mit der Norm $\|\cdot\|_{m,p}$ aus (10.10), wird $W^{m,p}(\Omega)$ zu einem Banachraum. Im Falle $p = 2$ wird diese Norm in natürlicher Weise von einem Skalarprodukt $\langle \cdot, \cdot \rangle_{m,2}$ erzeugt, mit welchem

$$W^m(\Omega) := W^{m,2}(\Omega)$$

zu einem Hilbertraum wird. Den Definitionen 10.2.7 und 10.3.13 (inklusive der nach Definition 10.2.7 begründeten Bemerkung, daß starke Ableitungen auch schwache Ableitungen sind) entnimmt man sofort die Inklusion $H^{m,p}(\Omega) \subseteq W^{m,p}(\Omega)$.

Satz 10.3.14. *Es sei $\Omega \subseteq \mathbb{R}^N$ offen und nichtleer. Dann gilt $H^1(\Omega) = W^1(\Omega)$.*

Beweis. Zu $w \in W^1(\Omega)$ existieren aufgrund des Zerlegungssatzes (10.18) eindeutig bestimmte Elemente $v \in H^1(\Omega)$ und $u \in H^1(\Omega)^\perp$ mit $w = v + u$.

Für alle $\varphi \in C_c^\infty(\Omega) \subseteq H^1(\Omega)$ gilt $-\int_\Omega u\varphi_{x_i} = \int_\Omega w_i(u)\varphi$ und somit auch $-\int_\Omega u\varphi_{x_ix_i} = \int_\Omega w_i(u)\varphi_{x_i}$, mithin

$$0 = \langle u, \varphi \rangle_{1,2} = \int_\Omega \left(u\varphi + \sum_{i=1}^N w_i(u)\varphi_{x_i} \right) = \int_\Omega u(1-\Delta)\varphi \,.$$

Nach Satz 10.3.10 (oder Aufgabe 10.12 in Verbindung mit Aufgabe 2.11 b)) ist u einer Funktion aus $C^\infty(\Omega)$ äquivalent und damit auch $u \in H^1(\Omega)$. □

T. KASUGA [132] zeigte auf diese Weise allgemein

$$H^{m,p}(\Omega) = W^{m,p}(\Omega) \tag{10.37}$$

für $p = 2$; die Idee, den Zerlegungssatz zu benützen, entnahm er der Arbeit [217]. Für beliebiges $p \geq 1$ wurde dann (10.37) von N.G. MEYERS und J. SERRIN [201] mit einer Zerlegung der Eins wie in Satz A.13 bewiesen. Es war ihnen unbekannt, daß J. DENY und J.L.LIONS eine solche Zerlegung der Eins bereits benutzt hatten, um die Dichtheit der $C^\infty(\Omega)$-Funktionen in einem etwas allgemeineren Raum als $H^{m,p}(\Omega)$ zu zeigen [48, Théorème 2.3].

10.4 Randregularität für Lösungen verallgemeinerter Dirichletprobleme

Wir wollen die Frage, unter welchen Voraussetzungen die Lösung eines verallgemeinerten Dirichletproblems (s. Definition 10.2.9 bzw. (10.17)) auch klassische Lösung des zugehörigen Dirichletproblems ist, am Beispiel des Operators $L = -\Delta + a$ diskutieren. Es sei daran erinnert, daß im Falle $\Omega \subset\subset \mathbb{R}^N$ die Existenz von Lösungen des verallgemeinerten Dirichletproblems für beschränkte und meßbare $a \geq 0$ bereits aus Satz 10.2.18 und Lemma 10.2.14 folgt. Nimmt a auch negative Werte an, so vermittelt die Fredholmsche Alternative (vgl. Bemerkung 10.2.19) Kriterien, welche die Existenz von Lösungen gewährleisten.

Sei nun $u \in H^1(\Omega)$ mit

$$\int_\Omega \nabla u \cdot \nabla \varphi + au\varphi = \int_\Omega f\varphi \quad \text{für alle } \varphi \in C_c^\infty(\Omega) \,; \quad u - g \in H_0^1(\Omega)$$

zu vorgegebenen $f \in L^2(\Omega)$ und $g \in H^1(\Omega)$. Approximation von u durch eine Folge (u_n) in $C^\infty(\Omega)$ mit $\|u - u_n\|_{1,2} \to 0$ und Anwendung partieller Integration im Sinne von Bemerkung A.1 auf $\int_\Omega \nabla u_n \cdot \nabla \varphi$ ergibt unmittelbar, daß u schwache Lösung von $-\Delta u + au = f$ ist (s. Definition 10.2.3), d.h.

$$\int_\Omega u(-\Delta\varphi + a\varphi) = \int_\Omega f\varphi \quad \text{für alle } \varphi \in C_c^\infty(\Omega) \,.$$

10.4 Randregularität für Lösungen verallgemeinerter Dirichletprobleme

Wir können somit die Ergebnisse aus Abschnitt 10.3 zur inneren Regularität schwacher Lösungen anwenden. So folgt zum Beispiel aus Satz 10.3.10 für offene $\Omega \subseteq \mathbb{R}^N$ und $a, f \in C^H(\Omega)$, daß u klassische Lösung von $-\Delta u + au = f$ in Ω ist. Das zentrale Thema des gegenwärtigen Abschnitts ist jedoch die Randregularität der Lösung, d.h. die Frage, ob u auf ganz $\overline{\Omega}$ stetig fortsetzbar ist und ob gegebenenfalls u auf $\partial\Omega$ mit dem Randdatum g übereinstimmt.

V.A. IL'IN und I.A. ŠIŠMAREV [127] zeigen – endlich, wie der Referent im Zentralblatt für Mathematik 98, 302, 1963 schreibt –, daß die Lösung aus Satz 10.2.18 mit $g = 0$ unter minimalen Voraussetzungen an die Koeffizienten und an $\partial\Omega$ auch eine klassische Lösung ist. Es war eine Motivation für die Arbeit von GIESECKE, den dabei verwendeten komplizierten Ausschöpfungsprozeß von Ω durch glattere Gebiete zu vermeiden.

Wir beschränken uns hier zunächst auf den Fall der Poissongleichung ($a = 0$) und zeigen, wie mit Hilfe von Satz 10.2.12, dessen Beweis ja gerade auf dem Satz von Giesecke fußte, die Randregularität für Lösungen des verallgemeinerten Dirichletproblems nachgewiesen werden kann.

Satz 10.4.1. *Jeder Randpunkt der nichtleeren Menge $\Omega \subset\subset \mathbb{R}^N$ sei regulär (s. Definition 3.3.8). Es sei $f \in C_b^H(\Omega)$ (s. Definition 4.1.5), und $g \in C^1(\Omega) \cap C^0(\overline{\Omega})$ erfülle $\int_\Omega |\nabla g|^2 < \infty$. Dann hat die (nach Satz 10.2.13 und Lemma 10.2.14 existierende) Lösung $u \in H^1(\Omega)$ des verallgemeinerten Dirichletproblems*

$$D(u,\varphi) = \langle f,\varphi \rangle \quad \text{für alle } \varphi \in C_c^\infty(\Omega) \,; \quad u - g \in H_0^1(\Omega)$$

einen Repräsentanten aus $C^0(\overline{\Omega})$, der auf $\partial\Omega$ gleich g ist.

Beweis. Die Perronsche Methode garantiert nach Satz 3.3.9 in Kombination mit dem Hölderschen Satz 4.2.6 (s. auch Bemerkung 4.2.8) die Existenz (genau) einer Funktion $v \in C^2(\Omega) \cap C^0(\overline{\Omega})$ mit

$$-\Delta v = f \text{ in } \Omega\,, \quad v = g \text{ auf } \partial\Omega\,.$$

Nach Satz 10.2.12 ist v eine Lösung des verallgemeinerten Dirichletproblems. Dieses besitzt nach Satz 10.2.13 genau eine Lösung u, da Voraussetzung (A) nach Lemma 10.2.14 erfüllt ist. Also ist v ein Repräsentant von u. □

Ein Randpunkt, der regulär für den Laplaceoperator ist, ist es unter gewissen Voraussetzungen an die Koeffizienten auch für die allgemeine elliptische Differentialgleichung 2. Ordnung. Im Falle einer Gleichung in Divergenzform bewiesen dies LITTMAN, STAMPACCHIA und WEINBERGER [196] für meßbare und beschränkte Koeffizienten, wobei eine Lösung dann natürlich im schwachen Sinne zu verstehen ist. Satz 10.4.1 kann auch als Spezialfall dieses sehr allgemeinen Resultates aufgefaßt werden.

Man kann es als einen Nachteil des Beweises von Satz 10.4.1 ansehen, daß die Resultate von Abschnitt 3.3 in vollem Umfang benützt werden. Dies kann man vermeiden, indem man Teile der Perronschen Methode für $H^1(\Omega)$-Funktionen neu darstellt [307]. Ein anderer Weg wird in [118] beschritten. Dort wird die Auswahl einer Minimalfolge mit dem Balayage-Verfahren verknüpft, was an das in der Bemerkung nach Satz 10.5.4 erwähnte Vorgehen von Zaremba erinnert.

Auch bei diesen Zugängen ergibt sich jedoch das folgende vielleicht etwas kurios anmutende Bild. Zwar kann durch den Einsatz einfacher funktionalanalytischer Hilfsmittel die Existenz von Lösungen verallgemeinerter Dirichletprobleme auf elegantem Wege hergeleitet werden; ist man jedoch an klassischen Lösungen interessiert, so werden zumindest für den Nachweis der Randregularität Ideen verwendet, wie sie für den Existenzbeweis klassischer Lösungen entwickelt wurden.

Etwas anders gestaltet sich die Situation, wenn man die Frage der Randregularität mit Hilfe der Sobolevschen Einbettungssätze angeht. Dieser Zugang basiert auf einer Arbeit von FRIEDRICHS [76], in der er in sehr allgemeinen Fällen innere Regularität beweisen konnte, indem er zeigte, daß die Lösung lokal für genügend großes m in $H^m(\Omega)$ lag. NIRENBERG [237] beweist dies global, indem er die Glättungsoperatoren durch Differenzenapproximationen ersetzt, ein Kunstgriff, den, wie am Ende von Abschnitt 9.2 erwähnt, Lichtenstein zur Regularitätsverbesserung verwendet hatte. Ein Sobolevscher Einbettungssatz liefert dann Regularität bis zum Rande. Die Methode liefert dimensionsabhängige und daher keine scharfen Resultate, aber sie ist sehr allgemein verwendbar. Man findet sie in [64, 6.3.2] und [66, Ch. 7 F] dargestellt.

Wir beschließen diesen Abschnitt, indem wir wie angekündigt Randregularität für Lösungen verallgemeinerter Dirichletprobleme zu dem Differentialausdruck $-\Delta + a$ beweisen. Hierbei wird wiederum von den Ergebnissen der klassischen Theorie für den Laplaceoperator Gebrauch gemacht, die wir in den Kapiteln 3 und 4 behandelt haben. Genauer gesagt, wird die Greensche Funktion G zum Laplaceoperator, deren Existenz die Perronsche Methode liefert, dazu benützt, um stetige Annahme der Randwerte zu zeigen. Die Argumentation ist ganz ähnlich wie die für Satz 10.3.10.

Satz 10.4.2. *$\Omega \subset\subset \mathbb{R}^N$ habe die gleichmäßige äußere Kugeleigenschaft, (s. Satz 4.6.2), und es seien $a, f \in C_b^H(\Omega)$. $g \in H^1(\Omega)$ besitze einen Repräsentanten, dessen schwache Ableitungen 1. Ordnung beschränkt sind und der zu einer Funktion aus $C^0(\overline{\Omega})$ fortsetzbar ist. Dann hat jede Funktion $u \in H^1(\Omega)$ mit den Eigenschaften*

$$\int_\Omega (\nabla u \cdot \nabla \varphi + a u \varphi) = \langle f, \varphi \rangle \quad \text{für alle } \varphi \in C_c^\infty(\Omega) , \qquad (10.38)$$

$$u - g \in H_0^1(\Omega) \qquad (10.39)$$

einen Repräsentanten aus $C^0(\overline{\Omega})$, der auf $\partial\Omega$ mit g übereinstimmt.

Beweis. Nach Satz 4.4.3 existiert die Greensche Funktion für Ω und den Laplaceoperator.

10.4 Randregularität für Lösungen verallgemeinerter Dirichletprobleme

1. Wir zeigen zunächst, daß durch

$$g_0(x) := g(x) + \int_\Omega G(x,y)f(y)\,dy - \int_\Omega \nabla_y G(x,y) \cdot \nabla g(y)\,dy \quad (10.40)$$

eine Funktion aus $C^0(\overline{\Omega})$ definiert wird und u für fast alle $x \in \Omega$ der Integralgleichung

$$u(x) = g_0(x) - \int_\Omega G(x,y)a(y)u(y)\,dy \quad (10.41)$$

genügt.

Der mittlere Term in (10.40), das Greenpotential zu Ω und f, ist nach Satz 4.4.7 a) aus $C^0(\overline{\Omega})$. Für den rechten Term ist zu beachten, daß wir aufgrund der Relation (4.31) (die der Symmetrie der Greenschen Funktion entspringt) und der Ungleichung (4.25) die Abschätzung

$$|\nabla_y G(x,y)| \leq \operatorname{const} |x-y|^{\frac{1}{2}-N} \quad (10.42)$$

haben, so daß für ihn der Beweis von Satz 4.4.7 a) in Kraft bleibt. Ferner beobachten wir, daß das Integral in (10.41) nach Tonelli-Fubini für fast alle $x \in \Omega$ existiert, denn aufgrund von Lemma 4.4.4 existiert ja

$$\int_\Omega |a(y)u(y)| \left(\int_\Omega |G(x,y)|\,dx \right) dy\,.$$

Sei nun $\varphi \in C_c^\infty(\Omega)$. Aufgrund der Symmetrie der Greenschen Funktion können wir Satz 4.4.7 auf

$$\phi(y) := \int_\Omega G(x,y)\varphi(x)\,dx\,, \quad y \in \overline{\Omega}\,,$$

anwenden, demzufolge $\phi \in C^2(\Omega) \cap C^0(\overline{\Omega})$ ist und die Eigenschaft

$$-\Delta\phi = \varphi \quad \text{in } \Omega \quad (10.43)$$

besitzt. Ferner ist natürlich $\phi(y) = 0$ für $y \in \partial\Omega$. Da $\nabla\phi$ nach Aufgabe 4.7 beschränkt ist, erhalten wir mit Lemma 10.2.11 die Information $\phi \in H_0^1(\Omega)$, was es uns gestattet, ϕ in (10.38) einzusetzen. Bezeichnen wir die rechte Seite von (10.41) mit $v(x)$, so erhalten wir durch Vertauschung der Integrationsreihenfolge

$$\int_\Omega v\varphi = \int_\Omega g\varphi + \int_\Omega f\phi - \int_\Omega \nabla g(y) \left(\int_\Omega \nabla_y G(x,y)\varphi(x)\,dx \right) dy - \int_\Omega au\phi\,,$$

wobei sich die Integrierbarkeit von $|\nabla_y G(\cdot,y)|$ aus (10.42) ergibt. Da wir nach Aufgabe 4.7 Differentiation und Integration vertauschen dürfen, ergibt sich

$$\int_\Omega v\varphi = \int_\Omega g\varphi + \int_\Omega (f - au)\phi - \int_\Omega \nabla g \cdot \nabla \phi$$
$$= \int_\Omega g\varphi + \int_\Omega \nabla(u-g) \cdot \nabla \phi \, ,$$

wobei wir (10.38), ausgedehnt auf $H_0^1(\Omega)$-Funktionen, verwendet haben. Wegen (10.39) kann $u - g$ durch eine Folge (φ_n) aus $C_c^\infty(\Omega)$ in der $\|\cdot\|_{1,2}$-Norm approximiert werden. Partielle Integration (s. Bemerkung A.1) und Relation (10.43) liefern nun

$$\int_\Omega \nabla(u-g) \cdot \nabla\phi = \lim_{n\to\infty} \int_\Omega \nabla\varphi_n \cdot \nabla\phi = -\lim_{n\to\infty}\int_\Omega \varphi_n \Delta\phi$$
$$= \lim_{n\to\infty} \int_\Omega \varphi_n \varphi = \int_\Omega (u-g)\varphi$$

und damit
$$\int_\Omega v\varphi = \int_\Omega u\varphi \, ,$$

was mit Satz A.11 b) die Gültigkeit von (10.41) für fast alle $x \in \Omega$ beweist.

2. Da $g_0 \in C^0(\overline{\Omega})$ ist und die Greensche Funktion nach Lemma 4.4.4 durch die Singularitätenfunktion abgeschätzt werden kann, folgt aus (10.41) und (10.42), daß es zu jedem $\gamma \in (0,1)$ eine allein von γ, Ω, a, f und g abhängende Zahl $c > 0$ mit

$$|u(x)| \leq c\left(1 + \int_\Omega |x-y|^{2-\gamma-N} |u(y)|\, dy\right)$$

für fast alle $x \in \Omega$ gibt. Durch Iteration dieser Ungleichung kann die Singularität im Integranden abgebaut werden, wie wir dies am Ende des Beweises von Satz 10.3.10 ausführlich dargelegt haben, und es ergibt sich schließlich, daß u fast überall auf Ω beschränkt ist. Mit dieser Information sagt uns Satz 4.4.7 a), daß auch der rechte Term in (10.41) aus $C^0(\overline{\Omega})$ ist. Wegen $G(\cdot,y)|_{\partial\Omega} = 0$ für $y \in \Omega$, woraus auch $\nabla_y G(\cdot,y)|_{\partial\Omega} = 0$ für $y \in \Omega$ folgt, ist die rechte Seite von (10.41) auf $\partial\Omega$ gleich g. □

Unter milden Voraussetzungen an die Koeffizienten der allgemeinen linearen elliptischen Gleichung 2. Ordnung bewies Wienholtz im Falle $\partial\Omega \in C^3$ in [107, S. 174–185] stetige Annahme der Randwerte, wobei er eine Parametrix verwandte, die auf einer Hyperebene Null ist.

10.5 Rechtfertigung des Dirichletschen Prinzips

Mit dem Dirichletschen Prinzip wurde der Wunsch ausgesprochen, die Lösung $u \in C^2(\Omega) \cap C^0(\overline{\Omega})$ des Problems

$$-\Delta u = 0 \text{ in } \Omega\, , \quad u = g \text{ auf } \partial\Omega\, , \tag{10.44}$$

10.5 Rechtfertigung des Dirichletschen Prinzips

durch Minimierung des Integrals

$$D(u) = \int_\Omega |\nabla u|^2 \tag{10.45}$$

zu gewinnen. Die Beispiele von PRYM und HADAMARD (s. Aufgabe 3.20) belegten, daß es selbst bei glattem $\Omega \subset\subset \mathbb{R}^N$ einer über die Stetigkeit von $g\colon \partial\Omega \to \mathbb{R}$ hinausgehenden Voraussetzung bedarf, um überhaupt die Existenz des Integrals (10.45) sicherzustellen. Mit Satz 10.2.13 und Lemma 10.2.14 hatten wir gesehen, daß das Dirichletproblem in der schwachen Formulierung von Definition 10.2.9, in die die Existenz des Dirichletintegrals eingearbeitet war, für $\Omega \subset\subset \mathbb{R}^N$ genau eine Lösung besaß. Wir wollen nun einen Beweis des Spezialfalls $f = 0$ von Satz 10.2.13 geben, bei dem die Lösung als die das Dirichletintegral minimierende Funktion erscheint. Basis dieses Beweises ist die nachfolgende Ungleichung (10.46), die von BEPPO LEVI stammt [181, p. 330 f.]; sie zeigt, daß jede Minimalfolge für das Dirichletintegral eine Cauchyfolge in der Norm oder Halbnorm $\sqrt{D(\cdot)}$ ist.

Lemma 10.5.1. *Es sei V Vektorraum über $\mathbb{R}$ und $b\colon V \times V \to \mathbb{R}$ eine symmetrische Bilinearform. Wenn es eine Menge $S \subseteq V$ mit den Eigenschaften*

(i) $u, v \in S \Rightarrow \dfrac{su + tv}{s + t} \in S$ für alle $s, t \in \mathbb{R}$ mit $s + t \neq 0$,

(ii) es gibt ein $d \geq 0$ mit $b(u) := b(u, u) \geq d$ für alle $u \in S$

gibt, so gilt

$$[b(u-v)]^{1/2} \leq [b(u) - d]^{1/2} + [b(v) - d]^{1/2} \quad \textit{für alle } u, v \in S. \tag{10.46}$$

Beweis. Wir zeigen

$$[b(u,v) - d]^2 \leq [b(u) - d][b(v) - d]. \tag{10.47}$$

Hieraus folgt dann sofort

$$\left([b(u) - d]^{1/2} + [b(v) - d]^{1/2}\right)^2 - b(u - v)$$
$$= b(u) + b(v) - 2d - [b(u) + b(v) - 2b(u,v)] + 2[b(u)-d]^{1/2}[b(v)-d]^{1/2}$$
$$\geq 2(|b(u,v) - d| + b(u,v) - d) \geq 0.$$

Für $s + t \neq 0$ haben wir $b\left(\frac{su+tv}{s+t}\right) \geq d$, also für alle $s, t \in \mathbb{R}$

$$0 \leq b(su + tv) - (s+t)^2 d$$
$$= s^2[b(u) - d] + 2st[b(u,v) - d] + t^2[b(v) - d].$$

Folglich ist die Diskriminante dieser quadratischen Form in s und t nichtnegativ, d.h. es gilt (10.47). □

Für offenes $\Omega \subseteq \mathbb{R}^N$ und $u, v \in H^1(\Omega)$ setzen wir wie früher

$$D(u,v) = \int_\Omega \nabla u \cdot \nabla v \quad , \quad D(u) = D(u,u) \, .$$

Satz 10.5.2 (Das Dirichletsche Prinzip). *Es seien $\Omega \subseteq \mathbb{R}^N$ eine nichtleere offene Menge, $g \in H^1(\Omega)$, und es sei die Voraussetzung (A) auf Seite 310 erfüllt, d.h. es gibt ein $C > 0$ mit $\|\varphi\|^2 \leq CD(\varphi)$ für alle $\varphi \in C_c^\infty(\Omega)$. Dann gibt es genau ein $u \in H^1(\Omega)$ mit*

$$D(u, \varphi) = 0 \quad \text{für alle } \varphi \in C_c^\infty(\Omega) \, ; \quad u - g \in H_0^1(\Omega) \, . \tag{10.48}$$

Es ist u die einzige Minimumstelle des Dirichletintegrals $D(\cdot)$, eingeschränkt auf die Menge $S := \{w \in H^1(\Omega) : w - g \in H_0^1(\Omega)\}$, also

$$D(u) = \min_{v \in S} D(v) \, .$$

Beweis. Aufgrund der Voraussetzung (A) ist $\sqrt{D(\cdot)}$ eine Norm auf $H_0^1(\Omega)$, die zu der Norm $\|\cdot\|_{1,2} = [\|\cdot\|^2 + D(\cdot)]^{1/2}$ äquivalent ist (s. Seite 310).

a) Zum Nachweis der Eindeutigkeit brauchen wir nur zu zeigen, daß jedes $v \in H_0^1(\Omega)$ mit

$$D(v, \varphi) = 0 \quad \text{für alle } \varphi \in C_c^\infty(\Omega) \, ,$$

fast überall auf Ω gleich Null ist. Dazu betrachten wir eine Folge (v_j) aus $C_c^\infty(\Omega)$ mit $D(v_j - v) \to 0$. Aus $D(v) = D(v, v - v_j)$ folgt dann $D(v) = 0$, mithin $v = 0$ fast überall auf Ω.

b) Das Dirichletintegral ist stets ≥ 0 und somit existiert $d := \inf_{v \in S} D(v)$. Es gibt dann eine Folge (u_j) in S mit $\lim_{j \to \infty} D(u_j) = d$. Wegen Lemma 10.5.1 ist

$$[D(u_j - g - (u_k - g))]^{1/2} \leq [D(u_j) - d]^{1/2} + [D(u_k) - d]^{1/2} \, ,$$

so daß durch $v_j := u_j - g$ eine Cauchyfolge in $(H_0^1(\Omega), \sqrt{D(\cdot)})$ definiert wird. Sei v ihr Grenzelement. Dann ist $u := v + g$ aus S und aufgrund der Stetigkeit des Skalarprodukts

$$D(u) = D(v + g) = \lim_{j \to \infty} D(v_j + g) = d \, .$$

Sei nun $\varphi \in C_c^\infty(\Omega)$. Für $h \in \mathbb{R}$ wird dann durch

$$f(h) := D(u + h\varphi) = D(u) + h^2 D(\varphi) + 2h D(u, \varphi)$$

eine differenzierbare Funktion mit der Eigenschaft $f(h) \geq f(0)$ definiert. Also ist $f'(0) = 0$, womit auch (10.48) bewiesen ist. □

10.5 Rechtfertigung des Dirichletschen Prinzips

Die Beweismethoden für Satz 10.2.13 und Satz 10.5.2, der Darstellungssatz von Fréchet-Riesz und die Verwendung einer Minimalfolge, sind eng miteinander verwandt. Zwei gängige Beweise des Darstellungssatzes – sie stammen beide von RIESZ [287] – beruhen auf der Lösbarkeit einer Variationsaufgabe: Man beweist, daß $|l(w)|$ auf $\|w\| = 1$ ein Maximum besitzt, oder zeigt, daß es ein $z_0 \neq 0$ gibt, welches auf dem Nullraum $N(l)$ des linearen Funktionals l senkrecht steht, was auf den Nachweis hinausläuft, daß $\min_{w \in N(l)} \|v_0 - w\|$ für $v_0 \notin N(l)$ existiert, also der Projektionssatz gilt.

Der Darstellungssatz von Fréchet-Riesz läßt aber eine weitergehende Verallgemeinerung zu als das Dirichletsche Prinzip. Minimiert nämlich $u \in C^2(\Omega)$ die quadratische Form

$$B(v) := \int_\Omega \left[\sum_{i,k=1}^N a_{ik} v_{x_i} v_{x_k} + \sum_{i=1}^N a_i v_{x_i} v + a v^2 \right],$$

so gilt für alle $\varphi \in C_c^\infty(\Omega)$ mit $f(h) := B(u + h\varphi)$

$$0 = f'(0) = \int_\Omega \left[\sum_{i,k=1}^N a_{ik}(u_{x_i} \varphi_{x_k} + u_{x_k} \varphi_{x_i}) + \sum_{i=1}^N a_i(u_{x_i} \varphi + u \varphi_{x_i}) + 2au\varphi \right],$$

d.h. es ist

$$-\sum_{i,k=1}^N \frac{\partial}{\partial x_k} \left[(a_{ik}(x) + a_{ki}(x)) \frac{\partial u(x)}{\partial x_i} \right] + \left[2a(x) - \sum_{i=1}^N \frac{\partial a_i(x)}{\partial x_i} \right] u(x) = 0.$$

u ist also Lösung einer speziellen linearen Differentialgleichung 2. Ordnung, nämlich einer, die Divergenzstruktur (vgl. Bemerkung 3.7.5) besitzt. Wir hatten jedoch gesehen, daß das Lemma von LAX-MILGRAM, Lemma 10.2.16, welches auf dem Darstellungssatz von Fréchet-Riesz basiert, Bilinearformen zu behandeln gestattet, die von einer allgemeinen (natürlich elliptischen) linearen Differentialgleichung 2. Ordnung herrühren.

Bemerkung 10.5.3. Erwähnt sei folgende Beweisvariante für Satz 10.5.2. Ist (u_j) Minimalfolge und $v_j := u_j - g$, so gilt

$$D(v_j - v_k) = D(u_j - u_k) \leq D(u_j - u_k) 4 \left[D((u_j + u_k)/2) - d \right]$$
$$= D(u_j - u_k) + D(u_j + u_k) - 4d$$
$$= 2[D(u_j) + D(u_k)] - 4d,$$

so daß (v_j), wie gewünscht, Cauchyfolge ist. Dieser Beweis ist ganz ähnlich einem Beweis des Projektionssatzes [337, S. 194 f.].

Wir stellen nun die Verbindung zu ZAREMBAS *transformiertem Dirichletproblem* [353, 355] her, das wir am Ende von Abschnitt 10.1 erwähnt haben. Dabei wählen wir eine etwas abstraktere Version, welche das verallgemeinerte

Dirichletproblem durch orthogonale Projektion löst (vgl. Satz 10.5.4) und die in ihrem wesentlichen Gehalt von NIKODYM [235] stammt. Hierbei benötigen wir eine etwas allgemeinere Version des Projektionssatzes für Hilberträume, die der Tatsache Rechnung trägt, daß das Dirichletintegral D zumindest im Fall beschränkter Ω keine Norm auf $H^1(\Omega)$ darstellt, da aus $D(u) = 0$ nur folgt, daß u lokal konstant ist (s. Aufgabe 10.7).

Seien also $\Omega \subset\subset \mathbb{R}^N$, $V := H^1(\Omega)$ und $W := H_0^1(\Omega)$, und es bezeichne $D\colon V \times V \to \mathbb{R}$ das Dirichletintegral, das eine positiv semidefinite, symmetrische Bilinearform auf V darstellt. Allerdings gilt wegen Lemma 10.2.14 die Bedingung (A), und $(W, D|_{W \times W})$ ist Hilbertraum. In dieser Situation gilt der Zerlegungssatz

$$V = W \oplus W^\perp \text{ mit } W^\perp := \{z \in V \colon D(z,w) = 0 \quad \text{für alle } w \in W\}$$

(vgl. Aufgabe 10.13). Zerlegt man entsprechend $g \in H^1(\Omega)$, so ist der Anteil u in $W^\perp$ Lösung des verallgemeinerten Dirichletproblems, da ja $D(u,\varphi) = 0$ für alle $\varphi \in W = H_0^1(\Omega)$ und somit für alle $\varphi \in C_c^\infty(\Omega)$ gilt und da $g - u \in W = H_0^1(\Omega)$. Zudem können wir die Lösung u als orthogonale Projektion von g auf $W^\perp$ interpretieren, da $u - g \in W$ und somit $D(u-g, h) = 0$ für alle $h \in W^\perp$ gilt. Schließlich können wir den Raum $W^\perp$ noch besser charakterisieren. Zunächst gilt $W^\perp = C_c^\infty(\Omega)^\perp$, wobei die nichttriviale Inklusion $C_c^\infty(\Omega)^\perp \subseteq W^\perp$ aus der Dichtheit von $C_c^\infty(\Omega)$ in $H_0^1(\Omega)$, der Äquivalenz der Normen $\sqrt{D(\cdot)}$ und $\|\cdot\|_{1,2}$ und aus der Schwarzschen Ungleichung (s. Aufgabe 10.13 a)) folgt. Zudem gilt für alle $h \in H^1(\Omega)$ und $\varphi \in C_c^\infty(\Omega)$ die Relation $D(h,\varphi) = -\int_\Omega h \Delta\varphi$ (man approximiere h durch C^∞-Funktionen und wende Bemerkung A.1 an). Mit Satz 10.3.2 ergibt sich daher

$$H_0^1(\Omega)^\perp = \{h \in H^1(\Omega) \colon \int_\Omega h\Delta\varphi = 0 \text{ für alle } \varphi \in C_c^\infty(\Omega)\}$$
$$= \{h \in H^1(\Omega) \colon h \text{ besitzt einen harmonischen Repräsentanten}\}\,.$$

Wir fassen unsere Überlegungen zusammen:

Satz 10.5.4. *Es seien* $\Omega \subset\subset \mathbb{R}^N$ *eine nichtleere Menge und* $g \in H^1(\Omega)$. *Dann gibt es genau ein* $u \in H^1(\Omega)$ *mit*

$$D(u,\varphi) = 0 \text{ für alle } \varphi \in C_c^\infty(\Omega)\,; \quad u - g \in H_0^1(\Omega)\,.$$

Es ist dies die orthogonale Projektion von g *auf*

$$H_0^1(\Omega)^\perp = \{h \in H^1(\Omega) \colon \int_\Omega h\Delta\varphi = 0 \text{ für alle } \varphi \in C_c^\infty(\Omega)\}\,,$$

den Raum der harmonischen Funktionen mit endlichem Dirichletintegral.

Nachdem die Existenz einer Lösung des verallgemeinerten Dirichletproblems durch das Dirichletsche Prinzip nachgewiesen ist, wenden wir uns der

Frage zu, unter welchen Bedingungen an g und Ω gezeigt werden kann, daß diese Lösung auch klassische Lösung von (10.44) ist. Die Harmonizität eines Repräsentanten von u folgt bereits aus Satz 10.3.2, da, wie oben begründet, $D(u,\varphi) = -\int_\Omega u \Delta\varphi$ für alle $u \in H^1(\Omega)$ und $\varphi \in C_c^\infty(\Omega)$ gilt. Es verbleibt das Problem zu diskutieren, ob dieser Repräsentant von u auf $\overline{\Omega}$ stetig fortgesetzt werden kann und dort mit dem vorgegebenen Randdatum übereinstimmt.

Für sein *transformiertes Dirichletproblem* zeigte ZAREMBA dies in jedem Punkt von $\partial\Omega$, der einer äußeren Kegelbedingung genügt, wobei er sich des Balayage-Verfahrens von Poincaré bediente [353]. Für die Lösung des ebenfalls noch mit klassischen Ableitungen formulierten Dirichletschen Prinzips wird in [46, S. 495 ff.] für $N = 2$ ein Beweis gegeben, wenn die Randkurve stetig ist, während KAMKE und LORENTZ [130] recht allgemeine $\Omega \subset\subset \mathbb{R}^N$ zulassen. LAX beweist stetige Annahme des Randwertes für die Lösung von Satz 10.5.4, wenn der Rand von $\Omega \subset\subset \mathbb{R}^2$ die gleichmäßige innere und äußere Kugeleigenschaft besitzt [168].

Wir können zur Beantwortung der Frage nach der Randregularität natürlich unseren Satz 10.4.1 heranziehen. Dieser garantiert, daß die Lösungen aus Satz 10.5.2 schon einen Repräsentanten in $C^0(\overline{\Omega})$ besitzt, der auf $\partial\Omega$ mit g übereinstimmt, falls jeder Randpunkt von $\Omega \subset\subset \mathbb{R}^N$ regulär ist und $g \in C^1(\Omega) \cap C^0(\overline{\Omega})$ der Bedingung $\int_\Omega |\nabla g|^2 < \infty$ genügt.

Wir schließen mit einer Bemerkung, die Aufschluß darüber gibt, ob zu einer auf $\partial\Omega$ definierten Funktion eine Fortsetzung in $H^1(\Omega)$ existiert.

Bemerkung 10.5.5. Von ARONSZAJN [7] stammt der Satz, daß etwa unter der Voraussetzung $\partial\Omega \in C^1$ eine Funktion $G \in L^2(\partial\Omega)$ genau dann eine Fortsetzung $g \in H^1(\Omega)$ besitzt, wenn

$$\int_{\partial\Omega} \left(\int_{\partial\Omega} \frac{|G(x) - G(y)|}{|x-y|^N} \, dS(x) \right) dS(y) < \infty \tag{10.49}$$

ist. (Dieser Raum wird in der Literatur meist mit $H^{1/2}(\partial\Omega)$ bezeichnet.) Ist Ω die Einheitskreisscheibe E und $G \in L^2(0, 2\pi)$, so gilt (10.49) genau dann, wenn die Fourierkoeffizienten (a_k), (b_k) von G die Eigenschaft

$$\sum_{k=1}^\infty k(a_k^2 + b_k^2) < \infty \tag{10.50}$$

besitzen (s. [203, S. 351 ff.]) – in Einklang mit dem in Aufgabe 3.20 behandelten Hadamardschen Gegenbeispiel. Einen direkten Beweis, daß $G \in L^2(0, 2\pi)$ genau dann eine Fortsetzung $g \in H^1(E)$ besitzt, wenn (10.50) besteht, findet man in [204, pp. 200–203].

Aufgaben

10.1. Sei $\Omega \subseteq \mathbb{R}^N$ offen. Für $l \in \mathbb{N}$ sei $f_l \in C^0(\Omega)$ und $u_l \in C^2(\Omega)$ eine Funktion mit $-\Delta u_l = f_l$ in Ω. Man zeige:

a) Sind (u_l), (f_l) in Ω lokal gleichmäßig konvergent mit Grenzfunktion u bzw. f, so ist u schwache Lösung von $-\Delta u = f$.
b) Ist zusätzlich Ω beschränkt und gilt

$$H_{\alpha;\Omega}(f_k - f_l) \to 0 \quad \text{für } k, l \to \infty$$

für ein $\alpha \in (0,1)$ (s. Definition 5.3.1), so ist u klassische Lösung.

10.2. Es seien $\Omega \subset\subset \mathbb{R}^N$, S die Singularitätenfunktion des Laplaceoperators, $i \in \{1, \ldots, N\}$ und $f \in L^1(\Omega)$. Man zeige, daß für fast alle $x \in \Omega$ das Integral

$$v_i(x) := \int_\Omega S_{x_i}(x, y) f(y)\, dy$$

existiert und eine Funktion aus $L^1(\Omega)$ definiert, die schwache Ableitung des Newtonpotentials v aus Satz 10.2.5 bezüglich der Variablen x_i ist, d.h. es gilt

$$\int_\Omega v \varphi_{x_i} = -\int_\Omega v_i \varphi \quad \text{für alle } \varphi \in C_c^\infty(\Omega).$$

10.3. Sei $\Omega \subseteq \mathbb{R}^N$ offen, S die Singularitätenfunktion zu $-\Delta + 1$ (s. Definition 4.9.1) und $f \in L^1(\Omega)$. Man zeige, daß

$$v(x) := \int_\Omega S(x, y) f(y)\, dy$$

für fast alle $x \in \Omega$ existiert und eine Funktion aus $L^1(\Omega)$ definiert, die schwache Lösung von $(-\Delta + 1)u = f$ ist.

10.4. Sei $\Omega \subseteq \mathbb{R}^N$ offen, $m \in \mathbb{N}$ und $1 \leq p < \infty$.

a) Man zeige, daß $C_c^m(\Omega)$ in $H_0^{m,p}(\Omega)$ enthalten ist.
b) Man beweise, daß jede Funktion $u \in C^m(\Omega)$ mit $D^\mu u \in L^p(\Omega)$ für alle $|\mu| \leq m$ bereits in $H^{m,p}(\Omega)$ liegt.

Hinweis: Für Teilaufgabe a) verwende man die Glättungsoperatoren aus Anhang A. Für Teilaufgabe b) benutze man zusätzlich eine Zerlegung der Eins auf Ω.

10.5. Es sei $\Omega \subset\subset \mathbb{R}^N$ eine nichtleere Menge mit Durchmesser d und Volumen V. Man zeige, daß $f(x) := 1$, $x \in \Omega$, in $H^1(\Omega)$, aber nicht in $H_0^1(\Omega)$ liegt, indem man für $\varphi \in C_c^\infty(\Omega)$

$$\|f - \varphi\|_{1,2} \geq V^{1/2} - d\|f - \varphi\|_{1,2}$$

beweise.

10.6. Es sei $\Omega \subset\subset \mathbb{R}^N$ eine nichtleere Menge mit Durchmesser d. Man beweise die folgende Variante von Lemma 10.2.14,

$$\|\varphi\|^2 \leq \left(\frac{2d}{N}\right)^2 D(\varphi), \quad \varphi \in C_c^\infty(\Omega),$$

indem man von

$$\|\varphi\|^2 = \frac{1}{N} \sum_{i=1}^{N} \int_\Omega \varphi^2(x) \frac{\partial}{\partial x_i}(x_i - y_i)\,dx, \quad y \in \Omega,$$

ausgehe.

10.7. Es sei $\Omega \subseteq \mathbb{R}^N$ offen und zusammenhängend. Man zeige für $v \in H^1(\Omega)$:

$$\int_\Omega |\nabla v|^2 = 0 \quad \Rightarrow \quad v = \text{const} \quad \text{fast überall auf } \Omega.$$

10.8. Es sei $\Omega \subset\subset \mathbb{R}^N$ nichtleer, und es bestehe die *Poincarésche Ungleichung*, d.h. es gebe ein $C > 0$ mit

$$\int_\Omega u^2 \leq C \left(\int_\Omega |\nabla u|^2 + \left|\int_\Omega u\right|^2 \right) \quad \text{für alle } u \in H^1(\Omega). \tag{10.51}$$

Man zeige:

a) Der Vektorraum ($\langle \cdot, \cdot \rangle$ bezeichnet das Skalarprogukt in $L^2(\Omega)$)

$$N := \{w \in H^1(\Omega): \langle w, 1 \rangle = 0\},$$

versehen mit

$$D(v, w) := \int_\Omega \nabla v \cdot \nabla w,$$

ist ein Hilbertraum.

b) Zu jedem $f \in L^2(\Omega)$ gibt es genau ein $u \in N$ mit

$$D(u, \varphi) = \langle f, \varphi \rangle \quad \text{für alle } \varphi \in N.$$

10.9. Es sei $\Omega \subset\subset \mathbb{R}^N$ zusammenhängend, und die Einbettung von $H^1(\Omega)$ in $L^2(\Omega)$ sei kompakt. Man zeige durch einen Widerspruchsbeweis, daß dann die Poincarésche Ungleichung (10.51) besteht.

10.10. Sei $\Omega \subseteq \mathbb{R}^N$ offen. Man erschließe die Symmetrie der Greenschen Funktion für Ω und $-\Delta + 1$ (s. Definition 4.9.7) wie beim Beweis von Satz 10.3.4.

10.11. a) Es seien α, β Zahlen mit $\alpha < N$, $\beta < N$ und $\alpha + \beta > N$. Man zeige

$$\int_{\mathbb{R}^N} \frac{dy}{|x-y|^\alpha |y-z|^\beta} = \frac{I}{|x-z|^{\alpha+\beta-N}} \quad \text{für } x, z \in \mathbb{R}^N,\ x \neq z,$$

mit

$$I := \int_{\mathbb{R}^N} \frac{dw}{|w-e|^\alpha |w|^\beta}, \quad e := \frac{x-z}{|x-z|}.$$

Zum Nachweis der Existenz von I mache man die Fallunterscheidungen $|w| \geq 2$, $\frac{1}{2} < |w| < 2$, $|w| \leq \frac{1}{2}$.

b) Es seien $\Omega \subset\subset \mathbb{R}^N$ und $\alpha, \beta \in (0, N)$ Zahlen mit $\alpha + \beta < N$. Man zeige, daß es ein $c > 0$ mit

$$\int_\Omega \frac{dy}{|x-y|^\alpha |y-z|^\beta} \leq c \quad \text{für alle } x, z \in \mathbb{R}^N$$

gibt.

10.12. Es sei $\Omega \subseteq \mathbb{R}^N$ offen, $f \in C^H(\Omega)$ und $u \in L^1_{\text{loc}}(\Omega)$ eine schwache Lösung von $(-\Delta + 1)u = f$. Man zeige, ohne sich auf Satz 10.3.10 zu beziehen, daß u einer Funktion $v \in C^2(\Omega)$ mit $(-\Delta + 1)v = f$ äquivalent ist, indem man folgendermaßen vorgehe. Es seien $B' \subset\subset B \subset\subset \Omega$ konzentrische Kugeln, $\zeta \in C_c^\infty(B)$ eine Funktion mit $\zeta(y) = 1$ für $y \in B'$, S die Singularitätenfunktion zu $-\Delta + 1$, $\varphi \in C_c^\infty(B')$ und

$$\psi(y) := \zeta(y) \int_{B'} S(x,y) \varphi(x)\, dx \quad \text{für } y \in B.$$

Dann gilt:

a) Es ist $\int_B u(-\Delta + 1)\psi = \int_B f\psi$.
b) Für $x \in B'$ wird durch

$$v(x) := \int_B S(x,y)\zeta(y)f(y)\, dy - \int_{B \setminus B'} u(y)(-\Delta_y + 1)[S(x,y)\zeta(y)]\, dy$$

eine Funktion aus $C^2(B')$ definiert.
c) Es ist $\int_{B'} v\varphi = \int_B \psi f - \int_{B \setminus B'} u(-\Delta + 1)\psi$.
d) u stimmt fast überall auf B' mit v überein.

10.13. Sei V reeller Vektorraum und $B\colon V \times V \to \mathbb{R}$ eine positiv semidefinite, symmetrische Bilinearform. Weiter sei W Untervektorraum von V und $(W, B|_{W \times W})$ sei Hilbertraum. Man zeige:

a) Es gilt die Schwarzsche Ungleichung $|B(u,v)| \leq \sqrt{B(u)B(v)}$ für alle $u, v \in V$, wobei $B(u) := B(u,u)$ bezeichnet.

Sei nun $v \in V$. Die folgenden zwei Teilaufgaben dienen dem Ziel zu zeigen, daß es genau ein $w_0 \in W$ gibt mit $v - w_0 \in W^\perp = \{z \in V: B(z,w) = 0$ für alle $w \in W\}$. Damit ist dann der Zerlegungssatz $V = W \oplus W^\perp$ bewiesen.

b) Seien $w_0, w_1 \in W$ mit $v - w_0, v - w_1 \in W^\perp$. Man schließe $w_0 = w_1$, indem man nachweist, daß $w_0 - w_1 \in W \cap W^\perp$ gilt.

c) Warum existiert $d := \inf_{w \in W} B(v - w)$? Man zeige wie im Beweisteil b) von Satz 10.5.2, daß ein $w_0 \in W$ existiert mit $B(v - w_0) = d$, und man folgere hieraus $v - w_0 \in W^\perp$.

A
Partielle Integration. Glättungsoperatoren.

Ein besonders einfacher Fall einer partiellen Integration bei mehrdimensionalen Integralen, der zum Begriff des *adjungierten Differentialausdrucks* führt (vgl. Bemerkung 9.2.2), kommt schon bei LAGRANGE [158, §45] vor und besagt, daß

$$\int_\Omega f_{x_k} g = - \int_\Omega f g_{x_k} \quad \text{für alle } k \in \{1, \ldots, N\} \tag{A.1}$$

ist, wenn eine der Funktionen am Rand von Ω Null ist. Wir präzisieren dies in der nachfolgenden Bemerkung, die wir zum Beweis von Satz A.6 (iii) benötigen.

Bemerkung A.1. Seien $\Omega \subseteq \mathbb{R}^N$ offen und $f, g \in C^1(\Omega)$. Dann gilt (A.1), wenn fg außerhalb einer Menge $\Omega' \subset\subset \Omega$ Null ist. In diesem Fall kann fg zu einer Funktion $F \in C^1(\mathbb{R}^N)$ fortgesetzt werden, die auf $\mathbb{R}^N \setminus \Omega'$ verschwindet. Der Satz von Fubini erlaubt koordinatenweise Integration und wir erhalten

$$0 = \int_{\mathbb{R}^N} F_{x_k}(x)\,dx = \int_{\Omega'} (fg)_{x_k} = \int_\Omega (fg)_{x_k} \,.$$

Bemerkung A.1 kann leicht noch etwas verschärft werden.

Satz A.2. *Es sei $\Omega \subset\subset \mathbb{R}^N$, $k \in \{1, \ldots, N\}$ und $f \in C^0(\overline{\Omega})$ in Ω nach x_k partiell stetig differenzierbar, ferner f_{x_k} über Ω integrierbar und $f|_{\partial\Omega} = 0$. Dann gilt*

$$\int_\Omega f_{x_k}(x)\,dx = 0 \,.$$

Beweis. Es genügt, $k = N$ zu betrachten. Der Satz von Fubini liefert

$$\int_\Omega f_{x_N}(x)\,dx = \int_{\mathbb{R}^{N-1}} \left(\int_{T(\overline{x})} f_{x_N}(\overline{x}, t)\,dt \right) d\overline{x} \,, \tag{A.2}$$

wobei für $\bar{x} \in \mathbb{R}^{N-1}$

$$T(\bar{x}) := \{t \in \mathbb{R} : (\bar{x}, t) \in \Omega\}$$

gesetzt ist. Dies ist eine offene und beschränkte Menge in $\mathbb{R}$, also, wenn nichtleer, höchstens abzählbare disjunkte Vereinigung von nichtleeren, beschränkten, offenen Intervallen in $\mathbb{R}$, mithin

$$T(\bar{x}) = \bigcup_j (a_j, b_j) \quad \text{mit} \quad (\bar{x}, a_j), (\bar{x}, b_j) \in \partial\Omega \ .$$

Das innere Integral in (A.2) existiert für fast alle $\bar{x} \in \mathbb{R}^{N-1}$, und für solche $\bar{x}$ haben wir aufgrund der σ-Additivität des Lebesgueintegrals

$$\int_{T(\bar{x})} f_{x_N}(\bar{x}, t)\, dt = \sum_j \int_{a_j}^{b_j} f_{x_N}(\bar{x}, t)\, dt \ .$$

Für $\bar{x} \in \mathbb{R}^{N-1}$ ist aber $f(\bar{x}, \cdot)$ stetig auf $[a_j, b_j]$ und stetig differenzierbar auf (a_j, b_j), also nach dem Hauptsatz der Differential- und Integralrechnung

$$\int_{a_j}^{b_j} f_{x_N}(\bar{x}, t)\, dt = f(\bar{x}, b_j) - f(\bar{x}, a_j) = 0 \ ,$$

letzteres wegen $f|_{\partial\Omega} = 0$. □

Zum Beweis seines berühmten Satzes, daß jede auf einem kompakten Intervall stetige Funktion gleichmäßig durch Polynome approximiert werden kann, ging WEIERSTRASS [335] von der Beobachtung aus, daß für jede stetige und beschränkte Funktion $f \colon \mathbb{R} \to \mathbb{R}$ mit

$$F(x, k) := \frac{1}{2k\omega} \int_{\mathbb{R}} \psi\left(\frac{x-y}{k}\right) f(y)\, dy \qquad (A.3)$$

$$\lim_{k \to \infty} F(x, k) = f(x) \qquad (A.4)$$

gilt, und zwar gleichmäßig auf jedem kompakten Teilintervall. Hierbei ist ψ eine nichtnegative stetige und beschränkte gerade Funktion, für die

$$\omega := \int_0^\infty \psi(x)\, dx$$

existiert. Ersetzt man die Forderung der Stetigkeit durch die, daß in jedem Punkt $x \in \mathbb{R}$ rechts- und linksseitiger Grenzwert $f_+(x)$ bzw. $f_-(x)$ existieren, so gilt anstelle von (A.4)

$$\lim_{k \to 0} F(x, k) = \frac{1}{2}[f_+(x) + f_-(x)] \ . \qquad (A.5)$$

Die Funktion $\frac{1}{2k\omega}\psi\left(\frac{\cdot}{k}\right)$ hat bereits fast alle Eigenschaften, die unten in Definition A.3 von einem Glättungskern verlangt werden – nur noch keinen kompakten Träger. Motiviert war Weierstraß durch die Funktion $s \mapsto e^{-s^2}$, also durch

$$\frac{1}{2k\omega}\psi\left(\frac{x-y}{k}\right) = \frac{1}{k\sqrt{\pi}}e^{-\left(\frac{x-y}{k}\right)^2}, \qquad (A.6)$$

in welchem Falle $u(x,t) := F\left(x, 2\sqrt{t}\right)$ die Eigenschaft $u_t = u_{xx}$ hat, also eine Lösung der eindimensionalen Wärmeleitungsgleichung ist. Zur gleichmäßigen Approximation einer stetigen Funktion von N Veränderlichen nahm Weierstraß die Funktion $\psi\left(\frac{x_1-y_1}{k}\right) \cdot \ldots \cdot \psi\left(\frac{x_N-y_N}{k}\right)$, und zum Beweis seines Satzes, daß jede stetige periodische Funktion durch trigonometrische Polynome gleichmäßig approximiert werden kann, betrachtete er komplexwertige ψ.

Aus der Fülle von Untersuchungen in der Nachfolge der Weierstraßschen Arbeit (s. etwa [70, S. 1146–1153]) greifen wir drei heraus. L. MAURER [199] machte die Beobachtung, daß die durch

$$f_0(x) = f(x), \quad f_n(x) = \frac{1}{2h}\int_{-h}^{h} f_{n-1}(x+t)\,dt \qquad (A.7)$$

rekursiv definierte Folge arithmetischer Mittel bei der Wahl $h = \frac{3}{2}k/\sqrt{n}$ für $n \to \infty$ gegen (A.3) strebt mit $\psi(s) = e^{-s^2}$. LEBESGUE [171] gab notwendige und hinreichende Bedingungen dafür, daß eine Funktion durch Faltungsintegrale approximiert werden kann. Die von ihm betrachteten Kerne enthalten als Spezialfälle den Weierstraßschen Kern (oder Wärmeleitungskern) (A.6), den Poissonkern $s \mapsto [\pi n(s^2 + (\frac{1}{n})^2)]^{-1}$ für die Gerade sowie die in der Theorie der Fourierreihen wichtigen Kerne von Fourier-Dirichlet bzw. Fejér[1]

$$\frac{\sin(n+\frac{1}{2})s}{2\sin\frac{s}{2}} \quad \text{bzw.} \quad \frac{1}{2n}\left(\frac{\sin\frac{ns}{2}}{\sin\frac{s}{2}}\right)^2.$$

Die Arbeit von OGURA [241, pp. 110 f., 119–126] – er betrachtet auch Kerne mit kompaktem Träger – inspirierte FRIEDRICHS [74] zu den häufig nach ihm benannten *Glättungsoperatoren*, nachdem er in [73, § 5] Mittelungen des Typs (A.7) betrachtet hatte. Kurz zuvor hatten gleiche Glättungen in LERAYs Untersuchung der Navier-Stokes-Gleichungen bereits eine wichtige Rolle gespielt [178, p. 206]. S.L. SOBOLEV gelangte durch seinen Lehrer N.M. GÜNTER zu den Glättungsoperatoren. Günter seinerseits war beeinflußt von V.A. STEKLOV, der in [316, p. 6] Mittelungen der Gestalt (A.7) bei Entwicklungen nach orthogonalen Funktionen verwandt hatte (in dem von V.I. Smirnov und S.L. Sobolev verfaßten biographischen Anhang zu [89] findet man diesbezügliche Arbeiten von Günter zitiert). In der russischen Literatur spricht man daher meist von *Mittelungskernen* und *Mittelfunktionen* oder *Steklov-Funktionen*.

---

[1] All diese Kerne sowie die aus Definition A.3 approximieren DIRACs „improper function" δ und sind daher der Vorgeschichte der Distributionstheorie zuzuordnen (s. [197, 318]).

A Partielle Integration. Glättungsoperatoren.

Beginnend mit der Arbeit [75], verwendet Friedrichs den Ausdruck „mollifiers" (to mollify = besänftigen; hierzu gibt es eine anekdotische Bemerkung von P. Lax in seinem Kommentar zu [75] in den Selecta von Friedrichs). Schließlich sei noch erwähnt, daß sich eine frühe Anwendung von Glättungsoperatoren bei BRAY [25] findet, der sie zum Beweis einer Version der Transformationsformel für Gebietsintegrale unter abgeschwächten Voraussetzungen verwendet.

Definition A.3. *Eine Familie von Funktionen* $(j_\epsilon)_{\epsilon>0}$ *heißt Glättungsschar, wenn für jedes* $\epsilon > 0$ *die Funktion* j_ϵ *die Eigenschaften*

(α) $0 \leq j_\epsilon \in C^\infty(\mathbb{R}^N)$,

(β) $j_\epsilon(x) = 0$ *für* $|x| \geq \epsilon$,

(γ) $\int_{\mathbb{R}^N} j_\epsilon(x)\, dx = 1$

besitzt. j_ϵ *selbst heißt* Glättungskern. *Gelegentlich kann es bequem oder erforderlich sein, zusätzlich*

(δ) $j_\epsilon(x) = j_\epsilon(-x)$ *für* $x \in \mathbb{R}^N$

zu fordern (z.B. wenn man – nach Faltung mit einer Funktion f *– eine Relation wie (A.5) herstellen möchte).*

Bemerkung A.4. Ausgangspunkt für die Konstruktion einer Glättungsschar ist meist das von Cauchy stammende Beispiel

$$\varphi(s) := \begin{cases} e^{-1/s}, & \text{falls } s > 0 \\ 0, & \text{falls } s \leq 0 \end{cases}$$

für eine beliebig oft differenzierbare Funktion, die nicht reell-analytisch ist. Man zeigt leicht, daß es für jedes $n \in \mathbb{N}$ ein Polynom P_n vom Grad $\leq 2n$ mit

$$\varphi^{(n)}(s) = P_n\left(\frac{1}{s}\right) \varphi(s)$$

für $s > 0$ gibt. Hieraus folgt $\varphi \in C^\infty(\mathbb{R})$ und $\varphi^{(n)}(0) = 0$. Setzt man dann

$$j(t) := \frac{1}{c}\varphi(1+t)\varphi(1-t), \quad c := \int_{\mathbb{R}} \varphi(1+\tau)\varphi(1-\tau)\, d\tau,$$

so hat man eine Funktion, die (α)-(δ) für $N = 1$ und $\epsilon = 1$ erfüllt.

a) Sind $j_1, \ldots, j_N$ Funktionen, die den Forderungen (α), (β), (γ) für $N = 1$ und $\epsilon = 1$ genügen, so definiert

$$j_\epsilon(x) := \frac{1}{\epsilon^N} j_1\left(\frac{x_1}{\epsilon}\right) \ldots j_N\left(\frac{x_N}{\epsilon}\right), \quad \epsilon > 0, \, x \in \mathbb{R}^N,$$

eine Glättungsschar, wobei Eigenschaft (β) in nur leicht modifizierter Form gilt.

b) Ist $j(t) := \frac{1}{k}\varphi(1 - t^2)$ mit $k := \int_{\mathbb{R}^N} \varphi(1 - |x|^2)\, dx$, so definiert

$$j_\epsilon(x) := \epsilon^{-N} j(|x|/\epsilon)$$

für $\epsilon > 0$ und $x \in \mathbb{R}^N$ eine radialsymmetrische Glättungsschar.

Daß eine lokal integrierbare Funktion durch Faltung mit einem Glättungskern beliebig oft differenzierbar wird, ergibt sich sofort aus dem nachfolgenden Satz über parameterabhängige Integrale, den wir ohne Beweis notieren (er folgt unmittelbar aus dem Lebesgueschen Grenzwertsatz; vgl. [149, S. 282 f.]).

Satz A.5 (Standardsatz über Parameterintegrale). *Es seien $X \subseteq \mathbb{R}^m$, $Y \subseteq \mathbb{R}^n$ und $f: X \times Y \to \mathbb{R}$. Dann ist die durch*

$$F(x) := \int_Y f(x,y) \, dy, \quad x \in X,$$

definierte Funktion stetig, falls folgendes gilt:

(i) *Bei festem $x \in X$ ist die Funktion $f(x, \cdot)$ über Y integrierbar.*
(ii) *Für fast alle $y \in Y$ ist $f(\cdot, y) \in C^0(X)$.*
(iii) *Es gibt eine über Y integrierbare Funktion b mit*

$$|f(x,y)| \leq b(y) \quad \text{für alle } x \in X \text{ und fast alle } y \in Y.$$

Ist X offen, so ist F stetig differenzierbar und

$$F_{x_i}(x) = \int_Y f_{x_i}(x,y) \, dy, \quad x \in X, \; i \in \{1,\ldots,m\},$$

falls zusätzlich zu (i) gilt:

(ii)' *Für fast alle $y \in Y$ ist $f(\cdot, y) \in C^1(X)$.*
(iii)' *Es gibt eine über Y integrierbare Funktion b mit*

$$|f_{x_i}(x,y)| \leq b(y), \quad i \in \{1,\ldots,m\},$$

für alle $x \in X$ und fast alle $y \in Y$.

Satz A.6 (Lokal definierte Glättungsoperatoren). *Sei $\Omega \subseteq \mathbb{R}^N$ offen und (j_ϵ) eine Glättungsschar. Für $\epsilon > 0$ sei*

$$\Omega_\epsilon := \{x \in \Omega : B_\epsilon(x) \subset\subset \Omega\}.$$

Ist dann $f \in L^1_{\mathrm{loc}}(\Omega)$, so existiert für $x \in \Omega_\epsilon$

$$f_\epsilon(x) := (j_\epsilon * f)(x) := \int_\Omega j_\epsilon(x-y) f(y) \, dy \tag{A.8}$$

und hat folgende Eigenschaften:

(i) $\operatorname{supp} f \subseteq \Omega_{2\epsilon} \Rightarrow \operatorname{supp} f_\epsilon \subseteq \Omega_\epsilon$.
(ii) *Es ist $f_\epsilon \in C^\infty(\Omega_\epsilon)$, und für jeden Multiindex μ und alle $x \in \Omega_\epsilon$ gilt*

$$D^\mu f_\epsilon(x) = ((D^\mu j_\epsilon) * f)(x). \tag{A.9}$$

348 A Partielle Integration. Glättungsoperatoren.

(iii) Ist μ ein Multiindex und $f \in C^{|\mu|}(\Omega)$, so gilt

$$D^\mu f_\epsilon(x) = (D^\mu f)_\epsilon(x), \quad x \in \Omega_\epsilon.$$

(iv) Ist $k \in \mathbb{N}_0$, $f \in C^k(\Omega)$ und $\Omega_0 \subset\subset \Omega$, so gilt für alle Multiindizes μ mit $|\mu| \leq k$

$$\lim_{\epsilon \to 0} \max_{\overline{\Omega_0}} |D^\mu f_\epsilon - D^\mu f| = 0.$$

(v) Sei $\Omega_0 \subset\subset \Omega' \subset\subset \Omega$. Gibt es dann Zahlen $\alpha \in (0,1]$ und $c > 0$ mit

$$|f(x') - f(x'')| \leq c|x' - x''|^\alpha, \quad x', x'' \in \Omega',$$

so gilt

$$|f_\epsilon(x') - f_\epsilon(x'')| \leq c|x' - x''|^\alpha$$

für alle x', $x'' \in \Omega_0$ und alle $0 < \epsilon < \text{dist}(\Omega_0, \partial\Omega')$.

Beweis. Ist $x \in \Omega_\epsilon$, so erstreckt sich wegen $j_\epsilon(x-y) = 0$ für $|x-y| \geq \epsilon$ die Integration in (A.8) höchstens über $B_\epsilon(x) \subset\subset \Omega$, so daß f_ϵ wohldefiniert ist.
Zu (i): Wenn f kompakten Träger besitzt, wird dieser durch die Faltung höchstens um einen Streifen der Breite ϵ vergrößert.
Zu (ii): Aufgrund der Eigenschaften (α), (β) des Glättungskerns gibt es eine allein von ϵ und μ abhängende Zahl $C(\epsilon, \mu)$ mit

$$|D^\mu j_\epsilon(z)| \leq C(\epsilon, \mu) \quad \text{für alle } z \in \mathbb{R}^N. \tag{A.10}$$

Mithin existiert für jedes $\Omega' \subset\subset \Omega_\epsilon$ ein allein von ϵ abhängendes Kompaktum $K_\epsilon \subseteq \Omega$ mit

$$|D^\mu_x j_\epsilon(x-y) f(y)| \leq C(\epsilon, \mu) |f(y)|$$

für alle $x \in \Omega'$ und $y \in K_\epsilon$. Für $|\mu| = 1$ folgen $f_\epsilon \in C^1(\Omega_\epsilon)$ und (A.9) daher aus Satz A.5. Die allgemeine Behauptung ergibt sich dann durch vollständige Induktion.
Zu (iii): Wir schreiben (A.9) als

$$D^\mu f_\epsilon(x) = (-1)^{|\mu|} \int_\Omega f(y) D^\mu_y j_\epsilon(x-y)\, dy,$$

was nach $|\mu|$-maliger Anwendung von Bemerkung A.1

$$(-1)^{|\mu|}(-1)^{|\mu|} \int_\Omega j_\epsilon(x-y) D^\mu f(y)\, dy$$

liefert.

Zu (iv): Sei $\Omega_0 \subset\subset \Omega' \subset\subset \Omega$ und μ wie angegeben. Dann existiert zu jedem $\eta > 0$ ein $\delta > 0$, so daß für alle $x, y \in \Omega'$ mit $|x - y| < \delta$

$$|D^\mu f(x) - D^\mu f(y)| \leq \eta$$

ausfällt. Sei nun $0 < \epsilon < \min\{\text{dist}(\Omega_0, \partial\Omega'), \delta\}$ und $x \in \overline{\Omega}_0$. Für $y \in \Omega \setminus \Omega'$ ist dann $j_\epsilon(x - y) = 0$, also aufgrund der Eigenschaft (γ)

$$\int_{\Omega'} j_\epsilon(x - y)\, dy = 1$$

und daher wegen (iii)

$$D^\mu f_\epsilon(x) - D^\mu f(x) = \int_{\Omega'} j_\epsilon(x - y) \left[D^\mu f(y) - D^\mu f(x)\right] dy,$$

mithin

$$|D^\mu f_\epsilon(x) - D^\mu f(x)| \leq \eta \int_{\Omega'} j_\epsilon(x - y)\, dy = \eta.$$

Zu (v): Ist ϵ wie angegeben und $x \in \Omega_0$, so gilt $j_\epsilon(x - y) = 0$ für $y \in \Omega \setminus \Omega'$, mithin für alle $x', x'' \in \Omega_0$

$$f_\epsilon(x') - f_\epsilon(x'') = \int_{\Omega'} \left[j_\epsilon(x' - y) - j_\epsilon(x'' - y)\right] f(y)\, dy$$

$$= \int_{|z| < \epsilon} j_\epsilon(z) \left[f(x' - z) - f(x'' - z)\right] dz,$$

woraus sofort die Behauptung folgt. □

Satz A.7 (Global definierte Glättungsoperatoren). *Sei $\Omega \subseteq \mathbb{R}^N$ offen und (j_ϵ) eine Glätttungsschar. Sei $\epsilon > 0$, $1 \leq p < \infty$ und $f \in L^p(\Omega)$. Dann existiert*

$$f_\epsilon(x) := (j_\epsilon * f)(x) := \int_\Omega j_\epsilon(x - y) f(y)\, dy \tag{A.11}$$

für alle $x \in \mathbb{R}^N$ und hat folgende Eigenschaften:

(i) Es ist $f_\epsilon \in L^p(\mathbb{R}^N)$ und $\|f_\epsilon\|_{L^p(\mathbb{R}^N)} \leq \|f\|_{L^p(\Omega)}$.
(ii) Es ist $f_\epsilon \in C^\infty(\mathbb{R}^N)$; für jeden Multiindex μ gilt

$$D^\mu f_\epsilon = (D^\mu j_\epsilon) * f \in L^p(\mathbb{R}^N), \tag{A.12}$$

und mit $c(\mu, \epsilon, N) := \int_{\mathbb{R}^N} |D^\mu j_\epsilon(z)|\, dz$ besteht

$$\|D^\mu f_\epsilon\|_{L^p(\mathbb{R}^N)} \leq c(\mu, \epsilon, N) \|f\|_{L^p(\Omega)}.$$

Beweis. Für jedes $x \in \mathbb{R}^N$ erstreckt sich die Integration in (A.11) über die beschränkte Menge $\Omega \cap B_\epsilon(x)$, über die $|f|$ im Falle $p = 1$ voraussetzungsgemäß und im Falle $p > 1$ aufgrund der Hölderschen Ungleichung integrierbar ist. Mit $q := \frac{p}{p-1}$ gilt ja

$$\int_{\Omega \cap B_\epsilon(x)} |f(y)|\, dy \leq \left(\int_{\Omega \cap B_\epsilon(x)} dy \right)^{1/q} \left(\int_{\Omega \cap B_\epsilon(x)} |f(y)|^p\, dy \right)^{1/p}.$$

Zu (i): Für $p > 1$ und $q := \frac{p}{p-1}$ ergibt die Höldersche Ungleichung, zusammen mit

$$j_\epsilon(x - y) = [j_\epsilon(x - y)]^{\frac{1}{q}} [j_\epsilon(x - y)]^{\frac{1}{p}},$$

$$|f_\epsilon(x)|^p \leq \left(\int_\Omega j_\epsilon(x - y)\, dy \right)^{p/q} \int_\Omega j_\epsilon(x - y)|f(y)|^p\, dy \qquad \text{(A.13)}$$

$$\leq \int_\Omega j_\epsilon(x - y)|f(y)|^p\, dy,$$

nachdem wir die erste Integration rechts in (A.13) über $\mathbb{R}^N$ erstreckt haben. Für $p = 1$ ist die erhaltene Ungleichung natürlich trivial. Für $p \geq 1$ haben wir daher, wenn wir nach Fubini-Tonelli die Integrationsreihenfolge rechts vertauschen,

$$\int_{\mathbb{R}^N} |f_\epsilon(x)|^p\, dx \leq \int_\Omega |f(y)|^p \left(\int_{\mathbb{R}^N} j_\epsilon(x - y)\, dx \right) dy,$$

was (i) beweist.

Zu (ii): Die Aussage $f_\epsilon \in C^\infty(\mathbb{R}^N)$ und die erste Behauptung in (A.12) folgen wie früher aus der Abschätzung (A.10) in Kombination mit dem Standardsatz A.5. Wenden wir auf $(D^\mu j_\epsilon) * f$ die Höldersche Ungleichung an, so erhalten wir

$$|D^\mu f_\epsilon(x)|^p \leq \left(\int_\Omega |D_x^\mu j_\epsilon(x - y)|\, dy \right)^{p/q} \int_\Omega |D_x^\mu j_\epsilon(x - y)||f(y)|^p\, dy$$

$$\leq [c(\mu, \epsilon, N)]^{p/q} \int_\Omega |D_x^\mu j_\epsilon(x - y)||f(y)|^p\, dy$$

und daher

$$\int_{\mathbb{R}^N} |D^\mu f_\epsilon(x)|^p\, dx \leq [c(\mu, \epsilon, N)]^{p/q} \int_\Omega |f(y)|^p \left(\int_{\mathbb{R}^N} |D_x^\mu j_\epsilon(x - y)|\, dx \right) dy,$$

womit auch die letzte Behauptung bewiesen ist. □

Bemerkung A.8. Sei $k \in \mathbb{N}$. Selbst im Falle $f \in C^k(\Omega)$ und $D^\mu f \in L^p(\Omega)$ für alle Multiindizes μ mit $|\mu| \leq k$ vertauscht die Ableitung D^μ mit der Glättung i.a. nur auf Ω_ϵ (s. Satz A.6), denn diese Vertauschung fußt ja auf einer partiellen Integration mit einer Funktion, die ihren Träger in Ω hat.

Wir hatten in Satz A.6 (iv) gesehen, daß die Faltung einer stetigen Funktion mit einer Glättungsschar diese Funktion lokal gleichmäßig approximiert. Wir wollen nun zeigen, daß für $f \in L^p(\Omega)$ die Glättung f_ϵ die Funktion f in der p-Norm approximiert (Satz A.11 a)). Dabei machen wir von der in den meisten Einführungen in die Theorie des Lebesgue-Integrals vorkommenden Aussage Gebrauch, daß die Treppenfunktionen mit Träger in Ω dicht in $L^p(\Omega)$ liegen. Teil b) von Satz A.11 ist eine Variante des Fundamentallemmas der Variationsrechnung.

Lemma A.9. *Sei (j_ϵ) eine Glättungsschar, $Q \subset\subset \mathbb{R}^N$ ein Quader und $1 \leq p < \infty$. Dann gilt*

$$\lim_{\epsilon \to 0} \|j_\epsilon * \mathcal{X}_Q - \mathcal{X}_Q\|_{L^p(\mathbb{R}^N)} = 0 \,.$$

Beweis. Sei $x \in \mathbb{R}^N$ und $\epsilon > 0$. Setzen wir für $z \in \mathbb{R}^N$

$$\tilde{\mathcal{X}}_Q(x,z) := |\mathcal{X}_Q(x-z) - \mathcal{X}_Q(x)| \,,$$

so haben wir

$$|j_\epsilon * \mathcal{X}_Q(x) - \mathcal{X}_Q(x)| = \left| \int_{\mathbb{R}^N} j_\epsilon(x-y)[\mathcal{X}_Q(y) - \mathcal{X}_Q(x)]\, dy \right|$$
$$\leq \int_{\mathbb{R}^N} j_\epsilon(z) \tilde{\mathcal{X}}_Q(x,z)\, dz$$

und im Falle $p > 1$ nach Hölder ähnlich wie in (A.13)

$$|j_\epsilon * \mathcal{X}_Q(x) - \mathcal{X}_Q(x)|^p \leq \int_{\mathbb{R}^N} j_\epsilon(z) \left[\tilde{\mathcal{X}}_Q(x,z)\right]^p dz \,,$$

also für alle $p \geq 1$

$$\int_{\mathbb{R}^N} |j_\epsilon * \mathcal{X}_Q(x) - \mathcal{X}_Q(x)|^p\, dx \leq \int_{B_\epsilon(0)} j_\epsilon(z) \left(\int_{\mathbb{R}^N} \left[\tilde{\mathcal{X}}_Q(x,z)\right]^p dx \right) dz \,.$$

Nun gibt es zu jedem $\eta > 0$ ein $\delta > 0$, so daß für alle $z \in B_\delta(0)$

$$\int_{\mathbb{R}^N} \left[\tilde{\mathcal{X}}_Q(x,z)\right]^p dx \leq \eta^p$$

ausfällt. Für $\epsilon \in (0, \delta]$ ist daher

$$\|j_\epsilon * \mathcal{X}_Q - \mathcal{X}_Q\|_{L^p(\mathbb{R}^N)} \leq \eta \,.$$

□

Da die Glättung gemäß Satz A.7 eine lineare Operation ist, haben wir

A Partielle Integration. Glättungsoperatoren.

Korollar A.10. *Ist $\Omega \subseteq \mathbb{R}^N$ offen und t eine Treppenfunktion mit $\operatorname{supp} t \subseteq \Omega$, so gilt*
$$\lim_{\epsilon \to 0} \|t_\epsilon - t\|_{L^p(\Omega)} = 0 \,.$$

Satz A.11. *Sei $\Omega \subseteq \mathbb{R}^N$ offen.*

a) *Ist $1 \leq p < \infty$, $f \in L^p(\Omega)$ und (f_ϵ) wie in Satz A.7, so gilt*
$$\lim_{\epsilon \to 0} \|f_\epsilon - f\|_{L^p(\Omega)} = 0 \,.$$

b) *Ist $f \in L^1_{\mathrm{loc}}(\Omega)$ und*
$$\int_\Omega f\varphi = 0 \quad \textit{für alle } 0 \leq \varphi \in C_c^\infty(\Omega) \,,$$
so ist $f = 0$ fast überall auf Ω.

Beweis. a) Sei $\eta > 0$. Wie eingangs vor Lemma A.9 erwähnt, gibt es dann eine Treppenfunktion t mit Träger in Ω und
$$\|t - f\|_{L^p(\Omega)} \leq \frac{\eta}{3} \,.$$

Nach Korollar A.10 existiert ein $\epsilon_0 > 0$ mit
$$\|t_\epsilon - t\|_{L^p(\Omega)} \leq \frac{\eta}{3} \quad \text{für alle } \epsilon \in (0, \epsilon_0] \,.$$

Nach Satz A.7 (i) ist
$$\|f_\epsilon - t_\epsilon\|_{L^p(\Omega)} = \|(f - t)_\epsilon\|_{L^p(\Omega)} \leq \|f - t\|_{L^p(\Omega)} \,,$$
mithin
$$\|f_\epsilon - f\|_{L^p(\Omega)} \leq \eta \quad \text{für alle } \epsilon \in (0, \epsilon_0] \,.$$

b) Sei $x \in \Omega_0 \subset\subset \Omega$. und $0 < \epsilon < \operatorname{dist}(\Omega_0, \partial\Omega)$. Dann ist $0 \leq j_\epsilon(x - \cdot) \in C_c^\infty(\Omega)$, also
$$0 = \int_\Omega j_\epsilon(x - y) f(y) \, dy = f_\epsilon(x) \,.$$

Nach a) ist daher $\|f\|_{L^1(\Omega_0)} = 0$, also $f = 0$ fast überall in Ω_0 und dann auch fast überall in Ω. □

Häufig und in recht unterschiedlichen Situationen stellt sich das Problem, die charakteristische Funktion einer Menge durch glatte Funktionen zu approximieren, deren Träger in vorgegebenen Mengen liegen. Eine einfache Version einer solchen *Zerlegung der Eins* stammt von WIENER [348, Lemma II b]. Für seinen Fortsetzungssatz beweist WHITNEY [341] schon eine komplizierte derartige Zerlegung (in dieser Arbeit findet sich auch erstmals die Multiindex-Schreibweise für Differentialoperatoren). Die Arbeiten von Bochner [21] und Dieudonné [49], mit denen man die Technik der Zerlegung der Eins oft assoziiert, erschienen zeitgleich etwas später.

Wir beginnen mit einer einfachen und für sich schon sehr nützlichen Aussage.

Lemma A.12. *Es seien $A \subset\subset \mathbb{R}^N$, $B \subseteq \mathbb{R}^N$ nichtleere Mengen mit $\delta := \mathrm{dist}(A,B) > 0$. Dann gibt es eine Funktion $\psi \in C^\infty(\mathbb{R}^N)$ mit $0 \leq \psi \leq 1$ sowie eine nur von N abhängige Zahl c mit*

$$\psi(x) = \begin{cases} 1 & \text{für } x \in A \\ 0 & \text{für } x \in B \end{cases} \quad \text{und } |\psi_{x_i}(x)| \leq \frac{c}{\delta} \text{ für } x \in \mathbb{R}^N \text{ und } i \in \{1,\ldots,N\}.$$

Beweis. Es sei (j_ϵ) eine Glättungsschar. Man wähle $\epsilon := \frac{\delta}{3}$ und $\Omega_0 := \{x \in \mathbb{R}^N : \mathrm{dist}(x,A) < \frac{\delta}{2}\}$. Dann ist

$$\psi(x) := \int_{\mathbb{R}^N} j_\epsilon(x-y) \mathcal{X}_{\Omega_0}(y)\, dy, \quad x \in \mathbb{R}^N,$$

nach Satz A.7 aus $C^\infty(\mathbb{R}^N)$. Im Falle $x \in A$ liegt jedes $y \in \mathbb{R}^N$ mit $|x-y| \leq \epsilon$ in Ω_0, so daß

$$\psi(x) = \int_{|x-y|<\epsilon} j_\epsilon(x-y)\, dy = 1$$

ist. Im Falle $x \in B$ und $y \in \Omega_0$ ist $|x-y| \geq \frac{\delta}{2} > \epsilon$, also $j_\epsilon(x-y) = 0$. Gemäß Bemerkung A.4 kann (j_ϵ) so gewählt werden, daß ein $C > 0$ existiert mit

$$\left|\frac{\partial}{\partial x_i} j_\epsilon(x)\right| \leq C\epsilon^{-N-1}$$

für alle $x \in \mathbb{R}^N$, $1 \leq i \leq N$ und $\epsilon > 0$. Da auch die Ableitungen von j_ϵ außerhalb von $\overline{B_\epsilon(0)}$ verschwinden, folgt die letzte Behauptung aus Satz A.7 (ii). □

Satz A.13 (Zerlegung der Eins). *Sei $\Omega \subseteq \mathbb{R}^N$ offen und nichtleer. Dann gibt es eine offene Überdeckung (Ω_n), $n \in \mathbb{N}_0$, von Ω mit der Eigenschaft, daß jedes $\Omega' \subset\subset \Omega$ für höchstens endlichviele $n \in \mathbb{N}_0$ einen nichtleeren Schnitt mit Ω_n besitzt. Weiter existiert eine Funktionenfolge (ψ_n) aus $C^\infty(\mathbb{R}^N)$ mit*

(i) $0 \leq \psi_n \leq 1$,
(ii) $\mathrm{supp}\,\psi_n \subseteq \Omega_n$,
(iii) $\sum_{n=0}^\infty \psi_n(x) = 1$ *für alle $x \in \Omega$.*

Beweis. 1. Für $n \in \mathbb{N}$ ist

$$M_n := \{x \in \Omega : n^{-1} < \text{dist}(x, \partial\Omega), |x| < n\}$$

eine beschränkte offene Menge. Mit $M_0 := \emptyset$ gilt für alle $n \in \mathbb{N}_0$

$$M_n \subset\subset M_{n+1} \subset\subset \Omega \quad \text{und} \quad M_{n+2} \setminus \overline{M}_{n+1} \subset\subset M_{n+3} \setminus \overline{M}_n =: \Omega_n \,.$$

Für jedes $x \in \Omega$ gibt es ein kleinstes $k \in \mathbb{N}$ mit $x \in \overline{M}_k$. Im Falle $k = 1$ ist $x \in \overline{M}_1 \subseteq M_3 = \Omega_0$, im Falle $k \geq 2$ gilt $x \in \overline{M}_k \subseteq M_{k+2} \setminus \overline{M}_{k-1} = \Omega_{k-1}$. Daher ist

$$\Omega \subseteq \bigcup_{n=0}^{\infty} \Omega_n \subseteq \Omega \,.$$

Ist $\Omega' \subset\subset \Omega$, so gilt $\Omega' \subseteq M_{n'}$ für geeignetes $n' \in \mathbb{N}_0$. Für alle $n \geq n'$ ist dann wegen $\overline{M}_{n'} \subseteq \overline{M}_n$

$$\Omega' \cap \Omega_n = \Omega' \cap (M_{n+3} \setminus \overline{M}_n) \subseteq M_{n'} \cap (M_{n+3} \setminus \overline{M}_n) = \emptyset \,.$$

2. Für jedes $n \in \mathbb{N}$ gibt es eine Menge U_n mit $M_{n+2} \setminus \overline{M}_{n+1} \subset\subset U_n \subset\subset \Omega_n$ und nach Lemma A.12 ein $\varphi_n \in C^\infty(\mathbb{R}^N)$ mit $0 \leq \varphi_n \leq 1$ und

$$\varphi_n(x) = \begin{cases} 1 & \text{für } x \in M_{n+2} \setminus \overline{M}_{n+1} \\ 0 & \text{für } x \in \mathbb{R}^N \setminus U_n \end{cases}.$$

Für $n = 0$ wähle man $M_2 \subset\subset U_0 \subset\subset \Omega_0$ und ein entsprechendes $\varphi_0 \in C^\infty(\mathbb{R}^N)$ mit $0 \leq \varphi_0 \leq 1$, $\varphi_0|_{M_2} = 1$ und Träger in $\mathbb{R}^N \setminus U_0$. Da jedes $\Omega' \subset\subset \Omega$ einem nichtleeren Schnitt mit nur endlichvielen der Ω_n besitzt, definiert $\phi := \sum_{n=0}^\infty \varphi_n$ auf jedem $\Omega' \subset\subset \Omega$ eine C^∞-Funktion. Aus der Stetigkeit der φ_n folgt zudem $\varphi_n(x) = 1$ für alle $x \in \overline{M}_{n+2} \setminus \overline{M}_{n+1}$ für $n \geq 1$ und $\varphi_0(x) = 1$ für alle $x \in \overline{M}_2$. Da

$$\Omega \subseteq \overline{M}_2 \cup \bigcup_{n=1}^\infty \overline{M}_{n+2} \setminus \overline{M}_{n+1}$$

ist, gilt $\phi(x) \geq 1$ für alle $x \in \Omega$. Die Funktionen $\psi_n := \varphi_n/\phi$ haben daher alle gewünschten Eigenschaften. □

B

Integration über Sphären

Ein Großteil der Untersuchung von GAUSS über die Anziehung eines homogenen Ellipsoids auf einen Punkt in $\mathbb{R}^3$ ist der Reduktion eines Volumenintegrals auf ein Integral über die Randfläche gewidmet [79]. Zur Geschichte solcher Integralsätze, die man als mehrdimensionale Versionen der Formel der partiellen Integration und damit letztlich des Hauptsatzes der Differential- und Integralrechnung ansehen kann und die an die Namen von GAUSS, GREEN und OSTROGRADSKIĬ geknüpft sind, sei auf [133] verwiesen. Obwohl wir bei der Behandlung des Dirichletproblems allgemeine Ränder einbeziehen, wird die Problematik, wie allgemein der Rand bei der Verwendung dieser Integralsätze sein darf, vermieden,[1] denn es wird stets nur über Sphären integriert. Wir gewinnen die entsprechende Version des Gaußschen Satzes, Satz B.5, aus der Transformationsformel für Gebietsintegrale, die für $N > 3$ ebenfalls auf OSTROGRADSKIĬ zurückgeht (zur Historie dieser Formel s. [134]). Wir formulieren sie wie folgt und verweisen für einen Beweis auf [62, S. 210].

Satz B.1 (Transformationsformel, Substitutionsregel in $\mathbb{R}^N$). *Es sei $\Omega \subseteq \mathbb{R}^N$ offen, $h\colon \Omega \to \mathbb{R}^N$ injektiv und stetig differenzierbar, ferner $f\colon h(\Omega) \to \mathbb{R}$. Mit*

$$h'(x) = \left(\frac{\partial h_i(x)}{\partial x_k}\right)_{1 \leq i,k \leq N}, \quad x \in \Omega,$$

gilt dann: Wenn eines der zwei Integrale

$$\int_{h(\Omega)} f(y)\,dy \quad \text{und} \quad \int_{\Omega} f(h(x))|\det h'(x)|\,dx$$

(als Lebesgue-Integral) existiert, dann existieren beide und sind gleich.

---

[1] Eine recht allgemeine Version des Gaußschen Satzes wird in [149, S. 387–392] bewiesen.

B Integration über Sphären

Wir ziehen aus diesem Satz drei wichtige Folgerungen, indem wir Polarkoordinaten in $\mathbb{R}^N \setminus \{0\}$ betrachten. Sei

$$U := \{u \in \mathbb{R}^{N-1} : |u| < 1\}.$$

Dann ist die Funktion

$$h \colon (0,\infty) \times U \to \mathbb{R}^N \quad,\quad y \mapsto \left(ru, r\sqrt{1-|u|^2}\right)$$

injektiv und stetig differenzierbar und ihre Jacobimatrix $h'(r,u)$ gleich

$$\begin{pmatrix} u_1 & r & \cdots & 0 \\ u_2 & 0 & \cdots & 0 \\ \vdots & \vdots & & \vdots \\ u_{N-1} & 0 & \cdots & r \\ \sqrt{1-|u|^2} & -\dfrac{ru_1}{\sqrt{1-|u|^2}} & \cdots & -\dfrac{ru_{N-1}}{\sqrt{1-|u|^2}} \end{pmatrix}.$$

Addiert man für $i \in \{1,\ldots,N-1\}$ das $u_i/\sqrt{1-|u|^2}$-fache der i-ten zur letzten Zeile, so ergibt sich

$$|\det h'(r,u)| = \frac{r^{N-1}}{\sqrt{1-|u|^2}}.$$

Sei $R > 0$. Mit

$$B_R^+(0) := \{y \in \mathbb{R}^N : |y| < R,\ y_N > 0\}$$

gilt daher

$$\int_{B_R^+(0)} f(y)\,dy = \int_{(0,R)\times U} f\left(ru, \sqrt{1-|u|^2}\right) \frac{r^{N-1}}{\sqrt{1-|u|^2}} d(r,u) =: I_+,$$

falls eines dieser beiden Integrale existiert.

Wenn I_+ existiert, so existiert nach Fubini für fast alle $r \in (0,R)$

$$\int_{S_r^+} f(y)\,dS(y) = \int_U f\left(ru, r\sqrt{1-|u|^2}\right) \frac{r^{N-1}}{\sqrt{1-|u|^2}}\,du,$$

was als Integral über die obere Hemisphäre $S_r^+ := \{y \in \mathbb{R}^N : |y| = r$ und $y_N > 0\}$ mit Radius r in $\mathbb{R}^N$ definiert oder identifiziert werden kann, und es ist

$$I_+ = \int_0^R \left(\int_{S_r^+} f(y)\,dS(y)\right) dr.$$

Umgekehrt: Ist $f \colon B_R^+(0) \to \mathbb{R}$ meßbar und existiert eines der Integrale

$$\int_0^R \left(\int_U \left| f\left(ru, r\sqrt{1-|u|^2}\right) \right| \frac{r^{N-1}}{\sqrt{1-|u|^2}} \, du \right) dr \,, \tag{B.1}$$

$$\int_U \left(\int_0^R \left| f\left(ru, r\sqrt{1-|u|^2}\right) \right| \frac{r^{N-1}}{\sqrt{1-|u|^2}} \, dr \right) du \,, \tag{B.2}$$

so existiert nach Tonelli auch das Integral I_+, und daher existieren nach Fubini beide Integrale (B.1), (B.2).

Entsprechend kann man natürlich für die untere Halbkugel $B_R^-(0)$ verfahren. Da sich $B_R^+(0) \cup B_R^-(0)$ und $B_R(0)$ nur um eine Nullmenge unterscheiden und ebenso $S_r^+ \cup S_r^-$ relativ $\partial B_r(0)$ für $r \in (0, R)$, erhalten wir

$$\int_{\partial B_r(0)} f(y) \, dS(y) = \int_U \left[f(ru, r\sqrt{1-|u|^2}) + f(ru, -r\sqrt{1-|u|^2}) \right] \frac{r^{N-1}}{\sqrt{1-|u|^2}} \, du \,,$$
$$\tag{B.3}$$

mithin nach Anwendung einer Translation die

Folgerung B.2. Sei $B_R(x) \subset\subset \mathbb{R}^N$. Ist $f \colon B_R(x) \to \mathbb{R}$ meßbar, so existiert $\int_{B_R(x)} |f(y)| \, dy$ genau dann, wenn $\int_0^R (\int_{\partial B_\varrho(x)} |f(y)| \, dS(y)) \, d\varrho$ existiert, und es ist dann

$$\int_{B_R(x)} f(y) \, dy = \int_0^R \int_{\partial B_\varrho(x)} f(y) \, dS(y) \, d\varrho = \int_0^R \varrho^{N-1} \int_{S^{N-1}} f(x + \varrho \eta) \, dS(\eta) \, d\varrho \,. \tag{B.4}$$

Speziell gilt für meßbares $f \colon (0, R) \to \mathbb{R}$

$$\int_{B_R(0)} f(|y|) \, dy = \omega_N \int_0^R \varrho^{N-1} f(\varrho) \, d\varrho \,, \tag{B.5}$$

wenn eines der Integrale existiert. Dabei ist

$$\omega_N := \int_{S^{N-1}} 1 \, dS(\eta)$$

der Flächeninhalt der Einheitssphäre in $\mathbb{R}^N$.

Folgerung B.3. Sei $B_R(x) \subset\subset \mathbb{R}^N$ und $f \in C^0(B_R(x))$. Dann gilt für alle $r \in (0, R)$:

a) Die durch $V(r) := \int_{B_r(x)} f(y) \, dy$ definierte Funktion ist stetig differenzierbar und

$$V'(r) = r^{N-1} \int_{S^{N-1}} f(x + r\eta) \, dS(\eta) \,.$$

b) Für jede orthogonale Transformation $A\colon \mathbb{R}^N \to \mathbb{R}^N$ ist

$$\int_{S^{N-1}} f(x+r\eta)\, dS(\eta) = \int_{S^{N-1}} f(Ax+rA\eta)\, dS(\eta)\,.$$

Beweis. In der Tat ergibt sich a) sofort aus (B.4), wenn wir dort R durch r ersetzen und differenzieren. Für b) brauchen wir nur zu beachten, daß aufgrund der Transformationsformel und wegen $|\det A| = 1$

$$\int_{AB_r(x)} f(z)\, dz = \int_{B_r(x)} f(Ay)|\det A|\, dy = \int_{B_r(x)} f(Ay)\, dy$$

ist. Das Integral links ist aber gleich $\int_{B_r(x)} f(z)\, dz$. Die Behauptung ergibt sich nun aus a). $\square$

Folgerung B.4. *Sei $B_R(x) \subset\subset \mathbb{R}^N$ und $f \in C^1(B_R(x))$ eine beschränkte Funktion, deren partielle Ableitungen beschränkt sind. Dann ist die durch*

$$\phi(r) := \int_{S^{N-1}} f(x+r\eta)\, dS(\eta),\quad r \in (0,R)\,,$$

definierte Funktion stetig differenzierbar und

$$\phi'(r) = \int_{S^{N-1}} \eta \cdot \nabla f(x+r\eta)\, dS(\eta) \quad \text{für alle } r \in (0,R)\,. \tag{B.6}$$

Beweis. Wir können uns auf den Fall $x=0$ beschränken, da dies durch eine Translation zu erreichen ist. Nach (B.3) ist

$$\phi(r) = \int_U \left[f\left(ru, r\sqrt{1-|u|^2}\right) + f\left(ru, -r\sqrt{1-|u|^2}\right)\right] \frac{1}{\sqrt{1-|u|^2}}\, du\,.$$

Wegen

$$\int_U \frac{du}{\sqrt{1-|u|^2}} < \infty$$

(dies ist für $N=2$ klar und folgt für $N\geq 3$ aus (B.5), wenn man dort N durch $N-1$ ersetzt) ergibt sich die Behauptung daher unmittelbar aus dem Standardsatz A.5 über Parameterintegrale. $\square$

Satz B.5 (Der Gaußsche Satz für die Kugel). *Es seien $B_R(x) \subset\subset \mathbb{R}^N$, $f \in C^0(\overline{B_R(x)}) \cap C^1(B_R(x))$ und $k \in \{1,\ldots,N\}$. Dann gilt*

$$\lim_{r \nearrow R} \int_{B_r(x)} f_{y_k}(y)\, dy = \int_{\partial B_R(x)} f(y)\nu_k(y)\, dS(y), \quad \text{wobei } \nu_k(y) := \frac{(y-x)_k}{|y-x|}$$

die k-te Komponente der äußeren Einheitsnormalen an $\partial B_R(x)$ im Punkte y ist.

Beweis. Wir können wieder $x = 0$ annehmen und etwa $k = N$ betrachten. Sei $r \in (0, R)$. Mit
$$B(r; N-1) := \{\overline{y} \in \mathbb{R}^{N-1} : |\overline{y}| < r\}$$
gilt nach Fubini
$$\int_{B_r(0)} f_{y_N}(y)\, dy = \int_{B(r;N-1)} \left(\int_{-\sqrt{r^2-|\overline{y}|^2}}^{\sqrt{r^2-|\overline{y}|^2}} f_{y_N}(\overline{y}, y_N)\, dy_N \right) d\overline{y}$$
$$= \int_{B(r;N-1)} \left[f\left(\overline{y}, \sqrt{r^2-|\overline{y}|^2}\right) - f\left(\overline{y}, -\sqrt{r^2-|\overline{y}|^2}\right) \right] d\overline{y}$$
$$= r^{N-1} \int_U \left[f\left(ru, r\sqrt{1-|u|^2}\right) - f\left(ru, -r\sqrt{1-|u|^2}\right) \right] du\,.$$

Mit der Funktion $g(y) := f(y) y_N |y|^{-1}$, $y \in \mathbb{R}^N$, schreibt sich dies
$$\int_U \left[g\left(ru, r\sqrt{1-|u|^2}\right) + g\left(ru, -r\sqrt{1-|u|^2}\right) \right] \frac{r^{N-1}}{\sqrt{1-|u|^2}}\, du\,,$$

was nach (B.3) gleich $\int_{\partial B_r(0)} g(y)\, dS(y)$ ist. Die Behauptung ergibt sich nun im Limes $r \nearrow R$. □

Wir benötigen noch eine kleine Variante des Gaußschen Satzes für die Kugel.

Satz B.6. *Für $i \in \{0, 1, 2\}$ seien $B_i := B_{r_i}(x_i) \subset\subset \mathbb{R}^N$ Kugeln in der speziellen Lage*
$$B_1 \subset\subset B_0\,, \quad B_2 \subset\subset B_0\,, \quad \overline{B}_1 \cap \overline{B}_2 = \emptyset$$
und $\Omega := B_0 \setminus (\overline{B}_1 \cup \overline{B}_2)$. (Eine der Kugeln B_1, B_2 darf auch leer sein.) Es sei $k \in \{1, \ldots, N\}$, $f \in C^0(\overline{\Omega}) \cap C^1(\Omega)$ und f_{y_k} über Ω integrierbar. Dann gilt
$$\int_\Omega f_{y_k}(y)\, dy = \int_{\partial B_0} f(y) \frac{(y-x_0)_k}{r_0}\, dS(y) - \sum_{i=1}^2 \int_{\partial B_i} f(y) \frac{(y-x_i)_k}{r_i}\, dS(y)\,.$$

Beweis. Sei $\epsilon > 0$ und $\varphi_\epsilon \in C^1(\mathbb{R})$ eine Funktion mit $0 \leq \varphi_\epsilon \leq 1$ und
$$\varphi_\epsilon(t) = \begin{cases} 0 & \text{für } t \leq 1 \\ 1 & \text{für } t \geq 1+\epsilon \end{cases}\,.$$

Die Existenz einer solchen Funktion erhält man über Lemma A.12. Wir setzen

360   B Integration über Sphären

$$f_\epsilon(y) := \begin{cases} f(y)\varphi_\epsilon\left(|y-x_1|/r_1\right)\varphi_\epsilon\left(|y-x_2|/r_2\right) & \text{für } y \in \Omega \\ 0 & \text{sonst} \end{cases}$$

und $B_{i\epsilon} := B_{(1+\epsilon)r_i}(x_i)$. Dann ist

$$\int_\Omega f_{y_k}(y)\,dy = \lim_{\epsilon\to 0} \int_{B_0\setminus(\overline{B}_{1\epsilon}\cup\overline{B}_{2\epsilon})} f_{y_k}(y)\,dy$$
$$= \lim_{\epsilon\to 0}\left\{\int_{B_0}(f_\epsilon)_{y_k}(y)\,dy - \sum_{i=1}^{2}\int_{B_{i\epsilon}}(f_\epsilon)_{y_k}(y)\,dy\right\}.$$

Auf jedes dieser Integrale läßt sich Satz B.5 anwenden, und die Behauptung folgt im Limes $\epsilon \to 0$ aufgrund der Stetigkeit von f. □

Der Gaußsche Satz für die Kugel gestattet es, Folgerung B.4 zu ergänzen.

Lemma B.7. *Es seien* $\Omega \subseteq \mathbb{R}^N$ *offen,* $B_R(x) \subset\subset \Omega$ *und* $u \in C^2(\Omega)$. *Für* $r \in (0, R)$ *gilt dann mit* $\phi(r) := \int_{S^{N-1}} u(x+r\eta)\,dS(\eta)$

$$r^{N-1}\phi'(r) = \int_{B_r(x)} \Delta u(y)\,dy \tag{B.7}$$

sowie

$$\omega_N u(x) = \phi(r) - \int_0^r \varrho^{1-N}\left(\int_{B_\varrho(x)} \Delta u(y)\,dy\right) d\varrho. \tag{B.8}$$

Beweis. Sei $\varrho \in (0, R)$. Dann gilt nach Satz B.5

$$\int_{B_\varrho(x)} \Delta u(y)\,dy = \sum_{k=1}^{N}\int_{B_\varrho(x)} u_{y_k y_k}(y)\,dy = \sum_{k=1}^{N}\int_{\partial B_\varrho(x)} u_{y_k}(y)\nu_k(y)\,dS(y)$$
$$= \varrho^{N-1}\sum_{k=1}^{N}\int_{S^{N-1}} u_{y_k}(x+\varrho\eta)\eta_k\,dS(\eta),$$

was wegen (B.6) die Relation (B.7) beweist.

Wir integrieren nun

$$\phi'(\varrho) = \varrho^{1-N}\int_{B_\varrho(x)} \Delta u(y)\,dy$$

von s bis r. Berücksichtigen wir, daß der Grenzwert von $\phi(s)$ für s gegen 0 existiert und gleich $\int_{S^{N-1}} u(x)\,dS(\eta) = \omega_N u(x)$ ist (dies folgt aus (B.3) in Kombination mit dem ersten Teil von Satz A.5), so erhalten wir (B.8). □

Wie Satz B.5 kann auch die nachfolgende Aussage als ein mehrdimensionales Analogon des Hauptsatzes der Differential- und Integralrechnung angesehen werden.

Satz B.8. *Sei $\Omega \subseteq \mathbb{R}^N$ offen, $r > 0$ und*
$$\Omega_r := \{x \in \Omega : B_r(x) \subset\subset \Omega\}\,.$$
Im Falle $f \in C^0(\Omega)$ ist dann die durch
$$F(x) := \int_{B_r(x)} f(y)\,dy, \quad x \in \Omega_r\,,$$
definierte Funktion aus $C^1(\Omega_r)$, und für $k \in \{1, \ldots, N\}$ gilt
$$F_{x_k}(x) = \int_{\partial B_r(x)} f(y)\nu_k(y)\,dS(y) \quad \text{mit} \quad \nu_k(y) := \frac{(y-x)_k}{|y-x|}\,.$$

Beweis. Es genügt, daß wir die Differenzierbarkeitsaussage in der Umgebung eines beliebigen Punktes $x_0 \in \Omega_r$ beweisen. Für geeignetes $R > r$ ist $B_R(x_0) \subset\subset \Omega$, und es reicht aus, die x mit $B_r(x) \subset\subset B_R(x_0)$ zu betrachten. Wenn wir zusätzlich $f \in C^1(B_R(x_0))$ voraussetzen, ist
$$F(x) = \int_{B_r(0)} f(x+z)\,dz$$
nach dem Standardsatz A.5 stetig differenzierbar und
$$F_{x_k}(x) = \int_{B_r(0)} \frac{\partial}{\partial x_k} f(x+z)\,dz = \int_{B_r(0)} \frac{\partial}{\partial z_k} f(x+z)\,dz\,.$$
Das letzte Integral kann nach dem Gaußschen Satz B.5 zu
$$\int_{\partial B_r(0)} f(x+z)\frac{z_k}{|z|}\,dS(z) = \int_{\partial B_r(x)} f(y)\nu_k(y)\,dS(y)$$
umgeformt werden.

Ohne die Zusatzvoraussetzung ist f immerhin auf $\overline{B_R(x_0)}$ stetig, und daher gibt es eine Funktionenfolge (f_n) aus $C^1(B_R(x_0))$, die auf $\overline{B_r(x)}$ gleichmäßig gegen f konvergiert. Dazu kann man sich auf Satz A.6 (iv) oder auf den Weierstraßschen Approximationssatz berufen. Aus
$$F(x) = \lim_{n\to\infty} \int_{B_r(x)} f_n(y)\,dy$$
und aus der gleichmäßigen Konvergenz der Ableitungen
$$\frac{\partial}{\partial x_k} \int_{B_r(x)} f_n(y)\,dy = \int_{\partial B_r(x)} f_n(y)\nu_k(y)\,dS(y) \longrightarrow \int_{\partial B_r(x)} f(y)\nu_k(y)\,dS(y)$$
folgt die stetige Differenzierbarkeit von F und die behauptete Formel für $F_{x_k}(x)$. $\square$

C
Hölderstetigkeit

Wir fassen in diesem Anhang die Definitionen und Ergebnisse über hölderstetige Funktionen zusammen, die in dem Buch verwendet werden.

Der Ausgangspunkt für die Einführung hölderstetiger Funktionen ist das Gegenbeispiel von Petrini (vgl. Abschnitt 4.3), welches belegt, daß das Newtonpotential einer stetigen und beschränkten Funktion nicht zweimal differenzierbar zu sein braucht. Wie in Bemerkung 4.3.2 ausgeführt wird, ist Hölderstetigkeit keineswegs eine minimale Forderung, um die zweimalige Differenzierbarkeit des Newtonpotentials zu erreichen. Die Ergebnisse, die ab Kapitel 5 erzielt werden, zeigen aber in vielfältiger Weise, daß hölderstetige Funktionen äußerst zweckmäßig sind für die Betrachtung klassischer Lösungen allgemeiner elliptischer Differentialgleichungen zweiter Ordnung.

Der Grundgedanke bei der Einführung der Hölderstetigkeit ist, eine nützliche Abschätzung für die Abweichung der Funktionswerte in Abhängigkeit von dem Abstand der Urbildpunkte in die Hand zu bekommen. Konkret wird für Funktionen $u\colon \Omega \to \mathbb{R}$, $\Omega \subseteq \mathbb{R}^N$ offen, gefordert, daß eine Ungleichung der Form[1]

$$|u(x) - u(y)| \leq C|x-y|^\alpha \qquad (C.1)$$

bestehen soll. Damit diese Abschätzung nichttrivial und damit nützlich sein kann, muß festgelegt werden, in welcher Weise die Hölderschranke C und der Hölderexponent α von $x, y \in \Omega$ abhängen dürfen. Die minimale Forderung ist, daß C und α nur lokal gleichmäßig in x und y zu sein brauchen. Dies führt auf den Raum

$$C^H(\Omega) := \{u\colon \Omega \to \mathbb{R}\colon \text{für jedes } K \subset\subset \Omega \text{ gibt es Zahlen } c > 0 \text{ und}$$
$$\alpha \in (0,1] \text{ mit } |u(x) - u(y)| \leq c|x-y|^\alpha \text{ für } x, y \in K\} \qquad (C.2)$$

in Definition 4.1.5 (vgl. auch Aufgabe 4.2 b)). Man beachte, daß nur Werte $\alpha > 0$ von Interesse sind, da wir ja an einer Verschärfung der Stetigkeitsbe-

---

[1] In [156, p. 4] wird der Begriff der Hölderstetigkeit etwas weiter gefaßt.

dingung interessiert sind. Andererseits impliziert eine lokal gleichmäßig bestehende Abschätzung (C.1) für $\alpha > 1$, daß der Gradient von u verschwindet und u somit lokal konstant ist. Es kommen also nur Hölderexponenten $\alpha \in (0,1]$ in Frage, wobei im Fall $\alpha = 1$ der Begriff der Lipschitzstetigkeit anstelle der Hölderstetigkeit gebräuchlich ist. Mit dem Hölderschen Satz 4.2.6 wird das eingangs erwähnte Ergebnis erreicht, daß für $\Omega \subset\subset \mathbb{R}^N$ und für beschränkte $f \in C^H(\Omega)$ das zu Ω und f gehörige Newtonpotential zweimal stetig differenzierbar ist. Um die stete Voraussetzung der Beschränktheit von f nicht eigens erwähnen zu müssen, wird in Definition 4.1.5 noch

$$C_b^H(\Omega) := \{u \in C^H(\Omega) : u \text{ ist beschränkt}\} \tag{C.3}$$

eingeführt.

Beginnend mit Kapitel 5 werden hauptsächlich solche hölderstetigen Funktionen betrachtet, deren Hölderexponent α in ganz Ω einheitlich gewählt werden kann. Dazu führen wir für $u \colon \Omega \to \mathbb{R}$, $\alpha \in (0,1]$ und $V \subseteq \Omega$, die α-Hölderschranke

$$H_{\alpha;V}(u) := \sup_{\substack{x,y \in V \\ x \neq y}} \frac{|u(x) - u(y)|}{|x-y|^\alpha} . \tag{C.4}$$

ein, (vgl. Definition 5.3.1), welche die bestmögliche Konstante C angibt, mit der (C.1) für alle $x, y \in V$ erfüllt ist. Der Raum der lokal gleichmäßig α-hölderstetigen, beziehungsweise im Fall $\alpha = 1$ der lokal gleichmäßig lipschitzstetigen Funktionen auf Ω wird dann durch

$$C^{(\alpha)}(\Omega) := \{u \in C^0(\Omega) : H_{\alpha;K}(u) < \infty \text{ für jedes } K \subset\subset \Omega\} \tag{C.5}$$

in Aufgabe 5.6 eingeführt (vgl. auch (9.1) und Bemerkung C.2 e)). Räume lokal gleichmäßig α-hölderstetiger Funktionen sind gut geeignet, um die innere Regularität von Lösungen elliptischer Differentialgleichungen zu formulieren. Ist z.B. $u \in C^2(\Omega)$ klassische Lösung der Poissongleichung $-\Delta u = f$ für ein $f \in C^{(\alpha)}(\Omega)$, so liegen die zweiten Ableitungen von u ebenfalls in $C^{(\alpha)}(\Omega)$ (vgl. Aufgabe 5.6). Dieses Ergebnis wird in Kapitel 9 auf allgemeine elliptische Differentialgleichungen 2. Ordnung verallgemeinert.

Man kann sich mit Hilfe des Mittelwertsatzes leicht überlegen, daß die bislang definierten Funktionenräume zwischen den Räumen der stetigen und der stetig differenzierbaren Funktionen interpolieren. Genauer wird mit Aufgabe 5.9 b) gezeigt, daß für $\Omega \subseteq \mathbb{R}^N$ offen und $0 < \beta < \alpha \leq 1$ gilt:

$$C^1(\Omega) \subseteq C^{(\alpha)}(\Omega) \subseteq C^{(\beta)}(\Omega) \subseteq C^H(\Omega) \subseteq C^0(\Omega) . \tag{C.6}$$

Aus funktionalanalytischer Sicht sind diejenigen Funktionenräume zu bevorzugen, deren Elemente die Ungleichung (C.1) nicht nur mit einem festen Hölderexponenten sondern auch mit einer festen Hölderschranke C gleichmäßig für alle $x, y \in \Omega$ erfüllen. Dies führt auf

C Hölderstetigkeit

$$\overline{C}^{(\alpha)}(\Omega) := \{u \in C^0(\Omega) : H_{\alpha;\Omega}(u) < \infty\}, \tag{C.7}$$

den Vektorraum der auf Ω gleichmäßig α-hölderstetigen (im Falle $\alpha = 1$: gleichmäßig lipschitzstetigen) Funktionen (s. Definition 5.3.1). Da für jede konstante Funktion u gilt $H_{\alpha;\Omega}(u) = 0$, stellt $H_{\alpha;\Omega}$ keine Norm auf $\overline{C}^{(\alpha)}(\Omega)$ dar. Einen normierten Raum erhält man jedoch, wenn man $\overline{C}^{(\alpha)}(\Omega)$ mit dem Raum $\overline{C}^0(\Omega)$ der stetigen und beschränkten Funktionen schneidet. Wir setzen deshalb

$$\overline{C}^{0,\alpha}(\Omega) := \{u \in C^0(\Omega) : u \text{ beschränkt und } u \in \overline{C}^{(\alpha)}(\Omega)\}. \tag{C.8}$$

Dieser Raum wird mit

$$\|u\|_{\Omega;0,\alpha} := \sup_\Omega |u| + H_{\alpha;\Omega}(u) \tag{C.9}$$

zum normierten Raum (s. Definition 5.3.1, Bemerkung 5.3.5 und Aufgabe 5.8). Man beachte, daß im Fall beschränkter Mengen Ω jede Funktion in $\overline{C}^{(\alpha)}(\Omega)$ beschränkt ist und somit $\overline{C}^{(\alpha)}(\Omega) = \overline{C}^{0,\alpha}(\Omega)$ gilt (vgl. Bemerkung 5.3.2 b)).

Für die funktionalanalytische Betrachtungsweise elliptischer Differentialoperatoren (siehe z.B. Bemerkung 5.3.7 für den Laplaceoperator) benötigen wir noch Räume stetig differenzierbarer Funktionen, deren sämtliche Ableitungen von einem vorgegebenem Grad m gleichmäßig α-hölderstetig sind. Basierend auf den Banachräumen $(\overline{C}^m(\Omega), \|\cdot\|_{\Omega;m})$ mit

$$\overline{C}^m(\Omega) := \left\{u \in C^m(\Omega) : \|u\|_{\Omega;m} := \sum_{|\mu| \leq m} \sup_\Omega |D^\mu u| < \infty\right\} \tag{C.10}$$

(s. Bemerkung 5.6.4), definieren wir für alle $m \in \mathbb{N}_0$

$$\overline{C}^{m,\alpha}(\Omega) := \{u \in \overline{C}^m(\Omega) : H_{\alpha;\Omega}(D^\mu u) < \infty \text{ für alle } |\mu| = m\} \tag{C.11}$$

und versehen diese Räume mit der Norm (vgl. Aufgabe 5.8)

$$\|u\|_{\Omega;m,\alpha} := \|u\|_{\Omega;m} + \sum_{|\mu|=m} H_{\alpha;\Omega}(D^\mu u). \tag{C.12}$$

Man überzeuge sich, daß diese Definition die oben gegebene Definition von $(\overline{C}^{0,\alpha}, \|\cdot\|_{\Omega;0,\alpha})$ im Fall $m = 0$ beeinhaltet (vgl. auch Definition 5.3.1, Bemerkung 5.3.5 und die Einleitung zu Abschnitt 5.5).

Als erstes Resultat über die in (C.11), (C.12) definierten normierten Räume halten wir deren Vollständigkeit fest.

Satz C.1. *Für nichtleeres, offenes $\Omega \subseteq \mathbb{R}^N$, $\alpha \in (0,1]$ und $m \in \mathbb{N}_0$ bildet $\overline{C}^{m,\alpha}(\Omega)$, versehen mit der Norm $\|\cdot\|_{\Omega;m,\alpha}$, einen Banachraum.*

Im dem Satz 5.4.1 wird diese Aussage für $m = 0, 1, 2$ formuliert und für $m = 1$ bewiesen. Der Beweis überträgt sich unmittelbar auf den Fall beliebiger $m \in \mathbb{N}_0$. Eine erste einfache funktionalanalytische Konsequenz der Vollständigkeit dieser Räume wird bereits in Bemerkung 5.3.7 diskutiert.

Bemerkung C.2. a) Produkte und Verkettungen hölderstetiger Funktionen sind wieder hölderstetig. Konkrete Aussagen hierzu finden sich in den Aufgaben 4.2 a), 5.9 c) und 5.10.

b) Im Fall, daß $\Omega = B_R(x_0)$ eine Kugel mit Radius $R > 0$ ist, wird in Bemerkung 5.3.6 für $m = 0, 1, 2$ eine Norm $\|\cdot\|'_{B_R(x_0);m,\alpha}$ auf $\overline{C}^{m,\alpha}(B_R(x_0))$ definiert, welche zu der Standardnorm $\|\cdot\|_{B_R(x_0);m,\alpha}$ äquivalent ist. Die Setzungen in Bemerkung 5.3.6 folgen den allgemeinen Definitionen

$$\|u\|'_{B_R(x_0);m} := \sum_{|\mu| \leq m} R^{|\mu|} \sup_{B_R(x_0)} |D^\mu u|, \qquad (C.13)$$

$$\|u\|'_{B_R(x_0);m,\alpha} := \|u\|'_{B_R(x_0);m} + R^{m+\alpha} \sum_{|\mu|=m} H_{\alpha;B_R(x_0)}(D^\mu u), \quad (C.14)$$

deren wesentlicher Vorteil in der Invarianzeigenschaft

$$\|u\|'_{B_R(x_0);m,\alpha} = \|u \circ Q\|'_{B_1(0);m,\alpha} = \|u \circ Q\|_{B_1(0);m,\alpha} \qquad (C.15)$$

liegt, wobei $Q(x) := Rx + x_0$ eine Abbildung des $\mathbb{R}^N$ bezeichne, welche $B_1(0)$ auf $B_R(x_0)$ abbildet.

c) Aussagen darüber, wie in verschiedenen Situationen globale Höldernormen durch lokale Höldernormen abgeschätzt werden können, finden sich in Aufgabe 5.11, Bemerkung 7.1.5 und im Beweis von Lemma 7.2.3.

d) In Lemma 6.2.4 wird gezeigt, daß $C^\infty(\Omega) \cap \overline{C}^0(\Omega)$ in $\overline{C}^0(\Omega)$ dicht liegt bezüglich der Supremumsnorm $\|\cdot\|_{\Omega;0}$. In Bemerkung 5.4.2 wird darauf verwiesen, daß eine analoge Aussage für Hölderräume $\overline{C}^{m,\alpha}(\Omega)$ mit $0 < \alpha < 1$ nicht gilt und die beliebig oft differenzierbaren Funktionen in diesen nicht dicht liegen. Belegt wird diese Aussage dort am Beispiel des Raums $\overline{C}^{0,1/2}(B_1(0))$.

e) Für nichtleeres und offenes $\Omega \subseteq \mathbb{R}^N$, $m \in \mathbb{N}_0$, $\alpha \in (0,1]$ wird der Raum $C^{m,\alpha}(\Omega)$ der Funktionen, deren Ableitungen vom Grad m allesamt lokal gleichmäßig α-hölderstetig sind, in (9.1) eingeführt. Diese Räume sind für die Formulierung von Resultaten zur inneren Regularität (vgl. Kapitel 9) von besonderem Interesse.

Wir kommen nun zu der Frage, welche Inklusionsrelationen zwischen den verschiedenen Räumen $\overline{C}^m(\Omega)$, $\overline{C}^{n,\alpha}(\Omega)$ gelten. Wir orientieren uns zunächst an der Inklusionskette (C.6). Es ist nicht schwer zu sehen, daß für $m \in \mathbb{N}_0$ und $0 < \beta < \alpha \leq 1$ gilt:

$$\overline{C}^{m,\alpha}(\Omega) \subseteq \overline{C}^{m,\beta}(\Omega) \subseteq \overline{C}^m(\Omega). \qquad (C.16)$$

Zudem sind die zugehörigen Einbettungsoperatoren stetig, da

$$\|u\|_{\Omega;m} \leq \|u\|_{\Omega;m,\beta} \quad \text{für alle } u \in \overline{C}^{m,\beta}(\Omega), \qquad (C.17)$$

$$\|u\|_{\Omega;m,\beta} \leq 3\|u\|_{\Omega;m,\alpha} \quad \text{für alle } u \in \overline{C}^{m,\alpha}(\Omega). \qquad (C.18)$$

Daß die erste Inklusion von (C.6) keine Entsprechung für Räume gleichmäßig hölderstetiger Funktionen zu haben braucht, entnimmt man den Beispielen der Aufgaben 7.3 und 7.4. Dort werden für spezielle $\Omega \subseteq \mathbb{R}^N$ Funktionen konstruiert, die zwar für jedes $\beta \in (0,1]$ in $\overline{C}^{1,\beta}(\Omega)$ und damit in $\overline{C}^1(\Omega)$ liegen, aber für kein $\alpha \in (0,1]$ in $\overline{C}^{0,\alpha}(\Omega)$ enthalten sind. Ein wesentliches Konstruktionsmerkmal dieser Beispiele ist, daß es Folgen von Punktepaaren $(x_n, y_n) \in \Omega \times \Omega$ gibt, deren Abstand gegen Null konvergiert, die aber entweder in verschiedenen Zusammenhangskomponenten von Ω liegen, oder aber die Eigenschaft haben, daß das Infimum l_n der Längen aller in Ω liegenden Wege, die x_n mit y_n verbinden, beliebig groß wird im Vergleich zu $|x_n - y_n|^\alpha$, d.h. $l_n/|x_n - y_n|^\alpha \to \infty$ für $n \to \infty$. In diesen Fällen liefert der Mittelwertsatz keine gleichmäßigen Hölderschranken für den Hölderexponent α.

Um Beispiele dieser Art auszuschließen, wird in Definition 7.3.2 der Begriff des Gebiets endlicher Länge eingeführt. Dort wird gefordert, daß eine Zahl $\omega \geq 1$ existiert mit der Eigenschaft, daß sich zwei Punkte x, y des Gebiets stets durch einen in dem Gebiet verlaufenden stetig differenzierbaren Weg verbinden lassen, dessen Länge $\leq \omega|x - y|$ ist. Man beachte, daß konvexe Mengen diese Eigenschaft mit $\omega = 1$ erfüllen. In Lemma 7.3.3 wird mit Hilfe des Mittelwertsatzes für Gebiete $\Omega \subseteq \mathbb{R}^N$ endlicher Länge und ω wie oben eine Abschätzung gewonnen, aus der unmittelbar die stetige Einbettbarkeit von $\overline{C}^m(\Omega)$ in $\overline{C}^{m-1,\gamma}(\Omega)$ für alle $m \in \mathbb{N}$ und $\gamma \in (0,1]$ folgt mit

$$\|u\|_{\Omega;m-1,\gamma} \leq (1 + N\omega)\|u\|_{\Omega;m} \quad \text{für alle } u \in \overline{C}^m(\Omega) \, . \tag{C.19}$$

Um die gerade beschriebenen Resultate (C.17)–(C.19) zur stetigen Einbettbarkeit prägnant zu formulieren, führen wir den Begriff des Grades für die Räume $\overline{C}^m(\Omega)$ und $\overline{C}^{m,\alpha}(\Omega)$ ein.

Definition C.3. *Seien $m \in \mathbb{N}_0$, $\alpha \in (0,1]$ und $\Omega \subseteq \mathbb{R}^N$ eine offene, nichtleere Menge. Dann ordnen wir dem Raum $\overline{C}^m(\Omega)$ den Grad m zu und dem Raum $\overline{C}^{m,\alpha}(\Omega)$ den Grad $m + \alpha$.*

Die Abschätzungen (C.17)–(C.19) zusammen mit

$$\|u\|_{\Omega;m} \leq \|u\|_{\Omega;n} \quad \text{für alle } u \in \overline{C}^n(\Omega)$$

im Falle $m \leq n$ beweisen folgenden Satz.

Satz C.4. *Sei $\Omega \subseteq \mathbb{R}^N$ ein nichtleeres Gebiet von endlicher Länge.*

a) Seien $X, Y \in \{\overline{C}^{m,\gamma}(\Omega): m \in \mathbb{N}_0, \, 0 < \gamma \leq 1\} \cup \{\overline{C}^m(\Omega): m \in \mathbb{N}_0\}$ mit Grad $X <$ Grad Y. Dann gilt $Y \subseteq X$, und der Einbettungsoperator $T: Y \to X$, $u \mapsto u$ ist stetig.

b) Für $m \in \mathbb{N}_0$ gilt $\overline{C}^{m+1}(\Omega) \subseteq \overline{C}^{m,1}(\Omega)$, und der zugehörige Einbettungsoperator ist stetig.

Weiß man in der Situation von Satz C.4 a) noch zusätzlich, daß Ω beschränkt ist, so folgt sogar schon die Kompaktheit des Einbettungsoperators $T: Y \to X$. Dies bedeutet, daß jede in Y beschränkte Folge eine in X konvergente Teilfolge besitzt. Wir formulieren diesen häufig verwendeten Sachverhalt, der in einem Spezialfall bereits in Satz 5.5.2 bewiesen wurde, in

C Hölderstetigkeit

Satz C.5. *Sei $\Omega \subset\subset \mathbb{R}^N$ ein Gebiet von endlicher Länge und seien*

$$X, Y \in \{\overline{C}^{m,\gamma}(\Omega) : m \in \mathbb{N}_0,\ 0 < \gamma \leq 1\} \cup \{\overline{C}^m(\Omega) : m \in \mathbb{N}_0\}$$

mit Grad X < Grad Y. Dann ist der Einbettungsoperator $T : Y \to X$ kompakt.

Da Kompositionen von kompakten und stetigen Operatoren wieder kompakt sind, genügt es wegen Satz C.4, folgenden Spezialfall zu betrachten.

Lemma C.6. *Es seien $\Omega \subset\subset \mathbb{R}^N$ ein nichtleeres Gebiet von endlicher Länge und $m \in \mathbb{N}_0$. Dann ist für $0 < \beta < \gamma \leq 1$ die Einbettung von $\overline{C}^{m,\gamma}(\Omega)$ in $\overline{C}^{m,\beta}(\Omega)$ kompakt.*

Beweis. Sei (u_n) beschränkte Folge in $\overline{C}^{m,\gamma}(\Omega)$. Wir zeigen zunächst, daß für jeden Multiindex $|\mu| \leq m$ der Satz von Arzelà und Ascoli auf die Folge $(D^\mu u_n)$ angewendet werden kann. Die gleichgradige Beschränktheit dieser Folgen ergibt sich unmittelbar aus der Beschränktheit der $\|u_n\|_{\Omega;m,\gamma}$. Zudem können wir die gleichgradige gleichmäßige Stetigkeit der $(D^\mu u_n)$ auf Ω und damit auch auf $\overline{\Omega}$ im Falle $|\mu| = m$ aus der Beschränktheit der $(H_{\gamma;\Omega}(D^\mu u_n))$ folgern und im Falle $|\mu| < m$ aus der wegen Satz C.4 geltenden Beschränktheit der $(H_{1;\Omega}(D^\mu u_n))$. Da Ω als beschränkt vorausgesetzt wurde und $\overline{\Omega}$ somit kompakt ist, vermittelt der Satz von Arzelà und Ascoli durch sukzessive Teilfolgenbildung die Existenz einer Teilfolge (u'_n), von (u_n) mit der Eigenschaft, daß $(D^\mu u'_n)$ für jeden Multiindex $|\mu| \leq m$ auf Ω gleichmäßig konvergiert. Insbesondere stellt (u'_n) somit eine Cauchyfolge in $\overline{C}^m(\Omega)$ dar. Wegen der Vollständigkeit des Raumes $\overline{C}^{m,\beta}(\Omega)$ (s. Satz C.1) genügt es zu zeigen, daß für $|\mu| = m$

$$H_{\beta;\Omega}(D^\mu u'_k - D^\mu u'_n) \to 0 \quad \text{für } k, n \to \infty \tag{C.20}$$

gilt. Um dies einzusehen, betrachten wir die Identität

$$\left(\frac{|u(x) - u(y)|}{|x-y|^\beta}\right)^\gamma = |u(x) - u(y)|^{\gamma-\beta} \left(\frac{|u(x) - u(y)|}{|x-y|^\gamma}\right)^\beta,$$

welche für $u \in \overline{C}^{0,\gamma}(\Omega)$ auf die Ungleichung

$$H_{\beta;\Omega}(u)^\gamma \leq (2\|u\|_{\Omega;0})^{\gamma-\beta} H_{\gamma;\Omega}(u)^\beta$$

führt. Wählt man $u = D^\mu u'_k - D^\mu u'_n$ für ein $|\mu| = m$, so ergibt sich aus der bereits gezeigten Konvergenz

$$\|D^\mu u'_k - D^\mu u'_n\|_{\Omega;0} \to 0 \quad \text{für } k, n \to \infty$$

die gewünschte Aussage (C.20). □

Bemerkung C.7. a) Im Beweis von Lemma C.6 wurde die Voraussetzung, daß Ω ein Gebiet endlicher Länge ist, nur dazu benutzt, um für $|\mu| < m$ die Beschränktheit der Folge $(D^\mu u_n)$ in $\overline{C}^{0,1}(\Omega)$ und damit deren gleichgradige gleichmäßige Stetigkeit nachzuweisen. Die Aussage, daß $\overline{C}^{0,\gamma}(\Omega)$ kompakt in $\overline{C}^{0,\beta}(\Omega)$ enthalten ist für $0 < \beta < \gamma \leq 1$, gilt somit für beliebige $\Omega \subset\subset \mathbb{R}^N$.

b) Die Aussage von Satz C.5 gilt auch, wenn von $\Omega \subset\subset \mathbb{R}^N$ vorausgesetzt wird, daß der Rand $\partial\Omega$ hinreichend regulär ist. Für uns ist hier insbesondere der Fall $\partial\Omega \in C^{2,\alpha}$ interessant. In Bemerkung 7.3.6 wird darauf hingewiesen, daß in diesem Fall die Aussage von Satz C.5 gültig ist. Man kann dies begründen, indem man zunächst mit Bemerkung 7.1.5 a) und Satz 7.3.5 überlegt, daß Ω aus endlichvielen Zusammenhangskomponenten besteht, die alle Gebiete endlicher Länge sind. Wendet man nun Satz C.5 sukzessive auf jede dieser Zusammenhangskomponenten an, so folgt mit Bemerkung 7.1.5 c), daß jede in Y beschränkte Folge eine in X konvergente Teilfolge besitzt.

Symbolverzeichnis

$\frac{\partial}{\partial \xi}$	Differentiation in Richtung des Vektors ξ	99
$\frac{\partial}{\partial \nu}$	Differentiation in Richtung der äußeren Einheitsnormalen	8
$\langle \cdot, \cdot \rangle$	Standardskalarprodukt auf $L^2(\Omega)$	308
$\langle \cdot, \cdot \rangle_{1,2}$	Standardskalarprodukt auf $H^{1,2}(\Omega) = H^1(\Omega)$	308
$\langle f, g \rangle_\Omega$	$\int_\Omega f(x) g(x)\,dx$	48
$a \cdot b$	Standardskalarprodukt im $\mathbb{R}^N$	8
$\lvert \cdot \rvert$	Euklidische Norm in $\mathbb{R}^N$	3
$\lVert \cdot \rVert_{\Omega;m}$	Norm auf $\overline{C}^m(\Omega)$	199
$\lVert \cdot \rVert'_{B;m}$	Norm auf $\overline{C}^m(B)$ mit Invarianzeigenschaft; $B \subseteq \mathbb{R}^N$ Kugel	366
$\lVert \cdot \rVert_{\Omega;m,\alpha}$	Norm auf $\overline{C}^{m,\alpha}(\Omega)$	192
$\lVert \cdot \rVert'_{B;m,\alpha}$	Norm auf $\overline{C}^{m,\alpha}(B)$ mit Invarianzeigenschaft; $B \subseteq \mathbb{R}^N$ Kugel	366
$\lVert \cdot \rVert_\infty$	Supremumsnorm auf $\overline{C}^0(D, \mathbb{C})$	211
$\lVert \cdot \rVert_*$	Norm auf $C^0_*(D, \mathbb{C})$	224
$\lVert \cdot \rVert_{*,1}$	Norm auf $C^1_*(\Omega, \mathbb{C})$	227
$\lVert \cdot \rVert$	Abkürzung für die Norm $\lVert \cdot \rVert_2$ auf $L^2(\Omega)$	308
$\lVert \cdot \rVert_p$	Norm auf $L^p(\Omega)$	307
$\lVert \cdot \rVert_{m,p}$	Norm auf $H^{m,p}(\Omega)$	307
$f * g$	Faltung der Funktionen f und g	347
$A \subset\subset B$	A kompakt enthalten in B	8
∇	Gradient	2
$\mathcal{O}$	Landausymbol	3
Δ	Laplaceoperator	19
$\varrho(A)$	Resolventenmenge des Operators A	209
$\sigma(A)$	Spektrum des Operators A	210
$\mathcal{X}_A$	Charakteristische Funktion der Menge A	145
ω_N	Flächeninhalt der Einheitssphäre in $\mathbb{R}^N$	357

Symbolverzeichnis

$B_r(x)$	offene Kugel in $\mathbb{R}^N$ mit Mittelpunkt x und Radius $r > 0$ 21
$\dot{B}_R(x)$	punktierte Kugel $B_R(x) \setminus \{x\}$ 54
$B_r(x, \mathbb{C}^N)$	offene Kugel in $\mathbb{C}^N$ mit Mittelpunkt x und Radius $r > 0$ 38
$C^0(D)$	Raum der auf D stetigen Funktionen 9
$C^0(D, \mathbb{C})$	Raum der auf D stetigen, komplexwertigen Funktionen 100
$\overline{C}^0(D, \mathbb{C})$	Raum der beschränkten Funktionen in $C^0(D, \mathbb{C})$ 211
$C^0_*(D, \mathbb{C})$	Raum der Funktionen u aus $C^0(D, \mathbb{C})$, für die $u \cdot \text{dist}(\cdot, \partial D)$ beschränkt ist 224
$C^1_*(\Omega, \mathbb{C})$	Raum der beschränkten Funktionen in $C^1(\Omega, \mathbb{C})$, für die $u_{x_i} \cdot \text{dist}(\cdot, \partial \Omega)$ für alle partiellen Ableitungen 1. Ordnung beschränkt ist 227
$C^k(\Omega)$	Raum der auf Ω k-mal stetig differenzierbaren Funktionen; $\Omega \subseteq \mathbb{R}^N$ offen 9
$C^k_c(\Omega)$	Raum der Funktionen in $C^k(\Omega)$ mit kompaktem Träger, der in Ω enthalten ist 48
$\overline{C}^m(\Omega)$	Raum der Funktionen in $C^m(\Omega)$, deren partiellen Ableitungen bis zur Ordnung m beschränkt sind 199
$C^k(\Omega, \mathbb{C})$	Raum der auf Ω k-mal stetig differenzierbaren, komplexwertigen Funktionen; $\Omega \subseteq \mathbb{R}^N$ offen 100
$C^\infty(\Omega)$	Raum der auf Ω beliebig oft differenzierbaren Funktionen; $\Omega \subseteq \mathbb{R}^N$ offen 21
$C^\infty(\Omega, \mathbb{C})$	Raum der auf Ω beliebig oft differenzierbaren, komplexwertigen Funktionen; $\Omega \subseteq \mathbb{R}^N$ offen 215
$C^\infty_c(\Omega)$	Raum der Funktionen in $C^\infty(\Omega)$ mit kompaktem Träger, der in Ω enthalten ist 11
$C^\infty_c(\Omega, \mathbb{C})$	Raum der Funktionen in $C^\infty(\Omega, \mathbb{C})$ mit kompaktem Träger, der in Ω enthalten ist 215
$C^H(\Omega)$	Raum der auf Ω lokal hölderstetigen Funktionen 106
$C^H_b(\Omega)$	Raum der beschränkten Funktionen in $C^H(\Omega)$ 106
$C^H(\Omega, \mathbb{C})$	Raum der auf Ω lokal hölderstetigen, komplexwertigen Funktionen 225
$C^H_b(\Omega, \mathbb{C})$	Raum der beschränkten Funktionen in $C^H(\Omega, \mathbb{C})$ 212
$C^{(\alpha)}(\Omega)$	Raum der auf Ω lokal gleichmäßig α-hölderstetigen Funktionen 203
$\overline{C}^{(\alpha)}(\Omega)$	Raum der auf Ω gleichmäßig α-hölderstetigen Funktionen 174
$C^{m,\alpha}(\Omega)$	Raum der Funktionen in $C^m(\Omega)$, deren partiellen Ableitungen der Ordnung m lokal gleichmäßig α-hölderstetig sind 282
$\overline{C}^{m,\alpha}(\Omega)$	Raum der Funktionen in $C^m(\Omega)$, deren partiellen Ableitungen bis zur Ordnung m beschränkt sind, wobei die Ableitungen der Ordnung m sämtlich in $\overline{C}^{(\alpha)}(\Omega)$ liegen 192

… Symbolverzeichnis 373

$\overline{C}_0^{m,\alpha}(\Omega)$	Raum der Funktionen in $\overline{C}^{m,\alpha}(\Omega)$, die sich stetig auf $\overline{\Omega}$ fortsetzen lassen und deren Fortsetzung auf $\partial\Omega$ verschwindet 198
$C^{2,\alpha}$	Regularitätsbedingung an den Rand einer offenen Teilmenge des $\mathbb{R}^N$ 234
$D(\cdot)$	Dirichletintegral 95
$D(\cdot,\cdot)$	zum Dirichletintegral gehörende Bilinearform 308
$D(A)$	Definitionsbereich des Operators A 209
D^α	partielle Ableitung zum Multiindex $\alpha \in \mathbb{N}_0^N$ 164
D^k	beliebige partielle Ableitung der Ordnung k 23
diam Ω	Durchmesser der Menge Ω 46
dist(A,B)	Abstand zwischen den Mengen A und B 24
dist(x,A)	Abstand des Punktes x von der Menge A 24
div F	Divergenz des Vektorfeldes F 92
E	offene Einheitskreisscheibe in der Ebene 62
G	Greensche Funktion für Ω und den Laplaceoperator 118
G	Greensche Funktion für Ω und den Operator $-\Delta+1$ 154
Grad	Maß für die Differenzierbarkeitsordnung der Räume $\overline{C}^m(\Omega)$ und $\overline{C}^{m,\alpha}(\Omega)$ 367
grad	Gradient 2
Hf	Hessematrix der Funktion f 239
$H_{\alpha;\Omega}(u)$	α-Hölderschranke von u auf Ω 174
$H^1(\Omega)$	Abkürzung für $H^{1,2}(\Omega)$ 308
$H_0^1(\Omega)$	Abkürzung für $H_0^{1,2}(\Omega)$ 308
$H^{m,p}(\Omega)$	Sobolevraum 307
$H_0^{m,p}(\Omega)$	Abschließung von $C_c^\infty(\Omega)$ in $(H^{m,p}(\Omega), \|\cdot\|_{m,p})$ 307
I_ν	modifizierte Besselfunktion 1. Art 157
J_ν	Besselsche Funktion ν-ter Ordnung 40
$\mathbb{K}$	Körper der reellen oder der komplexen Zahlen 209
K_ν	modifizierte Besselfunktion 2. Art 151
$K^{2,\alpha}$	Regularitätsbedingung an den Rand einer offenen Teilmenge des $\mathbb{R}^N$ 240
$K^{(m,n)}$	Raum der $m\times n$ Matrizen mit Einträgen in K 188
$L^p(\Omega)$	Raum der Funktionen in $L_{\text{loc}}^1(\Omega)$ mit $\int_\Omega |f|^p < \infty$ 307
$L_{\text{loc}}^1(\Omega)$	Raum der auf Ω lokal Lebesgue-integrierbaren Funktionen 304
N_ν	Neumannsche Funktion ν-ter Ordnung 40
$N(A)$	Nullraum des Operators A 209
P_B	Poissonkern für B 66
Q_B	Operator, der für die Perronsche Methode wesentlich ist 67
$R(A,\lambda)$	Resolvente des Operators A an der Stelle $\lambda \in \varrho(A)$ 210
S	Singularitätenfunktion, Grundlösung zum Laplaceoperator 104
S	Singularitätenfunktion, Grundlösung zu $-\Delta+1$ 150

S^{N-1}	Einheitssphäre in $\mathbb{R}^N$	357
Spur (M)	Summe der Diagonaleinträge von M	55
$s_\mu(u)$	starke μ-te Ableitung von u	307
supp f	Träger von $f = \overline{\{x\colon f(x) \neq 0\}}$	108
M^t	zu M transponierte Matrix	185
vol(Ω)	Volumen von Ω	214
$W(A)$	Wertebereich des Operators A	209
$W^{m,p}(\Omega)$	Sobolevraum	327
$w_\mu(u)$	schwache μ-te Ableitung von u	305

Literaturverzeichnis

1. M. Abramowitz and I.A. Stegun, *Handbook of Mathematical Functions*. Dover 1965. 40
2. R.A. Adams and J.J.F. Fourier, *Sobolev Spaces*. New York: Academic Press 2003 (gegenüber der 1. Auflage von 1975 stark verändert). 327
3. N.I. Akhiezer and I.G. Petrowsky, *Contributions of S.N. Bernstein to the theory of partial differential equations*. In: I.G. Petrowsky, Selected Works, Part II, 172–191. Gordon and Breach 1996. (Das russische Original erschien in Uspekhi Mat. Nauk 16:2, 5–20, 1961.) 297
4. J. Andrade, *Les fonctions de Green et leurs dérivées sur la frontière*. Archives des Sciences Physiques et Naturelles (4) 21, 22–35, 1906. 128
5. Apollonius von Perga, *Kegelschnitte*. Bücher I–IV. Freie deutsche Übers. von A. Czwalina unter dem Titel „Die Kegelschnitte des Apollonios". München: Oldenbourg 1926. 45
6. D.H. Armitage and S.J. Gardiner, *Classical Potential Theory*. London: Springer 2002. 64
7. N. Aronszajn, *Boundary values of functions with finite Dirichlet integral*. In: Conf. on Partial Differential Equations, Univ. Kansas, Summer 1954. Studies in Eigenvalue Problems. Technical Report 14, 77–93, 1955. 337
8. C. Arzelà, *Sul principio di Dirichlet. Rendiconti delle sessioni dell'Academia delle scienze dell'Istituto di Bologna*. (n.s.) 1, 71–84, 1896/97. 12
9. S. Axler, P. Bourdon, and W. Ramey, *Harmonic Function Theory*. New York: Springer² 2001. 64, 89, 170
10. M. Bacharach, *Abriss der Geschichte der Potentialtheorie*. Würzburg: Thein'sche Druckerei (Stürtz) 1883. 7
11. R.B. Barrar, *On Schauder's paper on linear elliptic differential equations*. J. Math. Anal. Appl. 3, 171–195, 1961. 263
12. H. Bauer, *Harmonic spaces – a survey*. Conf. Semin. Mat. Bari 197, 34 p., 1984. 1
13. A. Beer, *Allgemeine Methode zur Bestimmung der elektrischen und magnetischen Induction*. Ann. Phys. Chemie 98, 137–142, 1856. 15
14. G.F. Becker, *„Potential", a Bernoullian term*. Amer. J. Science (3) 45, 97–100, 1893. 7
15. E. Beltrami, *Ricerche di analisi applicata alla geometria*. Giornale di Matematiche 2, 355–375, 1864. (= Opere Matematiche, t. I, 140–159. Milano: U. Hoepli 1902.) 90

16. D. Bernoulli, *Remarques sur le principe de la conservation des forces vives pris dans un sens général.* Histoire de l'Académie Royale des Sciences et des Belles Lettres de Berlin. Année 1748 (1750), 356–364. (= Werke Bd. 3, 197–206. Basel: Birkhäuser 1987. Deutsche Übers. in: Ph. E.B. Jourdain (Hrsg.), Abhandlungen über jene Grundsätze der Mechanik, die Integrale der Differentialgleichungen bilden. Ostwald's Klassiker der exakten Wissenschaften Nr. 191. Leipzig: Engelmann 1914.)   2
17. S. Bernstein, *Sur la nature analytique des solutions des équations aux dérivées partielles du second ordre.* Math. Ann. 59, 20–76, 1904. (Comptes-Rendus-Note 137, 778–781, 1903.)   297
18. S. Bernstein, *Sur la généralisation du problème de Dirichlet. (Deuxième partie.)* Math. Ann. 69, 82–136, 1910.   33, 46, 191, 297
19. M. Bôcher, *Singular points of functions which satisfy partial differential equations of the elliptic type.* Bull. Amer. Math. Soc. 9, 455–465, 1903. 28, 170
20. M. Bôcher, *On harmonic functions in two dimensions.* Proc. Amer. Acad. Arts and Sciences 41, 577–583, 1906.   21, 300
21. S. Bochner, *Remarks on the theorem of Green.* Duke Math. J. 3, 334–338, 1937. (= Collected Papers of Salomon Bochner, Part 3, 341–345. Providence; R.I: Amer. Math. Soc. 1992.)   353
22. S. Bochner, *Linear partial differential equations, with constant coefficients.* Ann. of Math. (2) 47, 202–212, 1946. (= Collected Papers of Salomon Bochner, Part 3, 627–637. Providence, RI: Amer. Math. Soc. 1992.)   302
23. O. Bolza, *Vorlesungen über Variationsrechnung.* Leipzig und Berlin: Teubner 1909.   303
24. G. Bouligand, *Domaines infinis et cas d'exception du problème de Dirichlet.* C.R. Acad. Sci. Paris 178, 1054–1057, 1924.   73
25. H.E. Bray, *Proof of a formula for an area.* Bull. Amer. Math. Soc. 29, 264–270, 1923.   346
26. M. Brelot, *Familles de Perron et problème de Dirichlet.* Acta Litt. Scient. Sect. Sci. Math. Szeged 9, 133–153, 1938/39.   70
27. M. Brelot, *Über die Beiträge Christoffels zur Potentialtheorie.* In: E.B. Christoffel. The Influence of his work on Mathematics and the Physical Sciences, pp. 367–377. Basel: Birkhäuser 1981 (P.L. Butzer, F. Fehér eds). 78
28. R. Brenneke, *Die Verdienste Leonhard Eulers um den Potentialbegriff.* Z. Phys. 25, 42–45, 1924.   7
29. A. Brill, M. Noether, *Die Entwicklung der Theorie der algebraischen Functionen in älterer und neuerer Zeit.* Jahresber. Deutsch. Math.-Ver. 3, 107–566, 1892/93 (1894).   12
30. F.E. Browder, *The Dirichlet problem for linear elliptic equations of arbitrary even order with variable coefficients.* Proc. Nat. Acad. Sci. U.S.A. 38, 230–235, 1952.   316
31. H. Burkhardt, W. Franz Meyer, *Potentialtheorie.* Enc. Math. Wiss. II A 7b, 464–503. Leipzig: Teubner 1900.   7
32. R. Caccioppoli, *Un teorema generale sull' esistenza di elementi uniti in una trasformazione funzionale.* Atti Accad. Naz. Lincei. Rend. Cl. sci. fis. mat. nat. (6) 11, 794–799, 1930. (= Renato Caccioppoli, Opere, Vol. II, 23–29. Roma: Edizioni Cremonese 1963.)   263

33. R. Caccioppoli, *Sulle equazioni ellittiche a derivate parziali con n variabli indipendenti.* Atti Accad. Naz. Lincei. Rend. Cl. sci. fis. mat. nat. (6) 19, 83–89, 1934. (= Opere, Vol. II, 98–105.) 263
34. R. Caccioppoli, *Sui teoremi d'esistenza di Riemann.* Rend. Accad. Sci. Fis. Mat. Napoli (4) 4, 49–54, 1934. (Mit Korrektur in: Opere, Vol. II, 106–112.) 318
35. R. Caccioppoli, *Sui teoremi d'esistenza di Riemann.* Ann. Scuola Norm. Sup. Pisa 7, 177–187, 1938. (= Opere, Vol. II, 178–191.) 318
36. S. Campanato, *Proprietà di hölderianità di alcune classi di funzioni.* Ann. Scuola Norm. Sup. Pisa (3) 17, 175-188, 1963. 134
37. T. Carleman, *Sur les équations intégrales singulières à noyau réel et symétrique.* Uppsala: Almquist & Wiksells 1923. 48
38. T. Carleman, *Sur les systèmes linéaires aux dérivées partielles du premier ordre à deux variables.* C.R. Acad. Sci. Paris 197, 471–474, 1933. (= Édition Complète Des Articles De Torsten Carleman, 447–449. Malmö: Litos Reprotryck 1960.) 47
39. E.B. Christoffel, *Zur Theorie der einwerthigen Potentiale.* J. Reine Angew. Math. 64, 321–368, 1865. 78
40. G. Cimmino, *Nuovo tipo di condizione al contorno e nuovo metodo di trattazione per il problema generalizzato di Dirichlet.* Rend. Circ. Mat. Palermo 61, 177–221, 1937. 303
41. G. Cimmino, *Sul problema generalizzato di Dirichlet per l'equazione di Poisson.* Rend. Sem. Mat. Univ. Padova 11, 28–89, 1940. 303
42. H.O. Cordes, *Über die eindeutige Bestimmtheit der Lösungen elliptischer Differentialgleichungen durch Anfangsvorgaben.* Nachr. Akad. Wiss. Göttingen Math.-Phys. Kl. II a (1956) 239–258. 48
43. H.O. Cordes, *Über die erste Randwertaufgabe bei quasilinearen Differentialgleichungen zweiter Ordnung in mehr als zwei Variablen.* Math. Ann. 131, 278–312, 1956. 48, 134, 279
44. H.O. Cordes, *Vereinfachter Beweis der Existenz einer Apriori-Hölderkonstanten.* Math. Ann. 138, 155–178, 1959. 279
45. R. Courant und D. Hilbert, *Methoden der Mathematischen Physik I.* Berlin: Springer ^{3}1968 (deutsche Erstaufl. 1924, amer. Ausgabe 1953). 53
46. R. Courant und D. Hilbert, *Methoden der Mathematischen Physik II.* Berlin: Springer ^{2}1968 (deutsche Erstaufl. 1937, eine stark veränderte amer. Ausgabe erschien 1962). 15, 233, 302, 303, 337
47. E. De Giorgi, *Sulla differenziabilità e l' analiticità delle estremali degli integrali multipli regolari.* Mem. Accad. Sci. Torino Cl. Sci. Fis. Mat. Natur. (3) 3, 25–43, 1957. 298
48. J. Deny et J.L. Lions, *Les espaces du type de Beppo Levi.* Ann. Inst. Fourier (Grenoble) 5, 305–370, 1953/54 (1955). 328
49. J. Dieudonné, *Sur les fonctions continues numériques définies dans un produit de deux espaces compacts.* C.R. Acad. Sci. Paris 205, 593–595, 1937. 353
50. U. Dini, *Sopra la serie di Fourier.* Annali delle Università Toscane. Scienze Cosmologiche 14, 161–176, 1874. 118
51. P.G. Lejeune-Dirichlet, *Vorlesungen über die im umgekehrten Verhältniss des Quadrats der Entfernung wirkenden Kräfte.* (hrsgeg. von F. Grube). Leipzig: Teubner 1876. 11

52. J.L. Doob, *Classical Potential Theory and Its Probabilistic Counterpart.* New York: Springer 1984. 1, 13
53. A. Douglis and L. Nirenberg, *Interior estimates for elliptic systems of partial differential equations.* Comm. Pure Appl. Math. 8, 503–538, 1955. 281
54. P. Du Bois-Reymond, *Ueber lineare partielle Differentialgleichungen zweiter Ordnung.* J. Reine Angew. Math. 104, 241–301, 1889. 45
55. P. Du Bois-Reymond, *Ueber die Fourierschen Reihen.* Nachr. Kgl. Ges. Wiss. und der Georg-Augusts-Universität Göttingen (1873) 571–584. 63
56. P. Du Bois-Reymond, *Untersuchungen über die Convergenz und Divergenz der Fourierschen Darstellungsformeln.* Abh. der Math.-Phys. Cl. Kgl. Bayerische Akad. Wiss. 12. Bd., 2. Abt., I–XXIV, 1–102, 1876. (Auch in: Philip E.B. Jourdain (Hrsg.), Abhandlung über die Darstellung der Funktionen durch trigonometrische Reihen (1876) von Paul du Bois-Reymond. Ostwald's Klassiker der exakten Wissenschaften Nr. 186. Leipzig: Engelmann 1913.) 117
57. S. Earnshaw, *On the nature of the molecular forces which regulate the constitution of the luminiferous ether.* Trans. Cambridge Philos. Soc. 7, 97–112, 1839 (1842). 31
58. M.S.P. Eastham and H. Kalf, *Schrödinger-Type Operators with Continuous Spectra.* Research Notes in Math. 65. Boston: Pitman 1982. 53
59. G. Ehrling, *On a type of eigenvalue problems for certain elliptic differential operators.* Math. Scand. 2, 267–285, 1954. 193
60. D.M. Eĭdus, *Abschätzungen der Ableitungen der Greenschen Funktion (Russ.).* Dokl. Akad. Nauk SSSR (N.S.) 106, 207–209, 1956. 127
61. D.M. Eĭdus, *Ungleichungen für die Greensche Funktion (Russ.).* Mat. Sb. (N.S.) 45 (87), 455–470, 1958. 127
62. J. Elstrodt, *Maß- und Integrationstheorie.* Berlin: ^{4}Springer 2005. 322, 355
63. L. Euler, *Principia motus fluidorum.* Novi commentarii academiae scientiarum imperialis Petropolitanae 6, 271–311, 1756/7 (1761). (= Opera Omnia (2) 12, 133–168. Lausanne: Orell Füssli Turici 1954.) 5
64. L.C. Evans, *Partial Differential Equations.* Graduate Studies in Mathematics 19. Providence R.I.: Amer. Math. Soc. 1998. 330
65. G. Fichera, *Linear elliptic differential systems and eigenvalue problems.* Lecture Notes in Mathematics 8. Berlin: Springer 1965. 193
66. G.B. Folland, *Introduction to Partial Differential Equations.* Princeton: University Press ^{2}1995 (gegenüber der 1. Auflage von 1976 stark verändert). 16, 307, 314, 316, 319, 330
67. W. Forster, *J. Schauder – Fragments of a portrait.* In: Numerical Solution of Highly Nonlinear Problems. Symp. Southampton, July 3–5, 1979, pp. 417 –425. Amsterdam: North-Holland 1980 (W. Forster ed.). 263, 264
68. W. Forster, *Juliusz Pawel Schauder.* In: Dictionary of Scientific Biography, Vol. 18, 782–783. New York: Scribner's 1981. 264
69. L.E. Fraenkel, *Formulae for high derivatives of composite functions.* Math. Proc. Cambridge Phil. Soc. 83, 159–165, 1978. 297
70. M. Fréchet und A. Rosenthal, *Funktionenfolgen.* Enc. Math. Wiss. II C 9 c, 1136–1185. Leipzig: Teubner 1923–1927. 345
71. I. Fredholm, *Sur une nouvelle méthode pour la résolution du problème de Dirichlet.* Öfversigt Kongl. Vetenskaps–Akademiens Förhandlingar 57, 39–

46, 1900. (= Oeuvres complètes de Ivar Fredholm, 61–68. Malmö: Litos Reprotryck 1955.) 16, 208
72. I. Fredholm, *Sur une classe d'équations fonctionelles.* Acta Math. 27, 365–390, 1903. (= Oeuvres 81–106.) 16, 208
73. K. Friedrichs, *Spektraltheorie halbbeschränkter Operatoren und Anwendung auf die Spektralzerlegung von Differentialoperatoren II.* Math. Ann. 109, 685–713, 1933/34 (Berichtigung ibid. 110, 777–779, 1934/35). (= Kurt Otto Friedrichs, Selecta, Vol. 2, 34–62, 63–65, Boston: Birkhäuser 1986.) 303, 345
74. K. Friedrichs, *On differential operators in Hilbert spaces.* Amer. J. Math. 61, 523–544, 1939. 302, 303, 307, 318, 345
75. K.O. Friedrichs, *The identity of weak and strong extensions of differential operators.* Trans. Amer. Math. Soc. 55, 132–151, 1944. (= Selecta, Vol. 1, 118–137. Boston: Birkhäuser 1986.) 346
76. K.O. Friedrichs, *On the differentiability of the solutions of linear elliptic differential equations.* Comm. Pure Appl. Math. 6, 299-325, 1953. (= Selecta, Vol. 1, 196–223.) 330
77. L. Gårding, *On a lemma by H. Weyl.* Kungl. Fysiografiska Sällskapets i Lund Förhandlingar 20, 250–253, 1950. 318
78. L. Gårding, *Dirichlet's problem for linear elliptic partial differential equations.* Math. Scand. 1, 55–72, 1953 (Comptes-Rendus-Note 233, 1554–1556, 1951). 316, 317
79. C.F. Gauss, *Theoria attractionis corporum sphaeroidicorum ellipticorum homogeneorum methodo nova tractata.* Commentationes societatis regiae scientiarum Gottingensis recentiores 2, 1813 (1811-13), 24 p. (= Werke, Bd. 5, 1–22, Kgl. Ges. Wiss. Göttingen 1867. Eine deutsche Übersetzung findet sich in [330].) 355
80. C.F. Gauss, *Allgemeine Auflösung der Aufgabe: die Theile einer gegebnen Fläche auf einer andern gegebnen Fläche so abzubilden, daß die Abbildung dem Abgebildeten in den kleinsten Theilen ähnlich wird.* Astr. Abh. 3, 1–30, 1825. (= Werke, Bd. 4, 193–216, Kgl. Ges. Wiss. Göttingen 1880, und in: A. Wangerin (Hrsg.), Über Kartenprojektion. Abhandlungen von Lagrange (1779) und Gauss (1822). Ostwald's Klassiker der exakten Wissenschaften Nr. 55. Leipzig: Engelmann 1894.) 184
81. C.F. Gauss, *Allgemeine Lehrsätze in Beziehung auf die im verkehrten Verhältnisse des Quadrats der Entfernung wirkenden Anziehungs- und Abstossungs-Kräfte.* Resultate aus den Beobachtungen des magnetischen Vereins im Jahre 1839, 1–51 (Leipzig 1840). (= Werke, Bd. 5, 197–242, und Ostwald's Klassiker der exakten Wissenschaften Nr. 2. Leipzig: Engelmann 1889.) V, 6, 7, 11, 21, 31, 37
82. B. Giesecke, *Zum Dirichletschen Prinzip für selbstadjungierte elliptische Differentialoperatoren* Math. Z. 86, 54–62, 1964/65. 92, 96
83. D. Gilbarg and N.S. Trudinger, *Elliptic Partial Differential Equations of Second Order.* Berlin: Springer ^{2}1983. 173, 233, 263, 274, 279, 281, 297
84. C. Stewart Gillmor, *Coulomb and the Evolution of Physics and Engineering in Eighteenth-Century France.* Princeton: University Press 1971. 6
85. L.M. Graves, *The Estimates of Schauder, and Their Application to Existence Theorems for Elliptic Differential Equations.* University of Chicago Technical Report 1956, 67 p. 263

86. G. Green, *An Essay on the Application of Mathematical Analysis to the Theories of Electricity and Magnetism.* viii+72 p. Nottingham T. Wheelhouse 1828. (= Mathematical Papers, 1–115. New York: Chelsea Publ. Co. 1970, Nachdruck der Erstausgabe von 1871. Deutsche Übersetzung in Ostwald's Klassiker der exakten Wissenschaften Nr. 61. Leipzig: Engelmann 1895.)   7, 10, 89, 123

87. G. Green, *On the determination of the exterior and interior attractions of ellipsoids of variable densities.* Trans. Camb. Philos. Soc. 5, 395–429, 1833 (1835). (= Mathematical Papers, 187–222.)   11, 106

88. M. Grüter and K.-O. Widman, *The Green function for uniformly elliptic equations.* Manuscripta math. 37, 303–342, 1982.   127

89. N.M. Günter [Gyunter], *Die Potentialtheorie und ihre Anwendung auf Grundaufgaben der mathematischen Physik.* Leipzig: Teubner 1957. (Diese Ausgabe basiert auf der russischen Übersetzung und Bearbeitung des französischen Originals aus dem Jahre 1934.)   16, 345

90. K. Gustafson and Takehisa Abe, *The third boundary condition – Was it Robin's?* Math. Intelligencer 20: 1, 63–71, 1998.   10

91. K. Gustafson and Takehisa Abe, *(Victor) Gustave Robin: 1855–1897.* Math. Intelligencer 20: 2, 47–53, 1998.   10

92. J. Hadamard. *Sur les problèmes aux dérivées partielles et leurs signification physique.* Princeton Univ. Bull. 13, 49–52, 1902. (= Oeuvres de Jacques Hadamard, t. 3, 1099–1105. Paris: Centre National de la Recherche Scientifique 1968.)   61

93. J. Hadamard, *Recherches sur les solutions fondamentales et l'intégration des équations linéaires aux dérivées partielles.* Ann. Sci. École Norm. Sup. (3) 21, 535–556, 1904. (= Oeuvres, t. 3, 1173–1194.)   290

94. J. Hadamard, *Sur le principe de Dirichlet.* Bull. Soc. Math. France 34, 135–138, 1906. (= Oeuvres, t. 3, 1245–1248.)   13

95. J. Hadamard, *The Psychology of Invention in the Mathematical Field.* Princeton University Press 1945.   208

96. A. Harnack, *Existenzbeweise zur Theorie des Potentials in der Ebene und im Raume.* Ber. Verh. Kgl. Sächs. Ges. Wiss. Leipzig Math.-Phys. Kl. 38, 144–169, 1886.   20, 24, 29

97. A. Harnack, *Die Grundlagen der Theorie des logarithmischen Potentials und der eindeutigen Potentialfunktion in der Ebene.* Leipzig: Teubner 1887.   28, 29, 60

98. Ph. Hartman, *Ordinary Differential Equations.* New York: John Wiley 1964.   148

99. F. Hartogs, *Zur Theorie der analytischen Funktionen mehrerer unabhängiger Variablen, insbesondere über die Darstellung derselben durch Reihen, welche nach Potenzen e i n e r Veränderlichen fortschreiten.* Math. Ann. 62, 1–88, 1906.   69

100. A.S. Hathaway, *Early history of the potential.* Bull. New York Math. Soc. 1, 66–74, 1891/92 (Zusätze von A.S.H. und A[lexander]Z[iwert], p. 126).   2

101. W.K. Hayman and P.B. Kennedy, *Subharmonic Functions. Vol. 1.* London: Academic Press 1976.   69

102. W.K. Hayman, *Subharmonic Functions. Vol. 2.* London: Academic Press 1989.   69

103. W.K. Hayman, *Power series expansion for harmonic functions.* Bull. London Math. Soc. 2, 152–158, 1970. 37
104. E. Heine, *Ueber einige Voraussetzungen beim Beweise des Dirichlet'schen Principes.* Math. Ann. 4, 626–632, 1871. 12
105. E. Heinz, *Elliptische Differentialgleichungen.* Vorlesung, gehalten im WS 1954/55 an der Universität Göttingen. Als Manuskript vervielfältigt, Math. Inst. der Universität Göttingen. 75
106. E. Heinz, *Über die Eindeutigkeit beim Cauchyschen Anfangswertproblem einer elliptischen Differentialgleichung zweiter Ordnung.* Nachr. Akad. Wiss. Göttingen Math.-Phys. Kl. II a (1955) 1–12. 48
107. G. Hellwig, *Partielle Differentialgleichungen.* Stuttgart: Teubner 1960. 45, 185, 326, 332
108. H. Helmholtz, *Ueber einige Gesetze der Vertheilung elektrischer Ströme in körperlichen Leitern mit Anwendung auf die thierisch-elektrischen Versuche.* Ann. Phys. Chemie 89, 211–233, 353–377, 1853. (= Wiss. Abhandlungen, Bd. 1, 475–519. Leipzig: J.A. Barth 1882.) 15
109. H. Helmholtz, *Theorie der Luftschwingungen in Röhren mit offenen Enden.* J. Reine Angew. Math. 57, 1–72, 1860. (= Wiss. Abh., Bd. 1, 303–382, und in Ostwald's Klassiker der exakten Wissenschaften Nr. 80. Leipzig: Engelmann 1896.) 39
110. L.L. Helms, *Einführung in die Potentialtheorie.* Berlin: de Gruyter 1973 (amerikanische Erstausgabe 1969). 1
111. D. Hilbert, *Mathematische Probleme.* Vortrag, gehalten auf dem internationalen Mathematiker-Congress zu Paris 1900. Nachr. Kgl. Ges. Wiss. Göttingen. Math.-phys. Kl. (1900) 253–297. (Leicht verändert in: David Hilbert, Gesammelte Abhandlungen, 3. Bd., 290–329. New York: Chelsea Publ. Co. 1965. Nachdruck der Erstausgabe von 1935.) 297, 301
112. D. Hilbert, *Über das Dirichletsche Prinzip.* Jahresber. Deutsch. Math.-Ver. 8, 184–188, 1900. 12
113. D. Hilbert, *Über das Dirichletsche Prinzip.* Sonderabdruck aus der Festschrift zur Feier des 150 jähr. Bestehens der Kgl. Ges. d. Wiss. zu Göttingen. 27 S. 1901. (= Math. Ann. 59, 161–186, 1904, und Ges. Abh., 3. Bd., 15–37.) 13
114. D. Hilbert, *Grundzüge einer allgemeinen Theorie der linearen Integralgleichungen.* Erste Mitteilung. Nachr. Kgl. Ges. Wiss. Göttingen. Math-.phys. Kl. (1904) 49–91. 208, 210
115. D. Hilbert, *Grundzüge einer allgemeinen Theorie der linearen Integralgleichungen.* Vierte Mitteilung. Nachr. Kgl. Ges. Wiss. Göttingen. Math-.phys. Kl. (1906) 157–227. 208, 210, 220
116. D. Hilbert, Math. Ges. zu Göttingen. 5. Sitzung am 27. November 1906. Jahresber. Deutsch. Math.-Verein. 16, 77–78, 1907. 289
117. D. Hilbert, *Grundzüge einer allgemeinen Theorie der linearen Integralgleichungen.* Sechste Mitteilung. Nachr. Kgl. Ges. Wiss. Göttingen. Math.-phys. Kl. (1910) 355–419. (Leicht veränderter Nachdruck der sechs Mitteilungen bei Teubner: Berlin 1912.) 289
118. St. Hildebrandt, *On Dirichlet's principle and Poincaré's méthode de balayage.* Math. Nachr. 278, 141–144, 2005. 17, 330
119. St. Hildebrandt and E. Wienholtz, *Constructive proofs of representation theorems in separable Hilbert space.* Comm. Pure Appl. Math. 17, 369–373, 1964. 314

120. O. Hölder, *Beiträge zur Potentialtheorie*. Diss. Tübingen 1882. 6
121. E. Hopf, *Elementare Bemerkungen über die Lösungen partieller Differentialgleichungen zweiter Ordnung vom elliptischen Typus*. Sitzungsber. Preuß. Akad. Wiss. phys.-math. Kl. (1927) 147–152. (= Selected Works of Eberhard Hopf with Commentaries, 3–8. Providence: Amer. Math. Soc. 2002.) 45, 46
122. E. Hopf, *Bemerkungen zur Aufgabe 49*. Jahresber. Deutsch. Math.-Verein. 39, 2. Abt., 4–6, 1930. 300
123. E. Hopf, *Über den funktionalen, insbesondere den analytischen Charakter der Lösungen elliptischer Differentialgleichungen zweiter Ordnung*. Math. Z. 34, 194–233, 1932. (= Selected Works, 49–88.) 139, 288
124. L. Hörmander, *On the theory of general partial differential operators*. Acta Math. 94, 161–248, 1955. 324
125. L. Hörmander, *Théorie de la diffusion à courte portée pour des opérateurs à caractéristiques simples*. Sém. Goulaouic–Meyer–Schwartz, Equ. Dér. Partielles 1980–81, Éx. No. 14, 18 p., 1981. 48
126. A. Hurwitz und R. Courant, *Allgemeine Funktionentheorie und elliptische Funktionen. (Mit einem Anhang von H. Röhrl.)* Berlin: Springer ^{4}1964. 15
127. V.A. Il'in und I.A. Šišmarev, *Über den Zusammenhang zwischen der verallgemeinerten und der klassischen Lösung des Dirichletschen Problems (Russ.)*. Izv. Akad. Nauk SSSR Ser. Mat. 24, 521–530, 1960. 329
128. J. Kadlec, *On the regularity of the solutions of the Poisson problem on a domain with boundary locally similar to the boundary of a convex open set (Russ., engl. Zus.)*. Czechoslovak Math. J. 14 (89), 386–393, 1964. 327
129. H. Kalf, *On E.E. Levi's method of constructing a fundamental solution for second-order elliptic equations*. Rend. Circ. Mat. Palermo (2) 41, 251–294, 1992. 290
130. E. Kamke und G.G. Lorentz, *Über das Dirichletsche Prinzip*. Math. Z. 51, 217–232, 1949. (Die Arbeit wurde 1945 eingereicht.) 337
131. J.-M. Kantor, *Mathematics East and West, Theory and Practice: The Example of Distributions. With appendices by A.P. Youshkevich, S. Kutateladze, and P. Lax*. Math. Intelligencer 26:1, 39–52, 2004. 302
132. T. Kasuga, *On Sobolev-Friedrichs' generalisation of derivatives*. Proc. Japan Acad. 33, 596–599, 1957. 328
133. V.J. Katz, *The history of Stokes' theorem*. Math. Mag. 52, 146–156, 1979. 355
134. V.J. Katz, *Change of variables in multiple integrals: Euler to Cartan*. Math. Mag. 55, 3–11, 1982. 355
135. O.D. Kellogg, *On some theorems of Bôcher concerning isolated singular points of harmonic functions*. Bull. Amer. Math. Soc. 32, 664–668, 1926. 170
136. O.D. Kellogg, *Foundations of Potential Theory*. Berlin: Springer 1929 (Nachdruck Dover 1954 und Springer 1967). 1, 15, 124
137. O.D. Kellogg, *Singular manifolds among those of an analytic family*. Bull. Amer. Math. Soc. 35, 711–718, 1929. 124
138. O.D. Kellogg, *On the derivatives of harmonic functions on the boundary*. Trans. Amer. Math. Soc. 33, 486–510, 1931. 35, 233, 281

139. G. Kirchhoff, *Ueber die Anwendbarkeit der Formeln für die Intensitäten der galvanischen Ströme in einem Systeme linearer Leiter auf Systeme, die zum Theil aus nicht linearen Leitern bestehen*. Ann. Phys. Chemie 75, 189–205, 1848. (= Gesammelte Abhandlungen, 33–49. Leipzig: J.A. Barth 1882.) 11
140. G. Kirchhoff, *Referat einer Arbeit von v. Eltinghausen*. Fortschritte der Phys. 4, 269–272, 1848. 123
141. C.O. Kiselman, *Prolongement des solutions d'une équation aux dérivées partielles à coefficients constants*. Bull. Soc. Math. France 97, 329–356, 1969. 37
142. F. Klein, *Vorlesungen über die Entwicklung der Mathematik im 19. Jahrhundert. Teil I*. Berlin: Springer 1926 (Ausgabe beider Teile in einem Band 1979). 12, 19
143. P. Koebe, *Herleitung der partiellen Differentialgleichung der Potentialfunktion aus deren Integraleigenschaft*. Sitzungsber. Berliner Math. Ges. 5, 39–42, 1906. 21
144. V. Kondrachov [V.I. Kondrašov], *Sur certaines évaluations pour les familles de fonctions vérifiant quelques inégalités integrales*. Comptes Rendus (Doklady) Acad. Sci. URSS 18, 235–240, 1938. 316
145. W. Kondrachov [V.I. Kondrašov], *Sur certaines propriétés des fonctions dans l'espace*. Comptes Rendus (Doklady) Acad. Sci. URSS 48, 535–538, 1945. 316
146. M. König, *Über das Verhalten der Lösung des Dirichletproblems am Rand des Gebietes, wenn der Rand zur Klasse $C^{2,\alpha}$ gehört*. Proc. Roy. Soc. Edinburgh Sect. A 80, 163–176, 1978. 234
147. M. König, *Eine kritische Bemerkung zu Darstellungen der Schauderschen Beweistechnik für elliptische lineare Differentialgleichungen*. Proc. Roy. Soc. Edinburgh Sect. A 80, 177–182, 1978. 234
148. M. König, *Zur Existenz klassischer Lösungen einer elliptischen Differentialgleichung zweiter Ordnung*. Dissertationes Math. CCXXXVII. 1987, 53 S. 200
149. K. Königsberger, *Analysis 2*. Berlin: [5]Springer 2004. 347, 355
150. A. Korn, *Sur les équations de l'élasticité*. Ann. Scientifiques L'École Norm. Sup. (3) 24, 9–75, 1907. 106
151. A. Korn, *Über Minimalflächen, deren Randkurven wenig von ebenen Kurven abweichen*. Abh. Kgl. Preussischen Akad. Wiss. Phys.-math. Classe Berlin (1909) 37 S. 106, 173
152. A. Korn, *Zwei Anwendungen der Methode der sukzessiven Annäherungen*. In: Mathematische Abhandlungen Hermann Amandus Schwarz zu seinem fünfzigjährigen Doktorjubiläum am 6. August 1914 gewidmet von Freunden und Schülern, 215–229. Berlin: Springer 1914. 184, 191, 269
153. T.W. Körner, *Fourier Analysis*. Cambridge: University Press 1988. 62, 63
154. R. Kress (= Kreß), *Linear Integral Equations*. Berlin: Springer 1989. 16, 208–210, 213
155. R. Kreß, *Fast 100 Jahre Fredholmsche Alternative*. In: Jahrbuch Überblicke Mathematik 1994, 14–27. Braunschweig/Wiesbaden: Vieweg 1994 (S.D. Chatterji et al. Hrsg.). 209
156. O.A. Ladyzhenskaya and N.N. Ural'tseva, *Linear and Quasilinear Elliptic Equations*. New York: Academic Press 1968 (russ. Erstausgabe 1964). 363

157. O.A. Ladyzhenskaya and N.N. Ural'tseva, *Estimate of the Hölder norm of the solutions of second-order quasilinear elliptic equations of the general form.* J. Soviet Math. 21, 762–768, 1983. (Das russische Original erschien in Zap. Nauchn. Sem. Leningrad. Otdel. Mat. Inst. Steklov. (LOMI) 96, 161–168, 1980.)   279
158. J.-L. Lagrange, *Nouvelles recherches sur la nature et la propagation du son.* Mélanges de philosophie et de mathématique de la Société Royale de Turin. Années 1760/61, 11–172. (= Oeuvres 1, 151–332. Paris: Gauthier-Villars 1867.)   343
159. J.-L. Lagrange, *Application de la méthode précédente à la solution de différens problèmes de dynamique.* Mélanges de philosophie et de mathématique de la Société Royale de Turin. Années 1760/61, 196–298. (= Oeuvres 1, 365–468.)   5
160. J.-L. Lagrange, *Mémoire sur la théorie du mouvement des fluides.* Nouveaux Mémoires de l'Académie Royale des Sciences et Belles-Lettres de Berlin, année 1781 (1783), 151–198. (= Oeuvres 4, 695–748. Paris: Gauthier-Villars 1869.)   5
161. J.-L. Lagrange, *Recherches sur la libration de la lune.* Receuil des pièces qui ont remporté des prix de l'Académie Royale des Sciences 9, 1–50, 1764/72 (1777). (= Oeuvres 6, 5–61. Paris: Gauthier-Villars 1873.)   2
162. J.-L. Lagrange, *Sur l'équation séculaire de la lune.* Mémoires de mathématique et de physique, présentés à l'Académie Royale des Sciences, par divers Savans, & lûs dans ses Assemblées. Année 1773 (Paris 1776). Prix de l'Académie Royale des Sciences, pour l'année 1774, 1–61. (= Oeuvres 6, 335-399.)   2
163. J.-L. Lagrange, *Remarques générales sur le mouvement de plusieurs corps qui s'attirent mutuellement en raison inverse des carrés des distances.* Nouveaux Mémoires de l'Académie Royale des Sciences et Belles-Lettres de Berlin, année 1777 (1779), 155–172. (= Oeuvres 4, 402–418.)   2
164. J.-L. Lagrange, *Théorie de la libration de la lune, et des autres phénomènes qui dépendent de la figure non sphérique de cette planète.* Nouveaux Mémoires de l'Académie Royale des Sciences et Belles-Lettres de Berlin, année 1780 (1782), 203–309. (= Oeuvres 5, 5–122. Paris: Gauthier-Villars 1870.)   2
165. P.S. Laplace, *Théorie des attractions des sphéroïdes et de la figure des planètes.* Histoire de l'Académie Royale des Sciences. Avec les Mémoires de Mathématique & de Physique, année 1782 (1785), 113–196. (= Oeuvres complètes de Laplace 10, 341–419. Paris: Gauthier-Villars 1894.)   4
166. P.S. Laplace, *Mémoire sur la théorie de l'anneau de saturne.* Histoire de l'Académie Royale des Sciences. Avec les Mémoires de Mathématique & de Physique, année 1787 (1789), 249–267. (= Oeuvres complètes de Laplace 11, 275–292. Paris: Gauthier-Villars 1895.)   4
167. P.S. Laplace, *Traité de mécanique céleste.* T.I. Paris: Crapelet An VII (= 1798/99). (= Oeuvres complètes de Laplace 1. Paris: Gauthier-Villars 1878.)   4
168. P.D. Lax, *A remark on the method of orthogonal projections.* Comm. Pure Appl. Math. 4, 457–464, 1951.   337
169. P.D. Lax, *On the existence of Green's function.* Proc. Amer. Math. Soc. 3, 526–531, 993, 1952. (= Selected Papers, Vol. I, 2–7. Berlin: Springer 2005.)   123

170. P.D. Lax and A.N. Milgram, *Parabolic Equations.* In: Contributions to the theory of partial differential equations. Ann. of Math. Studies 33, 167–190, 1954 (Proc. Conf. on Partial Differential Equations, Harriman, New York, 1952). (= Selected Papers, Vol. I, 8–31.)   314
171. H. Lebesgue, *Sur les intégrales singulières.* Ann. Fac. Sci. Toulouse (3) 1, 25–117, 1909. (= Oeuvres Scientifiques Vol. III, 259–351. Genève: L'Enseignement Mathématique 1972.)   345
172. H. Lebesgue, *Sur le problème de Dirichlet.* C.R. Acad. Sci. Paris 154, 335–337, 1912. (= Oeuvres Vol. IV, 125–127. Genève 1973.)   73
173. H. Lebesgue, *Sur des cas d'impossibilité du problème de Dirichlet ordinaire.* Bull. Soc. Math. France. C.R. des séances. 41, 17, 1913. (= Oeuvres IV, 131.)   81
174. H. Lebesgue, *Sur l'équivalence du problème de Dirichlet et du problème du calcul des variations considéré par Riemann.* C.R. Séances. Soc. Math. France 41, 48–50, 1913. (= Oeuvres IV, 132–133.)   95
175. H. Lebesgue, *Sur les singularités des fonctions harmoniques.* C.R. Acad. Sci. Paris 176, 1097–1099, 1270–1271, 1923. (= Oeuvres IV, 135–137, 138.)   79
176. H. Lebesgue, *Conditions de régularité, conditions d'irrégularité, conditions d'impossibilité dans le problème de Dirichlet.* C.R. Acad. Sci. Paris 178, 349–354, 1924. (= Oeuvres IV, 139–144.)   69, 73
177. H. Lebesgue, *Sur la méthode de Carl Neumann.* J. Math. Pures Appl. (9) 16, 205–217, 421–423, 1937. (= Oeuvres IV, 151–163.)   16
178. J. Leray, *Sur le mouvement d'un fluide visqueux emplissant l'espace.* Acta Math. 63, 193–248, 1934.(= Selected Papers, Vol. II, 100–155. Berlin: Springer 1998.)   302, 345
179. J. Leray et J. Schauder, *Topologie et équations fonctionelles.* Ann. Sci. l'École Norm. Sup. 51, 45–78, 1934. (= Selected Papers, Vol. I, 23–56, sowie in: Juliusz Paweł Schauder, Oeuvres. Warszawa: Éditions Scientifiques de Pologne 1978, 320–351.)   198
180. J. Leray, *My Friend Julius Schauder.* In: Numerical Solution of Highly Nonlinear Problems. Symp. Southhampton, July 3–5, 1979, pp. 427–439. Amsterdam: North-Holland 1980 (W. Forster ed.).   264
181. B. Levi, *Sul principio di Dirichlet.* Rend. Circ. Mat. Palermo 22, 293–360, 1906.   333
182. E.E. Levi, *Sulle equazioni lineari totalmente ellittiche alle derivate parziali.* Rend. Circ. Mat. Palermo 24, 275–317, 1907. (Mit Korrekturen in: Eugenio Elia Levi, Opere, Vol. II, 28–84. Roma: Edizioni Cremonese 1960.)   289
183. P. Lévy, *Sur l'allure des fonctions de Green et de Neumann dans le voisinage du contour.* Acta Math. 42, 207–267, 1920.(= Oeuvres, t. I, 409–467. Paris: Gauthier-Villars 1973.)   127
184. D.C. Lewis Jr., *Infinite systems of ordinary differential equations with applications to certain second-order partial differential equations.* Trans. Amer. Math. Soc. 35, 792–823, 1933.   303
185. A. Liapounoff [A.M. Lyapunov], *Sur certaines questions qui se rattachent au problème de Dirichlet.* J. Math. Pures Appl. (5) 4, 241–311, 1898.   123
186. L. Lichtenstein, *Beweis des Satzes, daß jedes hinreichend kleine, im wesentlichen stetig gekrümmte, singularitätenfreie Flächenstück auf einen Teil*

einer Ebene zusammenhängend und in den kleinsten Teilen ähnlich abgebildet werden kann. Abh. Kgl. Preussischen Akad. Wiss. Phys.-math. Klasse Berlin (1911) 49 S.   184
187. L. Lichtenstein, *Über das Poissonsche Integral und über die partiellen Ableitungen zweiter Ordnung des logarithmischen Potentials.* J. Reine Angew. Math. 141, 12–42, 1912 (Ergänzung ibid. 142, 189–190, 1913).   107
188. L. Lichtenstein, *Über den analytischen Charakter der Lösungen regulärer zweidimensionaler Variationsprobleme.* Bull. International Acad. Sci. Cracovie. Cl. Sci. Math. et Naturelles. Sér. A: Sci. Math. 1912 (1913), 915–941.   297
189. L. Lichtenstein, *Zur Theorie der konformen Abbildung. Konforme Abbildung nichtanalytischer, singularitätenfreier Flächenstücke auf ebene Gebiete.* Bull. International Acad. Sci. Cracovie. Cl. Sci. Math. et Naturelles. Sér.A: Sci Math. 1916 (1917), 192–217.   184
190. L. Lichtenstein, *Neuere Entwicklung der Potentialtheorie. Konforme Abbildung.* Enc. Math. Wiss. II C3, 177–377. Leipzig: Teubner 1918.   7, 263
191. L. Lichtenstein, *Über einige Hilfssätze der Potentialtheorie IV.* Ber. Math.-Phys. Kl. Sächs. Akad. Wiss. Leipzig 82, 265–344, 1930.   107
192. J. Liouville, *Note au sujet de l'article précédent.* J. Math. Pures Appl. 12, 265–290, 1847.   89
193. J. Liouville, *Extension au cas de trois dimensions de la question du tracé geographique.* Note VI in: G. Monge, Application de l'analyse à la géométrie. Paris: Bachelier ^{5}1850.   89
194. R. Lipschitz, *De explicatione per series trigonometrices instituenda functionum unius variabilis arbitrariarum, et praecipue earum, quae per variabilis spatium finitum valorum maximorum et minimorum numerum habent infinitum, disquisitio.* J.Reine Angew. Math. 63, 296–308, 1864.   6
195. F. Litten, *Die Korn-Röntgen-Affaire.* Kultur & Technik 1993, Nr.4, 42–49.   173
196. W. Littman, G. Stampacchia, and H.F. Weinberger, *Regular points for elliptic equations with discontinuous coefficients.* Ann. Scuola Norm. Sup. Pisa (3) 17, 43–77, 1963.   329
197. J. Lützen, *The Prehistory of the Theory of Distributions.* New York: Springer 1982.   300, 345
198. J. Lützen, *Joseph Liouville 1809–1882: Master of Pure and Applied Mathematics.* New York: Springer 1990.   191
199. L. Maurer, *Ueber die Mittelwerthe der Functionen einer reellen Variablen.* Math. Ann. 47, 263–280, 1896.   345
200. J.C. Maxwell, *A Treatise on Electricity and Magnetism.* Vol. I. Oxford: at the Clarendon Press 1873 (Nachdrucke der 3. Aufl. bei Dover 1954 und Oxford University Press 1998).   19
201. N.G. Meyers and J. Serrin, $H = W$. Proc. Nat. Acad. Sci. U.S.A. 51, 1055–1056, 1964.   328
202. J.H. Michael, *A general theory for linear elliptic partial differential equations.* J. Differential Equations 23, 1–29, 1977.   281
203. S.G. Michlin [Mikhlin], *Partielle Differentialgleichungen in der mathematischen Physik.* Thun: Harri Deutsch 1978.   337
204. V.P. Mikhailov, *Partial Differential Equations.* Moscow: Mir Publishers 1978.   337

205. S.G. Mikhlin, *Multidimensional Singular Integrals and Integral Equations.* Oxford: Pergamon Press 1965. 107
206. D. Minda, *The Dirichlet problem for a disk.* Amer. Math. Monthly 97, 220–223, 1990. 66
207. C. Miranda, *Partial Differential Equations of Elliptic Type.* Berlin: Springer 1970 (stark vergrößerte Version der italienischen 1. Aufl. Berlin: Springer 1955). 263, 264, 298
208. S. Mizohata, *The Theory of Partial Differential Equations.* Cambridge: University Press 1973. 127
209. A.F. Monna, *Dirichlet's Principle. A Mathematical Comedy of Errors and Its Influence on the Development of Analysis.* Utrecht: Oosthoek, Scheltema & Holkema 1975. 16
210. G. Morera, *Sulle derivate seconde della funzione potenziale di spazio.* Reale Istituto Lombardo di Scienze e Lettere. Rendiconti (2) 20, 302–310, 1887. 118
211. J. Moser: *On Harnack's theorem for elliptic differential equations.* Comm. Pure Appl. Math. 14, 577–591, 1961. 31
212. R. Murphy, *Elementary Principles of the Theories of Electricity, Heat, and Molecular Actions.* Cambridge: Pitt Press 1833. 13, 19
213. Cl. Müller, *On the behavior of the solutions of the differential equation $\Delta U = F(x, U)$ in the neighborhood of a point.* Comm. Pure Appl. Math. 7, 505–515, 1954. 47
214. Cl. Müller, *Foundations of the Mathematical Theory of Electromagnetic Waves.* New York: Springer 1969 (deutsche Erstausgabe 1957). 39
215. Cl. Müller, *Analysis of Spherical Symmetries in Euclidean Spaces.* New York: Springer 1998. 63
216. Ch. Müntz, *Zum Randwertproblem der partiellen Differentialgleichung der Minimalflächen.* J. Reine Angew. Math. 139, 52–79, 1911. 173
217. M.S. Narasimhan, *The identity of the weak and strong extensions of a linear elliptic differential operator: II.* Proc. Nat. Acad. Sci. U.S.A. 43, 620, 1957. 328
218. J. Nash, *Continuity of solutions of parabolic and elliptic equations.* Amer. J. Math. 80, 931–954, 1958. 298
219. L. Natani, *Mathematisches Wörterbuch.* V. Band: Q. Berlin: Wiegandt und Hempel 1866. 11
220. T. Needham, *The geometry of harmonic functions.* Math. Mag. 67, 92–108, 1994. 63
221. I. Netuka and J. Vesely, *Mean value properties and harmonic functions.* In: Classical and Modern Potential Theory and Applications, pp. 359–398, Dordrecht: Kluwer 1994 (K. GowriSankaran et al. eds). 74
222. E. Neuenschwander, *Der Nachlaß von Casorati (1835–1880) in Pavia.* Arch. Hist. Exact Sci. 19, 1–89, 1978/79. 12
223. E. Neuenschwander, *Über die Wechselwirkungen zwischen der französischen Schule, Riemann und Weierstraß. Eine Übersicht mit zwei Quellenstudien.* Arch. Hist. Exact Sci. 24, 221–255, 1981. 12
224. C. Neumann, *Ueber die Integration der partiellen Differentialgleichung:* $\frac{\partial^2 \phi}{\partial x^2} + \frac{\partial^2 \phi}{\partial y^2} = 0$. J. Reine Angew. Math. 59, 335–366, 1861. 10
225. C. Neumann, *Zur Theorie des Logarithmischen und des Newtonschen Potentials. Erste und zweite Mittheilung.* Ber. Verh. Kgl. Sächs. Ges. Wiss. Leipzig Math.-Phys. Kl. 22, 49–56, 264–321, 1870. 15, 190

226. C. Neumann, *Untersuchungen über das Logarithmische und Newtonsche Potential.* Leipzig: Teubner 1877.   15, 16
227. C. Neumann, *Vorlesungen über Riemann's Theorie der Abel'schen Integrale.* Leipzig: Teubner ^{2}1884.   20
228. C. Neumann, *Über die Methode des arithmetischen Mittels.* I. Abh. Kgl. Sächs. Ges. Wiss. Leipzig. Math.-Phys. Klasse 13, 705–820, 1887.   12, 16
229. C. Neumann, *Ueber die Methode des arithmetischen Mittels, insbesondere über die Vervollkommnungen, welche die betreffenden Poincaré'schen Untersuchungen in letzter Zeit durch die Arbeiten von A. Korn und E.R. Neumann erhalten haben.* Math Ann. 54, 1–48, 1901.   17
230. C. Neumann, *Zur Theorie des logarithmischen Potentials I.* Ber. Verh. Kgl. Sächs. Ges. Wiss. Leipzig. Math.-Phys. Kl. 61, 156–170, 1909.   10
231. E.R. Neumann, *Die Methode der Polarfunktionen und Konfigurationskonstanten höherer Ordnung im Gebiete der Randwertaufgaben der Potentialtheorie.* Math. Ann. 102, 447–476, 1930.   17
232. F.E. Neumann, *Allgemeine Gesetze der inducierten elektrischen Ströme.* Physikalische Abh. Königl. Akad. Wiss. Berlin 1845 (1847), 1–87. (Mit Anmerkungen von C. Neumann in Ostwald's Klassiker der exakten Wissenschaften Nr. 10. Leipzig: Engelmann 1889, sowie in Franz Neumanns Gesammelten Werken, Bd. 3. Leipzig: Teubner 1912.)   10
233. F. Neumann, *Vorlesungen über die Theorie des Potentials und der Kugelfunctionen.* (Hrsg. C. Neumann) Leipzig: Teubner 1887.   8, 10
234. O. Nikodym, *Sur un théorème de M.S. Zaremba concernant les fonctions harmoniques.* J. Math. Pures Appl. (9) 12, 95–108, 1933.   304
235. O. Nikodym, *Sur le principe du minimum.* Mathematica (Cluj) 9, 110–128, 1935. (Ankündigung in: Ann. Soc. Polon. Math. 10, 120–121, 1931.)   304, 336
236. L. Nirenberg, *On nonlinear elliptic partial differential equations and Hölder continuity.* Comm. Pure Appl. Math. 6, 103–156, 395, 1953.   297
237. L. Nirenberg, *Remarks on strongly elliptic partial differential equations.* Comm. Pure Appl. Math. 8, 649–675, 1955.   330
238. L. Nirenberg, *On elliptic partial differential equations.* Ann. Scuola Norm. Sup. Pisa (3) 13, 115–162, 1959.   192
239. R. Nevanlinna, *Über das alternierende Verfahren von Schwarz.* J. Reine Angew. Math. 180, 121–128, 1939.   15
240. I. Newton, *The Principia. Mathematical Principles of Natural Philosophy. A New Translation by I. Bernhard Cohen and Anne Whitman. Associated by Julian Budenz.* Berkeley: University of California Press 1999.   2
241. K. Ogura, *On the theory of approximating functions with applications to geometry, law of errors and conduction of heat.* Tôhoku Math. J. 16, 103–154, 1919.   345
242. O.A. Oleĭnik, *Über das Dirichletproblem für Gleichungen von elliptischem Typ* (Russ.). Mat. Sb. (N.S.) 24 (66), 3–14, 1949.   70
243. E.L. Ortiz and A. Pincus, *Herman Müntz: A mathematician's odyssey.* Math. Intelligencer 27: 1, 22-31, 2005.   173
244. N. Ortner and P. Wagner, *A short proof of the Malgrange-Ehrenpreis theorem.* In: Functional Analysis (Trier 1994), pp. 343–352. Berlin: de Gruyter 1996 (Dierolf, Dineen, Domański eds).   306
245. W.F. Osgood, *Lehrbuch der Funktionentheorie.* 1. Bd. Leipzig: Teubner 1907.   124

246. A. Paraf, *Sur le problème de Dirichlet et son extension au cas de l'équation linéaire générale du second ordre.* Ann. Fac. Sci. Toulouse 6 , H1–H75, 1892. 17, 32, 45
247. B.C. Patterson, *The origins of the geometric principle of inversion.* Isis 19, 154–180, 1933. 89
248. O. Perron, *Eine neue Behandlung der ersten Randwertaufgabe für $\Delta u = 0$.* Math. Z. 18, 42–54, 1923. 17, 69
249. H. Petrini, *Démonstration générale de l'équation de Poisson $\Delta V = -4\pi\varrho$ en ne supposant que ϱ soit continue.* Öfversigt Kongl. Vetenskaps-Akademiens Förhandlingar 56, 873–878, 1899. 299
250. H. Petrini, *Allgemeine Existenzbedingungen für die zweiten Differentialquotienten des Potentials.* Öfversigt Kongl. Vetenskaps-Akademiens Förhandlingar 57, 225–237, 1900. 299
251. H. Petrini, *Sur l'existence des derivées secondes du potentiel.* C.R. Acad. Sci. Paris 130, 233–235, 1900. 6, 115
252. E. Picard, *Sur l'équation aux dérivées partielles du potentiel.* C.R. Acad. Sci. Paris 90, 601–603, 1880. 28
253. É. Picard, *Mémoire sur la théorie des équations aux dérivées partielles et la méthode des approximations successives.* J. Math. Pures Appl. (4) 6, 145–210, 231, 1890. 191
254. É. Picard, *Sur la détermination des intégrales de certaines équation aux dérivées partielles du second ordre par leurs valeurs le long d'un contours fermé.* J. de l'École Pol. 60, 89–105, 1890. 191, 297
255. É. Picard, *Sur un système d'équations aux dérivées partielles.* C. R. Acad. Sci. Paris 112, 685–688, 1891. 290
256. É. Picard, *Sur la solution du problème généralisé de Dirichlet relative à une équation linéaire du type elliptique au moyen de l'équation de Fredholm.* Ann. de l'École Norm. (3) 23, 509–516, 1906. 220
257. É. Picard, *Quelques théorèmes élémentaires sur les fonctions harmoniques.* Bull. Soc. Math. France 52, 162–166, 1924. (Zwei Comptes-Rendus-Noten 176, 933–935, 1025–1026, 1923.) 170
258. F. Pockels, *Über die partielle Differentialgleichung $\Delta u + k^2 u = 0$ und deren Auftreten in der mathematischen Physik.* Leipzig: Teubner 1891. 39
259. H. Poincaré, *Sur le problème de la distribution électrique.* C.R. Acad. Sci. Paris 104, 44–46, 1887. (= Oeuvres de Henri Poincaré, t. IX, 15–17. Paris: Gauthier-Villars 1954.) 17
260. H. Poincaré, *Sur les équations aux dérivées partielles de la physique mathématique.* Amer. J. Math. 12, 211–294, 1890. (= Oeuvres, t. IX, 28–122.) 17, 69, 73, 75, 312
261. H. Poincaré, *Sur l'équation des vibrations d'une membrane.* C.R. Acad. Sci. Paris 118, 447–451, 1894. (= Oeuvres, t. IX, 119–122.) 16, 220
262. H. Poincaré, *Sur les équations de la physique mathématique.* Rend. Circ. Mat. Palermo 8, 57–156, 1894. (= Oeuvres, t. IX, 123–196.) 220, 301, 312
263. H. Poincaré, *La méthode de Neumann et le problème de Dirichlet.* Acta Math. 20, 59–142, 1896/97. (= Oeuvres, t. IX, 202–272.) 16
264. S.D. Poisson, *Mémoire sur la distribution de l'électricité à la surface des corps conducteurs.* Mémoires de l'Institut Année 1811 (1812), 1ère partie, 1–92. 7

265. S.D. Poisson, *Remarques sur une équation qui se présente dans la théorie des attractions des sphéroïdes.* Nouveau Bulletin de la Société philomatique de Paris 3 (5e Année), 388–392, 1812. 6
266. S.D. Poisson, *Mémoire sur la manière d'exprimer les fonctions en séries de quantités périodiques, et sur l'usage de cette transformation dans la résolution de différens problèmes.* J. l'École Roy. Polytechnique (18 ième cahier) 11, 417–489, 1820. 10, 63
267. S.D. Poisson, *Addition au Mémoire pécédent et au Mémoire sur la manière d'exprimer les fonctions per des séries de quantités périodiques.* J. l'École Roy. Polytechnique (19 ième cahier) 12, 145–162, 1823. 63
268. S.D. Poisson, *Suite du Mémoire sur les Intégrales définies et sur la sommation des séries, inséré dans les précédens volumes de ce journal.* J. l'École Roy. Polytechnique (19 ième cahier) 12, 404–509, 1823. 63
269. M.H. Protter and H.F. Weinberger, *Maximum Principles in Differential Equations.* Engleword Cliffs, N.J.: Prentice Hall 1967. 45
270. F.E. Prym, *Zur Integration der Differentialgleichung $\frac{\partial^2 u}{\partial x^2} + \frac{\partial^2 u}{\partial y^2} = 0$.* J. Reine Angew. Math. 73, 340–364, 1871. 12
271. H. Rademacher, *Über partielle und totale Differenzierbarkeit von Funktionen mehrerer Variabeln und über die Transformation der Doppelintegrale.* Math. Ann. 79, 340–359, 1919. 106
272. T. Radó und F. Riesz, *Über die erste Randwertaufgabe für $\Delta u = 0$.* Math. Z. 22, 41–44, 1925. (= Friedrich Riesz, Gesammelte Arbeiten, Bd. I, 681–684. Budapest: Verlag der Ungar. Akad. Wiss. 1960.) 69, 70
273. G.E. Raynor, *Isolated singular points of harmonic functions.* Bull. Amer. Math. Soc. 32, 537–544, 1926. 124, 170
274. C. Reid, *Courant in Göttingen and New York. The Story of an Improbable Mathematician.* New York: Springer 1976. 303
275. F. Rellich, *Ein Satz über mittlere Konvergenz.* Nachr. Ges. Wiss. Göttingen Math.-Phys. Kl. (1930), 30–35. 316
276. R. Remak, *Über potentialkonvexe Funktionen.* Math. Z. 20, 126–130, 1924. 70
277. R. Remak, *Über die erste Randwertaufgabe der Potentialtheorie.* J. Reine Angew. Math. 156, 227–230, 1927. 70
278. R. Remmert, *Funktionentheorie 2.* Berlin: Springer² 1995. 21, 24, 27, 28, 37, 81
279. M. von Renteln, *Der Einfluß der Lebesgueschen Integrationstheorie auf die komplexe Funktionentheorie zu Beginn dieses Jahrhunderts.* In: Jahrbuch Überblicke Mathematik 1992, 75–96. Braunschweig/Wiesbaden: Vieweg 1992 (S.D. Chatterji et al. Hrsg.). 66
280. B. Riemann, *Grundlagen für eine allgemeine Theorie der Functionen einer veränderlichen complexen Grösse.* Inauguraldissertation, Göttingen 1851. (= Ges. Math. Werke, Wiss. Nachlass und Nachträge, 35–80. Springer und Teubner 1990.) 21, 31, 64, 78
281. B. Riemann, *Zur Theorie der Nobili'schen Farbenringe.* Ann. Phys. Chemie 95, 130–139, 1855. (= Ges. Math. Werke, 87–94.) 149
282. B. Riemann, *Bestimmung einer Function einer veränderlichen complexen Größe durch Grenz- und Unstetigkeitsbedingungen.* J. Reine Angew. Math. 54, 111–114, 1857. (= Ges. Math. Werke, 128–132.) 11
283. B. Riemann, *Theorie der Abel'schen Functionen.* J. Reine Angew. Math. 54, 115–155, 1857. (= Ges. Math. Werke, 132–174.) 11

284. B. Riemann & K. Hattendorff, *Elektricität und Magnetismus*. Nach den Vorlesungen von Bernhard Riemann bearbeitet von Karl Hattendorff. Hannover: Carl Rümpler 1876.   10
285. J. Riemann, *Sur le problème de Dirichlet*. Ann. Sci École Norm. Sup. (3) 5, 327–410, 1888.   20
286. F. Riesz, *Über lineare Funktionalgleichungen*. Acta Math. 41, 71–98, 1918. (= Ges. Arbeiten, Bd. II, 1053–1080.)   208, 210
287. F. Riesz, *Zur Theorie des Hilbertschen Raumes*. Acta Sci.Math. (Szeged) 7, 34–38, 1934/35. (= Ges. Arbeiten Bd. II, 1150–1154.)   335
288. A. Rosenblatt, *Sur la fonction ordinaire de Green de l'espace à trois dimensions*. Prace Mat.-Fiz. 44, 153–185, 1937.   127
289. W. Rudin, *Functional Analysis*. New York: McGraw-Hill ^{2}1991.   27, 180
290. F. Sauvigny, *Partielle Differentialgleichungen der Geometrie und der Physik 2*. Berlin: Springer 2005.   263
291. J. Schauder, *Der Fixpunktsatz in Funktionalräumen*. Studia Math. 2, 171–180, 1930. (= Juliusz Paweł Schauder, Oeuvres, 168–176. Warszawa: PWN-Éditions scientifiques de Pologne 1978.)   198, 263
292. J. Schauder, *Über lineare, vollstetige Funktionaloperationen*. Studia Math. 2, 185–196, 1930. (= Oeuvres, 177–189.)   209
293. J. Schauder, *Über lineare elliptische Differentialgleichungen zweiter Ordnung*. Math. Z. 38, 257–282, 1934. (Mit einer Korrektur in: Oeuvres, pp. 354–379.)   181, 191, 234, 263, 281
294. J. Schauder, *Numerische Abschätzungen in elliptischen linearen Differentialgleichungen*. Studia Math. 5, 34–42, 1935. (= Oeuvres, 410–417.)   263
295. J. Schauder, *Équations du type elliptique, problèmes linéaires*. Enseign. Math. 35, 126–139, 1936. (= Oeuvres, 450–459.)   127
296. L. Scheeffer, *Ueber die Bedeutung der Begriffe „Maximum und Minimum" in der Variationsrechnung*. Math. Ann. 26, 197–208, 1886.   312
297. E. Schmidt, *Entwickelung willkürlicher Functionen nach Systemen vorgegebener*. 33 S. Inauguraldissertation Göttingen 1905. (Etwas verändert und stark ergänzt in: Zur Theorie der linearen und nichtlinearen Integralgleichungen. Math. Ann. 63, 433–476, 1907.)   210, 220
298. G. Schober, *Neumann's lemma*. Proc. Amer. Math. Soc. 19, 306–311, 1968.   16
299. L. Schwartz, *A Mathematician Grappling with His Century*. Basel: Birkhäuser 2001. (Das französische Original erschien 1997.)   324
300. H.A. Schwarz, *Ueber die Integration der partiellen Differentialgleichung $\frac{\partial^2 u}{\partial x^2} + \frac{\partial^2 u}{\partial y^2} = 0$ unter vorgeschriebenen Grenz- und Unstetigkeitsbedingungen*. Monatsber. Kgl. Preuss. Akad. Wiss. zu Berlin (1870), 767–795. (= Ges. Math. Abh. Bd. 2, 144–171. Berlin: Springer 1890.)   13
301. H.A. Schwarz, *Ueber einen Grenzübergang durch alternirendes Verfahren*. Vierteljahrsschrift der naturforschenden Ges. in Zürich 15, 272–286, 1870. (= Ges. Math. Abh. Bd. 2, 133–143.)   13
302. H.A. Schwarz, *Zur Integration der partiellen Differentialgleichung $\frac{\partial^2 u}{\partial x^2} + \frac{\partial^2 u}{\partial y^2} = 0$*. J. Reine Angew. Math. 74, 218–253, 1872. (= Ges. Math. Abh. Bd. 2, 175–210.)   10, 28, 35, 37, 63, 78, 80
303. H.A. Schwarz, *Ueber ein die Fläche kleinsten Flächeninhalts betreffendes Problem der Variationsrechnung*. Acta. Soc. Scient. Fenn. 15, 315–362, 1888. (= Ges. Math. Abh. Bd. 1, 223–269.)   191, 220

304. J. Serrin, *The problem of Dirichlet for quasilinear elliptic differential equations with many independent variables.* Philos. Trans. Roy. Soc. London Ser. A 264, 413–496, 1969. 279
305. H. Shahgholian, *On the Newtonian potential of a heterogeneous ellipsoid.* SIAM J. Math. Anal. 22, 1246–1255, 1991. 170
306. C.G. Simader, *Mean value formulas, Weyl's lemma and Liouville theorems for Δ^2 and Stokes' system.* Results Math. 22, 761–780, 1992. 94, 319
307. C.G. Simader, *Equivalence of weak Dirichlet's principle, the method of weak solutions and Perron's method towards classical solutions of Dirichlet's problem for harmonic functions.* Math. Nachr. 279, 415–430, 2006. 330
308. S. Simoda, *Sur le théorème de Müntz dans la théorie du potentiel.* Osaka Math. J. 3, 65–75, 1951. 173
309. B. Simon, *Schrödinger Semigroups.* Bull. Amer. Math. Soc. (N.S.) 7, 447–526, 1982. 48
310. L. Simon, *Theorems on Regularity and Singularity of Energy Minimizing Maps.* Lecture Notes in Math., ETH Zürich. Basel: Birkhäuser 1996. 134
311. S.L. Sobolev, *Le problème de Cauchy dans l'espace des fonctionelles.* Comptes Rendus (Doklady) Acad. Sci. URSS III (VIII), No. 7 (67), 291–294, 1935. 302
312. S. Sobolev, *Sur quelques évaluations concernant les familles de fonctions ayant des dérivées à carré intégrable.* Comptes Rendus (Doklady) Acad. Sci. URSS (N.S.) I (X), No. 7 (84), 279–282, 1936. (Correction ibid. III (XII), No. 3 (98), 107, 1936.) 302
313. S.L. Sobolev, *On a theorem of functional analysis.* Amer. Math. Soc. Transl. (2) 34, 39–68, 1963. (Russ. Original mit franz. Zusammenfassung Mat. Sb. (N.S.) 4, 471–498, 1938.) 302, 327
314. H. Sohr, *Störungstheoretische Regularitätsuntersuchungen.* Math. Z. 179, 179–192, 1982. 327
315. O. Steinbach and W.L. Wendland, *On C. Neumann's method for second-order elliptic systems in domains with non-smooth boundaries.* J. Math. Anal. Appl. 262, 733–748, 2001. 16, 16
316. W. Stekloff [V.A. Steklov], *Sur la théorie de fermeture des systèmes de fonctions orthogonales dépendant d'un nombre quelconque de variables.* Mémoires de l'Acad. Impériale des Sciences de St.-Pétersbourg (8) Cl. Phys.-Math. 30, No. 4, 1911, 86 S. 345
317. W. Stożek, *Sur l'allure d'une fonction harmonique dans le voisinage d'un point exceptionnel.* Ann. Soc. Polon. Math. 4, 52–58, 1925 (1926). (Comptes-Rendus-Note 180, 727–728, 1925.) 170
318. J. Synowiec, *Distributions: The evolution of a mathematical theory.* Hist. Math. 10, 149–183, 1983. 300, 345
319. G. Tautz, *Reguläre Randpunkte beim verallgemeinerten Dirichletschen Problem.* Math. Z. 39, 532–559, 1935. 70
320. A.E. Taylor, *Introduction to Functional Analysis.* New York: John Wiley 1958. 211
321. W. Thomson, *Extrait d'une lettre de M. William Thomson à M. Liouville.* J. Math. Pures Appl. 10, 364–367, 1845. 89
322. W. Thomson, *Extraits de deux lettres adréssées à M. Liouville.* J. Math. Pures Appl. 12, 256–264, 1847. 89

323. W. Thomson, *Note sur une équation aux différences partielles qui se présente dans plusieurs questions de Physique mathématique.* J. Math. Pures Appl. 12, 493–496, 1847.   10, 11
324. W. Thomson, *Dynamical problems regarding elastic spheroidal shells and spheroids of incompressible liquid.* Philos. Trans. Roy. Soc. London 153, 583–616, 1863.   20
325. J. Todhunter, *A History of the Mathematical Theories of Attraction and the Figure of the Earth, from the Time of Newton to That of Laplace.* 2 Vols. London: Macmillan 1873 (Nachdruck bei Dover 1962).   7, 170
326. P.A. Toma, *Renato Caccioppoli, l'enigma.* Napoli: Edizioni Scientifiche Italiane 1992.   264
327. M.I. Višik, *Über stark elliptische Differentialgleichungssysteme (Russ.).* Mat. Sb. (N.S.) 29 (71), 615–676, 1951.   316
328. G. Vitali, *Sopra una proprietà caratteristica delle funzioni armoniche.* Atti della R. Accademica dei Lincei. Rendiconti. Cl. sci. fis. mat. nat. (5) 21_2, 315–320, 1912.   74
329. V. Volterra, *Alcune osservazioni sopra proprietà atte ad individuare una funzione.* Atti della R. Accademica dei Lincei. Rendiconti. Cl. sci. fis. mat. nat. (5) 18, 263–266, 1909. (= Opere matematiche di Vito Volterra, V. 3, 284–287. Roma: Accademia Nazionale dei Lincei 1957.)   74
330. A. Wangerin (Hrsg.), *Über die Anziehung homogener Ellipsoide.* Abhandlungen von Laplace (1782), Ivory (1809), Gauss (1813), Chasles (1838) und Dirichlet (1839). Ostwald's Klassiker der exakten Wissenschaften Nr. 19. Leipzig: Engelmann 1890.   170, 379
331. G.N. Watson, *A treatise on the theory of Bessel functions.* Cambridge: at the University Press ²1944 (diverse Nachdrucke, 1. Auflage. 1922).   151, 157
332. H. Weber, *Ueber die Integration der partiellen Differentialgleichung:* $\frac{\partial^2 u}{\partial x^2} + \frac{\partial^2 u}{\partial y^2} + k^2 u = 0$. Math. Ann. 1, 1–36, 1869.   12, 39
333. H. Weber, *Note zu Riemanns Beweis des Dirichletschen Princips.* J. Reine Angew. Math. 71, 29–39, 1870.   12
334. K. Weierstraß, *Über das sogenannte Dirichletsche Princip.* Gelesen in der Kgl. Akad. Wiss. am 14. Juli 1870. In: Math. Werke, Bd. 2, 49–54. Berlin: Mayer & Müller 1895.   12
335. K. Weierstraß, *Über die analytische Darstellbarkeit sogenannter willkürlicher Functionen einer reellen Veränderlichen.* Sitzungsber. Königl. Preuss. Akad. Wiss. (1885), 2. Halbband, 633–639, 789–805. (= Math. Werke, Bd. 3, 1–37. Berlin: Mayer & Müller 1905.)   344
336. W. Wendland, *Elliptic Systems in the Plane.* London: Pitmann 1979.   191
337. D. Werner, *Funktionalanaylsis.* Berlin: ³Springer 2000.   61, 180, 274, 310, 313, 316, 335
338. H. Weyl, *Über die Randwertaufgabe der Strahlungstheorie und asymptotische Spektralgesetze.* J. Reine Angew. Math. 143, 177–202, 1913. (= Gesammelte Abhandlungen, Bd. 1, 461–486, Berlin: Springer 1968.)   300
339. H. Weyl, *Das asymptotische Verteilungsgesetz der Eigenschwingungen eines beliebig gestalteten elastischen Körpers.* Rend. Circ. Mat. Palermo 39, 1–50, 1915 (in korrigierter Form in Ges. Abh., Bd. 1, 511–562).   127
340. H. Weyl, *The method of orthogonal projection in potential theory.* Duke Math. J. 7, 411–444, 1940. (= Ges. Abh., Bd. 3, 758–791.)   304, 318

341. H. Whitney, *Analytic extensions of differentiable functions defined in closed sets.* Trans. Amer. Math. Soc. 36, 63–89, 1934. (= Collected Papers, Vol. I, 228–254. Boston: Birkhäuser 1992.) 353
342. H. Whitney, *Functions differentiable on the boundaries of regions.* Ann. of Math. (2) 35, 482–485, 1934. (= Collected Papers, Vol. I, 286–289.) 253
343. K.-O. Widman, *Inequalities for the Green function and boundary continuity of the gradient of solutions of elliptic differential equations.* Math. Scand. 21, 17–37, 1967. 127
344. N. Wiener, *Certain notions in potential theory.* J. Math. and Phys. 3, 24–51, 1924. (= Collected Works with Commentaries, Vol. I, 364–391. Cambridge, MA: The MIT Press 1976.) 73
345. N. Wiener, *Une condition nécessaire et suffisante de possibilité pour le problème de Dirichlet.* C.R. Acad. Sci. Paris 178, 1050–1053, 1924. (= Collected Works, Vol. I, 414–417.) 73
346. N. Wiener, *Note on a paper of O. Perron.* J. Math. and Phys. 4, 21–32, 1925. (= Collected Works, Vol. I, 420–431.) 70
347. N. Wiener, *The operational calculus.* Math. Ann. 95, 557–584, 1926. (= Collected Works with Commentaries, Vol. II, 397–424. Cambridge, MA: The MIT Press 1979.) 301
348. N. Wiener, *Tauberian theorems.* Ann. of Math. (2) 33, 1–100, 787, 1932. (= Collected Works, Vol. II, 519–619.) 352
349. S. Zaremba, *Sur l'équation aux dérivées partielles $\Delta u + \xi u + f = 0$ et sur les fonctions harmoniques.* Ann. Sci. École Norm. Sup. (3) 16, 427–464, 1899. 301
350. S. Zaremba, *Contribution à la théorie d'une équation fonctionnelle de la physique.* Rend. Circ. Mat. Palermo 19, 140–150, 1905. 299, 300
351. S. Zaremba, *Sur la fonction de Green et quelques-unes de ses applications.* Bull. International Acad. Sci. Cracovie. Cl. Sci. Math. et Naturelles 1906 (1907), 803–864. 127
352. S. Zaremba, *Sur l'unicité de la solution du problème de Dirichlet.* Bull. International Acad. Sci. Cracovie. Cl. Sci Math. et Naturelles. 1909, Premier Semestre 561–564. 79
353. S. Zaremba, *Sur le principe du minimum.* Bull. International Acad. Sci. Cracovie. Cl. Sci Math. et Naturelles. 1909, Deuxième Semestre 197–264. 75, 81, 304, 312, 335, 337
354. S. Zaremba, *Sur un problème mixte relatif à l'équation de Laplace.* Bull. International Acad. Sci. Cracovie. Cl. Sci. Math. et Naturelles. Sér. A: Sci. Math. 1910 (1911), 313–344. 10
355. S. Zaremba, *Sur un problème toujours possible comprenant, à titre de cas particuliers, le problème de Dirichlet et celui de Neumann.* J. Math. Pures Appl. (9) 6, 127–163, 1927. 304, 335
356. E. Zeidler, *Nonlinear Functional Analysis and Its Applications I: Fixed-Point Theorems.* New York: Springer 1986. 199
357. Zhongsin Zhao, *Green function for Schrödinger operator and conditioned Feynman-Kac gauge.* J. Math. Anal. Appl. 116, 309–334, 1986. 127

Personenverzeichnis

Abel, N.H., 63
Andrade, J., 128
Apollonios von Perge, 45
Aronszajn, N., 337
Arzelà, C., 12, 194
Ascoli, G., 194

Bacharach, M., 7
Banach, S., 180, 234
Barrar, R.B., 263
Bauer, H., 1
Beer, A., 15
Beltrami, E., 90
Bernoulli, D., 2
Bernstein, S.N., 33, 46, 191, 192, 234, 279, 297
Blaschke, W., 300
Bôcher, M., 21, 28, 88, 124, 170, 300
Bochner, S., 302, 353
Bouligand, G., 73
Bray, H.E., 346
Brelot, M., 70
Brill, A., 12
Brouwer, L.E.J., 198
Browder, F.E., 316
Bunyakovskiĭ, V.Ya., 220
Burkhardt, H., 7

Caccioppoli, R., 263, 264, 298, 318
Calderón, A., 107
Campanato, S., 134
Carleman, T., 47, 48
Cauchy, A.-L., 28, 191
Christoffel, E.B., 78

Cimmino, G., 303
Cordes, H.O., 48, 278
Coulomb, C.A., 6
Courant, R., 302, 303

D'Alembert, J., 301
De Giorgi, E., 298
Deny, J., 328
Dieudonné, J., 353
Dini, U., 61, 118, 297
Dirac, P., 345
Dirichlet, G. Lejeune, 11
Doob, J.L., 1
Douglis, A., 281
Du Bois-Reymond, P., 45, 63, 117, 303

Earnshaw, S., 31
Ehrenpreis, L., 306
Ehrling, G., 193, 245, 255
Eĭdus, D.M, 127
Euler, L., 5, 301
Evans, G.C., 300

Fatou, P., 66
Fejér, L., 62
Fichera, G., 193
Folland, G.B., 319
Fredholm, I., 16, 208, 217
Friedrichs, K.O., 302, 303, 307, 318, 327, 330, 345
Frostman, O., 13

Gårding, L., 316, 317

Gauß, C.F., 6, 7, 10–12, 15, 21, 31, 37, 106, 184, 355
Giesecke, B., 92, 96, 124, 216, 228, 329
Gilbarg, D., 263
Giraud, G., 263
Graves, L.M., 263
Green, G., 7, 10, 11, 15, 106, 123, 355
Grüter, M, 127
Günter, N.M., 345

Hadamard, J., 13, 61, 208, 290, 333
Hankel, H., 117
Harnack, A., 20, 24, 28, 29, 60
Hartogs, F., 69
Hathaway, A.S., 2
Hattendorff, K., 10
Hayman, W.K., 37
Heine, E., 12
Heinz, E., 48, 75, 93, 263
Hellwig, G., 45
Helmholtz, H. von, 15, 39
Helms, L.L., 1
Heuser, H., 209
Hilbert, D., 12, 13, 208, 210, 220, 289, 297, 301–303
Hölder, O., 6, 7, 106, 111
Holmgren, E., 208
Hopf, E., 45, 46, 139, 140, 281, 287, 288, 290, 294, 296, 297, 300, 318
Hörmander, L., 48, 324

Il'in, V.A., 329

Jörgens, K., 209

Kadlec, J., 327
Kamke, E., 337
Kasuga, T., 328
Kellogg, O.D., 1, 35, 124, 170, 233, 281
Kirchhoff, G., 11, 123
Kiselman, C.O., 37
Klein, F., 12, 39
Koebe, P., 21
Kondrašov, V.I., 316
König, M., 234
Korn, A., 17, 106, 173, 184, 191, 269

Kreß, R., 209
Kronecker, L., 12

Ladyzhenskaya, O.A., 279
Lagrange, J.L., 2, 5, 343
Laplace, P.S., 2, 4, 5
Lax, P.D., 123, 314, 335, 337
Lebesgue, H., 16, 69, 73, 79, 81, 95, 345
Leray, J., 47, 198, 199, 234, 277, 302, 345
Levi, B., 333
Levi, E.E., 289, 290
Lévy, P., 127
Lewis, D.C., 303
Lichtenstein, L., 7, 106, 107, 127, 184, 263, 297
Lions, J.L., 328
Liouville, J., 28, 89, 191
Lipschitz, R., 6
Littman, W., 329
Lord Kelvin, *siehe* Thomson, W.
Lorentz, G.G., 337
Lyapunov, A.M., 16, 123

Malgrange, B., 306
Maurer, L., 345
Maxwell, J.C., 19, 123
Meyer, W.F., 7
Meyers, N.G., 328
Michael, J.H., 281
Mikhlin, S.G., 107
Milgram, A.N., 314, 335
Miranda, C., 264
Mizohata, S., 127
Monna, A.F., 16
Morera, G., 118
Moser, J., 31
Müller, Cl., 47, 53
Müntz, Ch., 173
Murphy, R., 7, 13, 19

Nash, J., 298
Neumann, C., 10, 12, 13, 15–17, 20, 29, 40, 190
Neumann, E.R., 17
Neumann, F., 8, 10
Newton, I., 2
Nikodym, O., 304, 336

Nirenberg, L., 192, 281, 297, 330
Noether, M., 12

Ogura, K., 345
Oleĭnik, O.A., 70
Osgood, W.F., 124
Ostrogradskiĭ, M.V., 355

Painlevé, P., 24
Paraf, A., 32, 45
Peano, G., 191
Perron, O., 17, 69, 70, 281
Petrini, H., 6, 115, 118, 299, 306
Picard, É., 28, 170, 191, 290, 297
Pockels, F., 39
Poincaré, H., 16, 17, 69, 73, 75, 220, 300, 301, 312
Poisson, S.D., 6, 7, 10, 63, 108, 173
Protter, M.H., 45
Prym, F.E., 12, 13, 333

Rademacher, H., 106
Radó, T., 69, 70
Raynor, G.E., 170
Rellich, F., 316
Remak, R., 69
Riemann, B., 10, 11, 21, 31, 64, 149, 300
Riemann, J., 20
Riesz, F., 69, 70, 208–210, 335
Robin, G., 10, 16
Rosenblatt, A., 127
Rothe, E.M., 263

Schauder, J., 47, 127, 181, 191, 198, 199, 209, 234, 263, 264, 267, 272, 277, 281, 298
Scheeffer, L., 312
Schmidt, E., 210, 220
Schober, G., 16
Schwartz, L., 302

Schwarz, H.A., 10, 13, 16, 17, 28, 29, 35, 37, 63, 64, 78, 80, 191, 220, 300, 312
Serrin, J., 328
Simader, C.G., 319
Simoda, S., 173, 174
Šišmarev, I.A., 329
Sobolev, S.L., 302, 303, 327, 345
Stampacchia, G., 329
Steinlein, H., 76
Steklov, V.A., 345
Stożek, W., 170

Tautz, G., 70
Thieme, G.A., 12
Thomson, W., 7, 10, 11, 20, 89
Tietze, H., 274
Todhunter, J., 7
Trudinger, N.S., 263

Ural'tseva, N.N., 279

Višik, M.I., 316
Vitali, G., 74
Voigt, J., 76
Volterra, V., 74

Weber, H., 12, 13, 39
Weierstraß, K., 12, 24, 344
Weinberger, H.F., 45, 329
Wendland, W., 209
Weyl, H., 127, 300, 304
Whitney, H., 253, 353
Widman, O., 127
Wiener, N., 70, 73, 300, 301, 352

Zaremba, S., 10, 75, 79, 81, 127, 299–301, 303, 304, 312, 335, 337
Zhao, Z., 127
Zygmund, A.S., 107

Sachverzeichnis

A-Priori-Abschätzung, 47, 114, 234
   globale, 33
   innere, 25
Ableitung
   schwache, 302, 304
   starke, 303, 307
alternierendes Verfahren von
   Schwarz, 13, 17, 79, 80
äußere Kegeleigenschaft, 76, 81
äußere Kugeleigenschaft, 76
   gleichmäßige, 128
Außenraum, 83, 100
Außenraumproblem, 88

Banach-Steinhaus, Satz von, 313
Banachscher Fixpunktsatz, 186, 192, 264, 274
Banachscher Satz über die Stetigkeit der Inversen, 179
Banachscher Satz von der offenen Abbildung, 180, 234, 252, 264
Barriere, 72, 73, 75
Beltrami-Operator, 90, 184
Beltrami-System, 184
Bernstein, Lemma von, 33, 43, 46, 192, 196, 271, 272, 274
Bilinearform
   beschränkte, 314
   koerzitive, 315
   streng koerzitive, 315
Bôcher, Satz von, 28, 88, 124, 170

calculus inequalities, 192
Carleman-Ungleichungen, 47
Cauchy-Riemannsche Differentialgleichungen, 20, 47, 53, 186, 191

Darstellungssatz von Fréchet-Riesz, 310, 314, 335
Differentialgleichung
   elliptische, 45
   selbstadjungierte, 96
   hyperbolische, 45
   parabolische, 45
   quasilineare, 277
   semilineare, 198
Dirichletintegral, 95, 304
Dirichletproblem, 9, 10, 59, 73
   semilineares, 197
   transformiertes, 304, 335
   verallgemeinertes, 304, 308
Dirichletsches Prinzip, 10, 11, 95
Doppelschichtpotential, 15
Dualsystem, 209

Ehrling, Lemma von, 193
Einbettungssatz, 193, 199
eindeutige Fortsetzbarkeit, 47
   schwache, 37, 48
   starke, 37, 47
Einfrieren der Koeffizienten, 269

Fixpunktsatz von Leray-Schauder, 199
Fortsetzungssatz von Tietze, 274

Fredholm, Satz von
  erster, 209
  zweiter, 209
Fredholmsche Alternative, 208, 217, 228, 275, 316
Fundamentallemma der Variationsrechnung, 303, 351

Gebiet von endlicher Länge, 253, 367
Giesecke, Satz von, 92
Glättungskern, 346
Glättungsoperator, 345
Glättungsschar, 346
Greenpotential, 118
Greensche Darstellungsformel, 108, 167
Greensche Funktion, 10, 118, 154
Grundlösung, 104, 150, 290

harmonisch (Definition), 5, 19, 300
Harnack, Satz von
  erster, 14, 15, 24, 29, 55, 60
  zweiter, 29, 42
Harnackabschätzung, 28, 30, 42, 56
Harnackungleichung, 28
  klassisch, 98
Helmholtzsche Schwingungsgleichung, 39
Hölderbedingung, 6
Hölderexponent, 106, 363
Hölderschranke, 106, 174, 363
hölderstetig, 6, 363
  gleichmäßig α-, 174, 365
  lokal, 106
  lokal gleichmäßig α-, 203, 364
hypoelliptisch, 324

innere Regularität, 139, 203, 248, 287
Integralgleichung
  1. Art, 208
  2. Art, 208
  Fredholmsch, 208
Integralkern, schwach singulärer, 213
Interpolationsungleichung, 192

Kellogg, Satz von, 233, 246, 247
Kelvintransformation, 28, 83, 89, 90
  bezüglich $\partial B_R(0)$, 91
Kompaktheitssatz, 27

Kontinuitätsmethode, 191
Kontraktionsprinzip, 186, 192, 264, 274
Konvergenz, lokal gleichmäßige, 24

Laplace-Beltrami-Operator, 90
Laplacegleichung, 4, 7, 19, 59, 73
Laplaceoperator, 4, 19
Lax-Milgram, Lemma von, 314, 335
Lebesguescher Dorn, 81
Lemma von
  Bernstein, 33, 46
  Ehrling, 193
  Lax-Milgram, 314
  Weyl, 318, 319
Lichtenstein-Trick, 106
Liouville, Satz von, 28
Liouville-Eigenschaft, 28, 74
lipschitzstetig, 364
  gleichmäßig, 174, 365
  lokal gleichmäßig, 203, 364
Lösung
  klasssische, 304
  partikuläre, 104
  schwache, 304, 305

Maximumprinzip, 14
  schwaches, 33
Methode
  der arithmetischen Mittel, 16
  der elektrischen Bilder, 89
  der orthogonalen Projektion, 304, 336
  der reziproken Radien, 89
Méthode de balayage, 17, 69, 73
Minimalfolge, 299, 335
Minimumprinzip
  schwaches, 20, 32, 43, 64, 68
  starkes, 31, 45, 68
Mittelfunktion, 345
Mittelungskern, 345
Mittelwerteigenschaft, 20–22, 28
  eingeschränkte, 73, 98
Mittelwertrelation, 40
  zweite, 55
mollifier, 346

Neumannsche Reihe, 190, 223
Newtonpotential, 105, 306

Operator
  kompakter, 193
  symmetrischer, 210
  transponierter, 209

Parametrix, 135, 289
Perronsche Methode, 67, 83, 85
Poincaré, Ungleichung von, 339
Poissonformel, 13
Poissongleichung, 6, 7
Poissonintegral, 20, 28
Poissonkern, 66
Poissonsche Integralformel, 64
Potential, 2, 4
Potentialtheorie, 1, 5, 7, 8, 10, 16, 70
Prähilbertraum, 210
Projektionssatz, 299, 335, 336

quasilinear, 277

Radialableitung, 48, 99
Randmaximumprinzip, 34
Randminimumprinzip, 34
Randpunkt, regulärer, 72
Randwertproblem, 10
  Dirichletsches, erstes, 9, 10
  Neumannsches, zweites, 8, 10
  Robinsches, drittes, 10
  Zaremba-Problem, 10
Resolvente, 210
Resolventenmenge, 209
Richtungsableitung, 99
Riemannscher Hebbarkeitssatz, 78

Satz von
  Banach-Steinhaus, 313
  Banach (Fixpunktsatz), 186
  Banach (offene Abbildung), 180
  Bôcher, 170
  Fréchet-Riesz, 310
  Fredholm, 209
  Giesecke, 92
  Harnack
    erster, 24, 60
    zweiter, 29
  Kellogg, 233, 246, 247
  Leray-Schauder (Fixpunktsatz), 199
  Riemann (Hebbarkeitssatz), 78
  Sobolev (Einbettungssatz), 302
  Tietze, 274
semilinear, 184, 197
Singularität
  behebbar, 78
  isoliert, 80
Singularitätenfunktion, 104, 150
Sobolev, Einbettungssatz von, 302
Spektrum, 210
Spiegelung an einer Sphäre, 89
Stabilitätssätze, 60, 221, 229
Steklov-Funktion, 345
superharmonisch, 68

Testfunktion, 302

Ungleichung
  von Poincaré, 339
Unterhalbstetigkeit, 97, 101

Weyl, Lemma von, 318, 319

Zerlegung der Eins, 352, 353
Zerlegungssatz, 314

MIX
Papier aus verantwortungsvollen Quellen
Paper from responsible sources
FSC® C105338

If you have any concerns about our products,
you can contact us on
ProductSafety@springernature.com

In case Publisher is established outside the EU,
the EU authorized representative is:
**Springer Nature Customer Service Center GmbH
Europaplatz 3, 69115 Heidelberg, Germany**

Printed by Libri Plureos GmbH
in Hamburg, Germany